Word Excel PPT 高级应用

曾焱 ◎编著

SPM 南方传媒 广东人民出版社

·广州·

图书在版编目（CIP）数据

Word、Excel、PPT高级应用／曾焱编著．—广州：广东人民出版社，2022.3（2023.5重印）

ISBN 978-7-218-15376-6

Ⅰ．①W… Ⅱ．①曾… Ⅲ．①办公自动化—应用软件 Ⅳ．①TP317.1

中国版本图书馆CIP数据核字（2021）第223772号

Word、Excel、PPT GAOJI YINGYONG

Word、Excel、PPT高级应用

曾 焱 编著

出 版 人：肖风华

责任编辑：陈泽洪 李幼萍
封面设计：汤韫怡
内文设计：奔流文化
责任技编：吴彦斌

出版发行：广东人民出版社
地 址：广州市越秀区大沙头四马路 10 号（邮政编码：510199）
电 话：（020）85716809（总编室）
传 真：（020）83289585
网 址：http://www.gdpph.com
印 刷：广州市豪威彩色印务有限公司
开 本：787 毫米 ×1092 毫米 1/16
印 张：27 字 数：650 千
版 次：2022 年 3 月第 1 版
印 次：2023 年 5 月第 3 次印刷
定 价：89.00 元

如发现印装质量问题，影响阅读，请与出版社（020-87712513）联系调换。
售书热线：020-87717307

《前言

PREFACE

当今世界，各个行业、领域的业务积累已经达到非常深入和浩大的程度，新的观点、方法、技术手段层出不穷，加之业务流程的复杂性以及行业竞争的激烈程度均大大增强，由此导致文档编撰的复杂性、数据分析与处理的难度以及对演示文稿表现力的要求之高都是空前的。虽然无论多好的表达方式都取代不了好的业务水平、技能和服务，但是，我们可以断言，在这个风起云涌、飞速发展的信息化、智能化大数据时代，若缺乏鲜明、优美的表达方式，再好的业务水平、技能和服务都有被埋没的危险！

今天的中国，经济总量已经位居世界前列，而各行各业内部的竞争空前激烈。一套优美、大气、鲜明的业务技术文档已然成了各类机构自身形象的一部分。如果把高水平的业务文档、深入的电子表格数据统计与分析或者绝美的演示文稿比喻为一棵大树，那么对业务的深入理解就是这棵树的根，唯有根深才能叶茂。而良好的Office文档布局、编撰技能、精深的电子表格应用技能或演示文稿操作技能则是这棵树的树干和树枝，挺拔的树干以及排列有序、疏密有度的树枝能提供有力的支撑，令树木健康生长、形态伟岸。

现代办公中，会应用Office软件已经成了一项基本素养。也就是说，接受过正规教育，拥有一定的语言文字运用能力，掌握了一定的公文及行业行文规范，并具有一定的计算机操作基础和Office软件操作基础的学生、管理人员、营销人员、服务人员、技术开发人员等人士，一般都能编写出规范的文档，且能进行日常的数据处理与统计分析，制作出较为美观的演示文稿。

但是，想要高效地编写出高水平的业务文档，特别是大型业务文档，并根据业务要求突出文档内容；想要进行深入的数据分析与统计，且鲜明、灵活地表达数据；想要制作出大气、先声夺人的演示文稿，除了要具有较高的业务水平外，还必须深入掌握Office组件Word、Excel和PowerPoint的高级应用技能和方法。

本书的目的正是在于此：给读者提供一个深入掌握Office的主要组件Word、Excel和PowerPoint高级应用方法的周到、完备教程。通过阅读本书，可以：

◆ 让你的文档、报告变得主题鲜明、高端、大气、上档次。

◆ 让你的文字、数据处理和演讲稿编撰工作事半功倍。

我们深入分析了市面各种Office教程，也就各类学校、机关和企事业单位在办公、管理、技术以及商务等方面的各级人员的应用要求进行了广泛调研，发现目前国内最为缺乏的是高水平的高级应用教程。而将Office的高级应用与规范、新颖、大气的各类公文和文案、数据呈现与演示，特别是大型文档相结合来进行介绍和讨论的教程则更为缺乏。因此，我们广泛搜集了各个行业全球500强企业或大机构的报告、公文、海报、合同、年报、技术说明以及行业分析、宣讲等常用文档、工作簿和演示文稿，将之与Office的深入应用功能进行有机结合来综合介绍。这样，一方面能让读者接触到世界最为规范、新颖的各类文稿，开阔眼界；另一方面有助于读者深入掌握Office的内部规律，进而纯熟应用工具软件。换句话说，即在“好”和“美”的基础上掌握高效的方法。

本书可以说是广东人民出版社出版的畅销书《Word/Excel/PPT从入门到精通》的姊妹篇，旨在为广大读者提供一部系统、深入解析Office各类高级应用的教程。

在内容的编排上，我们把提高工作效率和提升工作品质同时放在了第一位，而不仅仅是为了介绍软件。也就是说，讲解软件功能是为了帮助读者高效编撰高质量的文案，准确、深入地处理和分析数据，以及快捷地编写出大气且漂亮的演示文稿。

基于上述目标，本书的编写就需要更优化地组合软件功能的讲解内容和讲解方式。一方面，需要清晰介绍软件系统各种功能使用的最佳方法，进一步深入揭示高级应用方法和技能。另一方面，恰当地结合著名机构精美的文案、数据处理与演示文稿实例，提供了对于形成美观、大气的文案，在行文结构、篇章布局、页面要素的处理，对象的美化与优化使用，文档格式的自动维护等方面的详细讲解；同时，结合各种数据处理与分析实例，对Excel的自定义数据格式、表格样式、新型图表、图表美化、数据可视化以及深入的数据分析、数据透视表的深度应用等进行详尽的介绍，对演示文稿的整体效果，整体风格规划，色调色彩搭配，幻灯片的版式与构图，幻灯片要素的使用与美化，动画以及幻灯片的切换、放映等进行深入的讲解和说明。并且，在有限的篇幅内，透彻地解析了Office的对象模型和利用VBA进行Office应用扩展的技术与方法。

在讲述上，我们默认读者具有基本的Office软件操作技能，因而，不再将有限的篇幅浪费在呈现一些基础操作步骤方面，而是结合讲解的内容对象特点采用多种实用的介绍方法，既可以保证读者迅速掌握具体的操作要点，又更加注重以清晰的表达帮助读者掌握这些高级应用的方法，提升读者的阅读体验。

对软件内容讲解的详略，我们采取的原则是：不做重复讲解与操作，把有限的篇幅利用到介绍更加精彩的内容上，并且，根据内容本身的特点给予恰当安排。例如，对“文本框”选项设置的讲解，在Word的有关章节中就将其合并到了对“形状”的选项配置讲解中，而在PowerPoint的介绍中再给出详细介绍。

此外，在很多章的最后一节，我们还提供了高效工作、规范文档的操作建议，是对文档结构布局的优化处理，文档字体、段落的配置，对象的使用、数据统计和演讲稿水平提升的总结与升华。

如果说《Word/Excel/PPT从入门到精通》为读者搭建了一个在Office应用方面从入门到精通的台阶，那么，我们希望本书就是一条从精通到辉煌的大道。

目录 CONTENTS

第一部分 Office概述与快速通用操作

第二部分 Word高级应用

CONTENTS

第16章 Excel图表与数据可视化高级应用……………206

第四部分

PowerPoint高级应用

第五部分

Office扩展——VBA概述

第一部分

Office概述与快速通用操作

导读

MS Office作为一个办公套件，其各个组件的操作界面、基本操作方式、操作技巧和选项配置等应用特征都是相似的。这显然得益于软件的总体设计和基础代码体系所具有的一致性，而这也给用户使用软件带来了极大的便利，同时也增强了MS Office的生命力。

另一方面，MS Office被认为是最复杂的应用软件。由于每一个字符、每一个对象、每一个段落乃至每一个页面，都可能拥有为数众多的格式特征选项，并且这些字符、对象、段落和页面之间还具有一定关系，这不仅给软件自身的设计、开发提出了巨大的挑战，也给用户的使用提出了更高的要求，也在无形中“督促”用户对软件的用户界面和操作模式形成更深入统一的认识。

充分熟悉用户界面和软件操作的特点是高效工作的基础。因此，虽然本书的定位为“Word、Excel和PowerPoint高级应用”，但笔者仍希望通过讲解在MS Office中被细心抽取、归纳而出的应用层面的共同特征和操作模式的通用特点，使读者能够迅速掌握软件操作中基础的、重要的方法、术语和技巧，也为更加深入、熟练地使用软件打下坚实基础。

经过提炼后，我们把软件共同特征或通用操作的相关知识集中在“软件界面”“文件操作”“快速通用操作”和“Office选项”几个方面的讲解中。需要说明的是，某些特征或通用操作在各个组件中可能会有些微不同，典型的例子有粘贴选项、格式刷等。基于篇幅的考虑，书中不再纠结于这些细微的不同之处，而留给读者在应用中持续地体会、关注。

此外，MS Office各个组件之间最基础的共同特征还包括文本、段落和其他对象（例如图形、图片等）。这些构成文档的基本元素选项在设置上具有一致性，我们将关于这些对象的介绍放到对各个组件的介绍中进行，而读者也需要通过与具体的应用软件的应用环境相结合的实践来领会这些文档对象所具有的共同特征和操作方法。

第1章 Office界面设计与文档操作

古人云："工欲善其事，必先利其器。"我们专门花时间来研究和学习Office软件就是为了更好地把握这一基础的、重要的办公软件，而要熟练运用Office，首先需要了解其界面设计和文档的操作。

1.1 Office构成

作为一个办公软件套件，Office是目前世界上使用最广泛、应用基础最好的应用软件，这不仅得益于微软在PC操作系统上的霸主地位，也得益于Office本身的长期应用与技术沉淀。

Office从最初的字处理软件发展为涵盖了各种桌面办公组件的办公套件，其应用划分、文件格式、操作模式都引领了PC应用系统的发展潮流。现在，Office不仅是Windows操作系统下的标准办公软件，也成为了macOS操作系统下的标准办公软件，且在2019年推出了Android系统下的Word、Excel和PowerPoint组件。Office已经成了我们日常办公不可或缺的应用软件。

Office的整体组成如下：

- Word：字处理软件，用于有格式要求的文本文件的编撰、修改和处理，将文字与图形、图片、表格等对象有机结合，配置页眉、页脚等多种文档部件，构成丰富多彩的文本。这是Office最常用的核心组件之一。
- Excel：电子表格软件，用于有计算要求的文字和数据表格的编撰、修改和处理。这是基础的数据处理软件，可以对数据表格中的数据进行各式各样的分类、排序、引用、计算和图形化表现，也可进行更为深入的分析。这也是Office最常用的核心组件之一。
- PowerPoint：演示文稿软件，用于以幻灯片为基础的演示文稿的编撰、修改和处理。整合演示、放映所需的各种文字、图片、图表等元素，并以动态的形式播放出来，实现一对多交流与展示。这也是Office最常用的核心组件之一。
- Outlook：电子邮件软件，用于电子邮件、日程、联系人的管理。由于各种网页电子邮件的使用日益便捷，Outlook的使用率日益降低。但是，如果机构配置了Exchange服务器进行邮件管理，则可方便地与邮件服务器连接来实现邮件管理。
- OneNote：数字笔记软件，实现工作文字、图形、图表、网页信息的随时记载，利用设有不同分区和页面的笔记本将所有内容整理得井然有序，并通过便捷的导航和搜索功能轻松查找笔记。
- Publisher：出版物设计应用软件，它能提供比Word更强大的页面元素控制功能，简捷地导入Word文档，集成各种文字、图片和链接，将文本发布为电子邮件、PDF、XPS，甚至可以作为一款平面设计软件使用。

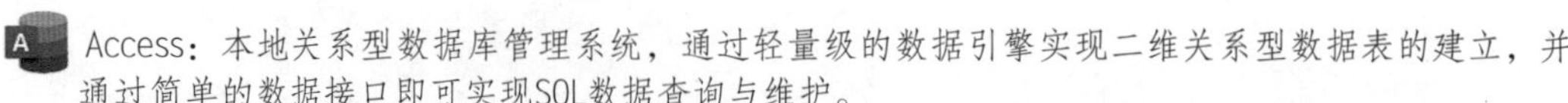

Access：本地关系型数据库管理系统，通过轻量级的数据引擎实现二维关系型数据表的建立，并通过简单的数据接口即可实现SQL数据查询与维护。

Visio：轻量化的画图软件，提供丰富的矢量图形元素，实现各种流程图、示意图、网络图、工作流图乃至平面布置图、工程设计图等的绘制。Visio软件需要单独购买。

Project：通用的项目管理软件，以甘特图为核心，以可视化的方式实现工程项目及其分项的日程安排、各类资源的安排和管理，帮助项目经理制定项目计划，为项目任务分配各类资源，并跟踪进度、管理预算和分析工作量。Project软件需要单独购买。

Office现在的最高版本为Office 2021和Microsoft 365（原Office 365），前者是一次性购买的提供本地安装的经典Office应用，包含Word、Excel、PowerPoint等适用于单台Windows PC或Mac的应用程序；而后者是按年订阅的云端产品，同时适用于Windows PC/Mac、平板电脑和手机的Office应用。

微软根据不同的用户需求制定了多种应用套装，而日常办公最常用的就是Word、Excel和PowerPoint三个组件，也是本书介绍的对象。

1.2 Office工作界面和文档对象样式

这里所说的工作界面也就是编辑界面，相同版本的Office各个组件的工作界面总体上是相似的，界面的主体都是提供给用户编辑文档、工作簿或者演示文稿的编辑页面，软件的其他要素（例如具有各种操作功能的按钮、菜单等）都围绕在这个工作界面周围。

1.2.1 现代UI

用户界面（User Interface，UI）是用户接触并且操作正在处理的文字、表格、图片、图形等信息的窗口和操作模式。计算机的用户界面主要经历了“字符界面”和“图形化界面”两个阶段。以Windows为代表的图形化用户界面的基本设计思想为“图形化”“可视化”和“所见即所得”。

从Office 2007版开始，Office受到触摸屏操作模式的影响，微软公司为其开发出了以Ribbon为基础的Metro UI，将

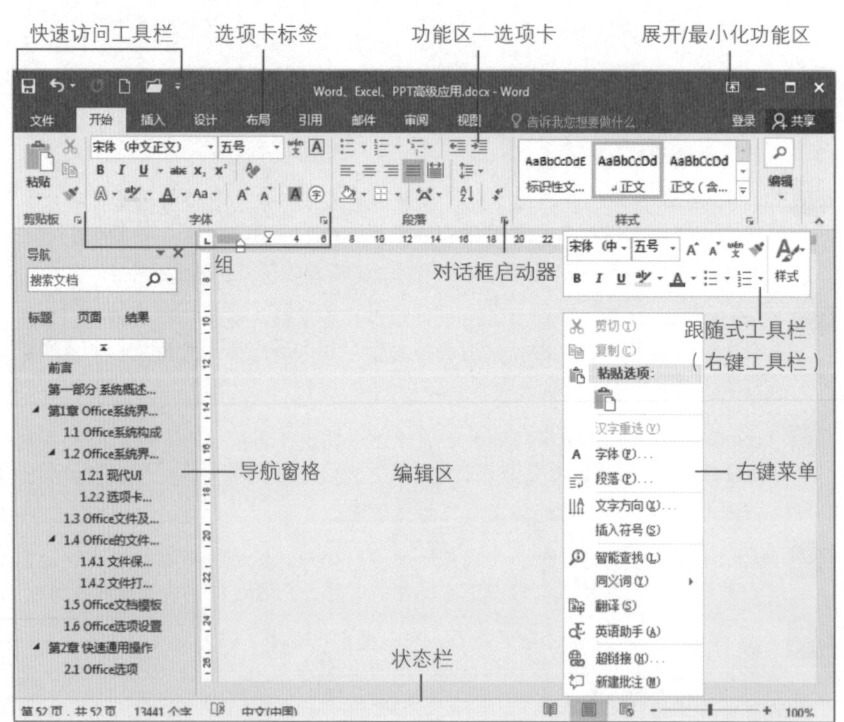

图1-1 Word工作界面及其组成要素

过去深藏于菜单中的功能和选项设置直接放置到页面功能区中，用户在选中数据对象后，即可通过功能区中的选项卡上的各种轻触式平面按钮实现对选中对象的设置。

Metro界面顺应了现代计算机应用发展的趋势，获得了巨大成功，微软公司将其改名为“现代用户界面（Modern UI）”，并在Windows 8及其后续版本中将这种界面发扬光大。

图1-1为Office 2019版的核心组件Word的编辑工作界面及其组成要素。

- 这个工作界面占最大面积的核心区域是展示和操作文档内容的编辑区。
- 编辑区上部是功能区，功能区由许多的选项卡组成，选项卡由各种选项和功能按钮组成，这些按钮按照一定的相关性被加以分组。
- 用户可以通过单击选项卡标签在选项卡之间切换，获得各种对象选项设置或者处理命令。
- 在编辑区的特定位置或特定被选中对象上单击鼠标右键，会弹出相应的右键菜单。在右键菜单中也可进行选项设置或执行特定命令。
- 选中对象后或单击鼠标右键时，会弹出相应的跟随式工具栏，在其中可以快速设置对象的选项。
- 窗口左上角边缘上的快速访问工具栏置有在编辑过程中可能经常操作的命令按钮，例如存盘、撤销、重复以及新建文档、打开文档等，用户可以自定义。
- 窗口下沿是状态栏，状态栏显示了文档的状态，并且这些显示信息本身也是隐含的操作按钮，单击即可进行打开某个窗格或者切换某个状态的操作，例如单击左侧的“第n页，共N页”即可打开导航窗格。
- 除了上图中列出的界面要素，Office各组件中还有各种对话框和浮动窗格，它们在相应的功能组或者适当的菜单中启动，用于设置各种对象的选项参数。

除了编辑工作界面以外，在Word、Excel和PowerPoint中，单击“文件”选项卡标签时会切换到“文件操作/处理页面”，该页面包含了文档的“信息”“新建”“打开”“保存”“另存为”“打印”等文件操作功能，可以实现完整的Office文档处理。图1-2为Word的文件处理页面。

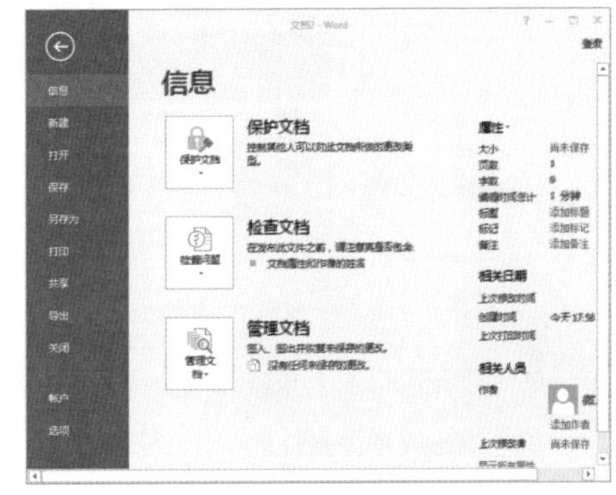

图1-2　Word的文件处理页面

1.2.2　选项卡与文档对象样式——现代Office的两大利器

1. 功能区选项卡

Office可以说是世界上最为复杂的应用软件，因为文本、段落和各种表格、图形、图像等文档对象的属性选项异常多样、复杂，而且可能放置于页面的任何位置，并且交叉使用。

例如，最常用的Word文档中的文本，既受到字体、字号、颜色等文本本身选项的影响，也受到间距、对齐、边框、底纹等段落选项的影响。并且，文本又可以放置到表格、文本框或者图片中，这时它除了受到本身各种基本选项的影响，还受到表格、文本框等容器的影响。Office既要能够让用户随心所欲、方便快捷地配置这些对象的选项属性，还要能够保存和准确表达出这些具有特定选项的对象的模样。

那么，如何能使用户随心所欲、方便快捷地配置选中对象的属性选项呢？Office的开发团队深入分析了用户在编写和修改各种文档时的操作习惯，按照“二八定律”和可视化操作的原则，对Modern UI

进行了如下规划与设计：

- 优化地设计出了以标签（Headers）引导的功能区选项卡（Ribbon Tabs），并对选项卡进行分组，将常用选项以按钮（并配合下拉组合列表框）形式按“组（Group）”的框架放置到选项卡中，使常用选项（或样式）的设置变得“触手可及”。
- 按照选项（或功能）类型来配置选项卡中的“组”，使选项卡的组织紧凑有序。
- 按照方便、就近的原则，配置选项卡“组”内各种选项设置（或功能）按钮（“轻触型平面按钮”）的次序、分布，使选项的设置变得流畅、自然。
- 针对每一个“组”设计出一个“对话框启动器”，单击对话框启动器即可打开相应“组”的详细选项设置对话框，在其中设置一些深入细致的选项。
- 对于除文本之外的其他对象，例如文本框、图形、表格、图像等，都设计了针对这种对象的“设计”和“布局”（或者“格式”）选项卡，这些选项卡一般是隐藏的，只有在选中某个对象时，其专门的选项卡才出现在应用程序默认打开的选项卡的右侧，我们可以在这些选项卡中设置特殊对象的选项或对其进行某种操作。图1-3为表格的“设计”和“布局”选项卡，涵盖了表格的基本操作。

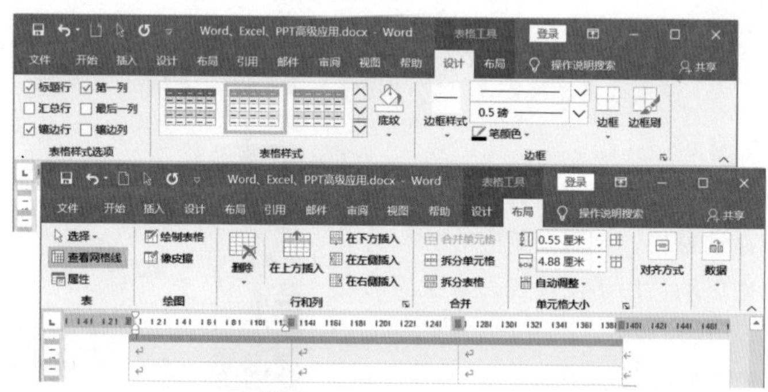

图1-3 表格的工具选项卡（包括“设计”和“布局”选项卡）

- 灵活地在窗口左上角边缘放置了快速访问工具栏，该工具栏可以随时增减选项或功能按钮，这使某些快速或者重复性的工作变得“一键可得”。
- 当用户需要更多的编辑窗口空间时，可以单击功能区右上角的“最小化功能区”按钮（或者按组合键“Ctrl+F1”），一键收拢功能区选项卡，需要展开时再单击一次（或按组合键“Ctrl+F1”）即可。
- 整个功能区和各个选项卡可以自定义，参见1.3节所讲述的Office选项。

按照Modern UI的设计，Office的操作已经完全可以脱离鼠标，直接利用触摸屏进行完整的操作。

2. 文档内容样式

文档对象（包括文本、表格、图形、图片等）都具有丰富的属性，例如，文本就有“字体”“字号”“颜色”“底纹”“下划线”等属性，这些属性又有众多的选项参数。

为了使丰富、多样的选项设置更加快捷，Office创造性地提出了“样式（Styles）”的概念，使各种复杂的对象的属性选项设置变成了一个类似“批处理”的过程：

- 样式可以说是各种对象的“格式包”，每一个样式都包含了相关对象的多种特定格式选项。如图1-4所示，文本标题样式包含了预设的字体、字号、字体颜色、大纲级别、缩进、段前间距、段后间距等文本最常用的选项。当我们选中一行文本后，选择标题样式，就可以使选中的文本拥有了标题样式所预设的各种选项。

- 样式的基本模式基于由颜色（配色体系）、字体（一组字体）和效果（一组填充、边框、阴影等效果）组成的“主题（Themes）”，最常用的主题为“Office”，其他还有“暗香扑面”“奥斯汀”“跋涉”等。我们将在第4章详细讨论主题对样式的影响。
- Office对新建文档（包括Word文档、Excel工作簿和PowerPoint演示文稿）默认按照名为Office主题的各种对象的样式建立新文档，如果新建文档时选择某一特定模板，则会载入模板所拥有的样式和格式，其中，文本样式、表格样式是可以修改的，而文本框、图形、图片样式是不可更改的。
- 文本或某种对象的各种样式被列于功能区的选项卡（或工具选项卡的“设计”选项卡）之中，可以直接选择或通过下拉列表选择。

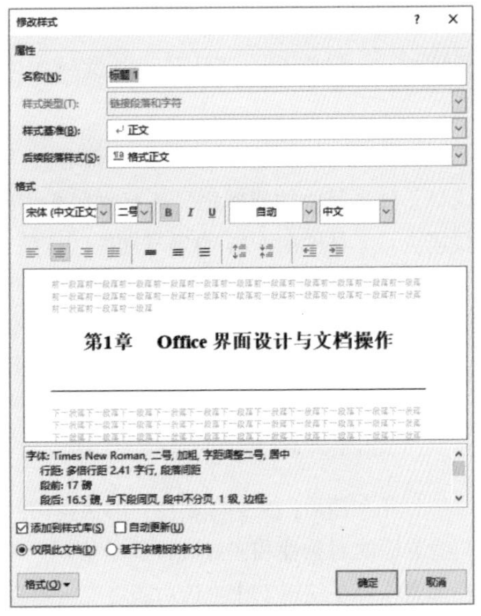

图1-4 典型的文本样式

- 修改某一样式的格式选项，则会导致整个文档所有采用这一样式的对象的格式都发生变化，从而达到“风格统一，一改百改”的效果。

我们可以看到，样式集成并固化了文本、表格、图形等对象的选项格式，保证了文档格式风格的一致性，让用户能够应用样式快速设置对象的多种选项格式，并且高效地建立文档结构。

任何经常使用Office的各种对象样式并认真思考过样式带来的好处的人，都会惊叹从“主题”到“样式”再到“选项”的设计实在是Office最为高瞻远瞩、影响深远的设计，这一设计给用户带来的便利是巨大的。

1.2.3 多入口操作模式

多版本的长期发展、成千上万用户操作模式的多年积累以及基于“所见即所得”的理念的实践令Office形成了一种可以用多种方法实现某一选项的设置或者用多种方法打开某一功能的操作模式，这种模式是一种殊途同归的“多入口”操作模式。

这种操作模式为用户的操作带来了很大便利。以Word中最常用的字体设置为例，在选中需要设置字体的文字或段落后，既可以就近在弹出的跟随式工具栏上进行设置，也可以在“开始”选项卡—“字体”组中进行设置。如果需要打开“字体”对话框进行详细设置，也有两种方式：（1）单击“开始”选项卡—“字体”组的对话框启动器；（2）在选中的文本上单击右键，在右键菜单中选择“字体”功能，也会弹出“字体”对话框。又例如，如果要打开Excel的“设置单元格格式”对话框，可以在选中单元格或区域之后，直接按快捷组合键“Ctrl+1”，或者单击“开始”选项卡—“数字”组的对话框启动器，又或者单击“开始”选项卡—“字体”组的对话框启动器，甚至通过鼠标右键菜单中的“设置单元格格式”等方式打开“设置单元格格式”对话框。

温馨提示

为了节省篇幅，凡是涉及“多入口操作模式”的多种操作方式，我们不逐一进行介绍，而是在介绍进入相应功能（或打开对话框）时进行统一介绍。

1.3 Office界面设置与自定义

现代Office的工作界面是灵活可调的，用户可以根据工作需要自定义工作界面，增加某些快捷访问入口，打开某些功能模块，甚至改变某些界面要素。自定义界面总体上包括两个方面：（1）自定义快速访问工具栏；（2）自定义功能区选项卡。

作为一个办公应用，其通用性会给工作带来方便，因此，一般来说，不建议随意修改工作界面，更不必配置一个“个性化”的Word界面。即使偶尔因为某些工作的特殊要求而改动界面，也建议在使用完毕后再改回到原来的配置，以免给今后的工作带来不便。

1.3.1 自定义快速访问工具栏

打开文档后，文档标题栏中的快速访问工具栏默认位于窗口左上角，它在一定程度上破坏了Office自身界面的对称性和完好性，但是给用户带来了极大方便。将常用功能（命令）加入到快速访问工具栏即意味着在编辑工作中该功能将变得唾手可得，不必再通过多次操作到选项卡中去寻找。

自定义快速访问工具栏的方法有两个：

（1）单击快速访问工具栏右侧的“自定义快速访问工具栏”按钮，下拉列表中有一些缺省的命令，勾选后即会出现在快速访问工具栏中，如图1-5左图所示。如果需要加入更多命令或者系统化地定制快速访问工具栏，可以在列表中选中“其他命令”，即打开“Word选项”对话框，并自动定位到“自定义快速访问工具栏”页，在其中通过“选择命令”“添加”“删除”等操作，可以更为系统化地自定义快速访问工具栏，如图1-6所示。

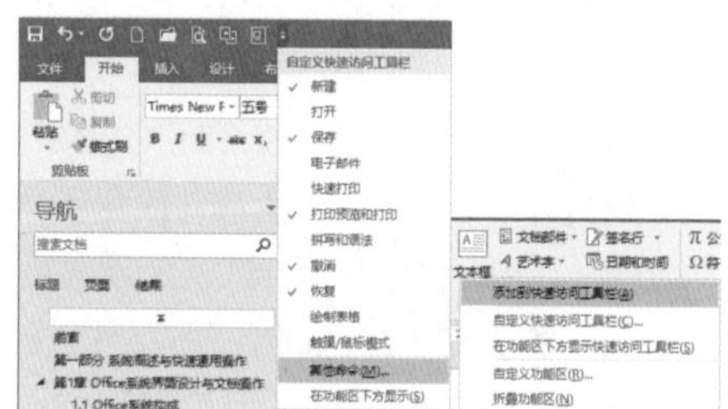

图1-5　自定义快速访问工具栏和将命令添加到快速访问工具栏

（2）在日常操作中，如果经常需要使用某项操作或选项命令，例如插入文本框等，可将该命令添加到快速访问工具栏。在选项卡中该命令按钮上单击鼠标右键，然后选择右键菜单的第一项“添加到快速访问工具栏”即可，如图1-5右图所示。

图1-6　Word选项：自定义快速访问工具栏

利用右键菜单的相关操作还有：

- 最常用的将某个命令添加到快速访问工具栏的便捷方法是：在任何选项卡的任何命令或者对话框启动器上，单击鼠标右键，弹出如图1-5右图所示的右键菜单，在其中选择第一项“添加到快速访问工具栏”即可。当需要将此命令从快速访问工具栏删除时，只需在快速访问工具栏的该命令按钮上单击鼠标右键，则此时弹出的右键菜单第一项已变为“从快速访问工具栏删除”，选择该项即可。
- 在快速访问工具栏上单击鼠标右键，然后在右键菜单中选择“在功能区下方显示快速访问工具栏”就可以将快速访问工具栏放置到功能区下方。这样做虽然保证了窗口标题栏的完整性，但会占用编辑窗口的一行位置，因此少有人这样做。

温馨提示

在日常工作中，如果要频繁用到某个命令，特别是那些需要点几次鼠标才能实现的命令，则可将其添加到快速访问工具栏，以提高工作效率。

1.3.2 自定义功能区（以在Word中添加朗读功能为例）

自定义功能区入口简单：在功能区或快速访问工具栏上单击鼠标右键，在右键菜单中选择“自定义功能区”，同样会打开“Word选项”对话框，并定位到“自定义功能区”页，如图1-7所示。下面我们以给“审阅”选项卡中加入“朗读”功能为例说明操作方法。

操作步骤

【Step 1】 单击“从下列位置选择命令”选择框下拉按钮，在下拉列表中选择“不在功能区中的命令”，其下方列表中即按拼音顺序列出了不在功能区中的命令。

【Step 2】 在“不在功能区中的命令”中找到需要的命令，例如“朗读”，单击选中。

【Step 3】 在其右侧列表找到需要放置添加功能的位置，在树形结构中选中将要放置的位置的上一个组的节点名称（组名称），例如“审阅”—“OneNote”。

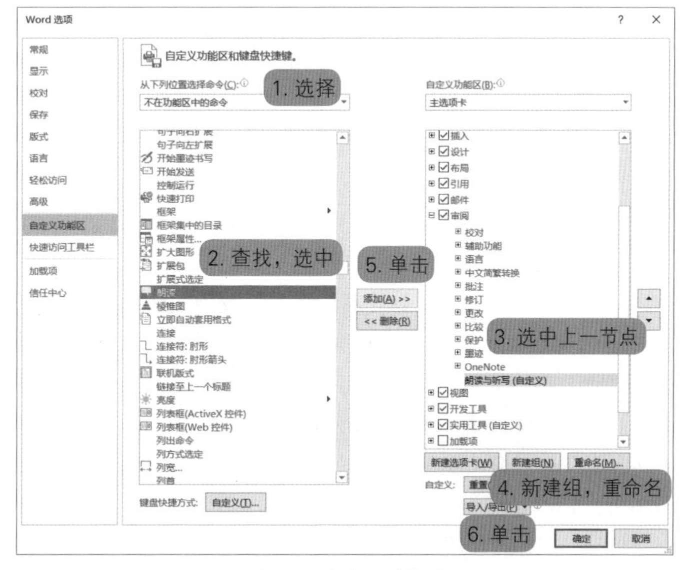

图1-7 自定义功能区

【Step 4】 单击右侧列表下的“新建组”按钮，则在所选中节点下建立一个新的组“新建组（自定义）”，再单击右边的“重命名”按钮，在弹出的“重命名”对话框中给“新建组”输入新的名称，例如“朗读”，单击“重命名”对话框的“确定”按钮。

【Step 5】 单击左右侧列表之间的“添加”按钮，则将左侧选中的命令（“朗读”）添加到了新建并被重命名为“朗读”的组之中。

【Step 6】 单击“确定”按钮关闭“Word选项”对话框。

按照上述步骤即在“审阅”选项卡中添加了一个自定义的“朗读”组，其中有“朗读”按钮。这时在文档中选中一段文本后，单击“朗读”按钮，如图1-8所

图1-8 “审阅”选项卡中自定义的朗读功能

示，Word就会利用微软的TTS技术①朗读这段文本。

最简捷的“自定义功能区”操作莫过于打开“开发工具”选项卡：在“Word选项”—“自定义功能区”右侧列表的树形结构中找到“开发工具”项并勾选，单击“确定”按钮后即会打开应用程序扩展所需的“开发工具”选项卡，如图1-9所示。

图1-9 “开发工具”选项卡

1.4 Office文件及其新建与打开

1.4.1 Office文件

Office文件，也称为Office文档，实际上是含格式的文本、图形和媒体（例如图片、图形等）的集合，并且以“文件”为单位存放于硬盘等存储介质上。一个文件就是一个具有特定格式的、可以用某个应用程序打开的独立数据包。

在计算机中，特定的文件要用特定的程序打开，因为只有相应的程序才能识别和解码某种文件的格式。而文件的类别通常用文件扩展名来标识，例如Word标准文件的扩展名在Word 2003之前都为“.doc”，Excel和PowerPoint则分别为“.xls”和“.ppt”。

但是，随着应用需求和计算机环境的发展，Office不可能一直沿用几十年前制定的文件格式。从Office 2007起，微软就在“标准通用标记语言XML”的基础上，设计了“Office开放的XML（Office Open XML，OOXML）”标准，将Office的文件格式提升为ZIP压缩的一组包含多个文件夹的XML包。这一标准在开放性、健壮性、存储效率、安全性等方面均有巨大优势，获得了国际标准化组织（ISO）和国际电工委员会（IEC）的支持并成了国际标准。而文件扩展名总体上说只是在原扩展名后增加了一个字符“x”。

因此，我们常用的“.docx”“.xlsx”和“.pptx”文档实际上都是压缩包，如果需要了解其具体的组成部分或者提取某个文件中的图片等媒体文件，可以将其文件扩展名更改为“.ZIP”，然后将其解压即可。

实用技巧

如果需要获得一个“.docx”“.xlsx”或“.pptx”文档中的所有原始图片（或PPT中的音频），只需将这个文档的扩展名改为“.ZIP”，然后将其解压，这样，在解压后的文件夹的二级子文件夹media中，即可看到文档中的所有媒体文件。

Office一直是向下兼容的，也就是说，高版本的Office能够打开较低版本Office保存的文件，打开后会在文件扩展名后显示提示“[兼容模式]”。

① TTS是微软的从文本到语音转换技术，需要正确安装TTS引擎才能正常工作。在https://support.microsoft.com下搜索TTS即可找到支持文档和下载链接。

Office使用扩展名分别为“.dotx”“.xltx”和“.potx”的Word、Excel和PowerPoint模板文件，模板文件是包含特定格式和样式的特殊Office文档。

Office使用扩展名以“m”结尾的“启动宏的文档”，例如“.docm”等，在打开这类文件时会提示启动宏。

虽然Word、Excel和PowerPoint文件有时被统称为“Office文档”，但严格的名称分别为“Word文档”“Excel工作簿”和“PowerPoint演示文稿”。

温馨提示

基于效率和可靠性的考虑，建议将旧的兼容模式的“.doc”文件、“.xls”文件和“.ppt”文件都分别转存为“.docx”“.xlsx”和“.pptx”文件。

1.4.2 新建文档

无论是通过Windows的开始菜单还是通过工具栏上的快捷方式进入Word、Excel或者PowerPoint的“开始”界面，这三个组件的界面风格是一致的。

“开始”界面总体上可分为三部分，如图1-10所示：（1）右侧空间中显示的空白“Office文档”和常用模板；（2）左侧显示的最近使用文档的列表；（3）左下角的“打开其他”文档。

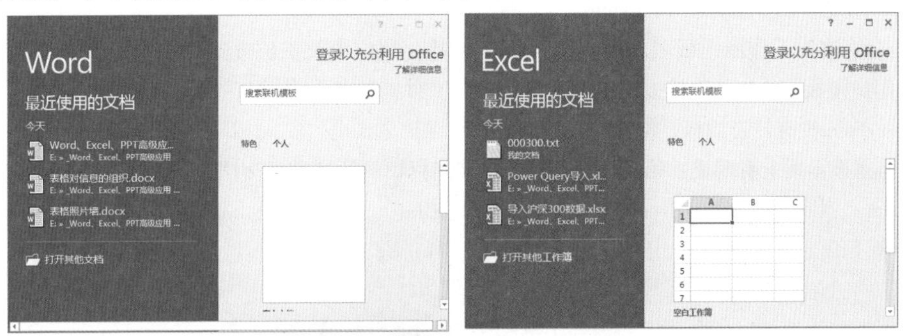

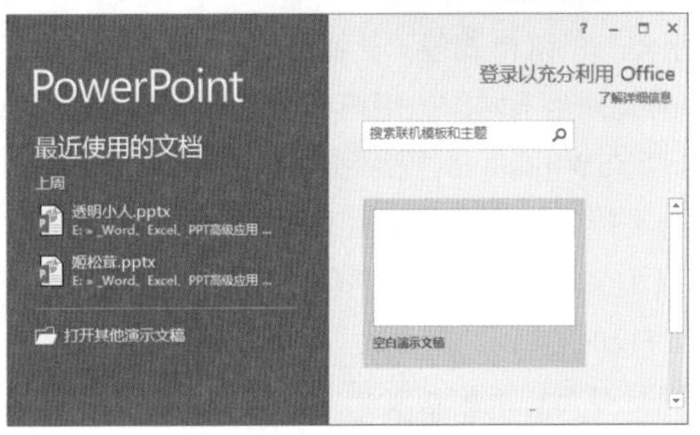

图1-10　Office三个重要组件的“开始”界面

当然，还可以登录微软提供的Office账户以便更充分应用Office，也可以在搜索栏搜索其他Office模板。

单击“空白文档”“空白工作簿”或者“空白演示文稿”，即新建一个相应的文档，界面切换到编辑界面（工作界面）。

新建的文档被临时命名为“文档n”“工作簿n”或者“演示文稿n”，这里的“n”是根据打开应用程序后新建文档的次序自动生成的一个序号，完全关闭Word、Excel或者PowerPoint后，再次新建文档，文档的序号会再次从1开始编号。

在编辑界面上，还可以通过以下方法来建立新的空白文档：（1）单击快速访问工具栏上的“新建”按钮新建空白文档；（2）单击功能区的“文件”标签切换到文件管理页，再单击“新建”按钮切换到新建窗口来新建空白文档；（3）按快捷组合键“Ctrl+N”来新建空白文档。

在上述“开始”界面或者“新建”页面，单击某个模板时，则以这个模板文档为样板新建了一个文档，这个文档具有模板文档所定义的格式和内容。

温馨提示

Windows资源管理器允许用户在Windows中直接“新建”一些特定的文件。用户只需在资源管理器的某个文件夹下单击鼠标右键，然后在右键菜单中的“新建”二级菜单下选择合适的文档，即会新建一个空白文档。

1.4.3 两类模板

日常应用中，我们经常会利用模板来建立文档，以便获得一定的预设格式或内容。

用户通过1.4.2小节中讲到的方法新建的Word空白文档，实际上都是在Word默认的一个名为“Normal.dotm”的模板基础上新建的一个空白文档。缺省状态下，这个空白文档具有“标准”格式，例如纸张大小为A4、纸张方向为纵向、有默认字体等。模板文档“Normal.dotm”存放于“C:\Users\用户\AppData\Roaming\Microsoft\Templates”文件夹中。

Excel的缺省工作簿模板名为“Book.xltm”，其存放位置及维护方式与“Normal.dotm”相同。Excel的用户模板的使用及维护方法与Word相同，仅文件扩展名不同。

PowerPoint没有缺省模板，但用户模板的操作及维护方式也与Word相同，仅文件扩展名不同。

文档模板本质上有两类：第一类是用模板扩展名标识的标准模板文档，Word的标准模板文档扩展名为“.dotx”和“.dotm”，Excel的为“.xltx”和“.xltm”，而PowerPoint的为“.potx”和“.potm”，其中前者不含宏而后者含有宏（“m”即代表“Macro”）。第二类为普通的Office文档，例如“.docx”“.xlsx”或“.pptx”，被用于作为“模板”。

这两类文档都可以包含一定的内容（例如机构logo）、一定的占位符，特别是包含一定的格式，例如某些特定的字符样式（字体、段落格式包）、特定的布局特征等。

Office对这两类“模板”的处理是不同的，用户必须通过不同的方法利用这两类“模板”。

（1）第一类：标准模板。在Windows的资源管理器中双击这类模板时，并不是直接打开模板，而是基于选中的模板新建一个文档、工作簿或演示文稿，即装入了模板的内容与格式，然后新建一个“文档n”“工作簿n”或“演示文稿n”（其中“n”为新建文档顺序，可以是1、2、3……）。在保存这样的新建文档时，程序会自动引导到“另存为”功能，保证用户将文档另存为一个工作文档。

- 当我们将某一个特定文档另存为标准模板文档时，在“另存为”功能中选中“.dotx”等作为扩展名后，程序会直接将存盘位置引导到“我的文档”文件夹下的“自定义Office模板”文件夹，具体位置为用户定义的“我的文档”的位置，例如“C:\Users\用户\Documents\自定义Office模板\”中，这里的“用户”即登录Windows的用户名。个人模板存放位置的更改可以通过单击“文件”—“选项”—“保存”，然后修改“默认个人模板位置：”来完成。
- 在Windows资源管理器中，选中某个标准模板文档，单击鼠标右键，在右键菜单中选择“打开”命令，Office即会打开这一模板，我们即可对该模板进行修改、调整。

实用技巧

了解当前窗口打开、编辑的是一个普通文档还是模板的方法是：观察窗口标题栏中显示的文件扩展名，如果扩展名为“.dotx”或“.dotm”等，即是打开了模板。

当我们通过“文件”选项卡（文件操作页）的“新建”功能来新建一个文档时，就可以通过保存在“自定义Office模板”文件夹中的“个人”模板来获得各种工作文档模板。例如，如图1-11所示，在Word的编辑状态下，单击“文件”—“新建”，然后在查找和浏览模板的页面上单击“个人”，即可获得自定义的工作文档模板，单击某一模板即可在此基础上建立一个新文档。

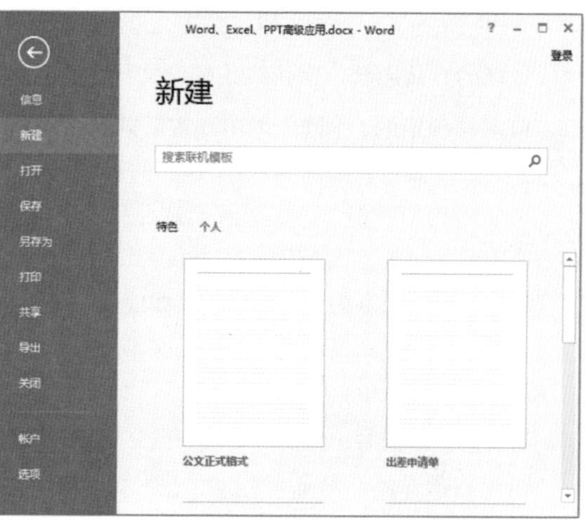

图1-11　新建Word文档和个人自定义模板的使用

（2）第二类：普通Office文档。这类文档包含一定的内容和一定的格式，严格意义上讲不能称为“模板”。当我们打开某个这类所谓的“模板”时，实际上打开了该文档本身，这时需要注意的是，不要因我们进行的编辑而损坏了原文档本身，应该及时将作为模板使用的文档“另存为”工作文档。

由上面对比可以看出，真正的“模板”应该还是Office的标准模板，使用这类模板才能在系统层面上保证原模板不会被随意改动。

当然，一个机构的工作文档模板，从管理上讲，应该与该机构的管理流程、管理要求与优化密切相关联；从技术上讲，则应该在仔细区分文档类别，调整了机构标识、内容、布局结构、格式甚至颜色搭配以后统一发布使用，并具有严格的版本控制流程。

1.4.4　利用模板新建文档和模板维护

1. 利用模板新建文档

我们以在Word中利用模板新建文档为例说明。如图1-12所示，在Word的“新建”页面中，模板均以缩略图的形式排列，单击某个缩略图即可新建一个文档。模板缩略图排列次序一般按照模板使用的频率从高到低排列。“特色”模板来源于微软的免费模板库templates.office.com。

图1-12　Word的文档管理页面利用模板新建文档

2. 模板维护

Office文档模板几乎可以包含一个普通文档的所有要素，包括：

文档主题：选中的主题与文档格式，修

改过的主题颜色、字体等。所以我们看到，修改缺省文档模板“Normal.dotm”的功能被放在了“设计”选项卡—“文档格式”下。

- 文档布局：包括纸张大小、纸张方向、页边距等。
- 文档样式：包括修改过的各种文档样式，例如“正文”“标题”“副标题”“标题1”……的字体、段落等格式都可以保存到模板之中。
- 文档特定格式：包括页眉、页脚、页码格式等。
- 文档的默认形状、默认线条等：文档中默认的形状样式是由文档主题确定的。例如，Office主题默认的形状样式为“彩色填充”—“蓝色，强调颜色1”这样的有填充、有边框颜色的形状（如图1-13所示）。如果我们选择另一个样式，或者修改了这个形状的填充、边框等格式，并将其“设置为默认形状”，然后将这一文档保存为某一模板，则即使这一模板中已经删除了所有形状，利用这一模板而建立的新文档的缺省形状仍然是修改之后重新设置的“默认形状”样式的格式。

图1-13　Office主题默认形状样式

- 特定的文档内容：包括特定的文章、表格、图形、图片（例如机构logo）等。

由于模板文档（例如“.dotx”文档）是不能直接打开的，如上所述，当你点击标准的模板文档时，应用程序只是以此为基础新建一个“文档n”（“n”为序号），所以，如果需要修改模板，可以将修改好的文档通过“另存为”的方法保存到相应文件夹中，覆盖替换掉旧的模板文档即可。

比如，Word的模板文档“Normal.dotm”存放于“C:\Users\用户\AppData\Roaming\Microsoft\Templates”文件夹中，因此，若要修改新建空白文档的模板，可以通过用某一特定模板替换“Normal.dotm”模板文档的方法来实现，也可以通过单击“设计”选项卡—“文档格式”组中的“设为默认值”来实现。

如果要恢复Word默认的空白文档模板，只要删除“Normal.dotm”文档，则Word会按缺省格式重建一个“Normal.dotm”模板文档。

实用技巧

在实际应用中，机构一般会建立一系列的“标准”文档模板。将这些模板放到“自定义Office模板”文件夹中可以支持我们以此为基础建立新文档。

1.4.5 打开文档

打开文档（包括Word文档、Excel工作簿或PowerPoint演示文稿）就是利用Office组件打开已经建立并保存在硬盘等存储介质上的文档，当然，由于网络技术的发展，我们如今甚至可以打开存储在远程服务器上的个人文档。

打开文档首先需要应用软件成功识别文档的格式和结构，然后将其中的信息以符合这个软件的格式（建立和编辑文档形成的格式）放到当前的编辑窗口之中。

Office在不断的发展过程中形成了一系列的文档格式，Word、Excel和PowerPoint现在的文档格式和最初的格式相比，已经有天壤之别。但是，Office是向下兼容的，因此，现在的Word仍然可以打开30年前的“.doc”文档。同样，Excel也可以打开最初的“.xls”文档，而PowerPoint也可以打开最初的“.ppt”文档。但是，出于安全性和存储效率的考虑，建议通过“另存为”的方式，将这些文档保存为新的“.docx”“.xlsx”或“.pptx”文档。

另一方面，Office不但能打开本身创建的文档，还可以打开其他应用程序创建的文档，这样才能保证用户可使用最广泛的数据来源。

有很多方法都能打开文档，但主要分为两类：一种是在Windows下直接打开文档，另一种是在Office组件中打开文档。采用哪种方法取决于操作者当前的操作环境以及使用哪种方法更容易找到需要打开的文档。

（1）在Windows资源管理器的文件列表中，双击选中的文档，这样Office关联的组件就会直接打开文档。

（2）在Office组件的编辑界面上，如果需要打开其他文档，可以单击“快速访问工具栏”中的“打开”按钮，弹出“打开”对话框，在对话框中找到文档位置，然后通过双击或者选中后单击“打开”按钮来打开，如图1-14左图所示。

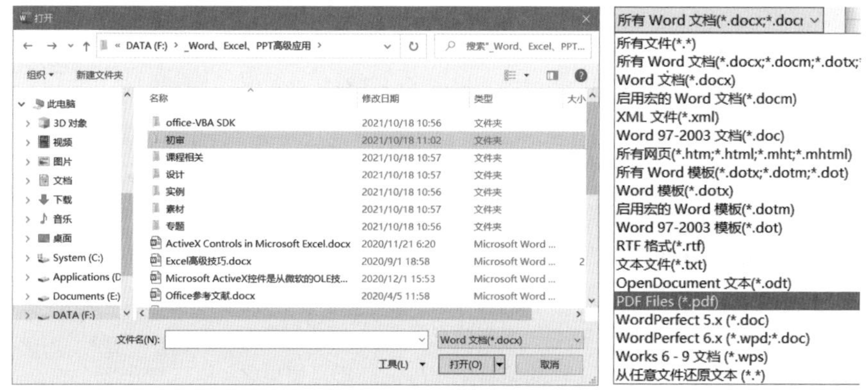

图1-14　在Office中打开文档（“打开”对话框）

在Office组件中打开文档的方法还有很多，例如：（1）从操作系统直接进入Word、Excel或者PowerPoint后，在其“开始”界面单击“最近使用的文档”列表中的某个文档，如图1-10所示，即可打开该文档；或者在“开始”界面单击“打开其他文档”“打开其他工作簿”或“打开其他演示文稿”，切换到“打开”页面，如图1-15所示，在其中打开文档。（2）在文档编辑状态，单击“文件”标签，切换到“文件”选项卡（文件操作页），单击“打开”按钮，进入如图1-15所示的“打开”页面。在“打开”页面中可以单击“已固定”或最近打开文档列表中的文档来打开之，也可以单击“浏览”按钮，将弹出如图1-14左图所示的“打开”对话框，通过对话框打开文档。（3）在任何一个Office组件中按快捷组合键“Ctrl+O”，也会切换到“打开”页面，可以在其中打开文档。

图1-15　Word的“打开”页面

单击“打开”对话框中的“文件类型”按钮，如图1-14右图所示，可以看到Office组件能够打开的各种文档格式；打开非Office创建的文件时，可能需要格式转换，也可能由于格式的关系而提示格式不理想。

文本文件（.txt）较为特殊，由于文本文件除了信息分隔符不同以外不会添加其他的格式，它往往可作为数据转移、数据接口的中介文档，而Office的三个组件都可以打开文本文件。在Word中打开文本文件与用其他文本编辑器打开的效果类似，一般用于局部的编辑调整；在Excel中打开则会按照某种分隔符分隔的形式，将之转换到表格之中，也可进行编辑或数据分析；而在PowerPoint中打开则只是将之作为演示文稿的大纲导入需要的文字而已。

1.5 Office文件的信息管理、属性

Office文档就是一个信息集合，但其作为文件自身也有信息需要管理，其文件的信息管理操作可通过Word、Excel和PowerPoint的“文件”选项卡进行。文件信息管理分为以下四个方面：保护文档、检查文档、管理文档和文档属性。

1.5.1 保护文档

如图1-16所示，Word在“保护文档”（或Excel的“保护工作簿”、PowerPoint的“保护演示文稿”）组中，提供了一些对文件的保护功能，包括：

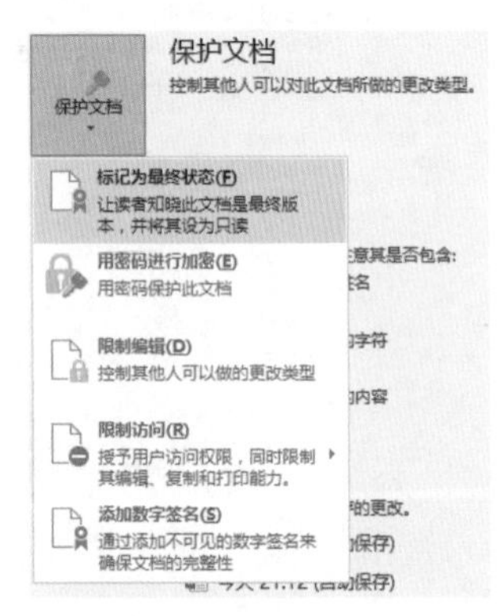

图1-16 “保护文档”组

- 标记为最终状态：当标记为最终状态后，文档属性变为只读，不可修改，即打开文档后选项卡的编辑相关的选项或功能均不可用，且显示提示条“标记为最终版本：作者已将此文档标记为最终版本以防编辑”。在提示条上有“仍然编辑”按钮，点击后即可修改。可见，“标记为最终版本”其实仅仅是文档编写人员所做的一个简单标识而已，表示文档的编写工作告一段落。如果之后需要继续进行编辑，可以直接点击“仍然编辑”按钮或者再执行一次“标记为最终版本”，即可消除标记，再次编辑文档。
- 用密码进行加密：用密码对整个文档加密，之后再打开文档必须输入密码。如前所述，现在的Office文档实际上都是一个包含多个文件夹和XML文件的压缩包，而压缩包被加密后，原则上是不可能解密的！所以，如果忘记了密码，就会造成加密文档永久无法打开，即使我们将加密文档的扩展名修改为.ZIP，也不能解压缩。所以，给文档加密码需要谨慎操作！
- 限制编辑：可以限制文档的一部分，例如某个表格等，使之处于不可编辑的状态，输入正确的密码后方可编辑。此功能与文档“审阅”选项卡中的“限制编辑”功能是相同的，将在第12章进行介绍。
- 限制访问：此功能需要连接到权限管理服务器，并对本地进行信息权限管理设置后方可实现，所以一般较少使用。
- 添加数字签名：数字签名是为了保证文档的完整性而添加的一种不可见的签名，需要通过特定的认证机构来实现，这里我们就不详细介绍使用方法了，感兴趣的读者可以参见其他相关资料。如果我们希望文档只被阅读而不被修改，其实一般通过另存为操作或者将文档导出为PDF文件即可达到目的。

1.5.2 检查文档

如图1-17所示，“检查文档”功能组包含了“检查文档”“检查辅助功能”和“检查兼容性”三个功能。

实际应用中，在将文档提交给特定的合作者之前，可通过“检查文档”功能对文档的属性和某些

内部添加的隐含信息进行检查，以防止某些工作信息（例如批注、修订或者嵌入的文档等）发生不必要的外泄。

“检查辅助功能”是一个非常有意义的设计，用于检查文档中是否有残障人士可能难以阅读的内容，但解决文档对残障人士的可及性是一个相当大的课题，至今仍未尽完善。

“检查兼容性”是指检查用当前版本的Office所建立的文档有哪些选项或功能内容在早期版本中是不支持的，以便在文档交换之前做出相应调整。

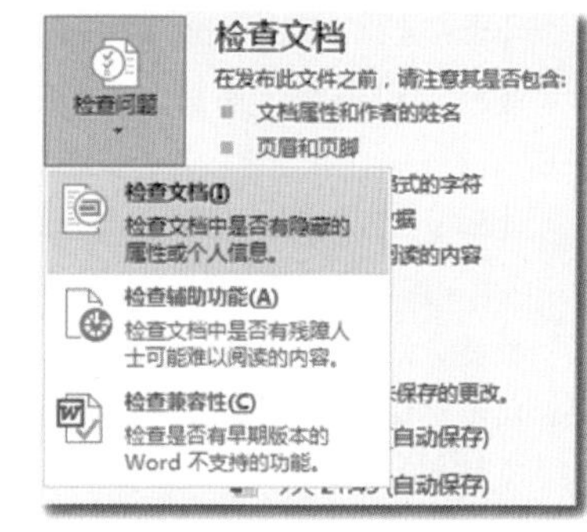

图1-17　“检查文档”组

1.5.3　管理文档和文档属性

1. 管理文档

“管理文档”的操作实质上是Office在编辑过程中定期地保存文档的五个最近的副本，这样，即使在编辑工作中因为某些误操作，特别是误删除操作而丢失了一些有用的内容，也可以通过打开Office所保存的这些早期版本，把丢失了的内容找回来。这一功能在某些时候特别有用。

2. 文档属性

Office文档除了具有文件名、大小、创建时间、修改时间和存储位置等文件常规属性外，还拥有标题、主题、作者、主管、单位等文档摘要属性，这些属性一方面扩展了Office文档的常规特征，另一方面，可以作为“文档部件”为文档编辑所用。而且，Office文档还可以添加自定义属性，以便对文档进行管理。

我们以修改Word文档的摘要属性为例，方法步骤如下：

操作步骤

【Step 1】　在编辑界面上单击“文件”选项卡标签，切换到“文件”页面。

【Step 2】　如图1-18所示，单击“文件”页面左侧的“信息”项，“文件”页面的操作区域切换到与文件信息相关的内容。

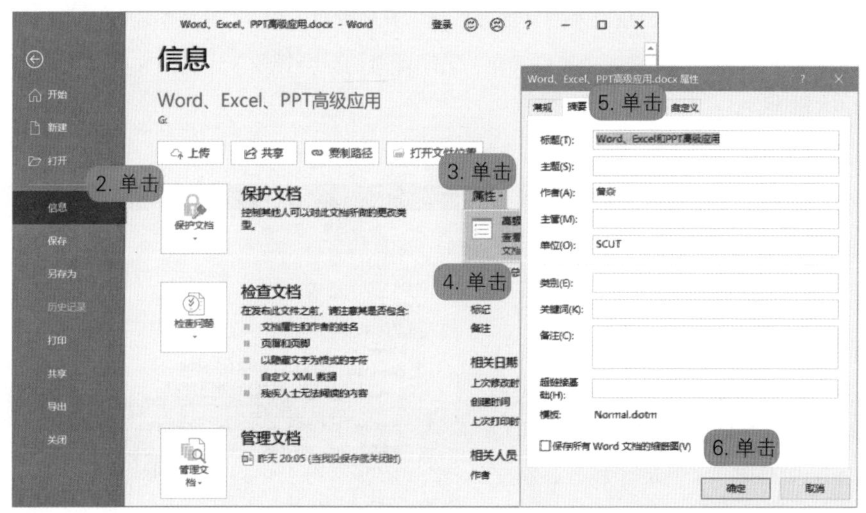

图1-18　修改文档摘要属性

【Step 3】　单击“属性”按钮，打开下拉列表。

【Step 4】 单击下拉列表中的“高级属性”按钮，弹出属性设置对话框。

【Step 5】 单击属性设置对话框的“摘要”标签，在摘要页中修改“标题”“主题”等摘要信息。

【Step 6】 单击“确定”按钮，即完成了文档摘要信息属性的修改。

Office文档还可以添加“自定义”属性。操作方法前四步与上面介绍的相同，第5步则单击“自定义”标签，然后输入或者选择某一自定义属性的“名称”，再选择其“类型”，录入类型的“取值”后，单击“添加”按钮，即把这一属性添加给了这一文档，最后单击“确定”按钮即可。

文档属性和自定义属性可以通过“检查文档”功能删除。

温馨提示

为了节省篇幅和增强可读性，在本书后面的讲解与讨论中，凡是连续的“单击”操作，我们不再用单独的步骤来讲述，而是通过用一字线将这些单击对象连接成串的方式来表示。例如，上面的操作步骤1～4表示为：单击“文件”—“信息”—“属性”—“高级属性”。

1.6 文件的保存、打印和导出

Office文件操作包括“新建”“打开”“保存”“打印”“导出”等文档整体处理，有的是日常经常进行的操作，有的则只是在文档交换、发布之前才做的操作。一般来说，操作时按照提示去做即可，这里仅对其中几个重要功能予以说明。

1.6.1 文件保存与另存为

在日常工作中要注意随时保存正在编辑的文档。操作时有如下几个要点：

- 保存文档有多种方式，最简捷的是按组合键“Ctrl+S”，或者是单击快速访问工具栏中的“保存”按钮。
- 建议将工作文档保存到除C盘以外的其他分区或者其他硬盘。因为C盘是系统引导盘，在某些特殊情况下需要重装操作系统时就会被格式化，若不注意的话会导致工作文档和历史文档丢失，甚至引致巨大损失。
- 可以通过单击“文件”—“选项”—“保存”，打开Office选项的“保存”组，然后修改“默认本地文件保存位置”来更改Office的工作目录。实际上，在Windows Vista之后的版本中，Windows都在操作系统层面增加了“库”的概念，默认将文档和媒体文件纳入到“库”当中。如图1-19所示，我们可以在“库”里增加一个新的“库”，将之取名为“工作文档”，然后将这个“工作文档”库的文件夹选定为C盘以外的其他分区或硬盘上的文件夹，即实现了方

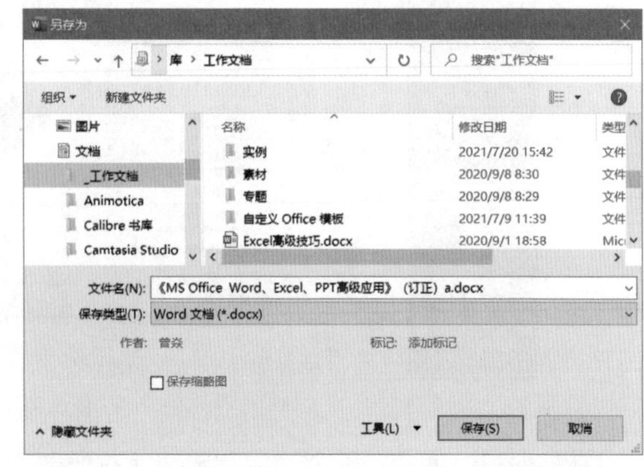

图1-19 为Windows的“库”增加一个工作文件夹

便地将文档保存到更为安全的其他分区或硬盘上的特定文件夹中的目的。

- 一般来说，定期将各类工作文档复制到专门备份用的硬盘或移动硬盘中，将之从工作系统中隔离出来，才是最为稳妥的备份策略。
- “另存为”的功能是将文档作为副本另存为其他文件名或另存到其他位置。需要注意的是，我们需要谨慎处理“另存为”的操作和副本文件。首先，需要考虑在“另存为”一个副本之前是否需要将编辑修改的信息保存到当前文件中，如果需要，则先存盘，再用“另存为”去保存副本；其次，需要注意，执行完“另存为”之后，Office当前打开的就是被另存的文件副本，这时我们就要注意文件版本的维护了。
- “另存为”有时又是用以改变文档类型的重要方法。例如，将当前文档另存为一个模板，或者导出为PDF文件。只需在单击“保存”按钮之前，选择合适的“保存类型”，然后按照提示操作，即可改变文件类型。

1.6.2 文件打印

文件打印的日常操作按照应用程序提示进行即可，但在某些特殊情况下需要注意以下问题：

- 打印输出与页面设置紧密相关，合理的页面设置才会有好的打印效果。
- 日常工作中的打印经常不必“每版打印1页”，对于Word可以选用“每版打印2页”或者多页；而Excel则可以选择打印的缩放方法，如图1-20所示，即可看到不一样的打印效果，节省纸张。

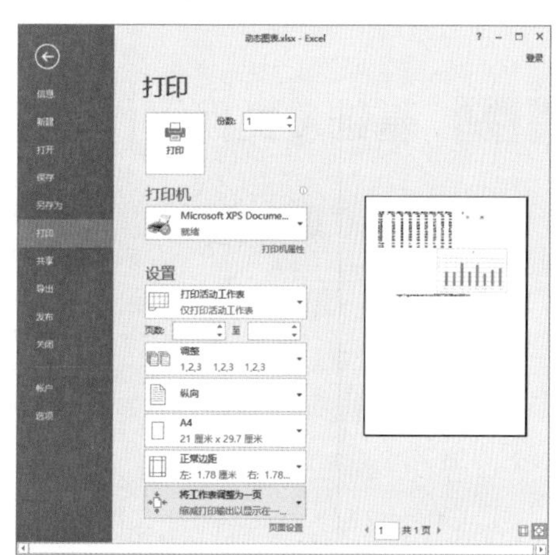

图1-20 Excel打印缩放

1.6.3 导出为PDF/XPS文件

导出文档往往是为了保证文档的内容、格式不再被修改。导出的方法有“直接导出”和“另存

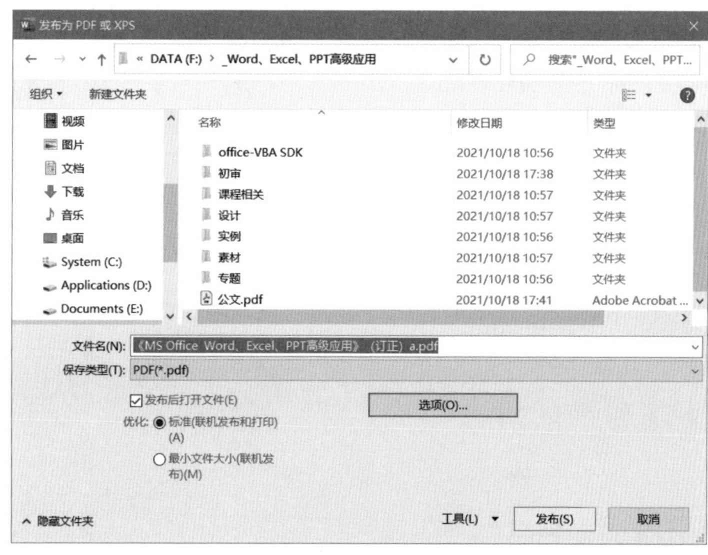

图1-21 导出PDF/XPS文件

为”两种。

直接导出的操作方法：在文件操作页单击左侧的“导出”项，切换到“导出”向导界面，再单击右侧的“创建PDF/XPS”按钮，打开“发布为PDF或XPS”对话框，如图1-21所示。此时，可以单击“选项”按钮，打开导出文档“选项”对话框进行设置。

- 范围选项：Word的导出范围可以选择导出特定的页，Excel可以选择导出特定的工作表，而PowerPoint可以选择导出特定的幻灯片。
- 导出PowerPoint演示文稿时，可以选择发布为讲义，从而节省阅读（或打印）幅面，如图1-22示。

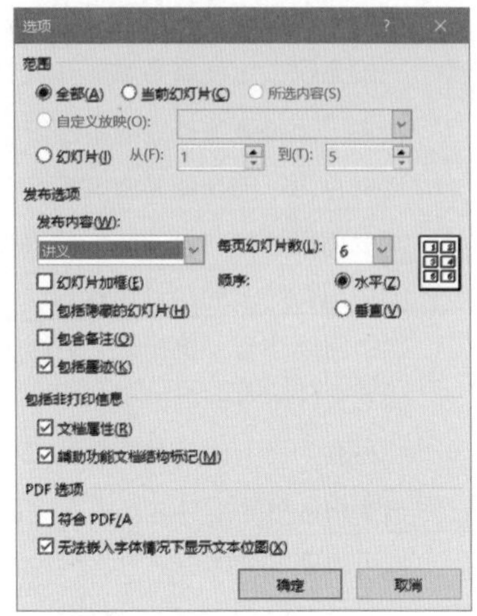

图1-22 PowerPoint导出讲义

1.7 基础及文件操作高级应用建议

- Office组件的工作界面决定了基本操作为：选中对象，然后操作或设置对象。
- Office对象选项设置是多途径的，最简捷的是利用“跟随式工具栏”，最全面的是在各种对话框中设置。
- 虽然快速访问工具栏和功能区选项卡都可以自定义，但是，一般不要改变其原来的分布状况，保持通用排列才能保证最高工作效率。
- Office文档实际上是多个文件夹和XML文档组成的压缩包，因此，添加密码要谨慎，忘记密码则文档几乎不可能再打开。
- 常用快捷键“Ctrl+S”保存文档，防止工作信息丢失。
- 真正的文档模板受到系统的保护。
- 机构需要有自己的文档模板，以提高辨识度、增进工作效率。
- 交换文档前最后进行文档检查，去除一些不想公开的信息。

第 2 章 快速通用操作

快速通用操作是指我们在Office中经常会用到的一些操作，熟悉这些操作会使我们的工作更加快捷流畅。

2.1 神奇的右键菜单

右键的使用几乎是Windows操作的入门之功。Windows操作的一个重要技巧即善用右键。我们可以在某一个对象上单击鼠标右键，看看弹出的右键菜单中有哪些内容，右键菜单允许用户快速设置对象的各种选项，因此利用右键操作经常会带来意想不到的便捷性。

Office处理的对象复杂多样，因此，Office根据不同的对象"量身定做"了不同的右键菜单。而且这些右键菜单往往还结合了一个"对象快捷工具栏"。右键菜单与快捷工具栏有如下特点：

- 不同对象具有不同的右键菜单与快捷工具栏。
- 集成了相关对象最频繁被使用到的命令。
- 对于图片等某些对象，最后一项往往是"设置××格式"，这里的"××"可能是"形状""图片"等通用对象，也可以是"数据系列""图表标题"或"坐标轴"等专用对象。图2-1即是一个图表的"数据系列"快捷工具栏和右键菜单，在此即可快速设置数据系列的"填充""轮廓"等属性，还可完成"选择数据"或者"添加数据标签"等任务。

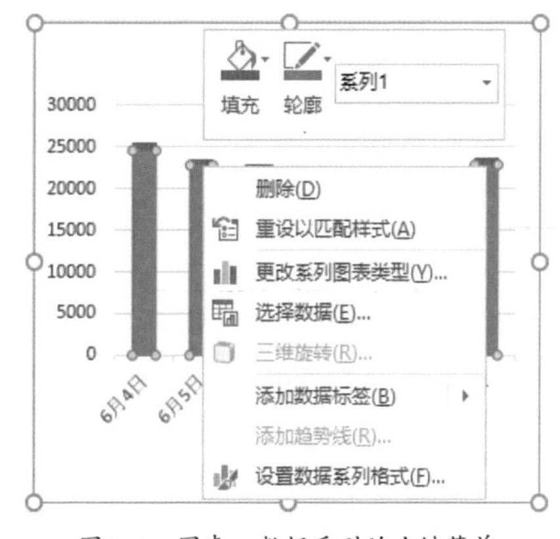

图2-1 图表—数据系列的右键菜单

在本书介绍Office中的各种功能和选项设置时，经常会用到"单击鼠标右键，弹出右键菜单，然后在菜单中选择"这样的操作。

2.2 查找与替换

Windows应用默认的一个快捷组合键是"Ctrl+F"，即启动"查找"功能。Office一般还将"查找"与"替换"功能放在"开始"选项卡的最右侧的"编辑"组之中。

Word的普通查找已经被集成在导航窗格中，即按快捷组合键"Ctrl+F"或者单击"开始"选项卡—"编辑"组—"查找"按钮，即在文档中查找选中的文本，如果没有选中任何文本，则查找剪贴板中的词语，然后，打开导航窗格，并且在标题中用黄色底纹突出显示包含所查找的关键字的章节，这样，方便用户在查找关键字后，还可在章节间跳转，如图2-2左图所示。

在Excel和PowerPoint中，按快捷组合键“Ctrl+F”或者单击“开始”选项卡中的“查找”按钮，都可打开查找对话框。而在Word中，单击“开始”选项卡—“编辑”组—“查找”下拉按钮，在下拉列表中选择“高级查找”，打开“查找和替换”对话框。

而按快捷组合键“Ctrl+H”，或者单击“开始”选项卡—“编辑”组—“替换”按钮，则打开“查找和替换”对话框并切换到“替换”页。

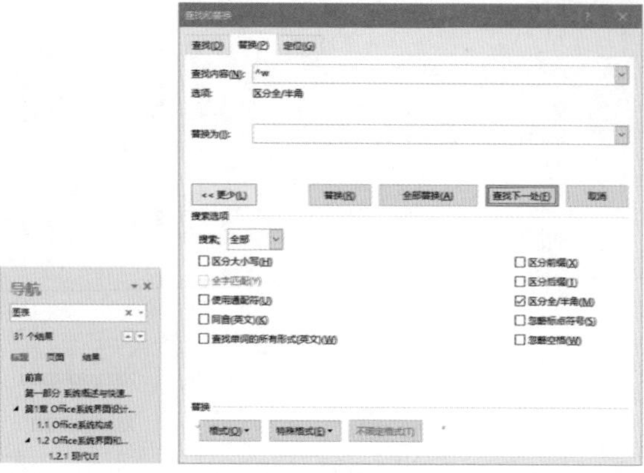

图2-2 Word与导航窗格结合的查找以及“查找和替换”对话框

Excel和PowerPoint的“查找和替换”对话框内容简单，不再单独介绍。

Word的“查找和替换”对话框如图2-2的右图所示，“替换”页相较“查找”页增加了“替换为”输入选择框及相应格式提示。

在对话框中，单击“更多>>”按钮，则列出更多的搜索选项，此时，“更多>>”按钮自动转换为“<<更少”按钮，单击“<<更少”按钮则不显示搜索选项。

在搜索选项中，用户可以选定搜索方向（比如“向下”或“向上”）、增加“区分大小写”等搜索要求。查找与替换的一些特殊应用包括：

- 在搜索选项中勾选“使用通配符”，可以使用如表2-1所示的通配符进行查找。

表2-1 通配符示例

通配符	说明	示例
?	任意单个字符，支持双字节字符	查找“现？代”，可以查到“现 代”（中间一个全角空格）或者“现在代表入场”，但是，查不到“现代”或者“现 代”（中间两个半角空格）
*	任意多个字符	查找“现*代”，可以查到“现代”“现 代”（中间一个全角空格）或者“现在，代表入场”

- 在实际应用中，在不勾选“使用通配符”的情况下，经常会用到“^p”来查找回车换行符，用到“^l”（L的小写字母）来查找软回车。

实用技巧

Word中删除空行的最快捷方式是用“^p”替换“^p^p”，因为空行处有两个连续的换行符，用一个换行符来将之替换，即可删除一个空行。如果有多个空行在一起，则多执行几次替换即可。

- 查找和替换某些格式，例如某种字体，可以单击对话框下方的“格式”按钮，然后在下拉列表中选择需要的格式设置即可。
- 查找和替换某些特殊格式，例如制表符、图形、分节符等，可以单击对话框下方的“特殊格式”按钮，然后在下拉列表中选择即可。

2.3 粘贴选项与选择性粘贴

粘贴选项有两种相似的用法：

（1）粘贴前单击右键，然后将鼠标指针移至“粘贴选项”，在悬停状态下查看何种格式符合要求，再点击选择该格式的选项，如图2–3所示。

（2）按快捷组合键“Ctrl+V”进行粘贴后，在新粘贴进去的内容右下侧会出现一个“粘贴选项”浮动栏，在进行其他操作之前，将鼠标指针移至浮动栏中的各个格式选项上，在悬停状态下查看新粘贴进去的对象将会变成的对应格式，然后点击选择该格式的选项即可使所粘贴内容显示为合适的粘贴效果。

图2–3 粘贴选项

温馨提示

实践证明，如果粘贴内容为文本，选择“只保留文本”是最方便快捷的粘贴选项。

除了粘贴选项，Office还提供了一个相关的功能——“选择性粘贴”：单击“开始”选项卡最左端“剪贴板”组的“粘贴”下拉按钮，单击“选择性粘贴”选项来打开“选择性粘贴”对话框，其中提供了更多的粘贴形式，如图2–4所示。

- Office会根据剪贴板中的内容来源确定可能的粘贴形式。例如，如果复制Excel区域后打开选择性粘贴，“形式”列表的第1项就是“Microsoft Excel工作表对象”。
- 其中，粘贴为“××对象”（“××”可以是“Word文档”等）实际上是嵌入了一个对象，该对象可以显示为一个图标，我们可以在文档中打开该对象的服务程序来对其进行编辑修改。
- 粘贴为“图片（增强型图元文件）”实际上是嵌入了一种矢量图，这种图片具有较好的保真性，即在图片大小改变时图片中的边缘也能保持光滑。

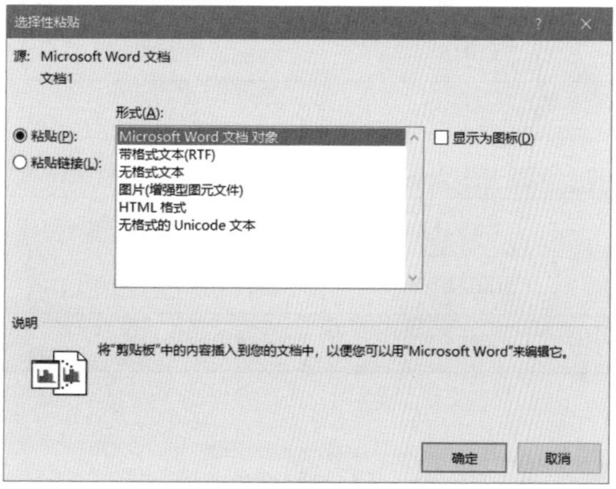

图2–4 “选择性粘贴”对话框

2.4 格式刷

格式刷无疑是“格式的搬运工”，无论文本段落、形状、表格、单元格等对象的格式（字体、段落、边框、填充等），均可被一次性地从一个对象“搬运”到另一个类似对象上。如图2–5所示，对“圆形”图形设置的格

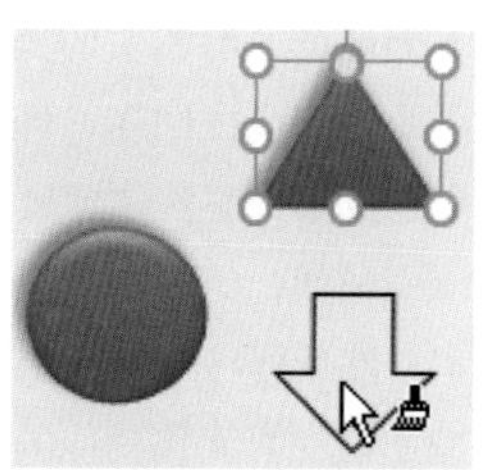
图2–5 图形格式刷

式，被刷到“三角形”图形上，并且即将被刷到“箭头”图形上。

格式刷的使用非常直接：（1）选中需要复制格式的源对象（对文本段落、单元格等，只需将鼠标指针停留在其中即可）；（2）单击“开始”选项卡—“剪贴板”组中的“格式刷”按钮（或者单击鼠标右键工具栏中的“格式刷”按钮），即将格式复制到了剪贴板中，此时鼠标指针自动变为“带刷子的鼠标指针”；（3）单击或选中需要被设置为该格式的对象，该对象即获得了前者的格式。

单击获取的格式刷是一次性的。双击“格式刷”按钮，则可将格式刷锁定，可以刷多个对象。刷完后在键盘上按“Esc键”便可退出格式刷状态。

用格式刷可以刷“一整片”对象。例如，当锁定某个段落格式的格式刷后，在需要设置相同格式的文本段落开头按住鼠标向下拖拉，则所选中之处皆会被刷为所选格式。

2.5 常用快捷组合键

Office的快捷组合键非常多，日常工作中只需记住常用的即可。表2–2列出了一些最常用的快捷组合键，对操作大有帮助。

表2–2 常用快捷组合键

快捷组合键	作用	快捷组合键	作用
Ctrl+S	存盘	Ctrl+C	复制
Ctrl+V	粘贴	Ctrl+X	剪切
Ctrl+F	查找	Ctrl+H	替换
Ctrl+O	打开文档	Ctrl+N	新建文档
Ctrl+F1	隐藏（显示）功能区	Shift+F1	显示格式
Ctrl+F2（P）	打印预览和打印	—	—

2.6 智能化Office

当今世界，智能化工具、装置或设备层出不穷，Office也跟上了这一潮流。如图2–6所示，从Office 2016开始，在选项卡标签最右侧提供了一个“告诉我您想要做什么…”文本框，在这个文本框中输入想要的操作，例如“标尺”，文本框下侧即会显示相关的操作或帮助供我们选择，如果此时直接按回车，即会执行查找到的第一条指令。例如，输入“标尺”后直接按回车，即会打开或者关闭页面上端和左侧的标尺。

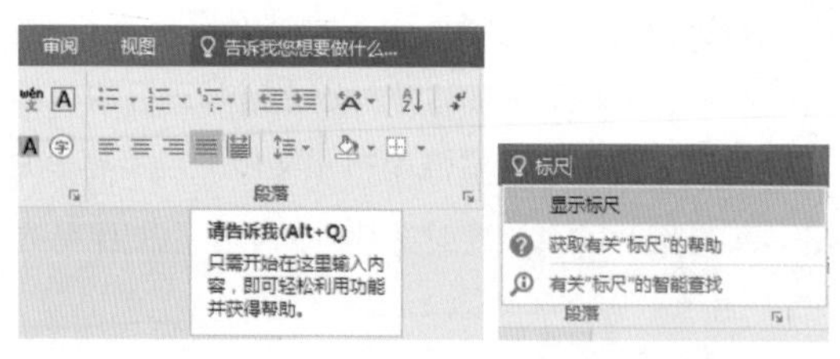

图2–6 Office智能命令匹配

显然，Office的这一功能是一个“选项/命令”查找功能，即到选项/命令库中查找用户录入的关键字，然后列出并打开相关选项或命令，例如“插入图片”“页面设置”等。

这一智能化功能的发展前景巨大，特别是对于某些特殊情况下的操作而言，例如将之结合语音录入工具，能为残障人士提供一个初步的智能操作入口；而对于普通用户，它则提供了一条找到某些生僻功能的捷径。但是，对于需要常用Office进行高效工作的人士而言，应该将其仅作为一个辅助功能使用，因为只有熟练掌握Office操作方法，才能达到真正的高效。

2.7 神奇的F4

在Office操作中，功能键F4具有“重复上一操作”的特殊功能。

所谓“上一操作”，可以是录入一段文字、粘贴一段文字或一个对象，也可以是给某个单元格设置某种格式。例如，我们在Excel中设置某个月历的格式——给单元格设置填充，如果这些单元格是离散的（例如分布在月头和月尾），则可以在设置好一个单元格后，用鼠标单击需要设置同样格式的单元格，然后按F4键，“上一操作”即被准确地重复执行了，如图2–7所示。

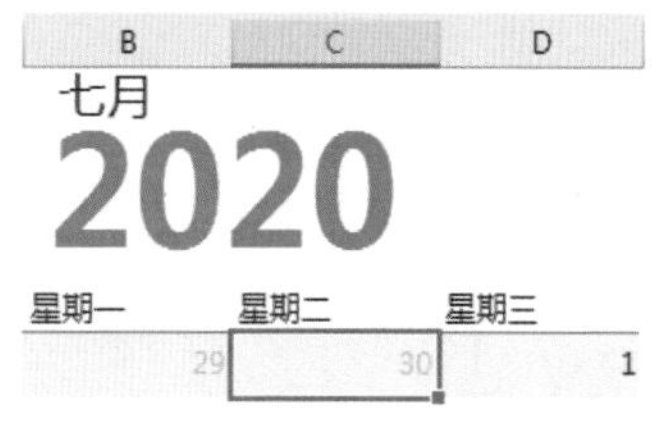

图2–7　利用F4键重复设置格式

需要注意的是，F4只能重复简单的格式设置，对于像单元格“数据验证”这样的设置则不能重复。

2.8 高效可靠的文档操作建议

- 机构需要有自己的文档模板，以提高辨识度、增进工作效率。
- 可通过常用快捷组合键“Ctrl+S”或者快速访问工具栏的存盘按钮对正在编辑的文件存盘。
- 善用查找与替换，效率倍增。
- 粘贴选项非常有用，专治各种“格式不服”。
- 格式刷是可以“一刷刷一片”的。

第3章 Office选项

Office选项就是Word、Excel和PowerPoint等应用程序本身的设置。这些选项设置决定了应用程序总体的工作界面、工作模式。一般来说，应用程序都会提供一套合适的初始选项设置。但是，随着实际使用的展开，我们可能需要改变这些选项以方便工作，例如1.3节介绍的界面的设置与自定义，以及第五部分介绍的开发工具等，都需要对应用程序本身的选项进行设置。自定义功能区和自定义快速访问工具栏已经在上一章讨论了，本章讨论其他选项。

Office选项一般的设置原则是：能不动则不动，动了可还原。

Word、Excel和PowerPoint的选项总体上是共通的。下面我们以Word为例进行说明。

3.1 打开Word选项

打开Word选项的按钮为“文件”页左侧“新建”“打开”“信息”等功能列表的最下端“选项”按钮，单击它后打开“Word选项”对话框。如图3-1所示，可以看到Word选项被规划为“常规”“显示”等12个模块。

图3-1 “Word选项”对话框

3.2 常规、显示与校对

1. “常规”选项

“常规”选项一般不需要修改，如果计算机配置较差时，可以关闭“用户界面选项”。

如果需要在编辑过的文档的“文档属性”中显示特定的姓名，则修改“个性化设置”中的“用户名”。

当然，如果需要使Office本身的界面变得更平实，可以修改Office主题。

2. “显示”选项

“显示”选项主要用于设置在编辑界面上的一些显示和打印模式，如图3-2左图所示。

（1）“页面显示选项”：一般不需要修改。

“在页面视图中显示页面间空白”：这是一个在编辑时随时可调的选项。在编辑时，缺省状态是两页之间显示了空白（含页边距），当我们将鼠标指针置于页面间的空白处时，应用程序会提示“双击可隐藏空白”，如图3-2右上图所示。双击之，空白（包括页边距）即被隐藏。隐藏后，再将鼠标指针置于两页之间的分隔线上，双击之即可显示两页间的空白。

图3-2　Word的“显示”选项

“显示突出显示标记”：在Word字体选项中，有两个容易混淆的概念——“字符底纹”和“突出显示标记”，这两个选项在“开始”选项卡的“字体”组中分居于“字体颜色”两侧，右侧为前者，左侧为后者，如图3-2右中图所示。

● 字符底纹是字符的背景颜色，默认为灰色，如需采用其他颜色，需要单击“开始”选项卡—“段落”组—“边框和底纹”下拉组合列表最下端“边框和底纹”选项，打开“边框和底纹”对话框的第3页来设置，如图3-3所示。

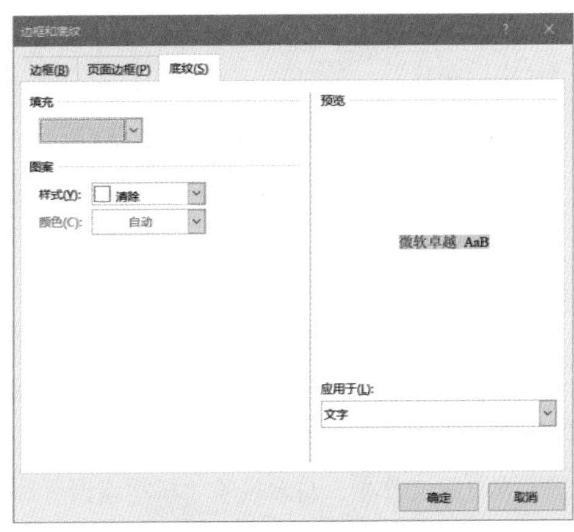

图3-3　“边框和底纹”对话框

● 突出显示标记也可给文本所在位置添加颜色，但是，这颜色就像使用记号笔那样，是“涂抹”在文本上面的，因此，突出显示标记会“覆盖”底纹，甚至后加的底纹也会被突出显示标记覆盖。

● 如果一个文档中有很多突出显示标记，可以去除勾选图3-2左图所示的“页面显示选项”中的第二项而使之不再显示。

“悬停时显示文档工具提示”是指当鼠标接近脚注、尾注等标记时，应用程序会显示处于页面底端或者章节最后的脚注、尾注信息，以便编辑时参考，如图3-2右下图所示。此设计非常人性化，不需要关闭。

（2）“始终在屏幕上显示这些格式标记”选项：平时工作一般会选中“段落标记”和“对象位置”，以便清楚段落位置与缩进。“对象位置”是指选中形状后，在左边距段落开头会显示一个“锚”的标记，以便确定形状的位置。

其他格式标记一般会在调整文档格式时才需要打开，如果编辑时打开这些格式标记的话，会给编辑工作带来不必要的影响。

（3）“打印选项”：一般保持默认即可。

注意：按照缺省状态不选中“打印背景色和图像”的话，打印时会忽略在“设计”选项卡—“页面背景”—“页面颜色”中添加的颜色或图形；但是，导出为PDF文件时背景颜色或图形会同时导出。

3. “校对”选项

Word是一个智能化的编辑器，可以进行某些自动校验和更正操作。我们可以在“校对”选项这里对校验和更正选项进行设置，如图3-4所示。一般情况下，无须更改“校对”选项。

单击“自动更正选项”按钮，打开“自动更正”对话框，如图3-4右图所示。我们可以勾选显示“自动更正选项”按钮，即在编辑过程中，当发生自动更正时，将鼠标指针移到自动更正的字符处，就会在自动更正字符处显示“自动更正选项”按钮。单击这一按钮，会显示下拉的“自动更正”浮动菜单，如图3-5所示。在菜单中可以进行“改回”或“停止”操作，而单击“控制自动更正选项”即可打开如图3-4右图所示的“自动更正”对话框。

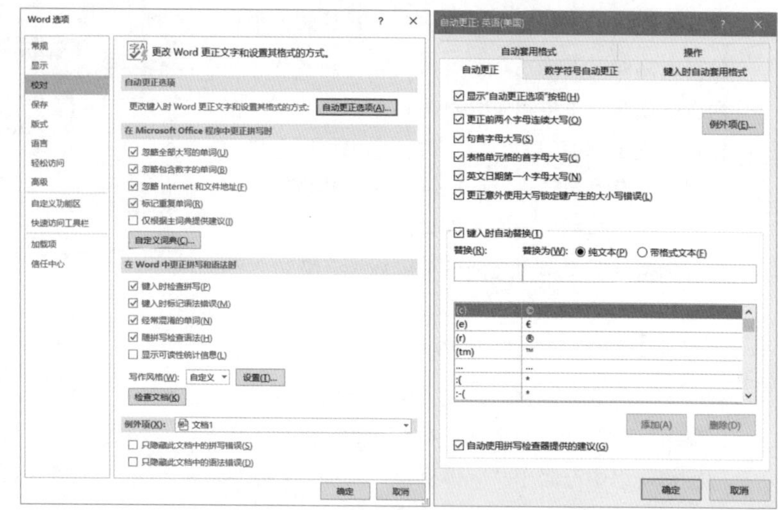

图3-4 “校对”选项与“自动更正”对话框

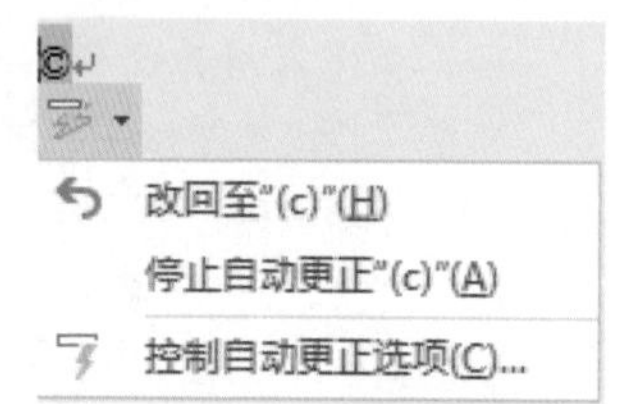

图3-5 “自动更正”浮动菜单

一个有用的功能是，我们可以通过在“自动更正”对话框中自定义自动更正来方便地录入某些符号。比如预定义：输入“（e）”后，会自动将之更正为欧元符号“€”。因此，如果需要，即可通过定义自动更正来获得某种符号。

在日常工作中，自动校验“拼写错误”和“语法错误”的确给工作带来了极大方便，但是，有些所谓的错误却属误判，而且需要将存在误判的Word文档通过截图发布时，由于误判而产生的波纹标记就会带来不良观感。如图3-6所示，将“黑面菇”误判为拼写错误，在文字下面添加了红色波纹线，并将“农超结合”误判为语法错误，在文字下面添加了蓝色波纹线。隐藏这些波纹线的方法是：勾选如图3-4左图所示的“校对”选项最后两项“例外项—只隐藏此文档中的拼写错误”和“例外项—只隐藏此文档中的语法错误”，则误判所造成的标记会被隐藏。

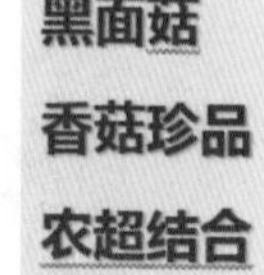

图3-6 拼写错误和语法错误

3.3 保存

“保存”选项主要涉及保存的位置、自动保存时间和字体嵌入问题，如图3-7所示。

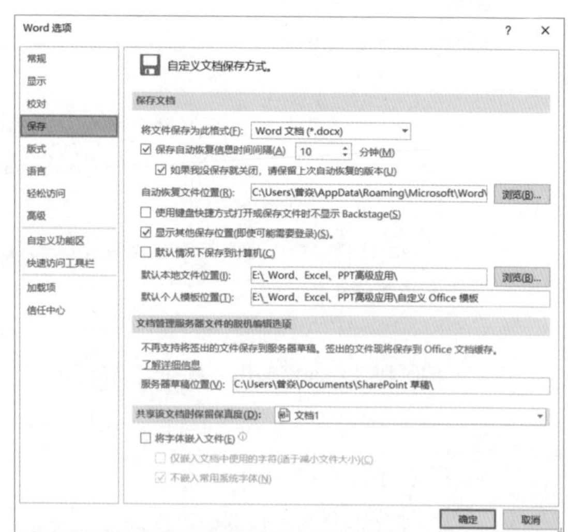

图3-7 “保存”选项

一般情况下，“保存自动恢复信息时间间隔”无须调整，但需做到心中有数。自动恢复信息是应用程序发生意外退出后，重启Word、Excel或PowerPoint时，应用程序所能够找回的最近工作。因此，如果将时间间隔调小，则应用程序会更为谨慎地时常保存自动恢复信息，可能会影响当前工作的流畅性。而将时间间隔调大，则发生意外退出时，可恢复的信息就更少。可见，如果将此间隔时间调大，则需要更加注意手动保存工作文档。

在保存位置方面，“自动恢复文件位置”和“Office文档缓存”位置可以根据计算机硬盘空间或速度来选择，将这两个保存位置放置到空间较大、速度较快的硬盘上是最佳选择。

至于“默认本地文件位置”选项则已经变得不那么重要了。因为按照Office 2010以后版本的工作模式，在对Office文档进行“保存”“另存为”或者“打开”操作时，不再直接打开默认保存位置文件夹，而是在文件操作页上按照“当前文件夹”“今天”“昨天”等次序让用户选择文件“保存”“另存为”或者“打开”的位置。

但是，应该将工作文档的存放位置搬离系统盘，以免在操作系统崩溃时令工作受损。

对于某些设计类型的文档，特别是对于PowerPoint演示文稿，如果使用了较为特殊的字体，可以在保存选项中设置“将字体嵌入文档”，这样，在文档交换后设计和演示效果不会发生变化。

温馨提示

嵌入的特殊字体只能对已经编辑好的内容生效，在新环境中新增的内容的字体则由新环境决定，并不能使用所嵌入的字体。

3.4 版式、语言和高级选项

1. 版式选项

版式选项列出了需要系统自动控制的换行时的选项，例如，不能位于行尾或行首的某些字符，或者自动换行时可以调整的字符间距。一般保持默认即可。

2. 语言选项

在Office的使用过程中，会自动检查拼写、语法，还可根据语言的词汇进行排序，这些能力都需要给应用程序添加一定的“编辑语言”，这就在Office选项的语言选项里完成。

如果有涉外工作，可以在“语言”选项中选中并添加相关语言，然后单击“未安装”，如图3-8所示，即会启动默认浏览器并自动访问到微软支持网站上的“Office语言配件包”网址。用户可以根据自己的Office版本，下载合适的语言配件包安装文件，安装后系统即会支持这种语言的拼写、语法和排序。

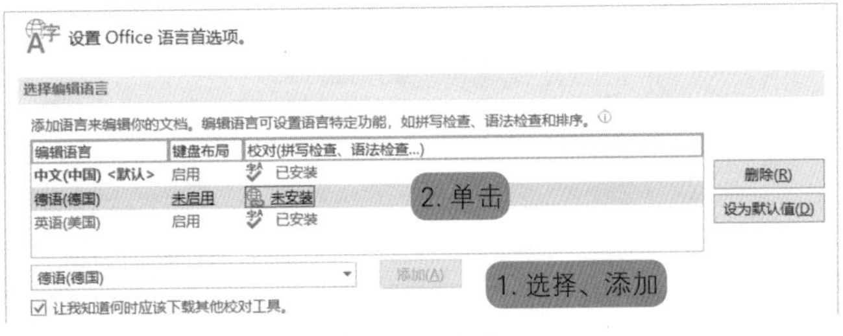

图3-8　语言选项

3. 高级选项

“高级”选项涉及到编辑、显示、打印等方面的一些细节，内容较多，一般情况下也不需要调整。

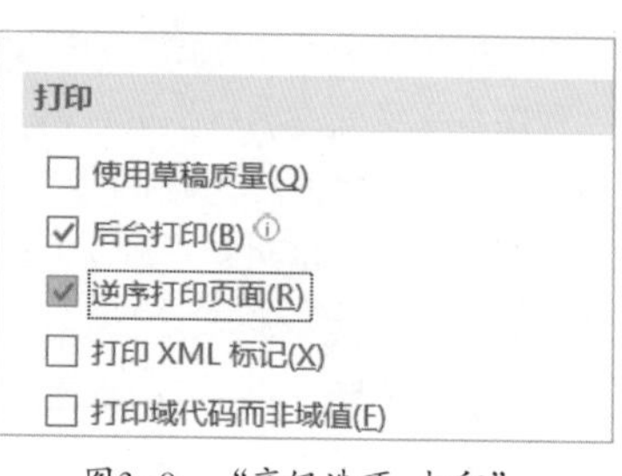

图3-9 “高级选项-打印”

打印方面的一个细致选项是“逆序打印页面”，默认状态是没有被选中，因此，打印时是按照“从头到尾”的打印次序，因此，页码较小的页面先被打印了。打印后一般需要手工调整次序。

如果文档页数较多时，调整次序就成了一个麻烦且易错的工作。此时，可以在“高级选项-打印”下，选中“逆序打印页面”选项，如图3-9所示。这样就会从页码较大的页面开始打印，打印出来的文档就不需要调整次序了。

当然，逆序打印也可在打印的时候，通过打印机的打印选项进行调整来实现。

3.5 加载项的启用与停用

加载项（Add-ins）是Office功能的一些扩展模块，往往是一个或者一组编译好的动态链接库（DLL）或者VBA程序，可以发挥独立的功能，对Office文档或数据进行处理。有些功能，在Office的低版本中以加载项的形式出现，到了高版本，就成了标配功能，例如“另存为PDF文件”。

有时，在安装了某个Office以外的应用程序之后，会发现Office功能区多出一个近乎“流氓软件”的选项卡，这往往是一个加载项，只需停用即可。

单击“Word选项”对话框的“加载项”选项，对话框右侧出现已安装的加载项列表，如果需要启用或者停用某些加载项，只需在底部“管理”下拉列表中选择加载项类别，再单击“转到”按钮，即会打开加载项配置对话框，然后，在对话框中勾选（或去除勾选）、添加甚至删除某个加载项，如图3-10所示，最后单击“确定”按钮退回“Word选项”对话框即可。

Office正在尝试的一项工作是开辟“应用商店”，同时让加载项常态化。因此，相关功能在“插入”选项卡也可以找到。

另外，Office正在将“加载项”这一名称转变为一个新名称——Office外接程序，即适用于Office的应用程序。

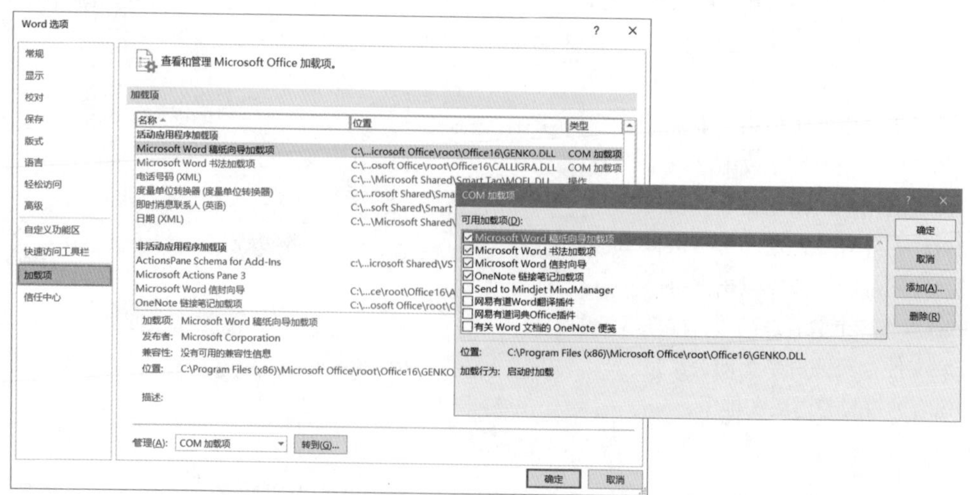

图3-10 加载项的启用和停用

3.6 信任中心

Office信任中心涉及系统安全性，因此不建议加以修改。但是，如果工作经常涉及宏的启用或者下载文档的打开，可以通过打开“信任中心设置”，修改“受信任的发布者”“受信任的位置”“受信任的文档”等选项，这样，在打开受信任范围的文档时就不会出现警告提示。

3.7 Excel的“公式”选项

Excel的“Excel选项”对话框还提供了“公式”选项，一般不需要修改。如果工作中需要用到递归来解决问题，可以通过修改“迭代次数”和“最大误差”来更快或更精确地求解。

3.8 Office选项设置建议

- 用户名改为操作者，以便Office帮你署名。
- 显示选项：日常显示段落标记，调整格式时选中“显示所有格式标记”，做完后取消。
- 打印效果可以在Office选项中设置，打印行为可以在打印机选项中设置。
- 校对和自动更正选项，可以避免词法和语法上的问题，但本身也会带来某些小问题。
- “默认本地文件位置”随工作需求而动，可以获得“出门就上车”的便捷感觉。
- 功能区可以自定义，但各个选项卡的原有布局最好不要动，规范化是高效的基础。
- 让快速访问工具栏动起来，把最近要用的命令放进去，工作便“如丝般顺滑”。
- 选项卡上突然出现的“额外功能”，可能是某些近似“流氓软件”的系统安装了一个加载项，取消这一加载项即可。

第二部分

Word高级应用

导读

很多年前，我与一个公司的技术总监共同编写一份大型的投标文档，他写技术部分，我写业务部分。在将各自编写的文档合并成总的投标文档时，他看着我文档结构几乎“纯手工打造”的文档，淡淡地问了一句：“你这样的文档结构，是怎么维护下来的？”

然后，就轮到他“表演”了。他打开我编写的文档，迅速地选择合适的主题，增加各种样式，设置样式的字体、段落、多级编号等内容，再分别对不同的段落设置不同的样式，然后将整理好的文字复制到他自己的文档中，最后生成目录，不到半个小时，一部数百页的投标文件书便条理清晰地呈现在我们面前，并且，文档结构可以随时再做调整。

我叹服于他对Word的驾驭能力，也叹服于Word对文字的编排功能之强大，当然，更重要的是，我懂得了把一个工具应用到炉火纯青的程度就是生产力！

要用好Word，必须对其内部的“文本及对象控制逻辑”有深刻理解。

- Word文档的页面布局规定了整个文档的页面框架，页面由页眉、页脚及页边距包围。而页面的关键格式要素——文本样式、颜色搭配、字体和图形效果又由文档主题及其相关要素决定。
- 页面的“底层”是文本，文本的格式按段落来组织，段落中的文本自动获得了该段落的格式，且可以定义其独有的格式。
- 段落的“样式”首先包含了段落的“大纲级别”属性，使各种文字具有不同的“地位”，这些“地位”即由字体、段落、编号、制表位等多项样式属性所决定的外观来体现。其次，文本样式可以再次修改，也可以被固化到主题中，甚至可以导出给其他文档。
- 其他对象可以“嵌入”文本中，而这些对象本身也具有各种样式，格式设置变得快捷而方便。
- “设置××格式”浮动窗格统一了多数对象的格式设置模式，提供了一个统一的入口。
- 文档分节管理可以使不同部分具有不同的页眉/页脚、页码甚至页面设置面貌。
- 文档的引用使文档元素之间以及文档与外部信息之间的关联变得自动化。

第 4 章 页面布局高级应用

页面是文档信息的展示场所，而页面布局是信息展示的总体框架设计。因此，编写文档，特别是篇幅较多的文档，在结构上应该首先考虑布局。

Word的页面布局选项被放在了“布局”和“设计”两个选项卡中（在Word 2007和2010版中都归在“布局”选项卡中）。设置内容包括：文档格式（含主题、样式集、颜色、字体等）、页面背景（水印、页面颜色、页面边框）、页面设置（含文字方向、页边距、纸张方向、纸张大小、分栏、分隔符等）、稿纸、段落和排列等。

本书作为高级应用教程，不会仅仅停留在这些选项设置的操作介绍上，更重要的是，我们会梳理各选项之间的关联，特别是其对文档整体的影响，并用鲜活的实例展现其应用。

4.1 页面布局的要素与原则

俗话说：“一页白纸好画画。”但是，要画好文字这张画，需要较好地理解页面布局的要素与原则。因此，作为整体性的认识，我们首先讨论一下“页面布局的要素与原则”。

4.1.1 页面布局的要素

我们可以将页面布局的要素分为两类：一类是基本结构要素，另一类是跟内容相关的要素，如图4–1所示。

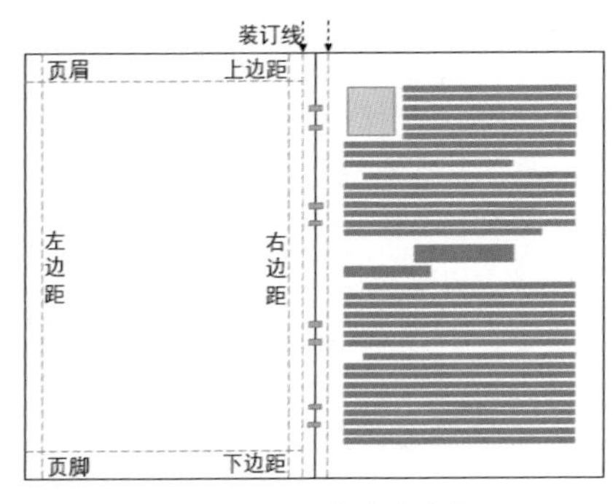

图4–1 页面布局的要素

基本结构要素包括：纸张大小、纸张方向、页边距（包括上下边距处的页眉和页脚）、装订线、分栏等，由此构成了文档文本、图片、表格的容器。

与内容相关的页面要素则复杂和丰富得多，主要包括：

- 字体。包括字体、字体大小、颜色、底纹等，还包括艺术字的各种属性。
- 文本段落。包括段落级别、段落间距、缩进、对齐以及编号列表等。
- 颜色。包括字体颜色、段落底纹、表格线条颜色、底纹颜色、形状填充及边框颜色等。
- 图形效果，特指图形缺省的填充、阴影、映射、发光等效果。

可以说，与内容相关的页面基本要素赋予了文本、表格、图形等文档对象鲜活的生命。

4.1.2 页面布局的原则

页面布局关系到整个文档的内容空间分布与展开模式，与其说它是文案工作，不如说它是设计工作。平面设计就非常注重页面布局，并且对页面布局有着深入的研究。平面设计理论综合考虑了艺术、视觉和心理等方面因素，提供了在较少页面上高效展现内容、突出主题、吸引人注意力并给人留下深刻印象的方法。

著名设计师罗宾·威廉姆斯（Robin Williams）在《写给大家看的设计书》中将设计的基本原则归纳为对比（Contrast）、重复（Repetition）、对齐（Alignment）和亲密性（Proximity），这四个基本原则可以取其对应的四个英文单词的首字母缩写为CRAP。而她在展开论述时则是按照“亲密性—对齐—重复—对比”这样的次序来进行的。

亲密性（Proximity）：把相关元素分为一组，使之成为一个视觉单元，各个元素之间的布局保持亲密的视觉接触，这样可以更清楚地表达信息。这是组织页面内容的基本原则。

对齐（Alignment）：任何元素都不能在页面上随意安放。每一项都应当与页面上的某个内容存在某种视觉联系，要保持页面的统一性和条理性。这是页面结构布局的基本原则。

重复（Repetition）：设计的某些方面需要在整个作品中加以重复。重复元素可能是一条粗线、某种加粗字体、某个项目符号、某种颜色、某种格式、某种空间关系等。这是页面布局视觉效果的基本原则。

对比（Contrast）：页面上的不同元素之间要有对比效果，而且是达到吸引读者目的的对比效果。可以通过对字体、线宽、颜色、形状、大小、空间等的选择来增加对比。这是页面布局进一步增强视觉效果的基本原则。

结合罗宾·威廉姆斯的观点，我把文档布局的原则总结为“结合、区分、排列、穿插和节奏”五个方面。

结合：利用字体、段落、分栏、表格、对齐、项目符号和编号等基本要素形成内容相关性的有序表达，以保证文档布局的亲密性。

区分：利用字体、字号、底纹、段落级别、缩进、对齐、对象分布等基本要素区分内容的层次关系与差异，以保证设计上的对齐与对比原则。

排列：同样利用字体、字号、底纹、段落级别、缩进、对齐、项目符号和编号等基本要素形成连贯的信息流，以保证设计上的重复性原则。

穿插：将表格、图形、文本框（艺术字）、图表、图片等对象穿插到文本中，既增强文档的表达能力，又形成视觉焦点。

节奏：掌握文档文理意义、基本元素布局动态的节奏，在布局上保持规范而又灵动。

鉴于篇幅关系，我们在此就不对这些“文档布局美学”的具体内容展开讲述了，在后面章节对Office应用程序具体操作的介绍中，我们会把这些基本原则贯彻到操作和实例介绍里。并且，在本书赠送的视频中，我们还会动态演示这些布局的效果设置，介绍如何实现大方、精美的文档布局以及基本要素的高效配置。

当然，需要强调的是，文档作为思想的载体，其形式永远是第二位的，居第一位的依然是文档内容，内容规范性、创新性和文字表达的准确性、生动性才是文档的真正灵魂。

4.2 页面布局与页面

页面设置几乎是文档编撰中的首要工作，特别是对于大型文档而言，因为页面基础框架取决于页面设置，这将影响整个版面视觉效果。

4.2.1　分隔符与分节管理

1. 分隔符

分隔符是将长文档隔断的非打印符号，包括分页符和分节符，打印时不会显现。分页符（或分栏符）的作用主要有：（1）使文档章节或长段落从新的一页开始；（2）插入分页符后，即使修改文字段落（增加或减少），也不会改变分页位置。而使用分节符则可以更好地控制文档中不同“节”的格式。

编辑文档时，如果需要显示这些符号，可以单击功能区“文件”标签—“选项”—“显示”，勾选“显示所有格式标记”选项，即会在页面具有分隔符的地方显示分隔符标记，如“…………分页符……………”等。在文档中插入分隔符的操作步骤如下。

操作步骤

【Step 1】　将光标停留在文档中需要插入分隔符的位置。

【Step 2】　单击“布局”选项卡—“页面设置”组—“分隔符”下拉按钮，显示“分隔符”下拉列表，如图4–2所示。

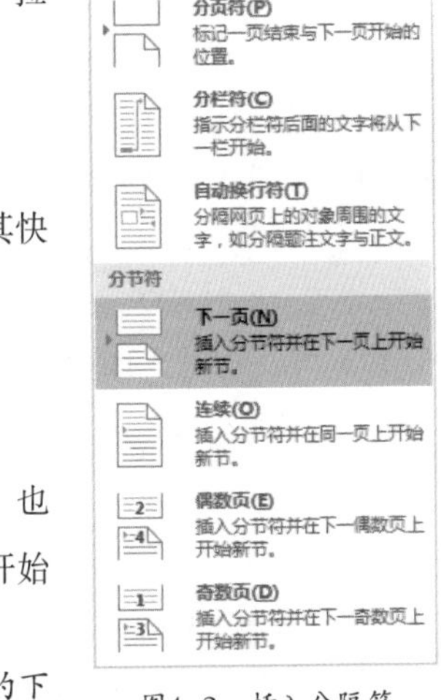

图4–2　插入分隔符

【Step 3】　在列表中选择一种分隔符，单击即插入该分隔符。

图中可以看到，分隔符分为以下四种：

- 分页符：把光标后的文字分隔到下一页。这是最常用的分隔符，其快捷组合键为“Ctrl+Enter”（即Ctrl键+回车键）。
- 分栏符：把光标后的文字分隔到下一栏。
- 自动换行符：用软回车把光标后的文字分隔到下一行。
- 分节符：开启文档的一个新的“节”。分节可以是在下一页分节，也可以（在本页）连续分节，还可以指定在下一奇（或偶）数页也开始新的节。其效果如图4–3所示。
  - 当分节符在下一奇（或偶）数页开始新的节时，如果当前页的下一页恰好是偶（或奇）数页，则下一页的这个页码就会被跳过，这样，双面打印时就不会打印这一空页，即中间就空了一页。之所以要这样做，是因为在大型文档和大部头书籍里，新的一章往往不是在前一章结尾的背面开始，而需要从右侧页开始。

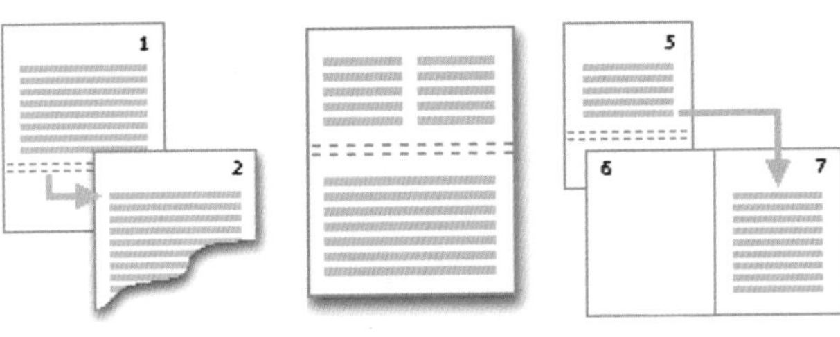

图4–3　分节的三种情况：下一页、连续、奇数页开始下一节

2. 分节管理

Word文档遵循“分节管理”原则：包括分栏、纸张大小、页边距、纸张方向、文字方向、页眉页脚甚至页码位置都可以通过分节的方法在不同的节中设置不同效果。

分节管理经常用于：（1）目录分割，例如，给文档目录与正文设置不同的页码格式，通常目录页码采用罗马数字，而正文页码采用阿拉伯数字；（2）章节分割，即对不同的章节添加不同的页眉页脚、页码等文档章节标识；（3）插入特殊版式页面，例如，在常规排版的文档中插入特殊页面（如在纵向文档中插入横向页面）。

我们将在后面的应用实例中结合其他选项设置予以深入介绍。

4.2.2 分栏

分栏即将一页或一段中的一整块文字分成两栏或两栏以上来显示。分栏一方面使阅读更快（眼睛移动的范围更小），另一方面使排版更紧凑，因为单栏文字总体上需要更多的留白和间隔。

分栏的设置步骤非常简单：选中需要分栏的段落，单击“布局”选项卡—“页面设置”组—“分栏”按钮，显示下拉分栏列表，直接设置的话，在其中选择“两栏”“三栏”或者“偏左”“偏右”即可，鉴于篇幅关系，此处不再对直接设置截图说明。这种直接设置的分栏的相关参数（宽度、间距）当然都是默认值。如果需要个性化的分栏效果，可以点击列表最下端的“更多分栏”选项，会弹出如图4-4所示的分栏选项设置对话框，可通过单击选择预设的栏数，也可自定义栏数并调整栏的宽度和间距。

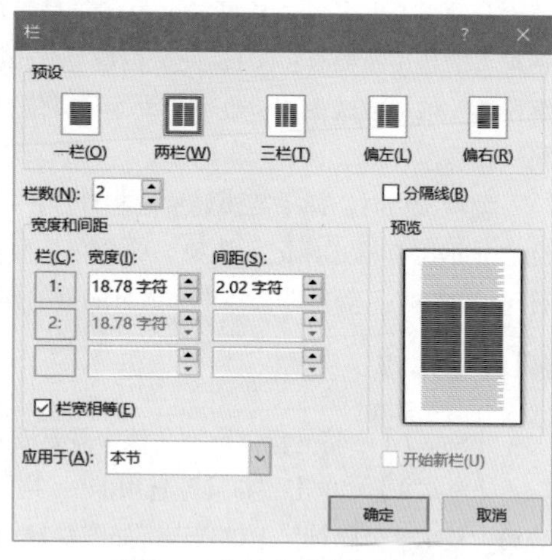

图4-4 分栏选项设置对话框

值得注意的是：

- 设置分栏时可以选择“应用于”下列范围之一：所选文字、本节、插入点之后、整篇文档。要选择“所选文字”的话，必须先在文档中选中一个或多个段落。
- 缺省分栏的应用范围为“整篇文档”，即当光标停留在文档任何位置，利用选项卡的分栏功能进行分栏时即会使整个文档分栏。
- 最方便的对数个段落进行分栏的方法：选中这些段落，然后进行分栏。其效果实际上是自动在分栏段落开头和结尾处各加上了一个分节符。
- 分栏之间可以插入分隔线。

4.2.3 纸张大小与方向

纸张大小与方向的直接设置也非常简捷：单击“布局”选项卡—“页面设置”组—“纸张大小”（或“纸张方向”）按钮，在预设列表中选择一种单击即可。鉴于篇幅关系，这里不再截图说明。

需要对纸张进行详细设置时，可以单击“纸张大小”列表中底部的“其他纸张大小”，或者单击“页面设置”组右下角的对话框启动器（如图4-5左图所示），系统即打开“页面设置”对话框，然后单击“页面设置”对话框中的“纸张”页标签，在其中进行详细设置，如图4-5所示。鉴于篇幅关系，本书后面章节将不再图示

图4-5 “页面设置”对话框启动器及“页面设置”对话框“纸张”页

单击对话框启动器这一步骤。

实用技巧

Office功能区的选项卡均被分为许多组，在大多数组的右下角都有一个小小的由暗框和斜向箭头组成的对话框启动器按钮，单击后可以启动这个组所设置选项的详细对话框。

说明：

- 纸张大小除了预设的大小之外，还可以手动录入任意设定的大小，这样就可以打印一些标签、海报之类的不规则纸张，只是设置自定义纸张大小时，需要注意打印机纸张大小的设定。
- 纸张方向可在“页面设置”对话框的“页边距”页进行详细设置。先单击“纵向”或者“横向”图标，然后选择“应用于”标识的应用范围后单击“确定”按钮即可，参见图4-6。
- 包括纸张大小、纸张方向等内容的页面设置都有“应用于”选项，一般为“本节/插入点之后/整篇文档”三选一。比如需要在文档中插入横向放置的图纸等图片页面时，即会用到应用范围选项。

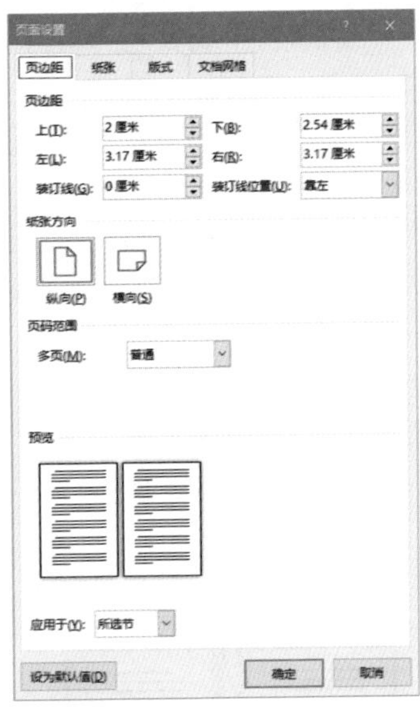

图4-6 “页面设置”对话框“页边距”页

4.2.4 页边距和多页

页边距是页面文字到页面边缘的距离，是页面重要的留白空间和添加附属内容（如页眉、页脚和页码）的区域。

页边距的直接设置非常简捷：单击“布局”选项卡—“页面设置”组的“页边距”下拉按钮，弹出“页边距”下拉组合列表框，然后在列表中预设的数个页边距选项中进行选择，单击之即可。

由于页边距直接关系到每行文本的字符数和页眉、页脚的高度，所以，对页边距的设置往往需要通过打开“页面设置”对话框来进行。

通过选择“页边距”下拉组合列表框的最后一项“自定义页边距”或者单击“页面设置”组的对话框启动器，打开“页面设置”对话框，如图4-6所示。在对话框的“页边距”页中调整具体数据，选择“页码范围”和“应用于”选项后，单击“确定”按钮即可。

说明：

- 调整页边距的各项参数时，在“预览”区域可动态看到其对页面布局的具体影响。
- “装订线”：纸张边缘留出来供装订用的界限。在装订线那一侧，页边距是从装订线开始算起的，例如，“装订线位置”为“左”，“页边距”—“左”为3.17厘米，“装订线”为1.5厘米，则文本距离左侧边缘4.67厘米。
- “应用于”选项：一般为“本节/插入点之后/整篇文档”三选一，以便用户将某些特殊的页面设置控制在需要的范围内。

"页码范围"①—"多页"选项：本质上是设定多个页面之间的关系。其中选项包括：

● 普通：指在"应用于"选项定义的范围内，每个页面都按照页边距设置的参数进行显示和打印，各页之间没有关系。

● 对称页边距（Mirror Margins）：两页对开，开始页位于左侧，页边距的"左""右"参数变为了"内""外"，装订线位于"内"侧。内侧页边距用于多页双面打印或印刷。如图4-7左侧两个预览图所示。

● 拼页：就是将两页的内容拼在一起打印，一般适用于按照小幅面内容排版，但是又用大幅面纸张打印的情况，即一张纸两个页面（2 Papers per Sheet）。因此，"多页"选项为"拼页"时，往往要配合纸张大小与纸张方向的设置。如图4-7右侧两个预览图所示。

纵向拼页在页面视图上变成了两个小的横向页面，装订线在"外"侧，是非常典型的为制作向上翻页的横向小册子而做的设计，例如，A4纵（21厘米，29.7厘米）→2×A5横（21厘米，14.8厘米），B4纵（25.7厘米，36.4厘米）→2×B5横（25.7厘米，18.2厘米）。

而横向拼页则变成了两个小的纵向页面，装订线在"内"侧，实际上变成了纵向的小册子。

一般不会做A3→2×A4的拼页，因为A4作为"大众纸"，排版直观，价格便宜，不必用A3来做拼页。

拼页是制作小册子的常用页面设置。近年来，许多企业用拼页设置来编制报告，例如使用A3横→2×A4纵或者A4横→2×A5纵，这样的报告的电子文档视野开阔，打印文档规范，而且利用分节即可方便地放入整个A3横向（或A4横向）的大图。

图4-7 页面设置—多页：对称页边距和拼页

● 书籍折页（Book Fold）：这是自Word 2002开始，从"一张纸两个页面（2 Papers per Sheet）"选项延伸而来的选项。选择这个选项后，纸张方向被强制置为横向，装订线置于"内"侧，但无论是在页面上，还是打印预览时都会发现：实际上，其效果确如其名，装订线处于页面"外"侧，如图4-8所示。我们可以按顺序编辑文档，但是，当打印文档时，Word会把页面折叠成一本小册子。例如，你的小册子有8页，Word会在同一张纸上打印第8页和第1页，在另一张纸上打印第2页和第7页（或者在同一张纸的背面，如果是双面打印的话），在下一张纸上打印第6页和第3页，以此类推；当你把打印出来的页按顺序排列在一起时，

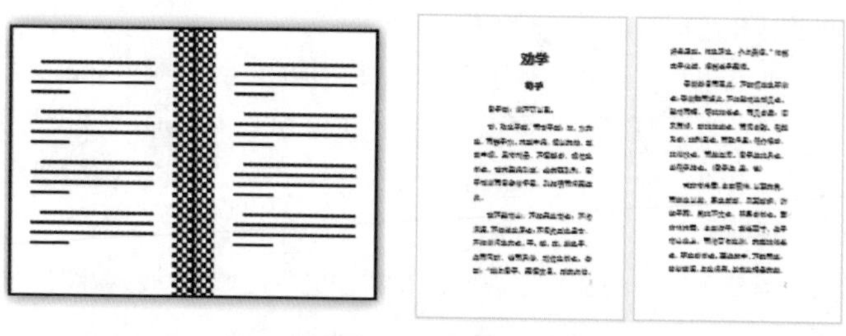

图4-8 页面设置—多页：书籍折页

① "页码范围"这一翻译并不准确，英文版Office中，这里是"Pages"，即"多个页面"的意思。

就可以将它们对折，然后在折页处装订。

● 反向书籍折页：与书籍折页相似，不同之处在于它是反向折页的。它可用于创建从右向左折页的小册子。如果使用竖排方式编辑一本四页的小册子，双面打印效果为：纸张正面的左边为第3页，右边为第2页；反面的左边为第1页，右边为第4页。从右向左折叠之后，页码顺序正好是1、2、3、4，即当从左向右反向翻页时，页码顺序正确，这正如中国古装书籍的装订方式。

页边距的设置除了“拼页”“书籍折页”和“反向书籍折页”这三种“多页”设置外，均可利用“应用于”选项来进行控制，在普通文档中插入特殊的页面效果。

温馨提示

打印文档时要注意页面设置的纸张大小与打印机纸张大小的设置是否匹配，如果不匹配，则会造成走纸和打印问题。

上述选项设置效果可参见本书提供的第4章的样例文档，至于设置的动态效果，可参见本书提供的视频演示。

4.2.5 多页布局、多栏分节管理（世界顶级企业报告实例）

在实际工作中，我们常常会综合应用上面讨论的各种页面控制选项。图4–9是微软公司2019年欧洲AI发展报告中的一页，这是一个多样的页面设置的实例。

可以看出，这个文档的页面的基本设置为：“多页”选项是典型“拼页”，A4横（29.7厘米，21厘米）→2 × A5纵（14.8厘米，21厘米）；特殊页边距；正文分栏为“三栏”，标题和图片“通栏”。

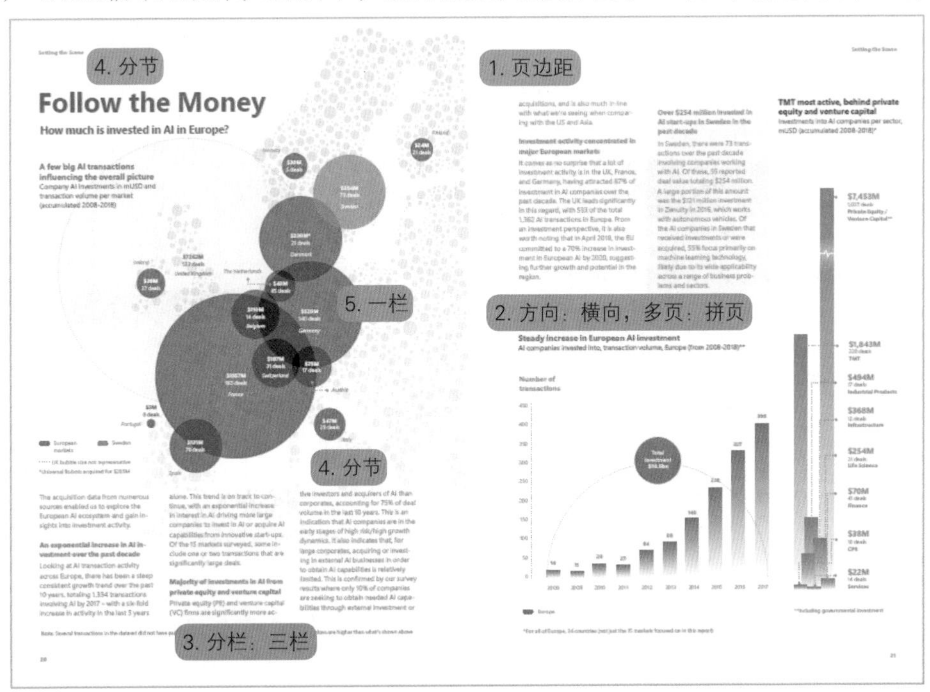

图4–9 页面设置实例：微软公司2019年欧洲AI发展报告[①]

① 鉴于篇幅关系，笔者在图中对某些操作步骤的多个子步骤使用相同的序号进行标序。例如图 4–9 中对“Step 4”的两个子步骤——“分节”使用相同的序号“4.”进行标序。下同。

实现这一报告的效果的页面设置大致步骤如下：

操作步骤

【Step 1】 页边距：单击“布局”选项卡—“页面设置”组的对话框启动器，在对话框中完成页边距设置。

【Step 2】 纸张方向、多页和纸张大小：在“页面设置”对话框中将纸张方向选为“横向”，将“多页”选项选为“拼页”，确认纸张大小为A4；应用于“整篇文档”。

【Step 3】 单击“布局”选项卡—“页面设置”组—“分栏”下拉按钮，选择“更多分栏”，在“分栏”对话框中选择“三栏”并设置合适的宽度和间距，将“应用于”选项选为“整篇文档”。

【Step 4】 编辑过程中，在每一个标题或者图片前，插入“分节符—连续”，插入适当空格后再插入“分节符—连续”。

【Step 5】 将鼠标指针停留在【Step 4】中所加的空格内，单击“布局”选项卡—“页面设置”组—“分栏”按钮，弹出下拉分栏列表，在其中选择“一栏”，获得“通栏”节。

4.2.6 文字方向

现代文档大多横排，因此文字方向为水平。个别注释性文字需要改变方向时，可以利用文本框来实现。

但在某些特殊情况下，如古诗文、菜谱、宣传单张等，需要改变文字整体排版方向，这时就应当从布局上来改变文字方向了。改变文档文字方向的方法如下（如图4-10所示）。

操作步骤

【Step 1】 单击“布局”选项卡—“页面设置”组—“文字方向”下拉按钮。

【Step 2】 选择“水平”“垂直”“将中文字符旋转270°”或者“文字方向选项”（在打开的“文字方向 - 主文档”对话框中进一步设置）。

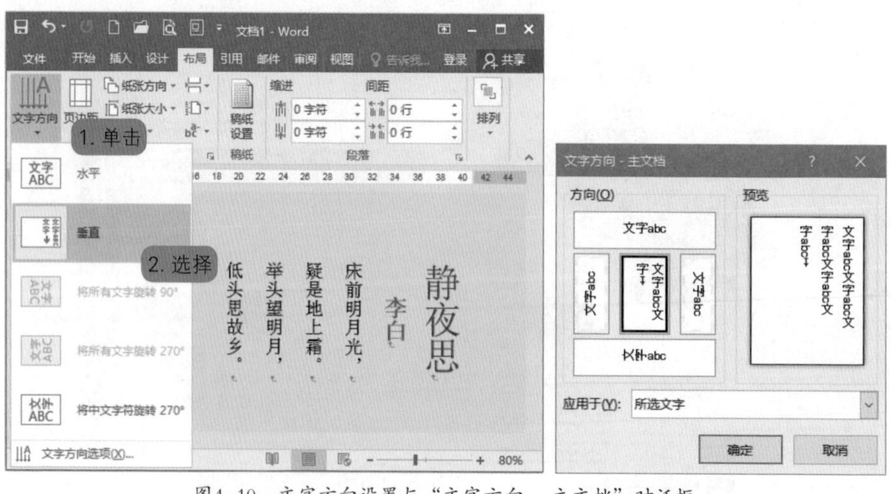

图4-10 文字方向设置与“文字方向 - 主文档”对话框

说明：

- 文字方向“水平”为默认选项，即文字从左向右水平排列。
- 文字方向选择为“垂直”时，则按照中国古代文本排列方式，文字从上向下、段落从右向左排列。

- 无论文字方向是“水平”还是“垂直”，中文字符本身的方向没有改变。
- 一般而言，文字方向是针对整个文档的，即选定某种文字方向后，整个文档的文字方向都随之改变。
- 如果选中局部文字，然后设置方向并在“文字方向 – 主文档”对话框中选择“所选文字”，则先在所选文字前后各插入一个分页的分节符，然后将所选文字改变方向。
- 我们可以看到“文字方向”下拉列表中的“将所有文字旋转90°”或“将所有文字旋转270°”一般是虚的，不可被选中，这是因为这样的特殊设置不是针对整个文档的，而是针对某一些需要设置特殊方向的文字的，设置时需要将文本放到文本框或者表格中。
- 我们还可以看到文字方向变为“垂直”后，段落、分栏等选项的设置也随之发生改变，这样就可以更好地控制页面。

4.2.7 行号与断字

我们可能偶尔需要对文档添加行号，如在计算每页有多少行时，加上行号可以方便计数。

添加行号的方法非常简单，单击“布局”选项卡—“页面设置”组—“行号”下拉按钮，在下拉列表中选择合适的选项即可。这些选项的意义明确，无须赘言。

如果需要进一步的设置，例如改变起始编号等，可以选择下拉组合列表框底部的“行编号选项”，在弹出的“页面设置”对话框中点击“行号”按钮，将弹出“行号”对话框，如图4–11所示。在其中可以进行“起始编号”“距正文”“行号间隔”等选项的设置。

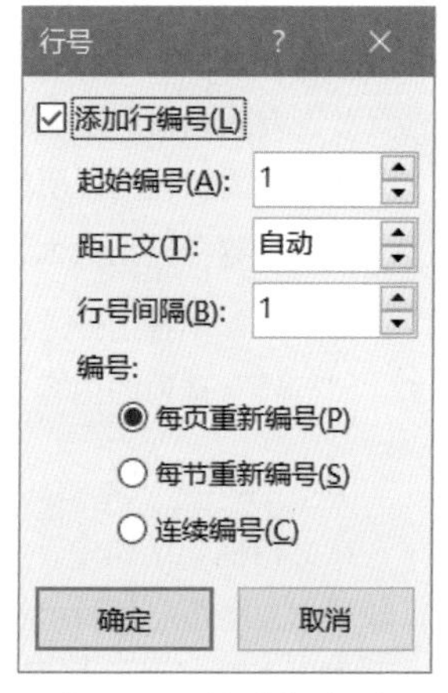

图4–11 “行号”对话框

“断字”按钮位于“布局”选项卡的“页面设置”组中。断字主要针对英文或拼音，由于字母组成的单词长度不一，如果每行都按照单词长短自由断字，可能会造成文档页面右端对齐效果不佳，形成犬牙交错状；如果强行将段落设置为两端对齐，又会造成字间距不一。因此，选择断字可以将每行右端如何断字、如何对齐的问题交给Word自动处理。在这方面的设置上，主要使用方块字的作者完全不必操心，只要在“Word选项”—“版式”下保持缺省配置即可。

4.2.8 版式、文档网格与绘图网格

决定每一页各区域格局的因素除了纸张、页边距等，还有页眉、页脚位置等版式和文档网格方面的设置。这些具体的控制选项被放在了“页面设置”对话框的“版式”标签页和“文档网格”标签页之中。

进入“版式”设置界面的一般方法是单击“布局”选项卡—“页面设置”组的对话框启动器，然后单击“布局”标签页。

最快进入“版式”设置界面的方法是，用鼠标双击页面上端标尺下靠近页面两侧的空白处，即弹出“页面设置”对话框，然后再单击“版式”标签页即可。

1. 版式

如图4–12所示，版式设置主要分为节、页眉和页脚以及页面三方面的选项设置。

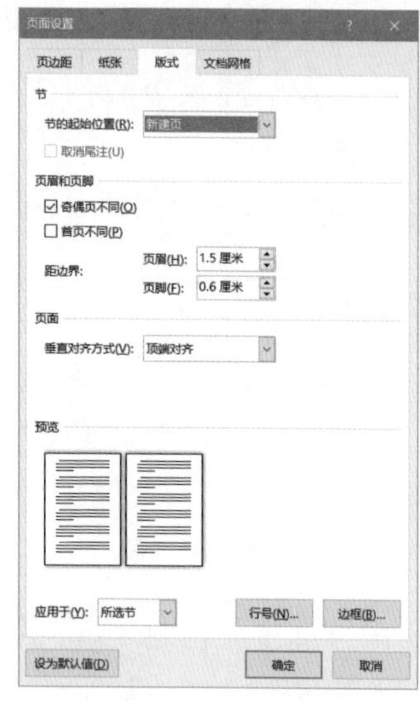

图4-12 “页面设置—版式”

（1）分节选项与4.2.1小节所述内容基本相同，这里不再重复。

（2）这里的“页眉和页脚”只涉及影响页面格局的几项关键选项：

- 奇偶页不同：勾选后，奇数页和偶数页的页眉和页脚可以不同。例如，奇数页右对齐，偶数页左对齐。
- 首页不同：为文档封面或者某一节的开头留出不一样的页眉和页脚。
- 距边界：指页眉和页脚与页面边界之间的距离。缺省设置下页眉和页脚的距边界值分别小于上边距和下边距。如果调整页边距或者调整相关值，导致“距边界—页眉”的值大于上边距，则页眉会下沉到编辑区，挤占正文空间；同理，如果“距边界—页脚”的值大于下边距，则页脚会上突到编辑区，也会挤占正文空间。当然，如果需要进行在页眉或页脚处放入较多内容的特殊版式设计，可以采用以上方法进行设置。

（3）“页面—垂直对齐方式”：指编辑区中的文本在页面中的垂直对齐方式，在“顶端对齐/居中/两端对齐/底端对齐”四种方式中选择其一即可。

此外，需要补充说明的是：

- 上述设置与其他页面设置一样，可以通过“应用于”选项将相关设置限制在“本节”或“插入点之后”，或者选择“整篇文档”选项。
- “行号”选项的内容如4.2.7小节所述。点击“边框”选项即为页面添加边框。

2. 文档网格

在文档框架结构中，实际上有一张看不见的网格位于文档正文编辑区的背景里，这张网格以每页行数及相关间距、每行字符数及相关间距为依据，形成了页面在横向和纵向上的参照系。

如果需要显示文档网格，可以单击功能区“视图”选项卡标签，在“视图”选项卡的“显示”组中勾选“网格线”多选项后，编辑区则会显示出网格。网格只是对象位置在编辑时的参考系，在打印时是不会被打印出来的。

单击“布局”选项卡—“页面设置”对话框—“文档网格”标签页，即可设置文档网格，如图4-13左图所示。该标签页集中了“文字排列”“网格”“字符数”和“行数”几组选项，在下端还有“绘图网格”和“字体设置”两个按钮。

（1）文字排列：与4.2.6小节中介绍的内容基本相同，并加入了“分栏”的功能。

（2）网格：网格是根据“行数”的设置确定的。例如，按缺省的A4纸张，默认

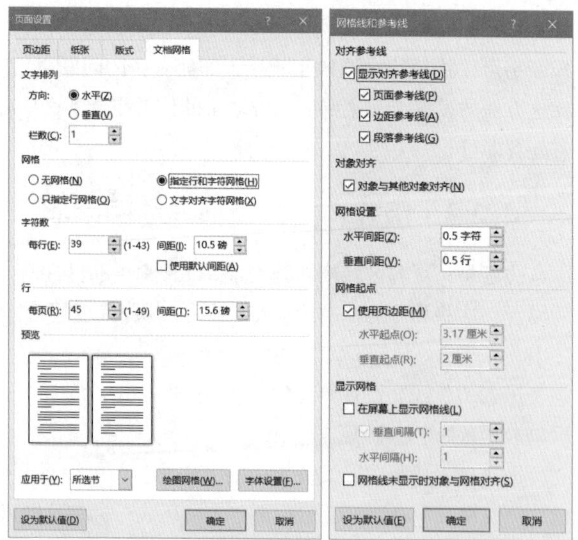

图4-13 “页面设置—文档网格”；“网格线和参考线”对话框

上下边距为2.54厘米，默认每页行数为44行（按五号字计算），则每页网格为44行；当我们把每页行数调整为22行时，则每页网格为22行。因此，“网格”选项包括：

- 无网格：指不进行行数控制，“行数”值变得不可调，使行间距变成了上下行“紧挨”的状态。按缺省的A4纸张，默认上下边距为2.54厘米的设置，则每页可容纳57行五号字。

温馨提示

段落选项“单倍行距”“1.5倍行距”等行距是在每页行数、相关间距值与纸张大小等有关设置的基础上形成的。即首先根据纸张高度和每页行数、间距得出每行行距，然后以此计算相应的行距。

- 只指定行网格：此为默认选项，即根据纸张大小、上下边距及每页行数、间距值按行指定横向的行网格；而纵向的字符网格则按照纸张大小及页边距自动计算。
- 指定行和字符网格：此时的“字符数—每行”和“字符数—间距”的数值均可调整。首先按照“只指定行网络”的方式指定行网格，再根据纸张宽度、页左右边距、每行字符数并同时考虑“间距”值指定字符网格，字符网格将不会被显示。
- 文字对齐字符网格：此时关闭“间距”值的输入框，仅以每页行数及每行字符数来确定行网格和字符网格。

实用技巧

观察每页行数和每行字符数最快的方法是打开标尺。纵向标尺上的相关数值即每页行数，横向标尺上的相关数值即每行字符数。

（3）字符数：指每行字符数。每行字符数受“间距”值影响：如果间距增大，Word将自动下调每行字符数；如果间距缩小，Word将上调每行字符数。字符数是影响字间距的基本因素。

（4）行数：指每页行数。每页行数也受“间距”值影响：如果间距增大，Word将自动下调每页行数；如果间距缩小，Word将上调每页行数。行数是影响行间距的基本因素。

3. 绘图网格

单击“页面设置”对话框中“文档网格”标签页下端的“绘图网格”按钮，弹出如图4-13右图所示的“网格线与参考线”对话框，该对话框中的选项主要用于绘制图形或设置文本框等时使用。

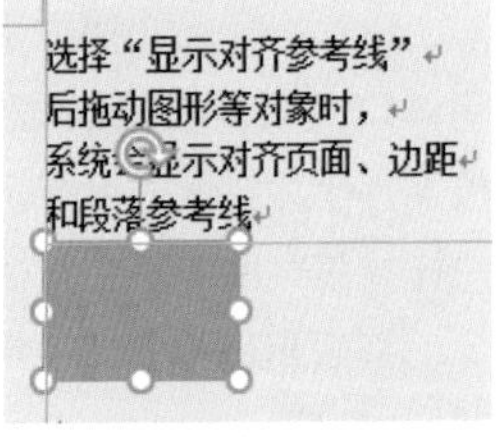

图4-14 对齐参考线

打开这一对话框最便捷的方法是：单击图形、图像对象的“绘图工具—格式”选项卡—“排列”组—“对齐”下拉组合列表框底部—“网格设置”按钮。

（1）对齐参考线：勾选“显示对齐参考线”选项后，在页面上拖动图形或文本框等操作对象时，会显示用以对齐页面边距或段落的参考线，以便操作时对象能位于合适的位置，即如图4-14中所示的绿色长线。实际上，这些参考线会跨越整个页面以便操作者能更好地使操作对象对齐页面边距或段落。

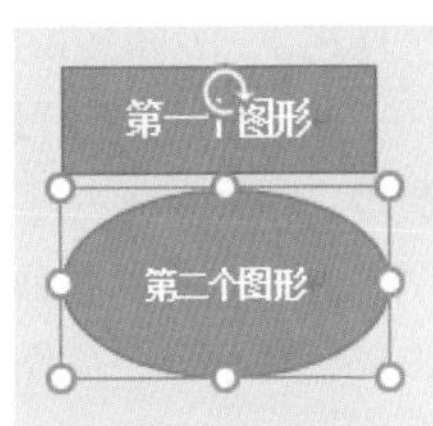

图4-15 对象对齐

（2）对象对齐：在添加对象或者移动对象时，我们希望后添加的对象与前面的对象等宽或者等高、边距对齐。如图4-15所示，当勾选“对象与其他对象对齐”选项并取消勾选“显示对齐参考线”选项后，拉动后添加的图形（在此处即“第二个图形”），或移动后添加的图形，当其接近原有图形（在此处即“第一个图形”）的边缘时，会自动有一个类似“粘连”的微小动作，使后添加对象的边缘与现有图形边缘对齐。

（3）网格设置：指对页面网格的距离进行设置。“水平间距”控制纵向的网格间距，“垂直间距”控制横向的行间距。这两个“间距”都是在字符数和行数所共同形成的网格基础上对间距进行调整的选项。

（4）网格起点：默认以从页边距作为起点，可对此进行设置。

（5）显示网格：单击“在屏幕上显示网格线”选项与单击“视图”选项卡—“显示”组—“网格线”选项的功能相同。勾选“网格线未显示时对象与网格对齐”选项是为了实现即使在没有显示网格线的情况下拖动对象，对象也能定位到最接近的网格交点的效果。

4.2.9 段落与排列

在Word的“布局”选项卡中，考虑到对整体页面布局进行设置的需要，还加入了“段落”组和“排列”组。前者是设置所选中文本段落的段落参数的入口，而后者是设置图形、图片排列选项的入口。这些我们在后面都会在专门的章节中讨论，在此不再多言。

4.3 事半功倍的格式设定——主题与样式集

4.3.1 主题及其自定义（以会议纪要的格式设定为例）

1. “主题—样式集—样式”的设计思想

这里说的主题（Theme）并不是在“Office选项”里所说的能使Office应用程序本身呈现不同外观的Office主题，而是另一种能为Office文档提供专业和时尚外观的快速简便的方式。单击功能区“设计”选项卡下的“主题”按钮（Office 2007版和2010版的“主题”按钮位于“布局”选项卡中），即可设置Office文档的主题。

文档主题本质上是一组预先搭配好的格式选项，其中包括一组主题颜色搭配（即调色板）、一组主题字体（包括各级标题和正文文本字体）以及一组主题效果（包括线条和填充效果）。

Office引入文档主题的概念，解决了关于众多对象颜色、众多字体以及众多效果如何搭配的难题：利用主题，将颜色搭配（调色板）、字体搭配和效果进行组合，这些组合的形式多样，由此形成了“样式集”中能决定文档格式的各种样式的基本“模样”。

样式集里包含了一组具体的“样式”（正文、标题1、标题2、标题3、标题、副标题等），这些样式的颜色搭配、字体搭配和效果由主题决定。这给用户提供了多样的选择：通过选择某一个主题和某一个样式集，获得搭配好的颜色、字体和效果。

此外，用户还可以在这些缺省主题和样式的基础上进行修改，通过“保存当前主题”和“另存为新样式集”形成新的自定义主题和个性化样式集，从而通过用户的自我积累获得满意的个性化效果。由此，也形成了如图4-16所示的开放的“主题—样式集—样式”金字塔。

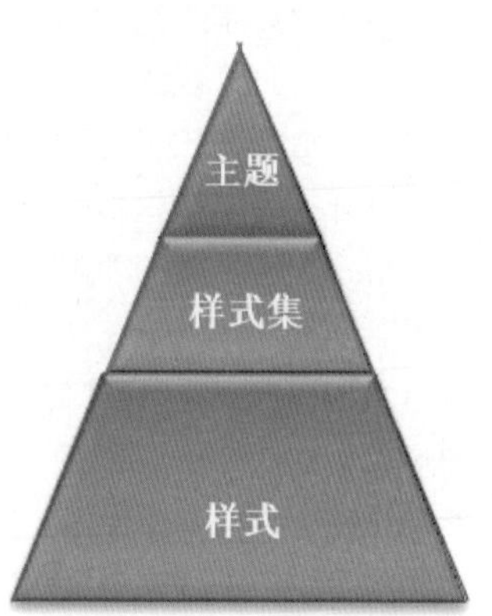

图4-16 “主题—样式集—样式”金字塔

我们可以用烹饪来比喻“主题”“样式集”和“样式”之间的关系：如果说各种颜色、字体和效果就像烹饪时所用的油脂、调料和香料的话，那么主题就是菜系，样式集就是各种调味风格，而样式就是各道菜的具体做法。

当我们不利用任何Word模板来创建一个新文档时（实际上此时是基于缺省模板“Normal.dotm”来创建文档），则获得了最基础的Word文档：主题为“Office”，样式集为“此文档”。

“Office”主题的颜色为“Office”（这是我们最常见的调色板），字体为“Office等线 Light”（这是最无个性的字体），效果也为“Office”。

基于“Normal.dotm”模板获得的样式（如正文、标题、标题1等）也就是我们常见的那些毫无个性的、各级标题的行间距和段落间距有点“奇怪”的样式。

具体来说，主题、样式集与文档格式的关系可以用图4-17来表示。

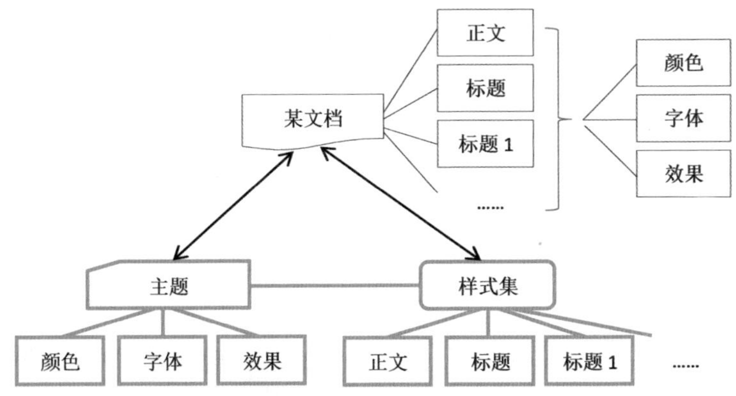

图4-17　主题、样式集与文档格式的关系示意图

因此，要轻松获得更新颖或者更为标准化的文档基础格式，用户就需要在新建文档之后、编撰文档之前，选择某一个特定的主题，再选择某一个样式集。如有需要，还可以调整颜色、字体、效果，使新建的文档可以方便地利用在所选定主题中定义的、更有个性的颜色、字体和效果，也获得了选定的样式集中所设定的各类文本的格式。

Office的主题、样式集都是开放的，可以在日常工作中将所获得的，在颜色、字体和效果方面有特色的文档保存为自定义主题，以便未来调用；还可以将特定的文本、标题等格式的选项配置保存到样式集中，使其成为自定义样式。

利用这套机制，通过一段时间的积累，即可建立起文档的一整套“格式模板”。这样不仅可以使文档的基本格式配置获得事半功倍的效果，还可以让各种机构设置出自己的文档样式集，从而保证文档效果具有一致性、可调整性和辨识度。

温馨提示

主题中“效果”选项的使用效果并不像它的名称和图标那么出色。例如，“发光边缘”“上阴影”“反射”“极端阴影”等效果都不具有突出的个性，主题的效果也一直无法自定义。这些也许是微软公司为未来推出更出彩的Office版本所留的后手吧。

2. 选择主题

确定文档主题的方法非常简捷：单击“设计”选项卡—“文档格式”组—“主题”按钮下拉列表，在下拉列表中选择任意主题即可，如图4-18所示。（注意：图4-18中的“主题颜色”选择框是被拼接进来的，目的是向读者展示主题名为“Office”的“主题颜色”。）

可以看到：

- 图4-18中的主题被分为了“自定义”和“Office”两组。
- Office提供的缺省主题被预先命名为“Office”“环保”“回顾”“积分”等，以“Normal.dotm”为缺省模板所新建的文档的默认主题就是名为“Office”的主题。
- 在选择的过程中，当鼠标接触到某个主题时，文档中的各种样式就会同步发生变化。选择不同的主题后，就可以在所选定主题定义的主题颜色、主题字体和主题效果的基础上，再获得一组相应的样式集（不同的字体、颜色）、形状（包括SmartArt图形）的默认填充色与其他搭配色、图表的搭配颜色等。

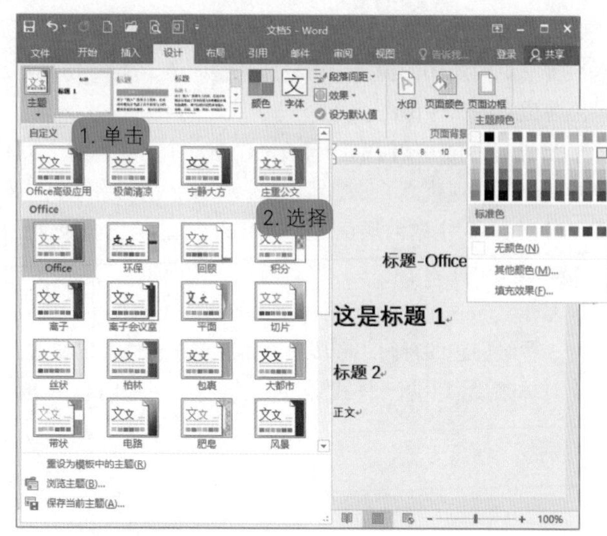

图4-18　选择Office主题的步骤

3. 自定义主题

将当前文档的颜色、字体和效果保存为特定的主题，以供未来使用。我们以文档“×××公司会议纪要”为例进行说明，如图4-19所示。

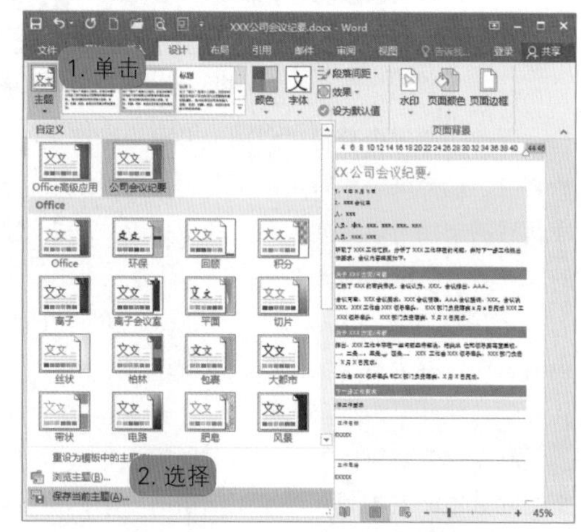

图4-19　保存当前主题

操作步骤

【Step 1】　在Windows资源管理器中，单击模板文档“×××公司会议纪要.dotx”，会以此模板为基础新建一个文档。在新文档中，单击“设计”选项卡—“文档格式”组—“主题”下拉按钮。

【Step 2】　选择下拉组合列表框底部的“保存当前主题”选项，打开“保存当前主题”对话框。

【Step 3】　在“保存当前主题”对话框中，以合适的文件名（例如“庄重公文”等），按照扩展名“.thmx”将主题保存到合适位置中。一般保存主题的缺省位置为“C:\Users\用户名\AppData\Roaming\Microsoft\ Templates\Document Themes”，这里的“用户名”即为登录Windows的用户名。这样，自定义名称的主题就会显示在“主题”按钮的下拉列表中，并可以应用于任何新建文档了。

温馨提示

主题是一个格式包，其中只包含在原文档中已经被定义为样式的颜色（调色板）、字体、效果格式，不包含原文档的具体内容。如果需要具体内容，例如“×××公司会议纪要”，请从模板文档“×××公司会议纪要.dotx”中创建新文档。

4.3.2 样式集

样式集是样式的集合，而样式是包括各级文本、表格、图形和图片在内的各种对象、多种特定属性选项（或格式）的集成包。关于样式集与样式的关系，参见7.1章节。

对任何主题，Word提供的“内置”样式集名称和基本格式（字号、段落格式和边框填充等）是相同的，名称为“Word”“Word2003”“Word2010”“黑白（Word）”等，但是颜色和字体会随不同主题的定义而发生变化。例如，“Office”主题的字体为“等线”，而“环保”主题的字体为“方正舒体”等。

选择文档样式集的方法非常简捷，在确定了某个主题后，只需单击“设计”选项卡，即可在“文档格式”组的样式集活动列表框（Gallery）中选择任意一种。如果需要选择靠后的样式集，则可以单击样式集活动列表框旁边的按钮，在下拉样式集列表中选择任意一种。如图4-20所示。

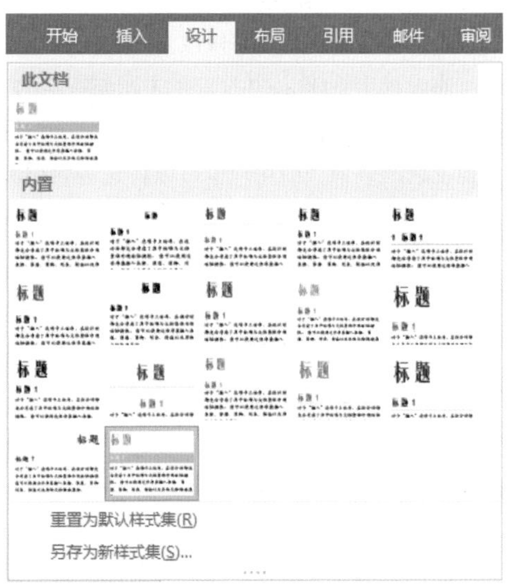

图4-20　样式集下拉列表

- 确定了样式集，就确定了在“开始”选项卡以及各种插入对象的“格式”选项卡中缺省的各种样式的格式。
- 与主题类似，可以将修改过的、包含各种自定义样式的样式集另存为新的样式集，操作方法极为简便。如图4-20所示，只需在样式集下拉组合列表框中选择最后的“另存为新样式集”选项，即会打开“另存为新样式集”窗口，自动定位到缺省的样式集存放文件夹，一般的缺省位置为“C:\Users\用户名\AppData\Roaming\Microsoft\ QuickStyles\”，并提示将保存为模板文档（.dotx）。这时只需输入合适的文件名，即会把当前文档的样式集保存下来，并在列表中增添“自定义”子类别，在其中列出新存入的自定义样式集。
- 另外，还可以将正在使用的样式集设置为默认样式集。

实用技巧

有时，因为特殊原因需要重装Office或者重装Windows系统时，将“C:\Users\用户\AppData\Roaming\Microsoft\Templates”和“C:\Users\用户\AppData\Roaming\ Microsoft\Quickstyles”中的文件夹备份出来，在重装之后将备份的文件夹复制回去，覆盖重装生成的新文件夹，就可以将积累的Office工作环境恢复到新系统中。

4.4 主题的要素

一般认为，字体和颜色是企业、政府或其他组织机构形成视觉标识的两个基本要素。

而影响Office文档外观的三个基本要素可以归结为字体、颜色和效果。另一方面，文档结构也可以被概括为文档的各种样式。将三个基本要素的多样变化与各种样式进行组合，再结合不同的对象边框、填充颜色和效果，可以让文档格式千变万化。

这些千变万化的颜色与字体组合的统一管理门户，就是文档所选定的主题。同时，通过变换主题，可以实现一键式动态修改。

在设计上，Office并没有把主题与特定的字体、颜色和效果这三个基本要素完全绑定在一起，而是基于开放的设计，允许用户在选择某一个主题的基础上，通过改变字体、颜色和效果，获得超越Office预定主题的效果，而用户也可以将这些效果保存为自定义主题。Office也由此保证了主题及相关样式集的开放性。

4.4.1 主题颜色

这里所说的“颜色”即主题颜色。Office在设置字体颜色、边框、底纹、填充、轮廓等涉及颜色的选项时，都会打开如图4-21所示的调色板。在调色板中，颜色被分为不随主题改变的“标准色”和随主题而变的“主题颜色”。

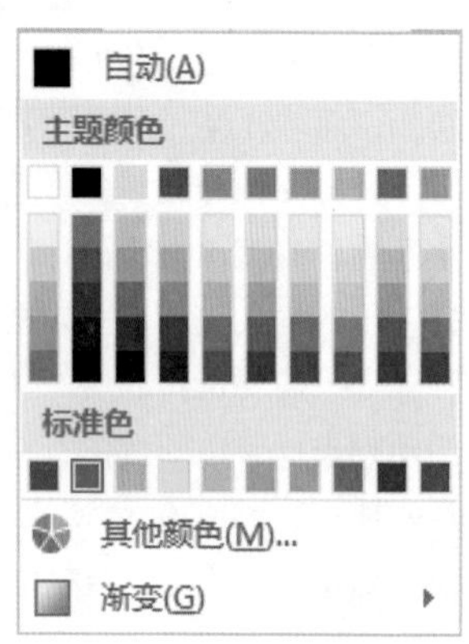

图4-21 调色板

不变的“标准色”从左到右分别为：深红、红色、橙色、黄色、浅绿、绿色、浅蓝、蓝色、深蓝和紫色，共10种颜色。

可变的“主题颜色”一般除了“白色，背景1”和“黑色，文字1”之外，还可定义8种个性化颜色。其中，多数主题色以“淡色80%”“淡色60%”“淡色40%”“深色25%”和“深色50%”共五级由上往下递增色调。

主题颜色是随主题的变化而变化的。例如，默认的Office主题由一系列较为平衡的色系组成。其中，“环保”主题的色系偏向于温暖清新，而“回顾”主题的色系则偏向于温暖内敛，等等。31个预设主题分别对应31种色彩搭配，通常够用。但是，对于某些更为专业或者要求更高的工作任务，通常需要更为丰富的色彩搭配。

除了各个主题自带的调色板以外，Word通过“设计”选项卡中的“颜色”按钮提供了更多的选择和可能性，并且能够实现自定义调色板。更换主题颜色（并自定义主题颜色）的方法如图4-22所示。

操作步骤

【Step 1】 单击“设计”选项卡—“文档格式”组—“颜色”下拉按钮，打开“主题颜色”下拉列表。

【Step 2】 在“主题颜色”下拉列表中，可以在预设的23种颜色搭配或自定义的颜色搭配中任意选择一种。如果这些调色板不能满足要求，则单击下拉列表最后的“自定义颜色”选项，将弹出“新建主题颜色”对话框，进入下一步操作。

【Step 3】 可在“新建主题颜色”对话框中单击某一种主题颜色或者某几种主题颜色，并在调色板中选择合适的颜色。

【Step 4】 在“名称”输入栏中录入名称。

【Step 5】 单击“保存”按钮后，自定义的调色板就会出现在“主题颜色”下拉列表中，可供以后使用。

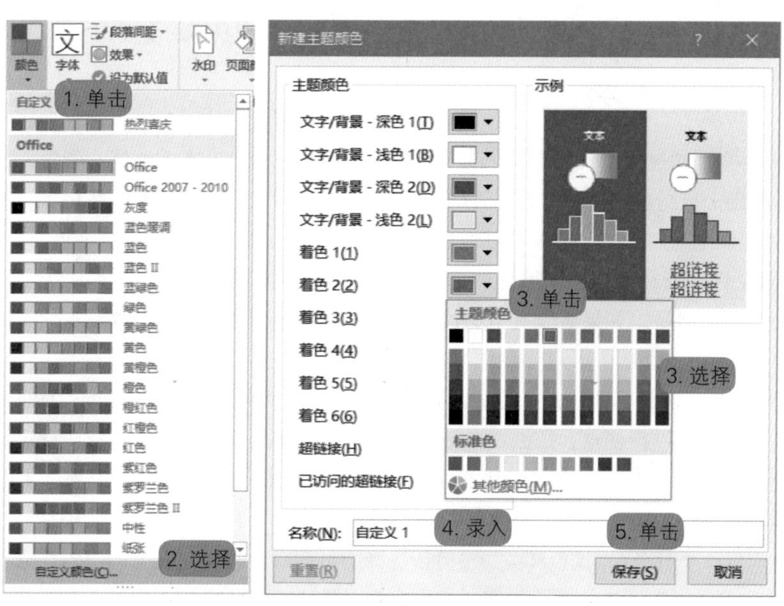

图4-22 更换主题颜色与自定义主题颜色

注意：

主题颜色中预设的23种颜色搭配与主题自身的颜色搭配几乎完全不同。缺省主题“Office”采用了“Office”主题颜色，主题“回顾”采用了“橙色”主题颜色，主题“木材纹理”采用了“橙红色”主题颜色。也就是说，仅对主题颜色进行设置就已大大丰富了主题中的颜色搭配。例如，我们可以让文档在使用“回顾”主题的基础上，将其“主题颜色”改为“蓝色”，这样就能形成新的主题。

Office遵循“后来者决定”的方式，即在选择某种主题后，如果再选择另一种主题颜色，则文档将应用先选主题的字体搭配，而将后选主题颜色的调色板设置为文档的调色板；同样，如果在选择某种主题颜色后，再去选择另一种主题，则文档的调色板将应用后选主题的调色板。

4.4.2 主题字体

主题字体中的字体搭配是对主题中的字体的补充。字体搭配相对简单，涉及中、西文两种格式文本的四类字体，分别为“标题字体（西文）”“正文字体（西文）”和“标题字体（中文）”“正文字体（中文）”。

更换主题字体（并且自定义主题字体）的方法与更换主题颜色类似，

图4-23 更换主题字体与自定义主题字体

如图4-23所示。为了节省篇幅，这里仅仅给出图示，不再另行说明具体的步骤。

4.4.3 Office对象基本属性选项的控制方式

在编写Office文档的过程中，无论是正文、标题还是某些注释性文本的字体、颜色，都可能在原有主题所定义的基础上进行多次调整。那么，Office是以何种原则来处理主题和个性化之间的不同的呢?

Office的处理规则为“尊重个性，紧盯位置”。

（1）尊重个性：指在遵守共同属性的基础上，尊重个性配置。例如，文本默认字体会随所选择主题的不同而不同。但是，如果某段文本已被专门设置了特殊字体，那么这段文本的字体将不会再随主题的改变而改变。

（2）紧盯位置：指紧盯调色板的位置。在“主题颜色”调色板上选定某个位置的颜色后，如果再对主题或者主题颜色进行调整，那么调色板中的内容也会随之改变。但是，前期设定的各种颜色在调色板中的绝对位置不会改变。例如，我们在Office主题下，将“页面颜色”设为“主题颜色”调色板最右侧、最淡的颜色（即“绿色，个性色6，淡色80%”）后，再将主题变为“柏林”，那么页面颜色将变为“玫瑰红，个性色6，淡色80%”，但新选择的页面颜色在调色板上的位置与原页面颜色“绿色，个性色6，淡色80%”一致，即仍为调色板最右侧、最淡颜色所在的位置。

因此，Office的处理规则也形成了一定的劣势与优势：

- 必须首先确定风格：在文档编撰之前，一般首先需要谨慎地确定好文档的主题颜色和字体。如果在编写、编辑过程中改变主题、主题颜色或者字体，除非已经预先将文档的主题按自定义的方式进行保存，否则将有可能丢失最初的配色和字体，出现“再也找不回最初的感觉”的后果。
- 一键改变风格：通过改变主题，或者改变颜色或字体搭配，可以实现一键改变整个文档的配色和字体风格的功能。

4.4.4 段落间距

“设计”选项卡—“文档”组中的“段落间距”是指整个文档的“无格式”文本的段落间距，即对文档中没有专门设置其“段前”“段后”以及“行距”参数的段落，将被赋予这里所定义的段落间距参数。如果文档某些段落（或样式）定义了自己的段落间距，则遵循其自己的间距。

新建文档的段落间距即“无段落间距”，我们可以在段落间距下拉列表中选择一种。其中，“压缩”（段前0磅，段后4磅，行距1）接近“无段落间距”而略有分段；“紧密型”（段前0磅，段后6磅，行距1.15）较为适合正式文本；“打开”（段前0磅，段后10磅，行距1.15）分段明显，更为大方；而“松散”（段前0磅，段后6磅，行距1.5）较为适合段落少的简单文档；“2倍行距”（段前0磅，段后8磅，行距2）一般用于内容较少的特殊文本。

同样，如果需要自定义段落间距，可以选择列表最下端的“自定义段落间距”。如图4-24所示，打开“管理样式”

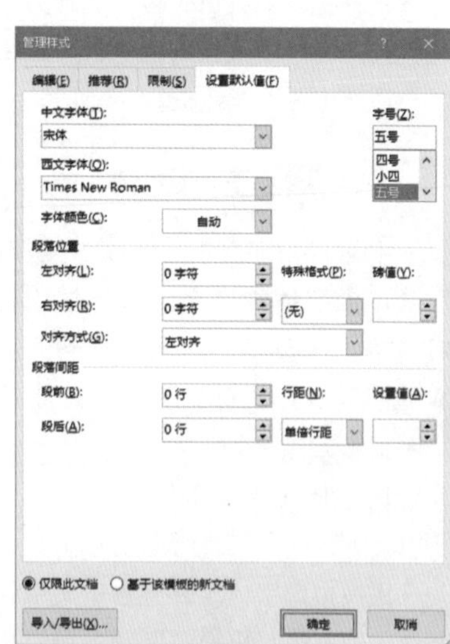

图4-24 文档总体段落间距设置

对话框并定位到“设置默认值”页面，在此可以设置文档的字体、段落位置、段落间距等参数。

需要特别说明的是，段落间距也遵循4.4.3小节中所说的“尊重个性”的规则，即如果我们对具体的样式或者段落应用了专门设置的间距，则将按照专门设置的间距来进行显示和打印。

4.4.5 效果

“设计”选项卡—“文档”组中的“效果”是指文档中各种图形的填充、阴影及三维效果等的外观呈现，而主题中的效果即预设默认的填充、阴影及三维效果等外观呈现，这些外观呈现会直接影响形状的“样式”，使形状样式具有鲜明的个性。关于形状的样式，请参见10.5章节。图4-25左图为效果的选择，右图则展示了四种典型的“效果”。

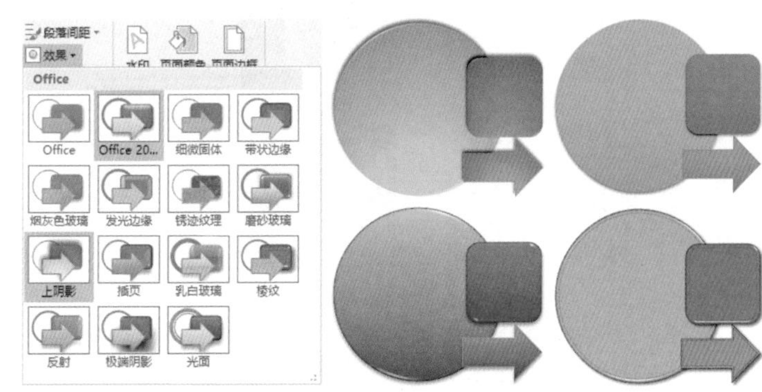

图4-25　效果的选择；四种主题效果：Office、上阴影、棱纹和光面

需要注意的是，图形在不同效果中的颜色与调色板紧密相关。选用不同的主题进行演示，主题效果中的颜色就会不一样。但是，颜色在调色板上的位置是相同的。

4.4.6 设为默认值

将在“设计”选项卡设置的主题颜色、主题字体、段落间距以及效果设为默认值后，以后所有新建文档都将以此主题设置作为默认格式。

单击“设计”选项卡—“文档格式”组—“设为默认值”按钮，将弹出“Microsoft Word”提示框，如图4-26所示。单击“是”按钮后，Word的默认效果将不再是原先Office主题所设置的毫无个性的效果。

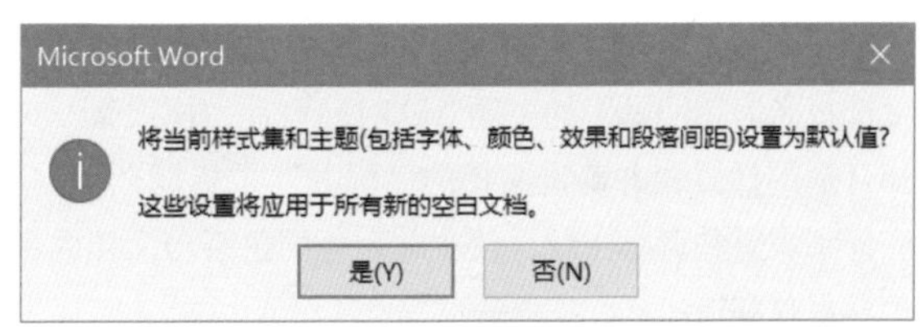

图4-26　“设为默认值”提示框

“设为默认值”命令实质上是将当前文档主题设置的格式写入模板文档“Normal.dotm”之中，这个文档存放于“C:\Users\用户\AppData\Roaming\Microsoft\Templates”文件夹中。因此，如果要恢复Word默认的空白文档模板，只需要在关闭所有Word文档后，到上述文件夹中删除“Normal.dotm”，在这之后Word将会按缺省格式重建一份“Normal.dotm”模板文档。

实用技巧

如果在日常工作中经常需要撰写某一类特定文档，可以将这类文档的主题设置为默认值，这样就可以简省每次都要从毫无个性的Office主题开始设置文档格式的步骤，总体来说可以节省很多时间和精力。

4.4.7 主题颜色、字体、效果的综合应用（以世界一流酒店菜单为例）

某些文档在一方面具有鲜明的机构特征，即其按照机构特定的标识要求设置一定的格式和对象；另一方面，又可能随季节甚至月度的不同而发生更替，例如酒店的菜单、宾馆的服务指南等。这些文档非常适合利用主题设置，来实现在规范的结构下轻松简捷地改变文档外观的要求。

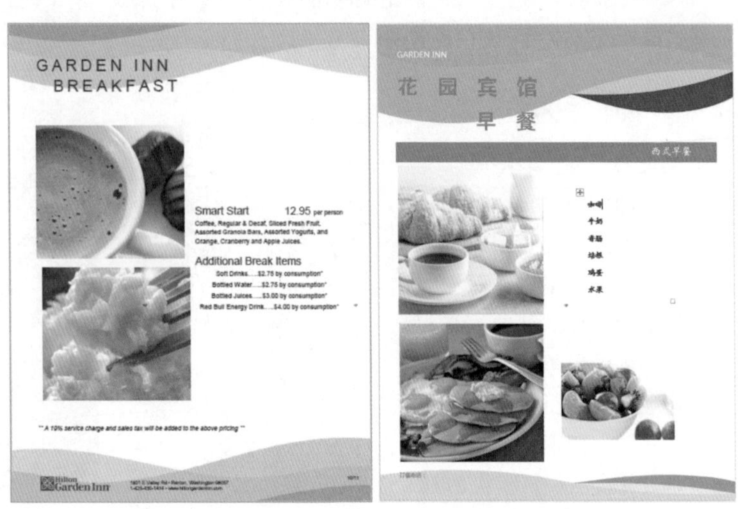

图4-27 具有规范结构的、可简捷调整外观的酒店菜单

如图4-27所示，左图为世界顶级酒店某季度菜单中的一页，菜单会随季节的不同以及菜品的更换而变换外观，但其总体格局不变；右图为仿真设计的菜单，实现方法非常简捷，考虑到需要节省篇幅，这里只给出总体步骤。如果需要学习详细步骤，可以参考本书提供的视频。

操作步骤

【Step 1】 新建文档后，将需要的主要文本、图片录入或插入到文档中。

【Step 2】 单击“设计”选项卡—“文档格式”组—“主题”下拉按钮，打开“主题”下拉组合列表框。

【Step 3】 在下拉组合列表框中选择合适的主题，例如，可选择名为“回顾”的主题。这时，可在“样式集”选择框中选择合适的样式，并确定文档的“标题”“标题1”等样式。此时应仔细观察并调整主题，使主题颜色的色系与文档内容中的图片色彩保持和谐。

图4-28 更替主题后的菜单

【Step 4】 调整文档的“标题”“标题1”、字体、字号等样式以及图片的大小，以实现排版的工整。需要注意的是，除非必要，尽量不要单独调整某些文字的颜色和字体。因为如果单独调整了，这些文字在未来将不会同步产生动态变化。

【Step 5】 保存文档。如图4-28所示，按以上步骤设置的文档可以在需要调整的时候，通过选择或者设置不同的“主题颜色”“主题字体”或“效果”，轻松实现外观的季节更替。

上述设置的动态效果，可参见本书提供的视频演示。

4.5 水印、页面颜色与边框

4.5.1 水印

水印就是在文本内容背景上添加的虚影文字或图片。水印是为了给文档作出某种提示。

给文档添加水印的操作非常简单。单击“设计”选项卡—“页面背景”组—“水印”按钮，即可在下拉组合列表框中选择一种预设的水印。如果需要添加自定义水印，则选择下拉组合列表框下方的“自定义水印”选项，将弹出“水印”对话框，如图4-29左图所示，可以在其中添加图片水印或者自定义的文字水印。

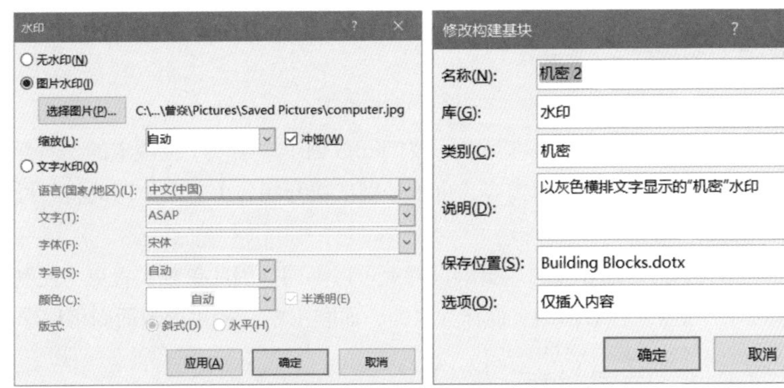

图4-29　自定义水印与修改水印

- 图片水印的优势是灵活多变。（注意：勾选“冲蚀”选项后用作水印的图片会变淡，图片内容的某些细节也会消失。）
- 鼠标右键单击“水印”按钮下拉列表中的预设水印，可以进行修改或者删除预设水印。修改方式为在右键菜单中选择“编辑属性”选项，会弹出如图4-29右图所示的“修改构建基块”对话框，我们即可在其中编辑所需要的内容。
- 删除预设水印实际上是一个维护“构建基块”的过程，我们将此部分的内容放在第8章统一介绍。

4.5.2 页面颜色与边框

调整页面颜色的方法非常简单。单击“设计”选项卡—“页面背景”组—“页面颜色”按钮，在下拉调色板中选择一种颜色即可。如果需要，也可以给页面添加纹理等填充效果甚至图片，只需单击下拉组合列表框底部的“填充效果”选项，即会弹出如图4-30所示的页面颜色“填充效果”对话框，在其中进行填充效果或图片的选择即可。其中，图片类似于图片水印，只是在此作为背景的图片不能设置“冲蚀”效果，并且是以平铺的方式展开的。

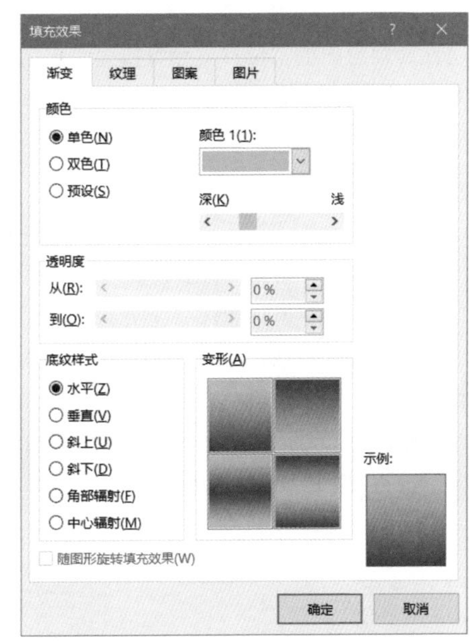

图4-30　页面颜色“填充效果”对话框

需要注意的是，在缺省情况下，Office并不会打印页面颜色或背景图片。如果需要打印页面颜色或背景图片，可以通过在“文件”选项卡—“选项”—“显示”—“打印选项”中勾选“打印背景色和图像”实现。鉴于篇幅关系，在此不再图示说明。

添加边框的操作也非常简捷。单击“设计”选项卡—“页面背景”组—“页面边框”按钮，在弹出“边框和底纹”对话框中进行设置即可。有关对话框的介绍我们放到第10章统一介绍，在此不再重复。

需要注意的是，页面边框一般用于某些特殊文本，如讣告，因此添加时要谨慎。

4.6 封面

封面作为文档的一个特殊页面，被Word放到了“插入”选项卡的“页面”按钮之中。由于本书没有按照选项卡的次序来介绍内容，也不分别依次介绍各个对象，因此将封面放到这里作为文档结构的一部分进行说明。

Word文档的封面在页眉、页脚设置上可以不同，因此单独设置更为便利。在日常工作中可以利用分节的方法设置一个普通的页面作为封面，而利用Word提供的封面则可以学习到某些文档控制技巧。

4.6.1 内置封面

Word预设了一些内置封面，而给文档添加这些内置封面的操作也很简捷。单击“插入”选项卡—“页面”组—“封面”按钮，下拉组合列表框中一般有“内置”封面与“常规”封面两类，后者实质上是由自定义产生的，我们选择其一即可。

如图4-31所示，我们可以看到，内置封面主要由一些图形、文本框和占位符组成，而内置封面的这些对象会随文档所选择的主题而变化，这也为实现可变化的封面设计提供了便利。

封面中的占位符多半是“文档部件”中“文档属性”的各项具体设置。例如，标题占位符就是“文档部件”中“文档属性”的“标题”。这样，在插入封面后，如果文档已经填写了各类属性，则封面的占位符就会直接显示出来；如果文档属性没有填写，则在封面中录入时就相当于给文档补充了其文档属性。实属一举两得。

图4-31 封面的下拉列表框

4.6.2 自定义封面

实现自定义封面的方法：在一个页面中，选中一定的对象或段落，然后单击“插入”选项卡—“页面”组—“封面”按钮，此时可以看到弹出的下拉组合列表框底部的“将所选内容保存到封面库”选项变成了可操作状态；点击后，即弹出“新建构建基块”对话框，在其中输入必要的信息，然后单击“确定”按钮即可。如图4-32所示。

图4-32 新建自定义封面

4.7 高效制定文档结构布局的建议

- 复杂的产品需要良好的架构，包括各种文案。重视文档架构既有助于整理思想，又有助于文案整体品质的提升。
- 行文前首先应进行文档总体布局的配置，再确定适当的主题、样式集，这样可以使后续工作变得高效，且轻松愉快。
- 利用主题的颜色、字体和效果，可以控制文档的总体风格，而主题要素与文档结构的结合点就是样式集。
- 样式集提供了快捷实现、修改与维护统一的文档风格、文档架构的高效工具。良好的工具能简化复杂的任务，并使其具有可重复性。
- 影响文档架构的因素，不仅包括页面布局、主题颜色、字体和效果，还包括各个具体样式段落的设置。
- 对于主题颜色、字体、效果等基本要素的设计积累，需要及时将适当的文档布局、适当的主题搭配保存到特定的个人文档模板中。因为这不仅可以帮助操作者不断积累优美的文档结构、配色和效果等操作成果，还可以帮助操作者在各种文案之间实现迅速切换，使工作变得游刃有余。

第 5 章 字体高级应用

文档的基础是文字，而要让文字生动并表现出文本意义的结合、区分、排列等关系，则需要各种字体。因此，用好字体是应用Office的一个基本功。

Windows和其他操作系统利用一系列字符编码技术让ASCII码、汉字以及其他字符得以顺利地存储、调用和显示。在此基础上，Office又利用一系列技术使各类字符可以用不同的字体、字号、颜色和其他特殊效果平滑地显示并打印，实现了“所见即所得”的效果。

5.1 一字千变——字体选项概述及如何快速制作公函

在实际应用中，同一个字符可以使用多种字体（如宋体、楷体等），每种字体又有多种字号，且可以设置加粗、斜体、颜色等基本效果，甚至是更为复杂的文字效果。

5.1.1 字体、字号

字体、字号等与字体外观相关的设置是最常用的功能，因此，Office的三个核心组件Word、Excel和PowerPoint都在“开始”选项卡的左侧放置了“字体”组。当我们选中文本时，可以在弹出的跟随式快捷工具栏（或右键菜单快捷工具栏）中设置主要的字体选项。

总体来说，有四个入口可以设置字体、字号：

（1）跟随式快捷工具栏：快速、简洁，使用最为顺手。但是，在鼠标移动或者另外点击其他区域时工具栏将消失。

（2）“开始”选项卡—“字体”组：为相关功能最常用的使用入口，长期待命，但操作时可能需要切换选项卡。

（3）“开始”选项卡—“字体”组—对话框启动器：“字体”对话框中有最全面的字体设置选项。

（4）右键菜单—“字体”命令：可快速启动“字体”对话框。

前两个入口启动的字体选择列表如图5-1所示。

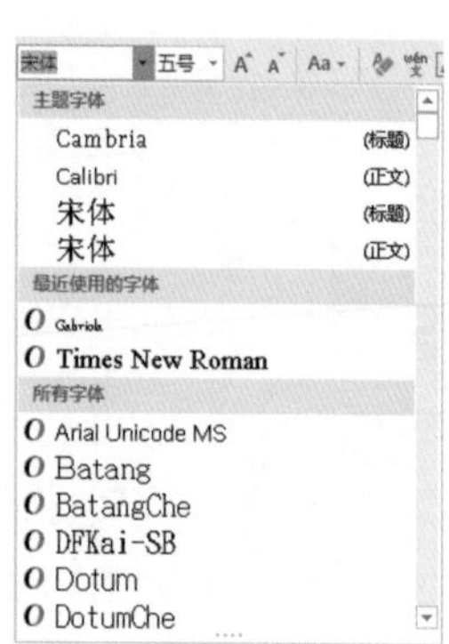

图5-1 字体选择列表

- 可以在列表的“主题字体”“最近使用的字体”和“所有字体”三个分组中选择一种字体。
- 对于选中的文本，字体效果“即时可见”。即当鼠标指针在字体选择框中移动时，所选中的文本字体即按当前被选择的字体显示，从而方便字体的选择。
- 对于未选中的文本，在另外选择其他字体后，正文中在光标之后的文本将按照新选择的字体显示。

- 由于字体很多，所以列表较长。选择时如果一眼所见的部分列表中没有你所需的字体，例如常用的Times New Roman字体，可以在选择列表上方的输入框中输入首字母，例如首字母“T”，则选择列表框会直接跳到以“T”开头的Tahoma字体处，按此方法即可快速找到所需的字体。
- 字体前面的字符“O”代表OpenType字体，是微软和Adobe联合开发的一种脱胎于TrueType字体的矢量字体，在Office中可以实现某些特效。矢量字体的优势在于无论字体被如何缩放或旋转，文字笔画边缘都是光滑的，不会出现锯齿状。

后两个入口启动的“字体”对话框如图5-2所示。

图5-2 “字体”对话框

在“字体”对话框中，可进行有关字体的全面设置。在确定字体时需要注意：

（1）正如上一章所介绍的，文档最初的字体由文档的“主题字体”所决定。因此，如果经常使用Word进行文档编撰工作，强烈建议事先设置好文档主题。

（2）文本字体的第二个决定因素是其“样式”。文本的缺省样式均为“正文”。文本样式一方面是形成文档结构规范的基础；另一方面，可以快速设置文本字体、字号、段落等格式。规范化文本字体的关键之一是用好样式，关于“样式”的详细说明参见第7章。

（3）在主题和样式以外设置的文本字体，即文本的个性化字体，不随主题和样式的更改而发生变化。

（4）单击“字体”对话框左下角的“设为默认值”按钮，会弹出选择框，询问“将选择的字体设为此文档的默认值，还是设为所有基于“Normal.dotm”模板建立的文档的默认值”，如果选择了后者，则以后所有新建文档的默认字体即为本次设置的字体。

（5）分别为“中文字体”和“西文字体”选择合适的字体，不要混用。各种字体都被专门设计过，各有优势。一个常见的问题是：西文字符使用了“宋体”字体。宋体是最常用的字体，但是它并不是一个适合显示西文的字体。

（6）“字体”对话框的“效果”分组中的“隐藏”选项实际上是一个小技巧，选择“隐藏”选项后，选中的文字即会变得不可见且不会被打印，而由其他文字占据其位置。检查文档中是否存在隐藏文字的方法是：单击“文件”选项卡标签—“信息”选项—“检查问题”按钮—“检查文档”选项，即会检查出是否存在隐藏文字。如有，可以单击“全部删除”按钮，而“删除线”“上标”“下标”等选项都是常规设置，在此不再赘述。

（7）在“字体”对话框中的“高级”标签页中可以设置一些特殊字体效果，包括：

- 缩放：这里指文字自身宽度的缩放。比例等于100%时为正常；大于100%时，字体变宽；小于

100%时，字体变窄。如图5-3所示，图中下一行的字体是缩放66%后的效果，这是为了实现某些文字对齐效果而设计的，特别是对于某些标题的设计非常有用。

字体
被压缩

图5-3 字体缩放效果

- 间距：指字符间距的加宽或紧缩。这是准确控制字符间距的正确方法，而非通过加空格的方式。
- 位置：可选择“标准/提升/降低”三种位置。“标准”指使文本处于正常位置；“提升”指向上增加本行的空间（行间距值不变），使文本位置上升；“降低”则指向下增加本行空间（同样行间距值不变），文本位置下降。如图5-4所示。

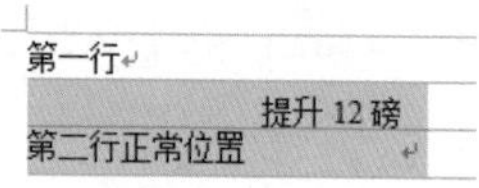

第一行
提升 12 磅
第二行正常位置

图5-4 不同的字体位置

- 网格：我们在4.2.8小节中已经讨论过对齐网格的相关内容，Word会根据纸张大小、页边距、设定行数及每行字数，用一张无形的网格控制着每一行文本的位置，使用时一般保持缺省的“对齐到网格”即可。如果需要查看网格，可以在“视图”选项卡—“显示”组中选择多选项“网格线”，即会显示网格线，但其不会被打印出来。

（8）“文字效果”按钮属于特定文本特效，我们将在5.2章节中作专门介绍。

（9）“OpenType功能”：专门针对OpenType字体（OTF）的一些优化选项。注意：虽然微软已经将原来的TTF（TrueType Font）纳入了OpenType体系中，但在Windows 7操作系统下，仍只有少数字体（如Calibri等）属于严格的OTF。

- 连字：某些字母在书写制版时可以连接起来，这是拉丁文字古老的表现方式，有美观、流畅之感。使用方法：选中需要连字的英文文本，单击“开始”选项卡—“字体”组—“文本效果和版式”下拉按钮，在下拉列表中选择“连字”选项，然后选择一种连字效果。或者在“字体”对话框的“高级”标签页中进行设置。英文连字效果如图5-5所示。

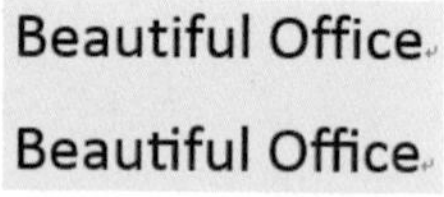

Beautiful Office
Beautiful Office

图5-5 英文连字效果

- 数字间距（编号样式）：对于手写字体，数字的宽度是变化的。例如，数字“5”的字体宽度比数字“1”宽，但在普通打印和字体显示中却变成了等宽。OTF则可以对其进行优化，默认的数字间距（编号样式）为“列表线性”，优化为“均衡线性”或者“成比例”后，数字“1”的宽度明显被压窄。如图5-6所示。

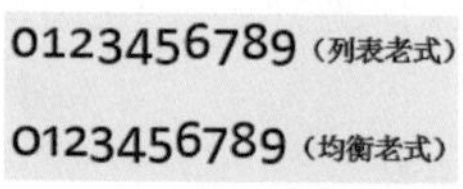

0123456789（列表老式）
0123456789（均衡老式）

图5-6 数字间距优化

- 数字形式：老式数字形式中的“3”“4”“5”“7”和“9”是略微下沉的，而内衬数字的高度相同，不会超出每一行的基准线，缺省显示（打印）的数字为内衬形式。对于OTF字体，可以设置为“老式”形式。使用方法：选中需要连字的数字文本，单击“开始”选项卡—“字体”组—“文本效果和版式”下拉按钮，在下拉列表中选择“编号样式”，然后选择一种老式效果。或者在“字体”对话框的“高级”标签页中进行设置。效果如图5-7所示。

0123456789（列表线性）
0123456789（均衡线性）

图5-7 老式数字形式

- “OpenType功能”中的“样式集”不是上一章所说的样式集，这里是针对Gabriola字体而言所实现的“花体”效果。效果如图5-8所示。

Long long ago
Long long ago

图5-8 Gabriola样式1,6

- 上面所说的这些字体效果对中文字体没有影响，保持缺省值即可。

关于字号，只需在字号下拉列表中进行选择即可。鉴于篇幅关系，在此不再图示说明，但在日常工作中需注意：

- Word正文的缺省字号一般为五号，即10.5磅。在篇幅允许的情况下，某些通知、公函类的文档，可以使用“小四”或者“四号”字号。
- 最大的字号不是“初号”，也不是72磅。可以在字号输入框中输入任意数值，例如96等，获得更大的字号。
- 在“开始”选项卡—“字体”组中，字号下拉输入框的右侧还有两个按钮，分别为“增大字号”和“减小字号”，可以在此直接逐级调整字号。

上述设置的动态效果，可参见本书提供的视频演示。

5.1.2 下划线及其他选项

下划线是最为传统的文本重点标识符，下划线的格式主要有线型与颜色。

直接单击“下划线”按钮则添加缺省的单线条，颜色为“自动”。如果需要更复杂的下划线，则单击旁边的下拉按钮，弹出下划线下拉选择框，在其中可选择“双下划线”“粗线”或者“波纹线”。如图5-9所示。

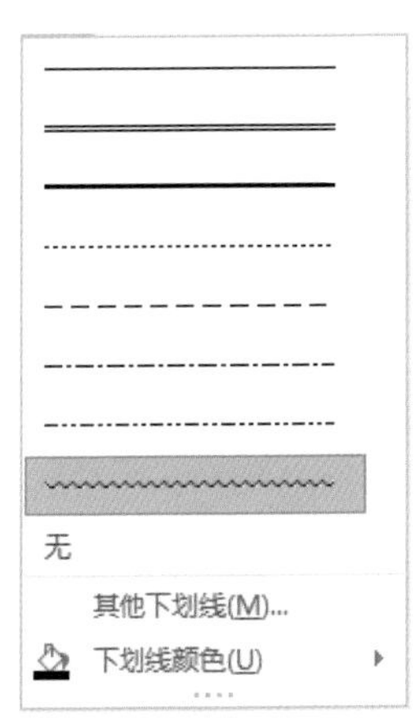

图5-9 下划线下拉选择框

通过选择下拉列表中的“下划线颜色”可以改变下划线颜色。如果需要其他更复杂的下划线，则单击“其他下划线”，会弹出如图5-2左图所示的“字体”对话框，并将操作焦点停留在“下划线线型”选择框上，在其中可以选择更多的下划线。

此外，字体其他选项的设置也非常简捷。例如，加粗即单击跟随式工具栏上的“加粗”按钮或者“开始”选项卡—“字体”组—“加粗”按钮，点击后选中的或即将被输入的字符即被加粗。

“开始”选项卡中“字体”组其他选项的功能一目了然，不再多言。

5.1.3 快速制作公函

公函是指不相隶属的机构、机关之间用于相互商洽、询问和答复问题等工作，或者向有关主管部门请求批准某事项时所使用的公文。公函作为公文种类中唯一的一种平行文种，其适用的范围相当广泛。

一般来说，公函的内容要件可以归纳为“5W”，即What、Who、When、How、Where。而有些公函则要复杂得多。例如，如图5-10所示的“投标邀请函”只是整个邀请函的主体，对其中内容，如投标说明、评标开标办法、保证金、标的要求、合同等内容，还需另行说明。

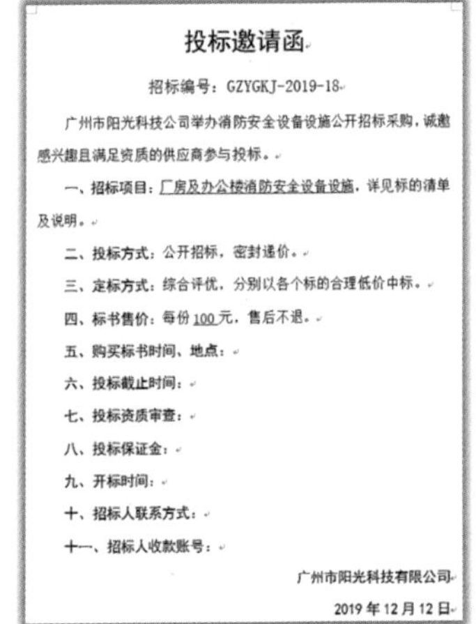

投标邀请函

招标编号：GZYGKJ-2019-18

广州市阳光科技公司举办消防安全设备设施公开招标采购，诚邀感兴趣且满足资质的供应商参与投标。

一、招标项目：厂房及办公楼消防安全设备设施，详见标的清单及说明。

二、投标方式：公开招标，密封递价。

三、定标方式：综合评优，分别以各个标的合理低价中标。

四、标书售价：每份100元，售后不退。

五、购买标书时间、地点：

六、投标截止时间：

七、投标资质审查：

八、投标保证金：

九、开标时间：

十、招标人联系方式：

十一、招标人收款账号：

广州市阳光科技有限公司

2019年12月12日

图5-10 公函实例——投标邀请函

格式方面，特别是在字体上，这是典型的公文格式：

- 一般标题用黑体，小标题也用黑体。之所以用黑体而不用宋体加粗，是因为打印出来黑体比宋体加粗更显眼，强调意味更强。
- 若文档为两三页的篇幅，用大标题、小标题这种结构即可。但如果文档较大、内容较多，就需要分章节。这时，建议将字体定义纳入到“样式”来管理。

- 小标题如果像实例一样直接放在一段的开头，则只能选中标题部分另选用黑体，而内容部分需用宋体。
- 某些需要单独强调的内容，例如项目名称、关键时间点、关键金额等，可以加下划线强调。
- 如果工作中经常需要撰写公函，则完全可以将一定的格式作为主题保存为新的主题或者“.dotx”模板文档。这样，基于主题或模板建立新文档时，就可获得缺省的格式。

5.2 字体效果与艺术字

在Office 2007以后的版本，字体效果就是艺术字的简化版，而艺术字则是具有特殊效果的文本框文字。由于将艺术字放到在空间上更加灵活的文本框中，除了“轮廓”“阴影”“映像”“发光”以外，还加入了“棱台”“三维旋转”“转换”三种三维特效格式。

5.2.1 字体效果

给文本加特殊效果的方法主要有三种：在“开始”选项卡直接设置；在“字体”对话框中打开“设置文本效果格式”窗口；打开浮动式的“设置文本效果格式”窗格。

第一种方法非常简捷，操作步骤如下，具体图示如图5-11所示。

操作步骤

【Step 1】 选中需要设置效果的文本，然后单击“开始”选项卡—“字体”组—“文本效果与版式”下拉按钮，弹出文本效果下拉组合列表框。

【Step 2】 在文本效果下拉组合列表框中列出了15种预设的效果，如果某种预设效果符合要求，则单击选择该项，无须进入【Step 3】；否则，需用鼠标指针接触、悬停在组合列表框中的“轮廓”“阴影”“映像”或者“发光”中的任何一项，即会下拉这些选项的下拉组合列表。

【Step 3】 将鼠标指针移至所需预设效果的下拉列表中，单击某个效果后，则选中的文本就具有了这一艺术效果。如果需要更细致的效果设置，可以单击下拉组合列表底部的“其他轮廓颜色”“阴影选项”“映像选项”或“发光选项”等其他项，即弹出浮动式的“设置文本效果格式”选项设置窗格。

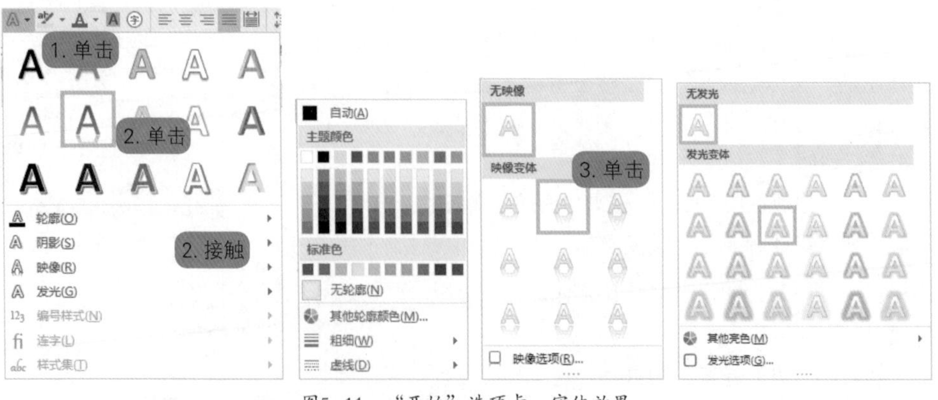

图5-11 “开始”选项卡—字体效果

说明：

- 出于篇幅和排版的考虑，没有给出“阴影”选项的下拉组合列表框的图示，但其操作模式与其他选

项相同。出于同样原因，也没有再给出“轮廓”的“粗细”和“虚线”下拉组合列表框的图示。

- Office在进行类似字体、字号、字符效果乃至图片样式等选项设置时，不仅按照“所见即所得”进行开发，而且具有“即时可见”的效果，即操作者只需将鼠标指针接触选项列表中的某个效果选项，编辑窗口中被选中的对象效果即时展现，以便我们进行选择。
- 各种文本效果可以叠加。例如，可以在给选中文本添加某种边框效果后，再添加某种阴影效果，最终文本就具有了两种叠加效果。显然，15个预设效果多半都是叠加效果。
- 轮廓、阴影、映像或发光等选项的预设效果是固定的一些典型参数，我们可以在选择某个预设效果后，再打开浮动式的对象格式设置框中修改选项参数。例如，选择“半映像：接触”映像效果后，在打开的“设置文本效果格式”浮动框中修改映像相关的参数，以获得满意的效果。

实用技巧

如果在对选中的文本进行了各种效果设置后仍不满意，想要去除这些叠加的效果选项，最快的方式是单击“开始”选项卡—“字体”组—“清除所有格式”按钮（即淡红的橡皮擦图标），点击后所有格式将被清除，文本样式也回归“正文”格式。

第二种进行文本效果设置的方法为：单击“字体”对话框（如图5-2所示）左下角的“文字效果”，弹出“设置文本效果格式”设置窗口。这个窗格的内容与浮动式的“设置文本效果格式”设置框相同。由于这个窗口是“字体”对话框的子窗口，因此其效果不能即时地反映到编辑窗口之中，必须单击“确定”按钮后，才能将效果显示在“字体”对话框的“预览”之中。这里不进行图示说明，其操作可参见第三种方法。

第三种方法即第一种方法的延伸。通过单击“文本效果和版式”下拉组合列表框中，“轮廓”“阴影”“映像”“发光”下拉组合列表底部的“其他轮廓颜色”“阴影选项”“映像选项”或“发光选项”等其他项，即弹出浮动式的“设置文本效果格式”选项设置窗格。如图5-12所示。

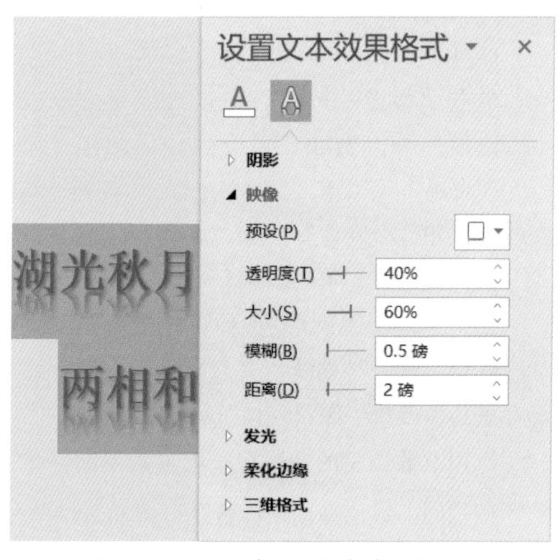

图5-12　设置文本效果格式选项设置框

说明：

- “设置××格式”（其中“××”是某种对象）浮动窗格的熟练使用是实现Office深度应用必须掌握的操作技能。因为微软已经把Office的Word、Excel和PowerPoint中的绝大多数主要对象的选项设置统一到设置对象格式浮动窗格模式下。这里所说的“对象”可以是文本效果、形状或者图片，甚至是Excel中的图表区等。因此，后面我们讨论形状或图片等对象时，还会多次见到这个浮动窗格。
- 这个浮动窗格可以通过双击其标题区使之“停靠”在编辑窗口右侧。停靠后的浮动窗格又可以通过鼠标按住标题区进行拉动，使其再次浮动，并可以通过按住标题区拖动窗格，改变窗格的位置。
- 设置对象格式浮动窗格总体上可以分为三个区域：
  - 标题区：位于窗格上端，说明设置的对象。例如文本效果、形状或者图片，甚至图表区等，并且可以进行浮动框的停靠、移动等操作。实际上，Office中的全部浮动窗格（包括导航、格式、样式等）都采用这种停靠和移动方式。

- 对象切换区：标题区下方的区域，用字符列出对象分类，并用图标表示选项分类，如图5-13所示。有的对象既有形状又有文本，例如文本框，操作时需要考虑先选择“形状选项”还是“文本选项”。如先选择“文本选项”，图标则变为“文本填充与轮廓”“文字效果”和“布局属性”。“设置文本效果格式”浮动窗格则相对比较简单，只有“文本填充与轮廓”“文字效果”两项图标。
- 选项操作区：这是对各项选项进行选择并调整参数的区域。

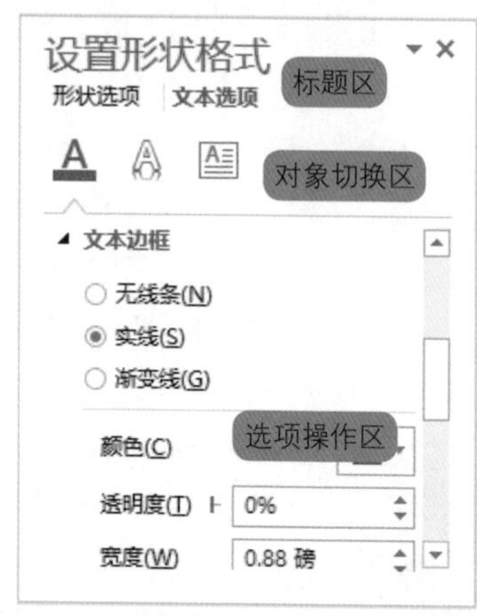

图5-13　对象格式窗格—对象切换区

“设置文本效果格式”窗格中只有文本对象。因此，选项分为“文本填充与轮廓”和“文字效果”两组，前者包含“文本填充”和“文本边框”两项，而后者包含“阴影”“映像”“发光”“柔化边缘”“三维格式”五项。

为了节省浮动窗格空间，每个选项可以通过单击选项名称前面的按钮进行折叠或者展开。

设置某一具体选项的方法往往为：单击“预设”按钮，在预设效果中选择一种。例如，预设的映像则按“大小”（取值“紧密映像”“半映像”和“全映像”）和“距离”（取值“接触”“4pt偏移量”“8pt偏移量”）两个维度形成9种可选效果。任意单击一种则获得其参数，然后调整具体参数。如图5-14所示。

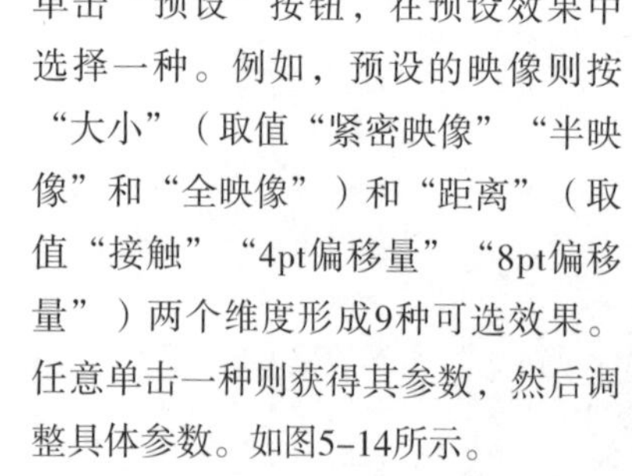

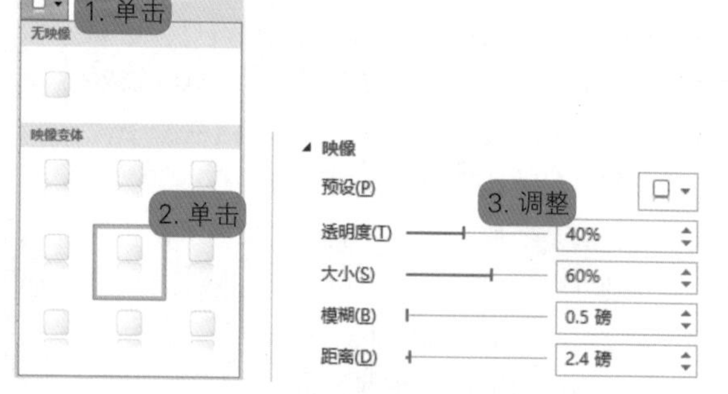

图5-14　映像效果的选择与调整

选项参数调整的方法视选项参数不同而不同。数值型选项参数既可以通过拉动标尺调整，也可以在微调输入框中用微调钮或者通过直接输入数值（百分比）调整；选择型选项参数（例如颜色、线型等）一般通过下拉列表（例如下拉调色板、下拉线型列表等）进行选择。最复杂要数“渐变填充”或“渐变线”的调整，其中涉及多个参数，能形成丰富多彩的效果，我们将相关内容放至以后的章节中予以介绍。

5.2.2　艺术字

Office将“艺术字”设计为“放入文本框中的具有艺术效果的文字”这样一种对象，这就使得艺术字的设置和调整与文本框的设置和调整完全相同了。

在文档中插入艺术字的方法为：单击“插入”选项卡—“文本”组—“插入艺术字”下拉按钮，然后在Word预设的艺术字中选择一种，即会在文档中插入一个“请在此放置您的文字”的无边框、无填充颜色的文本框。我们可以直接在文本框中输入文字，也可

图5-15　艺术字文字效果选项及实例

以粘贴带有一定效果的文字进文本框中，从而获得最初的艺术字。

艺术字的选项除了文本效果已包含的选项外，另有三个方面的变化：

（1）拥有了“形状选项”，包括“填充与线条”选项。

（2）文本选项中增加了“布局属性”，图标为 ，可以设置文本框的“垂直对齐方式”“文字方向”以及各种边距。

（3）在“文字效果”选项组中增加了“三维旋转”选项，如图5-15左图所示。图5-15右图为具有适当阴影与映像效果，并进行一定三维旋转后的艺术字效果。

上述实例效果可参考实例文档，参见本书提供的第5章的实例文件，至于设置的动态效果，可参见本书提供的视频演示。

5.3 文档字体选择与设置建议

文字是表达、传播思想的工具，正如思想本身一样，文字的应用既有一定规则又有相当大的自由。如何把握好这些规则和自由度呢？答案是多看、多思考。

这里对文档字体的选择给出了一些建议，可能不够全面，仅供读者参考。

（1）正式文本应该符合相关标准或者行业规范，不可以突出个人偏好。

- 公文格式，需符合《党政机关公文格式》（GB/T 9704—2012）的要求。
- 某些机构、期刊对文档格式和字体有具体要求，遵守这些要求即可。
- 学术论文，需按学术论文的一般规范使用字体、字号。
- 非特殊情况，一般不使用全角的阿拉伯数字或全角西文字符。

（2）字体具有版权，正式文档、与文字相关工作都需要注意字体的版权是否可以进行商业应用。

- 典型的例子：“微软雅黑”字体虽然被预装在高版本的Windows系统并在其中被广泛应用，但是这种字体是微软购买以用于Windows的字体，并不可以被Windows用户用于商业用途。在商业上使用（包括商标、logo等）需向微软支付一定版权费。高版本Windows预装的“华文”字库，也属于这种情况。
- 使用网络上下载的“免费”字库需更加慎重。

（3）字体需要字库支持，并随计算机环境变化：如果某个文档采用了特别的字库，在其他计算机上查看或打印此文档时，可能由于该计算机没有该字库支持而看不到设计效果。

（4）在正式行文中，字号是最为直观的文档层次标识，需按由大到小的层次来表示。例如，本书的一级、二级、三级标题，都采用了不同的字号来直观地标识文本层次。

（5）在正式文档中，除非特殊情况，一般不使用特殊的字体颜色和效果。特殊字体颜色、特殊效果都是吸引眼球的标识，而正式文档从原则上来说，所有正文的地位应相同。因此，非特殊情况，一般不必作特殊标记。在某些自媒体上，我们可以看到糟糕的文档风格：乱用字体颜色、乱用大小写、乱用下划线等。

（6）在广告、宣传文案中可以尽情地使用特殊的字体颜色和效果，但是一定要注意某些字符、字体的文化意义。例如，姓名非特殊情况不可加框。

（7）建议将基础的字体、字号设置放到“样式”设置中。这样，只需选中样式就可获得特定的字体、字号等文字效果；如果需要修改基本的字体格式，也只需修改其所属样式的格式，而其他属于这种样式的文字字体也会被同步修改，这可谓是“一改百改，事半功倍”。

第 6 章
段落高级应用

段落在词义上是文章意义的自然划分单元。一个段落往往表达一个完整的含义，而在结构上却构成了文档的自然结构单元：一般以段落为单位进行格式和结构组织，一个段落的基本格式相同。所以，现在中文版的Word选项，甚至默认显示段落标记。

段落划分在文本意义上的一个基本的、重要的功能即增强可读性，而在结构上也增加了可控性，即段落是文档的“集体性”或“团队性”的组成单元。

6.1 段落设置的基本要素

从“开始”选项卡的“段落”组或者“段落”对话框可看到段落的基本要素有对齐方式、大纲级别、缩进、间距等，如图6-1所示。

最易被忽视的是段落的“大纲级别”选项。

进行段落格式设置时，只需将光标停留在需要进行设置的段落，然后按下列两种方法之一进行操作即可：（1）单击“开始”选项卡“段落”组中的各种选项按钮；（2）通过单击“段落”组的对话框启动器或单击鼠标右键菜单中的“段落”项，打开“段落”对话框。

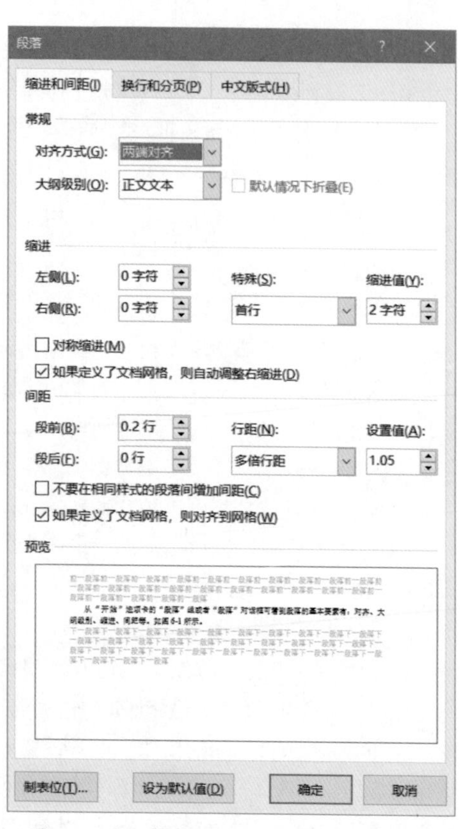

图6-1 “段落对话框—缩进与间距”标签页

6.1.1 对齐与大纲级别

这里的“对齐”是指段落在水平方向的对齐。分为“左对齐”“居中”“右对齐”“两端对齐”及“分散对齐”五种对齐方式。一般而言，大标题居中，小标题左对齐，而正文两端对齐，署名及时间右对齐。设置方式以选项卡操作最为简捷。

大纲级别反映段落的层次结构，被分为“正文文本”“1级”“2级”……“9级”，以正文文本为最低级。一般来说，正文无级别，1～9级分别对应1～9级标题。只有进行了分级，相应段落才会被显示到导航窗格的“标题”树之中，也才能被自动编入目录。正规的标题还需辅以合理的项目编号、字体等选项。

温馨提示

段落在垂直方向上的对齐是整个文档、整节或者整个页面的一致行为，被放在了"布局"选项卡—"页面设置"对话框—"版式"页的"页面—垂直对齐方式"下。

6.1.2 缩进

缩进是指从页边距算起向页面内的缩进位置，是独立于页边距规定的范围之外的段落位置的调整。缩进可以使段落更加显眼，也可以使页面留白更多。

（1）"左缩进"和"右缩进"都是整段相对于左边距和右边距的缩进。

（2）"首行缩进"是段落第一行的缩进量。

（3）"悬挂缩进"是除第一行以外的其他行相对于第一行的缩进。如果采用对称页面，"左侧""右侧"缩进则变为了"内侧""外侧"缩进。

缩进量的单位既可以是相对量"字符"也可以是绝对量"厘米"，如果输入"磅"值，会自动折算为厘米。

进行缩进操作主要有三种方法：（1）单击"开始"选项卡—"段落"组—"减少缩进量"或"增加缩进量"两个按钮，用于调整"左缩进"；（2）打开"段落"对话框进行设置，可以调整各类缩进；（3）直接在标尺上拖拉三角形的游标标识。第三种方法有时会不够准确，可能造成缩进"2.2字符"这样的细微差别。

6.1.3 间距

间距分为"行间距"和"段落间距"。其中，行间距即每行之间的间距，段落间距用"段前"和"段后"两个选项来控制，以实现与上一段和下一段"亲疏不同"的效果。

进行间距操作有两种方式：（1）单击"开始"选项卡—"段落"组—"行和段落间距"下拉按钮后，在下拉组合列表预设的几种间距中选择一种；（2）选择"行和段落间距"按钮下拉组合列表底部的"增加段落前/后的空格"，则段前/后增加12磅，选择"删除段落前/后的空格"则将"段前"或"段后"的值置为0。如图6–2所示。

"行间距"和"段前""段后"间距都可以用"磅值"和"行"做单位。如图6–2中的"1.5"即指1.5倍行距。这里的行完全是一个相对值，每行正文的间距由"布局"选项卡—"页面设置"对话框—"文档网格"中的每页"行数"与"间距"来决定。例如，当每页行数减少时，间距自然就增加了，而行间距也就自然变宽了；当我们再设置高倍数的间距时，间距自然也会增加。

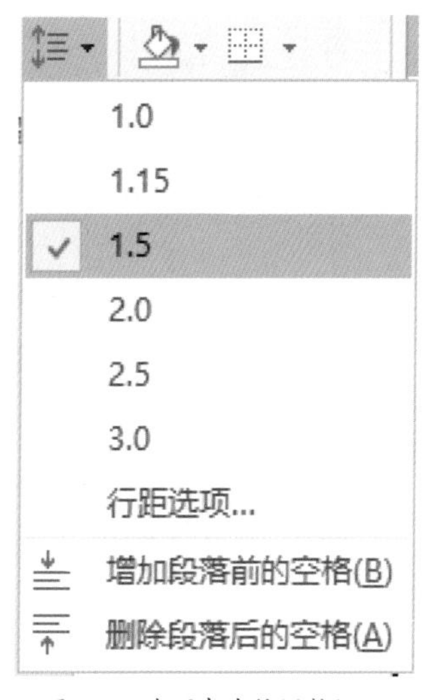

图6–2 选项卡直接调整间距

6.2 项目符号、编号、多级列表与标题

Word将段落的编号分为三类：（1）项目符号，用"●""◆"等符号引导段落，一般用于正文，表示对段落内容的某种强调，增强视觉表现力；（2）编号，编号往往是单级的，例如"（1）（2）（3）……"用于小标题或段落，起到划分大段落、分隔段落、连贯语义等作用；（3）多级列

表，这是大型文档结构形成的要点，辅之以字体、字号的差别，对齐与段落间距等段落属性的不同，能清晰地表示文档的层次结构。

6.2.1 项目符号

给段落添加项目编号只需将光标停留在这个段落，然后单击“开始”选项卡—“段落”组—“项目符号”下拉按钮，在“项目符号”下拉组合列表中选择一项即可。直接单击“项目符号”按钮即添加最近使用过的项目符号。如图6-3左图所示。

说明：

- Word将项目符号主要分为“项目符号库”和“文档项目符号”两类。在前者的图标上单击鼠标右键，可以将项目符号从库中删除；在后者的图标上单击右键可以将其添加到项目符号库。
- 如果本段落有某一段落级别，可以选择组合列表框下端的“更改列表级别”，选择后项目符号可能变为编号。
- 如果需要新的符号作为段落项目符号，可以单击组合列表框下端“定义新项目符号”，弹出如图6-3右图所示的“定义新项目符号”对话框，在其中可以打开“符号”选择框、“图片”选择框和“字体”选择框以选择适当的符号和图片作为新的项目符号，并设置其字体和对齐方式。

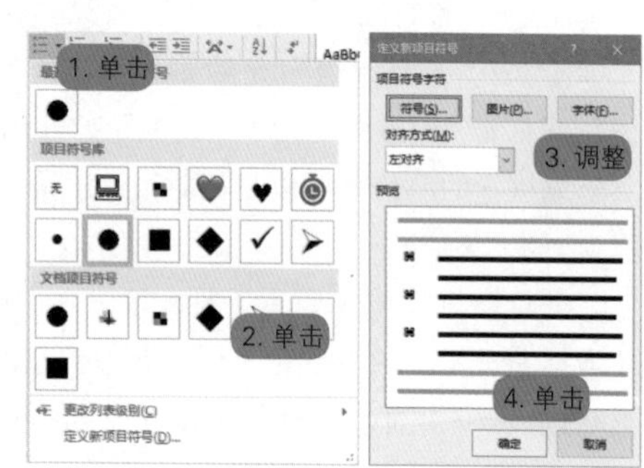

图6-3 项目符号列表和定义新项目符号

6.2.2 编号

与上一小节添加“项目符号”操作类似，单击“开始”选项卡—“段落”组—“编号”下拉按钮，然后选择即可。如图6-4左图所示。

说明：

- 与项目符号类似，Word将编号主要分为“编号库”和“文档编号格式”两大类。在前者的图标上单击鼠标右键，可以将其从库中删除；在后者的图标上单击右键可以将其添加到编号库。
- 如果需要新的编号格式，可以单击组合列表框下端“定义新编号格式”，弹出如图6-4中图所示的“定义新编号格式”对话框，在其中可以选择新的编号样式并设置字体、对齐方式等。
- 如果编号值需要调整，即需要重新编号、连续编号或者从0开始，都可单击组合列表框底端的“设置编号值”，然后在弹出的“起始编号”对话框中进行设置。如图6-4右图所示。

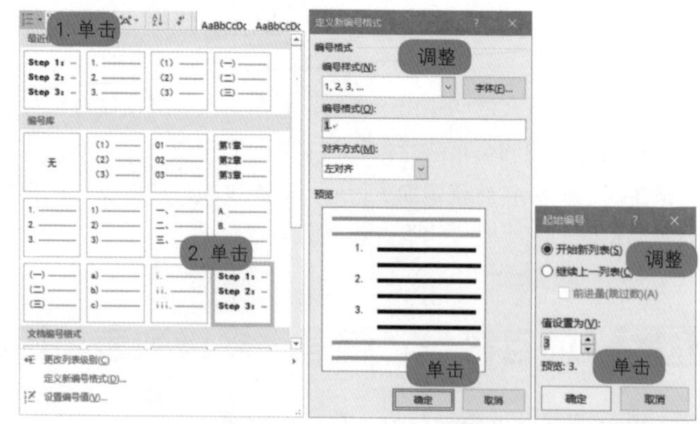

图6-4 添加编号及定义新编号格式、起始编号

6.2.3 多级列表与标题（以著名会计师事务所报告为例）

当文档需要分出章节时，建立多级列表就成了必须的步骤。

手工编制标题的多级列表对于有可能进行较大改动的文档是一件非常费时劳心且吃力不讨好的事。而用好了自动的多级列表，可以让我们随时插入新的章节，甚至可以在导航窗格中通过拖放的方法大范围调整章节次序，因为Word都能自动维护章节标题的多级列表，完全不必操心编号列表会混乱。可以说，顺畅地使用多级编号是能够熟练应用Word的一个重要标志。

如果是添加简单的多级列表（即列表库中已经有满意的列表格式），则与上两小节讲解的项目符号、编号操作相同，即单击“开始”选项卡—“段落”组—“多级列表”下拉按钮，然后选择即可。如图6-5左图所示。

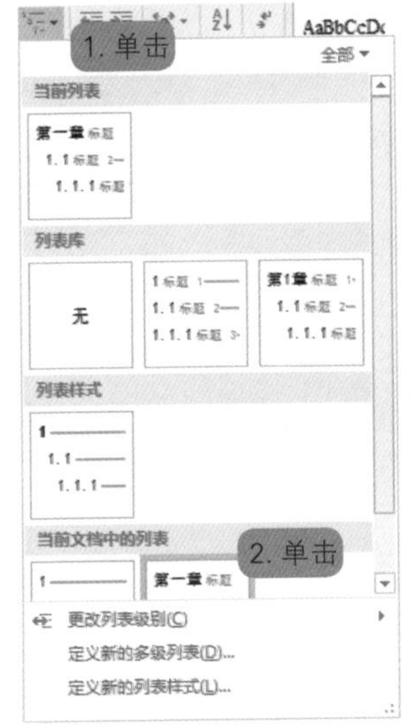

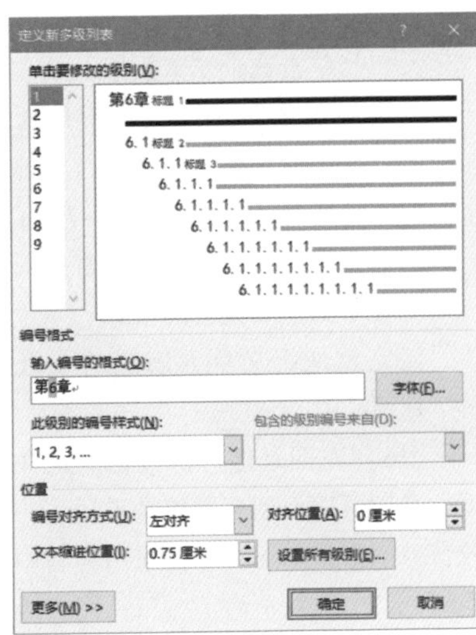

图6-5 添加多级列表与“定义新多级列表”对话框

说明：

- 与编号类似，Word将多级列表主要分为“列表库”“列表样式”和“当前文档中的列表”三类。同样，在“列表库”中的图标上单击鼠标右键，可以将其从库中删除；在“当前文档中的列表”中的图标上单击右键可以将其保存到列表库；对于“列表样式”，在样式列表的图标上单击鼠标右键可以对其修改。
- 如果需要新的多级列表，可以单击组合列表框下端“定义新的多级列表”，弹出如图6-5右图所示的“定义新多级列表”对话框。缺省打开的对话框实际上是一个“减配版”的多级列表定义器，适用于对选中的列表进行修改。例如，输入列表格式并设置字体，选择编号样式，设置对齐方式，设置位置，等等。但是，如果用这个“减配版”的定义器来进行详细的多级列表定义，则几乎不可能获得想要的结果！解决此问题的诀窍在于对话框左下角的“更多”按钮，单击这个按钮，就获得了“完整版”的多级列表定义器，可以精确完成所有的多级列表工作。至于“完整版”定义器的操作方法，请看下文针对实例的介绍。
- 单击组合列表框底端的“定义新的列表样式”后，即弹出“定义新列表样式”对话框。如图6-6所示。修改“多级列表样式”对话框与此内容形

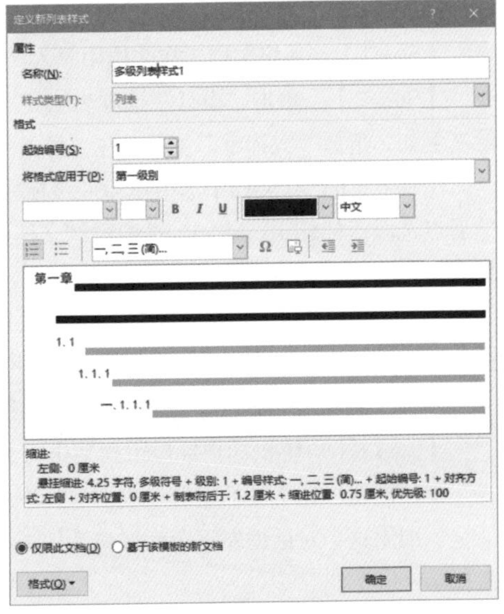

图6-6 “定义新列表样式”对话框

式相同。在对话框中可以对多级列表样式的编号字体、字号等属性进行定义调整。单击“格式”按钮可以设置更多的格式选项。还可以选择这个样式的范围是“仅限此文档”还是“基于该模板的新文档”。单击“确定”按钮后将保存到样式库中。需要注意的是，这个对话框中“将格式应用于”关联的级别不是段落级别。即使定义为“第一级别”，这个段落也不会出现在导航窗格！因此，这里定义的多级列表样式，只是为了进一步定义与段落级别（标题）关联的多级列表所作的准备而已。直接使用“列表样式”中的样式来配置文档的多级列表，效果并不好。

多级列表一般需要与文档标题相关联，而上面直接打开的多级列表定义器只是一个“减配版”，不能很好地完成实用的多级列表定义。当单击这个“减配版”的“定义新多级列表”对话框左下角的“更多”按钮后，我们获得了“完整版”的多级列表定义器。如图6-7所示。我们结合一份某著名会计师事务所2019年关于AI产业报告的格式，来说明如何完整地定义令人满意的多级列表标题。

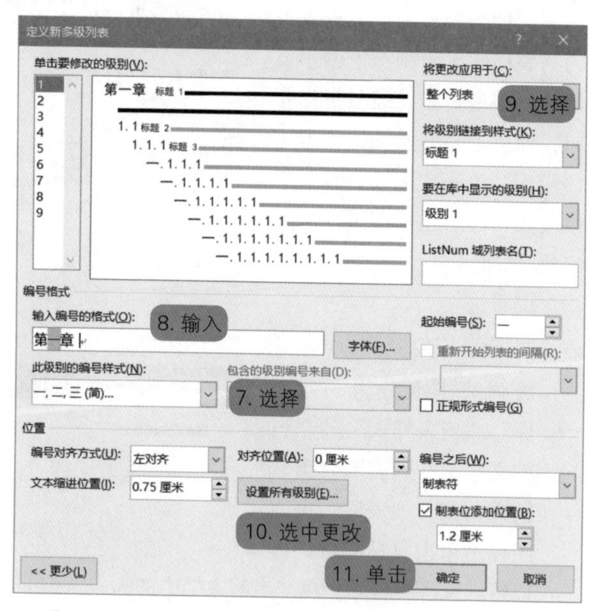

图6-7　点击“更多”之后的“定义新多级列表”对话框

图6-8左图是这一份报告的正文第一页，我们可以看到标题编号采用了一种比较特殊的形式，一级标题采用大写中文数字“一，二，三（简）…”，而二级标题为“1.1，1.2，1.3 …”。这显然是事务所专为中国顾客准备的报告，读者可以参见本书第6章提供的样例文档，类似的还有面向全球的报告。那如何实现这样的多级列表呢？

操作步骤

【Step 1】　新建文档，在文档中录入文档多个一级标题、二级标题的内容。

【Step 2】　单击“设计”选项卡—“文档格式”组—“主题”按钮，在下拉列表中选择一种主题。例如，选择“大都市”主题，在“样式集”中选择“线条（简单）”样式集。

【Step 3】　在文档中选中作为一级标题的段落标题。同时选中多个段落标题（可以按住Ctrl键，然后点选段落标题）。例如，选中样例文档中的“AI发展新趋势”和“人工智能技术发展腾飞”两段标题。

【Step 4】　在“开始”选项卡的“样式”组的“样式库”中选择“标题1”样式。这样，选中的段落标题就成为了文档的一级标题，但此时还没有多级列表形成的编号。

【Step 5】　按【Step 4】的方法，将一级标题下的段落标题设置为二级标题。

【Step 6】　将鼠标指针停留到某个一级标题上，单击“开始”选项卡—“段落”组—“多级列表”下拉按钮，在下拉的组合列表中选择下端的“定义新的多级列表”，弹出“定义新多级列表”对话框。如果这个对话框左下角的按钮为“更多”，则单击该按钮，打开详细的多级列表属性定义选项窗口。

【Step 7】　在“此级别的编号样式”选择框中通过下拉列表选中“一，二，三（简）…”，

“输入编号的格式”录入框中便出现了有阴影的序号“一”。

【Step 8】 在输入框的数字前后录入“第”和“章”，后者后面可以加一个空格。

【Step 9】 在对话框右侧上端的“将级别链接到样式”选择框中通过下拉列表选择“标题1”，同时“要在库中显示的级别”选择框确定为“级别1”。

【Step 10】 在对话框下端勾选“制表位添加位置”，在微调录入框中将数值更改为2.4厘米。

【Step 11】 单击“确定”按钮。这时，我们发现文档中的一级标题具有了“第一章”“第二章”等一级编号。

【Step 12】 将鼠标指针停留到某一个二级标题上，单击“开始”选项卡—“段落”组—“多级列表”下拉按钮，在下拉的组合列表中选择下端的“定义新的多级列表”，弹出“定义新多级列表”对话框。此时，左上侧的“单击要修改的级别”框中被选中的数字为“2”，中间的“输入编号的格式”框中却是一个别扭的“一.1”。

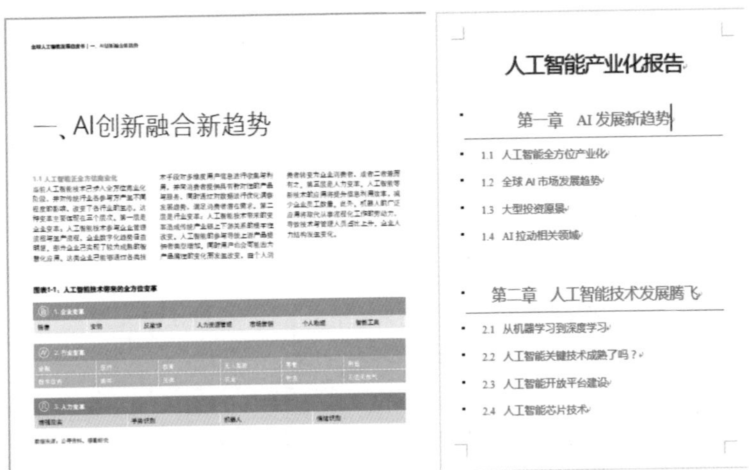

图6-8 多级列表实例

【Step 13】 如【Step 9】，在“将级别链接到样式”中通过下拉列表选择“标题2”，同时将下面的“在库中显示的级别”确定为“级别2”，然后选中中间的“正规形式编号”，我们看到“输入编号的格式”框中的“一.1”已经自动更改为“1.1”的形式了。单击“确定”按钮，文档中所有属于“标题2”的列表都被调整为图6-8右图的格式。

【Step 14】 最后，将“标题1”居中即可。

上述实例效果可参考本书提供的实例文件，至于设置的动态效果，可参见本书提供的视频演示。

6.3 换行、分页、中文版式和排序

“段落”对话框的第二个标签页是“换行和分页”，如图6-9所示。换行和分页看似不起眼，但在长文档排版，特别是在进行样式的段落格式设置时，非常有用。

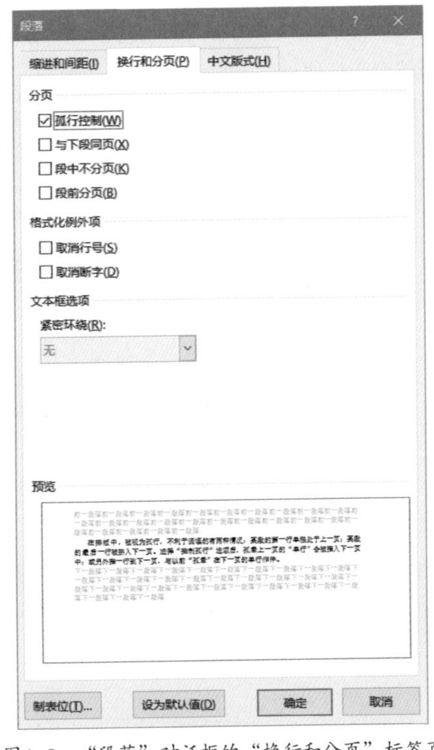

图6-9 “段落”对话框的“换行和分页”标签页

1. 换行和分页

（1）孤行控制。

在排版中，被视为孤行，不利于阅读的有两种情况：某段的第一行单独处于上一页；某段的最后一行被挤入下一页。选择“孤行控制”选项后，孤行会被推入下一页或上一页中；或从下一页或上一页另外推一行到孤行所在页。

（2）与下段同页：一般标题不能独自位于上一页，因此标题样式缺省有此选项。

（3）段中不分页：主要是避免使一个长标题分于两页，正文则不限制。

（4）段前分页：不插入分页符，也可将一段推入下一页，有利于使重要段落位于页面顶端开头。

第（2）~（4）项都会使段落前出现黑块标志“■”。

（5）取消行号：如果在页面设置中加入了行号，但对于某些段落又不希望加上行号，则勾选该选项。

（6）取消断字：西文需要通过断字来保持段落右端整齐，取消断字的段落将不再自动断字。

2. 中文版式

“段落”对话框的第三个标签页“中文版式”保持如图6-10所示的缺省配置即可，不必改变，在此不再赘述。

需要注意一个问题：文档有时会因选择“允许西文在单词中间换行”带来数字显示不规范的问题。例如，一个段落中某一行的末尾恰好是一串数字，选择了这一选项后，可能会造成数字中间折行的现象。图6-11是某法律文书的局部，展现了因勾选“允许西文在单词中间换行”所带来的效果，如果没有后面的汉字大写数字，这一段文字表述会带来何种隐患呢？

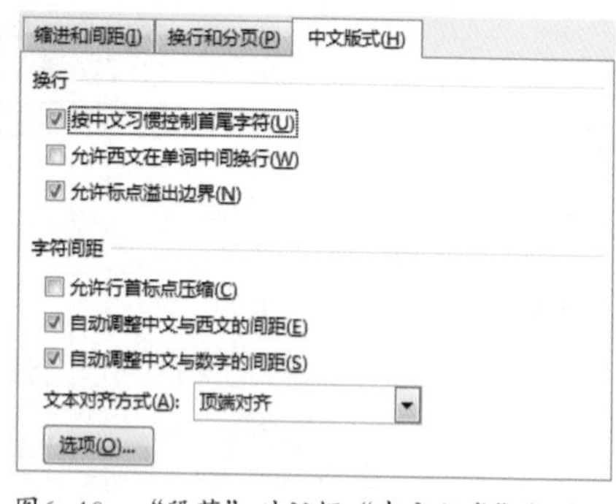

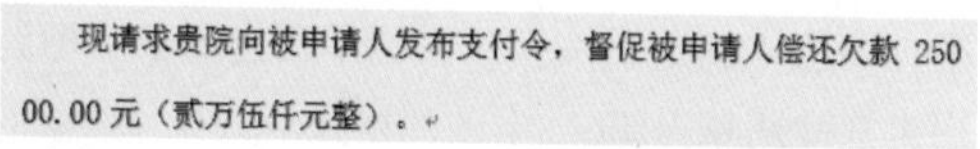

图6-10 “段落”对话框“中文版式”标签页

另外，“开始”选项卡的“段落”组中的“中文版式”按钮，提供了几个非常有用的字符和段落格式选项。如图6-12左图所示。

现请求贵院向被申请人发布支付令，督促被申请人偿还欠款 250
00.00 元（贰万伍仟元整）。

图6-11 “允许西文在单词中间换行”的不规范效果

注意：

- “开始”选项卡的“段落”组中的“中文版式”按钮实际上提供了一些有趣的小工具，与“段落”对话框中的“中文版式”无关。
- 这些中文版式往往被用于某些广告、文件抬头等的文字对齐或特效，其效果如图6-12右图所示。其中，“字符缩放”即为字体选项中的“缩放”选项。

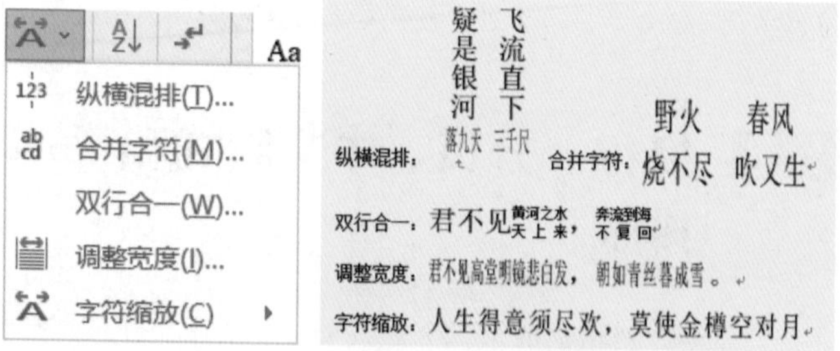

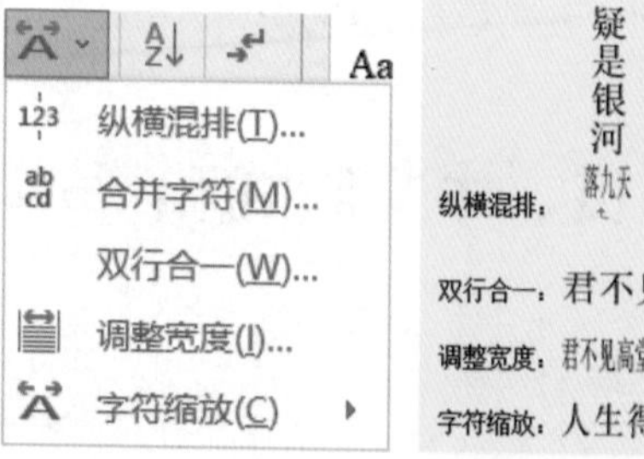

图6-12 “中文版式”按钮的下拉列表及相应效果

3. 排序

段落排序是一项非常有趣的功能设计：对于被选中的一组段落或者是带有标题的多个段落，可以实现自动排序。这对于编写某些需要排序的文字段落非常方便，例如需要按拼音字母或笔画数量对人物介绍进行排序等。

操作方法非常简捷：选中需要排序的文本段落，最好是含有某一级别标题的段落，然后单击“开始”选项卡—“段落”组—“排序”按钮，弹出“排序文字”对话框，如图6-13所示。在其中选择“主要关键字”为“段落数”“标题”或者“域”；然后选择排序类型，例如拼音、笔画、数字、日期等，再确定排序方法是升序或是降序；最后单击“确定”按钮，即会对被选中的段落进行排序。

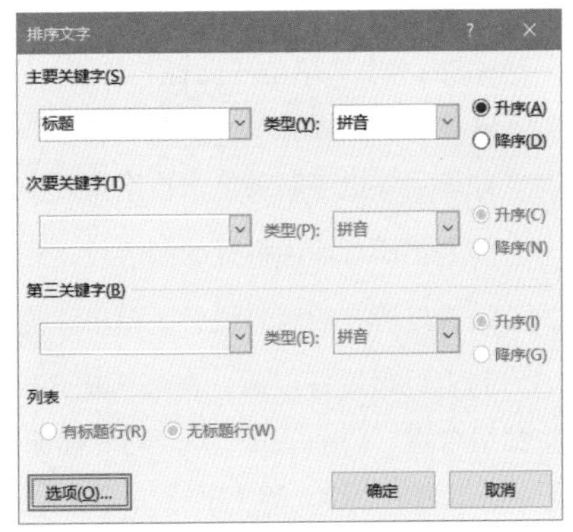

图6-13 “排序文字”对话框

之所以建议选中“含有某一级别标题的段落”，是因为在标题下可以组织多段文字，可以更加灵活地安排文字段落。而且，排序经常可以在文档的大纲视图下进行，这样可以更好地控制文档结构。

6.4 制表位——规范的分隔

制表位是在不制作表格的情况下设定一个段落（往往就是一行）里面的文字或数字的分隔的方法。利用制表位可以将一行划分为若干部分，起到规范分隔的作用。

决定分隔方法的内容包括：

- 制表位位置：设定分隔的位置，一般以“字符”为单位，允许小数位位置，如“12.5字符”即制表符位置在页面左边距以内的12.5字符处。
- 对齐方式：被分隔部分的文字的对齐方式，有“左对齐”“居中”“右对齐”等。在上标尺上，这些对齐方式的制表符分别以符号“ └ ”“ ┴ ”“ ┘ ”等进行标识。
- 前导符：被分隔文字前面的引导符号。

添加制表位的方法有下列两种：

（1）标尺单击法。

- 单击页面上标尺左侧的制表符切换钮，切换选择某种对齐方式的制表符。
- 在上标尺的适当位置单击鼠标设置制表位。如图6-14所示（注意：图6-14为两个小图拼接而成）。

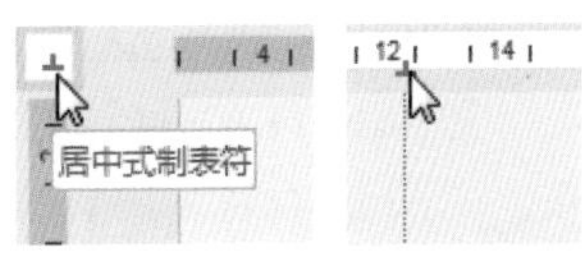

图6-14 单击切换制表符，设置制表位

这种方法直观快捷，但也有两个不足：第一，位置准确性不够高；第二，不能设置前导符。

（2）段落制表位设置法。

- 打开如图6-1所示的“段落”对话框，单击左下角的“制表位”按钮，弹出如图6-15所示的“制表位”对话框。
- 在其中进行如下操作：

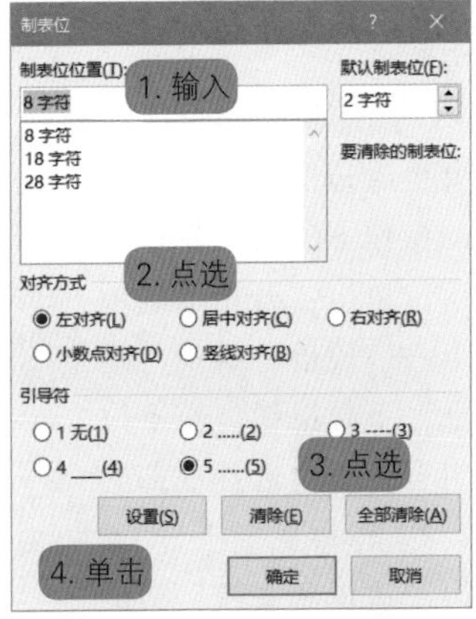

图6-15 “制表位”对话框

操作步骤

【Step 1】 输入制表位位置。例如，输入“8 字符”表示第一个制表位分隔在8字符处。

【Step 2】 点选“对齐方式”。

【Step 3】 点选“前导符”。

【Step 4】 单击“设置”按钮，则制表位被列入下方的制表位列表之中。

这样便精确设置了一个制表位。

- 如果需要更多制表位，再次重复上述【Step 1】~【Step 4】，注意输入不同的制表位位置。
- 如果不满意前面设置的制表位，则在列表中选中制表位，然后单击“清除”按钮。
- 设置好所有的制表位后，单击“确定”按钮，关闭“制表位”对话框。

制表位设置好以后，在该行输入文本或数字时，在需要分隔的文本前面按键盘上的Tab键（或者快捷组合键“Ctrl+Tab”），则光标即会跳到制表位所在位置等待输入。图6–16所示的第二、三、四行均是按照8、18、28（字符）位置设置制表位的文本效果图。其中，8字符和28字符位置制表位的“前导符”选择第5种。

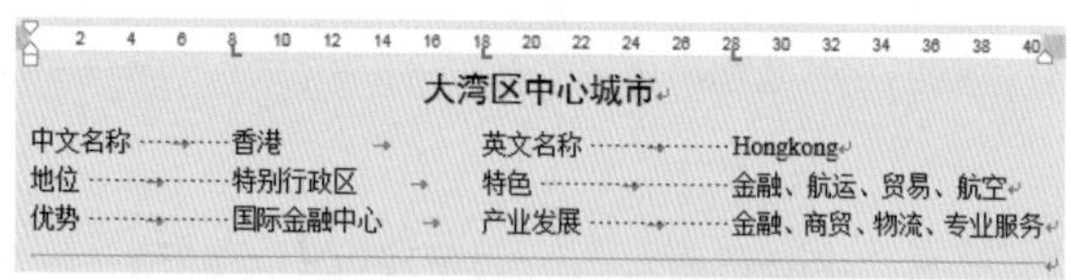

图6–16 选择制表位与窗口

如果在页眉或页脚设置合理的制表位，可以将页眉、页脚分割为特定的几段，放入不同的内容。

6.5 边框与底纹

边框与底纹给人的第一印象是属于表格的属性选项，而Word将边框与底纹引入为段落的功能选项，为实现很多新颖的配置提供了方便。

不同于文本的底纹与边框只是作用于选中的文本，段落边框与底纹是针对整个段落进行设置的，即附加于段落之上，形成一个整体的衬底和分隔。例如，页眉下面的那条分隔线，本质就是段落下边框。

添加段落边框与底纹的操作实际上与添加表格边框与底纹的操作总体相似而又略有差异，且针对的对象也不同：段落边框与底纹针对文字段落，而表格边框与底纹则针对表格的单元格。

直接添加段落边框与底纹的方法：选中段落，单击“开始”选项卡—“段落”组—“边框”下拉按钮，在下拉组合列表中选择一种边框，如图6–17左图所示。Word会默认按上次选择的边框颜色添加边框。

添加复杂边框或需要更改边框与底纹颜色的操作方法为：选中段落，单击“开始”选项卡—“段落”组—“边框”下拉按钮，在下拉组合列表中选择底部的“边框和底纹”，弹出“边框和底纹”对话

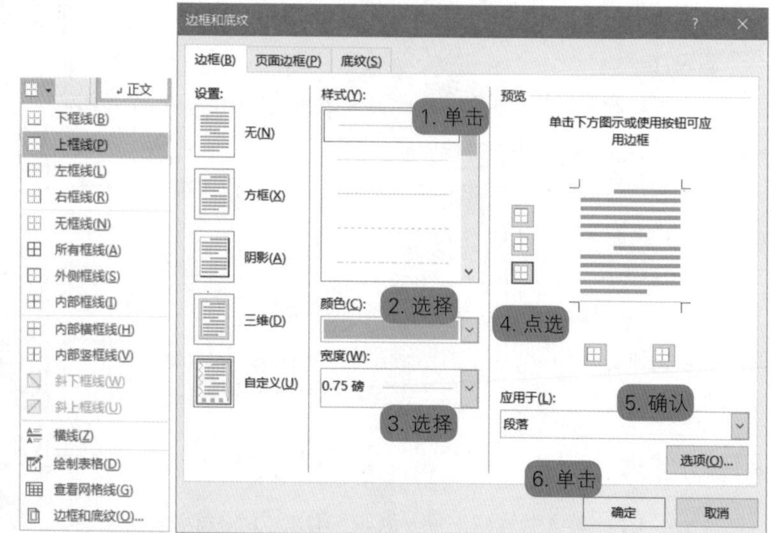

图6–17 为段落添加边框与底纹

框。如图6–17右图所示。设置边框的操作步骤如下：

操作步骤

【Step 1】　在“边框和底纹”对话框中，单击合适的边框样式，如选中图6–17中示例的边框。

【Step 2】　单击“颜色”下拉按钮，在调色板中选择边框颜色。

【Step 3】　单击“宽度”下拉按钮，在列表中选择一种线宽。

【Step 4】　根据需要，在右侧预览区的边框按钮上进行点选。例如，如果需要添加下边框，则单击下边框按钮。点击一次即表示选中，预览区即出现下边框；再点一次即表示取消，预览区则去除下边框。

【Step 5】　确认应用于“段落”。

【Step 6】　单击“确定”按钮，即为被选中的段落添加了所需框线。如图6–18所示，即对一个段落添加了一条“横线”线框的效果。

图6–18　段落添加“横线”框线的效果

有一条重要的横线需要在此进行说明。选中“段落”组“边框”按钮下拉列表中的“横线”选项后，就会在一个空段落中画出一条横穿整个段落的分割线。

在政府文件中，文号之下、标题之上的那条横线就是这样的独立一个段落的横线。

如果要设置这条横线的属性，只需在横线上双击，即会弹出“设置横线格式”对话框，在对话框中可以方便地设置横线的宽度、高度（粗细）、颜色、对齐方式等选项。如图6–19所示。

添加段落底纹的操作非常简捷，在此不再图示说明。

图6–19　“设置横线格式”对话框

6.6 高效设置、修改文档段落格式的建议

- 将段落格式的设置放到“样式”之中会大大提高工作效率。
- 文本段落较多时，要注意设置合理的段落间距，即设置合理的“段前”或“段后”值。适当的段落间距在视觉上体现了段落划分，可以在确保读者阅读流畅性的前提下，用段落间距体现文章表达意义的转换。
- 合理应用“缩进”。新媒体撰文往往不设“首行缩进”，某些技术文档或某些排版新颖的书籍中也采用了这种排版模式。但是，中文正式文档一般都要求“首行缩进两个字”。
- 如果文档需要使用多级列表，则应配合章节规划、结合样式进行。“定义新多级列表”对话框中的“更多”按钮所展开的多级编号属性选项对于控制多级编号作用巨大。
- 充分利用“分节管理”“分栏”的功能，如果需要，甚至可以添加表格或者文本框，以实现灵活、可控的页面段落控制。
- 制表位可以在没有表格的情况下，设置分隔一行文字，并且设置一定的前导符。
- 文本段落也可以设置底纹和边框。

第 7 章

样式高级应用

样式不仅提供了一个快速获取文档对象格式的方法，也为快速、批量维护文档对象的格式提供了便捷通道。更重要的是，文本样式的设置本身就隐含了文档篇章结构控制的方法。这里所说的对象包括文本、表格、形状（包括文本框）、图片等，这些重要的基础对象，都有其各自的格式。

7.1 样式与格式的自动维护

Office的样式（Style）是对象多种特定属性选项（或格式）的集成包，一个样式集成了对象的多个格式属性。因此，选中对象后，为其选择一个样式，则被选中的对象就获得了样式所包含的各种属性。例如，在文档中插入一个表格后，要使表格具有美观的边框、底纹、标题行、镶边行等格式，只需选中表格，然后在“表格工具—设计”选项卡—“表格样式”组的样式选择框中选择一个样式即可。

Office针对各种对象给用户提供了一整套缺省样式，其中，文本样式和表格样式可以进行修改和自定义，而形状（包括文本框）和图片样式则不能进行修改和自定义。

从文档格式的统一和维护来看，大型文档结构庞大，包含的章节标题、文字段落、表格、形状等数量众多，如果不能对这些对象的格式进行统一、一致的管控，则既不能统一风格，维护起来也相当困难。利用样式进行管理，对文档中的各种对象实例应用一定的样式，当需要修改、调整文档的格式或者风格时，无须去具体调整每一个实例的格式，只需修改、调整样式，即可达到“一改百改”的效果。

如图7–1所示，Office将文本样式的使用与维护过程实现“闭环化”，使文本样式既可以被应用，又可以使用“一键达”的方式通过具体的实例来进行更新。这样，用户在编辑过程中不断调整、美化并且固化样式，最终达到应用与维护的统一。

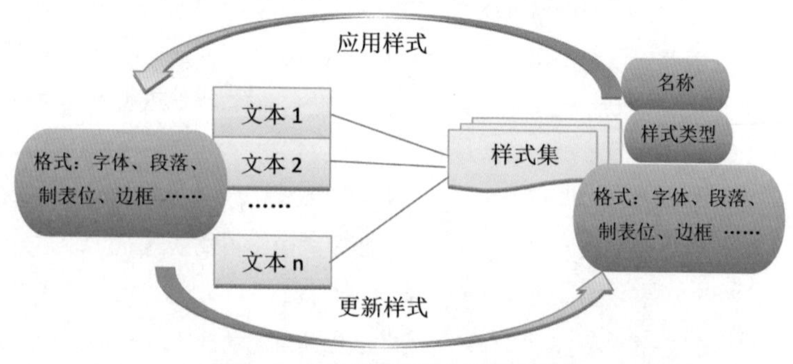

图7–1 文本对象实例与样式的关系

7.1.1 文本样式的快速应用

文本样式包含了文本的字体、字号、对齐方式、缩进、制表位、边框等格式属性，是最常用、最基础的工作样式。应用样式的方法非常简捷，总体来说主要通过两条途径：利用“开始”选项卡和跟随式工具栏。利用“开始”选项卡的操作途径如图7-2所示。

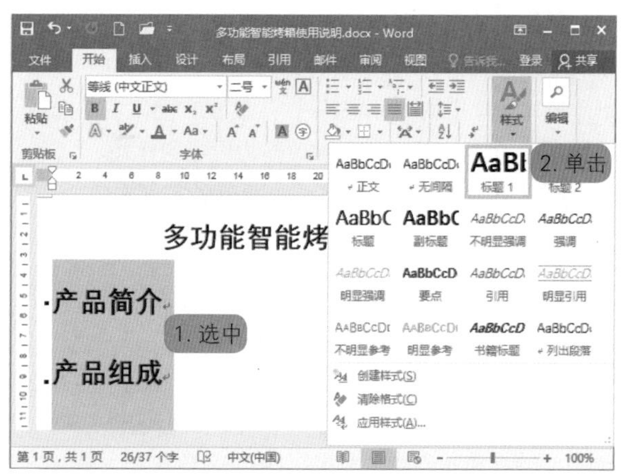

图7-2　应用文本样式

操作步骤

【Step 1】　选中一段或多段文本。

【Step 2】　（1）单击“开始”选项卡—“样式”组—选择样式库中的某一样式。此时的操作为“即刻可见”的操作：当鼠标接触到“快捷样式”中的某一样式时，文档中被选中的文本就会即刻变为此种样式格式，便于操作者直观地选择样式。（2）选择样式更简捷的途径是利用跟随式工具栏：当选中文本时，鼠标指针只要接触到被选中的文本，就会出现跟随式快速工具栏。在此工具栏中，单击“样式”按钮，再从中选择一种样式即可。

7.1.2　修改样式（以产品使用手册为例）

1. 修改样式的途径

修改文本样式的途径有四种：

（1）右键单击“开始”选项卡—“样式”组—选中样式库窗口中的某种样式。如图7-3所示，选择右键菜单的第二项“修改”，即弹出如图7-4所示的“修改样式”对话框。

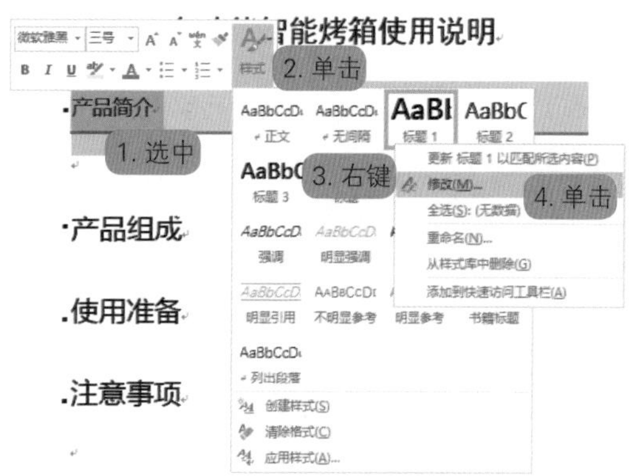

图7-3　快捷工具栏：修改样式

（2）类似上一种途径，首先选中文本或段落（或者在选中的文本上单击右键），弹出跟随式快捷工具栏—单击快捷工具栏的“样式”按钮，弹出下拉样式库列表—在特定的快速样式上单击鼠标右键—在右键菜单中单击第二项“修改”，同样弹出“修改样式”对话框。

（3）单击“开始”选项卡—“样式”组对话框启动器，弹出浮动式的“样式”窗格（这个窗格本质上是一个样式管理平台，我们将在下一节进行专门讨论，这里不再图示说明）。然后，在“样式”窗格的样式列表中的某一样式上单击鼠标右键，同样在右键菜单中选择“修改”，弹出“修改样式”对话框。

（4）在文档中对某个段落的文本进行格式选项（包括字体、段落的各种选项）的调整，当对这个段落的格式感到满意后，用鼠标右键单击这一段落对应的快速样式。然后，在右键菜单中选择“更新××以匹配所选内容”（这里的“××”即样式名，例如“标题1”等）。这时，这个段落格式即被写入样式中并被固化下来，而文档中所有属于这一样式的段落格式也将随之改变。这应该是文本样式库最简捷的维护方法。

以产品使用手册的格式调整为例，在指定了“产品简介”“产品组成”“使用准备”“注意事项”等段落为“标题1”后，即可对“产品简介”的段落进行格式调整。格式调整到位后，用鼠标右键单击样式库中的“标题1”，然后在右键菜单中选择“更新 标题1 以匹配所选内容”后，所有属于“标题1”的段落格式都会被改换为设定的样式。

上述实例效果可参考本书提供的实例文件。

2. 修改样式

如图7-4所示的“修改样式”对话框是维护样式的关键环节。一个样式的属性包括：

（1）名称：这是样式的标识，不可重名。有些名称为Word的保留名称，例如“正文”、标题1～9等，这些保留名称在修改后，Word会自动将保留名称加到修改后的名称开头。

（2）样式类型：取值有“段落”“字符”“链接段落和字符”“表格”“列表”。“段落”是含有段落格式的样式；“字符”为含有字体格式的样式；“链接段落和字符”样式为同时包含段落格式和字符格式的样式；“表格”当然是包含表格格式的样式；而在6.2.3小节中讨论的列表样式则对应此处的“列表”样式类型。修改样式将自动赋值，新建样式（参见7.2.1小节）则需选择赋值。

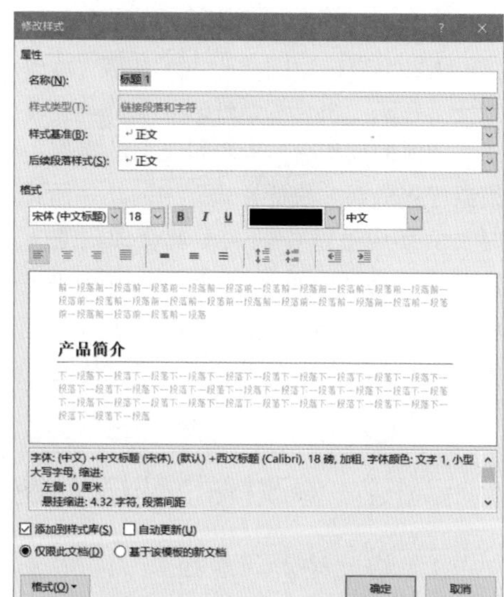

图7-4　“修改样式”对话框

（3）样式基准：修改或者新建样式的来源参照，修改时会自动赋值，不必调整。文本样式的基准一般来源于“正文”。如果选择其他样式作为基准，则将所选样式的格式带入，然后在调整后形成新的样式。

（4）后续段落样式：指紧接本样式后面生成的段落样式，即在本样式段落编辑后回车，光标停留的这个新段落的样式，一般为“正文”。

（5）格式：预览框上端的“格式”即样式的主要字体、段落格式。单击“格式”按钮，出现如图7-5所示的下拉“格式”列表，在其中选择任意一项，均会弹出此选项的设置对话框。例如，选择“字体”，则弹出字体对话框；选择“段落”，则弹出段落对话框，等等。甚至，用户可以在此定义快捷键。

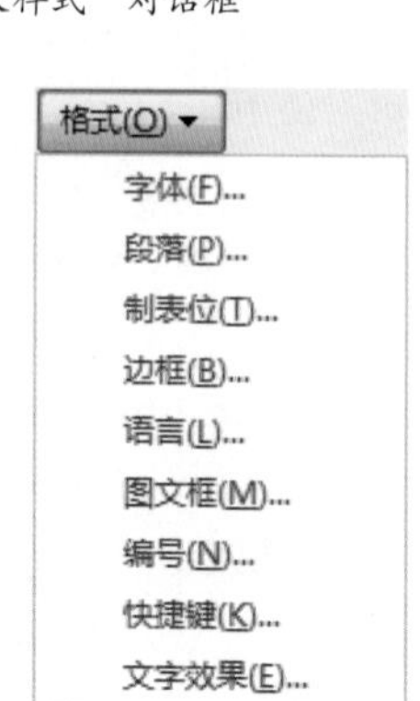

图7-5　“格式”列表

（6）添加到样式库：缺省添加，一般无须改变。

（7）自动更新：文档中属于这一样式的文本格式被改变后，样式将自动更新，其他属于这种样式的对象也会同步发生变化，因此一般不勾选。遵循Office“在共性的基础上尊重个性”的原则，不宜将个性化格式共性化。如果需要将文档修改后的格式固化到样式中，可以采用在样式库中的样式上单击鼠标右键，然后选择第一项“更新××以匹配所选内容”的方式，即采用我们在上文“修改样式的途径”中讨论的第四种途径更为稳妥。

（8）仅限此文档、基于该模板的新文档：如果选择后者，则格式被写入“Normal.dotm”模板之中，因此一般选择前者。

样式格式中字体、段落、制表位、边框等属性选项的调整方法与前面所介绍的各个选项对话框的使用方法相同，读者可以参考前面的说明，这里就不再另行讨论了。

7.1.3 样式库的快速维护

样式库即“开始”选项卡的“样式”组中显眼的一排快速样式列表框，“样式库”这个术语翻译得不够准确，在英文版中是Styles Gallery，原意为“样式展览”或“样式画廊”，而在下文将要讨论的“删除”原文为Remove from，不是指“从库中删除”，而是指“从展览中移除”。但在讨论时我们仍沿用中文版术语。

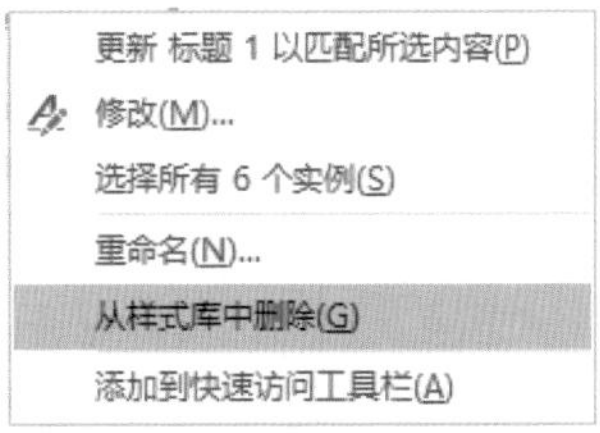

更新 标题 1 以匹配所选内容(P)
修改(M)...
选择所有 6 个实例(S)
重命名(N)...
从样式库中删除(G)
添加到快速访问工具栏(A)

图7-6 样式库样式右键菜单

随着Word的使用，样式库和其中的样式是不断变化的，我们可以通过很多方法将样式库和样式变得更加符合我们的工作要求。上文讨论的修改样式就是对样式格式的深度调整。除此之外，我们在“开始”选项卡—“样式”组—快速样式列表框的快速样式上点击鼠标右键，弹出如图7-6所示的右键菜单，利用这个菜单里的命令，可以对样式库进行快速的维护。

（1）更新××以匹配所选内容（这里的“××”为某一个样式名）：如上文所述，这是“手动”更新样式的方法，即若在文档中对某一个样式的段落或对象的格式进行了调整，如果认为这些格式是具有共性的，则可以通过选择右键菜单的这一命令将这些格式固化到样式中，而采用这一样式的其他对象格式也将随之改变。这对于调整文档标题等结构性的样式十分有用。

（2）“选择所有n个实例”，或者“全选：（无数据）”：后者是应用该样式的对象过多时显示的情况。这一命令与“开始”选项卡—“编辑”组—“选择”按钮下拉列表中的“选定所有格式类似的文本（无数据）”命令相同，就是同时将这些格式相同的文本选中。

（3）重命名：对样式重命名，如果是保留样式被重命名，Word会将保留名称自动添加到名称前面。

（4）从样式库中删除：将样式从“开始”选项卡的样式库中删除，但在文档本身的样式集中还存在，可以利用“样式管理”对话框将其恢复。所以，在一般的应用中，我们完全可以将占用了很多空间而又很少采用的“标题4”“标题5”等样式删除。

（5）添加到快速访问工具栏：这是Office最为方便的一个功能，功能区选项卡中任何需要高频使用的命令或选项，都可添加到主编辑窗口左上角的快速访问工具栏之中，使其随时可以点击调用。当其不再需要高频使用时，可以在快速访问工具栏的图标上点击鼠标右键，将其从快速访问工具栏中删除。

另外，在“开始”选项卡的“样式”组的快速样式列表框的右下角还有一个下拉按钮。单击这个下拉按钮，在按钮的下拉组合列表框中会列出所有快速样式，并在底部列出三个命令，如图7-7所示。在此，可以创建新样式，可以清除格式，还可以打开“应用样式”窗格，以及选择更多不在快速样式列表框中的样式或者打开样式窗格。其功能简单，考虑到篇幅，在此不再赘述。

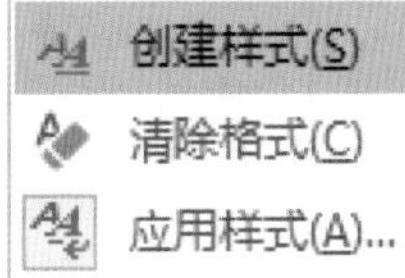

图7-7 样式维护命令

7.2 “样式”浮动窗格——新建、检查与管理样式

上文讨论的利用样式的右键菜单进行样式维护仅仅能进行一些常用的快速维护工作，如果需要对样式进行深度维护，必须打开“样式”浮动窗格来进行。

图7-8 “样式”浮动窗格

“样式”浮动窗格可以说集成了样式管理的各种工具，并成为了连接文档所有样式以及外部文档样式的一个中间综合平台。

最方便的打开“样式”浮动窗格的方法：单击“开始”选项卡的“样式”组的对话框启动器，即弹出“样式”浮动窗格，如图7-8所示。另一个打开“样式”浮动窗格的方法即如上一小节中讲的打开“应用样式”窗格后，在“应用样式”窗格中有一按钮可以打开“样式”浮动窗格。

说明：

- “样式”浮动窗格是典型的Office浮动窗格，双击标题可以停靠到编辑窗口右侧，拖动标题区域可以将其从停靠状态变为浮动，并可移动到合适位置，拉动边缘可以改变窗格大小，单击“关闭”按钮即可关闭。

实用技巧

浮动窗格的好处在于打开后不会“模式化”其他窗口，即其他窗口仍然可以正常使用。因此，只要是正在做与这个浮动窗格相关的工作时，都可以让这个浮动窗格处于打开状态。这样就随时可以操作其中的各种元素和控件。

- “样式”浮动窗格标题的下方是样式库的样式列表，我们把鼠标指针放在某一个样式上，就会有一个动态提示窗显示这个样式的格式说明。而单击某个样式，编辑窗中光标所在的段落就将变为这种样式。
- 当勾选“显示预览”选项时，样式列表中的样式都会以预览的形式展示其格式。
- 当勾选“禁用链接样式”选项时，那些“链接”类的样式就不再按链接特性起作用。而链接特性是指当一个样式既有字体属性又有段落属性时，我们在文档段落中只选定某几个字符应用这种样式，这些字符就只显示样式的字体属性而忽略段落属性，即字符只是与样式进行“链接”而没有应用。所以，当“链接”特性被禁用后，即使只对段落中的几个字符应用这个样式，整个段落都会按照样式格式来组织，即会表现出所有的字体和段落属性。例如，我们选中这里的“例如”二字，在不禁用链接样式时应用“标题1”，则“例如”二字会按“标题1”的字体格式显现，而段落属性不起作用，当禁用链接样式，则整段会变成“第七章 ……”，即字体和段落格式同时发挥了作用。
- 与样式库的右键维护相似，可在“样式”浮动窗格的样式列表区中的样式上单击鼠标右键进行维护，在此利用右键菜单也可以对功能区选项卡中的样式库进行维护。在此不再赘述。
- 选项：这是指“样式浮动”窗格的选项，主要用于设置“样式”窗格的显示、排列及格式等选项。鉴于篇幅关系，不再图示详述。

如果样式窗格仅有上述功能，那就真是无甚特色了。“样式”窗格的神奇之处是其左下角的三个按钮，分别为“新建样式”“样式检查器”和“管理样式”，它们分别通向了不同的强大的样式管理工具。

7.2.1 新建样式

单击“样式”窗格底部三个按钮中最左侧的那个“新建样式”按钮，弹出对话框，如图7-9所示。这个对话框被命名为“根据格式化创建新样式”，即基于在“样式”窗格中选中的那个样式来创建。这样，用户就可以创建对自己十分实用的各种样式了。

可以看到，“根据格式化创建新样式”对话框与我们在7.1.2小节中讨论的“修改样式”对话框完全相同，操作也相同，因此不再重复说明。

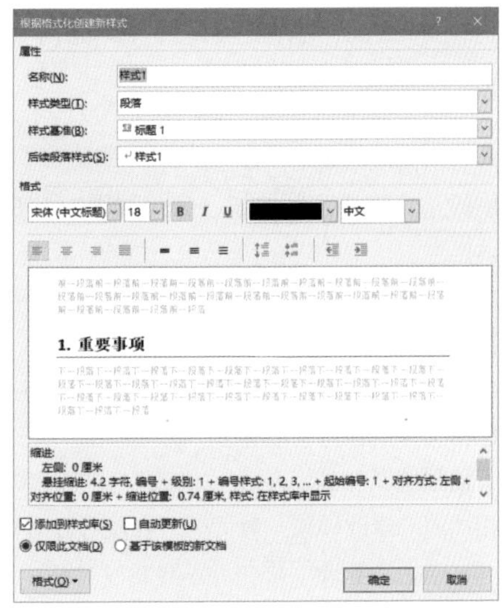

图7-9 “根据格式化创建新样式”对话框

7.2.2 样式检查器

点击“样式”窗格底部三个按钮中间的那个“样式检查器”按钮，弹出如图7-10左图所示的“样式检查器”浮动窗格。这个窗格最大的特点是将光标所在位置文本样式的格式分成了“段落格式”和“文字级别格式”，并且可视化地将格式显示在各自下面的方框中。一方面，可以选择性地分别去除段落格式或者文字格式（字体、字号等）；另一方面，也可以将格式“全部清除”。

把鼠标指针移至“段落格式”预览框，则会在预览框右侧出现一个下拉按钮，单击这个按钮，则显示如图7-10中图所示的菜单，这个菜单里除了一些我们熟悉的常用命令以外，比较有用的就是“选择所有×个实例”。这个菜单还可以“降低”其段落级别或者“提升”段落级别，但实际上，“提升”“降低”这样的操作在“导航”窗格进行最方便，在“大纲视图”中操作则次之。

图7-10 “样式检查器”浮动窗格及其下拉菜单，“显示”格式窗格

此外，无论是单击“样式检查器”底端左侧“显示格式”按钮，还是选择“段落格式”预览框下拉菜单中的最后一项“显示格式”，均会弹出另一个浮动窗格——“显示格式”。在这个浮动窗格中不仅可以显示检查器中显示的段落或选中文字的格式，还可以与其他选定内容进行格式比较，在下面的框中以树形格式给出不同的对比。

实用技巧

在Word中，任何时候想要“显示格式”，可按快捷组合键“Shift+F1”。

7.2.3 管理样式、限制样式与样式导入/导出

1. 管理样式、限制样式

回到图7-8所示的“样式”窗格，当单击底部三个按钮中右侧的“管理样式”按钮，弹出如图7-11所示的“管理样式”对话框。

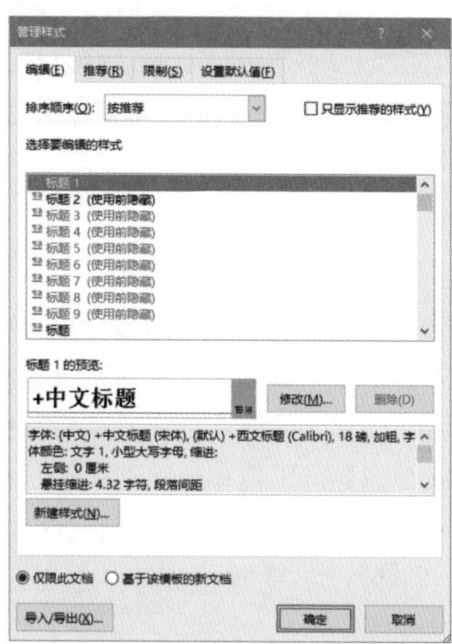

图7-11 “管理样式”对话框

“管理样式”对话框一共包含四个标签页，其主要功能分别包括：

（1）“编辑”标签页：列出了文档中的所有可能的样式，包括文本、段落、表格和列表等。选中一种样式，即可在列表框下面预览其格式，单击“修改”按钮，弹出如图7-9所示的内容相同的“修改样式”对话框，在此可以对样式格式进行修改。

单击“删除”按钮并不是将这种样式删除，而是将文档中应用这一样式的文本或段落的格式删除。

单击“新建样式”即可基于选中的样式新建一种样式。

（2）“推荐”标签页：此页中的功能选项可以对样式在“样式”窗格和“开始”选项卡的“样式”组中的样式库的显示与否以及显示位置进行调整，鉴于篇幅关系，不再图示说明。

（3）“限制”标签页：提供了非常有趣的功能，通过密码限制样式的使用，并使选中的样式在“样式”窗格和样式库中不显示，从而保证了文档结构的稳定。操作步骤如下：

操作步骤

【Step 1】 如图7-12所示，打开“管理样式”对话框并切换到第三页“限制”标签页后，在样式列表框中选中一个或多个样式。操作时可以用鼠标拖拉选中，也可以用Shift键或Ctrl键进行点选。

【Step 2】 在下面的多选项中，确认限制范围。至少应该选择“仅限对允许的样式进行格式设置”，也可以勾选其他选项，而勾选越多限制越严格。

【Step 3】 单击“限制”按钮，我们会看到所选样式的前面被加上了一把锁的图标。

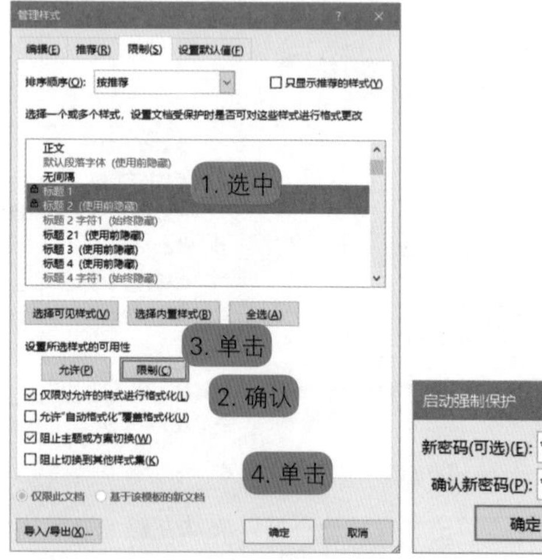

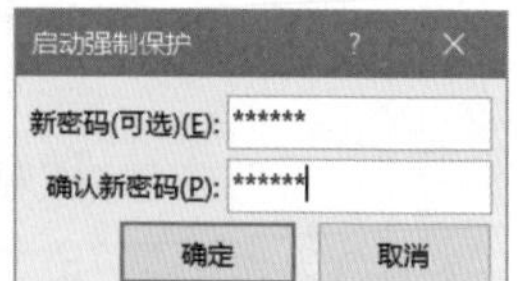

图7-12 限制样式

【Step 4】 单击“确定”按钮，关闭“管理样式”对话框，同时弹出“启动强制保护”对话框，在其中输入密码后，单击“确定”按钮，则“样式”窗格和功能区选项卡中的样式库都不再显示被限制的样式，即这些样式不能再被应用。并且你会发现，你甚至不能将被限制的样式格式用格式刷刷到其他段落上，而应用了被限制的样式的段落的文字格式和段落格式也将不可再被调整。

如果要取消限制，则再次进入“管理样式”对话框的“限制”标签页，选中那些被限制的样式，取消限制范围，然后单击“允许”按钮。这时，样式上原有的锁的图标消失了，再单击“确定”按钮，此时要求输入密码，输入正确密码后，这些样式就重新变得可用了。

（4）“设置默认值”标签页：提供了一个将某样式的字体和段落设为默认值的端口，操作简便，不再赘述。

2. 样式导入/导出

一个文档的文本样式可以被其他文档所用，最简单的方法是将具有新样式格式的文本段落复制后粘贴到需要的原文档中。这样，不仅将文本复制过来了，而且将新样式与格式复制过来了。但是，如果我们只需要新文档中的格式，并不需要其文字，或者两个文档中都有某些名称的样式，复制文本段落过来却带不了样式。这样，就只能利用样式的导入/导出功能实现。

假设的应用目标为：正在编辑一个产品说明《多功能智能烤箱产品说明》（原文档），此时读到一个《产品服务手册》（新文档），认为该文档中的许多样式/格式新颖，于是想将它们应用到原文档中。

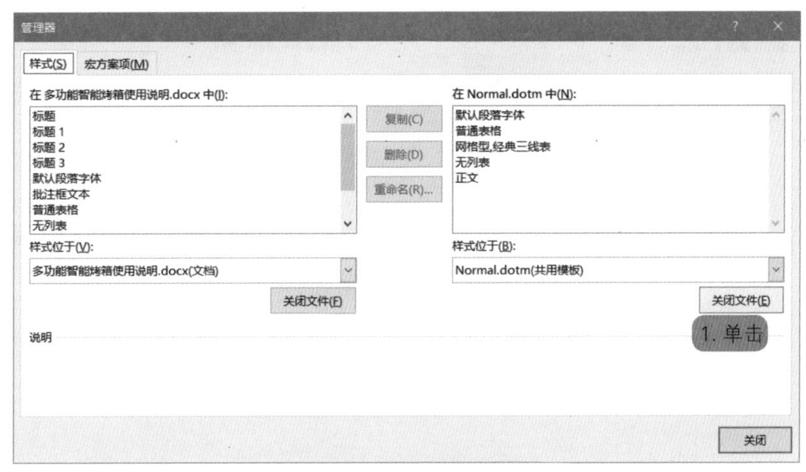

图7-13 导入/导出样式

操作步骤

【Step 1】 单击原文档的“管理样式”对话框左下角的“导入/导出”按钮，弹出如图7-13所示的“管理器”对话框。这个管理器不仅能够复制样式，还能复制宏方案项。显然，初始格局是将原文档的样式复制到模板文档“Normal.dotm”中，即把某些特殊样式放到那个“终极模板”中保存下来。这显然不符合我们的应用目标。因此，单击右侧的“关闭文件”按钮，按钮变为“打开文件”按钮，而预览框变为空白。如图7-14所示。

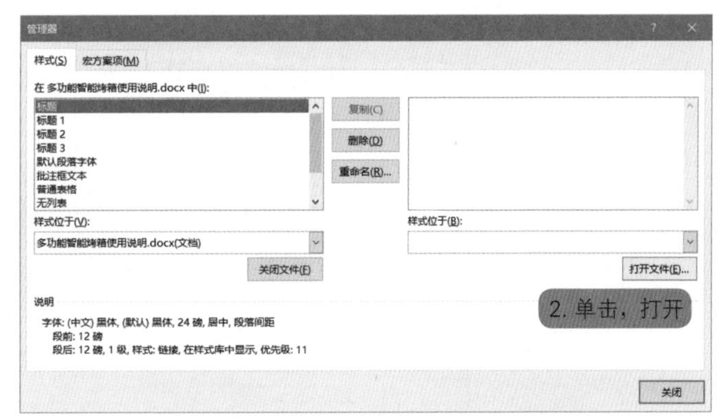

图7-14 重新确定需要导出和导入的文档

【Step 2】 单击右侧“打开文件”按钮，在“打开”窗口中找到新文档“产品服务手册.docx”并打开它（注意：这个窗口默认是打开模板文档“.dotx”“.dotm”，查找时需切换为查找所有文档）；可以看到，新打开的文档的样式即填入了右侧的样式列表框之中。

【Step 3】 在右侧的样式列表中选择需要复制的样式，可以多选。选中后，中间的“复制”按钮上的箭头即变为了从右向左。如图7-15所示。

【Step 4】 单击中间的“复制”按钮，如果提示“是否需要改写现有的样式词条”，确认后单击“全是”；然后，单击“关闭”按钮，我们即可看到原文档中的样式已经被新文档中的样式所取代，获得了新样式。

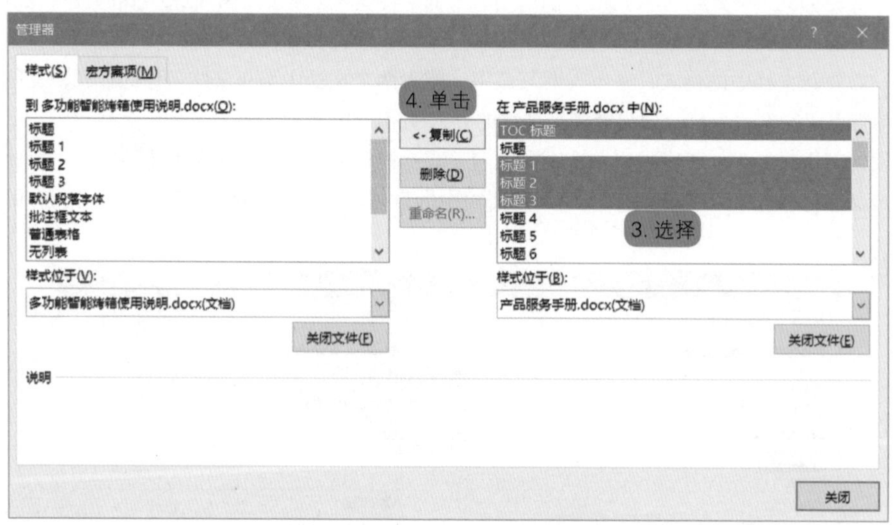

图7-15 重新打开文件后的管理器

上述实例效果可参考本书提供的实例文件，至于设置的动态效果，可参见本书提供的视频演示。

7.3 高效建立、修改机构级别文稿样式的建议

- 样式和样式集是MS Office最精彩、最方便的文档处理方式，样式和样式集不仅仅是方便的“格式包”，而且是字体、色彩搭配和效果等风格的载体。
- 优化的样式集有如漂亮的建筑物的结构，可以给文档编撰提供帮助，并支持形成美观的文档。
- 机构通常用特有的logo来标识自己，也往往有自己特有的文稿风格，包括字体使用取向、颜色搭配取向和效果取向，这些都可以通过样式和样式集来实现快速应用。其中，最为典型的机构文稿样式是政府文件，ISO认证也需要标准的文档格式。
- 建立这些文稿样式需要从文档样式入手，然后将其设置为一定的主题和主题的样式集，这样在后续某一方面的工作中就可以再次选用相关主题，并获得相关的样式集。
- 同时需要注意，样式库是需要管理和维护的。

第 8 章 页眉、页脚、页码及文档部件高级应用

页眉、页脚分别处于页面上、下两端，是页面的留白空间。而Office文档的页眉、页脚内容有“多页相同，多页共享，分节管理”的特点。这里“多页”可以是整个文档，也可以是奇数页、偶数页或者某一节、某一章。而一般页眉、页脚里的内容是给读者的附加提醒，例如文档标题、章节标题、页码和页数等。

8.1 页眉、页脚、页码操作要点

8.1.1 插入页眉、页脚

常规插入页眉、页脚的方法：单击“插入”选项卡—“页眉和页脚”组—“页眉”按钮（或者“页脚”按钮），出现页眉（或页脚）组合列表框，如图8-1所示。

（1）列表中列出了20种内置的页眉（或页脚），这些内置的页眉、页脚实际上是“文档部件”的“构建基块”（Building Blocks），我们将在后面专门讨论。内置页眉、页脚用占位符提供了现成的格式和构成方法。直接选一种内置页眉、页脚，或者选择列表倒数第三项“编辑页眉”（或“编辑页脚”），就进入了页眉/页脚编辑状态。

（2）页眉、页脚编辑状态：编辑区被移到页眉、页脚，文档编辑区变“虚”，同时在功能区打开如图8-3所示的“页眉和页脚工具—设计”选项卡。退出“页眉、页脚编辑状态”可以通过单击此选项卡最右侧的“关闭页眉和页脚”按钮，也可以双击文档编辑区，最快的方法是按键盘左上角的ESC键。

（3）普通页眉、页脚编辑可以直接用鼠标双击页眉或页脚，Word即进入上述页眉、页脚编辑状态。也可以在“页眉”按钮（或者“页脚”按钮）下拉组合列表的底部选择“编辑页眉”（或“编辑页脚”）。

（4）最简捷的删除页眉、页脚的方法是在“页眉”按钮（或者“页脚”按钮）下拉组合列表中选择“删除页眉”（或“删除页脚”）。

（5）在页眉中选中一定的对象后，就可以选择下拉组合列

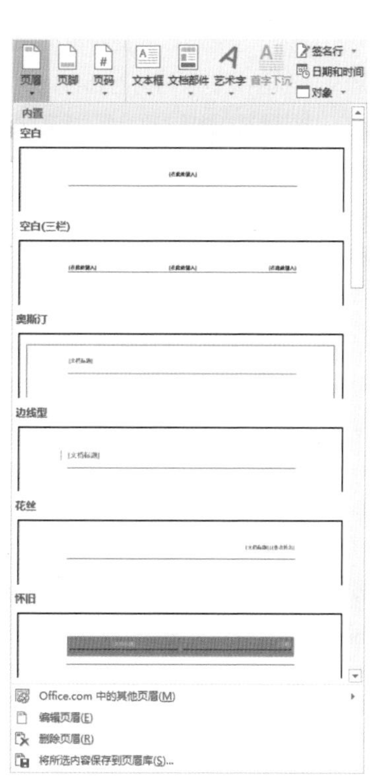

图8-1　页眉组合列表框

表最底端的“将所选内容保存到页眉库”（或“将所选内容保存到页脚库”）。这时，弹出“新建构建基块”对话框，新建一个页眉/页脚类型的构建基块。然后，下拉组合列表框中就会列出自定义的页眉/页脚。

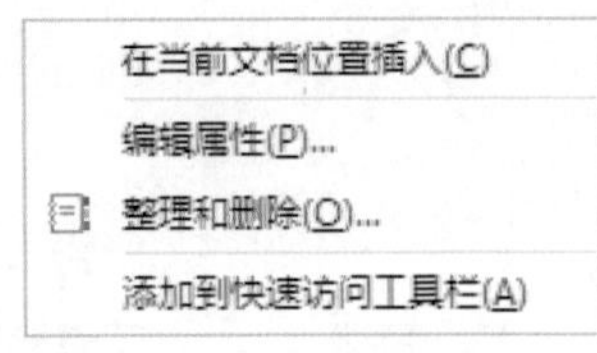

图8-2　页眉/页脚维护右键菜单

（6）在列表框中的内置或自定义页眉/页脚上单击鼠标右键，弹出页眉/页脚维护右键菜单（前面章节所说的“神奇右键”），如图8-2所示。右键菜单有如下功能：

- 在当前文档位置插入：指将页眉/页脚内容插入到当前位置。（注意：这里插入的只是一个段落，不会有页眉/页脚“多页相同，多页共享”的特点）
- 编辑属性：指打开“修改构建基块”对话框。我们把构建基块的详细讨论放在8.4章节。
- 整理和删除：指打开“构建基块管理器”对话框，我们同样将其放到8.4章节讨论。

8.1.2　页眉、页脚设计

1. Office选项卡配置和使用原则

Office给特殊对象，包括页眉、页脚，设计了“××对象工具”这样的“专属”选项卡，并根据功能划分为“设计”“格式”或“布局”三类选项卡。这些专属选项卡平时不可见，当选中某种对象后，则会自动在功能区右侧打开，我们可以在这些选项卡中设置对象的属性。同时，在文本编辑时正常使用的所有选项卡均正常运行。这样，我们可以照常设置对象中的基本属性。例如，页眉、页脚中的文字的字体、字号以及段落属性，都在“开始”选项卡中的“字体”和“段落”组进行配置。

2. 页眉、页脚设计

如图8-3所示，“页眉和页脚工具—设计”选项卡提供了页眉、页脚设置的所有功能，除了页码和文档部件等有专门的对话框以外，页眉、页脚本身甚至不需要其他额外的对话框。

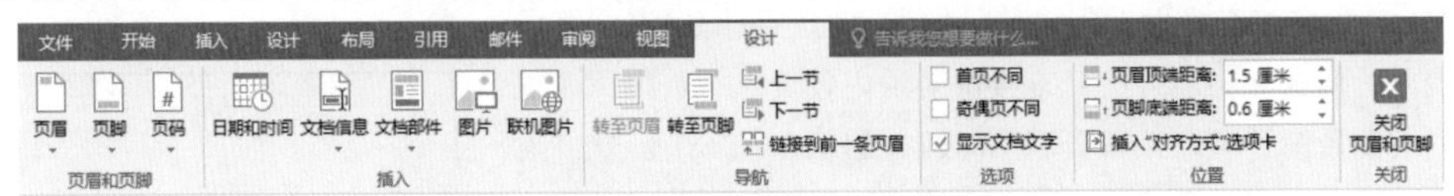

图8-3　“页眉和页脚工具—设计”选项卡

（1）“页眉和页脚”组：其中放置了插入页眉/页脚时使用的下拉组合列表，如图8-1所示，操作方式相同，即可以选择下拉组合列表中的内置或自定义页眉/页脚，并可以执行删除、保存等操作。

（2）“插入”组：可以插入各种对象、构建基块等。实际上，如果需要，可以单击“插入”选项卡，插入各种更为复杂的对象，例如表格（内置的“怀旧”页眉就是由表格构成）。如果喜欢，甚至可以将图片、SmartArt图形放进去。

在此，讨论一下“日期和时间”对象。单击“日期和时间”按钮，弹出如图8-4所示的“日期和时间”对话框，在其中可以选择某一格式的日期和时间。单击“确定”后在文档中就插入了日期或时间信息。如果

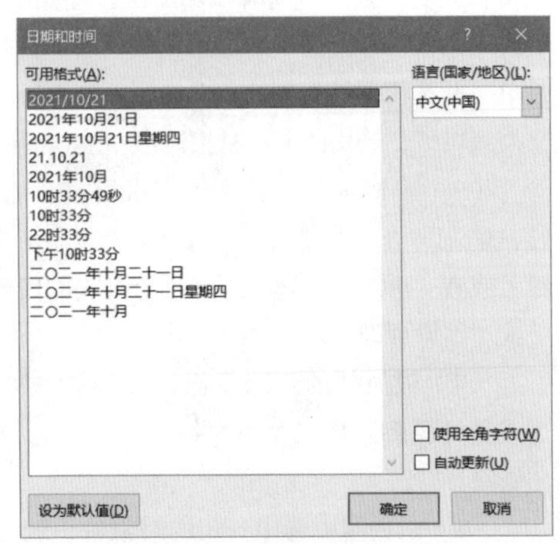

图8-4　“日期和时间”对话框

没有勾选“自动更新”选项，则会将计算机当时的日期或时间作为字符串插入；如果勾选了“自动更新”选项，则插入的是一个Time域，在域上单击鼠标右键选择“更新域”后，日期或时间就会刷新到更新那一刻。其他控件将在其他章节展开讨论。

（3）“导航”组：

- 可以在节与节之间、页眉与页脚之间切换。按节控制页眉、页脚，给文档页面配置增加了极大的灵活性。可参见8.2章节的讨论。
- “链接到前一条页眉”：这是保证相邻两节页眉与页脚保持统一的方法，所谓“前一条页眉”就是上一节的页眉。如果单击这个按钮，会弹出提示框，询问“是否要删除这一页眉/页脚，并将其链接到前一节的页眉/页脚中？”，如果选择“是”，则本节页眉/页脚就与上一节相同了（注意：此时“链接到前一条页眉”是“按下”状态，即选项字体、图标颜色为深灰色，并且页面右上角提示框显示“与上一节相同”，如图8-5所示）；否则，本节将保有与上一节不同的页眉/页脚。

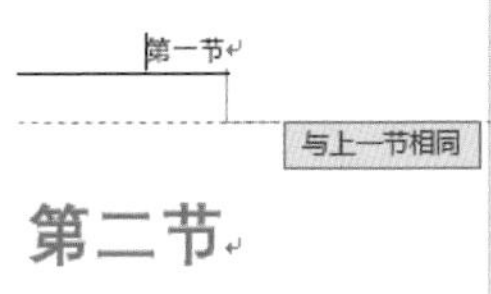

图8-5　页眉提示

- 如果要取消“与上一节相同”的页眉/页脚，可再次单击“链接到前一条页眉”按钮。
- 页眉和页脚是单独控制的，即在页眉单击“链接到前一条页眉”并确认，则页眉与上一节相同，但是页脚仍然是独立的。如果需要页脚也与上一节相同，需要再次点击这个按钮，虽然这个按钮还是被称为“链接到前一条页眉”。

温馨提示

进入页眉、页脚编辑状态后，在页面的上、下、左、右四个角页眉、页脚边缘处的提醒文字非常重要，它们提示此时正处在第几节中、页眉与页脚是否需要与上一节相同等。

（4）“选项”组：

- 多选项“首页不同”：为封面服务，即使不分节，也可直接使封面不受正文页眉/页脚的影响。
- 多选项“奇偶页不同”：一方面为类似“对称页边距”的页面服务。例如，让奇数页右对齐、偶数页左对齐，则双面打印时页眉/页脚也始终处于外侧。另一方面，可以在奇数页放置不同的内容。例如，在奇数页放置文档标题而偶数页放置标题1，既保证了页眉空间的留白又给读者提供了更多信息。（注意：奇偶页不同时，页码等某些特殊元素需从奇数页复制到偶数页，否则不会自动安排。）
- 多选项“显示文档文字”：主要功能是设置在编辑页眉/页脚时正文文字是否显示。

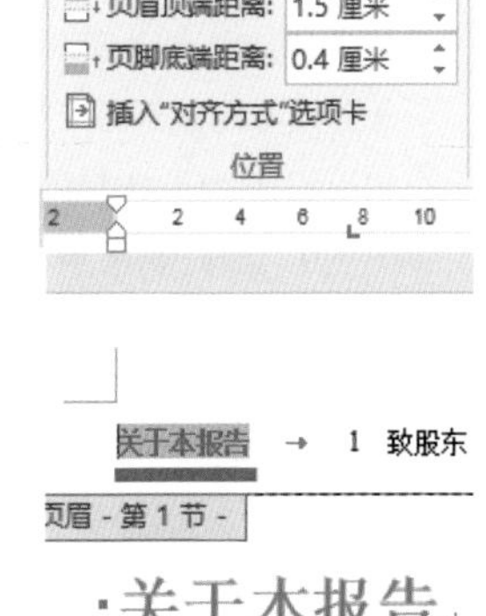

图8-6　页眉位置大于上边距

（5）“位置”组：页眉/页脚距离顶端/底端的位置。这一位置是独立于页边距的。因此，在某些特殊情况下，例如，上页边距的值小于“页眉顶端距离”，页眉就会突出到页边距之外，造成对整个页面布局的影响。如图8-6所示，上页边距为1.27厘米，而“页眉顶端距离”则为1.5厘米。

调整方法可以点击微调按钮改变距离，或者直接在距离输入框中输入距离值后按回车键。

8.1.3 自动页码维护

在文档中插入页码是一个必需的基本功，没有页码的文档可能会让你陷入意外的难堪。

页码设置看似简单，但如果文档有多个章节，还需要设置“首页不同”“奇偶不同”且要动态计算页数，此时页码配置就成了一项技术工作。

Word内置了一大批“内置页码”供用户选用。

如图8-7所示，可以在页眉/页脚编辑状态下，单击“页眉和页脚工具—设计”选项卡—“页眉和页脚”组—“页码”下拉按钮；或者，在正文编辑状态，单击“插入”选项卡—“页眉和页脚”组—“页码”下拉按钮，将出现一个固定的页码列表。可以看到，根据页码的位置，在顶端、底端、页边距甚至当前位置上，都可插入某种格式的页码。严格来讲，页码就是一个域，可以放在文档的任何位置上。

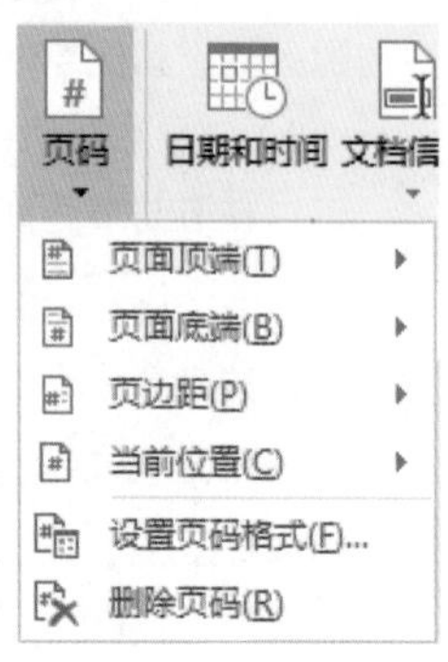

图8-7 页码列表

当鼠标指针在页码列表中移动时，每移到某页码，Word会动态地下拉一个包含“‘普通数字1’‘普通数字2’…”的图形示意列表，其中列出了页码位置和格式。这些列表大而单调，考虑到篇幅的关系，在此不再图示说明。在列表中选择合适的页码后，则在选中的位置上就以被选中的格式显示出了页码。

一般来说，页面的缺省格式为阿拉伯数字，如果需要调整格式，建议在插入页码前先点击“设置页码格式”选项，完成页码格式设置，再插入页码。这时，插入的页码将以设置的格式展示。

在实际应用中，页码的位置、格式等，可以利用“开始”选项卡中的字体、段落功能选项来进行配置。

在页码列表中选择“设置页码格式”，弹出“页码格式”对话框，如图8-8所示。

（1）编号格式：包括阿拉伯数字“1，2，3，…”“-1-，-2-，-3-，…”，罗马数字“i，ii，iii，…”，中文数字“一，二，三…”等。如果勾选“包含章节号”，还可选择章节号的样式。

（2）页码编号：“续前节”选项对各节之间的连续编号非常重要，也可设置为重新起始，例如设置为在目录之后的正文起始。最小起始页码为0，因此如果想在封面之后再开始编码，就可采用起始页码为0进行页码编号。

另外，在编制页码时经常会遇到一个问题：有时需要编制“第n页共N页”格式的页码。而解决办法非常简单，只需先添加“n/N”形式的页码，然后改写即可。

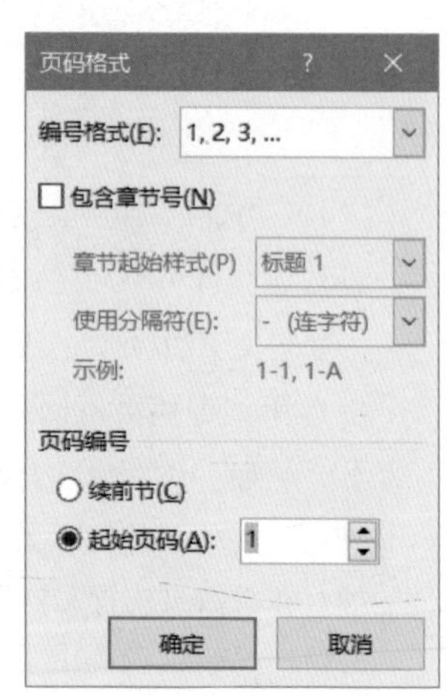

图8-8 “页码格式”对话框

8.2 动态页眉/页脚设置（以世界著名企业年度报告为例）

页眉/页脚放置动态信息是Word文档分节管理的典型应用，即在不同的“节”，页眉或页脚可以不同，但页码要保持连续性。

这里所说的“分节”不是文章的分节，而是对文档结构的分节。对文档进行分节，使同一节的页面具有相同的页面设置，而在不同节时可以具有不同的页面设置，从而在保证文档整体风格统一的情况下仍具有可控性。分节请参见4.2.1小节的讨论。

有一类现代感很强的报告，在页眉中放置了整个报告的章节的标题，当页面翻到某一个章节所在位置时，页眉上该章节的标题就会呈现出加粗、不同颜色等效果，甚至添加了特定的线条。这样配置的页眉，可以使读者随时把握文档的整体架构，并且准确地知道此时正在阅读哪个章节的内容。

图8-9左图为一家世界著名企业年度报告中某一页的页眉局部。可以看到，此报告的页眉正是使用了这种现代感极强的个性化设置。而图8-9右图则是对这一效果的仿真设置。

因此，我们以页眉设置为例来说明这种动态页眉/页脚的配置方法。

实现这种设置的基础是文档分节管理，即用分节符分隔文档内容意义上的“章”。这样，各章就可以进行不同的页面设置、页眉/页脚设置。

而具体实现这种配置的操作需要在设置文档页眉时进行三个步骤的操作：第一步，将文档按章进行“节”的划分；第二步，按照通常的做法进行文档页眉的设置，建立静态的页眉；第三步，利用分节管理和域的配置，使页眉变得“动态”起来。

About This Report　1 To Our Shareholders　2 Management's Report
Overview

Overview

The Management's Report comprises the chapter of the same name on pages 15 to 130, as well as the disclosures required by takeover law, the Compensation Report and the Declaration of Corporate Governance, which are presented in the Corporate Governance chapter. The Nonfinancial Statement (NFS) is integrated into the Management's Report.

Nonfinancial Statement (NFS) in accordance with sections 315b and 315c of the German Commercial Code (HGB)

关于本报告 → 1 致股东 → 2 管理报告

页眉 - 第 3 节 -

·2 管理报告

Overview

The Management's Report comprises the chapter of the same name on pages 15 to 130, as well as the disclosures required by takeover law, the Compensation Report and the Declaration of Corporate Governance, which are presented in the Corporate Governance chapter. The Nonfinancial Statement (NFS) is integrated into the Management's Report.

图8-9 世界著名企业年度报告一页的页眉局部

操作步骤

【Step 1】 对文档的各个章的标题采用“标题1”样式。

【Step 2】 将光标分别置于标题的开头（如果有正规形式编号，则将鼠标指针放在编号之后、文本开头），单击“布局”选项卡—“页面设置”组—“分隔符”按钮—“分节符-下一页”。这样操作之后，文档即按章进行了分节。

至此，完成了上文所说的“三个步骤”中的第一个步骤。

【Step 3】 双击页眉，光标停留到页眉后，单击“开始”选项卡—“段落”组—“左对齐”按钮，使页眉段落左对齐。然后，单击“段落”组的对话框启动器，打开“段落”对话框后，单击左下角的“制表位”按钮。在“制表位”对话框中，按照一定的间隔（例如7字符）设置一个左对齐制表符。如果文档有N章，就设置N-1个制表符。单击“制表位”对话框的“确定”按钮关闭对话框。此时，页眉就被制表符分成了左对齐的N段。

【Step 4】 在页眉中录入文档第一章的标题，按Tab键，使鼠标指针停留到第1个制表位位置上，然后录入第二章的标题；再按Tab键，使鼠标指针停留到第2个制表位位置上，然后录入第三章的标题。如此反复，直至文档全部的章的标题都被录入其中。

至此，完成了上文所说的“三个步骤”中的第二个步骤，即建立了静态的页眉。并且，通过操作我们也发现，文档的章不能多到页眉放不下所有章的标题。

【Step 5】 双击文档页面除页眉/页脚之外的任何部分，退出对页眉的编辑。然后，翻页到文档第二章开头，双击页眉再次进入页眉编辑状态。进行动态设置：（1）单击“页眉和页脚工具—设计”选项卡—“导航”组—“链接到前一条页眉”按钮，由此，解除本节与前一节之间页眉的关联。（2）选中页眉中第二章的标题，加粗字体，将字体颜色改为适当颜色，此外还可以添加合适的线条。如图8-10左图所示。（3）选中已经设置了加粗和颜色的标题，单击“页眉和页脚工具—设计”选项卡—“插入”组—“文档部件-域”，弹出“域”对话框。（4）在“域”对话框左侧“请选择域”的列表中找到StyleRef项。这时，对话框会出现中间的“域属性”和“域选项”，保持“域属性-样式名”为“标题1”，单击“确定”按钮。页眉中静态的章标题即被替换为了动态的章标题。如图8-10右图所示。

【Step 6】 之所以要将静态文本替换为动态的域，是因为替换后，页眉中的本章标题文本会随文档中标题的改变而改变，从而使页眉中的标题项免维护。

图8-10 页眉设置与“域”对话框

【Step 7】 重复【Step 3】，修改剩余各章的页眉，使其具有色彩并动态关联到各章标题。

8.3 文档信息、自动图文集

文档信息主要是文档的属性，例如标题、单位、单位电话、作者等，这些信息的维护入口在“文件”选项卡—“信息”页的“属性”设置中，可以打开对话框进行维护。这些信息作为文档部件的一种当然可以随时引用。

在页眉/页脚编辑状态，单击“页眉和页脚工具—设计”选项卡—“插入”组—“文档信息”下拉按钮，或者

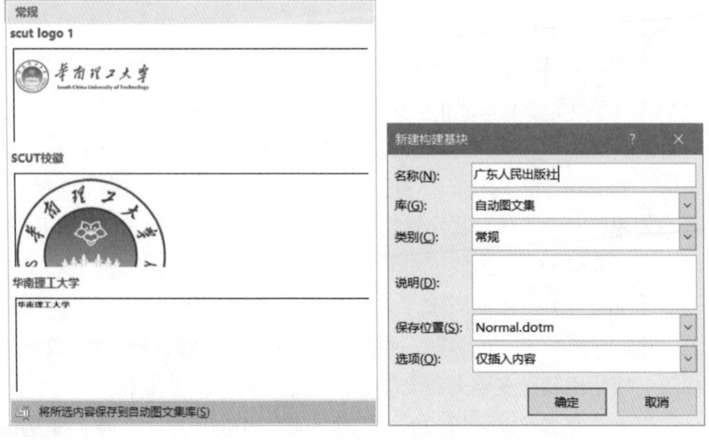

图8-11 保存图文资料到自动图文集库

在正文编辑状态，单击“插入”选项卡—“文本”组—“文档部件”下拉按钮—“文档属性”选项，在下拉的列表选项中选择一种即可。

自动图文集是给用户积累可以被直接调用的文字和图片的库，一般存放于模板文档Normal.dotm中。在文档编写过程中，某些文字、图片，例如机构名称、logo等，需要经常使用，这些图文信息就可作为自动图文集的内容保存起来，不必每次再去输入或者查找。

保存或者新建自动图文资料的方法非常简捷，只需进行如下操作：（1）选中某段文字或某个图片或其他对象；（2）单击“插入”选项卡—“文本”组—“文档部件”下拉按钮；（3）在下拉列表中选择第一项“自动图文集”，即会下拉包含以往建立的自动图文资料的下拉组合列表；（4）选择底部的“将所选内容保存到自动图文集库”选项，如图8-11左图所示，弹出“新建构建基块”对话框，在其中进行相关操作即可。

8.4 文档部件及构建基块

Word中的文档部件（Quick Parts）是一些可以创建、存储和查找的可重用的内容片段，包括自动图文集、文档属性（如标题和作者）以及域。

之所以将文档部件放在本章讨论，是因为这些部件有时常被放到页眉、页脚之中。而且，Word在“页眉和页脚工具—设计”选项卡中专门设置了“文档部件”功能按钮也是如此。

自动图文集是最典型的“常用图文库”，存放着类似机构名称、logo及常用词句、文本或图片。文档属性就是文档在建立和维护过程中形成的文档描述性属性，如作者、标题等。

最有趣的部件是“域”。域（Field）是一些可以变化、可以引用、带来跳转的信息片段。字面上是某种具有标识性的文本，但实际上是一段代码。Word中的域应用非常广泛，页码、页数、超链接、目录、题注等都是域。我们将在下一节专门讨论域。

构建基块（Building Blocks）概念更为广泛，它不再限于“常用文字和图片”这样一种狭义的对象，而是将其扩展到了图形、表格，甚至是某种封面或者页眉、页脚的组件包。

可以将某些简单的内容保存为构建基块，例如文本条目。但是，如果需要也可以将更为复杂的内容保存为构建基块，例如某种特殊的文本框结构。

构建基块内容被保存到“Building Blocks.dotx”模板中，这也非常方便我们进行备份与分发。而自动图文集一般是保存在“Normal.dotm”模板中的。

在文档（或页眉、页脚）中添加构建基块的操作方法：单击“插入”选项卡—“文本”组—“文档部件”按钮，在下拉列表中选择“构建基块管理器”选项，弹出如图8-12所示的“构建基块管理器”对话框。

如果是在编辑页眉、页脚时，则可以通过单击“页眉和页脚工具—设计”

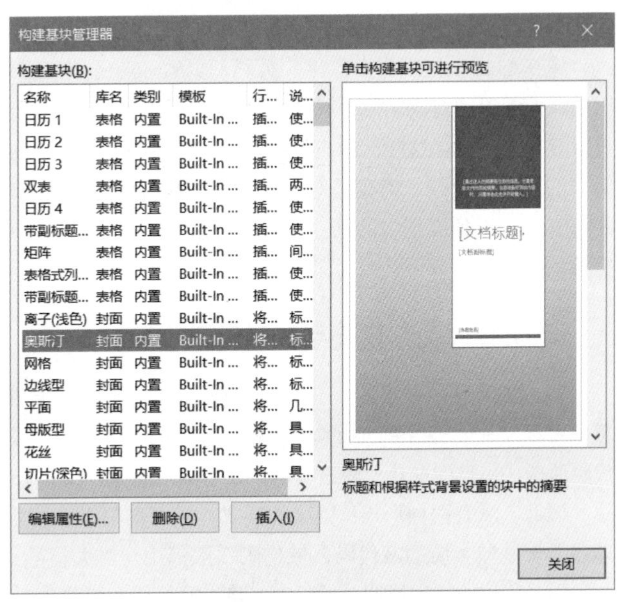

图8-12 构建基块管理器

选项卡—“插入”组—“文档部件”按钮，在下拉列表中选择“构建基块管理器”选项。

- 从构建基块列表中可以看到，构建基块根据用途或者组成方式可分为：“表格”“封面”“文本框”“目录”“书目”“水印”等，可以说是Word中的内置内容的总集。
- 从存放模板来说，内置构建基块存放于“Built-In Building Blocks.dotx”，而常规（用户自定义）构建基块则存放于“Building Blocks.dotx”。
- 在构建基块列表中选中一种，单击“插入”按钮，即可在文档（或页眉、页脚）中添加构建基块。

建立新的构建基块的方法：首先，在文档中编辑对象，例如某个有特色的文本框；接着，选中这个对象，再单击“插入”选项卡—“文本”组—“文档部件”按钮，在下拉列表中选择“将所选内容保存到文档部件库”选项，弹出“新建构建基块”对话框，如图8-13所示；然后，在其中输入名称，选择“库”，最后单击“确定”按钮即可。

新建的构建基块就可以在以后的编辑中使用了。例如，上例在“文本框”库中建立了新的构建基块，则在插入新的文本框时，在下拉组合列表中就增加了“常规”类的“温馨提示”文本框。

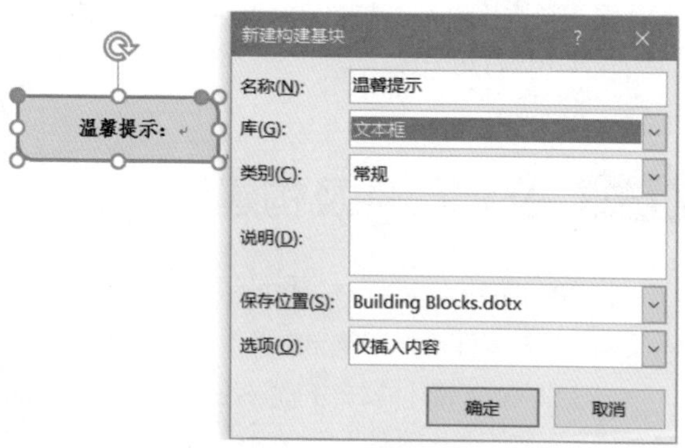

图8-13 “新建构建基块”对话框

8.5 域及域的创建、使用

域（Field）是一些可以变化、可以引用并带来跳转的信息片段。利用域可以实现某些特殊数据（例如页码、页数）的共用、信息的相互引用（例如题注和交叉引用）和跳转（例如目录到文档标题的跳转）等。而且，域是可以随着文档的变化而更新的。

可以说，创建域是Word文档变得灵动多变的一个关键环节。

域在Word中应用非常广泛，页码、页数、超链接、目录、题注等都是域。并且，Word已经把常用的域的配置“对象化”，或者可称为“属性化”，即对于常用域，例如页码、页数等，可以将域的设置转换为对象。这样，用户就可以像设置对象的属性选项来配置域，而无须掌握背后所需的域代码编写的技巧。此外，当我们对文档具有某些特殊设置要求时，掌握域的使用方法将变得十分实用。并且，在认识到文档中的某一对象不过就是一个“域”之后，对我们更好地设置文档格式也将大有裨益。

8.5.1 域的本质与形式

Word的域有两种状态：一种是域代码状态，此状态下可对代码进行编辑修改；另一种是域结果状态，可以显示代码运算的结果。也就是说，域本质上是一段代码，因此域可以进行更新，从而显示出代码所指代信息的变化，而这些信息在字面上是某种由Word解释的文本或图片的结果。

因此，域有两种形式：第一种形式，在文本中作为文本或关联的图片等显示的域的结果；第二种形式，反映域本质的域代码，域代码一般都用一对大括号“{ }”（注意：这对大括号不是直接输入的，而是创建域时生成的）括起来。将光标停留在域前或者中间，按快捷组合键“Shift+F9”即可实现

域结果和域代码之间切换。

例如，在当前位置通过“插入”选项卡添加“页码”，结果为：93（当前页码）。我们选中这个页码数据，再按快捷组合键“Shift+F9”，则可以看到代码“{PAGE *MERGEFORMAT}”。

8.5.2 域的创建

创建域有两种方法：（1）利用Word提供的功能创建，例如自动生成的目录、页码、页数、题注、交叉引用等，都创建了特定的域。（2）通过“插入”选项卡—“文本”组—“文档部件”中的“域”来插入，或者直接按快捷组合键“Ctrl+F9”建立。

通过单击“插入”选项卡—“文本”组—“文档部件-域”创建时，弹出如图8-14所示的“域”对话框。

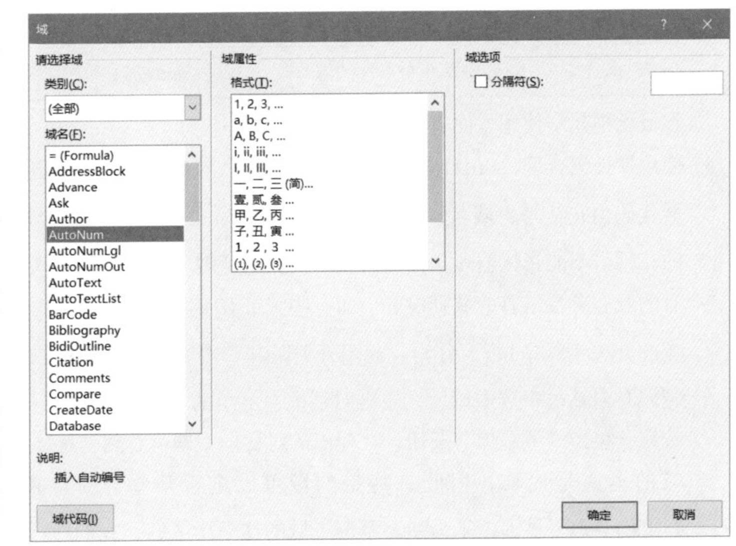

图8-14　“域”对话框

在对话框中，可以根据不同的类别选择域，还可以通过单击左下角的“域代码”按钮来编辑域代码。

可以看到，从类别上，域分为编号、等式和公式、链接和引用、日期和时间、索引和目录、文档信息、文档自动化、用户信息、邮件合并九大类，共将近80个域。每一个域还可能有一定的开关参数。MS Office的每个新版本，都可能会新增某些域。

直接按快捷组合键“Ctrl+F9”创建的域是一个“空域”，即Word只是在当前位置生成了域代码的标识符“{ }”，域代码需要操作者进行录入、修改。录入后，需要选中域代码，然后按功能键F9更新域，将录入的“普通文本”转换为域代码。

例如，在当前位置按快捷组合键“Ctrl+F9”，则插入了域的标识符“{ }”；然后，再在其中输入字符“PAGE”；接着，选中后再按F9更新域，便得到了域的显示结果，即当前页的页码：93。

8.5.3 域的使用

总的来说，域的使用与配置是一个深入而庞大的问题。大部分常用的域已经放在特定的功能中由Word直接生成并维护。但是，作为文档编撰者，如果掌握了域的创建和使用方法，则获得了对文档某些特殊对象更好的控制权。在学习和使用时，可以从常用的域入手，在应用中逐步加深理解，即可掌握域的操作与配置。

操作域的快捷键（包括快捷组合键）及其作用如表8-1所示。

表8-1　操作域的快捷键及其作用

快捷键	作用	快捷键	作用
F9	更新选中范围内的域	Ctrl+F9	在指定位置添加域

（续上表）

快捷键	作用	快捷键	作用
Shift+F9	切换当前域代码和域结果	Alt+F9	对所有域切换域代码和域结果
Ctrl+Shift+F9	域结果转换为静态文本	—	—
F11	转到下一个可见的域	Ctrl+F11	锁定域，阻止域更新，直到其被解锁
Shift+F11	跳转到前一个可见的域	Ctrl+Shift+F11	解锁域，使被锁定的域重新可更新

在域的创建与使用方面有如下要点：

- 使用快捷组合键“Ctrl+F9”添加域，并在录入域代码后，需要更新一次域，才能正常显示结果。
- 域代码由花括号、域名、参数和开关组成，格式为“{Name[参数][\Switches]}”。（注意：标识域的花括号不能直接输入，而需要使用快捷组合键“Ctrl+F9”录入。）
- 有的域有参数，有的域则没有。而有些域带有不同的参数时的作用不同。
- 域的开关（Switches）分为“通用开关”和“专用开关”两种，一般可以标识域的显示方式。在“域”对话框中选中域后，单击对话框左下角的“域代码”按钮，则按钮旁边会出现“域选项”按钮，单击“域选项”按钮，在弹出的对话框中即可看到“选项”或者“开关”。
- 域的本质是代码，因此，特定的域可以进行某些计算。例如，当前页码+3的域代码为{={Page}+3}，显示结果为97。掌握了域的这一用法后，我们即可在文档的任何位置配置任何格式的页码了。
- 有的域是内置的，例如AutoNum（即自动段落编号）；有的域是开放的，例如AutoText，即自动图文集。
- 域代码的大小写并无区别，习惯上的大小写只是为了阅读方便。
- 域切换为显示结果后，其文本或图片的格式首先由显示开关决定，可以参照相应的普通对象设置其格式选项。例如，表示页码的域转换为页码文本后，可以再按照文本格式的方法设置其字体、字号、加粗、斜体等。

8.6 高效使用文稿页眉/页脚及文档部件的建议

- 页眉、页脚及页码是文档的细节，在完成文档主体内容和建立好架构的前提下，做好这些细节会为文档加分不少。
- 大型文档分节设置页眉/页脚可以动态反映文档内容，但是页眉/页脚配置工作也随之增加了。
- 大型文档的目录一般采用不同的页码格式，正文也需要重新编码，因此需要进行细致的配置。
- 各种文档部件的设置效果会随着软件的使用逐步积累，这些积累的文档部件会提高工作效率。
- 域的应用范围非常广泛。动态的页眉、页脚及页码配置一定会用到域，而题注与交叉引用、目录的生成与更新、邮件合并也会用到域。因此，域的应用需要结合具体。
- 对于机构级别的文档，使用好文档信息、文档部件和域几乎是必不可少的重要步骤。

第 9 章

文档引用高级应用

Office作为一个优秀的文档编写、排版的平台，不仅能够方便地进行文本及其他对象的格式的设置与显示，更重要的是，能够将文档中的各种相关信息资源及其动态适当地管理起来，让操作者能够方便快捷地获得这些资源的变动，并由应用程序自动展示出来。目录的自动生成与维护，索引的自动生成与维护，图号、表格编号的自动维护，引文的自动维护等工作的完成，如果仅由手工维护费时又费力，且会出错。因此，实现文档自动化是高级应用的必然要求。

信息关联的处理恰恰是计算机系统的强项，也是Word智能化的一个重要方面。

Word将文档的信息关联处理划分为“目录”“脚注”“引文与书目”“题注”“索引”“引文目录”六个方面。本章将结合实例进行详细的说明。

9.1 目录高级应用（以全球500强企业年报为例）

获得可以自动编排的目录的前提：对文档进行了段落分级。在6.1章节讨论段落设置的基本要素时我们曾强调：只有进行了段落分级，高于正文级别的段落才能进入导航窗格的标题树，也才能被编入目录。自动编制目录的操作步骤如下：

操作步骤

【Step 1】 在文档中建立适当的标题级别，如果是多级标题，建议辅之以多级列表与不同的字号、段落间距。

【Step 2】 将光标停留在需要建立目录的位置上，例如文档的开头，如果有封面则位于封面之后。然后，单击“引用”选项卡—“目录”组—“目录”下拉按钮，弹出下拉组合列表，如图9-1左图所示。

【Step 3】 如果只需要较简单的自动目录，只需在内置的“自动目录1”或“自动目录2”中选择一种

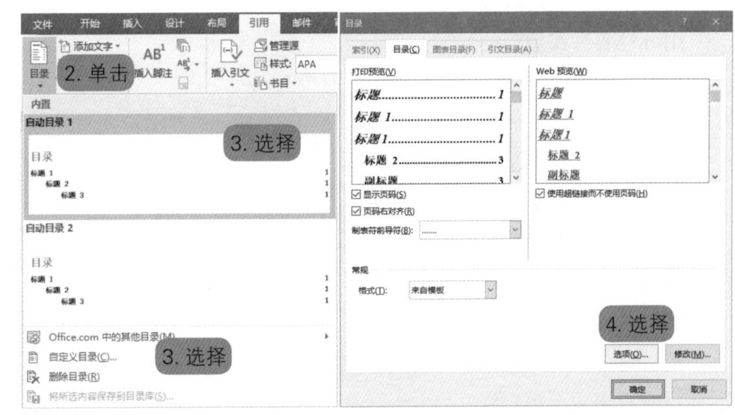

图9-1 “目录”按钮下拉组合列表和自定义的“目录”对话框

即可，无须进入【Step 4】。如果需要特殊定制的目录，则单击列表下端的“自定义目录”选项，弹出“目录”对话框，如图9-1右图所示。

【Step 4】 设置自定义目录的一个关键环节是单击右下角的“选项”按钮，将弹出如图9-2所示的“目录选项”对话框。

【Step 5】 可以在“目录选项”对话框中删除某些不需要的级别标题，或添加所需要的基本标题。Word缺省将三个级别的段落纳入目录。需要删除时，删除“目录级别”输入框中的数字即可；需要添加时，在输入框中输入合适数字即可。

【Step 6】 调整后，单击各个对话框的“确定”按钮，Word则会在指定位置插入自定义目录。

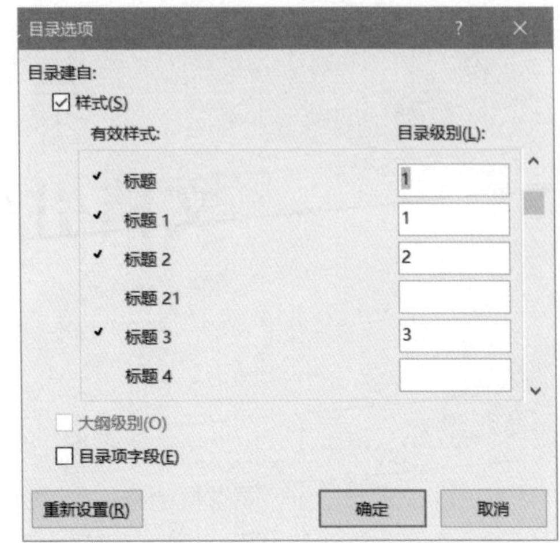

图9-2 “目录选项”对话框

说明：

- 有了“文档级别”（标题）与“目录”的对应关系，我们就可以根据需要随意调整章节次序、章节级别这类文档结构。要获得调整后的新目录，只需在目录上单击鼠标右键，然后在右键菜单中选择“更新域”选项，会弹出选择对话框，要求操作者在“只更新页码”和“更新整个目录”之间进行选择。如果你的文档章节次序等结构发生了变化，选择后者；如无变化，选择前者。
- 目录就是一种域形成的超链接，按住键盘上的Ctrl键，在生成的目录项上单击鼠标，编辑页面就会转到所链接的章节。
- 技术上，目录可以插入到文档任何位置，但一般放置到正文开头之前、封面之后。在目录项上单击鼠标右键，可以有更多位置选项。
- 目录一般另外设置页码格式，不参与正文页码计算。
- 已经生成的目录，如果需要调整格式，可以单击图9-1右图所示的“修改”按钮，在弹出的对话框中进行修改。
- 目录的页面设置可以非常灵活。例如，可以只选择某些特定级别的段落，也可以利用分栏或者在适当的位置插入分隔符等，以便更好地展示文档内容。图9-3是一个全球500强企业的年度报告，左图为目录，右图为文档标题结构片段。可以看到，这一美观大方的目录只显示了第二级

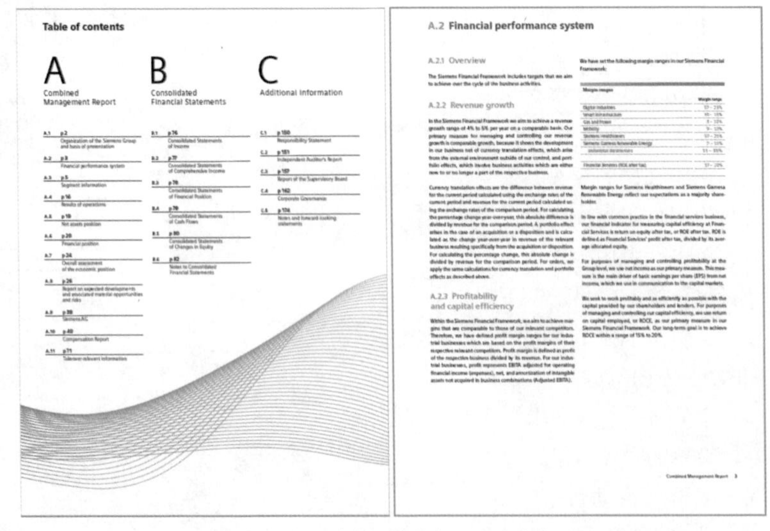

图9-3 新颖的多级符号与目录结构实例

标题，而且分成三栏显示，栏内插入了分栏符，每栏上端的每个部分（即A、B、C三部分）及其说明是另外拼接进来的。

上述设置的动态效果，可参见本书提供的视频演示。

9.2 脚注与尾注

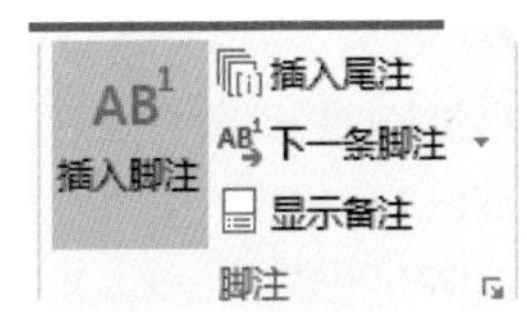

图9-4　插入脚注

脚注和尾注都是在文档某个位置加上对某个内容的简洁注释。例如，我们在4.2.4小节注释了软件对“Pages”翻译得不够准确的问题，就是典型的脚注。

在文档中插入脚注的方法非常简单：（1）将光标停留在需要的位置，如图9-4所示，单击“引用”选项卡—“脚注”组—“插入脚注”按钮，即会按脚注次序在该位置插入一个上标的序号，并在页面底端（或文字下方）形成有分隔线的脚注区并自动生成编号；然后，再跳转到脚注区的编号后面，等待录入相关的脚注信息。（2）在脚注区录入脚注信息即可。这样，就完成了脚注的添加。

- 如需删除脚注，只需删除正文中的那个脚注号。
- 添加尾注的操作过程与添加脚注类似，只是尾注会被放到文档的最后或者节的最后。
- “引用”选项卡的“脚注”组中的“显示备注”和“下一条脚注”选项可以让编辑页面跳转到下一条脚注的位置，“下一条脚注”选项旁边的下拉按钮中还有其他选项，可在文档中定位各条脚注。
- 单击“脚注”组的对话框启动器，或者在脚注上单击鼠标右键，在右键菜单中选择“便笺选项”。弹出如图9-5左图所示的“脚注和尾注”对话框，在其中可以设置脚注位置是在“页面底端”或“文字下方”，尾注是在“文档结尾”还是在“节的结尾”，单击“转换”按钮，就可以将所有脚注转换为尾注。在“脚注和尾注”对话框还可以确定脚注或尾注的其他格式。
- 在编辑脚注时可以切换到“开始”选项卡直接调整脚注的字体、段落格式，如果在脚注上单击鼠标右键，在右键菜单中可以选择“样式”选项，则弹出如图9-5右图所示的“样式”对话框，在其中单击“修改”按钮，则可以修改影响所有脚注格式的“脚注文本”样式。

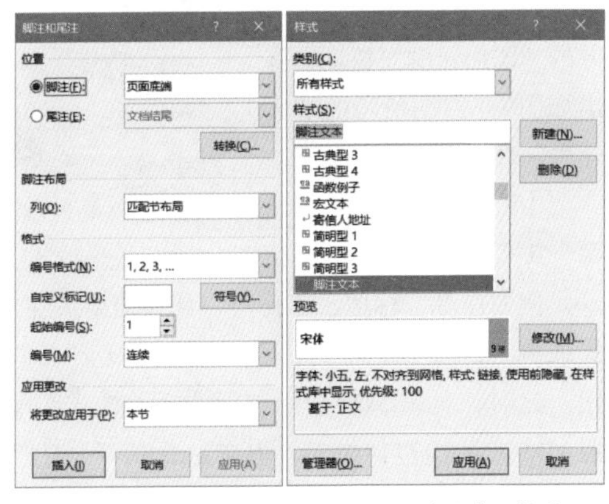

图9-5　“脚注和尾注”对话框；修改脚注格式

9.3 引文与书目

引文，是指被引用的书籍、期刊、网站等外部文献的内容。在这里，指引用时的标识。

当我们在文章、书籍中引用了他人的字句、资料等信息时，需要说明这些观点、资料的来源。那么，就会在文章最后，或者书籍的每一章最后，附录一个“引文”清单，这在Word中被称为“插入书目”。而在我们文章出现这些字句、资料等信息的地方，就会放置对应这些文献的标识，即“插入引文”。

需要注意引文和参考文献的含义不同但又有关联，特别在格式上是相同的。所以，Word的引文设置和管理模块即可用于参考文献的设置和管理。

因此，对于那些需要编写学术论文的学子与学者而言，会用引文就是一个“必杀技”。

首先要说明各种引文的“样式”，样式的不同决定了引文标识与书目（参考文献）罗列格式的不同。

在学术期刊及书籍的发展过程中，形成了不同流派的引文格式，甚至扩展到了文章的段落、表格、图表、脚注和附录等内容的格式。这些格式各有特点，各自强调的地方也不同，有的在积累之后由某些机构颁布了一定标准。常用的有APA（American Psychological Association）格式，常用于社科领域的文献报告，中国的外语类期刊和某些自然科学类期刊常使用这种格式。其他常用还有MLA格式、GB7714格式、IEEE及ISO690等。Word对这些格式的引文都实现了出色的支持和管理。

在文档中添加引文的操作步骤如下：

操作步骤

【Step 1】 在文档中将鼠标指针停留在引用了某个观点的句子最后，确认你的文档需要采用哪种引文格式，然后单击“引用”选项卡—“引文与书目”组—“样式”下拉按钮，选择合适的样式。

【Step 2】 单击“引用”选项卡—“引文与书目”组—“插入引文”下拉按钮，出现“插入引文”下拉组合列表。如图9-6左图所示。

【Step 3】 如果要引用的文献已经在下拉组合列表中（这说明你之前已经创建了源），则直接选择该文献。否则，选择组合列表下方的“添加新源”选项，弹出如图9-6右图所示的“创建源”对话框。

【Step 4】 在“创建源”对话框中录入相关信息，例如作者、标题、年份等。此时需要关注文档需要采用哪种样式的引文格式，因为每种引文格式强调的内容不尽相同，需要配合格式要求将内容信息完整规范地录入。然后，单击“确定”按钮。这时，Word就会按照与所选择的样式匹配的格式，在正文的光标处添加引文标识。例如，按照APA或者GB7714格式，引文为类似“（曾焱，2018年10月）”格式的标识，即“（作者名，年份）”格式。

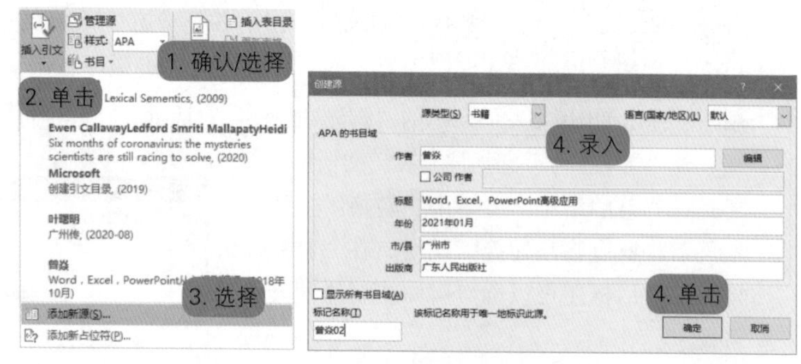

图9-6 插入引文与创建源

- 单击上面生成的引文标识，可以看到其实质上是一个占位符形式的域，切换域代码后看到为“{ CITARION 1 \l 2052 }”。切换回域结果后，单击占位符右侧的下拉按钮，可以看到如图9-7所示的引文维护下拉菜单，在菜单中我们可以进行编辑引文、编辑源等工作，“更新引文和书目”选项指在编辑后进行刷新。

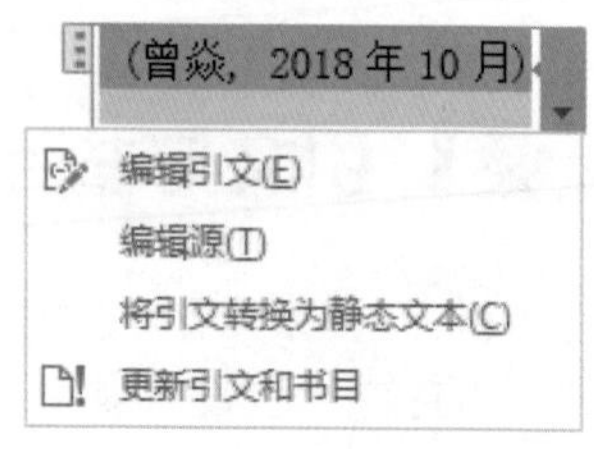

图9-7 引文维护下拉菜单

- 单击“引用”选项卡—“引文与书目”组—“管理源”按钮，弹出如图9-8所示的“源管理器”对话框，在这个对话框的中间区域

左侧罗列了“主列表”，这是存放于“C:\Users\<用户名>\AppData\Roaming\Microsoft \Bibliography\Sources.xml”文件中的列表，其中“<用户名>”为登录Windows的用户名，即一直被该用户录入的各类书目的集合地。从主列表中，我们可以选择本文档需要的书目，通过中间的“复制”按钮将书目复制到当前列表之中。

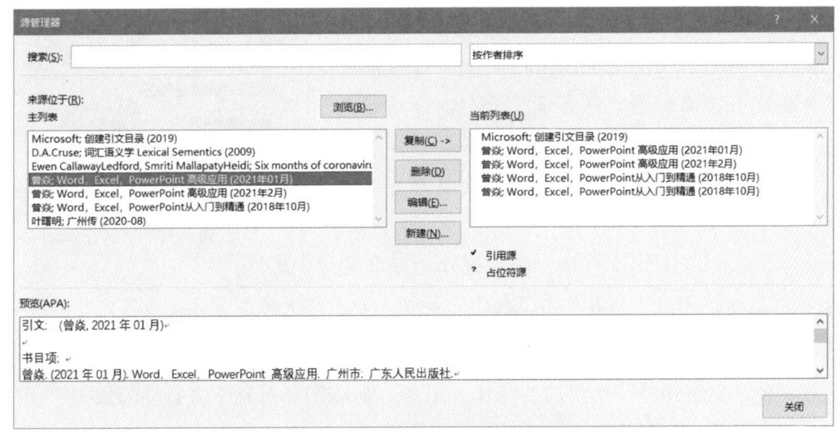

图9-8 “源管理器”选项卡

最后，将光标停留在适当的位置，单击“引用”选项卡—“引文与书目”组—“书目”下拉按钮，然后选择组合列表下端的“插入书目”选项，则文档中的书目即被插入到了指定位置中。

另外，在编写学术文档时，如果文档不大，引用的文献为二十篇左右，可以直接利用各个学术网站提供的引用格式；如果文献较多，可以利用其他外挂的插件（如加载项）来完成。

上述设置的动态效果，可参见本书提供的视频演示。

9.4 题注与交叉引用

题注是对文档中的图片、表格等对象的注释，而正文中对题注的引用称为交叉引用。

如果文档中图片、图形等对象较多，手工编制题注、维护题注编号将非常困难。特别是当文档结构发生变化或者中途插入了其他对象时，手工维护题注编号和对交叉引用编号将非常费时。而且，如果要在已经编制题注的对象前面插入新的对象，那些已经编制的编号则需要顺延，工作会变得非常枯燥，且容易发生错漏。

在文档编写过程中，难免会调整文档结构，有时会在文档中间插入新的段落，这些段落中可能包含新的图片、图形或表格。如果文档的这些对象的标注是采用的Word提供的“题注”进行标注的，或者在已编制题注的对象前面再加入新的对象，Word会根据位置自动找到合适的编码次序。

Word将题注和交叉引用作为一种“域”来管理，对于已经并编制好的“题注”的序号和“交叉引用”的编号，无论是调整文档结构还是中间插入了新的题注和交叉引用，只需通过“更新域”即可使序号变得次序井然，以获得满意效果。所以，Word的“题注”和“交叉引用”功能，对于有大量图片、图表的文档编制工作来说是一个有力工具。

给对象添加题注的方法非常简捷：（1）首先选中需要添加题注的对象，例如待添加题注的图片；（2）单击“引用”选项卡—“题注”组—“插入题注”按钮（或者单击鼠标右键，在右键菜单中选择“插入题注”），便会打开如图9-9所示的“题注”对话框；（3）在对话框中录入信息后单击“确定”按钮，即会将题注添加在适当的位置。

录入信息时：

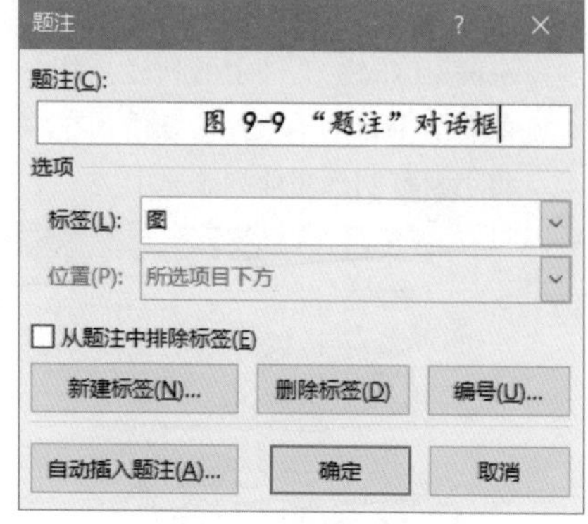

图9–9 "题注"对话框

●首先单击"标签"选择录入框的下拉按钮，如果列表中没有我们需要的内置标签，例如缺省设置下没有"图"这个标签，则单击"新建标签"按钮后录入一个新标签。

●然后，单击"编号"按钮，在弹出的对话框中确定编号格式，可以勾选"包含章节号"，这样形成的题注就会显示成"图X–Y"这样的格式。其中，"图"即标签，"X"为章节号，"Y"为自动生成的图片顺序号。

●最后，在"题注"录入框中输入题注的说明文字，例如"题注对话框"，再单击"确定"按钮，即在选中对象下方生成了完整的题注。

对于"嵌入型"布局的图片、图形，Word会在图片、图形的下方另起一行添加题注，对于其他布局，例如各种"文字环绕"型布局的图片、图形，Word则在对象下方自动添加一个无边文本框放置题注。这一设计对编写中有大量图片的作者来说真是一种福利了。

选中对象添加题注时，Word可以选择题注的位置，默认为"在所选项目下方"；对于表格，可以选择"在所选项目上方"。当然，添加题注以后，作者还可以根据需要安排放置到适当的位置。

对于某些对象，还可以让Word在插入对象后自动伴随插入题注。当然，插入后的信息还需要操作者自行确定。

给对象添加题注后，如果要在正文中使用题注，例如"如图X–Y所示"这类的引用，其中的"图X–Y"即为交叉引用的一种"域"。添加过程为：（1）将光标停留在需要插入交叉引用的位置；（2）单击"引用"选项卡—"题注"组—"交叉引用"按钮，弹出如图9–10所示的"交叉引用"对话框；（3）在对话框中选择引用类型，如"图"或者"表"，引用内容默认为"整项题注"，一般需改为"只有标签和编号"；（4）在列表中选择前面给对象添加的题注项，例如"图9–9'题注'对话框"；（5）单击"插入"按钮。交叉引用"图9–9"即被插入到了需要的位置上[①]。

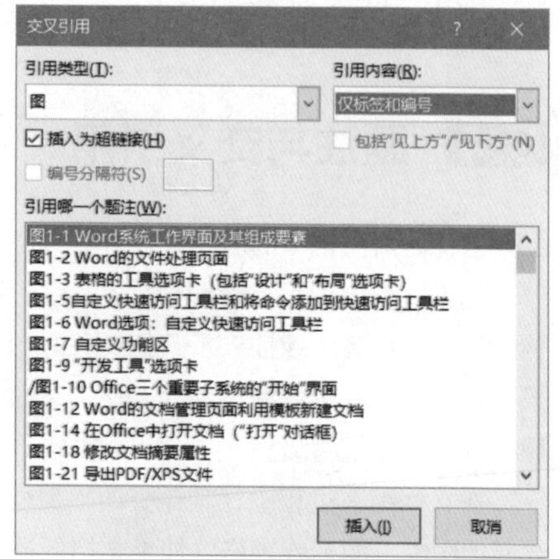

图9–10 "交叉引用"对话框

在建立了"题注"—"交叉引用"两个域之间的"关联对"后，即使文档结构发生了变化，只要用"更新域"的办法刷新这些题注（文本框中的题注必须逐个刷新）和交叉引用，这些编号即会随之更新变化。这样，就实现了由Word自动维护题注和引用编号的目的。

最后，在所有的图和表都被建立了题注以后，就可以在适当位置生成"图表目录"，这一操作简便，在此不再赘述。

① Word 的"交叉引用"对话框中有一个待优化的问题：对话框中的题注列表，应该排序，以便查找。

9.5 索引的创建与维护（以学术论文索引为例）

索引对于关键信息的检索有极大帮助，而文档的索引列出了一篇文档中讨论的术语或主题，以及它们出现的页码。人们可以通过索引去反查术语或主题的使用，从而获得对文义更好的理解和梳理。

要建立文档的索引，首先要有术语或主题词语列表，即需要清楚哪些关键词将进入索引，然后必须到文档中去标记这些关键词出现的位置，最后再根据这些标记来获得索引目录。

因此，建立索引主要进行三项工作：

（1）给出索引项（词条）或列出索引项清单。索引项词条可以在文档中逐项标记，而索引清单则是在专门的文档中建立的包含所有索引项词条的清单表。

（2）标记索引。这是计算机系统的优势，Word会迅速准确地根据作者选定的索引项或索引清单，逐项标记索引。Word也可以在操作者发出标记索引指令后，根据清单到文档中查找这些关键字，并作上标记。

（3）在指定的位置生成一定格式的索引表。

下面将分别介绍两种标记索引方法的具体操作步骤，最后再给出创建和维护索引的方法。

9.5.1 逐项标记索引

操作步骤

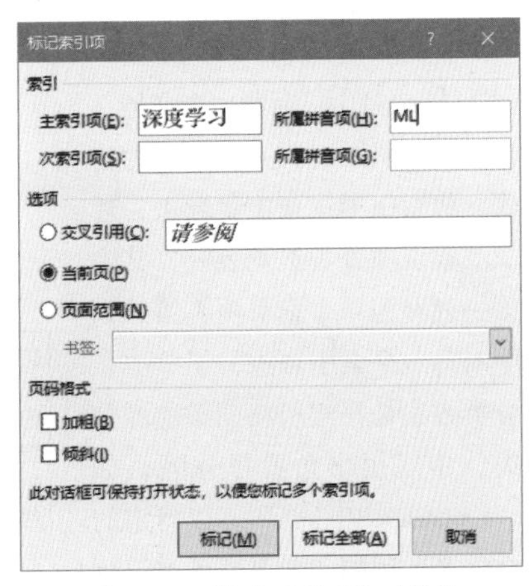

图9–11 “标记索引项”对话框

【Step 1】 打开需要创建索引的文档，在文档中选中一个索引项词条，例如“深度学习”，然后，单击“引用”选项卡—“索引”组—“标记索引项”按钮，弹出如图9–11所示的“标记索引项”对话框。

【Step 2】 在“所属拼音项”栏目中输入需要将索引项词条纳入的拼音项，例如“ML”。

注意：如果“所属拼音项”不输入内容，则Word会根据索引项的词语的汉语拼音首字母自动纳入相应的拼音分类。例如，如果在“深度学习”的“所属拼音项”中输入“ML”，则在以后建立的索引目录中，“深度学习”词条被归入“M”类，否则被纳入“S”类。

【Step 3】 单击“标记全部”按钮，就会在文档中查找所有的“深度学习”词条，并在出现该词条的每个段落的第一个词条右侧标注一个以“XE”引导的域代码，例如“{ XE "深度学习"\y "ML"}”。

【Step 4】 不必关闭“标记索引项”对话框，回到文档中再次选中另一个索引项词条，例如“Python”。然后，单击对话框，可以看到，选中的索引项词条自动进入了对话框“主索引项”栏目中。重复【Step 2】和【Step 3】，标记选中的索引项。

【Step 5】 重复【Step 4】，直至你所希望出现在索引目录中的所有的索引项词条都被标记后，单击“标记索引项”对话框窗口的

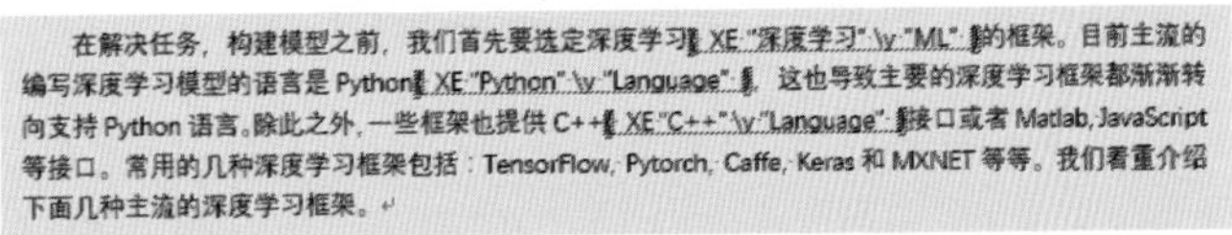

在解决任务，构建模型之前，我们首先要选定深度学习{ XE "深度学习" \y "ML" }的框架。目前主流的编写深度学习模型的语言是Python{ XE "Python" \y "Language" }，这也导致主要的深度学习框架都渐渐转向支持 Python 语言。除此之外，一些框架也提供 C++{ XE "C++" \y "Language" }接口或者 Matlab, JavaScript 等接口。常用的几种深度学习框架包括：TensorFlow, Pytorch, Caffe, Keras 和 MXNET 等等。我们着重介绍下面几种主流的深度学习框架。

图9–12 标记了若干索引项的文档段落

“关闭”按钮。

图9-12给出了一个标记了“深度学习”“Python”和“C++”索引项的段落。

说明：

- 索引项标识的域代码在打印或者导出时是不会显示的。如果阅读中不希望显示这些域代码，可以单击“开始”选项卡—“段落”组中的“显示/隐藏编辑标记”按钮。
- 如果要创建对另一个索引项的交叉引用，则在“标记索引项”对话框中单击“选项”下的“交叉引用”，然后在框中键入另一个索引项的文本。
- 如果只希望标记选中那个位置的索引项，则在【Step 3】中单击“标记”按钮。但不推荐这样做，因为全手工单个标记，难免会导致遗漏，失去了索引的意义。
- 如果希望在后面生成的索引目录中，让索引项的页码的字体加粗或者斜体，则在“标记索引项”对话框中选中下面的“页码格式”选项。

9.5.2 利用分类索引表文档自动标记索引

显然，上一小节介绍的逐项标记索引项工作较为零散，且没有预知性。克服的方法是利用汇集了所有索引项的一个文件来自动标记索引。而且，可以将索引项做出一个“分类索引表”，以便按照自己希望的分类来组织创建索引。

操作步骤

【Step 1】 新建一个文档，在其中按照图9-13左图所示的格式，将索引项词条汇集起来，建立“索引项分类汇总表”，其中第一列即为单个索引项，第二列中对每一个索引项进行了分类，分类方法是在索引项词条前加分类，中间用半角冒号分隔，如“Language:Python”。以特定的文件名，例如“索引项分类汇总表.docx”，保存新建的文档。

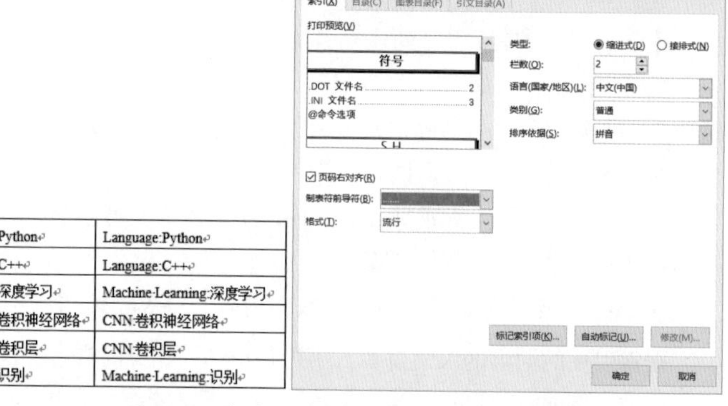

Python	Language:Python
C++	Language:C++
深度学习	Machine Learning:深度学习
卷积神经网络	CNN:卷积神经网络
卷积层	CNN:卷积层
识别	Machine Learning:识别

图9-13 索引项分类汇总表和“索引”对话框

【Step 2】 打开需要创建索引的文档（以下简称“原文档”），然后单击“引用”选项卡—“索引”组—“插入索引”按钮，弹出图9-13右图所示的“索引”对话框。

【Step 3】 在“索引”对话框中，单击“自动标记”按钮，然后在弹出的“打开索引自动标记文件”对话框窗口中，找到【Step 1】中建立并保存的“索引项分类汇总表.docx”；双击打开，Word即会根据其中的索引项列表中的每一项在“原文档”中自动进行索引标记。然后所有对话框关闭，回到“原文档”。这时，可以看到“原文档”中的索引项都作出了标记。

9.5.3 创建、更新和删除索引

1. 创建索引

无论采用9.5.1小节还是9.5.2小节中的方法，完成索引项标记后，即可创建索引。

操作步骤

【Step 1】 在“原文档”中将光标停留在合适的位置，如在文档末尾，可以添加索引标题，例如“关键术语索引”，然后在标题下另起一行。

【Step 2】 再次单击“引用”选项卡—“索引”组—“插入索引”按钮，会再次弹出图9-13右图所示“索引”对话框。

【Step 3】 在对话框中选择合适的索引格式，例如“流行”，可以勾选“页码右对齐”，然后选择合适的前导符，其他选项可以根据需要调整，不调整也无妨。最后单击“确定”按钮，Word则从另起的那一行开始，创建一个索引目录。

2. 更新和删除索引

- 自动创建的索引目录是可以编辑的。例如，调整位置，改变字体、字号等。
- 如果需要增加索引项，可以直接按9.5.1小节的方法标记增加的索引项，然后再次打开“索引”对话框，配置格式后单击“确定”按钮，会提示“要替换此索引吗？”，单击“是”即完成了替换。
- 如果要删除文档中所有的标记的索引项，只需利用替换的方法，即按快捷组合键“Ctrl+H”，弹出“查找与替换”对话框，在“查找”栏中输入“^d”（或者在“特殊格式”列表中选择“域”），然后单击“全部替换”按钮，则删除了标记的索引项。
- 如果要更新索引，可以选中索引，然后按F9键，或者单击“引用”选项卡—“索引”组—“更新索引”按钮。
- 如果要删除索引目录中的单个索引项或者整个索引，在目录中选中，然后删除即可。

温馨提示

索引一般采用拼音排序或者笔画排序即可，只有某些特殊的文档会使用自定义的类别来归类索引。

9.6 高效建立文档目录、各类注释与索引的建议

- 自动生成目录的基础是规范的标题管理，而利用一套规范的标题样式集可以方便地构建层次性标题。
- 层次化的标题需要层次化的多级列表，多级列表的配置是Word应用的基本功之一。
- 题注与交叉引用为自动维护图片、表格提供了极大帮助，特别是对于那些图片、表格多的文档。题注自动编码，利用交叉引用获得与自动编码的关联，在文档结构发生变化后只需通过更新域Word就会维护好题注与交叉引用的编码。
- 标记索引项是建立、维护索引的必由之路，高效标记索引项需要利用“自动标记”功能。

第 10 章 表格、形状与公式高级应用

表格和形状是文档中不可或缺的对象，前者用于罗列规则化的信息，后者用于作图。当把文本框归为一种形状之后，那么表格、形状和图片可以说是文档中除文字以外的三大基础对象。由于图片在Word、Excel和PowerPoint中的应用完全相同，所以，我们将其放到第20章作为公共对象予以介绍。在本章我们主要讨论表格与形状。

图表作为数据可视化工具，是Excel的利器，我们放在第16章进行介绍，并在第20章讨论其在Word文档和PowerPoint演示文稿中的建立方法。

公式主要运用于Word文档，因此本章将对此展开讨论。

10.1 快速表格应用

表格主要有两个用途：（1）信息组织，往往是某种填写内容的表单；（2）信息的罗列展示，一般用于建立二维表从而进行信息的罗列与整理。表格由行、列组成，行列交叉点为单元格，每一个单元格都是一个独立的段落，可以独立设置格式。

人类对数据信息的整理和分析要求是如此地多且深入，以至于Office专门推出了强大的Excel来管理、展示各种表格，统计、计算和分析各类数据。Word中的表格仅仅作为文本的辅助工具，就不需要那么强大、深入的统计计算能力，主要作用是能够漂亮地展示信息。

10.1.1 表格的建立

直接建立表格的方法很简捷，在正文中将鼠标指针停留在需要添加表格的位置上，单击“插入”选项卡—“表格”组—“表格”按钮，建立表格的六大方法直接呈现于“表格”按钮的下拉组合列表框中，如图10-1左图所示。

（1）根据要建立的表格的大致行数、列数，在表格示意网格图上“轻松拉动”鼠标指针，所谓的“轻松拉动”即无须按下鼠标键。随着鼠标箭头的移动，网格图上方会动态显示“列数×行数”的数据，同时在文本中同步画出一个对应规格的虚拟动态表格。确认规格后，在网格图的虚拟动态表格右下角的方格上单击鼠

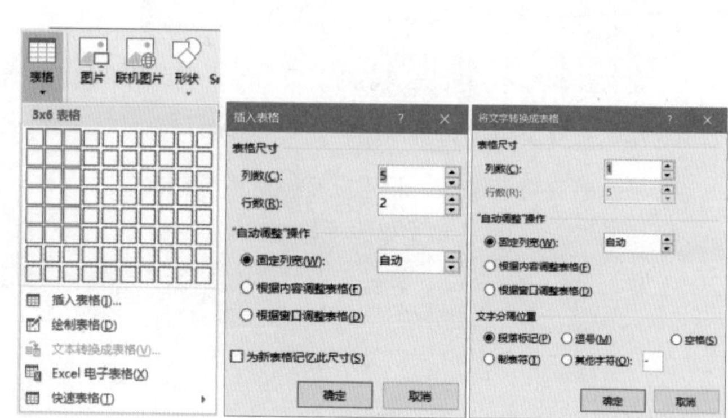

图10-1 建立表格的三种方法

标，则虚拟动态表格将转化为实际的表格。

通过这种方式建立的表格，它的基本字体、段落格式会遵循光标在建立表格之前所停留之处的字体和段落进行设置。例如，在建立表格之前，光标停留的那一行文本的字体为“黑体”，字号为“四号”，行距为“双倍行距”，段前间距为“0.5行”，则插入的表格就会遵循这一格式，即表格的每一行行距和单元格内部文字的字体、段落格式都将按照这一格式进行设置。这使得表格能很好地“融入环境”。但是，初始的段落缩进不起作用，因为单元格内容的缩进与对齐还是另行设置更为方便。

建立表格时之所以说是按照“大致”的行数、列数，是因为表格在建立之初行数、列数一般难以准确估计，而在建立之后也可以很方便地进行增减。

（2）在下拉组合列表中选择“插入表格”选项，则弹出如图10-1中间图所示的对话框，在其中输入行数、列数，然后选择初始列宽设置的“‘自动调整’操作”选项，单击“确定”按钮。

与上一种方法建立的表格一样，表格每行的行距和单元格内部文字的字体、段落格式会按照光标在建立表格之前的所在行格式来进行设置。

对话框中所谓“‘自动调整’操作”是针对建立的表格的列宽设置。缺省的“固定列宽”即按照后面的列宽数据进行设置，列宽“自动”则是根据页面边距和段落缩进来进行等分的宽度，即与“根据窗口调整表格”相同，这样建立的表格，列宽属性都是“指定宽度”；选择“根据内容调整表格”则会导致表格列宽浮动。

（3）绘制表格。在点击选择后鼠标指针将变为一支笔的图标，可以随意画出表格。这对于通过在已有表格中进行表格切分来制作表格非常方便。画完之后按下键盘左上角的ESC键退出即可。

（4）文本转换成表格。选中一定的段落后，下拉组合列表框中的“文本转换成表格”选项变得可操作，选择该选项后，弹出如图10-1右图所示的对话框，Word会自动根据选中文本的格式和分隔给出一个表格尺寸和文字分隔位置，调整后单击“确定”按钮，即可将文本转换为表格。

文字分隔位置缺省为“段落标记”，在实际应用中可以更换为其他符号。（注意：“逗号”是指的半角的逗号，如果原文本中是全角逗号，可以先替换为半角逗号后再进行转换，也可选择“其他字符”，然后在输入框中输入或者粘贴全角逗号。）

（5）Excel电子表格。即直接插入一个嵌入的Excel工作表，在这个表格中按照工作表的操作方式进行数据和信息管理，甚至可以进行复杂的统计分析。

（6）快速表格。即选择内置的或者由作者保存的表格，实现直接带样式格式添加表格。

除了上述六种方法之外，最便捷的方法还有“复制—粘贴”方式，即在其他文档或网页中复制一个表格，直接粘贴到文档当中，在粘贴时要注意使用粘贴选项。

10.1.2 表格基本属性

表格作为一个容器型的工具，其基本属性当然也分为表格自身的属性和表格内容的属性，例如段落缩进与对齐等。表格属性非常多，但可分为下列三类：

（1）表格的整体布局属性：行数、列数、缩进、环绕等。

（2）表格的行、列和单元格属性：行高、列宽、边框等。

（3）表格内容属性：各行、各列，甚至一个单元格内部的属性，由于每个单元格就是一个段落，所以都可以单独设置其字体和段落选项属性。

因此，在设置表格属性或者操作表格时，我们要非常关注所选中的对象。

图10-2 “表格属性”对话框

将鼠标指针停留单击在表格上或者选中表格后，单击“表格工具—布局”选项卡—“表”组—“属性”按钮；或者，在表格上单击鼠标右键，在右键菜单中选择“表格属性”选项，弹出“表格属性”对话框，如图10-2所示（注意：此图的右图叠加了“列”标签页）。

（1）在“表格属性”对话框的“表格”标签页中，可以设置对齐方式和文字环绕：

- 对齐方式：是表格整体属性，因此选中整个表格，在“开始”选项卡的“段落”组也可完成这一属性的设置。
- 文字环绕：缺省设置为“无”，即表格为嵌入式。如果选择“环绕”，则相当于图片的“四周环绕”。

（2）在“行”标签页中，可以设置单行参数，也可同时设置多行参数。

- 允许跨页断行：选中多选项“允许跨页断行”后，表格在跨页时如果一行的表格内有多行信息，则会自行延伸到下一页形成新的一行，下一页的第一行实际上是自动补充的，并不是表格真实的行；如果不选择，则会将跨页的表格行整行推到下一页。效果如图10-3所示。

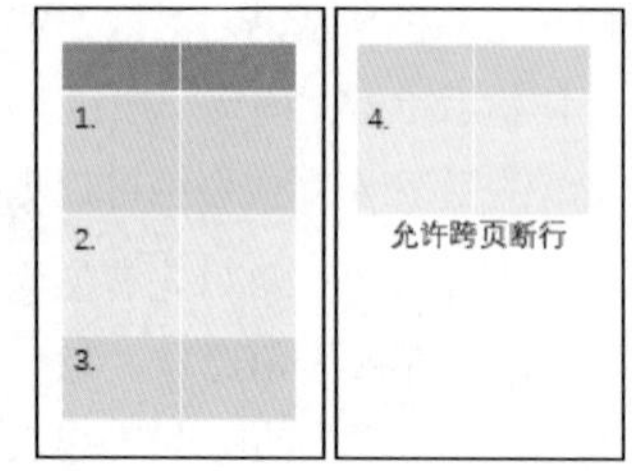

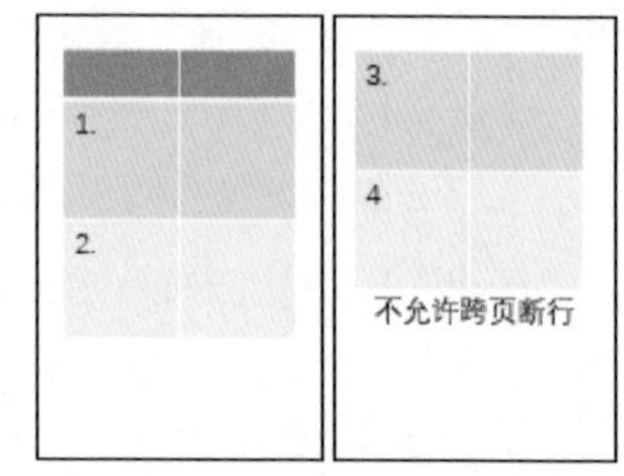

图10-3 允许/不允许跨页断行的效果示意图

- 在各页顶端以标题行形式重复出现：这是标题行的选项，对于大表格非常重要，只有选中了这一选项，表格跨页时每页首行才会出现标题行，否则不会出现标题行。但需要注意，设置时选中标题行才有效，不要选择整个表格。

（3）“单元格”标签页：如调整宽度，实际上会改变列宽。对齐方式实质上是指单元格内文字的对齐方式，与“表格工具—布局”选项卡—“对齐方式”组的设置相同。操作简捷，不再另外图示说明。

10.1.3 表格的基本操作

表格的操作主要有四条途径：（1）直接操作，例如通过拖拉边框改变行高、列宽；（2）选中对象后在跟随式工具栏上进行操作，主要为设置字体、边框以及插入和删除功能；（3）如上一小节所讨论，打开“表格属性”对话框进行设置；（4）在“表格工具”选项卡中设置。

其中，“表格工具—设计”选项卡和“表格工具—布局”选项卡涵盖了表格全部的选项操作，如图10-4所示。

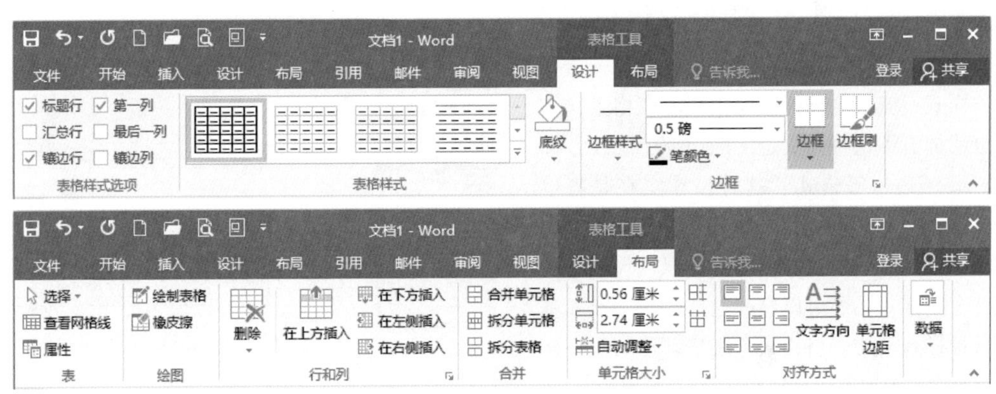

图10-4　“表格工具—设计”选项卡和“表格工具—布局”选项卡

（1）选中行：

- 在表格左侧单击鼠标选中一行，按住鼠标拖拉选中多行。
- 在单元格上按住鼠标横向拖拉。

（2）选中列：

- 用鼠标指针接触列的上沿边框，鼠标指针变为符号向下的宽箭头符号后，点击鼠标选中一行，按住鼠标拖拉选中多行。
- 在单元格上按住鼠标纵向拖拉。

（3）选中表格：

- 当鼠标指针接触表格时，表格左上角出现一个带边框的微型十字星符号，鼠标指针接触到这个符号时变为无边框的十字星，点击即选中整个表格。
- 用选中多行的方法拖拉，直至选中整个表格。
- 用选中多列的方法拖拉，直至选中整个表格。

如前所述，表格中的各种选项是共性与个性的关系，选中什么对象，设置的选项就属于此对象。

实用技巧

在表格中插入单行最快的方法：将鼠标指针停留到某行结尾处、表格外的换行符上，按回车键。

在表格中插入多行最快的方法：选中多行，单击跟随工具栏的“插入”按钮中的“在上/下方插入”。

删除表格或删除多行/列最快的方法：选中表格或者多行/列，在键盘上按退格键。

10.1.4　表格边框、底纹

表格的边框、底纹设置与段落的边框和底纹设置非常相似，参见6.5章节。其操作要点是：先确定边框的样式（颜色、线宽、线型等），再选择边框。这样，就把样式应用于边框上了。

10.1.5　表格样式与样式选项（以自定义经典三线表为例）

与文本样式相同，表格样式也是表格格式的集成包，即每一个表格样式都包含了某些格式设置。

只需将光标停留在表格中，然后单击“表格工具—设计”选项卡，在“表格样式”组中选择一种样式，就将这种样式应用到了表格上，表格也就拥有了这种样式定义的边框、底纹、标题行、镶边行等格式。这种操作实在是省事省时。

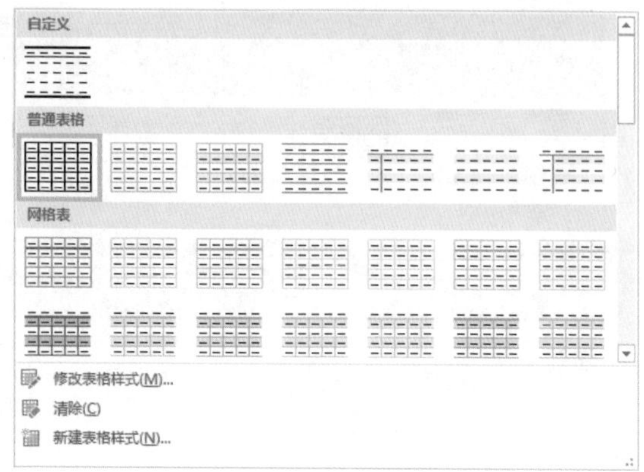

图10-5　表格样式列表

如图10-5所示，我们不仅可以选择内置的各种表格样式，还可以修改这些样式，或者基于某种样式新建表格样式。用户新建的表格样式被放在“自定义”样式组中。

在表格样式的下拉组合列表中选择“新建表格样式”（或“修改表格样式”）选项，即弹出如图10-6所示的“根据格式设置创建新样式”（或“修改样式”）对话框。这个对话框与我们熟悉的新建/修改文本样式、新建/修改多级列表样式等对话框一脉相承，即这些样式是统一管理的。因此，新建和修改样式的对话框也是统一设计的。回顾一下7.2.3小节中的图7-11，“样式管理”对话框中的各种样式是在同一张表中进行管理的。

通过如图10-6所示的新建/修改表格样式对话框窗口，我们可以获得更加新颖的表格样式。操作的关键步骤为：

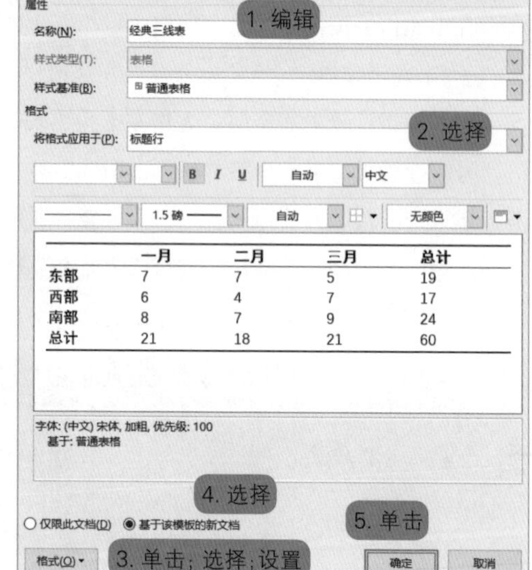

图10-6　新建表格样式窗口

操作步骤

【Step 1】　在“创建新样式”（或“修改样式”）对话框中编辑修改样式的“名称”。

【Step 2】　选择将设置的格式应用于表格的哪个部分。例如整个表格或标题行等。

【Step 3】　单击“格式”按钮，在格式中选择某一格式，例如“边框和底纹”，然后在格式选项对话框中进行格式设置。表格的字体、段落选项（如对齐等）、边框和底纹等选项的设置方法与段落的相应选项设置相同，参见第6章。

重复【Step 2】和【Step 3】，直至整个表格的格式设置符合要求。

【Step 4】　选择新建（或者修改）获得的新表格样式可用于何种范围，如果选择“基于该模板的新文档”，则新表格样式会被写入相应的模板，而此后在此模板基础上的新建文档均可使用这一表格样式。

【Step 5】　单击“确定”按钮获得新建的表格模板。

例如，建立自定义经典的三线表只需按如下选项进行设置：（1）整个表格：无框线；线宽1.5磅，下框线。（2）标题行：线宽0.5磅，下框线；线宽1.5磅，上框线。如果需要，可设置字体加粗。

图10-5中的表格样式下拉组合列表框底部的“清除”选项与“表格工具—布局”选项卡—“绘图”组的“橡皮擦”不同。“清除”选项为清除整个表格的格式（包括“字体”“边框和底纹”等），导致表格成为“无格式表格”；而“橡皮擦”则会彻底擦除边框，从而能够任意合并单元格。

“表格工具—设计”选项卡的“表格样式选项”组所列出的“标题行”“第一列”等多选项对于提高表格的可读性很有帮助。而且，只有在内置样式的基础上形成的表格，“镶边行”“镶边列”的效果才能自动维护，即使删除或者插入行/列后，镶边行/列效果还能保持。

上述设置的动态效果，可参见本书提供的视频演示。

10.1.6 表格的布局要点

表格本身就是一种整齐的信息归集与表达方式，而良好的表格布局对于文档格式和阅读都有帮助。

表格对齐首先是表格作为一个整体在文本中的对齐，即由10.1.2小节所讲的表格属性中的“对齐方式”和“文字环绕”所决定的对齐。除此之外，即为表格内容的对齐。

表10-1 表格对齐方式示例

对方方式与功能	数字示例	文字示例
高行，纵向垂直居中	222.35	文字方向垂直居中
文本右对齐	333.12	第一类
数字左对齐	11.00	第二类
Word表格求和结果	566.47	—

调整表格内容的对齐方式首先需要选中行、列或单元格。然后，单击“表格工具—布局”选项卡，在“对齐方式”组中单击相应的按钮即可。表格对齐方式示例如表10-1所示。一般而言，表格对齐有下列规则：

- 每个单元格为单独的段落，均可以单独设置文字对齐与方向选项。
- 选中单元格或者数行/列后，在“开始”选项卡—“段落”组单击对齐按钮，则选中的单元格内部段落对齐，效果与“表格工具—布局”选项卡的“对齐方式”组的功能相同。但是，“开始”选项卡中没有垂直对齐选项。
- 标题行一般字体加粗，居中对齐，而非标题行文本一般左对齐，数字右对齐。
- 行高较大时，行垂直方向一般“居中”，靠上对齐不美观。
- 分类、单位等规范提示信息一般居中。

调整行高/列宽可以直接按住鼠标左键拖拉，拖拉时可以再按右键看到标尺读数。

- 要注意的是，表格的“文字环绕”属性为“环绕”，才能形成被文字紧密环绕型的布局效果。

10.2 表格数据

管理数据的表格以Excel最为直观、灵活。但是，Word文档中也经常需要表格来整理、展示数据信息。所以，Word表格除了规范规则的文本信息以外，也能进行一些简单的数据处理工作。

10.2.1 表格转换

任何应用程序的数据来源无非有三种：（1）手工录入；（2）传感器采集；（3）其他数据源导入。Word中的表格和文本可以方便地进行相互转换，这是快速地将一系列数

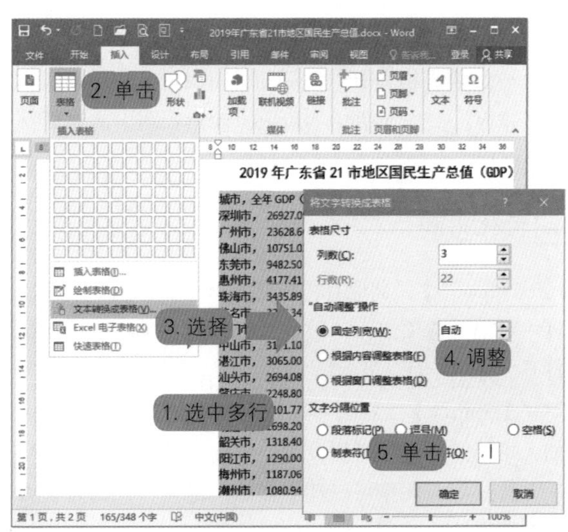

图10-7 文本转换为表格

据导入表格或者将表格中的信息转入文档中的快捷方法。

有时，我们可以通过某种方式获得一组相关的文字。例如，在网络上查询到的2019年广东省各市的GDP情况，需要将其放入表格，这项工作直接用文本转换为表格即可。操作方法如图10-7所示（注意：图中的对话框是被拼接上来的）。

操作步骤

【Step 1】 选中需要转换的文本，这组文本往往是有规律的，例如各项之间为空格或者全角逗号。

【Step 2】 单击“插入”选项卡—“表格”下拉按钮，出现“插入表格”下拉组合列表。

【Step 3】 在“插入表格”下拉组合列表中，单击“文本转换成表格”选项，弹出“将文字转换成表格”对话框。

【Step 4】 在对话框中调整参数。其中，列数是基于“文本分隔位置”形成的，行数是基于选中文本的行数，同时综合列数计算所得。

注意：“文本分隔位置”的符号缺省为“段落标记”，需要我们预先进行规范化处理。例如，规范化为全角逗号，而单选项的“逗号”是指半角逗号。

【Step 5】 在“将文字转换成表格”对话框中单击“确定”按钮，即将选中文字转换成了表格。

如果要将表格转换为文字，只需选中表格，然后在“表格工具—布局”选项卡中选择“数据”组内的“转换为文本”功能，即可实现。如图10-8所示。

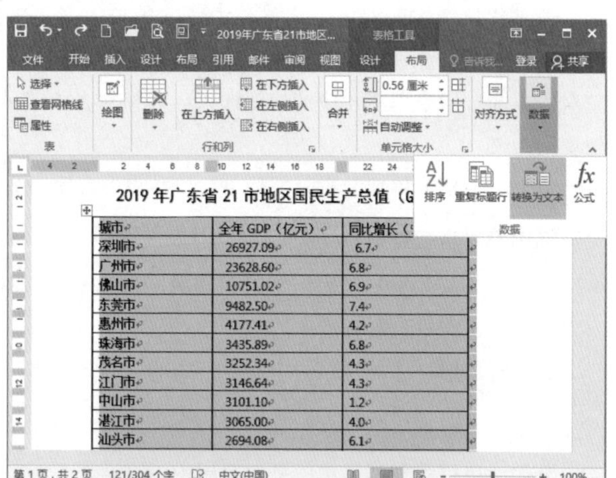

图10-8 表格转换为文本

10.2.2 排序与公式

1. 表格排序

与Excel表格类似，Word同样可以对表格中的内容进行排序。操作如图10-9所示（注意：图中的对话框是被拼接上来的）。

操作步骤

【Step 1】 将光标停留在表格中。单击“表格工具—布局”选项卡—“数据”组中的“排序”按钮，打开“排序”对话框。

【Step 2】 在“排序”对话框中进行设置。例如，可以选择将哪一列设为“主要关键字”，按“降序”排序等，甚至可以选中多个关键字，并确定是否具有标题行。

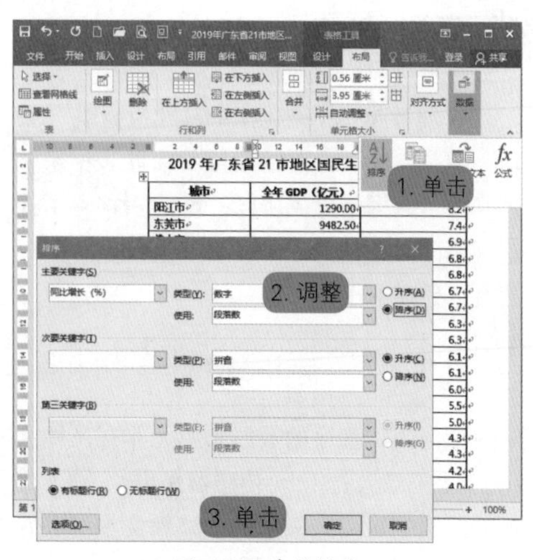

图10-9 表格排序

【Step 3】 单击“确定”按钮，表格即会按照设定进行排序。

2. 表格公式

表格中的数据免不了需要进一步的处理、分析，那就要利用表达式和函数等公式来进行了。数据处理与分析当然是Excel的强项，Excel对单元格进行了定位，因此，每一个单元格都可以作为变量来进行计算；并且Excel提供了众多的功能和函数，具有强大的数据处理和分析能力。但是，有时我们并不需要那么复杂的功能，只需进行一些简单的求和、求平均值处理，那么Word表格也是可以胜任的。对于应用Word表格的公式，我们只要知道“三个事实一个技巧”，即可很好地完成。

表10-2 表格公式示例

季度	销售额（万元）
2019-01	3456.32
2019-02	4122.06
2019-03	3950.30
2019-04	14312.62
平均值	6460.33
合计	25841.30

（1）实质上，Word表格的地址编码方式与Excel完全相同。因此，表10-2所示的“平均值”计算公式即为“=AVERAGE（B2:B5）”，而“合计”的公式为“=SUM（B2:B5）”。

（2）在Word表格中插入公式的方法：将光标停留在存放计算结果的单元格内，然后单击“表格工具—布局”选项卡—“数据”组—“公式”按钮，弹出如图10-10所示的“公式”对话框。在此对话框中首先需要选择函数并输入正确的公式（与Excel公式的格式相同），然后选择数据格式，单击“确定”按钮，即会计算出结果。公式中的地址可以是实际的单元格区域，甚至可以是LEFT（左侧单元格），或者ABOVE（上面单元格）。

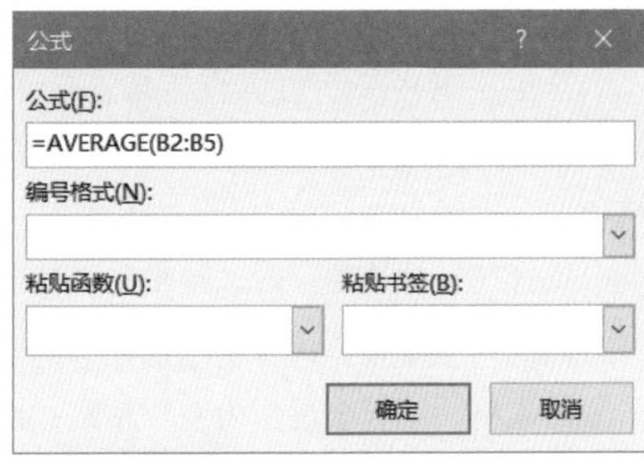

图10-10 “公式”对话框

（3）这些公式实际上都是一个计算域。建立这些计算公式的另一个方法是：单击“插入”选项卡—“文本”组—“文档部件”按钮，在下拉列表中选择“域”；然后，在“域”对话框的“域名”中保持选中第一项“=（Formula）”，单击“域属性”中的“公式”按钮，同样也可以打开如图10-10所示的“公式”对话框，在其中输入公式即可。

（4）更新原始数据后需要在计算值上单击右键并选择“更新域”。

实用技巧

“神奇F4”：在Word表格中，在某个单元格录入公式后，如果下方或者右侧是相同公式（不同的计算区域），只需将鼠标指针移到下一个单元格，然后按键盘上的功能键F4，即会运用与上次相同的公式计算出结果。

10.2.3 重复标题行

对于较长、较宽的表格，换页后设置重复标题行可以保证阅读的流畅性，如图10-11所示。

设置“重复标题行”时不需要选中整个表格，只需将鼠标指针停留在标题行，如果需要重复两个标

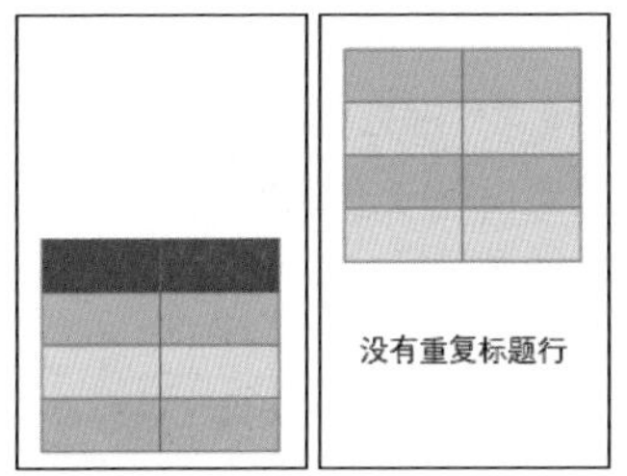

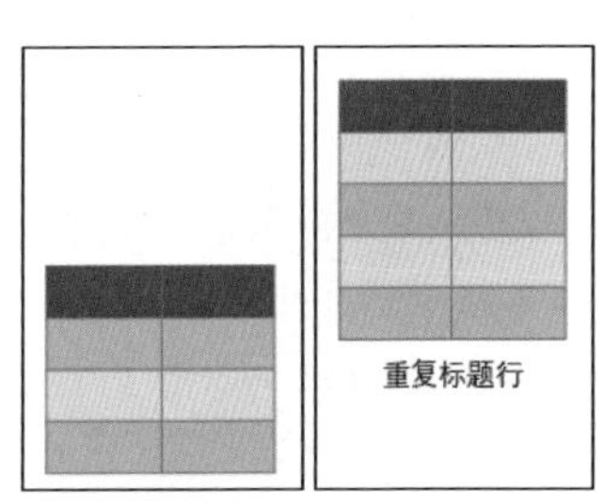

图10-11 表格重复标题行示意图

题行就选中需要重复的那两个标题行，然后单击“表格工具—布局”选项卡—“数据”组—“重复标题行”按钮，Word就会在表格换页时重复标题行。

10.2.4 Word表格与Excel工作表

Excel是专门处理数据表格的应用程序。有时，我们需要在Word文档中使用Excel工作表的数据，一般有两个方法：（1）通过“复制—粘贴”方式，在Word文档中获得拥有Excel工作表中的数据的表格；（2）在Word中插入Excel工作表，再复制数据，即将Excel通过OLE技术嵌入到Word文档中。二者概念不同，在使用上也有差别。

1. 复制数据表格

复制数据表格的方法非常简捷：（1）在Excel中选中需要复制的数据表区域；（2）按快捷组合键“Ctrl+C”复制该区域；（3）回到Word文档，将鼠标指针停留在适当位置；（4）单击鼠标右键，并在右键菜单的“粘贴选项”中选择合适的格式选项。如图10-12所示。

这里，最后一步可以直接按快捷组合键“Ctrl+V”进行粘贴，然后在粘贴区域右下角闪现的粘贴选项中选择合适的格式选项。

房屋贷款分析表

粘贴选项:

购买价格	¥1,280,000
首期比例	20%
贷款期数（月）	240
贷款利率	4.25%

结果数据	
首付额	¥256,000
贷款额	¥1,024,000
月供	¥6,341
总还贷额	¥1,521,830.63
利息总额	¥497,831

图10-12 Excel表格粘贴到Word文档

- 选择“粘贴选项”时，被粘贴区域的表格会随粘贴选项的不同而产生变化。选择粘贴选项中的前四个都能获得一定格式的表格，第五个是作为图片粘贴，最后一项是粘贴为文本。
- “保留源格式”：指把表格数据粘贴到Word文档中，但格式保留Excel中的格式。
- “使用目标样式”：会使粘贴过来的表格中的每一个单元格的字体、字号和段落格式都使用Word文档粘贴位置所在段落的样式。
- “链接与保留源格式”：保留了Excel区域的格式，文本及数据均链接到源Excel工作表，在任意文本和数据上单击鼠标右键，在右键菜单中选择“更新链接”即会按照Excel表中的数据刷新表格；在右键菜单中选择“编辑链接”或“打开链接”均可以打开Excel工作表。
- “链接与使用目标样式”：格式上使用Word文档的段落样式，在数据关系上与上一种格式相同。

2. 插入Excel表格

插入Excel表格的方法非常简捷，如图10-13左图所示，只需在插入表格时选择Excel电子表格，即会在Word文档中嵌入一个Excel表格，我们可在此表格中按照Excel电子表格处理的方式来进行操作。如图10-13右图所示。

这种方法相当于在Word文档中建立了一个Excel工作表，整个Excel的功能区选项卡都可正常使用。实际上，所有的“图表”工作模式，都是利用将Excel图表嵌入Word文档的方式实现的。

嵌入表格的最大优势：完全按照Excel工作表的模式运行，可以利用Excel中强大的数据运算、分析功能。当要退出Excel表格的编辑状态时，只需在文档其他位置单击鼠标即可；在表格上双击鼠标，又可再次打开Excel表格。

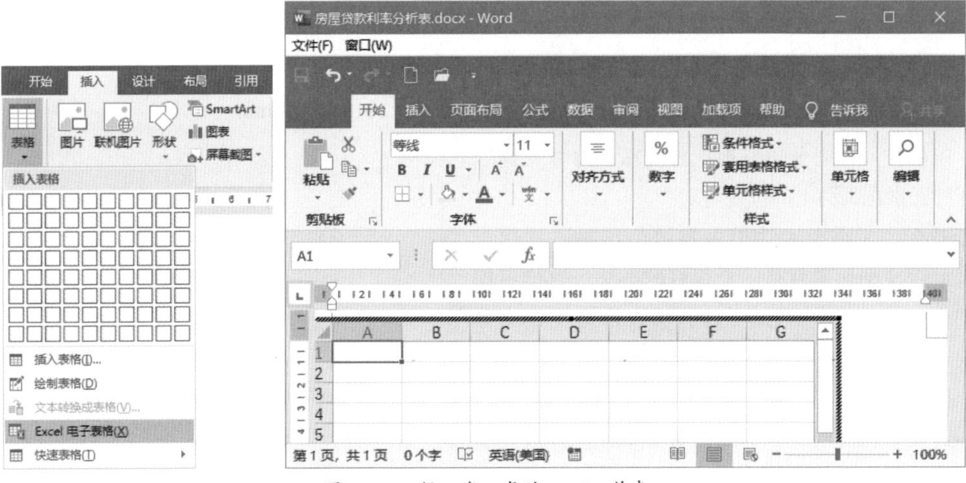

图10-13 插入嵌入式的Excel工作表

10.3 表格美化（以世界顶尖企业报告为例）

表格美化不仅可以突出表格内容，还可以为文档增色。表格美化与其说是技术任务，不如说是设计和美工任务。并且，美化表格不仅有对表格自身的美化工作，还有利用表格对信息呈现的整齐、规则特性进行页面元素的规整。这里，我们将对两个方面的问题进行扼要的讨论。

10.3.1 表格自身的美化

一般来说，只要不是正式公文或学术论文这类具有严格格式要求的文档，如果认为表格内容传达了某些重要信息，都可以考虑对表格自身进行适当的美化。

表格的美化总体上可以从表格自身的构成和内容的新颖性两个方面来进行。如图10–14是一家顶尖IT企业的一份网络安全报告中的一张表，呈现了一些美观的表格特征。

从“表格工具—设计”选项卡我们看到，表格本身的基本构成有边框、底纹以及标题行、镶边行、汇总行、第一列等元素，这些都在表格设计中具有美化空间。一般来说，可以遵循如下思路：

Family	Most significant category	1Q12	1Q12 %	2Q12	2Q12 %
Win32/Autorun	Worms	849,108	10.5%	937,747	11.3%
JS/Pornpop	Adware	637,966	7.9%	661,711	8.0%
Win32/Obfuscator	Misc. Potentially Unwanted Software	515,575	6.4%	606,081	7.3%
Blacole	Exploits	561,561	7.0%	512,867	6.2%
Win32/Dorkbot	Worms	492,106	6.1%	522,617	6.3%

图10–14 美观的表格示例

- 可以选用“表格样式”时尽量采用某种样式，且标题行要相对突出。
- 运用好线型、线宽。
- 表格样式是可以自定义的，表格样式的配色要与文档配色搭配和谐。
- 每个单元格都是一个段落，可以设置段落选项。
- 表格行、列的对齐要合理，层次清晰。
- 如果允许，可以加入一些图标、图片。

10.3.2 利用表格组织内容

表格格式需要整齐、规范。在很多与设计相关的工作中，操作者一般会打开Word提供的虚拟网格，以便在操作时能更好地把控页面的总体布局以及各种元素在页面上的位置与对齐。

那么，当需要表达很多零散信息时，利用表格来组织文档元素就是一个很好的办法。这样组织的信息自然工整，而且可以利用表格边框作为分隔线。

操作方法是在页面中插入一个表格，然后置入各种需要组织的内容。例如，将文字或图片放到表格的单元格中，然后画出可以作为分隔线的下边框以外，其他边框都不设框线。这样就得到了信息自然整齐的组织效果。

如图10-15是另一家世界顶级IT企业的2018年供应链组织状况报告中的信息汇总表，这是典型的利用表格来进行文档内容组织的例子。鉴于篇幅关系，这里就不再进行详细说明了。

图10-15 利用表格组织文档内容元素

此外，还可以利用表格实现文档中公式的排版和作为题注的公式编号及其交叉引用自动维护。

温馨提示

PowerPoint演示文稿里也会应用表格，表格的设置方式与Word中的相同。因此，本书在PowerPoint的内容中不再涉及表格。

10.4 形状及其格式

形状，可能是Office中除了文本以外使用得最多的对象。Office已经将文本框归为形状，而且，任何容器类的形状都可以添加文本而变为具有特殊形状的文本框。而在PowerPoint中，文本都被放置于文本框中。

形状用途非常广泛，除了可以用于绘制流程图、示意图等之外，还可以实现在空间上自由组织内容，并且起到视觉吸引、衬底以及活化留白空间等作用。

10.4.1 插入与修改形状

1. 插入形状

在文档中插入形状的操作与插入其他对象类似，单击“插入”选项卡—“插图”组—“形状”下拉按钮，出现如图10-16所示的形状组合列表框。只需在下拉列表中选择一个形状，文档中的鼠标指针就会变为一个大“十”字

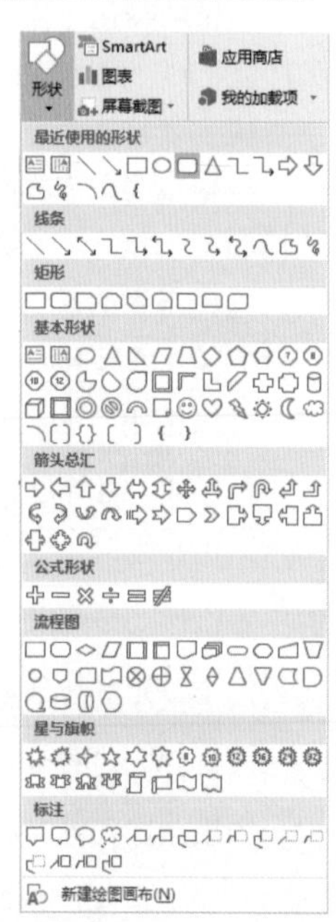

图10-16 插入形状

形图标，拉动“十”字形图标，就会按所选择的形状画出适当大小的图形。

- 形状下拉列表按照“最近使用的形状”“线条”“矩形”等分类组织。
- 可以看到，文本框可以作为一种基本形状跟其他形状通过相同的操作加入文档。而其他容器类的形状也都可以添加文字。
- 形状的初始样式（填充、边框等）受“Normal.dotm”模板以及文档选择的主题的影响。
- 在某些领域，例如软件系统的分析与设计，形状的使用具有某种规范，即一定的形状代表一定的含义，使用时需遵循这些规范。
- 如果要画一组形状，并希望在画的过程中以及后期修改时能够使这组形状的相对位置保持一致，可以首先选择“新建绘图画布”选项，然后在画布中添加形状。画布作为一种特殊的容器，添加在其中的形状会随画布而动，而相对位置不会改变。但是，先插入文档中的形状是不能加入后建的画布中的。

实用技巧

在Office的各个组件中画直线时，如果要保证画出来的线的平直或者垂直，只需在插入直线时按住Shift键进行左右拖拉或者上下拖拉即可。而要保证画出的三角形为正三角形，也是在插入三角形时按住Shift键进行拖拉即可。

2. 修改形状大小

一般情况下，用鼠标按住被选中形状的四个角进行拖拉即可调整形状大小，按住四条边拖拉则会在拖拉方向改变形状的宽度或高度，改变形状的纵横比。要准确调整大小可以通过“绘图工具—格式”选项卡的“大小”组中的输入框微调按钮进行，若需要在调整大小的时候不改变纵横比，可以单击“大小”组的对话框启动器，在弹出的对话框中勾选“锁定纵横比”。此操作简便，在此不再图示说明。

3. 更改和编辑形状

加入文档中的形状可以被替换也可被编辑修改，方法是：选中形状，单击“绘图工具—格式”选项卡—“插入形状”组—“编辑形状”按钮，在其下选择“更改形状”选项即可以将选中形状替换为其他形状。单击“编辑顶点”选项，则可以通过拉动顶点来改变形状的外观。如图10-17所示，我们可以通过拉动形状顶点或者其边框上的任何一点，使形状变为任意多边形。

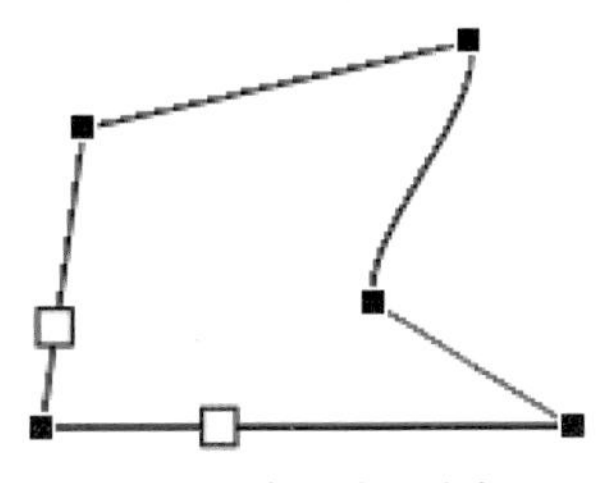

图10-17　编辑顶点—改变形状

10.4.2　形状的布局

形状布局是指形状与周围的文本和其他形状之间的关系，这种关系被归纳为：位置、环绕文字和层次等。

- 刚添加到文档中的形状或者被单击选中的形状，会在右侧弹出“布局选项”浮动按钮，单击这个按钮，可以选择形状的布局模式，如图10-18左图所示。这是改变形状布局与大小最直观的方法。
- 形状的布局选项还可以通过“绘图工具—格式”选项卡的“排列”组来设置，如图10-18右图所示。

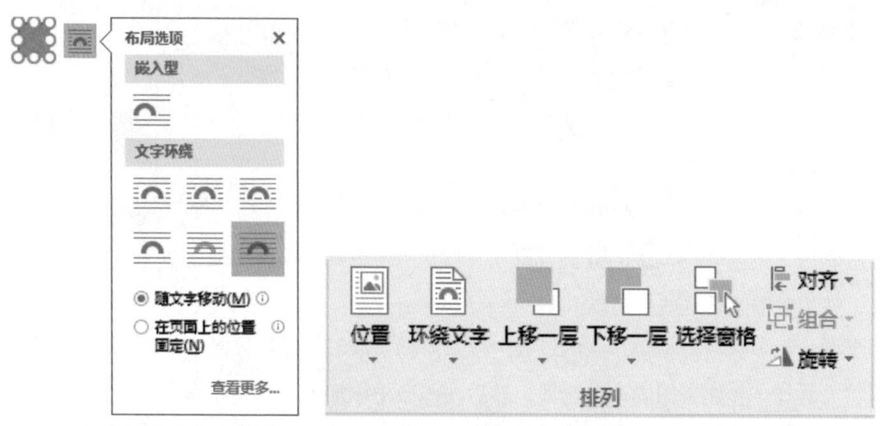

图10-18 “布局选项”下拉组合列表；“绘图工具—格式”选项卡—“排列”组

- Office文档中，形状、图片等对象都是分层管理的。Word中的文本处于一个标准层次，其他对象可以“衬于文字下方”，也可以“浮于文字上方”。浮于上方者，还可分为多个层次。
- 形状默认的“布局选项”（即“环绕文字”）为“浮于文字上方”。通过鼠标单击只能选中顶层对象和没有被顶层对象遮挡的对象。改变对象的层次可通过在对象上单击鼠标右键，在右键菜单中的“置于顶层”“置于底层”子菜单中选择对象与其他对象的关系；也可以通过选项卡进行设置。
- 对于布局选项为“衬于文字下方”的形状或图片等对象，在操作页面上点选不能被选中。因此，需要有专门的选中方法。单击“绘图工具—格式”选项卡—“排列”组—“选择窗格”按钮，打开“选择”浮动窗格。如图10-19所示，窗格显示了当前页中的各种对象，在这个窗格中可以非常方便地在各种图形、图片、文本框等对象之间跳转。按住Ctrl键点选可以选中多个对象，无论对象的布局选项设置是怎样的，均可以将这些对象隐藏或者再次显示出来。

图10-19 “选择”浮动窗格

- “绘图工具—格式”选项卡的“排列”组中的“对齐”下拉按钮，既可以设置单个形状在页面中的对齐方式（例如对齐边距），也可以设置多个对象之间的对齐方式。在一组形状组成的流程图、示意图中，在完成之前最好将相关形状进行对齐，这样可以保证整个图的规范、整齐。
- 选中多个非嵌入式布局的对象，即可将它们“组合”起来，形成一个整体，这样可以保持相对位置不变。组合的形状可以在选中后“取消组合”，使之独立为单独的形状。
- 旋转形状（以及图片等对象）最快的方法是拖拉其本身上端的“旋转柄”，如果需要准确地旋转至某一角度，则单击“绘图工具—格式”选项卡的“大小”组的对话框启动器，在其中进行设置。

布局选项还可通过形状的右键菜单倒数第二项“其他布局选项”，打开“布局”对话框进行设置。鉴于篇幅关系，在此不再图示说明。

10.4.3 形状格式与设置形状格式浮动窗格

Office中的形状已经不仅仅是外形轮廓围起来的图形或者简单线条，更重要的是，形状具有了填充效果。填充方式多样，边框形式多样，还可设置形状的阴影、映像、发光、柔化边缘、三维格式（甚至包括光源角度）以及三维旋转等各种属性。这样，能使形状变得多姿多彩，千变万化。

在选中形状后，设置形状格式可以使用下列两种方法：（1）单击“绘图工具—格式”选项卡—“形状样式”组的对话框启动器；（2）在形状上单击鼠标右键，然后选择右键菜单最底端的“设置形状格式”选项，弹出我们熟悉的“设置××格式”（这里的“××”指“形状”）浮动窗格，如图10–20所示。

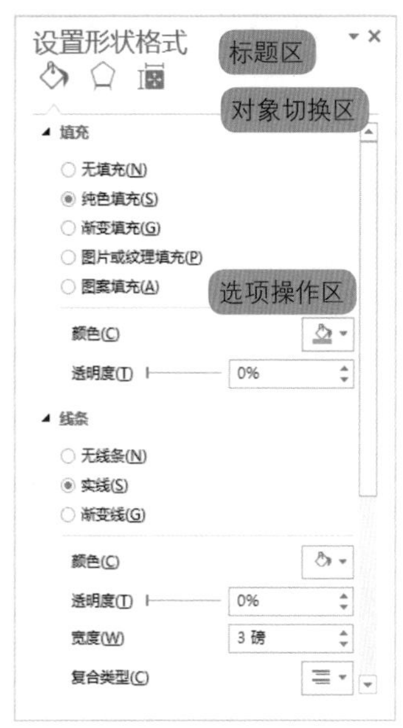

图10–20 “设置形状格式”窗格

关于“设置××格式”浮动窗格，请参见5.2.1小节。

（1）这个浮动窗格可以设置Office中的文本效果、形状、图片的格式。

（2）浮动窗格总体上分为三个区域：标题区、对象切换区和选项（参数）操作区。

（3）对象格式被划分为填充（线条类无）、线条（边框）、阴影、映像、发光、柔化边缘和三维格式等选项。对这些选项设置不同的参数，将获得不同的效果。

（4）不同种类选项的效果是叠加的。例如，选中“纯色填充”选项，再通过调色板选择某种颜色，然后选择某种线条，那么形状就具有了所选线条的边框和所选颜色填充的合并效果。

（5）形状填充有一个非常有趣的选项——图片或纹理填充，当选择这一填充选项，形状即刻化身为“图片”，而浮动窗格标题区的“设置形状格式”也会即刻转换为“设置图片格式”。

（6）使用“图片或纹理填充”时，可以从文件夹或者网络上查找图片进行填充，但最方便的是来自“剪贴板”的图片。即只要将图片复制到剪贴板中，然后在“图片或纹理填充”中点击“剪贴板”按钮，这时剪贴板中的图片就会被填充进去。如图10–21所示，即将小狗的图片复制到剪贴板中，然后填充到一个手画的形状之中的效果。

图10–21 将剪贴板中的图片设为形状填充

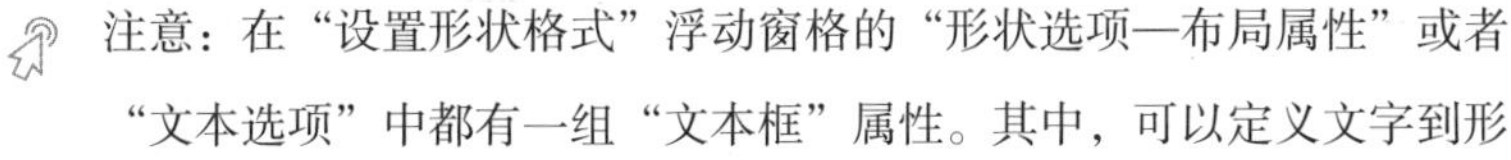
注意：在“设置形状格式”浮动窗格的“形状选项—布局属性”或者“文本选项”中都有一组“文本框”属性。其中，可以定义文字到形状边缘的距离，缺省设置为“左0.25厘米”“右0.25厘米”“上0.13厘米”“下0.13厘米”，这些数据影响文字在文本框中的位置。如果文本框的上下边缘遮挡文本时，可以将上下值调整为零。

10.5 形状样式与效果

形状样式（Style）与文本样式、表格样式概念相同，是形状的一系列格式的“集成包”。样式提供了新颖多样并且可以直接应用的形状格式，这使形状格式的设置变得异常方便，操作者可以用一键式的方法获得多种形状格式。

Office还没有提供形状样式的自定义，但至少操作者可以在内置样式的基础上，进一步设置出某种更好的效果。

10.5.1 形状样式与默认样式

1. 形状样式

选中某个（或一组）已经添加到文档中的形状，功能区会出现“绘图工具—格式”选项卡，单击“形状样式”组列表框的“其他”下拉按钮，即可打开如图10–22所示的下拉列表。形状样式按照“主题样式”和“预设”被分为两大类。

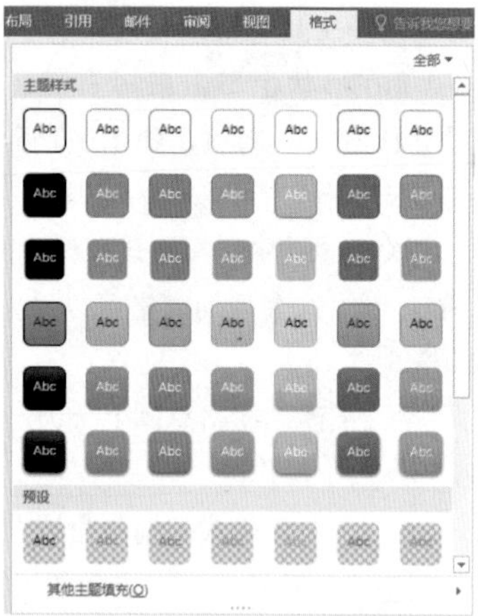

- 其中，“主题样式”与文档所选主题效果密切相关。如果在“设计”选项卡中选择不同的主题效果，那么在“绘图工具—格式”选项卡—“形状样式”组的快速样式中呈现的形状样式也完全不同。例如，主题效果中的“上阴影”“棱纹”或“光面”等主题效果所带来的立体感更为强烈，具体参见4.4.5小节。
- 形状样式的颜色体系与主题颜色密切相关，其颜色排列即以调色板颜色为基础，从右向左排列。

图10–22 形状样式下拉组合列表

- 对某一形状选择应用某个样式，Word即会记录应用样式的位置。之后如果再调整文档的主题颜色或主题效果，该形状的样式即最初选定位置的样式，其相应颜色和效果也会发生变化。
- 注意：在预设样式中，第一行样式为透明（即无形状填充）、无边框（即形状轮廓为无轮廓）；第二行样式为透明、有轮廓；第三行样式为半透明（填充“透明度”为50%）、无边框。
- 线条（包括单线条箭头）的样式为以线宽、线型配合颜色的样式集，在此不再图示说明。

2. 默认样式

当新建一个文档时，Office会基于“Normal.dotm”模板规定的主题、颜色、字体、效果等建立一个新文档，这个新文档的默认主题为Office，默认颜色为Office，默认效果也为Office。

Office画出的形状可以是多姿多彩的。但在缺省设置下，Office主题的默认形状颜色为“彩色填充 - 蓝色，强调颜色1”。默认的形状样式为“绘图工具—格式”选项卡的“形状样式”组的样式库里的第二行第二个选项，其填充颜色为“蓝色，个性色1”，形状的轮廓颜色为较深一些的非标准色，线宽1磅；而默认线条为样式库中的第一行第二个选项，颜色为“蓝色，个性色1”，线宽0.5磅。这样的默认样式令一些经常绘制无须填充、线宽更细的流程图的用户非常烦恼，因为每次添加形状和线条后都要去修改其填充和线宽等属性。

实际上，要修改默认样式只需进行两步操作：

（1）对于形状，首先可将其形状填充和线宽、线条颜色修改为所需要的参数，然后在形状上单击鼠标右键，在右键菜单中选择“设置为默认形状”选项；对于线条，首先可将其颜色和粗细修改为所需要的参数，然后在线条上单击鼠标右键，在右键菜单中选择“设置为默认线条”选项。

（2）单击“设计”选项卡—“文档格式”组—“设为默认值”按钮，即弹出询问对话框询问是否将当前样式集和主题设置为默认值，如图10–23所示。点击“是”按钮，则所设置的形状和线条都变成了默认值，在以后建立的新文档中，

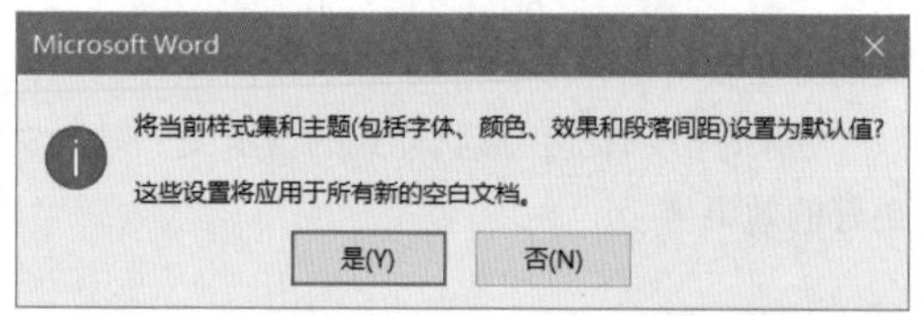

图10–23 将当前形状样式设为默认值的询问对话框

新画出的形状和线条都将以此为准。

10.5.2 形状效果（以著名咨询公司报告为例）

有时，在形状应用了某种样式后，我们对其效果可能还不够满意，这时可以再进一步调整其效果。调整的方法非常简捷，在“绘图工具—格式”选项卡的“形状样式”组的样式框旁边有三个按钮，分别为“形状填充”“形状轮廓”和“形状效果”按钮，单击其中任一按钮，即下拉对应的组合列表框，在其中可以进行更详细的选项设置。如图10–24左图所示。

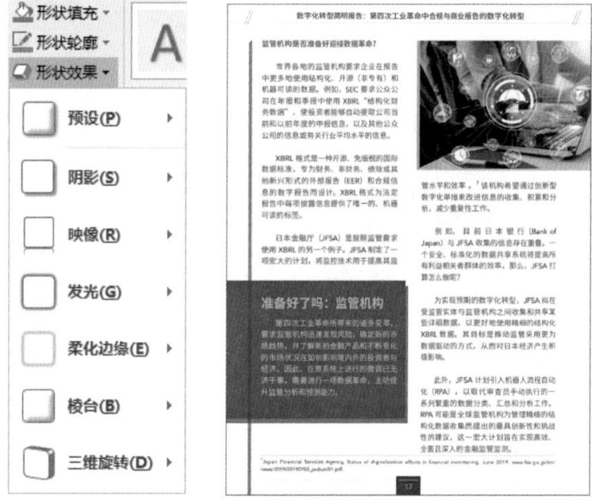

图10–24　形状效果设置及其应用实例

而选择这些组合列表框中的“其他××”选项，会弹出相应的对话框以提供更加深入的设置方案。例如，点击“其他纹理”选项后，会打开我们熟悉的“设置形状格式”浮动窗格。形状的特殊效果不仅可以对形状进行美化，通过特殊效果的设置，还可以将文档中的形状用于特殊文本的表现、隔断或吸引注意力等。

如图10–24右图所示的文档页面，是一家大型管理咨询公司和技术服务供应商的一份关于数字化对管理和产业影响的报告中的一页。这份报告充分利用文本框突出了特殊段落并分割页面视觉空间（注意：不要造成突兀的视觉效果），同时利用装饰线条引导视觉，使报告的重点更为突出。鉴于篇幅关系，在此就不具体说明设置方法了。读者可以根据上面的讨论自行设置，也可观看本书提供的视频，观看其动态效果。

温馨提示

“形状”为Word、Excel和PowerPoint中共有的文本对象，在三个组件中的建立方法以及格式、布局的设置方法完全相同。因此，本书在Excel和PowerPoint部分的内容中不再另行介绍。

10.6 从形状到SmartArt图形

形状在组合后，可以更好地表达某些文字、图片之间的实体或意念关系。而Office也为用户赠送了一套优美的、可以被灵活地组织并表现内容的组合图形，即SmartArt图形。

SmartArt图形由多个形状组成，被分为了“列表”“流程”“循环”等八大类。大多数SmartArt图形的基础单元为基本图形，但是也有个别图形超越了基本图形，例如齿轮。

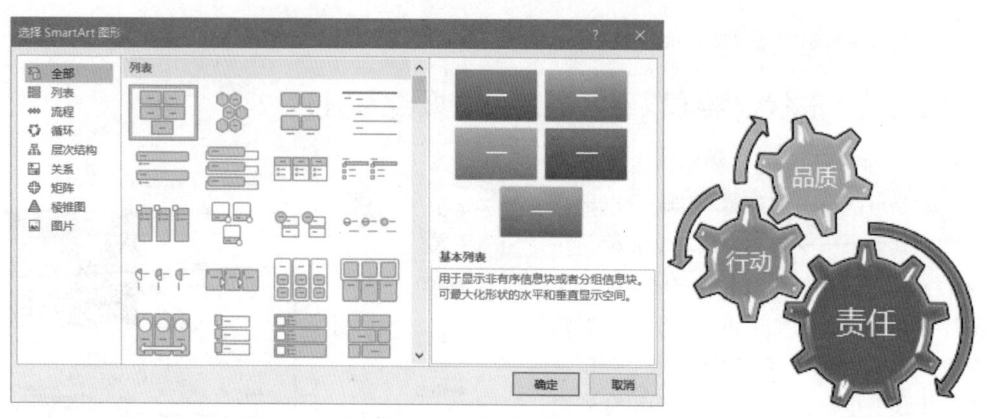

图10-25 "选择Smart图形"对话框和SmartArt图形实例

在文档中添加SmartArt图形的方法非常简捷：单击"插入"选项卡—"插图"组—SmartArt按钮，弹出"选择SmartArt图形"对话框，在对话框中选择合适的图形；然后，Word就会将一个"空的"（即其中文本均为占位符）SmartArt图形插入到文档中，在录入文本、修改调整后即成为一个优美的SmartArt图形。

Office给SmartArt图形提供了"SmartArt工具—设计"和"SmartArt工具—格式"两张选项卡，而在PowerPoint中还可以方便地将文本转化为SmartArt图形。

由于SmartArt图形为整个Office的共有组件，而在PowerPoint中的使用频率更高，所以此部分内容将在本书第4部分"PowerPoint高级应用"中予以详细介绍。

10.7 公式及编号的自动维护

在文档中难免需要录入数学公式，特别是在处理与科技相关的文档时。

在Office 2010之前的版本中，公式多采用一款名为"公式编辑器（MEE）"的组件编辑，而建立的公式实际上是通过OLE技术嵌入到文档中的对象。由于安全问题，自Office 2010起，MEE就已经退出，不再获得支持。

但是，也许是为了照顾那些已经在老版本公式编辑器中输入了很多公式的用户，在Office大多数的高版本中双击"老公式"还能打开旧的公式编辑器，并且会给出一个升级提示，但编辑后的公式字体却变"坏"了，而且Office在2018年1月的一次公共更新中删除了旧的公式编辑器。所以，如果要保证录入的公式可以顺利转换，应该使用Office新的内置公式编辑器来建立公式。Office 2019及Microsoft 365提供了将旧的MEE公式转换为新格式的转换器。

Office新的内置公式编辑器使用的是Office标记语言（OMML），并且将公式统一为内容控件中的格式文本。

10.7.1 公式编辑器

建立公式只需将光标停留在需要插入公式的位置上，单击"插入"选项卡—"符号"组—"公式"按钮，即会插入一个内容控件形式的编辑框，同时在功能区打开"公式工具—设计"选项卡。如图10-26所示。

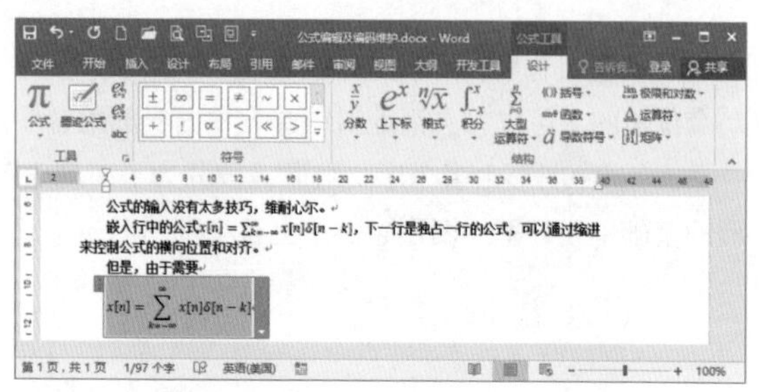

图10-26 "公式工具—设计"选项卡

（1）插入公式的快捷键为“Alt + =”，即按下Alt键再按等号键“=”即可。

（2）在公式编辑框中可以输入字符，如a、b、c、x、y等。符号如“+”“–”“（”“）”“［”等，一般为半角符号。如需输入特殊符号，例如“∞”或者希腊字母等，可以在“公式工具—设计”选项卡—“符号”组的符号下拉列表中进行选择。

（3）单击符号列表框的“其他”按钮，可以打开完整的符号下拉列表。可以看到，符号被分为了“基础数学”“希腊字母”等八大类。可以通过符号类别的下拉按钮打开不同类别的符号列表，然后从中选择需要的符号。如图10–27所示。

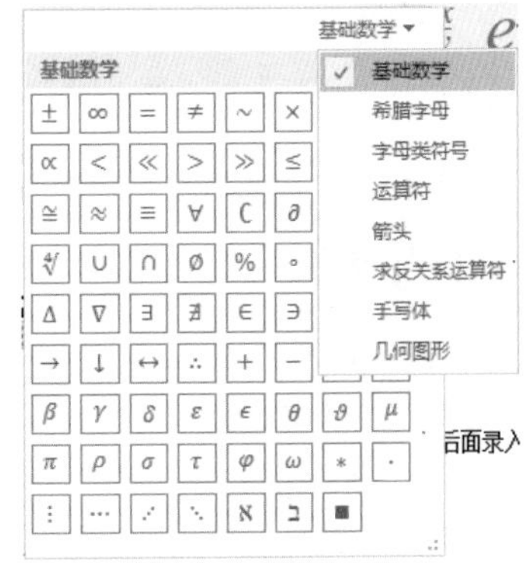

图10–27　公式符号分类列表

（4）单击公式内容控件右侧的下拉按钮，可以选择OMML格式的公式类型和显示方式：

- 公式类型分为“专业性”和“线性”两类，线性公式较少被使用。
- 公式的显示方式有“内嵌”和“显示”两种。“内嵌”方式就是将公式内嵌到文本的一行当中，将其作为一行的内容来处理。由于OMML公式被放置到了一个文本内容控件之中，所以“内嵌”显示时会将公式中的所有字符挤压到一行之中。而在“显示”方式下，公式会独占一行。如图10–28所示。同一个公式内嵌于文本时与文本同行，而改为“显示”格式后将独占一行。

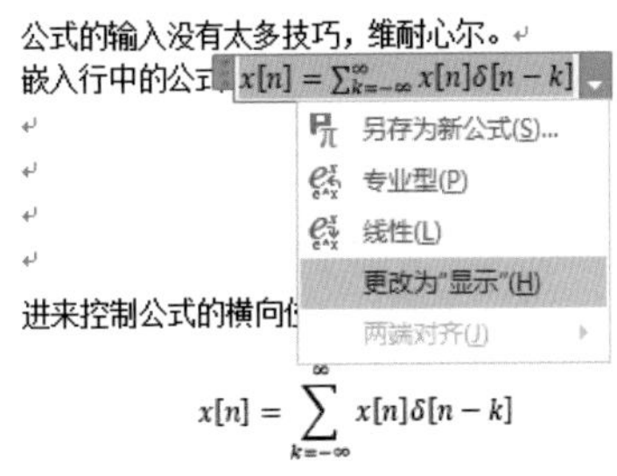

图10–28　“内嵌”公式与“显示”公式

（5）由于OMML格式的公式在“显示”格式独占一行，整行也被内容控件所占据，在公式录入完成之后，如果再键入一个空格键，公式将立即自动转换为“内嵌”格式，导致在“显示”格式下无法在公式后面录入公式编号。这实际上是录入公式的技巧问题。

10.7.2　公式编号题注与交叉引用的方案

1. 公式后面添加空格的技巧

如果要对公式进行编号，则需要在被录入的公式字符后添加空格。但是，如果直接键入空格键，则公式将转为“嵌入”格式。我们可以通过快捷组合键“Ctrl+Shift+Space”，即同时按住Ctrl和Shift键，再键入空格键，这样即可在公式字符后面加入空格。或者键入#后再键入编号，然后回车。

这里，直接录入一个常见的一元二次方程的解的公式，然后进行手工编号如下：

$$x=\frac{-b\pm\sqrt{b^2-4ac}}{2a} \qquad (1)$$

2. 公式编号的自动维护

对于有很多公式的大型文档，例如学术或学位论文，公式一般需要包含章节号。因此，手工维护公式编号将变得非常麻烦，特别是如果调整了章节就要重新进行公式编号的维护。

Word提供的编号自动维护体系即“题注”和“交叉引用”功能，也可以用于公式编号的维护。建立能够自动更新维护的“题注”和“交叉引用”的公式编号的两个方法为表格容器法和文本框法。

鉴于篇幅关系，我们在此只介绍其一。另一个方法在本书的实例文件中有所说明和展示，感兴趣的读者可以自行下载阅读。

仍以上文的一元二次方程的解的公式为例进行说明。方程（10–1）即采用这种方法建立公式、实现了添加“题注”的功能并进行“交叉引用”。

$$x = \frac{-b \pm \sqrt{b^2 - 4ac}}{2a} \qquad (10\text{–}1)$$

操作步骤

【Step 1】 在文档需要放置公式的行中插入一个两列的表格，将表格的左端边线调整至公式的缩进位置上，然后将表格右侧单元格的左侧边缘位置调整至公式的编码位置上。最后将表格文本的对齐方式调整为“垂直居中”。

【Step 2】 在表格的第一个单元格中插入公式。

【Step 3】 将光标停留在表格的第二个单元格中。

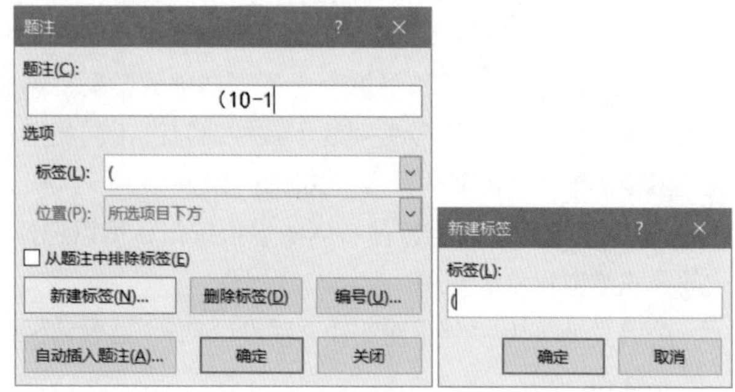

图10–29 “题注”对话框与“新建标签”对话框

【Step 4】 单击“引用”选项卡—“题注”组—“插入题注”按钮，弹出“题注”对话框，如图10–29左图所示。

【Step 5】 在对话框中点击“新建标签”按钮。然后，在“新建标签”对话框中输入半角的左括号“（”，单击“确定”按钮后返回“题注”对话框。如图10–29右图所示。

【Step 6】 再单击“题注”对话框的“编号”按钮，弹出“题注编号”对话框，在“题注编号”对话框中勾选“包含章节号”选项并确认分隔符，如图10–30左图所示。单击“确定”按钮后返回“题注”对话框。此时，题注编号如图10–29左图所示。单击“确定”按钮，则会在表格外插入题注编号。这时只需将生成的题注拖放到表格的第二个单元格中，然后给题注加上右括号即可。

【Step 7】 将光标停留在文本中需要引用该公式的位置上，单击“引用”选项卡—“题注”组—“交叉引用”按钮，弹出“交叉引用”对话框。在“引用类型”中选中“（”，然后单击“插入”按钮后再关闭对话框。

【Step 8】 最后，选中表格，并将表格边框设为“无框线”。

另外，在一个文档中建立的题注括号标签“（”在其他文档也可使用。

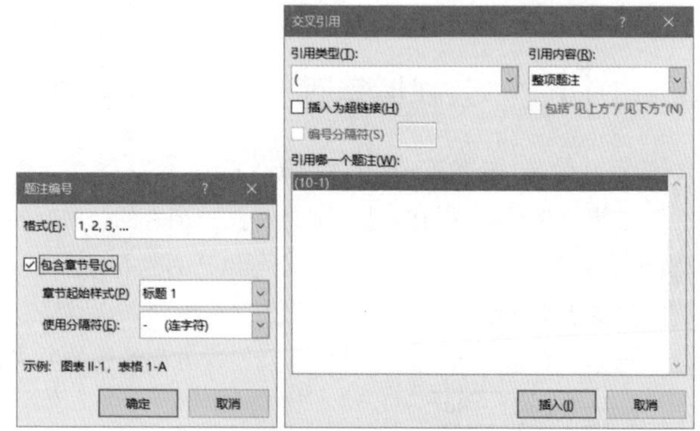

图10–30 “题注编号”对话框与“交叉引用”对话框

10.7.3 公式库及另存为新公式

单击公式右侧的下拉按钮后，下拉菜单的第一项“另存为新公式”选项可以将正在编辑的公式作为新的构建基块存入构建基块库（公式库）中。如图10–31所示。保存后的公式在“插入”选项卡的“符号”组的“公式”按钮的下拉列表中可以直接选用。

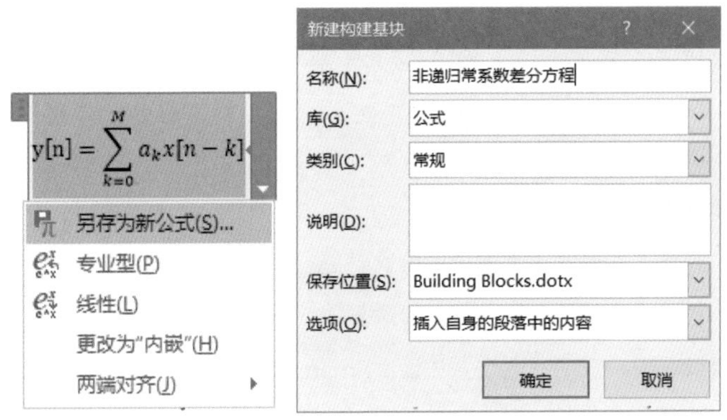

图10-31　将公式保存到构建基块库（公式库）

10.8 关于Word文档中的图表与图片的说明

图表（Chart）是说明一组数据的趋势或者数据关系的经过组织的图形。图表是数据可视化的有力工具，在Word文档和PowerPoint演示文稿中都有广泛的应用。

从最初的版本开始，Office中的图表就与Excel表格中的数据紧密关联，即在任何文档中建立的图表，数据都来源于某个Excel工作表中的数据表。如果需要调整图表的数据趋势、对比等关系，必须通过对Excel中的原始数据的修改来完成。所以，图表和Excel是紧密结合在一起的。

Word文档和PowerPoint演示文稿中的图表则是将作为图表基础的工作表嵌入文档之中形成的。Word文档和PowerPoint演示文稿中的图表与Excel表格中的设置模式完全相同。并且，我们可以将在Excel表格中建立的图表通过“复制—粘贴”的方式粘贴到所需要的文档中，而图表的数据仍然关联到Excel表格中的原数据上。因此，出于篇幅的考虑，我们将对图表生成、设置方法的讨论放在Excel表格的讲解部分中。

图片（图像）是展示信息、活跃文档界面的另一种生动的素材，在Word文档和PowerPoint演示文稿中被广泛地应用。如果需要，甚至可以插入到Excel工作表中。总体而言，图片在PowerPoint演示文稿中的使用最为广泛，并与幻灯片的整体布局和色彩配置的关系密切。而Office各个组件对图片设置的方法是完全相同的。因此，同样考虑到篇幅的关系，我们将对图片设置的讨论放在了PowerPoint演示文稿的讲解部分中。

10.9 高效处理文档中各式表格、形状的建议

- 除非是公文、学术论文等格式有限制的文档，在其他的文档中尽量使用合适的表格样式，这能使你的表格更美观、易读。
- 表格标题行应该稍微突出一点，因此可以设置字体加粗、底纹、间隔等，方法多样。
- 表格内容的对齐、缩进可以让表格看起来更美观，行高较大时一般不设置垂直靠上对齐，因为这会把文字“吊在空中”。
- 表格与文本的转换能够解决很多问题。例如合并某些内容、自动生成编号等。

- 即使是Word中的表格也能进行简单的计算，但最好还是把复杂计算、数据关联管理、分析等工作交给Excel。
- 表格对于信息内容的组织工作有“奇效”。
- “形状”的形状是可以编辑的。
- 形状的环绕、对齐方式以及在文本中的位置，由文档的整体布局风格而定。
- 文本框也是一种形状，而任何形状都可以添加文字。
- 如果想要设置概念型示意图，建议首先试试SmartArt图形。
- 形状不仅可以用于表达，还可以用于衬托、吸引注意。

第 11 章 邮件合并高级应用

在实际工作中，有时需要根据一定的名册来制作和打印有针对性称谓的文档、标签。作为规范管理的重要部分，这些名册一般存放于机构的客户关系管理系统（CRM）之中。如果有开发能力，在信息管理系统中开发标签的打印是必要的。

但是，对于某些如请柬、通知单等类型的临时文档，一般借助Word来完成。因为在Word中，文档本身可以设置成千变万化的主文档，再利用数据源中的姓名、称谓等信息，可以自动为每一位接受请柬、通知单的人员分别生成合适的邮件或信封、标签文档。

11.1 邮件合并的两种途径

实现邮件合并的方法有两种：（1）选项卡分步操作；（2）邮件合并分步向导。接下来，我们将结合实例对此进行介绍。

11.1.1 分步操作

通过分步操作实现邮件合并在总体上可以分为两个步骤：（1）选取数据源；（2）插入动态数据。分步操作实际上是在主文档和数据源都已形成后，只需合并生成邮件的操作。

1. 选取数据源

（1）使用现有列表："使用现有列表"选项支持的数据源多种多样，既可以是Access数据库，还可以是Excel表格、Word文档。而对于Word文档，既可以是一个列表，也可以是一个表格，但列表或表格的第一行都应该是类似于"字段名"（如"姓名""性别""单位""电话"等）这样的标题。

操作步骤

【Step 1】 按一定的格式编辑模板文档，例如某种邀请函。

【Step 2】 单击"邮件"选项卡—"开始邮件合并"组—"选择收件人"按钮—"使用现有列表"选项，弹出"选取数据源"窗口，如图11-1所示。

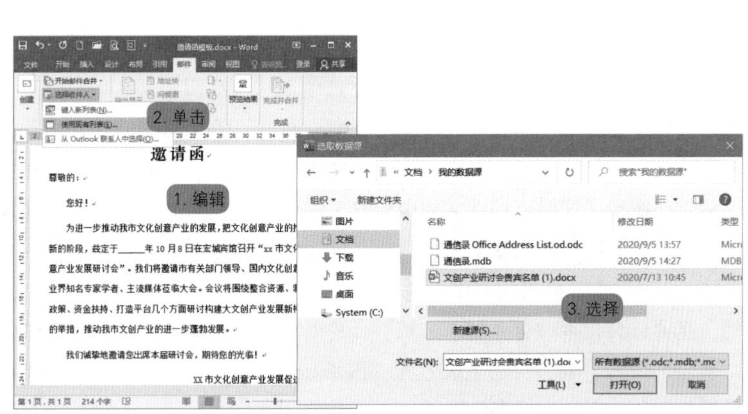

图11-1 邮件合并—选择收件人

【Step 3】 在“选取数据源”窗口中找到相应的数据源，例如一个Access数据库、Excel工作簿或Word文档，双击打开。对于Excel工作簿，Office还会询问将要打开哪一个工作表，进一步选择合适的工作表即可。由此，就获得了动态数据的来源。

（2）键入新列表：选择“键入新列表”选项后，会打开一个“新建地址列表”对话框，按地址列表的格式生成一个列表后，操作者在其中键入收件人信息，然后单击对话框的“确定”按钮，即会将新键入的列表保存到由操作者命名的Access数据库（.mdb）中，以后还可以通过“使用现有列表”选项打开。

（3）当然，也可以从Outlook联系人中选择。

在选择了动态数据源后，实际上包含姓名、地址列表的数据源文档已经被打开并与邀请函模板文档形成了链接。即使此时关闭了模板文档，在再次打开时，仍会提示同时打开所链接的数据源文档。而只有打开了适当的数据源后，“邮件”选项卡的“编写和插入域”功能组中的各种功能才会变得可用。

2. 插入动态数据

上文【Step 1】编辑的文档成为了一个可以放置动态数据的模板，我们只需将动态数据放置到合适的位置上，并调整好字体、字号即可。

操作步骤

【Step 1】 在模板文档中将光标停留在将放置动态数据的位置上，例如姓名位置。单击“邮件”选项卡—“编写和插入域”组—“插入合并域”按钮，弹出“插入合并域”对话框。这时，数据源中标题栏的名称已经变成了可以选择的域。然后，选择合适的域，例如姓名，单击“插入”按钮，如图11-2左图所示。这时，模板文档光标的所在位置就会出现一个“《姓名》”域（按“Shift+F9”键可以看到域代码为“{ MERGEFIELD 姓名 }”）。

图11-2 插入合并域，根据规则添加称谓

【Step 2】 如果需要基于动态数据添加不同的称谓，例如，性别为男则添加“先生”称谓，否则添加“女士”称谓，则单击“邮件”选项卡—“编写和插入域”组—“规则”按钮弹出规则选项列表。选择“如果……那么……否则”规则，弹出“插入Word域：如果”窗口。如图11-2右图所示。

【Step 3】 在“插入Word域：如果”窗口中进行条件选择和添加文字的编辑设置，然后单击“确定”按钮。这时，即在文档中建立了一个基于收件人列表域的条件规则，而Word也会在生成合并文件时，根据所选数据逐条进行判断，自动填写不同的文字。

【Step 4】 单击“邮件”选项卡—“完成”组—“完成并合并”按钮，然后选择“编辑单个文档”选项，会提示“合并到新文档”。这时，可以选择数据源中的全部记录或某几条记录，然后单击“确定”按钮，则会自动生成名为“信函1.docx”的新文档。其中，Word将以原文件为模板，以动态数据为变动数据，生成多份信函。

温馨提示

若在模板文档中添加了姓名、称谓等动态域后，字体受到域的影响而效果不够理想，可以选择包含姓名、称谓的行，然后整体设置合适的字体即可。

11.1.2　邮件合并分步向导（以成绩单与通知为例）

分步向导操作方式，是一边建立（编辑调整）主文档，一边将包含多个动态域的数据源数据填入主文档，最后根据这些动态域自动生成合并邮件的过程。

典型的应用类型为学生成绩单和通知文档，其中，学生考试成绩一般都被放在一个Excel工作簿中，例如“学生成绩表.xlsx”。现在要将学生姓名、学号和各科成绩等数据合并到成绩单与通知文档中，并且分别为每一位学生家长生成成绩单和通知。这里，我们使用邮件合并的第二种方法“邮件合并分步向导”，如图11–3所示。

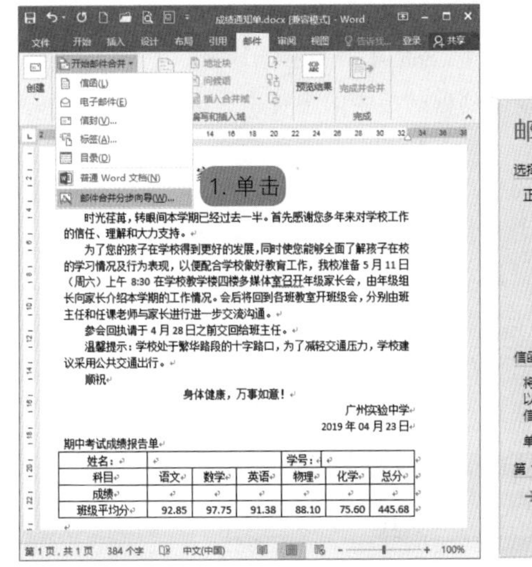

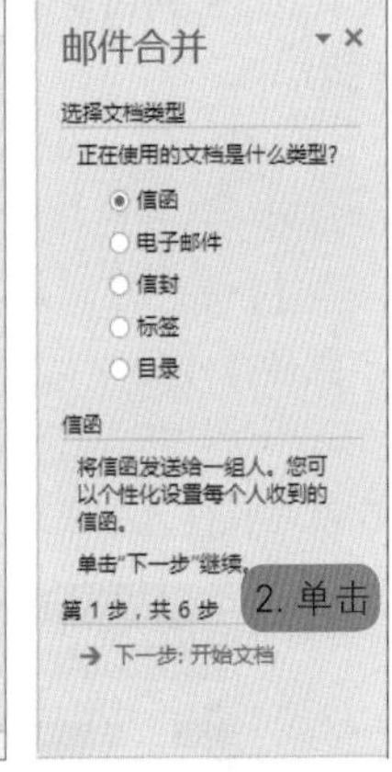

图11–3　邮件合并分步向导

操作步骤

【Step 1】　将光标置于文本“尊敬的”和“学生家长”之间，单击“邮件”选项卡—“开始邮件合并”组—“开始邮件合并”下拉按钮，在下拉列表中选择“邮件合并分步向导”命令，启动“邮件合并”任务窗格。

【Step 2】　首先，保持默认设置，文档类型缺省为“信函”，单击“下一步：开始文档”超链接。然后，保持默认设置，单击“下一步：选择收件人”超链接。

【Step 3】　在“选择收件人”中保持选中“使用现有列表”选项，单击“浏览”超链接，启动“选取数据源”对话框，然后利用对话框找到“学生成绩表.xlsx”，单击“打开”按钮，弹出“选择表格”对话框，选中工作表“初三一班期中成绩”，再单击“确定”按钮，弹出“邮件合并收件人”对话框，保持默认设置，再单击“确定”按钮即可。如图11–4所示。此时，数据源已经被链接到原文档中，“邮件”选项卡的“编写和插入域”组中的“地址块”“问候语”“插入合并域”等都变得可操作。但我们还是在“邮件合并”浮动窗格中进行下一步操作。

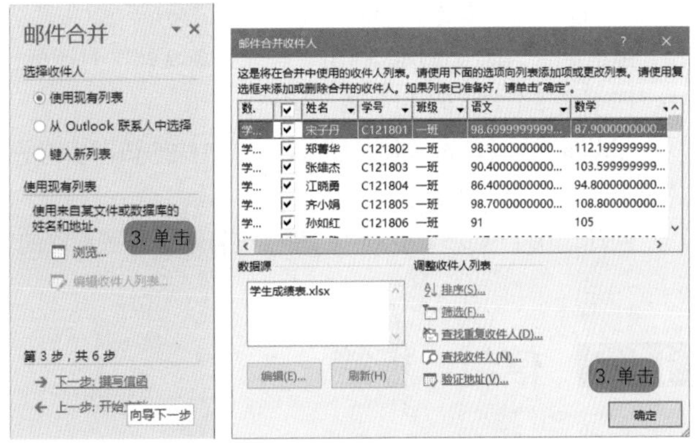

图11–4　邮件合并—选择收件人

【Step 4】　返回Word文档后，单

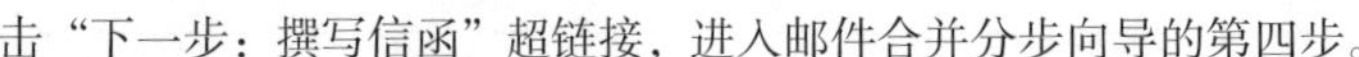

击“下一步：撰写信函”超链接，进入邮件合并分步向导的第四步。

（1）在“撰写信函”区域中选择“其他项目”超链接，弹出“插入合并域”对话框，在“域”列表框中选择“姓名”域，单击“插入”按钮，则文档中出现“《姓名》”域，单击“关闭”按钮。

（2）将光标置于“期中考试成绩报告单”表格中与“姓名”对应的单元格上，单击右侧的“其他项目”，弹出“插入合并域”对话框，在“域”列表框中选择“姓名”，单击“插入”按钮，则表格中出现“《姓名》”域，单击“关闭”按钮。

（3）按照同样的方法，将光标置于与“学号”及各科成绩相应的插入域的单元格中，然后插入合并域。

（4）选中“语文”域名，单击鼠标右键，在弹出的快捷菜单中选择“切换域代码”。此时域名位置切换为域代码形式，将域代码修改为“{MERGEFIELD"语文"\#"0.00"}”（注意：此处是在英文格式下输入的），复制更新域时需录入字符串“\#"0.00"”，然后右击鼠标，在弹出的快捷菜单中选择“更新域”选项或使用快捷键“Shift+F9”切换为域名形式，即可设置“语文”成绩值保留两位小数。

（5）利用复制到剪贴板中的字符串“\#"0.00"”，按照同样的方法设置其余各个域名中的域代码。

（6）用Excel打开工作簿“学生成绩表.xlsx”（只读状态），将工作表“初三一班期中成绩”中的最后一行平均分复制到表格与之相应的最后一行单元格中。

【Step 5】 单击“邮件”选项卡的“开始邮件合并”组中的“编辑收件人列表”按钮，弹出“邮件合并收件人”对话框，取消全选复选框。单击“筛选”超链接，弹出“筛选和排序”对话框，在其中对“班级”域按“等于”关系筛选“一班”。然后，在两个对话框中均单击“确定”按钮。这样就对收件人列表进行了筛选，可以生成“一班”的成绩单了。如图11-5所示。

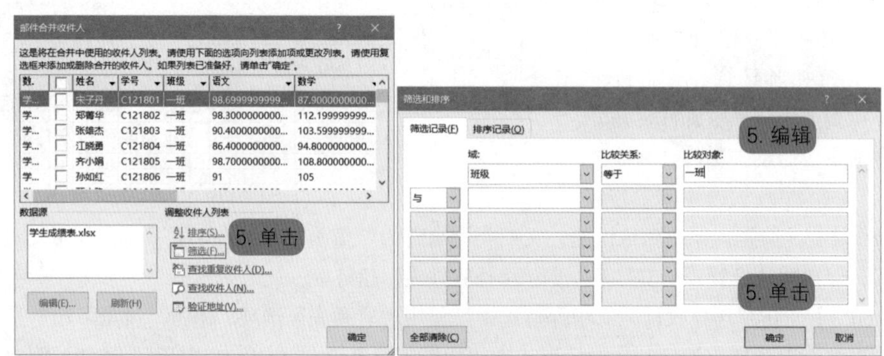

图11-5 邮件合并收件人筛选

【Step 6】 单击“邮件”选项卡的“完成”组中的“完成并合并”下拉按钮，在下拉列表中选择“编辑单个信函”选项，弹出“合并到新文档”对话框，默认选中“全部”，然后单击“确定”按钮，即生成一个23页的“信函1”文档。

【Step 7】 单击“信函1”文档窗口快速访问工具栏中的“保存”按钮，将文件命名并保存为“家长通知单（一班）”即可。

同理，在【Step 5】中对“二班”进行筛选，按相同的步骤即可获得二班的通知单。

11.2 信封、标签

信封和标签是具有一定格式的特殊的邮件。因此，生成信封和标签的方式与邮件合并类似。下

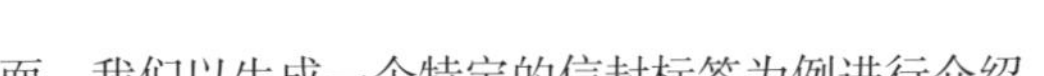

面，我们以生成一个特定的信封标签为例进行介绍。

（1）新建一个空白的Word文档，单击快速访问工具栏中的“保存”按钮，将文档以“信封标签.docx”的文件名保存到特定文件夹下。

（2）在新文档中单击“邮件”选项卡的“开始邮件合并”组中的“开始邮件合并”按钮，在下拉列表中选择“标签”选项。弹出“标签选项”对话框，在对话框中单击“新建标签”按钮，然后弹出“标签详情”对话框，在对话框中将“标签名称”设为“地址”，将“上边距”设为“0.7厘米”，“侧边距”设为“2厘米”，“标签高度”设为“4.6厘米”，“标签宽度”设为“13厘米”，“标签列数”设为“1”，“标签行数”设为“5”（即每页5个标签），“纵向跨度”设为“5.8厘米”（标签高度4.6厘米+间隔1.2厘米），在“页面大小”下拉列表中选择“A4（21×29.7cm）”。如图11-6所示。

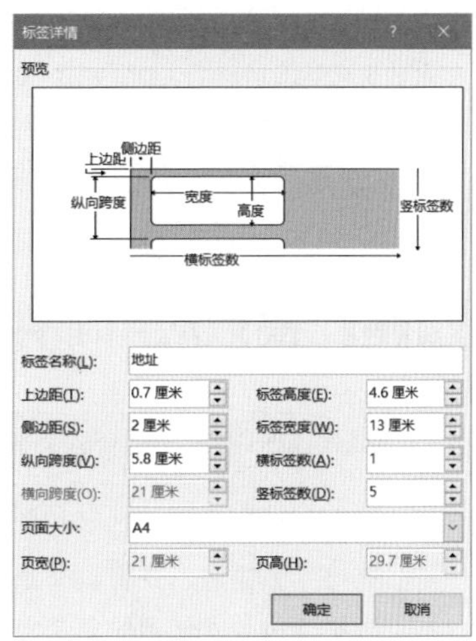

图11-6　邮件合并—标签选项设置

然后，单击“确定”按钮，关闭所有对话框。

（3）单击“表格工具—布局”选项卡的“表”功能组中的“查看网格线”按钮，文档页面中即出现标签的网格虚线；将光标置于文档的第一个标签中，输入“邮政编码：”。

再单击“邮件”选项卡—“开始邮件合并”组—“选择收件人”按钮，在下拉列表中选择“使用现有列表”，弹出“选取数据源”对话框，浏览并选取已经整理好的“客户通讯录.xlsx”文件，单击“打开”按钮，弹出“选择表格”对话框，选中“通讯录$”，单击“确定”按钮；单击“编写和插入域”组中的“插入合并域”按钮，在下拉列表中选择“邮编”选项。

在下一段落中输入“收件人地址：”，然后，将光标定位在文本右侧，单击“编写和插入域”功能组中的“插入合并域”按钮，在下拉列表中选择“通讯地址”选项。

按照相同的方法，在下一个段落中输入“收件人：”，然后插入“姓名”域。

（4）在“姓名”域之后，单击“邮件”选项卡—“编写和插入域”组—“规则”按钮，在下拉列表中选择“如果……那么……否则”，弹出“插入Word域：如果”对话框，在“域名”下拉列表中选择“性别”，在“比较条件”下拉列表中选择“等于”，在“比较对象”输入“男”，在“则插入此文字”中输入“先生”，在“否则插入此文字”中输入“女士”，然后，单击“确定”按钮。如11.1.1小节中的图11-2右图所示。

（5）适当调整标签中各段落的格式。例如，将行间距均调整为1.5倍行距，还可在适当位置添加发件人信息。

（6）单击“邮件”选项卡—“编写和插入域”组—“更新标签”按钮，文档中5个标签均生成统一内容。如图11-7所示，图中仅展示了两个标签。

（7）如果需要筛选部分收件人，例如，按区域生成信封标签，则单击“邮件”选项卡—“开始邮件合并”组—“编辑收件人列表”按钮，弹出“邮件合并收件人”对话框，单击下方的“筛选”超链接，弹出“筛选和排序”对话框，然后

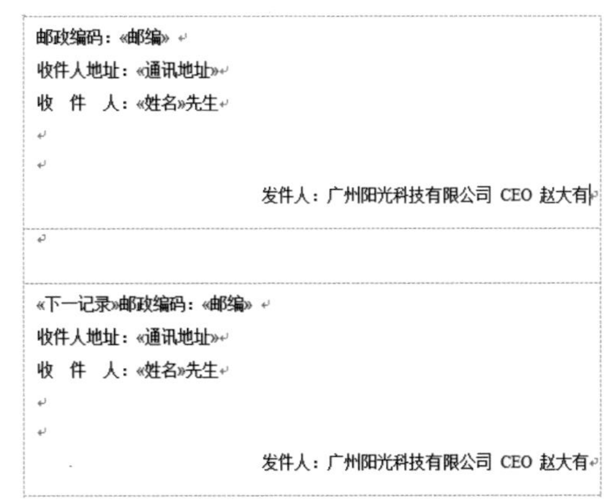

图11-7　配置好的信封标签格式

按通信地址进行筛选即可。

（8）单击“邮件”选项卡—“完成”组—“完成并合并”按钮，在弹出的下拉列表中选择“编辑单个文档”命令，弹出“合并到新文档”对话框后，直接单击“确定”按钮即可。

（9）最后将新生成的文档保存为“标签.docx”，然后保存“信封标签.docx”主文档。

11.3 高效应用邮件合并的建议

- Word可以连接使用其他的数据源，这是制作可供分发的邮件文档或制作信封、标签的基础。
- 邮件合并首先要编辑配置好主文档的内容和格式，再清理数据源的数据。然后，在主文档中连接到数据源，并将数据源中的数据域（字段）放到相应位置。完成以上两步后，Word就可以生成供分发使用的多个文档了。
- Word可以根据数据源的数据项，进行判断、筛选，并形成不同的输出。
- 信封与标签的设计实际上是根据打印页面的大小合理设置信封标签的格式，保证在一页上打印多个信封标签。

第 12 章 视图与审阅

视图（View）即编辑操作窗口，是与文档显示、操作相关的布局模式。Word提供了五种视图：

（1）页面视图：按照“所见即所得”的方式提供的编辑模式，是缺省的文档编辑、操作视图，该视图最接近打印效果。

（2）阅读视图：以类似电子书（eBook）的模式来显示文档，可以调整显示比例、布局，并进行导航搜索，但不能编辑文档。

（3）Web版式视图：按网页的形式显示文档，但不显示页眉、页脚和页码等信息，其中目录被设置为链接并进行跳转处理。

（4）大纲视图：按文档结构模式展示、操作文档，方便进行文档段落的整体调整。

（5）草稿视图：不显示图片、页眉、页脚等信息，方便进行草稿编辑。

Word的审阅（Review）功能是对文档进行校对、批注、修订、更改等后期修改工作的支持，能够提供完善的审批意见追踪过程、修订处理等服务。

12.1 视图操作要点

1. 视图切换

Word的默认视图为页面视图。切换视图的方法非常简单，只需单击“视图”选项卡，在左侧“视图”组中单击所需要的视图按钮即可。例如单击“阅读视图”“大纲视图”等按钮，就会自动切换到相应的视图状态。如图12-1所示。

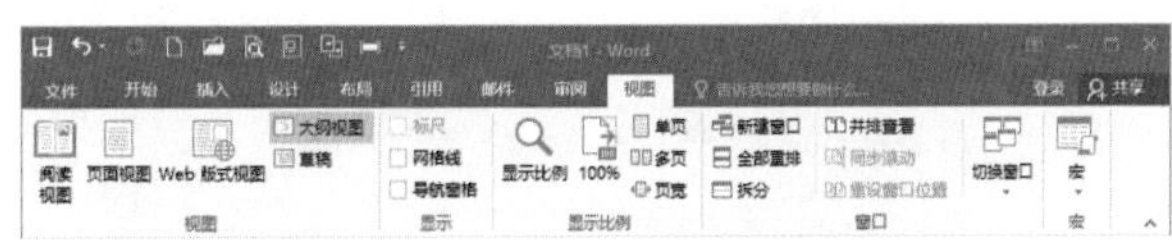

图12-1 “视图”选项卡及视图切换

更方便的方法是单击Word窗口右下角状态栏中“缩放”滑块旁边的视图按钮，可以在“阅读视图”“页面视图”和“Web版式视图”之间直接进行切换。

温馨提示

Word、Excel和PowerPoint都在状态栏的这个位置放置了视图切换按钮。而且，状态栏是可以自定义的，在状态栏上单击鼠标右键即可对其进行设置。

2. 显示、显示比例与窗口

在页面视图下进行文档编辑时，经常需要调整显示状态，这些操作都可以在“视图”选项卡中完成。

（1）标尺：在“视图”选项卡—“显示”组中，勾选“标尺”选项，在编辑区域的顶端（即功能区下侧）和左侧都会出现标尺。标尺虽然占用了少许空间（纵向标尺占用了一行），但标尺明确显示了页面宽度（字符数）和段落缩进，所以经常会被使用。

（2）网格线：选中多选项“网格线”后，页面会根据纸张大小和每页行数等页面设置参数，显示出一个浅灰色的网格线。这些网格线是为了在编辑时实现操作对象对齐等目的而设计的，在打印时不会被打印。

（3）导航窗格：选中多选项“导航窗格”后，在编辑窗口左侧会出现“导航”浮动窗格（缺省为停靠状态）。在导航窗格的“标题”模式下，窗格以树形结构显示了整个文档的标题，这是在文档章节之间实现跳转的最方便的设计，对于编写大型文档非常有用。并且，我们可以在导航窗格中通过单击鼠标右键或拖拉的方式调整文档结构。此外，同样也可以通过状态栏打开导航窗格，单击左下角的“第n页，共N页”位置，即可打开导航窗格。当然，按快捷组合键“Ctrl+F”（查找），也可快速打开导航窗格。

（4）显示比例：改变视图比例最快捷的方法是拖拉右下角状态栏中的“缩放滑块”，或者在滑块两侧直接单击鼠标，也可以单击滑块两端的减号（－）或加号（＋）按钮来改变显示的缩放数值。

（5）单页、多页和页宽：选择“单页”时，Word根据窗口大小和页面设置参数计算出在当前分辨率下整个页面应显示的比例，并按此比例进行显示；选择“多页”时，Word根据窗口宽度和页面设置参数计算出在当前分辨率下能尽可能多地放入页面的比例，并按此比例显示多个页面，在手动减小显示比例时，显示的页数则会更多；选择“页宽”时，Word以窗格宽度为依据获得显示比例并进行显示。在实际应用中，为了观察整体效果，经常选用“多页”。

（6）新建窗口：单击“视图”选项卡—“窗口”组—“新建窗口”按钮，可以为当前编辑的文档再打开一个新窗口进行显示，原窗口的标题改为“××.docx:1 - Word”，而新建窗口的标题为“××.docx:2 - Word”（“××”为文件名），如图12-2所示。如果需要，可以再次新建窗口以显示或操作当前文档。这种情况下，每个窗口相互独立，但所操作的文档是同一个文档，在任意一个窗口中对文档的修改同样有效。

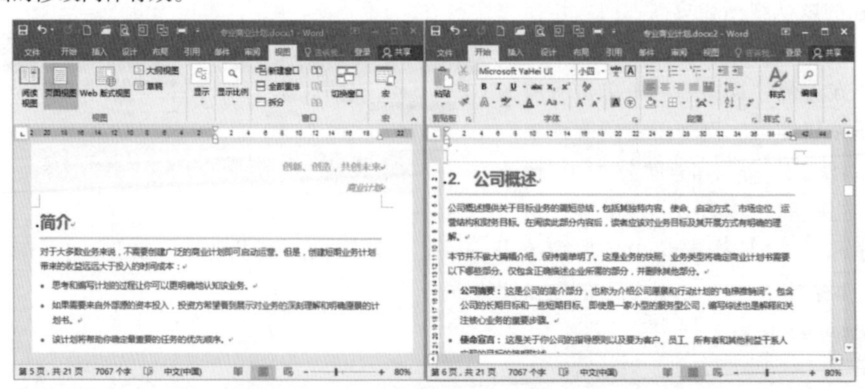

图12-2　视图—新建窗口，同一文件的多窗口操作

（7）全部重排：如果单击“视图”选项卡—“窗口”组—“全部重排”按钮，会将所有打开的Word窗口按每个窗口均可见的方式重新排列。

（8）拆分：将编辑窗口切分为上、下两部分，可以在两个窗口中分别滚动、编辑、查看文档。

12.2 大纲视图

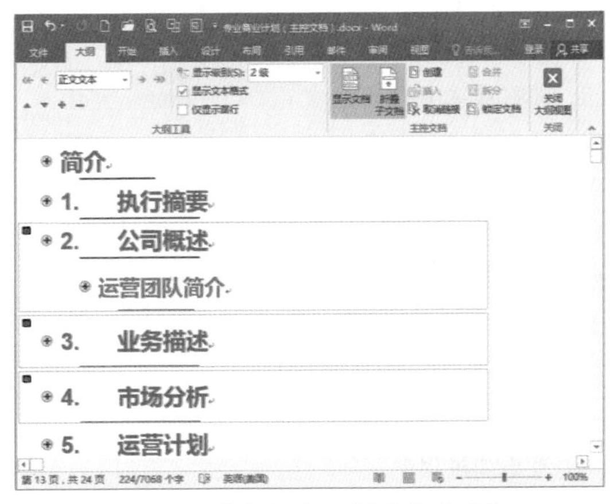

图12-3　大纲视图及“大纲”选项卡

大纲视图即按大纲的形式打开文档，显示标题、正文文本及子文档内容和标记，不显示图片和图形，同时打开“大纲”选项卡。如图12-3所示。在大纲视图下可以方便地调整文档结构，完成子文档的汇集。

12.2.1　结构调整与排序

切换到大纲视图后，通过拖放段落或在“大纲”选项卡中进行操作，可以直观地调整文档结构。再结合段落排序功能，可以对文档内容进行排序。

（1）在大纲视图下，每一个标题前都会出现符号（带圈的加号），单击此符号，则选中了标题及其下的所有内容。与在页面视图下的操作相同，通过拖放操作，可以把选中的内容拖放到任何位置上。

（2）“大纲工具”组有几个功能非常方便，介绍如下：

- 显示级别：单击选择框或下拉按钮，出现下拉标题级别列表，缺省设置为“所有级别”。选择合适的级别后，编辑窗口中的文档就只显示到所选的级别，下一级别的内容将被折叠。
- 升级、降级：光标停留段落的级别被显示在“大纲工具”组左上端的选择框中，通过单击选择框或下拉按钮，可以自由调整段落级别。或者单击两侧的箭头，进行“提升至标题1”“升级”“降级”或者“降级为正文”等设置。
- 移动、展开和折叠：在段落级别显示（选择）框下，单击向上/向下箭头可以将当前级别（或选中段落）的所有内容上移/下移一个单元。单击旁边的加号（＋）或减号（—）则展开/折叠光标所在标题的内容。

（3）选中多个标题或段落后，单击“开始”选项卡的“段落”组中的“排序”按钮，可以对这些段落进行排序。对于按姓名笔画或拼音字母顺序排列人物介绍的操作，此处介绍的方法十分方便，具体说明参见6.3章节。

12.2.2　用主控文档管理分工写作

大型文档需要通过多人分工协作来完成。例如，一个商业计划书可能需要多人来完成：文档的主体部分（主控文档）由一人完成，而公司概况、业务描述、市场分析分别由其他人完成。这时，大家只需分别去撰写各自的章节，然后在写完后交给主控文档操作者，再由其将这些子文档添加进来即可。具体做法如下：

操作步骤

【Step 1】　各自按照相同的段落级别撰写子文档。然后，打开主控文档，切换到大纲视图。将光标停留在需要添加子文档的位置上，单击“大纲”选项卡—“主控文档”组—“插入”按钮，弹出“插入子文档”对话框。

【Step 2】 在“插入子文档”对话框中选择合适的文档，单击“打开”按钮，即将被选中的子文档插入到主控文档中。如图12-4所示。

【Step 3】 按照上述步骤，分别将其他子文档添加到主控文档中。

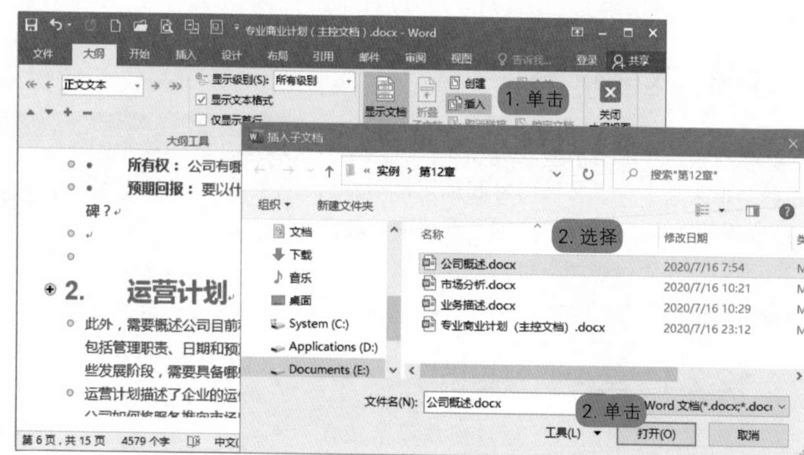

图12-4 在主控文档中添加子文档

说明：

- 在添加过程中，Word会提示“子文档的模板与主控文档不同，子文档会使用主控文档的模板”，单击“确定”按钮后，还会提示“子文档中的样式在主控文档中存在，是否重命名子文档的样式”，单击“全是”按钮即可。
- 子文档被添加到主控文档后的形式是完全展开的，只需在“显示级别”选项中选择合适的级别，例如“2级”，即可看到文档相应级别的结构，如图12-3所示。
- 在大纲视图上，子文档分别被浅灰线框起来，并在标题前面显示了一个子文档标记。当切换到其他视图时将不会看到这个线框，也看不到子文档标记。
- 添加新的一级标题段落后，主控文档的一级标题序号会自然顺移，但主控文档的节管理模式工作正常。
- 在大纲视图或其他视图下编辑子文档中的内容，所有的改变将显示在子文档当中。

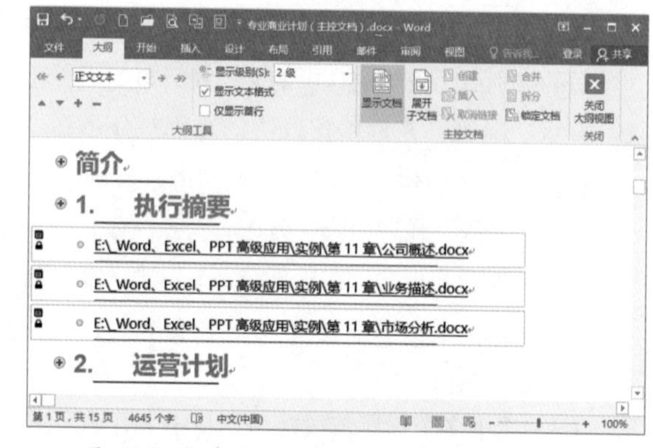

图12-5 折叠子文档后显示子文档位置及文件名

- 单击“折叠子文档”按钮时，将显示子文档的文件位置和文件名，如图12-5所示。

上述设置的动态效果，可参见本书提供的视频演示。

12.3 宏的录制与运用

宏（Macro）指被组织到一起并作为一个独立的命令使用的一系列Word命令，即一个操作命令的批处理。因此，可以利用宏来处理某些重复性的工作。

宏经常被用于：（1）常用的文档格式设置，例如特殊的页面设置、主题配置等。（2）日常编辑和格式设置的快速处理，例如在编写本书时经常需要添加某一特定格式的“操作步骤”文字段落。（3）自动处理一系列复杂任务，例如将多个数据表组合起来。

我们以录制一个特定的“页面设置”和“主题”为例，说明如下：

操作步骤

【Step 1】 单击“视图”选项卡—“宏”组—“宏”下拉按钮，在下拉列表中选择“录制宏”，弹出“录制宏”对话框，如图12-6左图所示。

图12-6 “录制宏”对话框与“自定义键盘”对话框

【Step 2】 在“录制宏”对话框中给录制的宏录入适当的名称，如果需要定义快捷键，则单击“键盘”按钮，弹出“自定义键盘”对话框，如图12-6右图所示。

【Step 3】 将鼠标指针停留在“自定义键盘”对话框的“请按新快捷键”输入框中，按下快捷键，例如“Alt+0”（Alt键加数字0），然后单击“指定”按钮，则输入的快捷键被放到了“当前快捷键”之中。单击“关闭”按钮。

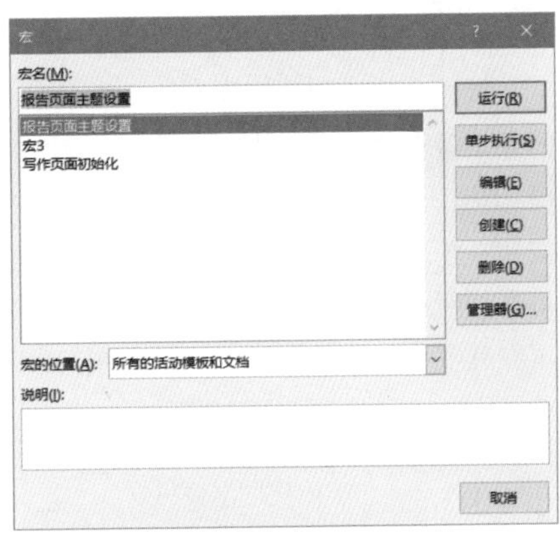

图12-7 查看宏

【Step 4】 返回到文档编辑页面，此时，鼠标指针变为了箭头加“盒式磁带”图标的组合图形，表示开始录制宏。此后的操作都会被记录到“宏”之中，直到“停止录制”。

【Step 5】 录制宏期间，按照正常操作进行相关设置。例如，单击“布局”选项卡—“页面设置”组的对话框启动器，设置合适的纸张大小、纸张方向、多页选项、页边距等，单击“确定”按钮，再单击“设计”选项卡—“文档格式”组—“主题”下拉按钮，选择合适的主题。

【Step 6】 单击“视图”选项卡—“宏”组—“宏”下拉按钮，在下拉列表中选择“停止录制”选项，则【Step 5】中的操作都被录入到一个特定的宏之中，这个宏可以通过按快捷组合键“Alt+0”运行。

说明：

- 如果不需要指定快捷键，则在【Step 2】中无须单击“键盘”按钮，可以直接单击“确定”按钮，进入【Step 4】。
- 如果需要给宏指定一个快捷按钮，则在【Step 2】中单击“录制宏”对话框的“按钮”按钮，会弹出Word选项设置对话框，在其中设置快捷按钮即可。
- 在“录制宏”对话框中，可以对录制的宏指定是在本机所有文档中使用还是在本文档中使用。

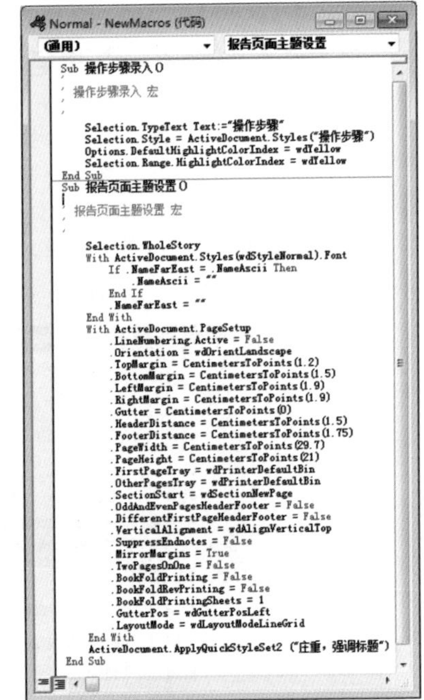

图12-8 编辑宏

- 如果需要运行没有指定快捷键（或按钮）的宏，只能单击“视图”选项卡—“宏”组—“宏”下拉按钮，在下拉列表中选择“查看宏”选项，弹出“宏”对话框，如图12-7所示。在“宏”对话框中选择合适的宏，单击“运行”按钮即可运行这个宏。单击“编辑”按钮，则打开VBA开发窗口，并将宏代码显示在适当的窗口中。例如，我们将宏录制在“Normal.dotm”模板中，宏代码窗口即为“Normal - NewMacros（代码）”。如图12-8所示。
- 可以看到，每一个宏本质上都是由一系列语句组成的VBA程序。
- 一般而言，宏仅仅是一些功能（或操作）的集成。宏的功能，都能分步实现。
- 有些宏在文档打开时就会被执行。因此，有人就利用这个特性来制造电脑病毒，也就是常说的“宏病毒”。所以，我们在日常使用中，一定不要打开来源不明的宏。

12.4 批注

批注是解决阅读者在阅读文档的过程中对文档内容产生建议或看法，而又不想直接改动原文档的操作需求的工具。批注显示在右侧边距之外，打印时会被挤进右边距之内。添加批注的方法非常简捷：（1）将光标停留在需要添加批注的位置上，单击“审阅”选项卡—“批注”组—“新建批注”按钮；（2）在文档文本上单击鼠标右键，选择右键菜单最底端的“新建批注”选项。这两种方法都可在页面右边距之外添加一个批注框，并且自动填写Office登录者或Windows登录者的姓名，操作者即可在其中填写批注内容。删除、切换以及显示批注均可在“审阅”选项卡的“批注”组中进行。相关功能简便，在此不再图示说明。

12.5 修订、更改、比较与限制编辑

12.5.1 修订、更改与比较

修订是对文档的修改，而且保留了修改痕迹以便他人再次核对确认。

打开修订界面后，Word便进入修订状态。此时，即使是正常的录入都会被处理为标记。此外，一个文档也允许多人修订。因此，如何显示修订就成了需要控制的问题。

打开修订界面只需单击“审阅”选项卡—“修订”组—“修订”按钮（或者在“修订”下拉列表中选择“修订”选项），如图12-9所示。再次单击则解除修订状态，进入正常编辑状态。

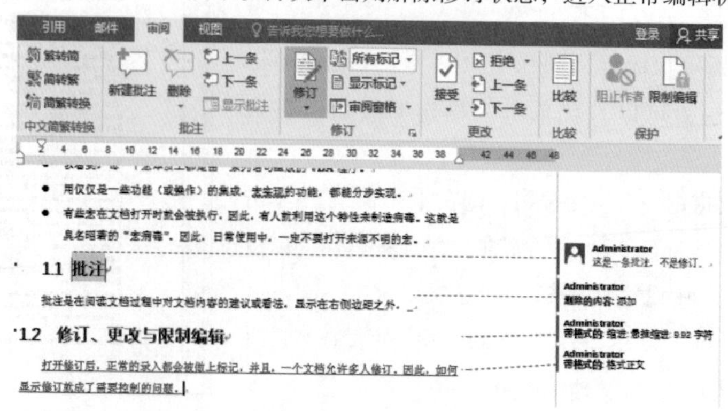

图12-9 修订文档

（1）显示选项：缺省为“简单标记”，当文档有修改时，会在左边距外显示一条紫红色的竖线；选择“所有标记”选项时，会在右边距外完整地展示修改情况，如图12–9所示；选择“无标记”选项则隐藏所有标记，但文档仍按修改后的状态显示和打印；选择“原始状态”选项即忽略所有的修改，文档按修改前的状态显示和打印。

（2）“显示标记”选项：可以选择是否显示批注、墨迹、格式调整等，或者是选择性地显示某个特定作者的修订。

（3）“审阅窗格”选项：可以打开垂直的或水平的浮动式审阅窗格。

（4）“更改”组中的“接受”“拒绝”选项：可以接受/拒绝所有修订，也可接受/拒绝当前的修订。或者，当有多个修改者时，接受/拒绝显示的修订，还可在接受/拒绝后同时关闭修订状态。

（5）“比较”组实际上有两个功能：比较与合并。比较功能用于比较两个文档，然后列出差异；合并功能将多位作者分别对文档进行修订的意见汇集到一个文档中。

12.5.2 限制编辑

文档中某些重要的信息，例如某些经济技术数据或者重要的段落，撰写人如果认为这些信息不可再被编辑，可以启用限制编辑。

启用限制编辑的方法为：单击“审阅”选项卡—“保护”组—“限制编辑”按钮，打开“限制编辑”浮动窗格。限制编辑总体上有两种情况：（1）对格式设置的保护，即不允许修改样式格式；（2）对文档内容的编辑限制，即不允许修改文档内容。对格式的保护操作非常简捷，在此不再图示说明。

对文档内容编辑的限制又分为两种情况：（1）全文限制，即整个文档不可被编辑；（2）部分例外，即被选中部分可以被编辑，而其他部分不能被编辑。

设置全文限制时，在选中“仅允许在文档中进行此类型的编辑”后，无须选择“例外项”而直接单击“3.启动强制保护”中的“是，启动强制保护”按钮，然后输入密码，即启动了对整个文档的编辑保护。

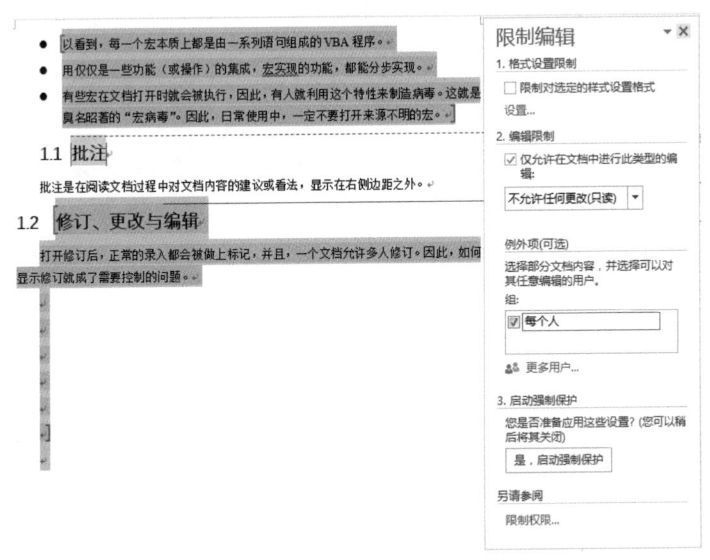

图12–10　“限制编辑”浮动窗格

设置有部分例外的限制时，被选中的部分作为“例外”可以被编辑。这里的逻辑稍微有点“转弯”，即被选中的文档部分是例外，仍可以被编辑；而没有被选中的部分则被限制保护起来，不可被编辑。

操作步骤

【Step 1】 在“限制编辑”窗格中选中“仅允许在文档中进行此类型的编辑”。

【Step 2】 勾选“例外项”中的“每个人”选项。

【Step 3】 先选中需要受保护的文档内容之前的部分，再按住Ctrl键选中需要受保护的文档内容之后的部分。

【Step 4】 单击“3.启动强制保护”中的“是，启动强制保护”按钮，然后在弹出的对话框中输入密码即可。

如图12-10所示，启动“例外项”保护后，中间的“1.1批注”及其所辖文本不能再被编辑修改，而其他部分仍可以被编辑修改。

最后要说明的是，“编辑限制”还有几种限制方式，其逻辑也有个“转弯”，即只说“仅允许在文档中进行此类型的编辑”：

- 不允许任何更改（只读）：表示被保护部分变成了只读内容。
- 修订/批注：表示这一部分的修订和批注变得不可用。
- 填写窗体：这是针对利用开发工具对文档编写了某些选择项或控件填写项内容的限制。鉴于篇幅关系，在此不展开详细的讨论。

12.6 链接OneNote笔记

从MS Office 2010专业版开始，微软就向用户正式提供了可以与Word、Excel和PowerPoint文档链接的OneNote数字笔记。近年来，随着笔记本电脑和各种手持设备的广泛使用，OneNote数字笔记越来越受到重视。

我们在利用Word编写文档、利用Excel进行数据处理与分析或者利用PowerPoint制作演示文稿的过程中，都可以将与正在编制的文档相关的想法、外围的资料文献放入个人笔记本中，以便在今后的工作中参考。

在编写任何文档的过程中，单击Word的“审阅”选项卡—“OneNote”组—“链接笔记”按钮，系统即会启动OneNote，并弹出如图12-11所示的对话框窗口；在对话框中选择合适的笔记及相应的分区、页，单击“确定”按钮，系统就建立了这个文档与OneNote数字笔记的链接，用户即可方便地在OneNote系统中整理与编写与这个文档相关的笔记。

图12-11 文档与OneNote笔记链接

以后，当再次使用这个文档时，如果需要处理相关笔记，同样单击上述按钮，系统即会自动打开已经建立链接的数字笔记。这样，用户可以利用OneNote系统把某个工作文档相关的思考、资料等内容组织起来。

当然，如果要在其他电脑上使用某个文档，并希望能够同时打开这个文档相关的OneNote笔记，则需要将相应的笔记本也迁移到其他电脑的相应OneNote笔记本中。

PowerPoint演示文稿与OneNote笔记链接的方式与Word的工作模式相似，而Excel则与OneNote笔记有更为紧密的关联方式。考虑到篇幅的关系，在后面的章节不再赘述。

MS Office

3

第三部分

Excel高级应用

很多年前，我曾与一位航道疏浚企业的总工程师聊天。他给我讲了一个故事：二十世纪八十年代末、九十年代初，他们公司负责全球第二个、中国第一个依靠填海建造的机场基础建设工程——挖沙吹填造岛。这一工程需要从周边海域耙吸挖掘大量的海沙，然后用吹填的方式填出一个可以承载机场所有设施的岛屿。这一基础建设工程显然是整个机场建设项目中最大、最重要的一个环节。总工期为6年，工程量巨大，公司投入的资源也十分庞大，而当时在工程计算、工程任务控制等方面并没有如今的这些先进的软件体系作为支撑，因此业主和公司决策层给出的要求是误差不超过50mm即可。他作为工程总指挥，仅仅依靠数十个Excel表，便完成了每日的采集工程数据、对照设计方案，并进行每日工程核算和控制的艰巨任务。最后，他们团队的最大误差没有超过20mm！我惊叹于他们的工程业务能力，也对Excel的计算和分析能力刮目相看。

实际上，无论是在国内还是在国外，Excel在企业和机构的信息化建设过程中都起到了重要的作用。而且，有时往往起到了令人意想不到的或者是某种极具意义的“填补空白”的作用。Excel的重要作用可以具体地概括为：

Excel实现了最直观的数据表格管理；

Excel具有超强的数据融合能力，能实现数据的规范处理；

Excel实现了最直观的变量引用和公式、函数应用；

Excel简洁、丰富的图表绘制能力，使其成为了制作办公图表工具的不二选择；

Excel的数据分析能力，使其成为了各类深入的业务分析、预测的有力工具。

要实现Excel的高水平应用，除了要懂得日常的表格制作、单元格格式设置、常用图表应用、常用函数应用等基本操作以外，还应该能较好地掌握自定义单元格格式、单元格条件格式、数据有效性设置、常用函数、图表、数据透视表等。同时，要对各类图表的特点有清晰认识，能熟练地配置各类图表、熟练地操作数据透视表，能利用数据模拟分析、规划求解来分析数据趋势，并运用VBA编程来获得更高效率的数据整理成果。

第 13 章
工作簿、工作表、区域和单元格

Excel给人最直观的印象就是“电子表格”，即它以表格的形式来进行各种信息的组织和处理工作。然而，就技术基础而言，Excel形成了“单元格—区域—工作表—工作簿”这样多层次的、既严谨又灵活的数据组织架构。并且，各个层次数据的引用方法又非常地清晰、便捷，这是推动Excel成为数据采集、数据组织和数据整理等信息采集与处理层面的应用利器的根本技术基础。

在上述基础上，Excel又具有丰富的数据表现手段和工具，提供了多样而强大的公式和函数应用，并拥有出色的数据分析能力。基于这些特点，Excel逐渐成为了跨越基础的数据采集与处理、办公应用、高层次数据分析、全领域数据应用的有力工具。

13.1 工作簿组成与数据组织

Excel工作簿（Workbook）即Excel文档或文件，从操作系统的角度而言，是可以存放多组数据的独立文件。在Excel中新建一个工作簿，就能获得了一个新的Excel文件，缺省文件名为“工作簿n.xlsx”（n为顺延的工作簿序号），用户可以通过“另存为”的方法为工作簿改用其他的文件名。这样，就在硬盘上保存了可存放各类结构性数据的Excel文件。

Excel的操作界面，如图13–1所示。

任何一个Excel工作簿都由一个或多个工作表（Worksheet）组成，工作表的标识即表格区域左下角标签上的“Sheet k”（“k”为顺延的工作表序号）。

（1）单击工作表标签旁边的带圆圈加号图标——新建工作表按钮，即可新增工作表。

（2）在工作表标签上单击鼠标右键，即会弹出工作表右键菜单，在右键菜单中可以进行插入、删除、重命名等工作表操作，还可以查看工作表中的VBA代码，其中的“保护工作表”选项甚至可以将工作表隐藏起

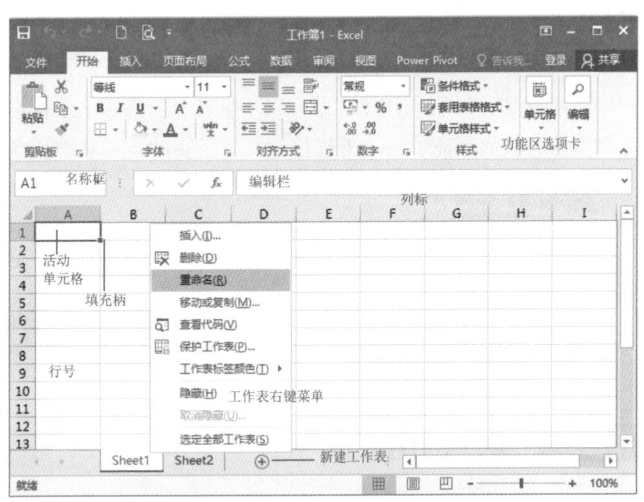

图13–1　Excel工作簿—工作表—单元格

来。如图13-1所示。（注意：删除工作表是不可逆的）

（3）在Office 2003及以前的版本中，一个工作簿在理论上可以拥有255个工作表，但现在已经没有了这一限制，即拥有的工作表数量取决于存放工作簿的硬盘的内存大小。在实际应用中，拥有十余个工作表已经算比较多了。如果一个应用需要拥有几十个工作表，建议至少采用Access数据库管理系统来管理数据，这样可以更为高效。

（4）每一个工作表都按“二维表”的模式由单元格（Cell）组成。

（5）单元格为存放数据的基本单元，在其中存放了基本的数据项。每个单元格由列标和行号组成的“地址”明确定位。例如，位于每个工作表左上角的第一个单元格的地址为A1，因此将此单元格称为A1单元格。与代数的概念相似，Excel中的公式和函数使用地址来引用单元格。例如，A1即代表了A1单元格里的内容。

（6）工作表的最大列数为16 384，即16k；最大行数为1 048 576，即1M（兆）。

（7）鼠标指针停留的单元格称为“活动单元格”，活动单元格右下角的小方块称为“填充柄”。

（8）在单元格上按住鼠标拖拉即可选中一个“区域”，区域用左上角和右下角单元格的地址并在中间加半角的冒号来进行标识。例如A1:C3，即表示工作表左上角的一个由3×3的单元格组成的区域。被选中的区域称为“活动区域”，活动区域的右下角同样具有填充柄。

（9）填充柄是Excel操作的利器，拉动或者双击填充柄，可以将活动单元格的数据趋势、格式、公式复制填充到相邻的单元格。

（10）每个单元格存放的数据可以为不同类型。一般来说，列表型的二维表以“列”为字段（Field），具有相同的数据类型，表示某个事物的某种属性，例如“名称”“型号”“规格”“数量”等。“列”构成了数据表的结构。

（11）二维表的“行”为记录（Record）区域，表示独立的数据对象。例如，某种物品或者某张订单。

（12）Excel工作表上沿的“编辑栏”通常显示被选中单元格的内容或公式，可以在其中进行单元格内容或公式的编辑。

（13）编辑栏左侧的三个按钮分别为“取消”“输入”和“插入函数”按钮，用于在录入公式时打开“插入函数”对话框以及进行确认输入、取消输入等操作。

（14）编辑栏最左侧为名称框，一般显示活动单元格的地址或者被选中区域的首地址。当对单元格或区域命名后，或者建立了图表等对象后，名称框将显示被选择对象的名称。此外，可以通过单击其下拉按钮选中工作簿中的特定对象。

可以看到，Excel采用了“单元格—区域—工作表—工作簿”这样逐级上升且可以明确定位的数据组织架构，从而保证了Excel能够持续具有坚实的技术基础和卓越的业务扩展能力。

温馨提示

Excel的操作模式仍然秉承了Office的统一模式，即通过选项卡、右键迷你工具栏、右键菜单进行基本的选项选择和功能操作。

13.2 页面布局

Excel的目标是实现电子表格的动态管理，但作为办公应用，工作簿的颜色搭配、字体搭配、形状

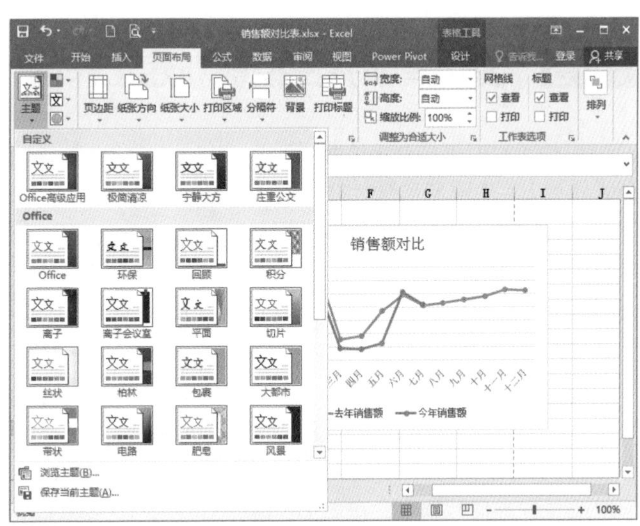

图13-2　Excel的“页面布局”选项卡

效果以及页边距、工作表打印输出的布局等基础设置仍然是其重要内容。

单击“页面布局”选项卡，可以看到，这些基础选项的设置在Office的整体设计中是一脉相承的，而Excel的设置界面甚至比Word的更加简洁明了。如图13-2所示。

Excel的默认主题为Office，而颜色、字体和效果的默认方案也都是名为“Office”的方案。当需要更改时，只需切换到“页面布局”选项卡进行选择，即可快速设置主题效果。

此外，在Excel中设置的主题搭配，与Word一样可以被保存为新的主题。方法参见4.3章节。

Excel的页面布局选项比Word的简单，故在此不再详述，仅选择有关要点予以说明。

图13-3　“页面设置”对话框

- Excel工作表的数据区域可能非常大，甚至完全超出打印区域。此时，可以在工作表中通过按住鼠标左键拖动的方式选中区域，然后单击“页面布局”选项卡— “页面设置”组— “打印区域”按钮，即可将选中的区域设置为打印区域。
- 当设置的“打印区域”仍然超出打印机的页面范围，而不能打印出完整的表格时，可以通过单击“页面布局”选项卡— “页面设置”组的对话框启动器，打开“页面设置”对话框，如图13-3所示。在其中将“缩放比例”缩小，例如调整为80%，即可将表格的打印比例缩小，最后得以完整地打印出表格。或者直接在“页面布局”选项卡— “调整为合适大小”组中，设置打印的高度（页数）和宽度（页数），即可自动获得缩放比例。
- 分隔符：点击此按钮可以插入分页符以分断大表格。分页符在普通视图中不可见，只有在“视图”选项卡的“工作簿视图”组中选择“分页预览”按钮后，才能看到用蓝线标出的分页边界。
- 单击“页面布局”选项卡中的“背景”按钮可以插入图片，但不会影响打印。如果需要打印背景图片，只能先将打印区域复制出来，在新的工作表中将打印区域粘贴为图片，然后再进行打印。
- “打印标题”功能实质上是将列标和行标都打印出来，除非要用打印稿件讨论工作表内的布局，否则一般无须使用此功能。
- 网格线：指单元格之间的网格线，默认勾选“查看”选项，即显示浅灰色网格线，但打印时不会显示出来。如果选择打印，则将打印虚线网格。

13.3 创建模板并由模板新建工作簿（以差旅费报销单为例）

由于Excel的重点不在页面文字的格式处理上，所以并没有一个像Word中的“Normal.dotm”缺省模板来控制新建文档的格式。但是，Excel的工作簿同样可以使用模板文档，其扩展名为“.xltx”。

在日常工作中，如果某一个工作簿具有典型意义，则可以通过“文件”选项卡标签—“导出”按钮—“更改文件类型”选项，在“工作簿文件类型”中选择“模板（*.xltx）”或者“Excel启用宏的模板（*.xltm）”选项，后者主要针对包含宏或者包含VBA模块的工作簿。

SZ市某房地产开发有限公司

差 旅 费 报 销 单

报销人

部门： 经营销售部　　报销日期： 2020年7月19日

出差人	陈天亮			出差地点			郑州				事 由	催收销货款	
起				终				车船机费	应补金额	报销单据	项 目	张 数	金 额
月	日	时	地 点	月	日	时	地 点				住 宿 费	5	300.00
10	21	10:30	北京	10	28	12:30	郑州	1500.00	160.00		邮 电 费	1	6.00
10	29	21:18	郑州	10	30	6:53	北京	380.88	20.00		市内交通费	20	50.00
小 计				车船机票张数			2	1,880.88	180.00				
住勤补贴			9.0 天	每天补助			20.00 元，	合计补助：	180.00		小 计	26	356.00
报销合计：			(大写) 人民币：贰仟肆佰壹拾陆元捌角捌分								出差预借款额		3000.00
			(小写) ¥：2416.88元								陈天亮应退回现金：		583.12

单位负责人：　部门负责人：　项目负责人：　批 准 人：

图13-4 Excel工作簿模板

如图13-4所示，在Excel中建立的“差旅费报销单”工作簿，在导出为“差旅费报销单.xltx”模板后，在下次新建工作簿时即可选择相应的个人模板。

也可以通过“另存为”功能将一份典型的工作簿保存为模板文档。即单击“文件”选项卡标签—“另存为”按钮，在“另存为”设置界面中选择保存类型为“Excel模板（*.xltx）”或者“Excel启用宏的模板（*.xltm）”。

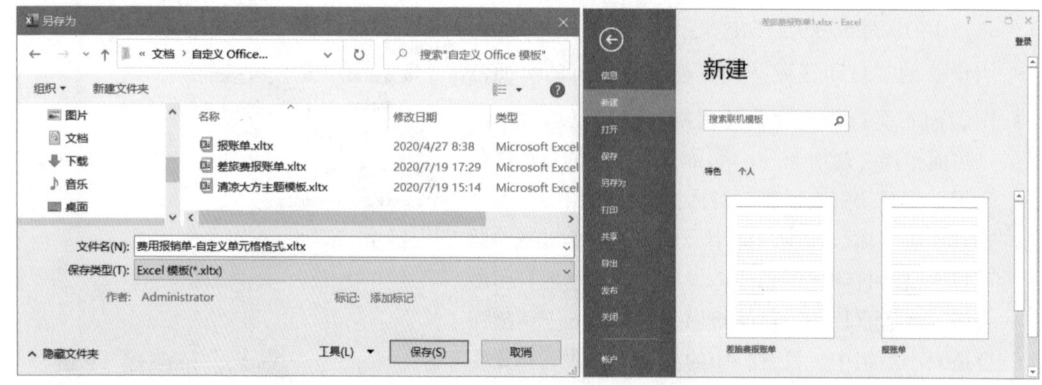

图13-5 另存为自定义模板与利用个人模板新建Excel工作簿

有趣的是，当操作者选择将工作簿另存为模板时，Excel会根据“Excel选项”对话框中的“保存”设置，将保存目录自动转向模板保存目录。例如，默认的个人模板保存位置为“C:\Users\用户\Documents\自定义 Office 模板”，这里“用户”指登录Windows的用户名，如图13-5左图所示。当然，个人模板的保存位置也可以在Excel选项中进行修改。

新建工作簿时，在新建窗口单击“个人”选项，则可选择各种自定义模板，如图13-5右图所示。新建工作簿的文件名由模板文件名加序号而成。在Windows资源管理器中双击模板文件，同样可以新建一个以模板为基础的工作簿。

13.4 工作簿视图（以销售额对比表为例）

缺省情况下的Excel工作页面视图为“普通”视图，其最大的特点为：（1）单元格具有网线；（2）单元格构成的表格具有整体性，不分页。如果需要关注打印效果或者调整页面显示的其他配置，可以切换到其他视图。

如图13-6上图所示，单击“视图”选项卡—“工作簿视图”组—“分页预览”按钮，页面即显示出通过页面设置插入的分页符。在“分页预览”视图下，可以十分方便地用鼠标按住分页线进行拖拉。将分页线放置到合适位置后，即可获得满意的打印效果。

如图13-6下图所示，在切换到“页面布局”视图后，页面即进入按一定的分页所形成的打印预览状态中，可以直观地在其中添加三段式的页眉、页脚，还能通过拉动页边距的方式改变表格或图表位置。

Excel还可以为工作表创建“自定义视图”。例如，可以对某个销售列表或者财务报表创建隐藏了某些栏目之后的精简报告，在需要时直接进行打印即可。至于“视图”选项卡中的“显示”“显示比例”“窗口”等功能组，鉴于篇幅关系，在此不再详述。

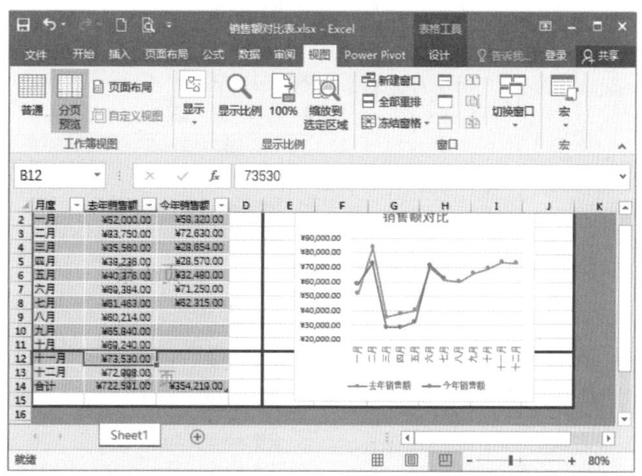

图13-6　“分页预览”视图与“页面布局”视图

这里简单介绍一下“拆分”与“冻结窗格”功能选项，它们要解决的需求为：当表格较大时，需要将某些行或者某些列冻结在页面上端和左侧。

拆分：选中要拆分窗格的位置，选择“交点单元格”（注意：拆分线在此单元格的上侧和左侧展开并将编辑页面分为四个部分），然后单击“视图”选项卡—“窗口”组—“拆分”按钮，拆分后四个象限中的区域均可滚动。

冻结：在拆分的基础上，再单击“窗口”组—“冻结窗格”下拉按钮，在下拉列表中选择“冻结拆分窗格”，即完成了窗口的拆分与冻结。此时，左上象限完全不能滚动，右上、右下象限可以同步左右滚动，左下、右下象限可以同步上下滚动。因此，上端的行永远能看到，不受纵向滚动影响；同时左侧的列也永远能看到，不受横向滚动影响。

取消冻结只需单击“拆分”按钮即可。

而在“冻结窗格”下拉按钮中，还有“冻结首行”和“冻结首列”选项。

13.5 工作表基本操作、工作表标签与组合工作表

13.5.1 工作表基本操作

在普通视图下编辑、调整工作表有下列基本操作要点：

- 选择整个工作表：鼠标单击列标A左侧的下三角按钮，或者选中工作表中的任意单元格后按快捷组合键“Ctrl+A”。
- 选中多行：用鼠标指针按住工作表左侧的行标进行上下拖拉。
- 选中多列：用鼠标指针按住工作表上侧的列标进行左右拖拉。
- 设置行/列选项：在选中的行/列上单击鼠标右键，弹出跟随式迷你工具栏和右键菜单。如图13-7所示，可以看到，二者几乎完全相同。

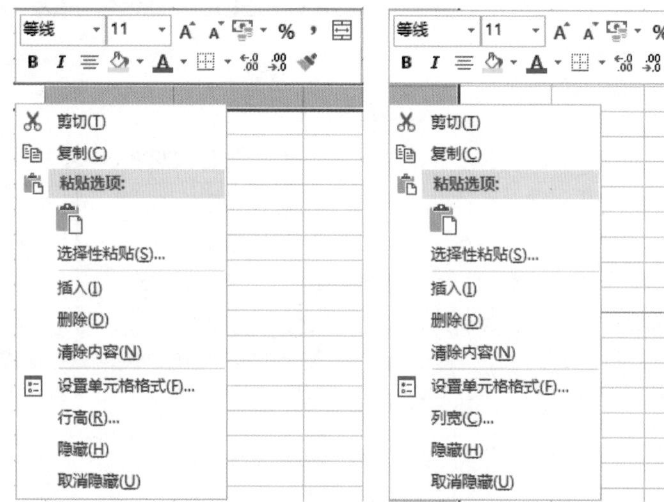

图13-7　行、列的迷你工具栏与右键菜单

- 在跟随式迷你工具栏中可以快速地设置字体、边框、数字格式，完成合并单元格并居中的快速设置。
- Excel的行高/列宽均可在选中多行/列后进行调整：

  ● 可以通过拖拉行标/列标所在方框的边缘实现，而且与Word表格不同的是，多项行高/列宽可以同时被改变。

  ● 右键菜单（以及“开始”选项卡—“单元格”组—“格式”按钮下拉列表）中的“行高”或“列宽”选项，均可在相关对话框中录入具体的数值以进行精确的调整。

  ● 在行标/列标之间双击鼠标，即可将行高/列宽调整为适合单元格内容的行高/列宽。
- 右键菜单中其他选项功能（例如隐藏行、隐藏列之类）一目了然，在此不再赘述。

13.5.2 工作表标签

工作表标签位于工作表的左下沿，是标识工作表、切换工作表的有力助手。在工作表标签上单击鼠标右键，弹出工作表标签右键菜单，如图13-8左图所示。利用这个菜单，可以完成一些对工作表的整体操作。

（1）插入：弹出“插入”对话框，如图13-8右图所示，其中列出了可在本工作表之前插入的工作表、图表或者其他对象。

- 在对话框中选择“工作表”选项后单击“确定”按钮（该操作与单击工作表标签旁边的“⊕”按钮功能相同），Excel即插入工作表，并按“Sheet 2”“Sheet 3”等的顺序命名。

选择“图表”选项则插入图表工作表，将按顺序命名为“Chart 1”“Chart 2”……这类工作表没有单元格，只有一个不可改变大小的图表。

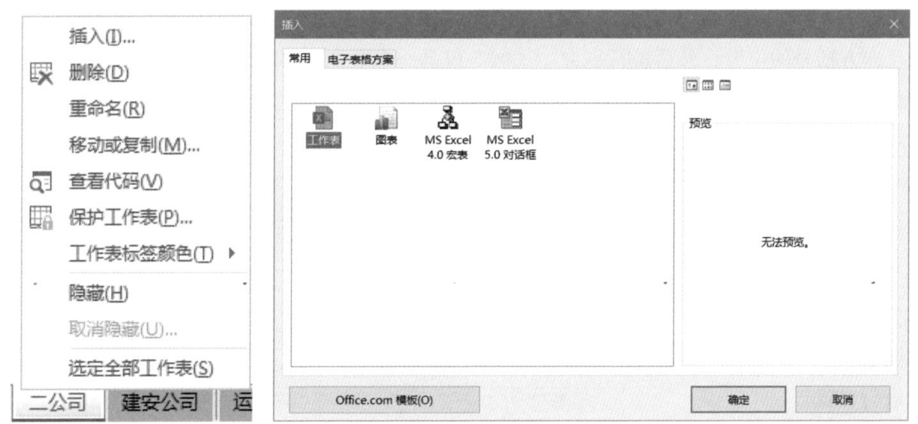

图13-8　工作表标签右键菜单及“插入”对话框

（2）删除：指删除工作表（注意：这是不可逆的操作）。

（3）重命名：指对工作表进行重命名。双击工作表标签可直接进入重命名状态。

（4）移动或复制：点击后将弹出对话框，在此可移动工作表或将其复制到指定位置。

（5）查看代码：指编辑工作表中的VBA代码。

（6）保护工作表：此内容详见本书13.6.2小节。

（7）工作表标签颜色：指更改工作表标签颜色。

（8）隐藏：指隐藏工作表。

（9）选定全部工作表：可同时选中全部工作表并形成组合工作表。具体操作和作用参见下一小节。

实用技巧

移动工作表使用标签拖放的方式最为方便直观。用鼠标按住某个工作表标签，然后横向拖放到合适的位置即可。

13.5.3　组合工作表（以集团公司预算表为例）

在某些工作中，有时需要同时在多个工作表中完成完全相同的设置。例如，编制一个集团公司的预算表，而集团公司与分公司、子公司的预算表应该是完全相同的，因此可以利用组合工作表来实现被选定工作表的同步操作。

设置组合工作表有两种方法：（1）如13.5.2小节所示，在工作表标签上单击鼠标右键，然后在右键菜单中选择“选定全部工作表”选项，则全部工作表被同时选中并组合；（2）单击某一工作表标签，然后按住Ctrl键或Shift键，点选其他工作表标签，则选中需要组合的工作表。

工作表被组合后，Excel窗口顶部标题的文件名后会出现“[组]”的字样。而在某一工作表中进行的编辑调整操作会同步改变其他被组合在一起的工作表的内容。

在组合工作表中：

表标题“××预算表”，其中的“××”可以通过函数取自工作表标签。A1单元格的公式为

"=MID(CELL("filename", A1), FIND("]", CELL("filename", A1))+1, 99) &"预算表""。如图13-9所示。即利用CELL()函数取出文件名及工作表名，然后截取工作表名。［注意：CELL()函数的第一个参数为"filename"时，返回值为"路径\[工作簿名.xlsx]工作表名"。因此，可用FIND()函数找出反向方括号的位置，然后进行截取，"99"仅是一个虚拟的字串长度而已。］

在组合工作表中进行录入表格信息、设置表格格式、配置工作表内单元格之间的数据关系等操作都会同步写入被组合的各个工作表中。

当然，工作表之间的数据关系，例如将各分、子公司的数据汇总称为集团公司数据则需要专门进行设置。

A1 =MID(CELL("filename",A1),FIND("]",CELL("filename",A1))+1,99)&"预算

	A	B	C
1	集团公司预算表		
2	项目	金额	备注
3	一、营业收入		
4	二、净收入		
5	三、税金及附加		
6	四、营业费用	0	
7	1. 职工工资	0	
8	在编职工工资		

集团公司 一公司 二公司 建安公司 运输...

图13-9　组合工作表

取消组合只需再次在工作表标签上单击鼠标右键，在右键菜单中选择"取消组合工作表"选项即可；也可单击各个工作表标签进行取消。

13.6 单元格格式与保护、填充、排序和筛选

13.6.1 单元格基本格式选项

Excel单元格是基本的数据单元存放处，可以有独立的格式，但是，表格相关单元格的格式又需要和谐一致。所以，单元格格式设置既可针对单个单元格，也可针对被选中的行/列，或者被选中的区域。而基础的格式选项被放在了"开始"选项卡中，如图13-10所示。

图13-10　Excel"开始"选项卡

单元格格式设置在本质上分为两个方面：（1）单元格内的数据格式。这涉及数据类型、函数运算等问题，我们专门放在13.7～13.8章节详细讨论。（2）单元格表现出来的格式。由图13-10上图可以看出，直观的选项设置（例如字体、字号、边框、填充颜色、对齐方式、文字方向、自动换行、缩进等）非常简捷，只需选中单元格或区域，然后单击"开始"选项卡中的相关选项按钮或在其下拉列表进行选择即可。这里，仅对一些要点进行说明。

（1）设置单元格（表格）格式选项有三种主要方法：

- 单击右键所弹出的迷你工具栏。
- 在选项卡中进行设置。
- 利用“设置单元格格式”对话框。启动对话框可以单击“开始”选项卡的“字体”“对齐方式”或者“数字”功能组的对话框启动器。或者，在右键菜单中选择“设置单元格格式”选项。

（2）相比于选项卡，“设置单元格格式”对话框中的选项设置更为丰富。例如填充选项，在对话框中还可以设置“填充效果”。如图13-11所示。

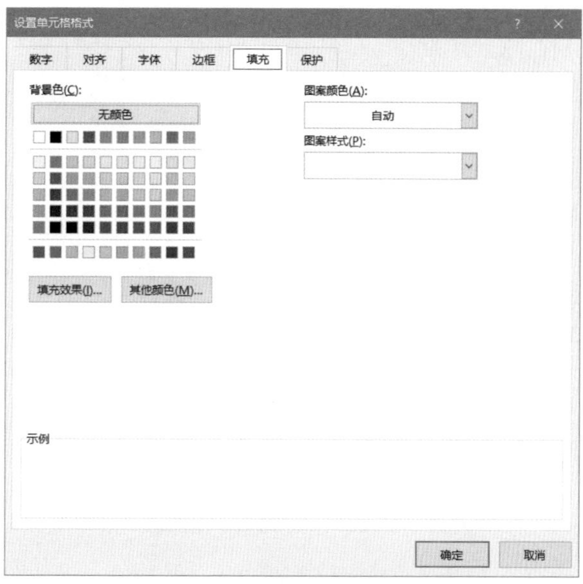

图13-11　“设置单元格格式”对话框

（3）单元格边框设置与Word的段落边框（参见6.5章节）、表格边框设置的操作方式相同，其操作关键点是：首先选择边框线型、颜色，然后将这种线型和颜色用于表格。

（4）单元格的格式也具有样式。一方面，样式可以使操作者迅速获得某种格式；另一方面，可以通过“样式”将某种格式固化下来。我们将其放在下一节讨论。

（5）“条件格式”是基于数据和一定的条件规则，对单元格的字体、填充、边框等参数进行动态赋值的方法，我们放在13.9章节讨论。

（6）“套用表格格式”功能将区域转换为Excel表格，使数据表格具有了更强的可操作性，我们放在第14章讨论。

（7）单击“开始”选项卡—“单元格”组—“格式”按钮，可以进行行、列和单元格基本格式选项等多项设置，例如行高、列宽，隐藏行、列，组织工作表等，如图13-12所示。我们还可以进行保护工作表和锁定单元格等操作，具体放在下一小节讨论。

（8）单击“开始”选项卡—“编辑”组—“求和”下拉按钮，可以对被选中的单元格插入自动求和公式（或求平均值、最大值、最小值等，还可以输入公式进行计算）。

（9）“开始”选项卡—“编辑”组中的“填充”“清除”“排序和筛选”功能，分别放在13.6.3～13.6.5小节讨论。

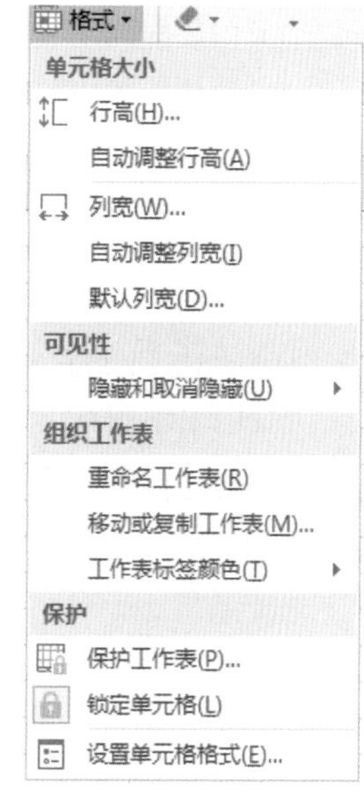

图13-12　单元格格式

13.6.2　保护工作表及单元格

Excel可以通过密码来保护工作表，并通过解除锁定以运行工作表中的某些区域。

首先，Excel工作表建立之后，缺省状态下的所有单元格都处于“锁定”状态，此时启动“保护工作表”会使所有单元格都不可编辑。因此，如果需要在启动“保护工作表”时使某个区域变得可编辑，例如使“今年销售额”单元格变得可编辑，则需选中这些单元格，再在“设置单元格格式”对话框中取消其“锁定”状态。

然后，单击“开始”选项卡—“单元格”组—“格式”按钮，在下拉列表中选择“保护工作表”选项，弹出“保护工作表”对话框，勾选“允许此工作表的所有用户进行”选项组中的“选定未锁定的单元格”选项，单击“确定”按钮，如图13-13所示。这样，工作表中除了被取消了“锁定”状态的“今年销售额”单元格可以被修改，其他单元格则不可再被修改。

在“审阅”选项卡中也具有相同的“保护工作表”功能，并且还有“保护工作簿”的功能，操作简捷，在此不再赘述。

月度	去年销售额	今年销售额
一月	¥52,000.00	¥58,320.00
二月	¥83,750.00	¥72,630.00
三月	¥35,560.00	¥28,654.00
四月	¥38,236.00	¥28,570.00
五月	¥40,376.00	¥32,480.00
六月	¥69,384.00	¥71,250.00
七月	¥61,463.00	¥62,315.00
八月	¥60,214.00	
九月	¥65,840.00	
十月	¥69,240.00	
十一月	¥73,530.00	
十二月	¥72,998.00	
合计	¥722,591.00	¥354,219.00

图13-13　保护工作表

13.6.3　填充——最方便的数据操作

Excel中有太多令人惊喜的功能，例如图表、条件格式、函数、数据透视表等。如果要选择Excel最为方便的数据操作功能，很多人会投票给“填充”功能。

填充是指在录入数据或公式后，Excel按某种规律并按用户需要的方向（向下、向右或者其他方向）进行的数据复制与填充操作。这种操作可以使数据、单元格格式、公式等单元格信息得以按照特定规律便捷地复制到被填充的单元格中。单击“开始”选项卡—“编辑”组—“填充”下拉按钮，可以看到Excel提供的几种填充方式，在其中任选一种即可。

填充操作还可以通过用鼠标按住所选中的单元格右下角的填充柄，向目标填充方向拉动来完成。如果需要向下填充，且填充的单元格在某个表格中，则双击填充柄即可。

需要注意的是，有时可以通过自动填充选项获得不同的填充效果。Excel的日期数据填充具有非常智能化的设计，其填充选项提供了非常方便的日期序列的产生方式。例如：

- “以工作日填充”会自动跳过周六、周日。如图13-14左图所示。
- 如果需要每月的最后一日，只需录入某年的1月31日，然后采用“以月填充”的模式进行填充即可。

在日常工作中，数据填充以拖动或者双击填充柄进行复制填充更为方便。

如图13-14右图所示，这是数个门店某时段的销售统计表，各门店的销售额数据存放在O19:O33单元格区域中，销售额合计数据存放在单元格O34中。现需要算出各门店销售额占销售总额的百分比，操作步骤如下：

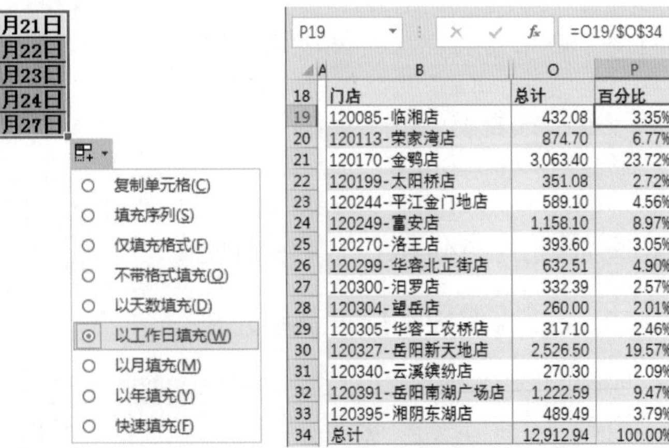

	门店	总计	百分比
19	120085-临湘店	432.08	3.35%
20	120113-荣家湾店	874.70	6.77%
21	120170-金鹗店	3,063.40	23.72%
22	120199-太阳桥店	351.08	2.72%
23	120244-平江金门地店	589.10	4.56%
24	120249-富安店	1,158.10	8.97%
25	120270-洛王店	393.60	3.05%
26	120299-华容北正街店	632.51	4.90%
27	120300-汨罗店	332.39	2.57%
28	120304-望岳店	260.00	2.01%
29	120305-华容工农桥店	317.10	2.46%
30	120327-岳阳新天地店	2,526.50	19.57%
31	120340-云溪缤纷店	270.30	2.09%
32	120391-岳阳南湖广场店	1,222.59	9.47%
33	120395-湘阴东湖店	489.49	3.79%
34	总计	12,912.94	100.00%

图13-14　日期型数据填充选项和带格式的计算单元格填充

操作步骤

【Step 1】 在P19单元格录入公式“=O19/$O$34”，然后按回车键。

注意：因为要向下填充，所以分子（被除数）需要随着填充的移动而变化，因此为相对地址；而分母不能随着填充单元格位置的移动而变化，因此为绝对地址。关于相对地址和绝对地址的具体说明参见本书15.2.3小节。

【Step 2】 门店销售额与销售总额直接相除算出的结果是一个小数，要获得百分比格式，则需要在选中P19单元格后，通过单击“开始”选项卡—“数字”组—“%”（百分比样式）按钮，即可将数字格式转为百分比。

【Step 3】 最后，双击P19单元格右下角的填充柄，则其计算公式和百分比格式均向下填充到数据表末尾。

说明：

- 对需要计算的单元格进行填充时，其数据引用的相对地址和绝对地址一定要正确录入。
- 双击填充柄为向下填充到数据表末尾。如果需要向右填充，则可以通过拖动填充柄实现。

13.6.4 清除

在处理Excel数据表的过程中，有时由于各种操作导致数据表或者区域被添加了太多数据或者格式。如果不再需要这些数据或者格式，可以用如下方法对其进行“一键清除”。

操作步骤

【Step 1】 选中需要清除数据或者格式的单元格区域。

【Step 2】 单击“开始”选项卡—“编辑”组—“清除”下拉按钮，弹出清除功能列表。如图13-15所示。在功能列表中选择任一命令，即可清除被选中单元格区域的数据或者格式。

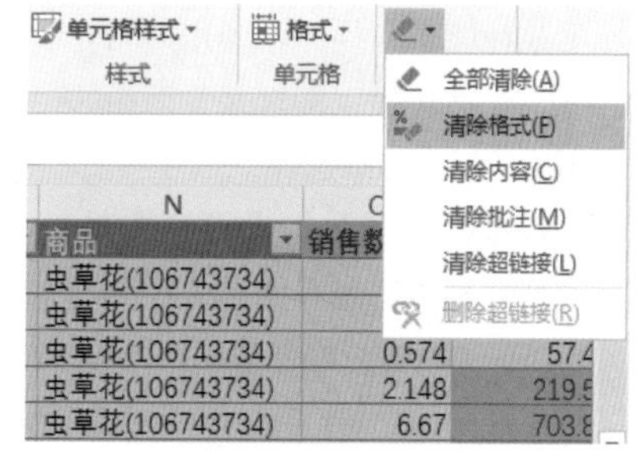

图13-15 “清除”按钮的下拉列表

注意：

- “清除格式”选项可以清除被选中数据表或者区域中的所有格式，包括添加在表格或数据区域上的条件格式。
- Excel表格可以利用“清除格式”选项去除其表格格式，例如首行、镶边行填充、边框等。清除格式后，Excel表格仍然具有表格名称、筛选按钮，依然能够被引用。

13.6.5 排序和筛选

排序和筛选是对数据的常用操作，所以在“开始”选项卡和“数据”选项卡均有排序和筛选功能。

1. 排序

Excel排序与Word表格排序在操作上非常相似，只是Excel的操作更方便，特别是将数据区域转换成为Excel表格之后。

这里我们讨论普通区域的排序。如果需要对数据按照某一列的内容进行排序，则其操作方法为：

（1）选中数据区域中的任一单元格；（2）单击“开始”选项卡—“编辑”组—“排序和筛选”下拉按钮（如图13-16左图所示），或者单击鼠标右键，在右键菜单中选择“排序”选项；（3）如果只需进行简单的升序或者降序操作，直接在下拉列表中进行选择即可。如果需要自定义排序（例如多条件的排序），则单击“自定义排序”选项，弹出“排序”对话框，在其中设置排序条件后，单击“确定”按钮，如图13-16右图所示，即会进行数据排序。

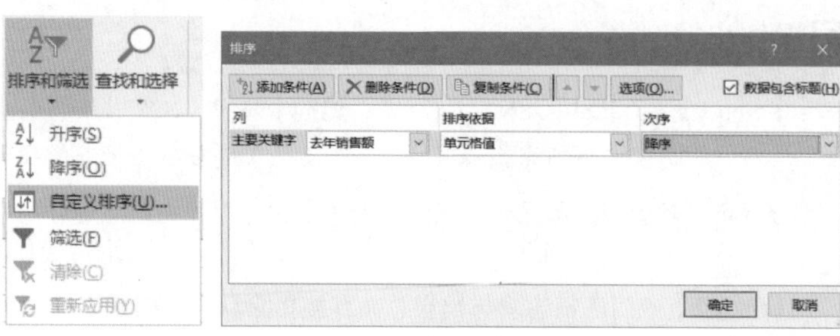

图13-16　“排序和筛选”按钮的下拉列表及“排序”对话框

2. 筛选

如需要筛选数据表中的数据，首先选中数据区域的任一单元格，单击“开始”选项卡—“编辑”组—“排序和筛选”下拉按钮，然后在下拉功能列表中选择“筛选”选项，即会给数据表标题添加下拉式的筛选按钮。单击筛选按钮，在排序和筛选组合列表中可以对某个值进行筛选（在树形结构中取消“全选”，然后选中某个数据即可），也可进行“数字筛选”，例如设定“大于或等于”等条件。

如图13-17所示，Excel提供了多种筛选条件，如果选择了某种筛选条件，将弹出“自定义自动筛选方式”对话框，在其中输入筛选条件后单击“确定”按钮，即会对相关数据进行筛选。

针对某一列数据进行筛选后，可以在结果中针对另一列数据再次进行筛选，相当于对两列数据按照条件“与”的关系进行操作从而获得最终筛选结果。

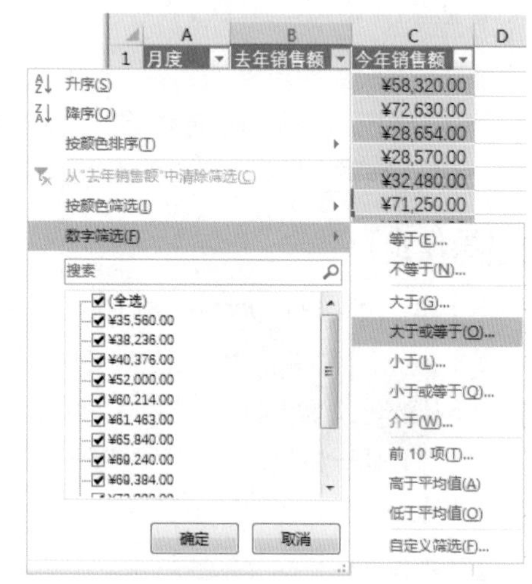

图13-17　筛选按钮的下拉组合列表

Excel表显示的筛选结果实际上是将不符合条件的数据行隐藏了，如果要取消筛选条件带来的影响，可以再次单击“开始”选项卡—“编辑”组—“排序和筛选”下拉按钮，在列表中选择“清除”选项，即可清除筛选条件带来的影响。

Excel还可以将一组条件放在某一个区域中，具体的方法为：单击“数据”选项卡—“排序和筛选”组的“高级”按钮，在“高级筛选”对话框中选择“将筛选结果复制到其他位置”选项，即可以将筛选出来的结果（即原列表的一个子集）复制到某个指定的区域。

13.7 单元格样式（以工作日历为例）

如Word的文本样式、表格样式等一样，Excel利用样式（Styles）概念，实现了将一系列格式“打包派送”的便捷功能，而且可以通过自定义样式实现格式的固化与再生利用。只不过，Excel是以单元格为对象来建立样式的。

如图13-18所示，利用Excel建立一个动态的日历，除标题外，日历中的单元格至少可以分为两类：（1）含有上边框并有一定的填充效果，水平右对齐，垂直居中，并有一定的底纹，这类单元格样式可称为“日历_天”样式；（2）日期下面的备注单元格，无边框，无填充，自动换行，水平左对齐，垂直居中，这类单元格样式可称为“备注”样式。我们以“日历_天”样式的设置为例说明设置方法。

图13-18　单元格样式实例

操作步骤

【Step 1】　如图13-19所示，单击“开始”选项卡—“样式”组—快速样式组合列表框右侧的“其他”下拉按钮，弹出快速样式组合列表框。

【Step 2】　单击快速样式组合列表框中的“新建单元格样式”，弹出“样式”对话框。

【Step 3】　在“样式”对话框中，首先对样式进行命名，再单击“格式”按钮，打开如图13-11所示的“设置单元格格式”对话框，可以在其中进行格式设置（例如字体、字号、边框和底纹、填充等），完成设置后单击“确定”按钮，回到“样式”对话框，在“样式包括”选项组中勾选样式多选项，最后单击“确定”按钮，即可建立新样式。

【Step 4】　在工作表中按住Ctrl键，选中需要应用这一样式的单元格，例如B6、C6、D6等；然后在快速样式组合列表框中选择新建的单元格样式，例如“日历_天”；被选中的单元格就具有了新样式的格式。

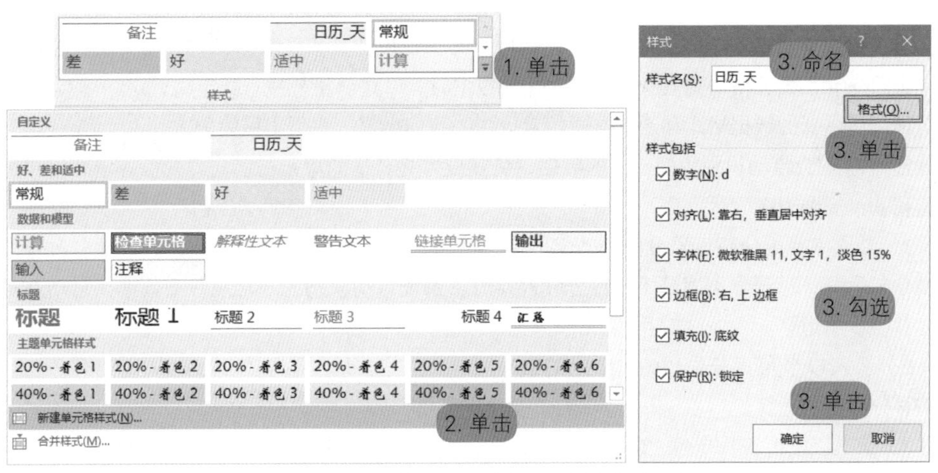

图13-19　快速样式组合列表框及“样式”对话框

单元格样式可以被修改，操作方式为：在快速样式上单击鼠标右键，然后在右键菜单中选择“修改”选项，即弹出如图13-19右图所示的“样式”对话框，按照【Step 3】进行修改调整即可。

单元格样式也可以被删除，且可以将其他工作簿中的样式合并到本工作簿中。

13.8 数字格式和自定义格式

计算机运行的重要基础是对数据进行一定的分类并对不同类型的数据提供不同的处理方式，如不同的运算模式和函数。几乎每一门计算机编程语言的基础内容都是数据类型，并在此基础上发展出复杂的数据结构，用以表达各种事物并提供各种运算、排序、检索支持。

Excel在合理的数据类型设计基础上，充分考虑了用户制作表格、报表的方便性，使数据类型与数据显示方式相结合，提供了既规范而又灵活的数据格式，还可以对单元格格式进行多样的自定义。这不仅为用户制作规范、美观并且符合业务要求的各种表格提供了极大的便利，也为Excel本身注入了强大的生命力。

13.8.1 数据自动识别与数字格式快速应用

1. 录入数据自动识别

总体来说，Excel的数据类型处理趋于“自然流”的形式，即所谓的“键入即所得（What You Type is What You Get）”：

Excel将数据类型分为“常规”“数字”“日期”“时间”“文本”几种基本类型，而对于“数字”又分为“货币”“会计专用”“百分比”“分数”“科学记数”数种，并与“数字”并列。

数字格式（Format）一方面代表了运算方法的数据类型，另一方面代表了数据显示的格式。例如，本质上都是数值型的数据，可以用“常规”“数字”“货币”“会计专用”“百分比”“分数”“科学记数”这些格式显示。可见，“数字格式”中所说的“数字”是一个广义的概念，是对单元格存放的信息的统称，实际上还包括了日期型、时间型和文本型数据的显示格式。

一般来说，Excel将用户输入到单元格中的数据定义为“常规”格式数据，对于未指定数据类型而导入（或者直接粘贴进入）单元格后宽度超过原单元格宽度的数值型数据，直接用科学记数法表示。因此，我们在导入或者粘贴类似身份证号这样的数据时，一定要格外注意指定格式。

这种灵活多变的数据格式和运算方式的设计，为我们做报表提供了极大的方便。

通常，Excel会自动识别我们输入的数据，将其设置为合适的单元格格式，并按一定的格式显示和运算，其基本规则为：

（1）录入满足千分位逗号分隔的数字时，Excel自动识别为“货币”型数据，自动右对齐，按货币类型参与运算；当逗号不满足千分位分隔规律时，系统自动识别为“常规”型数据，自动左对齐，且不能参与数值运算。

（2）录入以半角百分号“%”结尾的数字时，Excel自动识别为“百分比”型数据，自动右对齐，按百分比参与运算。

（3）录入以货币符号半角“$”开头的数字时，Excel自动识别为“货币”型数据，自动右对齐，按货币类型参与运算。但是，录入带货币符号“￥”的数据时，系统并不能识别这一货币符号，单元格数据仍为“常规”类型，且不能按货币或数值类型参与运算。

（4）录入字符型数据时，格式为“常规”，并按照字符串（文本）的“右对齐”来显示。例如，在单元格中录入的“Number”或者“数量”，这些都是文本型数据。

（5）录入以正斜杠“/”和半角连字符“-”连接的数字时，Excel会根据单元格原本设置的格式，获得不同的结果：

如果单元格原格式为缺省的“常规”格式，Excel将自动识别数字大小。如果输入的数字符合月度

和日期大小，Excel会自动将其转换为“日期”格式，并自动加上本年度的年份；否则，Excel会将数字保留为“常规”格式，并显示为原样，且不能参与运算。例如，录入“12/31”或者“12-31”时，一般会自动转换为“12月31日”；如果录入“12/32”或“12-32”，则显示为“12/32”或“12-32”，保持“常规”格式，这样的数据也不能参与运算。

如果单元格原格式为“数字”“货币”“会计专用”等数值型格式，当录入以正斜杠“/”连接的数字时，Excel将自动计算（或者约分）并显示为原定义的格式。例如，在原定义为“货币”格式的单元格中输入“12/31”后，单元格将显示为“￥0.39”（设缺省货币符号为“￥”）。如果输入以连字符连接的数字，Excel将不进行计算，并显示为非常规的数值。

2. 数字格式快速应用

录入或者导入的数据需要修改类型或格式时，可以直接选中单元格或区域，然后单击“开始”选项卡—“数字”组—“数字格式”输入框下拉按钮，从下拉组合列表框中选择合适的数字格式即可。如图13-20所示。

另外，在“开始”选项卡的“数字”组中，还提供了设置货币符号、百分比、千位分隔符以及增加小数位数和减少小数位数的快捷按钮，可以方便快速地设置数据格式。

图13-20 “数字格式”组合列表框

实用技巧

如果需要录入“文本”型的数字，例如序号“001”，只需在单元格中先键入半角的单引号“'”，再录入数字。此时录入的数字即被强制定义为文本格式，不会舍弃前面的0，然后再通过拖动填充柄将这一格式填充到其他单元格中。

温馨提示

以上规则看似复杂，但在实际应用中非常简单，用户只需运用有关数据的常识去录入数据，大部分问题Excel会自动处理。

13.8.2 自定义单元格格式的操作

自定义数字格式，或称为单元格格式，是Excel提供的非常强大、非常方便的一种数据格式的应用方式。我们不仅能够通过自定义格式添加数据单位、定义数字（或文本）显示的颜色、利用占位符定义各种重复的字符，甚至还能通过一定的表达式使数值单元格显示为特定字符，等等。自定义单元格格式在Excel的“设置单元格格式”对话框中进行，有多种打开对话框的操作方法。

操作步骤

【Step 1】 选中需要自定义格式的单元格或区域。

【Step 2】 在下列方法中选择任意一种，即可打开“设置单元格格式”对话框：（1）单击“开始”选项卡—“数字”组的对话框启动器；（2）在选中的单元格或区域上，单击鼠标右键，在右键菜单中选择“设置单元格格式”选项；（3）单击“开始”选项卡—“数字”组—“数字格式”输入框下拉按钮的组合列表框中的最后一项“其他数字格式”；（4）单击“开始”选项卡—“单元格”组—“格式”按钮的下拉组合列表框中的最后一项“设置单元格格式”；（5）使用快捷组合键“Ctrl+1”（大键盘而非小键盘上的数字1）。

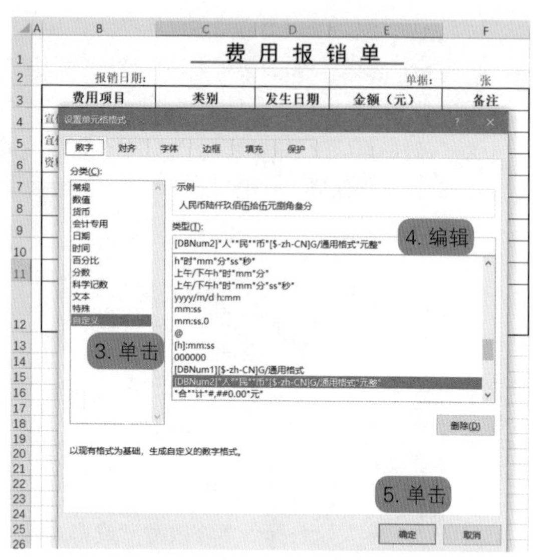

图13-21 自定义数字格式

【Step 3】 如图13-21所示，单击“设置单元格格式”对话框的“数字”标签页的“分类”列表框中的选项，可获得与通过在“开始”选项卡的“数字格式”输入框下拉按钮的组合列表框中进行选择相同的设置结果。单击“特殊”选项，会列出三种格式以供选择，分别是“邮政编码”“中文小写数字”（例如，数字“123”被显示为“一百二十三”）和“中文大写数字”（例如，数字“123”被显示为“壹佰贰拾叁”）。

单击“设置单元格格式”对话框的“分类”列表框中的“自定义”选项，在对话框右侧会列出自定义格式的设置内容。其中，最上端为“示例”，给出了单元格数据显示的实际格式。中间的“类型”为可对代码进行编辑调整的输入框，可以输入不同的代码。在输入后，上端的“示例”就会同步显示这个代码所呈现的单元格格式。下端则是各种自定义格式代码的列表，我们可以在列表中选择其中一种来进行修改，以获得新的代码。

【Step 4】 参照下一小节将讲解的各种规则，在“类型”输入框中编辑自定义格式代码。

一般来说，对于“常规”格式的单元格或区域，其“类型”通常为“G/常规”。如果已经定义了其他格式，则显示对应格式的代码。设置自定义模式最快的方法：在列表中选择现有的某种格式，然后在“类型”输入框中修改格式代码。如果要删除某种不需要的格式代码，可以在选中该格式代码后单击“删除”按钮。

【Step 5】 完成格式代码的编辑调整后，单击“确定”按钮，关闭对话框，Excel会将新增的格式代码保存到列表中，以便下次使用。如果要从列表中删除某种自定义数据格式的代码，可以先在列表中选中该格式代码，然后单击“删除”按钮即可。

温馨提示

Excel的单元格格式代码是具有“国别”敏感性的，对于不同语言版本的Excel，虽然基本规则、占位符等内容相同，但是对格式代码的某些描述却不同。例如，常规格式在中文版Excel中的代码为“G/通用格式”，在英文版Excel中则为“General”；而字体颜色代码在中文版Excel中为汉字，在英文版Excel中则为英语单词。不同版本的代码不能直接通用。

13.8.3 自定义单元格格式的四大基本规则

Excel自定义单元格格式的应用方式非常灵活多变，只有掌握了其代码的基本规律和规则，才可以“不畏浮云遮望眼”，自由地运用相关设置，从而获得良好的应用效果。

Excel自定义单元格格式代码的基本规则可以总结为四大基本规则：

（1）可以利用占位符（Placeholder）定义格式。数字占位符有“#”“0”和“?”；日期占位符有“yyyy”“mm”“dd”，分别代表“年”“月”“日”；时间占位符有“hh”“mm”“ss”，分别代表“小时”“分钟”和“秒”；文本占位符有“@”。

（2）可以使用特殊分隔符“,”与连接符“-”以及其他字符，除分隔符和连接符之外的字符用半角双引号“""”引起来，加入的分隔符、连接符和其他字符不影响运算。对于数值型数据，结合占位符，在数值开头、中间和结尾使用符号，这样可以是对数据的分割，也可以是对数据的说明，还可以表示单位等信息，不影响单元格本身的数值；对于日期、时间型数据，多半用字符与占位符拼接出合适的日期与时间格式；对于文本型数据，常用字符表示某种公共文本或字符。

（3）用方括号“[]”括起表示特殊意义的标识，例如颜色、简单的条件判断（大于、小于或等于）或者特殊格式等，可以获得特殊的显示格式。

（4）可以分段使用代码。将代码分为四段，在每段之间以半角分号“；”隔开，前三段分别表示“大于条件值”“小于条件值”和“等于条件值”的格式，第四段表示文本格式。指在利用条件时，格式为“[大于条件]格式1; [小于条件]格式2; [等于条件]格式3; 文本格式”。其中，前三段的缺省条件为“大于零（正数）”“小于零（负数）”和“等于零”，而“格式1”“格式2”“格式3”可以是占位符、文本，也可以是颜色。

利用上述规则进行组合，则可以获得各式各样的自定义单元格格式或数字格式。

实用技巧

编辑自定义代码时，可以先选择某种Excel内置的格式代码，例如“货币”，再阅读、分析甚至复制其代码，然后在此基础上进行修改，即可获得满足要求的自定义格式代码。

13.8.4 数值类单元格格式自定义

数值类单元格的自定义格式最为多样，主要包括小数位数与对齐、数值缩放、加入单位或说明文字、条件格式等，我们将分别进行说明。

1. 数字占位符的应用

结合上面所述的四大基本规则，表13-1给出了自定义数值型数据格式所用各种占位符的应用方式。

表13-1 数字占位符的代码及其说明

代码	说明
G/通用格式	以通用格式显示数据
#	数字占位符，仅显示有效位数的数字，不显示非有效位数的数字
0（零）	数字占位符，若单元格数据的位数小于0的个数，则显示非有效位的0
?	数字占位符，在开头或末尾，对非有效位的零值添加空格，用以保证数据小数点前后具有相同的宽度，从而使小数点对齐

图13-22即占位符应用的格式与其实际显示效果：

格式	数字	显示	格式	数字	显示	格式	数字	显示	格式	数字	显示
#.##	123.1	123.1	000	1	001	?.??	123.1	123.1	?.00	123.1	123.10
	12.345	12.35		2	002		12.345	12.35		12.345	12.35
	12.543	12.54		99	099		12.543	12.54		123.567	12.57

图13-22 三类数字占位符效果

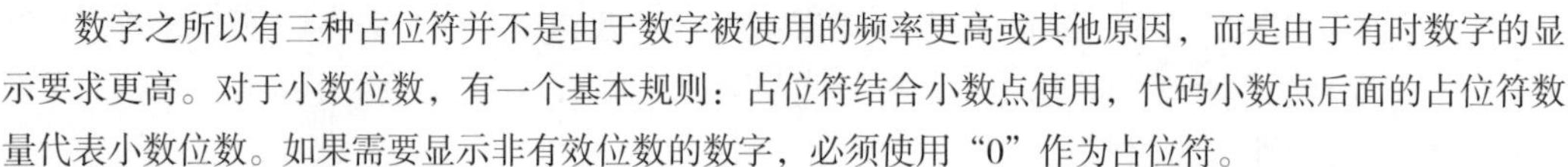

数字之所以有三种占位符并不是由于数字被使用的频率更高或其他原因，而是由于有时数字的显示要求更高。对于小数位数，有一个基本规则：占位符结合小数点使用，代码小数点后面的占位符数量代表小数位数。如果需要显示非有效位数的数字，必须使用“0”作为占位符。

2. 数值缩放

数值缩放（Scaling）是在工程、经济、社会、统计等领域经常使用的通过改变小数点位置以获得不同尺度观感的一种手段。一般而言，数值缩放的规律为：

- 小数点左移，增大单位，缩小数值，可以获得更为整体的数值概念，且节省排版空间。例如小规模的资金，我们按“千（k）”或者按“万”计数；对于人口，我们按“百万”“千万”或者“亿”来计数。这样的缩放，可以直接通过自定义单元格格式实现。
- 小数点右移，减小单位，增大数值，可以获得具体的数据。一般是把大单位的数据还原用于更为精细的计数或者计算，例如将单位“米”改为“毫米”，将单位“万元”还原为“元”等。

在Excel中，灵活利用占位符和千分位“,”与小数点“.”组合，可以自由地表示数值的缩放，得到在报表或在经济领域中常用的数据格式。在应用时有两个方面需要注意：

- 千分位“，”能够轻易地达到每个符号缩小到千分之一的目的。因此，对于“千（k）”“百万（m）”和“十亿（b）”，只需在代码末尾加上适当个数的千分位即可。每个千分位表示缩小到千分之一。
- 对于中文语境里常用的“万”“千万”“亿”等，都可以通过强制移动小数点的方法解决。例如，在“千”的基础上再移动一位小数点即为“万”，在“百万”的基础上移动一位小数点则为“千万”，强制移动小数点的代码为“0"."0”或者“0!.0”。

一些数值缩放的自定义数字格式参见表13-2。

表13-2　数字格式—数值缩放

数值缩放	自定义格式	单元格（数据）	显示	说明
千（k）	#,###,	123		第一个千分位表示有千分位分隔，第二个表示缩小“千”
	#,###,	1234	1	
	#,###,	−987654	−988	
	#,##0,	123	0	
	#,##0,	−886	−1	
	#,##0,	1234567	1,235	
百万（m）	#,##0,,	123456	0	第一个千分位表示有千分位分隔，末尾两个表示缩小“百万”
	#,##0,,	1234567	1	
	#,##0,,	−987654	−1	
	#,##0,,	123456789	123	
	#,##0,,	12345678912	12,346	

（续上表）

<table>
<tr><th>数值缩放</th><th>自定义格式</th><th>单元格（数据）</th><th>显示</th><th>说明</th></tr>
<tr><td rowspan="9">万</td><td>0"."0,万</td><td>123456</td><td>12.3万</td><td rowspan="9">第一、二种方法都表示强制移动一位小数点，保留一位小数，末尾的千分位表示缩小“千”。末尾字符“万”为插入的字符，不对数值产生影响</td></tr>
<tr><td>0"."0,万</td><td>1234567</td><td>123.5万</td></tr>
<tr><td>0"."0,万</td><td>-987654</td><td>-98.8万</td></tr>
<tr><td>0!.0,万</td><td>123456</td><td>12.3万</td></tr>
<tr><td>0!.0,万</td><td>1234567</td><td>123.5万</td></tr>
<tr><td>0!.0,万</td><td>-987654</td><td>-98.8万</td></tr>
<tr><td>0"."0000万</td><td>123456</td><td>12.3456万</td></tr>
<tr><td>0"."0000万</td><td>1234567</td><td>123.4567万</td></tr>
<tr><td>0"."0000万</td><td>-987654</td><td>-98.7654万</td></tr>
<tr><td rowspan="3">千万</td><td>0"."0,,千万</td><td>23400000</td><td>2.3千万</td><td rowspan="3">—</td></tr>
<tr><td>0"."0,,千万</td><td>123500000</td><td>12.4千万</td></tr>
<tr><td>0"."0,,千万</td><td>-5000000</td><td>-0.5千万</td></tr>
<tr><td rowspan="3">亿</td><td>0"."00,,亿</td><td>123500000</td><td>1.24亿</td><td rowspan="3">—</td></tr>
<tr><td>0"."00,,亿</td><td>1.23456E+10</td><td>123.46亿</td></tr>
<tr><td>0"."00,,亿</td><td>-5000000</td><td>-0.05亿</td></tr>
</table>

（注：表13-2在本书赠送的“实例”文件夹的“自定义单元格（数字）格式.xlsx”工作簿中。）

- 表13-2 “显示”栏的单元格数值等于左侧的“单元格（数据）”中的数值，“显示”栏中各单元格的格式即为“自定义格式”栏指定的格式。
- 表13-2 “显示”栏中的单元格无论显示为什么格式，在参与计算时，仍然等于原数据。例如，如果“显示”栏中的第一个单元格为E3，则在单元格H3中输入算式“=E3*10”后回车，H3的结果为“1230”。即虽然单元格E3数据显示为空，但这只是由于显示格式定义造成的，参加运算的仍是原数据。

表13-2均是增大单位，左移小数点的数据格式。对于右移小数点，减小单位的情况，可用加入文字的方式实现。我们将在下文进行说明。

3. 说明性字符（文本）结合判断条件

在自定义单元格格式代码中加入字符，可以在不影响Excel运算功能的情况下，获得理想的显示效果。例如，在表13-2中加入的单位“万”“千万”和“亿”。

对于数值尺度变化，如果减小单位，要在不改变数值的情况下获得数值的小尺度显示，只能通过额外增加零的方式实现，如表13-3所示。

表13-3　四舍五入方式下的数值缩放及其效果

数值缩放	自定义格式	单元格（数据）	显示	说明
毫（m）	#",000"	1.2	1,000	—
	#",000"	0.5	1,000	
	#",000"	-1.83	-2,000	
	#",000"	0.23	,000	

可以看到，这一方法虽然在不改变单元格数值的情况下获得了小尺度的显示，但只能按四舍五入的方式显示整数位数值，显示情况并不好。因此，这种情况一般可以将数值乘以扩大的倍数，例如1000倍，再另外定义格式即可。当然，扩大倍数的操作已经不是单纯的自定义格式的问题了，在此不再详述。具体方法可参见本书赠送的“实例”文件夹的“自定义单元格（数字）格式.xlsx”工作簿。

表13-4　数字格式与说明性字符（文本）相结合

自定义格式	单元格	显示
应用字符（文本）		
"￥"#,##0.00"元"	1500	¥1,500.00元
"合计￥"#,##0.00"元"	1689.3	合计￥1,689.30元
"折算美元"#,##0.00"$"	1234.56	折合美元1,234.56$
分割		
(###) ###-####	8008101234	(800)810-1234
###"/"###-####	8008301212	800/830-1212
000-00000000	2087113934	020-87113934
条件，不同颜色和格式		
[绿色]G/通用格式;[红色]-G/通用格式;[黑色]G/通用格式;[蓝色]G/通用格式	35	35
[绿色]G/通用格式;[红色]-G/通用格式;[黑色]G/通用格式;[蓝色]G/通用格式	-35	-35
[绿色]G/通用格式;[红色]-G/通用格式;[黑色]G/通用格式;[蓝色]G/通用格式	0	0
[绿色]G/通用格式;[红色]-G/通用格式;[黑色]G/通用格式;[蓝色]G/通用格式	text	text
G/通用格式;G/通用格式;G/通用格式;[红色]"【"G/通用格式"】"	红色字符	【红色字符】
G/通用格式;G/通用格式;G/通用格式;[红色]"【"G/通用格式"】"	234	234
[红色][<60]0.0;[黑色][>=60]G/通用格式;G/通用格式	59.5	59.5
[红色][<60]0.0;[黑色][>=60]G/通用格式;G/通用格式	60.5	60.5
[红色][<60]0.0;[黑色][>=60]G/通用格式;G/通用格式	缺考	缺考
描述		
"赢";"亏";"平";"未核算"	1.2	赢
"赢";"亏";"平";"未核算"	-0.3	亏
"赢";"亏";"平";"未核算"	0	平
"赢";"亏";"平";"未核算"	Hello	未核算
隐藏		
G/通用格式;;"零";"未核算"	1234	1234
G/通用格式;;"零";"未核算"	-145	
G/通用格式;;"零";"未核算"		未核算
条件，分段		
[>100]#,000;;;	99	
[>100]#,000;;;	102	102
[>100]#,000;;;	-54	
[>100]#,000;;;	Hello	
[<3]"不合格";[>=4]"优秀";"合格"	3	合格
[<3]"不合格";[>=4]"优秀";"合格"	4	优秀
[<3]"不合格";[>=4]"优秀";"合格"	2	不合格
重复		
G/通用格式*-;G/通用格式*-;G/通用格式*-;G/通用格式*-	Excel	Excel------------
-G/通用格式;-G/通用格式;*-G/通用格式;*-G/通用格式	28.3	------------ 28.3
-G/通用格式;-[红色]G/通用格式;*-G/通用格式;*-G/通用格式	-35.23	----------- 35.23
$#,##0.00*-	1235.8	$1,235.80--------
**G/通用格式	365.63	********** 365.63
*+G/通用格式	Excel	Excel
*+G/通用格式	235.78	++++++++++ 235.78
*$G/通用格式	12.83	$$$$$$$$$$$ 12.83

自定义单元格格式常需加入单位或其他说明性字符（文本）。此时，就可以将占位符、判断条件

和字符结合应用。原则上加入的字符需要用半角的双引号引起来，但在录入时可以不加，对于符合自定义格式代码规则的字符（文本），会自动加上双引号。表13-4是运用加入字符、分段以及结合条件等方式应用自定义单元格格式的实例。

图13-23　特殊的数字格式设置

由表13-4可以看到，除了上文列出的四大基本规则外，自定义单元格（数据）格式还有下列规则：

（1）一般格式为“G/通用格式”，表示数字通常显示的格式。

（2）用方括号括住颜色名称可以定义字体颜色。颜色有黑色、蓝色、蓝绿色（Cyan）、绿色、洋红（Magenta）、红色、白色或黄色。或者使用“［颜色n］”，n为0～56的整数，对应调色板颜色中的序号。

（3）可以用字符将数值转化为描述。

（4）用符号“*”表示随后的符号重复，直至填满整个单元格。

除了表13-4列出的字符、分段、条件等，Excel的数值型数据格式还有三个特例，操作方法如图13-23所示，选中单元格并打开“设置单元格格式”对话框后，单击“数字”标签页的“分类”列表框中的“特殊”选项，然后单击“区域设置（国家/地区）”选择框的下拉按钮，在下拉列表中选择相应的区域选项，最后在“类型”选项列表中选择需要的类型即可。

特殊类型包括以下三类：

（1）邮政编码，邮政编码是国际性的编码体系，在有的国家，邮编也会具有一定的结构，这种格式的邮编一般在国际业务的相关表单中会用到，例如“Zip Code+4”就是一种常见的邮政编码形式，Excel会自动按照这种编码形式重新编排邮编格式，如图13-23所示。

（2）中文小写数字：指以“一、二、三……”这种形式显示的数字。数字“1234567890.12”如果被设置为“中文小写数字”格式的话，则显示为“一十二亿三千四百五十六万七千八百九十.一二”。可以看到，设置为“中文小写数字”格式后，Excel对小数点是以直接显示的方式处理的。

（3）中文大写数字：指以“壹、贰、叁……”这种形式显示的数字。数字“1234567890.12”如果被设置为“中文大写数字”格式的话，则显示为“壹拾贰亿叁仟肆佰伍拾陆万柒仟捌佰玖拾.壹贰”。可以看到，设置为“中文大写数字”格式，Excel对小数点也是以直接显示方式处理的。

财务单据是机构运行过程中的一些原始凭据，一般可以购买印刷好的单据，通过手写进行填报。随着计算机的广泛使用，也可利用Excel制作符合要求的财务单据，这样可以解决手填单据时书写的麻烦和不够规范等问题。

根据《中华人民共和国票据法》，在一个规范的财务单据中，金额通常采用“货币”类型，如图13-24所示。严格来讲，空白行还需打上删除线“------”；另外，大写的金额合计前应该加上“人民币”字样，后面应该加上“元整”字样。这些设置都可以用自定义单元格格式实现。

在本例中，可以将“金额”此列的单元格格式设为“［=0］------; ¥#, ##0.00”。在“金额”此列录入金额数据后，Excel即会按人民币符号居前、使用千分位分隔并保留两位小数的正规金额格式显示数据。对于空白行，需要在“金额”此列录入零，Excel会自动将其转换为删除线。如图13-24所示。

显然，由于Excel提供的“中文大写数字”格式并不是“中文大写金额”。所以，大写金额栏需要利用Excel函数结合数据格式定义进行特殊处理。如果“金额合计（小写）”单元格的地址为E10，则“金额合计（大写）”单元格可以定义为：

费用报销单				
报销日期:			单据:	张
费用项目	类别	发生日期	金额	备注
宣传资料设计费	广告费	2019/3/28	¥3,200.00	
宣传资料印刷费	广告费	2019/4/3	¥3,600.00	
资料运输费	运输费	2019/4/3	¥120.00	

		费用金额合计:	¥6,920.00	
金额合计（大写）			人民币陆仟玖佰贰拾元整	
主管意见			报销人	
复核:	出纳:		经手:	

图13-24　数据格式实例—费用报销单

“="人民币"& SUBSTITUTE (SUBSTITUTE(IF(-RMB (E10,2), TEXT(E10,";负") & TEXT (INT(ABS(E10) +0.5%), "[dbnum2]G/通用格式元;;") & TEXT(RIGHT(RMB(E10,2),2), "[dbnum2]0角0分;;整"),),"零角", IF(E10^2<1,,"零")), "零分","整")”

该公式首先用函数RMB( )按货币格式将数值四舍五入到两位小数并转换成文本，再用TEXT( )函数分别将金额数值的整数部分和小数部分及正负符号进行格式转换，最后用两个SUBSTITUTE( )函数将“零角”替换为“零”或空值，将“零分”替换为“整”。

其中，“TEXT(INT(ABS(E10)+0.5%),"[dbnum2]G/通用格式元;;")”的作用是将金额取绝对值后的整数部分转换为大写，“+0.5%”的作用是为了避免在0.999元、1.999元等情况下出现的计算错误。而“TEXT(RIGHT(RMB(E10,2),2),"[dbnum2]0角0分;;整")”是将金额的小数部分转换为大写。

公式中使用连接符号“&”连接开头的文本“人民币”和3个TEXT( )函数的结果。

实用技巧

在利用函数TEXT( )将数值转为文本时，第二个参数format的格式与本节讨论的自定义单元格相同，即利用本节所给出的各种格式说明可以按需要的格式将数值转换为文本。但要注意有两个代码不能用于TEXT( )函数：（1）颜色代码；（2）用于表示重复的“*”号。除此之外，还要注意format代码也遵循“国别”的版本要求，即不同语言版本的Excel的代码描述语句不同，且不能通用。

13.8.5　时间类单元格格式自定义

时间类单元格格式包含日期和时间的格式定义，主要以“占位符”+“文本”的形式实现。日期占位符中有“年”“月”“日”的占位符“yy”“mm”“dd”，时间占位符中有“小时”“分钟”和“秒”的占位符“hh”“mm”和“ss”。如表13-5所示，这些占位符的格式与其长度密切相关。

表13-5　时间类单元格格式

代码	说明
yy或yyyy	按两位或四位格式显示年份（00～99或1900～9999）
m或mm	按无/有前导0的格式显示月份（1～12或01～12）
mmmm	按英文全称的格式显示月份（January ～ December）
mmm	按英文缩写的格式显示月份（如Jan、Feb等）

（续上表）

代码	说明
d或dd	按无/有前导0的格式显示日期（0～31或01～31）
ddd	按英文星期缩写格式显示日期（Mon ～ Sun）
dddd	按英文星期全称格式显示日期（Monday ～ Sunday）
[$-zh-CN]ddd	按中文星期简称格式显示日期（周一至周日）
[$-zh-CN]dddd	按中文星期全称格式显示日期（星期一至星期日）
h或hh	按无/有前导0的格式显示时间小时（0～23）
m或mm	按无/有前导0的格式显示时间分钟（0～59）
s或ss	按无/有前导0的格式显示时间秒（0～59）
AM/PM	按显示上/下午（AM/PM）的格式显示时间（12小时）
a/p"m"	按显示上/下午（am/pm）的格式显示时间（12小时）
[ ]	显示大于24小时的时间（多用于时间求和或倍数）

利用上述规则，可以获得各种时间显示格式，如表13-6所示：

表13-6　自定义时间类数据格式

自定义格式（格式代码）	单元格	显示
mmmm-yyyy	2020/10/21	October-2020
mmmm d, yyyy	2020/10/21	October 21，2020
mmm d, yyyy	2020/10/21	Oct 21，2020
dddd	2020/10/21	Wednesday
mmmm d, yyyy(dddd)	2020/5/21	May 21，2020（Thursday）
"It's" dddd	2020/5/21	It's Thursday
yyyy"年"mm"月"	2020/5/21	2020年05月
[$-zh-CN]dddd	2020/5/21	星期四
[$-zh-CN]ddd	2020/5/21	周四
[DBNum1][$-zh-CN]yyyy"年"m"月"d"日"	2020/5/21	二〇二〇年五月二十一日
[DBNum2][$-zh-CN]yyyy"年"m"月"d"日"	2020/5/21	贰零贰零年伍月贰拾壹日
hh:mm:ss, AM/PM	18:08:05	06:08:05，PM
hh:mm:ss, a/p"m"	9:6:5	9:06:05，am

对于大于24小时的时间，假设B3单元格时间为“15:28:10”，C3单元格为公式“=3*B2”，

即C3单元格的时间为B3单元格的三倍，则C3单元格默认的格式为“h:mm:ss”，C3单元格时间将显示为“22:24:30”。如果我们将C3单元格的格式定义为“[h]:mm:ss”，则单元格时间将显示为“46:24:30”，即四十六小时二十四分三十秒。

13.9 条件格式高级应用

Excel单元格的格式可以根据单元格值的不同而不同，即加入一定的规则后，可以使用某种格式突出某些单元格，而这就是条件格式。

13.9.1 通用的条件格式（以动态考勤表为例）

Excel将条件格式分为三大类：（1）“突出显示单元格规则”，即对满足某一规则的单元格设置某种突出显示格式；（2）“项目选取规则”，即对前/后n项（下拉列表中的“10项”是可以调整的）、前/后x%（下拉列表中的“10%”是可以调整的）等进行操作；（3）用数据条、色阶或图标集来表示满足某种格式的数据。如图13-25所示。其中，（2）（3）类操作非常简捷，只需选中需要设置格式的单元格区域，然后在下拉列表中选择相应的选项即可。因此，我们以一个动态考勤表为例，着重讨论“突出显示单元格规则”的条件格式。

一个月度的动态考勤表如图13-26所示。

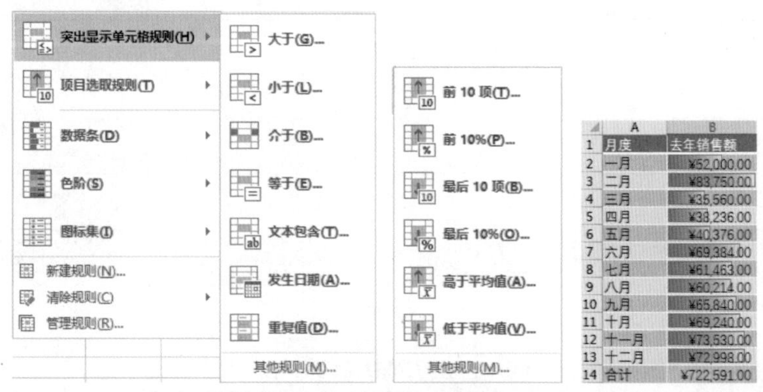

图13-25 条件格式与数据条实例

	A	B	C	D	E	F	G	H	I	J	K	L	M	N	O	P	Q	R	S	T	U	V	W	X	Y	Z	AA	AB	AC	AD	AE	AF	AG	AH	AI	AJ	AK	AL	AM	AN	AO
1	XXX公司2020年7月考勤表																																								
2	2020年7月31日																																								
3	出勤工日																																	缺勤情况							
4	工号	日期	1	2	3	4	5	6	7	8	9	10	11	12	13	14	15	16	17	18	19	20	21	22	23	24	25	26	27	28	29	30	31	旷工	迟到	早退	病假	事假	工作合计	加班	备注
5		姓名	三	四	五	六	日	一	二	三	四	五	六	日	一	二	三	四	五	六	日	一	二	三	四	五	六	日	一	二	三	四	五								
6																																									
7																																									
8																																									
9																																									
10																																									
11																																									
12																																									
13																																									

图13-26 包含条件格式的动态考勤表

其中，主要的值和格式设置为：

- 合并后的A2单元格（即A2:AO2单元格区域）为统计日期。
- 日期C4单元格值为“=DATE(YEAR(A2),MONTH(A2),1)”，即某个月度的第一日，格式为自定义“d”，即只显示日期。
- D4单元格值为“=C4+1”，然后向右填充至AG4单元格。

C5单元格值为“=IF(C4="","",CHOOSE(WEEKDAY(C4,2),"一","二","三","四","五","六","日"))”，即用函数WEEKDAY( )取出星期数，用CHOOSE( )函数将这些星期数对应成大写的“一”“二”“三”等。

选中C4单元格，单击“开始”选项卡—“样式”组—“条件格式”按钮，在下拉列表的“突出显示单元格规则”选项的列表中选择“其他规则”，弹出如图13-27左图所示的“编辑格式规则”对话框。在对话框中单击“使用公式确定要设置格式的单元格”选项，在“为符合此公式的值设置格式”中输入公式“=OR(WEEKDAY(C$4)=1,WEEKDAY(C$4)=7)”（即周日、周六为真），然后点击“格式”按钮，为周末选择特定的填充颜色，如黄色。再单击“确定”按钮。

单击“开始”选项卡—“样式”组—“条件格式”按钮，选择底部的“管理规则”选项，弹出如图13-27右图所示“条件格式规则管理器”对话框，在其中将“应用于”范围选择到“=$C$4:$AG$5”，单击“确定”按钮关闭对话框，则当月的周六和周日日期单元格均以黄色填充突出显示。

图13-27　编辑格式规则及规则管理器

13.9.2　复杂的条件格式（以统计报告数据为例）

条件格式不仅可用于突出单元格信息，还可以在有限的空间内实现数据的可视化效果。有时，特别是在展示某些技术经济统计数据时，可以结合多种条件格式的应用，使统计数据变得清晰、简洁。

如图13-28所示，这是城市降雨统计表的一部分。其中，有三种特殊的显示方式：（1）月度降水量值小于15的单元格仅显示文本“干旱”；（2）区域内“干旱”单元格的格式为“黄色填充深黄色文本”；（3）“合计降水量”不显示数值本身，只用实心填充的数据条展示大小对比情况。具体的操作方法为：

	A	K	L	M	N
1	城市（毫米）	10月	11月	12月	合计降水量
2	北京市	31.1	干旱	干旱	
3	天津市	48.5	干旱	干旱	
4	石家庄市	16.6	干旱	干旱	
5	太原市	17.4	干旱	干旱	
6	呼和浩特市	24.7	干旱	干旱	
7	沈阳市	17.9	干旱	18.7	
8	长春市	17	干旱	干旱	

图13-28　复杂条件格式的应用实例

用自定义数字格式实现：选中数据区域，单击“开始”选项卡的“单元格”功能组中的“格式”按钮，在下拉列表中选择“设置单元格格式”命令，弹出“设置单元格格式”对话框，在“数字”选项卡的“分类”列表框中选择“自定义”选项，在右侧的“类型”文本框中，首先删除“G/通用格式”，然后输入表达式“[<15]"干旱"”，单击“确定”按钮，关闭“设置单元格格式”对话框。这样，统计值小于15的单元格均显示为“干旱”。

用条件格式实现：选中数据区域，单击“开始”选项卡的“样式”功能组中的“条件格式”按钮，在下拉列表中使用鼠标指向“突出显示单元格规则”，在右侧的级联菜单中选择“小于”选项，弹出“小于”对话框，在文本框中输入“15”，在“设置为”中选择“黄填充色深黄色文本”，最后单击“确定”按钮，即完成设置。如图13-29左图所示。

- 用“条件格式—数据条”实现：选中“合计降水量”数据区域，单击“开始”选项卡的“样式”功能组中的“条件格式”按钮，在下拉列表中选择使用鼠标指向“数据条”，在右侧出现的级联菜单中选择“其他规则”选项，弹出“新建格式规则”对话框，在“选择规则类型”选择框中保持选中“基于各自值设置所有单元格的格式”，在“编辑规则说明”设置区域中，勾选“仅显示数据条”选项，在“条形图外观”各选择框中，将“填充”选择为“实心填充”。最后，单击“确定”按钮。如图13-29右图所示。这样，“合计降水量”此列就仅显示数据条了。

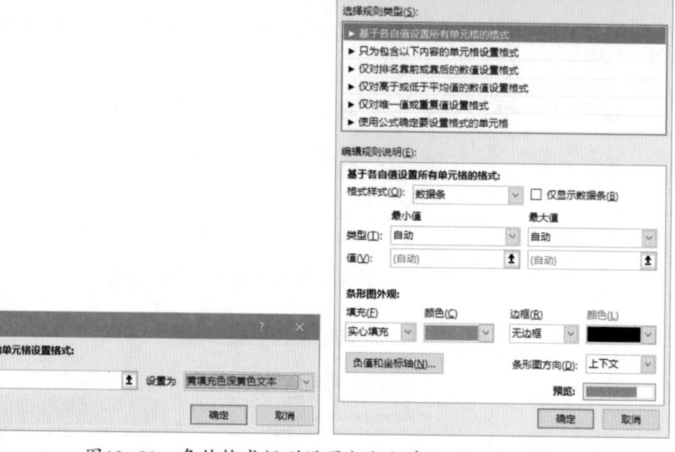

图13-29 条件格式规则设置与数据条规则设置

13.10 高效规范的工作表使用建议

- 工作表中的行、列、单元格操作及格式设置是Excel操作的基础，需要扎实、熟练地掌握。
- 组合工作表对于多工作表的重复设置工作有“奇效”。
- 单元格格式不仅包括单元格自身的字体、边框、填充颜色、对齐、文字方向等格式，而且包括对单元格数字格式的设置。
- 在一般应用中，掌握常用的数字格式即可。但在深度应用中，掌握自定义数字格式的原则和方法将获得极大的便利。
- “填充”操作是Excel中的一种“神奇”操作，是最重要的制表工具。
- 条件格式可以很好地实现数据的可视化设置。

第 14 章

Excel表格高级应用

Excel表格（Table）由工作表中包含数据的区域转换而来，包含了边框、填充、镶边行等基础格式，是由应用程序维护的、有一定命名的、可自动生成、可快速查询与筛选，并且维护与引用都非常方便的表格，超越了普通的数据区域。

14.1 建立表格（以网店货品的销售及报表管理为例）

建立表格的方法非常简单，有以下三种途径：（1）选中数据区域中的任一单元格，单击“开始”选项卡—“样式”组—“套用表格格式”按钮，弹出表格样式组合列表框；在列表中选择合适的样式，弹出“创建表”对话框。其中，Excel已经自动识别了“表数据的来源”的数据区域，如果表格包含标题，则勾选“表包含标题”选项。（2）选中数据区域中的任一单元格，单击“插入”选项卡—“表格”组—“表格”按钮，弹出“创建表”对话框。同样，如果表格包含标题，则勾选“表包含标题”选项，如图14-1所示。（3）选中数据区域中的任一单元格，按快捷组合键“Ctrl+T”，弹出“创建表”对话框。如果表格包含标题，则勾选“表包含标题”选项。

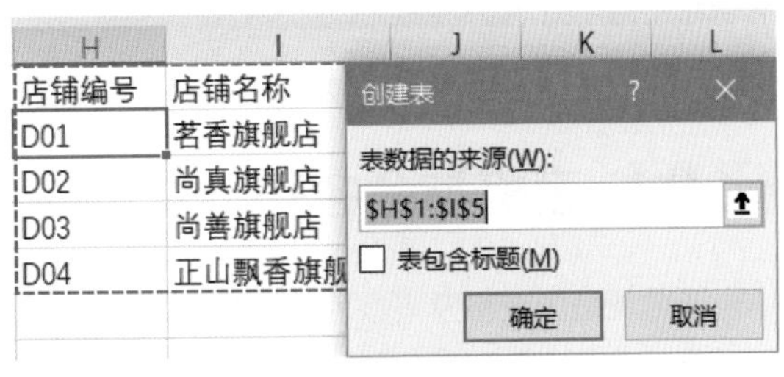

图14-1 “创建表”对话框

图14-2 “表格工具—设计”选项卡

区域转换为表格后，Excel功能区会自动切换到“表格工具—设计”选项卡，其中列出了表格设计所需要的功能。如图14-2所示。

- Excel表格一个明显的优势：标识了标题行，会自动进行镶边行颜色的管理。在“表格样式选项”功能组中可以调整表格样式，例如选择是否突出“标题行”“镶边行”等。
- 每列的标题都带有一个筛选按钮，可以实现快速排序和筛选。如果要隐藏筛选按钮，只需选中表格中的任意单元格，单击“开始”选项卡—“编辑”组—“排序和筛选”按钮，在下拉列表中取消“筛选”选项即可。
- 大型表格向下滚动时，表格标题会自动被推移至列标位置并固定，有利于阅读。

- 区域转换为表格后，表格即具有了名称，可以在“表格工具—设计”选项卡的“属性”组中更改表格名称，以利于其后续在公式中的引用。表格名称也可以通过单击“公式”选项卡—“定义的名称”组—“名称管理器”按钮进行统一管理。
- 表格支持结构化引用。公式使用表名和列标题引用数据，而非单元格。这是一种“变量化”的引用方式，能增强应用运行的稳定性。
- 在紧邻表格右侧的列或紧接表格底部的行中输入数据后，表格会自动扩大，并将相应数据纳入表格。表格最右下端单元格的右下角有一个小控件，拖动即可增大表格范围。
- 表格具有“计算列”的性能，即在列中某单元格运用的公式将自动填充到该列的所有单元格中。
- 可以方便地利用数据透视表进行数据汇总分析，详见第17章。
- 有时，为了快速获得表格的镶边行格式，可以先将数据区域转换为表格；然后，再通过单击“表格工具—设计”选项卡—“工具”组—“转换为区域”按钮，将其转换为带有一定格式的区域。

实用技巧

有时，一个工作表可以放入多个数据表。特别是那些基础信息设置表格，通常集中在一个工作表中，可以分别将其转换为Excel表格，以方便日后引用。

14.2 表格与命名——变量的应用

命名就是为表格及表格内部的每列赋予一定的名称，从而可以标识表格及表格内部的每列，使其成为工作簿的变量，以便在后续的计算、统计中可以方便地被引用。

区域转换为表格后，Excel按顺序命名为“表1”“表2”……，通过“表格工具—设计”选项卡的“属性”组的“表名称”录入框，可以更改表名。

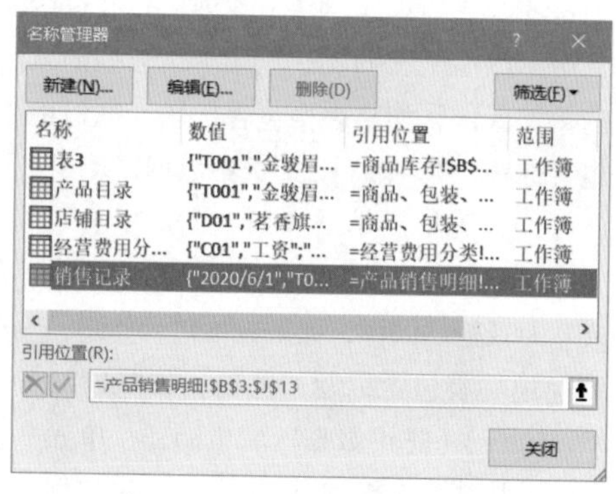

图14-3　“名称管理器”对话框

表格名称可以通过单击“公式”选项卡—“定义的名称”组—“名称管理器”按钮，打开“名称管理器”对话框进行维护。如图14-3所示。可以看到，通过命名表格，表格的标题（字段）也自动被命名了，并且从属关系明确。

在其他应用需要引用已被命名的表格时，Excel会自动识别表格名称和列标题名称。例如，在填写如图14-4所示的产品销售记录表时，一般需要输入产品编码，“产品名称”等信息由Excel自动根据产品编码到“产品目录”表格中查询引用。这是典型的VLOOKUP( )函数的应用。

=VLOOKUP([@产品编码],产品目录[[产品编码]:[产品名称]],2)

VLOOKUP(lookup_value, table_array, **col_index_num**, [range_lookup])

产品销售记录表

日期	产品编码	物料名称	规格型号	数量	单价	金额	销售店铺	客户名称
2020/6/1	T001	[产品名称]],2)		10	100	1000	茗香旗舰店	客户A
2020/6/1	T002	金骏眉2号		6	120	720	尚真旗舰店	客户B
2020/6/1	T001	金骏眉1号		25	100	2500	正山飘香旗舰店	客户C
2020/6/1	T003	金骏眉3号		2	500	1000	茗香旗舰店	客户D
2020/6/1	T005	金骏眉5号		20	340	6800	茗香旗舰店	客户A
2020/6/1	T002	金骏眉2号		30	122	3660	尚善旗舰店	客户C
2020/6/1	T016	花果香肉桂		2	620	1240	茗香旗舰店	
2020/6/1	T012	大红袍6号		2	320	640	尚真旗舰店	
2020/6/1	T023	正山小种5号		1	300	300	正山飘香旗舰店	

产品销售明细　客户明细　商品库存　日销量统计及趋势

图14-4　自动引用表格字段名称

在D3单元格录入公式时，用鼠标

选中第一个参数（即查找值）C3单元格，Excel自动将第一个参数改写为“[@产品编码]”；在录入第二个参数（查找区域）时，Excel切换至产品名称所在的工作表，选择“产品目录”表格的第一、二列时，Excel自动将引用地址由“工作表!区域”的形式转换为“产品目录[[产品编码]:[产品名称]]”的形式，即“表名称[[列名]:[列名]]”的形式，实现了利用变量名进行数据引用的目的。变量名引用的优势是：被引用区域所做的调整，例如在“产品目录”表格中增加行，会自动反映到变量中，而引用可以不变。

14.3 自定义表格样式

与Word中的文本样式或表格样式相同，Excel的表格样式也是由三个系列的内置样式构成。

Excel应用样式的方法与Word应用样式的方法完全相同。

如果利用“套用表格格式”按钮将区域转换为表格，则单击“套用表格格式”按钮，弹出样式选择列表框，在列表框中选择合适的样式即可。

如果需要更改表格的样式，可以通过单击“表格工具—设计”选项卡的“表格样式”组中的快速样式框右侧的换页按钮，进行换页选择。也可以单击快速样式框右侧的“其他”按钮，弹出表格样式下拉组合列表框，如图14-5左图所示。当鼠标指针经过下拉组合列表框中的样式时，工作表中的表格样式会同步发生变化，最后选择合适的样式即可。

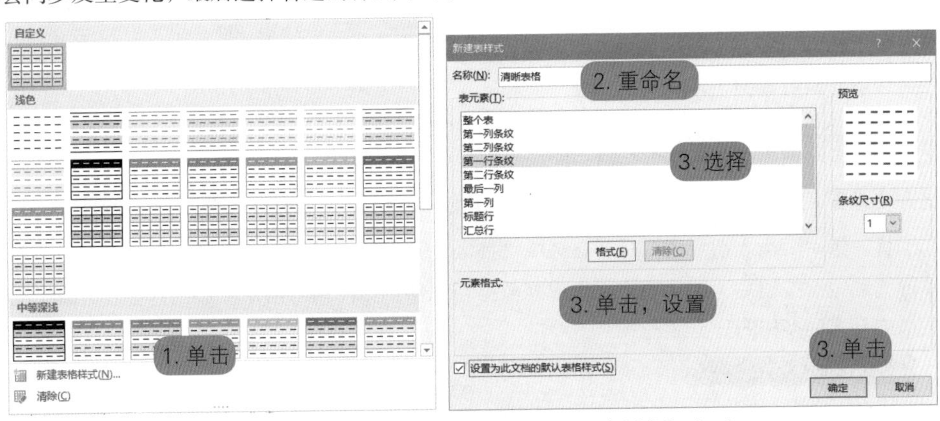

图14-5　表格样式下拉组合列表框及“修改表样式”对话框

如果需要自定义样式，操作方法如图14-5所示。

操作步骤

【Step 1】　单击表格样式下拉组合列表框中的“新建表格样式”按钮，弹出“新建表样式”对话框（或者“修改表样式”对话框）。

【Step 2】　在“新建表样式”对话框的“名称”输入框中对新建表样式进行重命名。

【Step 3】　例如，在此选择需要进行格式设置的镶边行或镶边列。“第一行条纹”指镶边行的第一行，“第二行条纹”则指镶边行的第二行。选中后单击“格式”按钮，弹出简化版的“设置单元格格式”对话框（只有“字体”“边框”和“填充”三个标签页），在对话框中完成字体、边框和填充等选项的设置后，单击“确定”按钮，返回“新建表样式”对话框，再选中其他需要设置格式的行或者列，重复上述步骤进行格式设置，在对话框的预览窗中可以看到设置的效果。最后单击“确定”按钮，关闭“新建表样式”对话框即可。

在表格样式下拉组合列表框中的自定义表样式上单击鼠标右键，在弹出的右键菜单中选择“修改”选项，即可以对自定义表样式进行修改。选择“删除”选项则可删除自定义表样式。

14.4 Excel表格的使用

Excel表格除了在格式自动维护（镶边行、镶边列）、计算列、引用名称等方面具有便利性外，在其他方面同样具有操作便捷的优势。

- 更方便地选中表格的行、列：把鼠标指针置于Excel表格第一列的左侧边缘时（不是指标有行数的行标），鼠标指针自动变为向右的实心箭头“➡”，按住鼠标进行拖拉，即选中了表格中的若干行；把鼠标指针置于Excel表格第一行的上边缘时（不是指列标），鼠标指针自动变为向下的实心箭头“⬇”，按住鼠标进行拖拉，即选中了表格中的若干列。
- 更方便的表格切换：通过单击A1单元格上方的名称框下拉按钮，可以查看工作簿的已被命名的表格和区域。只需在列表中选中某个名称，即切换到相应的表格或区域。如图14-6所示。

=VLOOKUP(产品销售明细!$C6,产品目录[[产品编码]:[产品名称]],2)

销售记录
表3
产品目录
店铺目录
经营费用分...

产品销售记录表

	日期	产品编码	物料名称	规格型号	数量	单价	金额	销售店铺	客户名称
3	2020/6/1	T001	金骏眉1号		10	100	1000	茗香旗舰店	客户A
4	2020/6/1	T002	金骏眉2号		6	120	720	尚真旗舰店	客户B
5	2020/6/1	T001	金骏眉1号		25	100	2500	正山飘香旗舰店	客户C
6	2020/6/1	T003	金骏眉3号		2	500	1000	茗香旗舰店	客户D
7	2020/6/1	T005	金骏眉5号		20	340	6800	茗香旗舰店	客户A
8	2020/6/1	T002	金骏眉2号		30	122	3660	尚善旗舰店	客户C
9	2020/6/1	T016	花果香肉桂		2	620	1240	茗香旗舰店	
10	2020/6/1	T012	大红袍6号		2	320	640	尚真旗舰店	
11	2020/6/1	T023	正山小种5号		1	300	300	正山飘香旗舰店	
12	2020/6/2	T001	金骏眉1号		12	110	1320	茗香旗舰店	
13	2020/6/3	T020	正山小种2号		1.5	210	315		
14	汇总				111.5		19495		

图14-6 通过名称框实现表间跳转

- 更方便地调用分析、分类工具：选中表格中的任一单元格，单击“表格工具—设计”选项卡—“工具”组—“插入切片器”按钮，弹出“插入切片器”对话框，在其中选择生成切片器的列，单击“确定”按钮后，即在表格上生成列数据切片器，如图14-7所示。利用这些切片器，即可对数据进行多种多样的分类筛选。

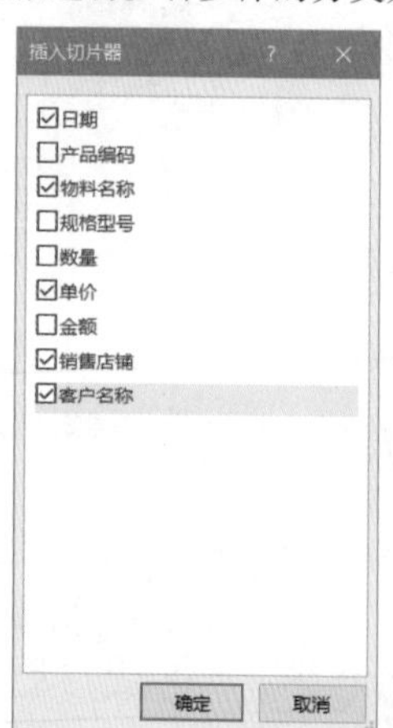

图14-7 Excel表格生成的数据切片器

- 更方便地添加汇总行：选择“表格工具—设计”选项卡—“表格样式选项”组中的多选项“汇总行”，表格底部将增加“汇总”行。单击“汇总”行中的数值型单元格，单元格右侧会自动出现下拉按钮，单击该按钮，Excel将在下拉列表中列出各种数值统计方法，如平均值、计数等。选择其一，则会按此算法得出该列的统计结果。如图14-8所示。

日期	产品编码	物料名称	规格型号	数量	单价	金额	销售店铺	客户名称
2020/6/1	T001	金骏眉1号		10	100	1000	茗香旗舰店	客户A
2020/6/1	T002	金骏眉2号		6	120	720	尚真旗舰店	客户B
2020/6/1	T001	金骏眉1号		25	100	2500	正山飘香旗舰店	客户C
2020/6/1	T003	金骏眉3号		2	500	1000	茗香旗舰店	客户D
2020/6/1	T005	金骏眉5号		20	340	无	茗香旗舰店	客户A
2020/6/1	T002	金骏眉2号		30	122	平均值 计数	尚善旗舰店	客户C
2020/6/1	T016	花果香肉桂		2	620	数值计数	茗香旗舰店	
2020/6/1	T012	大红袍6号		2	320	最大值 最小值	尚真旗舰店	
2020/6/1	T023	正山小种5号		1	300	求和	正山飘香旗舰店	
2020/6/2	T001	金骏眉1号		12	110	标准偏差	茗香旗舰店	
2020/6/3	T020	正山小种2号		1.5	210	方差 其他函数...		
汇总				111.5		19495		

图14-8　表格汇总行数值统计方法的选择

温馨提示

在Excel表格中添加了汇总行后，再在汇总行下面输入数据时，表格将不会自动扩展。

另外，需要注意：

- Excel表格仍然遵循Office“在共性的基础上尊重个性”的思想，即表格格式具有所选样式的格式。但是，操作者仍然可以设置个性化的格式，例如字体、字号等。在表格样式上单击鼠标右键时，右键菜单中的第一、二项“应用并清除格式”与“应用并保留格式”中所指的“格式”即个性化的格式设置。
- 应用Excel表格样式后，“视图”选项卡中的“自定义视图”将变得无效。

14.5 高效的Excel表格应用建议

- 如果能将区域转为Excel表格则进行转换，并进行适当命名。转换后，表格格式工整，维护方便，且有利于引用。
- 总体来说，自定义表格样式可以获得更适合的样式。

第 15 章 Excel公式与函数高级应用

Excel函数（Functions）是一些预定义的单元格之间的数据计算方法，每个函数都具有特定的功能和参数设置。Excel经过多年的发展，已经积累了超过450个、共13类内建函数，包括兼容性函数、多维数据集函数、数据库函数、日期和时间函数、工程函数、财务函数、信息函数、逻辑函数、查找与引用函数、数学和三角函数、统计函数、文本函数、Web函数等。如果需要，还可以下载或购买第三方的专业函数或者用VBA开发自定义函数。

而公式（Formulas）则是利用运算符、函数和其他参数搭建的算式，将单元格地址作为函数、算式的参数进行计算，并且将所得结果放入另一些单元格内。简单的公式可以只包含个别的运算符和少量的函数，复杂的公式则可能由多个运算符、多个函数甚至嵌套函数组成。

用户可以利用公式调用函数并对某个区域内的数值进行一系列运算。例如，分析和处理日期值和时间值以确定贷款的支付额，甚至可以根据单元格中数据的大小显示出特定的形式等等。因此，函数和公式使Excel真正地成为了一个办公级别的数据处理软件。

15.1 运算符

运算符是用来对公式中的元素进行运算的符号，例如乘号“*”以及比较大小关系的大于号“>”等。Excel有四种运算符类型：算术运算符、比较运算符、文本运算符和引用运算符。

15.1.1 算术运算符

算术运算符是用于完成基本数学运算的符号，共有6个，如表15-1所示。

表15-1 算术运算符

算术运算符	含义	实例
+（加号）	加法	A1+B1
–（减号）	减法或负数	A1–B1
*（乘号）	乘法	A1*C1
/（正斜杠）	除法	A1/D1
%（百分号）	百分比	A1%
^（脱字号）	乘方	A1^2

运用算术运算符时，需要以等号“=”作为开头，因为这是对所选单元格赋值的过程。例如，在

单元格C1内录入“=A1+B1”，则返回A1单元格与B1单元格相加的结果。

算术运算要求单元格数字格式为“数字”“货币”“会计专用”等类别。如果单元格数字格式类别为“常规”，或者为字符型数字，其结果均显示为数值运算结果。例如，A1为“01”，B1为“010”，C1为“=A1+B1”，则C1的获得值为“11”。

算术运算符不能用于字符串。例如，A1为“张三”，B1为“先生”，C1为“=A1+B1”，则返回报错提示“#VALUE!”。

实用技巧 

如果要将字符串（例如身份证号码）中的一段转换为数值型数据以便于计算，可以在提取的字符串前加两个减号“--”或者采用“1乘以（1*）”的形式。例如“=--MID(C2,7,4)”，即将C2单元格的字符串从第7位开始取4位转换为数值型数据。

温馨提示

Excel公式或函数中的运算符及其他符号，例如加号、减号、逗号、冒号、引号等，都应该是半角符号。全角符号实质上是某种形式的文本。

15.1.2 比较运算符

比较运算符用于比较两个值，然后返回逻辑值。如果符合条件则返回“TRUE”（真）；反之，则返回“FALSE”（假）。比较运算符也有6个，如表15-2所示。

表15-2 比较运算符

比较运算符	含义	实例
>（大于）	大于	A1>B1
<（小于）	小于	A1<B1
=（等于）	等于	A1=C1
>=（大于等于）	不小于	A1>=D1
<=（小于等于）	不大于	A1<=B1
<>不等于	不等于	A1<>B1

同样，运用比较运算符时，需以“=”作为开头。

比较运算符不仅可以用于数值的比较，而且可以用于字符或字符串的比较。比较字符或字符串时，是按内码次序比较的。例如，A1单元格为“啊”，B1单元格为“吧”，则“=A1<B1”将返回“TRUE”。

15.1.3 文本、引用运算符

1. 文本运算符

文本运算符只有符号“&”一个，用于将两个或多个字符串“串联”起来，然后返回一个长的字符串。例如，A1单元格为“张三”，B1单元格为“先生”，则“=A1&B1”将返回字符串“张三先生”。

“&”运算符可以合并字符串与数字，将数字转换为字符串，然后返回一个较长的字符串。例如，A1单元格为数字“101”，B1单元格为字符“A”，则“=A1&B1”将返回字符串“101A”。

2. 引用运算符

引用运算符用于合并单元格区域，常被用于函数的参数，共有3个，如表15-3所示。

表15-3 引用运算符

引用运算符	含义	实例
:（冒号）	区域运算符，返回包括两单元格及其之间的所有单元格	A1:A15
,（逗号）	联合运算符，返回多个引用区域的合并	A1:A15,C1:D15
（空格）	交叉运算符，返回多个引用区域的交叉部分	A1:D15 C5:D20

15.1.4 运算符的优先级

Excel公式会根据运算符的特定顺序从左到右计算公式。如果公式中同时用到了多个运算符，将按一定的优先级由高到低进行运算，如表15-4所示。另外，相同优先级的运算符，将按从左到右的顺序进行计算。当然，也可以通过括号改变这些优先级。

表15-4 运算符的优先级

<table>
<tr><th>运算符</th><th>含义</th><th>优先级</th></tr>
<tr><td>:（冒号）</td><td rowspan="3">引用运算符</td><td rowspan="3">1</td></tr>
<tr><td>,（逗号）</td></tr>
<tr><td>（空格）</td></tr>
<tr><td>–（负号）</td><td>负数</td><td>2</td></tr>
<tr><td>%（百分号）</td><td>百分比</td><td>3</td></tr>
<tr><td>^（脱字号）</td><td>乘方</td><td>4</td></tr>
<tr><td>*或/（乘号或除以）</td><td>乘法或除法</td><td>5</td></tr>
<tr><td>+或–（加号或减号）</td><td>加法或减法</td><td>6</td></tr>
<tr><td>&（与）</td><td>字符串连接</td><td>7</td></tr>
<tr><td>=（等于）</td><td rowspan="5">比较运算符</td><td rowspan="5">8</td></tr>
<tr><td>>或<（大于或小于）</td></tr>
<tr><td>>=（大于等于）</td></tr>
<tr><td><=（小于等于）</td></tr>
<tr><td><>不等于</td></tr>
</table>

温馨提示

即使操作者掌握了这些优先级，但在较长的公式或函数参数中，为了逻辑的清晰，还是建议把同一级的运算用括号括起来。

15.2 函数与公式应用（以销售管理为例）

我们在创建工作表时会发现：在列与列之间，或者行与行之间，甚至是单元格与单元格之间，都可能具有一定的数据关系，这些关系包含了深入的业务内涵。例如，需要应用一系列复利率计算贷款月供值，或者将多个区域的字符串组合起来，又或者根据不同的条件获得不同的值，等等。即在建立工作表时就具有了一定的函数与公式应用需求。

Excel公式采用了计算机编程的思想，将单元格作为变量，利用各种运算符、函数和公式将各个单元格关联起来。而作为变量的单元格或者行、列就是函数的参数。同时，Excel支持函数的嵌套和条件判断。这样，就可以处理更加复杂的、动态的数据关系。

一方面，工作表的数据区域往往就是一种二维关系型的数据表。因此，Excel能够方便地将一个单元格代表的变量函数关系通过填充的方式推广到相应的列或行之中。这样，就使得Excel成为了一个简洁、直观的数据管理平台，从而能够完成各种数据变量之间的有机连接、推导和运算。

Excel中的公式都以等号“=”作为开头。因为，严格地讲，Excel中的公式都是对单元格赋值的过程。下面的表达式就是一个简单的公式：=(A2+B2)*0.5

该公式表示对A2单元格与B2单元格的数据计算算术平均数。上述公式中的计算部分，又可以用一个函数来替代：

=AVERAGE(A2, B2)

从公式的结构来看，公式可以由等号、常量、引用、运算符和函数等构成。其中，等号为公式的标识，不可或缺。在实际应用中，公式还可以使用数组或名称等数据来进行运算。

温馨提示

通过键盘在单元格进行录入，当第一个字符录入半角的加号“+”或减号“-”时，也是在录入公式。如需录入以加、减号开头的字符串，可先键入一个半角引号。

15.2.1 数据、函数与公式

总体而言，Excel工作簿是数据表的集合。数据表的数据之间具有关联性，这些关联需要通过公式与函数建立。但是，Excel本身并不具备程序的顺序结构、选择结构和循环结构这样的过程性控制部件，仅仅在数据操作与生成过程中通过区域扩展、填充遍布至整个数据表。因此，Excel是以数据为中心、通过函数与公式建立数据关系的应用。

一般而言，对于任何应用数据，为了满足数据的规范性和一致性要求，某一个应用中的特定数据应该只有一个入口。那么，当其他表格需要使用某些数据时，应该从基础表格中引用过来。

Excel函数的基本特点：

- 函数一般都需要参数，而参数往往是以单元格或者单元格区域的形式出现的。
- 当单元格区域为参数时，可以将运算覆盖到一个动态的范围之中。
- 函数都会返回一个值，这个值可能是某个单元格的信息，也可能是函数执行的结果。例如，是否找到某个变量等。这个返回值一般就是我们想要的结果。
- 对单个单元格编写的函数，通过Excel的填充复制功能，可以被其他单元格所使用。填充复制功能一般采用拉动单元格右下角的填充柄实现。

可以通过函数嵌套执行多个复杂过程。例如，语句“=IF(AVERAGE(F2:F50)>$P$2, SUM(G2:G50), 0)”就利用嵌套公式执行了数个过程：

- 求区域F2:F50的均值。
- 将求出的均值与P2单元格进行比较。如果大于，则返回G2:G50的合计，否则返回0。Excel最多支持七层函数嵌套。

15.2.2 公式与函数的使用

Excel数据表中的各列之间往往具有某种数据关系，这是最为广泛也最容易使用的一种公式和函数应用。如图15-1所示，需要通过将“单价”列的数值乘以“数量”列的数值，计算出“金额”列的数值，方法为：（1）建立工作表，录入各列的标题。（2）在计算列或计算行的第一个单元格中输入等号，如在“金额”标题下方的M3单元格中键入“=”。（3）单击相关单元格，如单击“单价”标题下方的K3单元格。（4）键入乘号“*”。（5）单击另一个相关单元格，如“数量”标题下方的L3单元格。（6）按回车键，M3单元格即自动算出“K3*L3”的数值；并且，编辑栏（公式栏）中也出现了“=K3*L3”的公式。（7）用鼠标点击M3单元格右下角的填充柄，向下拉动，M列被填充之处将自动按照上述公式进行计算。例如，M4单元格将变为“=K4*L4”的计算结果。

M3 =K3*L3

	D	E	F	G	H	I	J	K	L	M	N
1	客户订单明细表										
2	订单号	下单日期	客户名称	电话	客户地址	货号	货物名称	单价	数量	金额	大单
3	A002	11月1日	李四	139***112	广州市越秀区	P0201	短裤	39	500	19500	
4	A003	11月1日	王五	139***113	广州市黄埔区	P0301	背心	15	600	9000	
5	A001	11月1日	张三	139***111	广州市天河区	P0101	连衣裙	59	100	5900	
6	A004	11月2日	小美	139***114	北京市朝阳区	P0401	上衣	89	500	44500	大单
7	A005	11月3日	张三	139***111	广州市天河区	P0102	连衣裙	80	300	24000	大单
8	A006	11月4日	李四	139***112	广州市越秀区	P0201	短裤	39	600	23400	大单
9	A007	11月5日	王五	139***113	广州市黄埔区	P0301	背心	15	360	5400	
10	A008	11月6日	小美	139***114	北京市朝阳区	P0401	上衣	89	320	28480	大单
11	B008	11月7日	王五	139***113	广州市黄埔区	P0402	上衣	256	160	40960	大单
12	B011	11月11日	李四	139***112	广州市越秀区	P0301	背心	15	300	4500	
13	B012	11月11日	王五	139***113	广州市黄埔区	P0401	上衣	89	280	24920	大单
14				#N/A	#N/A		#N/A	#N/A		#N/A	#N/A
15				#N/A	#N/A		#N/A	#N/A		#N/A	#N/A

图15-1 利用公式生成计算列的值

注意：

- 公式由运算符、函数组成，公式返回值输出到（名称框指示的）当前单元格之中。
- 公式可以在输出的单元格中进行编辑，也可以直接在编辑栏（公式栏）中进行编辑，Excel会用有色线框标识相关单元格。
- 通过填充的方法将公式应用到其他单元格之中，即程序的执行过程。
- 相对引用（相对地址）会随着公式的复制/填充发生相应变化，但输入单元格与输出单元格的“相对部分”位置不变；绝对引用（绝对地址）的“绝对部分”在复制或填充过程中不会发生变化。
- 如果数据区域被转换成了Excel表格，则单元格的关系将表现为一定的、具有名称的数据之间的关系。例如，图15-1中M列的值都为“=[@单价]*[@数量]”。
- 输出单元格数据的显示格式遵守单元格的格式定义，包括自定义数据格式。也可以在单元格（行/列）计算后再设置合适的格式。
- 录入函数的方法：
  - 一般需要记得函数开头的几个字母，在录入时Excel会自动提示相应的函数名称和参数。如图15-2左图所示。
  - 单击编辑栏左侧的“插入函数”按钮“fx”；或者单击“公式”选项卡—“函数库”组—

“插入函数”按钮；或者使用快捷组合键“Shift+F3”，弹出“插入函数”对话框，如图15-2右图所示，在“插入函数”对话框中单击“确定”按钮后，弹出“函数参数”对话框，在其中进行选择或配置参数即可。

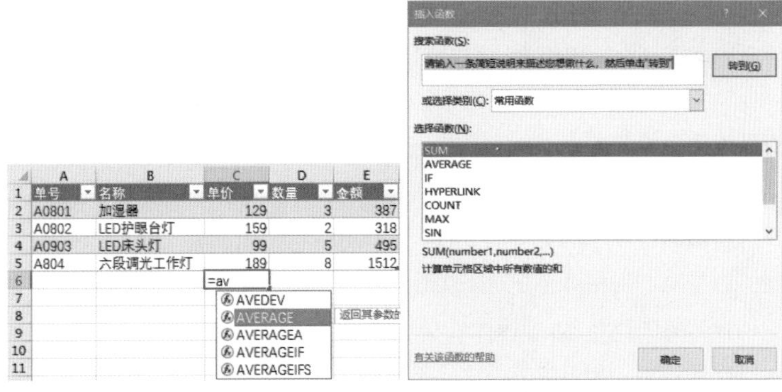

图15-2　录入函数的不同方法

实用技巧

在录入函数的过程中，Excel会根据所输入函数的前几个字母，通过下拉框给出开头字母与被输入字母相同的函数列表。这时，可以通过上、下键选择函数；然后，按Tab键完整输入函数，鼠标指针将保持等待录入参数的状态。

- 将鼠标指针停留在需要录入函数的编辑位置上，单击“公式”选项卡的“函数库”组中的某个函数类别，例如“逻辑”。在这个函数类别的下拉列表中选择需要的函数，例如“IF”，如图15-3左图所示。Excel将会把函数添加到鼠标指针停留的位置上，并打开“函数参数”对话框，在对话框中配置相关参数后单击“确定”按钮即可，如图15-3右图所示。

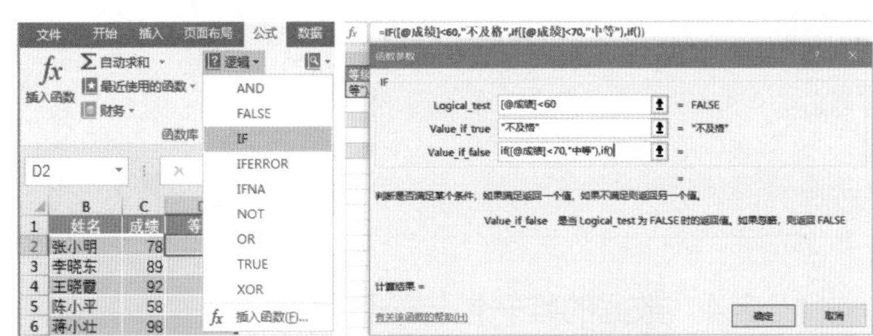

图15-3　通过“公式”选项卡录入函数

配置函数及其参数是一项技术性较强的工作。总体而言，熟悉函数及其参数，然后直接进行录入才是最快捷的方法。

15.2.3　单元格的引用方式与相对地址、绝对地址

Excel对数据的引用有四种方式：相对引用、绝对引用、混合引用和名称引用。引用方式即从地址中找到数据的方式。要引用单元格的数据，就涉及单元格的地址。

（1）相对引用：指引用单元格的地址随复制/填充位置发生变动的引用，即如果公式单元格的位置发生了改变，引用地址也随之改变。其规律是：结果单元格与引用单元格的相对位置不变。例如，将公式“=(A2+B2)*0.5”放在单元格C2中，通过复制或拖动填充柄将C2向下粘贴/填充到C3时，C3的公式即为“=(A3+B3)*0.5”，而向右复制/填充到D2时，公式则变为“=(B2+C2)*0.5”。相对引用所采用的地址被称为“相对地址”。

（2）绝对引用：指引用单元格的地址不发生变动的引用。单元格存放的数据如果是应用中的某

种恒定的量，则其地址不变。这样的地址用“$列标$行标”表示，例如“$A$1”。这种单元格里可能存放着类似利率、阈值这类相对不变的“恒量”。绝对引用所采用的地址被称为“绝对地址”。

（3）混合引用：分为“列绝对、行相对”与“行绝对、列相对”两种情况。在实际应用中，还有区域标识的方式。

- 列绝对、行相对：复制/填充公式时，列标不会发生变化，行标会发生变化，单元格地址的列标前将添加符号“$”。如“$A1”“$C10”“$B1:$B4”等。
- 行绝对、列相对：复制公式时，行标不会发生变化，列标会发生变化，单元格地址的行号前将添加符号“$”。如“A$1”“C$10”“B$1:B$4”等。
- 区域标识：如果需要定义一个区域，一般还可以标识为“工作表名称!列标行标:列标行标”。例如，“货物信息!A$3:E$800”表示名为“货物信息”的工作表从A$3单元格至E$800单元格之间的相应区域。

（4）名称引用：如14.2章节所述，如果工作表的数据区域转换为Excel表格，函数在引用表格中的数据时，往往可以利用Excel表格定义的表格名称及其下属的列名称进行引用。在实际操作中，名称引用往往与选中表格的多列（多行）相似。即在选择表格区域时，只需在标题上按住鼠标进行拖拉，Excel将自动识别，将多列地址的名称作为函数的参数，形成类似于“表名称[[列名]:[列名]]”形式的引用参数。

实用技巧

在录入函数参数时，可以通过按功能键F4来快速切换相对引用和绝对引用。例如，在录入“=货物信息!A$3:E$800”中的“A$3”时，可以先录入“A3”；然后按F4键，Excel将引用转为“$A$3”；再按一次F4键，则转换为“A$3”；最后再按一次F4键，转换为“$A3”。

15.2.4 数据的唯一性与一致性

一般而言，为了保证数据的规范性和一致性，一个严谨的系统在录入基础数据后，如果其他业务表格需要用到这些基础数据，应该采用引用而不是重新录入的方式。严格来说，就是数据应该满足第三范式。

例如，用Excel来记录一个公司的销售情况，虽然应用的核心是销售订单的处理。但是，正确的应用过程为：在“客户信息”表中，录入客户的基础信息；在“货物信息”表中，录入货物的基础信息；而在“订单明细表”中，可以利用客户名称以及货号，从“客户信息”表和“货物信息”表中调取客户和商品信息，而且“客户名称”和“编号”作为“客户信息”表和“货物信息”表的主键（指主要关键字）必须保证唯一性。如图15-4所示。

货物信息

编号	货物名称	规格	单价	库存量
P0101	连衣裙	V160	59	2000
P0102	连衣裙	V230	80	1500
P0103	连衣裙	H183	160	1000
P0201	短裤	Y32	39	2000
P0301	背心	U32	15	2000
P0401	上衣	T160	89	2000
P0402	上衣	S36	256	2000

客户信息

客户名称	联系人	联系电话	邮编	公司地址	电子邮件
张三	张三	139***111	510630	广州市天河区	123@qq.co
李四	李四	139***112	510230	广州市越秀区	124@qq.co
王五	王五	139***113	510820	广州市黄埔区	125@qq.co
小美	小美	139***114	101001	北京市朝阳区	456@qq.co

图15-4 “货物信息”表和“客户信息”表

在上述基础数据表中，因为“货物信息”表中的“编号”和“客户信息”表中的“客户名称”必须保证唯一性。对此，我们可以用Excel的“数据验证”功能满足这一数据需求，这也是一个典型的函数应用。以“货物信息”表为例，具体的操作如图15-5所示。

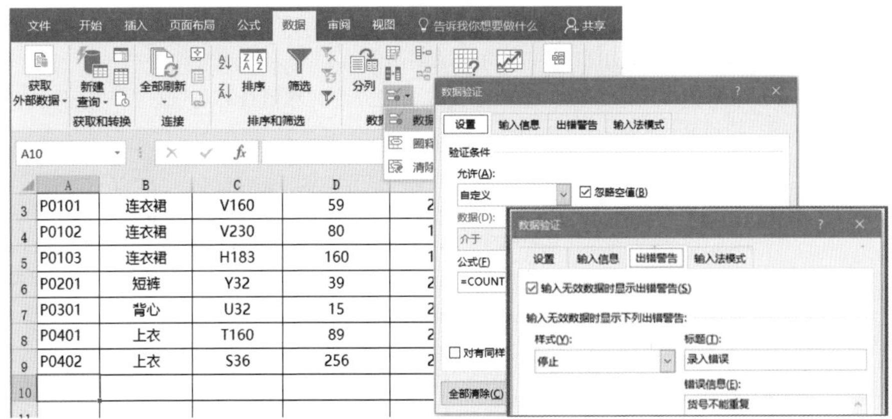

图15-5　通过数据验证功能，保证编码的唯一性

操作步骤

【Step 1】　将鼠标指针停留在需要保持唯一性的列中的任一单元格内，一般是第一个单元格，例如A1。

【Step 2】　单击“数据”选项卡。

【Step 3】　单击“数据工具”组中的“数据验证”按钮，打开“数据验证”窗口。

【Step 4】　打开“数据验证”窗口的“设置”标签页，在“验证条件”下的“允许”选择框中选择“自定义”。这时，显示“公式”输入框，允许用户在此输入特定的公式以进行数据验证。

【Step 5】　在“公式”输入框中，键入“=COUNTIF(A:A, A10)=1”。

【Step 6】　在“出错警告”标签页中，“样式”选择框默认选择“停止”选项，在“标题”输入框中键入“录入错误”，在“错误信息”输入框中键入“货号不能重复”。

【Step 7】　用拖拉填充的方法，将上述定义设置填充到整个列中足够多的单元格内。

通过上述步骤，即实现了一列数据的唯一性验证与报错提示的设置。实际效果如图15-6所示。

Excel工作簿和工作表本身是开放的，要想保证其中的信息严格符合第三范式也不太现实。但是，一些正式的应用，例如企业、学校的正式数据，还是需要尽可能地保持其规范性和一致性。这就需要我们在使用Excel时，对数据信息进行规划、拆分，区分基础信息表和工作信息表。然后，通过唯一性校验和引用，保证整体数据的规范性和一致性。

	A	B	C	D	E
3	P0101	连衣裙	V160	59	2000
4	P0102	连衣裙	V230	80	1500
5	P0103	连衣裙	H183	160	1000
6	P0201	短裤	Y32	39	2000
7	P0301	背心	U32	15	2000
8	P0401	上衣	T160	89	2000
9	P0402	上衣	S36	256	2000
10	P0301				
11					
12					
13					
14					

录入错误
货号不能重复
重试(R)　取消　帮助(H)

图15-6　数据唯一性验证的效果

上文的应用中的关键是函数“=COUNTIF(A:A, A10)=1”的使用，它表示在范围A:A（即第A列）中查找单元格A10中的信息并计数，然后判断是否等于1。如果等于1，则返回真（True）；否则，则返回假（False）。

15.3 常用函数

Excel的内建函数约有450个，被分为13类，但在日常应用中，并不需要全部掌握这些函数。适当的方法是：掌握常用函数并熟练应用自己领域所涉及的函数。

Excel的常用函数如图15-7所示，按功能特征大致可以分为“数值计算与统计”“条件构造”“查找与引用”“逻辑”“时间”“文本”“转换”七个方面。

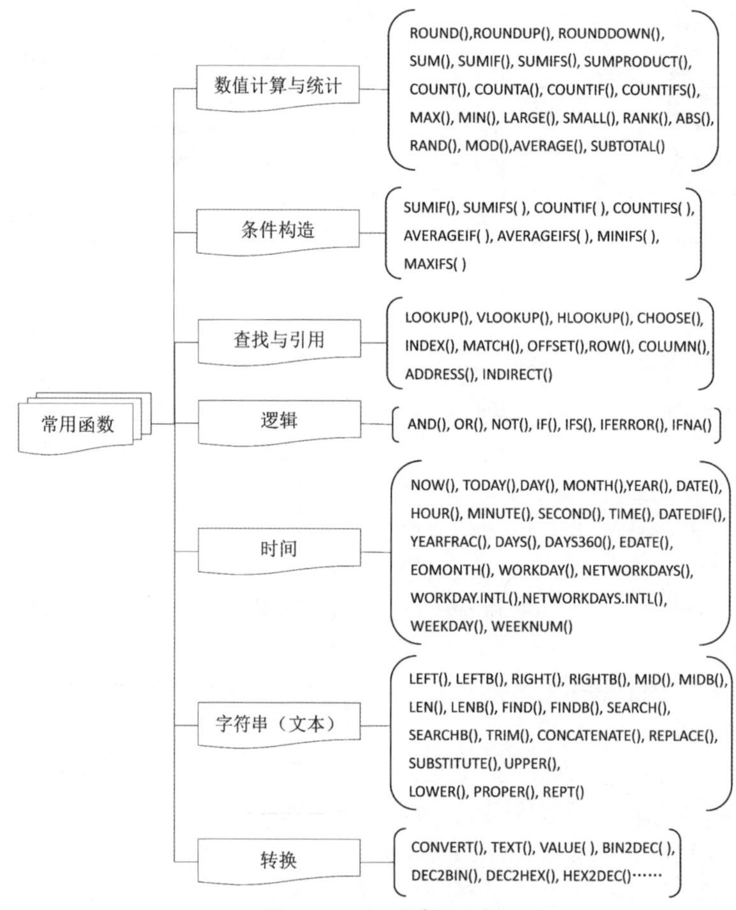

图15-7　Excel的常用函数

注意：下面介绍函数使用方法时，为了节省篇幅，不再对每个参数进行详细说明。但是，所有的示例图片都截取了函数的编辑栏，可以在其中看见函数参数的实际配置。

15.3.1 数值计算与统计类函数的使用

1. ROUND( )、ROUNDUP( )和ROUNDDOWN( )函数

E3　=ROUND(B3,C3)

	A	B	C	D	E	F	G
2		数据	小数位数		ROUND	ROUNDUP	ROUNDDOWN
3		12.53	1		12.5	12.6	12.5
4		12.35	1		12.4	12.4	12.3
5		9.91	1		9.9	10	9.9

图15-8　ROUND( )、ROUNDUP( )和ROUNDDOWN( )函数示例

用途：按照给定的小数位数对数据进行向上或者向下舍入。ROUND( )函数按指定位数进行四舍五入，ROUNDUP( )函数向上舍

入，ROUNDDOWN( )函数向下舍入。效果如图15-8所示。

用法：ROUND(number, num_digits), ROUNDUP(number, num_digits); ROUNDDOWN(number, num_digits)

说明：

- “number”即需要进行舍入的数据，“num_digits”即指定的位数。
- 如果“num_digits”大于0，则将数字舍入到指定的小数位数。
- 如果“num_digits”为0，则将数字向上舍入到最接近的整数。
- 如果“num_digits”小于0，则将数字向小数点前的位数舍入。效果如图15-9所示。

E3 =ROUND(B3,C3)

	A	B	C	D	E	F	G
2		数据	小数位数		ROUND	ROUNDUP	ROUNDDOWN
3		12.53	-1		10	20	10
4		15.35	-1		20	20	10
5		9.91	-1		10	10	0

图15-9　小数位数小于0时的位数舍入

2. SUM( )、SUMIF( )和SUMIFS( )函数

用途：SUM( )函数用于求和。SUMIF( )及SUMIFS( )函数，分别为单条件求和及多条件求和。效果如图15-10所示。

用法：SUM(number1, [number2], …); SUMIF(range, criteria, [sum_range]); SUMIFS(sum_range, criteria_range1, criteria1, [criteria_range2, criteria2], …)

G5 =SUMIFS(D3:D9,B3:B9,"<"&DATE(2020,2,1),C3:C9,"上海")

	A	B	C	D	E	F	G	H
2		时间	城市	金额		合计	¥285.00	
3		2020/1/3	北京	¥18.00		广州	¥88.00	
4		2020/1/18	上海	¥35.00		>50	¥135.00	
5		2020/1/21	广州	¥62.00		上海一月	¥35.00	
6		2020/1/21	深圳	¥73.00				
7		2020/2/8	广州	¥26.00				
8		2020/2/12	北京	¥39.00				
9		2020/2/20	上海	¥50.00				

图15-10　SUM( )、SUMIF( )和SUMIFS( )函数示例

说明：

- SUMIF( )的第一个参数区域为条件域，而SUMIFS( )的第一个参数区域为求和域。

方括号内的参数为可选参数。多条件时，条件之间是“与”的关系。

- 字符串条件支持通配符“*”“?”，表示“包含”。
- 更多条件用法参见15.3.2小节。
- 算法举例：

```
=SUMIF(C3:C9,"广州",D3:D9)                          // 广州
=SUMIF(D3:D9,">50")                                 // >50
=SUMIFS(D3:D9,B3:B9,"<"&DATE(2020,2,1),C3:C9,"上海") // 上海一月
```

3. SUMPRODUCT( )函数

用途：获得多组数据对应元素相乘后求和的值。

用法：SUMPRODUCT (array1, [array2], ...)

说明：

- SUMPRODUCT( )函数以数组为参数，但它不是所谓的数组函数（即需使用快捷组合键“Ctrl+Shift+Enter”录入的函数）。
- 作为参数的数组array1、array2……的形状应相同。
- 算法举例：

	A	B	C	D	E	F	G
2		时间	城市	金额		一月计数	4
3		2020/1/3	北京	¥18.00		一月合计	¥188.00
4		2020/1/18	上海	¥35.00			
5		2020/1/21	广州	¥62.00			
6		2020/1/21	深圳	¥73.00			
7		2020/2/8	广州	¥26.00			
8		2020/2/12	北京	¥39.00			
9		2020/2/20	上海	¥50.00			

图15-11　SUMPRODUCT( )函数示例

```
=SUMPRODUCT(--(MONTH(B3:B9)=1) )            //一月计数
=SUMPRODUCT(--(MONTH(B3:B9)=1),D3:D9)       //一月合计
```

上述第二条算法，相当于在两个矩阵相乘以后再求和，即：

“=1*18+1*35+1*62+1*73+0*26+0*39+0*50=188”

实用技巧

两个负号叠加，即将布尔型数据（True/False）转换为了数值型数据（1/0）。

4. COUNT( )、COUNTA( )函数

用途：COUNT( ) 函数和 COUNTA( ) 函数对数值型数据 / 任意数据的个数进行计数。

用法：COUNT (value1, [value2], ...); COUNTA (value1, [value2], ...)

说明：

- COUNT( )只对数值型（含时间）数据进行计数，而COUNTA( )对数字、文本、逻辑、错误提示甚至空格字符“" "”（例如在单元格中键入的空格键）进行计数，二者对空白单元格均不计数。

H3　=COUNT(B3:F3)

	A	B	C	D	E	F	G	H	I
2		1	2	3	4	5		COUNT	COUNTA
3		台灯	护眼台灯	LED床头灯	调光工作灯	工作灯	→	0	5
4		触摸开关	触摸开关		触摸开关		→	0	3
5		¥129.00	¥159.00	未知	¥189.00	¥299.00	→	4	5
6		3	5	0	8	0	→	5	5

图15-12　COUNT( )、COUNTA( )函数示例

5. COUNTIF( )、COUNTIFS( )函数

用途：用于基于单条件/多条件的计数。

用法：COUNTIF (range, criteria); COUNTIFS (criteria_range1, criteria1, [criteria_range2, criteria2], ...)

说明：

- 更多条件用法参见15.3.2小节。
- 算法举例：

G3　=COUNTIF(C3:C9,"广州")

	A	B	C	D	E	F	G
2		时间	城市	金额			
3		2020/1/3	北京	¥18.00		广州	2
4		2020/1/18	上海	¥35.00		>50	2
5		2020/1/21	广州	¥62.00		上海一月	1
6		2020/1/21	深圳	¥73.00			
7		2020/2/8	广州	¥26.00			
8		2020/2/12	北京	¥39.00			
9		2020/2/20	上海	¥50.00			

图15-13　COUNTIF( )、COUNTIFS( )函数示例

```
=COUNTIF(C3:C9,"广州")         //广州计数
=COUNTIF(D3:D9,">50")          //大于50计数
=COUNTIFS(B3:B9,"<"&DATE(2020,2,1),C3:C9,"上海") //一月上海计数
```

6. MAX( )、MIN( )、LARGE( )和SMALL( )函数

用途：用于找到最大、最小值，或者前第几、后第几的值。

用法：MAX(number1, [number2], ...); MIN(number1, [number2], ...); LARGE (array, n); SMALL(array, n)

说明：

- 字符比较按ASCII码的顺序进行比较，

F6　=LARGE($C$3:$C$8,E6)

	A	B	C	D	E	F	G
2		名称	单价		Max	Min	
3		LED充电款工作台灯	¥129.00		¥299.00	¥38.00	
4		LED护眼台灯	¥159.00				
5		LED床头灯	¥99.00		nth	Large	Small
6		六段调光工作灯	¥189.00		1	¥299.00	¥38.00
7		绘图工作灯	¥299.00		2	¥189.00	¥99.00
8		LED床头简易灯	¥38.00		3	¥159.00	¥129.00

图15-14　MAX( )、MIN( )、LARGE( )和SMALL( )函数示例

汉字或日语假名等字符按Unicode编码的顺序进行比较。

- 这些函数不会忽视被筛选排除的行，即虽然通过筛选排除了某些行，但其数据仍会被考虑在内。例如，在图15-14所举的例子中，即使通过筛选排除了“绘图工作灯”行，最后的函数结果仍然相同。
- MAXIFS( )函数和MINIFS( )函数的使用方法与SUMIFS( )相同，其用途一目了然。
- 算法举例：

```
=MAX(C3:C8)
=LARGE($C$3:$C$8,E6)
```

7. RANK( )函数

用途：获得某个值在一组值中的排位。

用法：RANK (number, ref, [order])

说明：

- “order”规定了是升序还是降序，缺省为0，为降序；如果改为1，则为升序。
- 与MAX( )等函数相似，被筛选排除的行仍会参与排序。

D3 =RANK(C3,$C$3:$C$8)

	A	B	C	D
2		名称	单价	价格高低
3		LED充电款工作台灯	¥129.00	4
4		LED护眼台灯	¥159.00	3
5		LED床头灯	¥99.00	5
6		六段调光工作灯	¥189.00	2
7		绘图工作灯	¥299.00	1
8		LED床头简易灯	¥38.00	6

图15-15　RANK( )函数操作示例

8. ABS( )函数

用途：用于计算数值的绝对值。

用法：ABS(number)

E3 =ABS(E2)

	A	B	C	D	E	F
2		原值	0.04	0.37	-1.75	-2.47
3		绝对值	0.04	0.37	1.75	2.47

图15-16　ABS( )函数操作示例

9. RAND( )函数

用途：用于产生0～1之间（大于等于0且小于1）的随机数。

用法：RAND( )

说明：

- 在工作表中输入数据时，随机数会随之被更新。如果要获得固定的随机数，可以在输入栏中输入公式“=RAND( )”，然后按F9获得公式的值。
- 如果需要a～b之间的随机数，使用公式“=RAND( )*(b-a)+a”即可。另外，可以用RANDBETWEEN()函数产生两个数之间的整数随机数。

=RAND()

B
随机数
0.450207114
0.975931847
0.591831366
0.26098504
0.093767716
0.708453407

图15-17　RAND( )函数示例

10. MOD( )函数

用途：用于返回两个数相除之后的余数。

用法：MOD (number, divisor)

说明：

- MOD( )函数常用于判断奇数或偶数。例如，利用身份证号码的第17位数字标识性别：奇数为男，偶数为女。又如，对工作表自定义镶边行（即对整个工作表设置条件格式）时，先将条件设为“=MOD(ROW( ), 2)=0”，然后设置格式，则偶数行会呈现出特有的格式。

=MOD(B3,C3)

B	C	D	E
被除数	除数		余数
1	3	→	1
2	3	→	2
3	3	→	0
4	3	→	1
5	3	→	2
6	3	→	0

图15-18　MOD( )函数示例

11. AVERAGE( )函数

用途：用于计算平均值。

用法：AVERAGE(number1, [number2], …)

说明：

- 在算法上即计算算术平均数，等于SUM(number1, [number2], …)除以COUNT(value1, [value2], …)（且COUNT(value1, [value2], …)>0）的值。
- 如果需要计算条件指定的单元格的平均值，可以使用AVERAGEIF( )或者AVERAGEIFS( )函数，用法与SUMIF( )及SUMIFS( )函数相同。

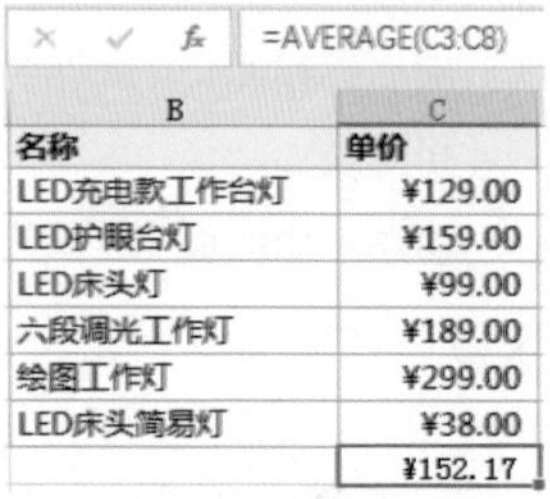

=AVERAGE(C3:C8)

B	C
名称	单价
LED充电款工作台灯	¥129.00
LED护眼台灯	¥159.00
LED床头灯	¥99.00
六段调光工作灯	¥189.00
绘图工作灯	¥299.00
LED床头简易灯	¥38.00
	¥152.17

图15-19　AVERAGE( )函数示例

12. SUBTOTAL( )函数

用途：用于汇总计算。这里的“汇总”不是指单纯的相加，而是可以求和、求平均值、计数、筛选最大/最小值，甚至计算标准差等的数据处理。

用法：SUBTOTAL(function_num, ref1, [ref2], ...)

说明：

- Function_num（必备参数）：范围为数字1～11或数字101～111，用于指定汇总计算使用的函数。如表15-5所示。如果使用数字1～11，将包括手动隐藏的行；如果使用数字101～111，则排除手动隐藏的行。SUBTOTAL( )函数始终排除已筛选掉的单元格。

表15-5　SUBTOTAL( )函数的Function_num参数

Function_num（包含隐藏值）	Function_num（忽略隐藏值）	函数
1	101	AVERAGE( )
2	102	COUNT( )
3	103	COUNTA( )
4	104	MAX( )
5	105	MIN( )
6	106	PRODUCT( )
7	107	STDEV( )
8	108	STDEVP( )
9	109	SUM( )
10	110	VAR( )
11	111	VARP( )

（注：表中所说的“隐藏值”是指手动隐藏的行所包含的值。）

- SUBTOTAL( )函数在筛选后的行中进行汇总。因此如果进行了筛选，则未被筛选的行将不被计算。这有可能与使用MAX( )、MIN( )、LARGE( )和SMALL( )函数直接计算的结果不一致。
- SUBTOTAL( )函数虽然使用了“SUB”作为开头，但其本身没有分类功能。如果需要进行分类汇总，必须先对数据表格进行分类排序，然后进行分类汇总。Excel的分类汇总功能可以通过单击

“数据”选项卡—“分级显示”组—“分类汇总”按钮启用，产生如图15-20下图所示的效果。可以看到，虽然分类汇总功能针对“类别”列进行了分类汇总计算，但正式的分类还需依靠分类功能实现。

- 如需进行更好的分类汇总，可以利用数据透视表功能。

15.3.2 条件构造

在日常应用中，使用频率较高的函数有8种，分别为SUMIF( )、SUMIFS( )、COUNTIF( )、COUNTIFS( )、AVERANGEIF( )、AVERANGE IFS( )、MINIFS( )和MAXIFS( )。这些函数都需要进行条件的构造。进行条件构造的具体情况如表15-6所示：

F10 =SUBTOTAL(4,表2_6[单价])

名称	单价
LED充电款工作台灯	¥129.00
LED护眼台灯	¥159.00
LED床头灯	¥99.00
六段调光工作灯	¥189.00
LED床头简易灯	¥38.00
	¥614.00

Max	Min
¥299.00	¥38.00

nth	Large	Small
1	¥299.00	¥38.00
3	¥159.00	¥129.00

SUBTOTAL 189

F19 =SUBTOTAL(9,F17:F18)

名称	类别	数量	单价	金额
LED充电款工作台灯	台灯	2	¥129.00	¥258.00
LED护眼台灯	台灯	3	¥159.00	¥477.00
	台灯 汇总	5		¥735.00
LED床头灯	床头灯	6	¥99.00	¥594.00
	床头灯 汇总	6		¥594.00
六段调光工作灯	工作灯	3	¥189.00	¥567.00
绘图工作灯	工作灯	2	¥299.00	¥598.00
	工作灯 汇总	5		¥1,165.00
LED床头简易灯	床头灯	5	¥38.00	¥190.00
	床头灯 汇总	5		¥190.00
	总计	21		¥2,684.00

图15-20　SUBTOTAL( )函数示例

表15-6　条件统计函数中条件的构造

代码	含义	实例
N	等于N	=COUNTIFS(A1:A80, 100) //等于100的计数
“>=N”	不小于N	=COUNTIFS(A1:A80, ">=60") //不小于60的计数
“string”	字符串等于string	= COUNTIFS(B1:B80, "广州")//广州的计数
“*string*”	包含字符串string	= COUNTIFS(B1:B80, "*华南*")//包含“华南”的计数
“<>string”	不为string	= COUNTIFS(B1:B80, "<>广州")//不为广州的计数
“<>”	非空	= COUNTIFS(B1:B80, "<>")//非空的计数
“”	空值	= COUNTIFS(B1:B80, "")//空值的计数
“<” &C1	小于单元格C1	= COUNTIFS(B1:B80, "<"&C1)//小于单元格C1的计数

说明：

- 条件判断中的比较运算符可以被更换，如“>=N”中的“>=”可以被更换。
- 代码“*string*”中的通配符“*”可以被更换为“?”。“?”为单字符（含双字节字符，例如，条件“广?”可以查询出“广东”“广西”“广州”等），“???-??”可以查出在五个字符中间加一个连字符的形式的数据，如“ABC-88”“广东省-广州”。而“～”为转意符，加在“？”“*”“～”之前表示这些符号本身。例如，“*～?”可查询出“Hello?”“Anybody here?”。
- 代码“"<"&C1”中的单元格地址可以是相对地址，也可以是绝对地址，在复制/填充时需遵循地址引用规则。
- 代码“"<"&C1”中的单元格可以被更换为某个具体的值。对于日期，可以用DATE(year, month,

day)进行构造。例如DATE(2020, 9, 1)表示2020-9-1。

- 当具有多个条件时，条件之间是“与”的关系。例如，“=COUNTIFS(B3:B9, "<"&DATE(2020, 2, 1), C3:C9, "上海")”可以查出位于B3:B9单元格区域的日期在2020-2-1前且在C3:C9单元格区域中的值为“上海”的单元格计数结果。

实用技巧

在Excel中进行查找或替换（可使用快捷组合键“Ctrl+F”或“Ctrl+H”），在缺省状态下，作为计算结果的数值是不会被查找到的。缺省状态下，Excel的查找范围除了原始数据以外，还包含“公式”（即函数公式和运算符）。例如，“SUM”或“+”可被查找到。

如果要切换到只在计算结果中查找特定值，可以在“查找和替换”对话框中，单击“选项”按钮，然后在“查找范围”选择框中选择“值”选项即可。

15.3.3 信息查找与引用类函数的使用

Excel的信息查找功能非常直观，而这里所说的“信息查找”是指对数据表之间数据关联的查询与引用。一般而言，为了保证数据的规范性和一致性，一个系统里的数据应该满足第三范式。即既要满足第一范式：一张表中只能保存一种数据，不能把多种数据保存在同一张数据库表中；还要满足第二范式：数据表中的每一列数据都和主键直接相关，而非间接相关。

Excel中的数据表综合性较强。因此，通常会出现这两种情况：（1）用Excel在较为宽泛的第三范式的基础上建立各个数据表之间的关系，数据表之间需要通过信息查找和引用函数进行关联。（2）在其他数据库系统里建立了严谨的数据关系，并且有各种数据信息的管理应用，出于更进一步的应用需求，需要在Excel中导出数据，再利用Power Pivot建立数据关系以进行进一步的分析。对于第一种情况，就需要对数据信息进行各种关联，此时就会用到信息查找与引用类函数。

1. LOOKUP( )函数

用途：用于根据某个关键字从单行或单列区域或者从一个数组中查询数据，然后返回所查找的特定值。LOOKUP( )函数所查询的区域或数组，必须按升序排列数据。

用法：LOOKUP(lookup_value, lookup_vector, [result_vector])

说明：

F3 =LOOKUP(E3,B$3:B$8,C$3:C$8)

	A	B	C	D	E	F	G
2		波长(nm)	颜色		波长(nm)	颜色	
3		405	紫色		585	黄色	
4		450	蓝色		455	蓝色	
5		525	绿色		400	#N/A	
6		585	黄色		620	橙色	
7		610	橙色				
8		660	红色				

图15-21 LOOKUP( )函数示例

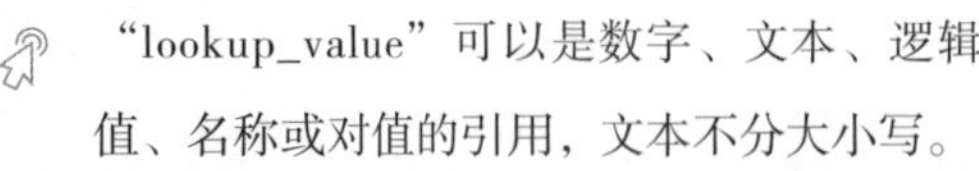

- “lookup_value”可以是数字、文本、逻辑值、名称或对值的引用，文本不分大小写。
- “lookup_vector”为被查找区域（数组），必须是单行或单列区域，且按升序排列。
- “result_vector”为返回值区域，也必须是单行或单列区域，且大小与“lookup_vector”相同。
- 如果找不到“lookup_value”，则函数将与“lookup_vector”中小于“lookup_value”的最大值进行匹配。
- 如果“lookup_value”小于“lookup_vector”中的最小值，则LOOKUP( )函数会返回错误值“#N/A”。

在数组中的查找与上例类似，如：

```
=LOOKUP("C", {"a", "b", "c", "d";1, 2, 3, 4}) // 返回3
=LOOKUP("bump", {"a", 1;"b", 2;"c", 3})    // 返回2
```

2. VLOOKUP( )函数

用途：用于通过对关键字的查询检索，将某一区域中的数据返回到特定单元格，以实现数据动态关联，保证数据的规范性。这里的“V”是Vertical（纵向）之意，即被检索的数据是纵向（按列）存放的。

E3 =VLOOKUP(D3,H$3:I$7,2,TRUE)

VLOOKUP函数的近似匹配实现分段数据抽取

编号	姓名	销售额	提成率	提成		销售额	提成率
301	张三	¥163,800	6%	¥9,828		50000	3%
302	李四	¥76,300	4%	¥3,052		75000	4%
303	王五	¥321,600	8%	¥25,728		100000	5%
304	钱六	¥98,600	4%	¥3,944		125000	6%
305	张小明	¥123,000	5%	¥6,150		175000	8%

图15-22　VLOOKUP( )函数示例

用法：VLOOKUP(lookup_value, table_array, col_index_num, [range_lookup])

说明：

- 参数“lookup_value”为在表格或区域的第一列中需要被查找的值，被查找的值可以是文本、数字或逻辑值，文本不区分大小写。
- 参数“table_array”为包含数据的单元格区域（也可直接使用已命名区域的名称）。
- 参数“col_index_num”指从数据区域中返回数据的列号。这个列号是指数据区域中的列数，与数据的列标无关。例如，图15-22中参数“col_index_num”为2，表示返回H$3:I$7区域中的第二列数据，即H$3:I$7区域中“提成率”列的数据。
- 参数“col_index_num”必须大于等于1。因此，VLOOKUP( )函数只能返回右侧信息。
- 参数“range_lookup”为可选参数，是逻辑值，用于指定VLOOKUP( )函数是按照精确匹配值还是近似匹配值进行查找。
- 如果“range_lookup”为“TRUE”或被省略，则必须按升序排列“table_array”第一列中的值；否则，VLOOKUP( )函数可能无法返回正确的值。此时，函数返回精确匹配值或近似匹配值，如果找不到精确匹配值，则返回小于“lookup_value”的最大值。
- 如果“range_lookup”为“FALSE”，则不需要对“table_array”第一列中的值进行排序。此时，VLOOKUP( )函数将只会查找精确匹配值。如果“table_array”的第一列中有两个或更多的值与“lookup_value”匹配，则使用第一个被找到的值。如果找不到精确匹配值，则返回错误值“#N/A”。
- VLOOKUP( )函数的应用广泛，有关VLOOKUP( )函数的应用详情，请阅读15.3.4小节。

3. HLOOKUP( )函数

用途：用于通过对关键字的查询检索，将某一区域中的数据返回到特定单元格，从而实现数据动态关联，保证数据的规范性。这里的“H”是Horizontal（横向）之意，代表“行”。

用法：HLOOKUP(lookup_value, table_array, row_index_num, [range_lookup])

说明：

- Excel存放数据具有灵活性。有时数据表可能横向（按行）存放。因此，需要可以进行横向检索的函数。

- HLOOKUP( )函数的参数与VLOOKUP( )函数的参数总体类似，不同之处在于第三个参数。VLOOKUP( )函数中的“col_index_num”为区域中的列号，而HLOOKUP( )函数中的“row_index_num”为区域中的行号。例如，图15-23中的参数“col_index_num”为2，表示返回区域$I$2:$L$3中的第二行数据，即区域$I$2:$L$3中“折扣率”行的数据。

F3 =HLOOKUP(E3,$I$2:$L$3,2,FALSE)

编号	名称	型号	类别	折扣率
C201	键盘	X120	电脑配件	18%
C202	鼠标	MA205	电脑配件	18%
C203	显示器	P24	电脑配件	18%
M201	Mini USB 充电线	Mi0.5	手机配件	20%
M202	Type C 充电线	T0.5	手机配件	20%
E201	电源插座（延长线）	St120	电器配件	15%

类别	机械零件	电器配件	电脑配件	手机配件
折扣率	10%	15%	18%	20%

图15-23　HLOOKUP( )函数示例

4. INDEX( )、MATCH( )函数

（1）INDEX()函数

用途：用于返回表格或区域中指定行、列位置的值。

INDEX( )函数和MATCH( )函数结合使用，可以匹配并返回表格或区域中的值或值的引用。一般而言，这两种函数的结合使用可以实现VLOOKUP( )函数的所有功能，并且具有更好的灵活性。利用INDEX( )函数提取数据的示例如图15-24所示。

F3 =INDEX(B3:C8,2,2)

产品型号	单价（元）
P-01	1653
P-02	786
P-03	4835
T-01	619
T-02	598
T-03	928

产品型号	单价（元）
P-02	786

图15-24　INDEX( )函数示例

用法：INDEX(array, row_num, [column_num])

说明：

- 第一个参数“array”既可以是表格区域，也可以是某一数组。
- 单独使用INDEX( )函数时，必须知道所需数据在区域（或数组）中的行、列位置，这也导致其操作的灵活性很差。因此，INDEX( )函数多与MATCH( )函数结合起来使用。

F5 =MATCH("李子",B3:B6,1)

产品	单价（元）
香蕉	2.10
橙子	3.80
苹果	5.20
草莓	7.50

公式	返回结果
=MATCH(5.1,C3:C6,1)	2
=MATCH(7.5,C3:C6,0)	4
=MATCH("李子",B3:B6,1)	2

图15-25　MATCH( )函数操作示例

（2）MATCH()函数

用途：用于在表格或区域中匹配值，并返回匹配值在表格或区域中的位置。

用法：MATCH(lookup_value, lookup_array, [match_type])

E6 =INDEX(H$3:I$7,MATCH(D6,H$3:H$7,1),2)

INDEX函数与MATCH函数近似匹配实现分段数据抽取

编号	姓名	销售额	提成率	提成
301	张三	¥163,800	6%	¥9,828
302	李四	¥76,300	4%	¥3,052
303	王五	¥321,600	8%	¥25,728
304	钱六	¥98,600	4%	¥3,944
305	张小明	¥123,000	5%	¥6,150

销售额	提成率
50000	3%
75000	4%
100000	5%
125000	6%
175000	8%

图15-26　INDEX( )函数与MATCH( )函数的近似匹配

说明：

- 参数“lookup_value”和“lookup_array”分别表示匹配值和查找匹配值的区域。
- 参数“match_type”有三个选项（指数字1、0或-1）：
  - 1（缺省值），近似匹配，查找小于或等于查找值的最大值；同时，“lookup_array”要按升序排列。
  - 0，精确匹配，“lookup_array”无须排序；

● -1，近似匹配，查找大于或等于查找值的最小值；同时，“lookup_array”要按降序排列。

MATCH( )函数返回匹配值的位置，而不是值本身。如果需要获取值本身，则需要和其他函数一起使用，如INDEX( )函数、VLOOKUP( )函数。

匹配文本值时，MATCH( )函数不区分大小写字母。

5. CHOOSE( )函数

用途：用于根据第一个参数“索引号”从最多254个数值中选择一个。

用法：CHOOSE(index_num, value1, [value2], ...)

说明：

“index_num”必须是介于1到254之间的数字，或是包含1到254之间的数字的公式或单元格引用。如果“index_num”为小数，则在使用前将被截去小数取整。

在参数“value1”“value2”……中，“value1”是必需的，后续值是可选的。在1到254个数值参数中，CHOOSE( )函数将根据“index_num”从中选择一个数值或一项要执行的操作。参数可以是数字、单元格引用、定义的名称、公式、函数或文本。图15-27中的C3单元格代码如下，并向下填充。

	A	B	C
1			
2		评分	等级
3		1	极差
4		1.5	极差
5		2	差
6		2.8	差
7		3	及格
8		3.5	及格
9		4	良好
10		5	优秀

图15-27 CHOOSE( )函数示例

```
=CHOOSE(B3,"极差","差","及格","良好","优秀")
```

CHOOSE( )函数的功能看似普通，但其与其他函数合用时将会产生出色的使用效果：

● 与IF( )函数合用，简化多条件选择性返回值的表达。

如图15-28，利用排名作为索引号，给出选择性的返回值。E3单元格的代码如下，向下填充。

```
=IF(D3<=3,CHOOSE(D3,"一等奖","二等奖","三等奖"),"")
```

此例当然可以使用IF( )函数嵌套来实现，但使用IF( )函数嵌套时，公式较长、括号较多，书写起来也容易出错，不如IF( )函数配合CHOOSE( )函数的使用效果简洁。

	A	B	C	D	E
2		姓名	总分	排名	奖励
3		张小明	443	3	三等奖
4		李小刚	426	5	
5		王晓梅	446	2	二等奖
6		赵晓霞	420	7	
7		陈小胖	433	4	
8		蒋小壮	447	1	一等奖
9		罗大宝	426	5	
10		吴大维	420	7	

图15-28 CHOOSE( )函数与IF( )函数合用

可以看到，利用CHOOSE( )函数，必须首先获得一个从1开始的索引值。

● 与MATCH( )函数配合使用。

如图15-29，先用MATCH( )函数定位当前值在等级分值中所处的位置，然后用CHOOSE( )函数返回对应的等级名称。D3单元格的代码如下，向下填充。

```
=CHOOSE(MATCH(C3,$F$3:$F$7),$G$3,$G$4,$G$5,$G$6,$G$7)
```

此例当然也可以利用IF( )函数嵌套或者IFS( )函数来实现，但公式都比较长，用IF( )函数时括号还较多。

	A	B	C	D	E	F	G
2		姓名	成绩	等级		分值	等级
3		张小明	68	及格		0	不及格
4		李小刚	86	中等		60	及格
5		王晓梅	75	中等		75	中等
6		蒋小壮	92	良好		90	良好
7		罗大宝	59	不及格		100	优秀

图15-29 CHOOSE()函数与MATCH()函数合用

另外，可以看到CHOOSE( )函数参数中的“value1”“value2”……必须是实际值的枚举，不能将其合并起来并用一个区域表示。

● 与SUM( )函数配合使用，计算多列数值的求和。

如图15-30，可以看到，CHOOSE( )函数可以使用数组型索引。此时，函数会根据数组值分别获取相应的值。计算过程为：利用CHOOSE( )函数获得区域1（即C4:C9），再获得区域2（即E4:E9），然后对区域1和区域2求和。

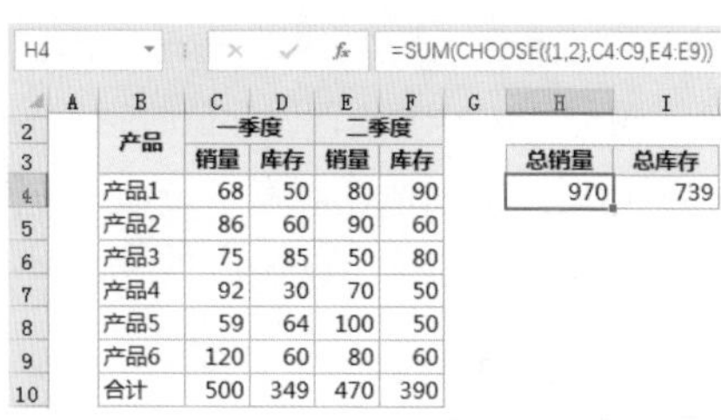

H4 =SUM(CHOOSE({1,2},C4:C9,E4:E9))

产品	一季度		二季度	
	销量	库存	销量	库存
产品1	68	50	80	90
产品2	86	60	90	60
产品3	75	85	50	80
产品4	92	30	70	50
产品5	59	64	100	50
产品6	120	60	80	60
合计	500	349	470	390

总销量	总库存
970	739

图15-30　CHOOSE( )函数与SUM( )函数合用

● 与VLOOKUP( )函数配合使用，解决VLOOKUP( )函数不能返回左侧值的问题。图15-31中J4单元格的公式代码为：

```
=VLOOKUP(I4,CHOOSE({1,2},$C$4:$C$9,$B$4:$B$9),2,0)
```

由于VLOOKUP( )函数只能返回右侧信息（“col_index_num”必须大于等于1），所以当出现如图15-31所示的特殊情况，即基于某些业务细节反查基础信息时，可以使用CHOOSE( )函数将数组的次序颠倒过来。

产品	一季度		二季度	
	销量	库存	销量	库存
产品1	68	50	80	90
产品2	86	60	90	60
产品3	75	85	50	80
产品4	92	30	70	50
产品5	59	64	100	50
产品6	120	60	80	60
合计	500	349	470	390

销量	产品
120	产品6

图15-31　CHOOSE( )函数与VLOOKUP( )函数合用

图15-31中示例的计算过程为：用CHOOSE( )函数分别将C4:C9、B4:B9两区域取出，并在后台组成一个新数组。由于操作顺序为先取C区域、后取B区域，所以这时已经将数组的列序顺了过来。然后，VLOOKUP( )函数将根据I4单元格的值，在新数组中进行检索，返回第二列的值。

6. OFFSET( )函数

用途：用于以指定的引用（如单元格或相连单元格区域的引用）为参照系，通过给定偏移量得到新的引用。

用法：OFFSET(reference, rows, cols, [height], [width])

说明：

- OFFSET( )函数对各种“动态区域”问题都有用，这些动态包括计算的起点和范围。

I3 =SUM(OFFSET(B2,1,I2,6,1))

区域	Q1	Q2	Q3	Q4
华北	11	9	7	6
东北	3	8	9	2
华东	15	10	10	12
华南	12	9	12	10
西北	4	6	3	5
西南	6	8	5	7
合计	51	50	46	42

季度	3
合计	46

图15-32　OFFSET( )函数示例

7. ROW( )、COLUMN( )函数

用途：用于返回当前单元格或指定单元格的行标或列标。

用法：ROW([reference]); COLUNM([reference])

说明：

- 当参数为一个区域时，将返回起始单元格的行标和列标。
- 相关的函数还有ROWS( )函数和COLUMNS( )函数，将返回一个区域的行数和列数。

=COLUMN(Z100)

ROW	COLUMN	单元格
3	3	当前
100	26	Z100
6	5	E6:N20

图15-33　ROW( )、COLUMN( )函数示例

8. ADDRESS( )函数

用途：用于根据行标和列标，返回单元格地址，且能够指定地

Row（行）	Column	Abs	地址
3	5	1	$E$3
3	5	2	E$3
3	5	3	$E3
3	5	4	E3
6	7	1	$G$6
88	6	1	$F$88

图15-34　ADDRESS( )函数示例

址格式是绝对引用、相对引用或者混合引用。

用法：ADDRESS(row_num, column_num, [abs_num], [a1], [sheet_text])

说明：

- 参数“abs_num”即格式参数，参数为1时返回绝对地址，参数为2或者3时返回混合地址，参数为4时返回相对地址。因此，图15-34示例中E3单元格的公式代码如下，向下填充到E8：

```
=ADDRESS(B3,C3,D3)
```

- ADDRESS( )函数从设计上提供了动态地址工具。但是，由于Excel单元格的引用功能十分方便，所以这一地址工具的作用被大大降低了。

9. INDIRECT( )函数

用途：用于返回由文本字符串指定的单元格引用。即参数给定的文本字符串表示地址，而INDIRECT( )函数返回这一地址单元格的值。

用法：INDIRECT(Ref_Text, [A1])

说明：

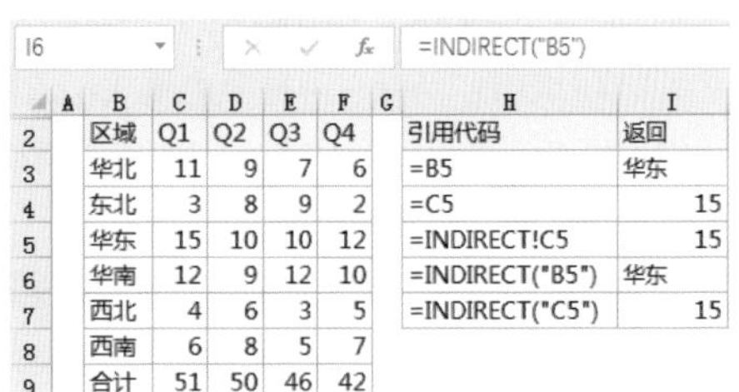

I6 =INDIRECT("B5")

	A	B	C	D	E	F	G	H	I
2		区域	Q1	Q2	Q3	Q4		引用代码	返回
3		华北	11	9	7	6		=B5	华东
4		东北	3	8	9	2		=C5	15
5		华东	15	10	10	12		=INDIRECT!C5	15
6		华南	12	9	12	10		=INDIRECT("B5")	华东
7		西北	4	6	3	5		=INDIRECT("C5")	15
8		西南	6	8	5	7			
9		合计	51	50	46	42			

图15-35 INDIRECT( )函数示例

- 可以看到，对单元格最直接的引用方式就是单元格地址。
- I5单元格的引用代码中的“INDIRECT”为工作表名称。
- INDIRECT( )函数仅仅给出一个文本形式的地址的单元格信息，且只能是单元格。因为从严格意义上讲，Excel公式就是对单元格赋值的过程。
- INDIRECT( )函数常用于多个工作表数据的合并汇总等工作之中，引用给多个工作表的数据提供了便利。鉴于篇幅关系，在此不再赘述。

15.3.4 VLOOKUP( )函数使用的九大要点

数据的魅力之一就是数据之间具有关联性，这种关联性需要我们按照某种规范来建立数据表，从而保证数据规范，并且减小冗余度。例如，将所有物品的价格信息放在一张数据表中，而在销售表（单）中通过引用获得有关信息。

而这样建立的数据表，在使用时往往需要根据一定的条件从数据表中抽取某些符合条件的数据。例如，在销售表（单）数据表中抽取价格表中某种水果的价格数据。数据查询（抽取）是经典的数据查询操作，也是信息系统应用中使用最为频繁的操作之一。

VLOOKUP( )函数正是可以在Excel中完成数据抽取的函数。经过多年的积累，VLOOKUP( )函数已经成为了一种功能强大、应用方式多样的函数。因此，用好VLOOKUP( )函数是利用Excel进行高效率的动态数据管理的必由之路。

1. VLOOKUP( )函数是如何工作的

VLOOKUP( )函数中的“V”是Vertical（纵向）之意，即数据表是按照列（字段）来进行数据安排的。相应地，Excel中还有横向（Horizontal）按行进行数据检索的HLOOKUP( )函数。

当需要查找的值位于所需查找的数据的左边一列时，应使用VLOOKUP( )函数进行数据查找。

2. VLOOKUP( )函数只返回右侧信息

VLOOKUP( )函数的第三个参数“col_index_num”为1时，返回“table_array”所定义区域的第一列中的值；当“col_index_num”为2时，返回第二列中的值，依此类推。

如果参数“col_index_num”小于1，则VLOOKUP( )函数返回错误值“#VALUE!”。

如果参数“col_index_num”大于“table_array”的列数，则 VLOOKUP( )函数返回错误值“#REF!”。

可见，VLOOKUP( )函数只能返回第一列右侧列中的信息。例如，对于图15-36所示的数据表，如果按照“姓名”列查找，则不可能返回“编号”列的信息。如果要克服这个限制，可以用INDEX( )函数配合MATCH( )函数使用，以取代VLOOKUP( )函数。或者，先用CHOOSE( )函数对查询的两列次序进行交换。

3. VLOOKUP( )函数的两种匹配模式

VLOOKUP( )函数有两种匹配模式：近似匹配和精确匹配。在大多数情况下，我们往往利用唯一的关键代码来查找更多的信息，因此使用精确匹配。例如，用产品代码查找产品信息或用人员代码查找人员信息，通常都使用精确匹配。

如前所述，VLOOKUP( )函数的匹配模式由最后一个参数“range_lookup”决定：

- “range_lookup”为“FALSE”（或0）时，为精确匹配。
- “range_lookup”为“TRUE”（或1）或者被省略时，为近似匹配。此时，被查找区域的第一列（查找列）必须按升序排序。
- 近似匹配有一个非常有趣的设计：可以实现查找的“最佳逼近”。即如果没有找到完全相等的值时，则返回小于查找参数“lookup_value”的最大值。也就是说，VLOOKUP( )函数的近似匹配对于数值大小的确定是保持着半闭区间形式的。例如，被查找数据列的两个相邻值为50000和75000，则在查找［50000，75000）以内的值时，都会返回50000对应行的信息。这种功能对于计算分段税率、提成（佣金）等方面的应用非常方便。如图15-36所示。

E3 =VLOOKUP(D3,H$3:I$7,2,TRUE)

VLOOKUP函数的近似匹配实现分段数据抽取

编号	姓名	销售额	提成率	提成		销售额	提成率
301	张三	¥163,800	6%	¥9,828		50000	3%
302	李四	¥76,300	4%	¥3,052		75000	4%
303	王五	¥321,600	8%	¥25,728		100000	5%
304	钱六	¥98,600	4%	¥3,944		125000	6%
305	张小明	¥123,000	5%	¥6,150		175000	8%

图15-36 VLOOKUP( )函数查找的“最佳逼近”

E3 =VLOOKUP(D3,H$3:I$5,2,TRUE)

VLOOKUP函数的近似匹配实现分段数据抽取

编号	姓名	销售额	提成率	提成		销售额	提成率
301	张三	¥163,800	3%	¥4,914		50000	3%
302	李四	¥76,300	3%	¥2,289		175000	8%
303	王五	¥321,600	6%	¥19,296		125000	6%
304	钱六	¥98,600	3%	¥2,958		100000	5%
305	张小明	¥123,000	3%	¥3,690		75000	4%

图15-37 因被检索列未进行排序，造成引用错误

- 注意：图15-36中的“提成率”表数据是自然排序的，即在数据录入时按销售额（50000～175000）由小到大进行排序，并没有专门进行另外的排序。
- 在近似查询时，如果被检索列没有进行排序，会导致数据引用彻底混乱。如图15-37所示，由于“提成率”表的“销售额”列数据没有进行排序，造成“提成表”中数据引用的混乱。

4. VLOOKUP( )函数返回找到的第一个匹配值

在精确匹配模式下，如果表中的被查找列含有多个相同的值，则VLOOKUP( )函数返回第一个匹配值。

如图15-38所示，从“人员列表”中抽取人员数据时，由于姓名重复，只能找到第一个匹配值。

I3 =VLOOKUP(H3,C3:E7,3,FALSE)

利用VLOOKUP函数抽取数据

编号	姓名	性别	部门	联系电话		姓名	部门
512	张三	男	研发部	87112345		张小明	研发部
516	张小明	男	研发部	87112345			
701	李四	男	生产部	87112346			
006	王二	男	办公室	87112347			
718	张小明	女	生产部	87112348			

图15-38　精确匹配时，VLOOKUP( )函数只能返回第一个值

解决这种问题的方法为：在进行基础数据规范时予以区分；或者在进行数据检索时，不使用那种可能存在重复数据的列作为检索项，而采用具有唯一性校验的“主键”类数据作为检索项。例如，对人员的检索一般利用“编号”列的数据才是稳妥的方法。

5. VLOOKUP( )函数支持通配符

由于近似匹配需要被查询列先进行排序，而有时可能又需要在被查询信息不完整的情况下进行匹配，这时可以利用通配符来进行。

如图15-39所示，当只根据姓名查询信息时，由于被查询表并没有对“姓名”列进行排序，所以近似匹配不能正常工作。此时，可以利用通配符“*”“?”来完成。

I3 =VLOOKUP(H3&"*",C3:E7,3,FALSE)

编号	姓名	性别	部门	联系电话		姓名	部门
512	张三	男	研发部	87112345		李	生产部
516	张小明	男	研发部	87112345			
701	李四	男	生产部	87112346			
006	李刚	男	办公室	87112347			
718	张小明	女	生产部	87112348			

图15-39　使用通配符进行匹配查询

加通配符进行匹配查询，虽然本质上是近似匹配，但参数使用的是精确匹配的参数“FALSE”（或0）。

返回值仍然遵循“返回找到的第一个值”的规律。

6. VLOOKUP( )函数查找匹配时大小写无关

与Office本身的查找功能类似，VLOOKUP( )函数的查找是大小写无关的，即对英文字母的大小写一视同仁。

图15-40示例中的编码就存在问题，原希望查找到“e-601 小方巾”，结果返回了“E-601 曲奇”。因此，在实际应用中需要关注编码方式，采用适当的查找方法。

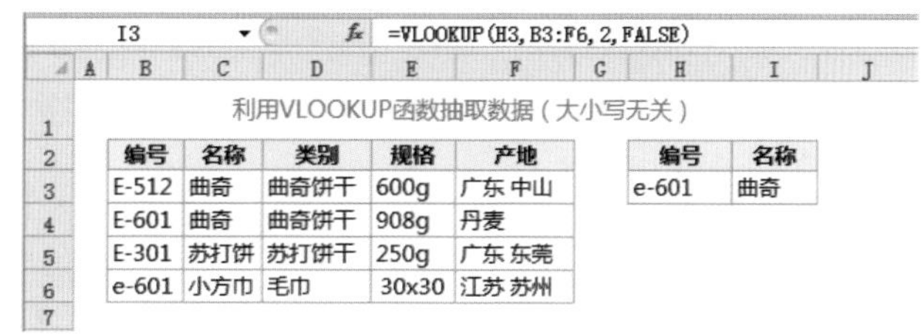

I3 =VLOOKUP(H3,B3:F6,2,FALSE)

利用VLOOKUP函数抽取数据（大小写无关）

编号	名称	类别	规格	产地		编号	名称
E-512	曲奇	曲奇饼干	600g	广东 中山		e-601	曲奇
E-601	曲奇	曲奇饼干	908g	丹麦			
E-301	苏打饼	苏打饼干	250g	广东 东莞			
e-601	小方巾	毛巾	30x30	江苏 苏州			

图15-40　大小写无关的查找

7. VLOOKUP( )函数每次只能返回一个值

由于Excel本身是以单元格为基础进行数据管理的，因此数据引用的最终解决方案实际上是基于对某个关键字查找信息后对单元格赋值。VLOOKUP( )函数每次只能返回一项数据，虽然可以通过向下填充返回一列的数据，但是其他列的数据还需要通过再次编写函数来获得。例如，在上文的图15-39的“员工信息表”的数据引用过程中，从表中获取部门需要一个VLOOKUP( )函数，而获取联系电话则需

要另一个VLOOKUP( )函数。

令人欣慰的是，多个有关联的VLOOKUP( )函数执行时间并不是单个VLOOKUP( )函数执行时间的简单叠加。由于Excel内部的优化，多个有关联的VLOOKUP( )函数执行速度比单个执行速度不会慢太多。

由于需要多次编制VLOOKUP( )函数，对其参数的相对引用和绝对引用应该特别予以重视。

- 在多数情况下，查询引用数据后需要向下填充。因此，检索项地址一般采用“列绝对、行相对”的形式。
- 由于向任何方向填充时，检索范围不应发生变化。因此，参数“table_array”一般为绝对地址。

实用技巧

在编写任何函数的过程中，当选中一个单元格或一个区域作为参数后，公式编辑栏中的鼠标指针将自然停留在被选中的单元格或区域地址之后。此时，按功能键F4，则会将默认的相对地址转换为绝对地址；再按一次，则转换为“列相对、行绝对”（例如A$1）的形式；再按一次，则转换为“列绝对、行相对”（例如$A1）的形式。这是地址形式转换最快的方法。

8. 被检索表格插入列可能导致VLOOKUP( )函数失效

显然，VLOOKUP( )函数的第三个参数与位置有关：参数“col_index_num”为从数据区域中返回数据的列号。因此，如果在数据表被检索列前插入了另外一列，而数据区域又没有发生变化，则必然导致VLOOKUP( )函数不能返回所需要的数据。这本质上是由于“基础数据的数据结构被改动”所导致的问题。所以，几乎没有什么直接的“动态参数设置”之类的方法可以完美解决此问题。因此，被引用数据表的数据结构发生变化后，相关的VLOOKUP( )函数可能都需要修改参数。

需要注意的是，对引用数据表插入列，Excel会自动将后面的参数顺延，并不会带来VLOOKUP( )函数的使用问题。

9. 区域命名使VLOOKUP( )函数操作简便

当一个区域被转换为Excel表后，或者已对数据区域命名后，就可以通过名称来引用表和相应的列。即在录入公式时选择的“table_array”，会自动转换为表名称。并且，如果引用数据的数据表也被转换为了Excel表，则在选中检索值后，会自动转换为“[@列名称]”的形式，表示某个列当中的某个值。如图15-41所示。

J3 =VLOOKUP([@类别编号],类别折扣表,2,FALSE)

	A	B	C	D	E	F	G	H	I	J	K
2		类别编	类别	最大折扣		编号	名称	规格	类别编	类别	最大折
3		F0101	饼干	10%		E-512	曲奇	600g	F0101	饼干	10%
4		F0102	饮料	20%		E-301	苏打饼	250g	F0101	饼干	10%
5		D0101	毛巾	15%		D-101	矿泉水	350ml	F0102	饮料	20%
6		D0102	内衣	8%		D-102	冰红茶	250ml	F0102	饮料	20%
7						H-601	小方巾	30x30	D0101	毛巾	15%

图15-41 使用表名称和列名称引用数据

实质上，所有的函数参数都支持这样的转换。即当使一个区域被转换为Excel表后，或者对数据区域命名后，引用方式变为：（1）对数据区域的引用即自动转换为“[表名称]”来引用；（2）通过“表名称[列名称]”来引用列；（3）通过“表名称[@列名称]”来引用值。由于被转换为Excel表格后，在表格发生变化时Excel会自动维护数据，因此这样的公式在原则上更加“强健”。

如上一章所述，在录入转换为Excel表的数据区域作为参数时，选择参数非常方便：当鼠标接触标题行上边框时，就会变成一个向下的实心箭头“⬇”，通过点选或者拖拉，就可选中单列、多列或者整个表格。另一方面，在数据表中录入公式后，Excel会自动向下填充。

15.3.5 逻辑类函数的使用

从本质上讲，逻辑函数是进行逻辑判断并作出响应的函数。因此，逻辑函数大多应用于以下几种情况：（1）基于数据表中的某个值，返回另一个值的选择；（2）多条件判断的连接（AND，OR，NOT）；（3）错误处理。

1. AND( )、OR( )和NOT( )函数

用途：Excel用AND( )函数、OR( )函数和NOT( )函数可以实现基本的逻辑判断。AND( )函数和OR( )函数的参数为多个布尔值，可以获得“与”和“或”运算；NOT( )函数对某一布尔值求“非”。

用法：AND(logical1, [logical2], ...); OR(logical1, [logical2], ...); NOT(logical)

E5 =AND(E3,E4)

	A	B	C	D	E	F	G
2		函数	AND	OR	AND	OR	NOT(F列)
3		输入1	TRUE	FALSE	TRUE	FALSE	TRUE
4		输入2	TRUE	FALSE	FALSE	TRUE	FALSE
5		输出	TRUE	FALSE	FALSE	TRUE	FALSE

图15-42 AND( )、OR( )和NOT( )函数操作示例

说明：

- Excel以0（阿拉伯数字零）为逻辑不成立（显示为“FALSE”），以1为逻辑成立（显示为“TRUE”）。因此，图15-42示例中的所有“FALSE”都可替换为0，所有“TRUE”都可替换为1。如果把数值转化为布尔值，则所有的非零数值都表示“TRUE”。
- 图15-42示例中的所有单元格的格式都为“常规”。

2. IF( )、IFS( )函数

用途：用于根据不同的条件，返回不同的值。IFS( )函数为Excel 2016及以后的版本引入的函数。

一般而言，根据某种条件作出某种选择是日常工作的常态，也是计算机程序要处理的最重要的任务之一。利用对某一条件进行的判断来获得不同的值，是一种最基本的选择性操作。Excel中的IF( )函数和IFS( )函数正是执行这种操作的实用工具。因此，IF( )函数和IFS( )函数在Excel函数应用中非常重要。

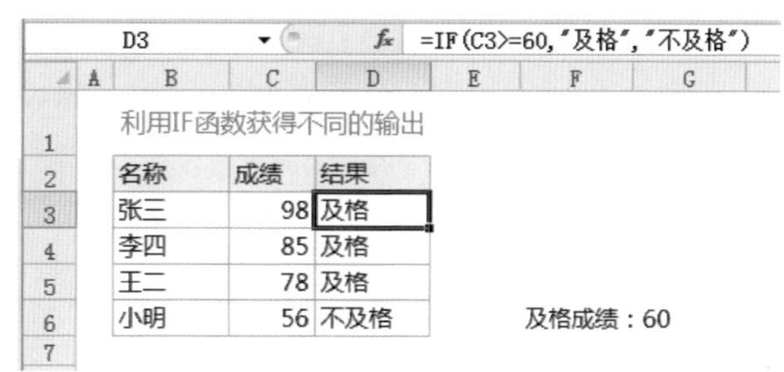

D3 =IF(C3>=60,"及格","不及格")

利用IF函数获得不同的输出

名称	成绩	结果
张三	98	及格
李四	85	及格
王二	78	及格
小明	56	不及格

及格成绩：60

图15-43 IF( )函数示例

用法：IF(logical_test, [value_if_true], [value_if_false]); IFS(logical_test1, value_if_true1, [logical_test2, value_if_true2], ...)

=IF(C3<60,"不及格",
IF(C3<80,"中等",
IF(C3<90,"良好",
IF(C3>=90,"优秀"))))

名称	成绩	结果
张三	98	IF(C3>=90,"优秀
李四	85	良好
王二	78	中等
小明	56	不及格

图15-44 IF( )函数的嵌套

说明：

- IF( )函数当条件为真时，返回第二个参数；当条件为假时，返回第三个参数。两个返回值选填，不填时即不返回值。
- IF( )函数可以嵌套，进行“多段判断—返回赋值”，例如：

```
=IF(C3<60,"不及格",IF(C3<80,"中等",IF(C3<90,"良好",IF(C3>=90,"优秀"))))
```

其代码的逻辑并不复杂，即“成绩—结果”，其判断依据如表15-7所示：

表15-7 “成绩—结果”判断依据

成绩区间	[0，60)	[60，80)	[80，90)	[90，100]
判断结果	不及格	中等	良好	优秀

“成绩”作为判断值被放在C列的各单元格中，而“结果”作为返回的赋值被放在D列的对应单元格中。IF( )函数对C列各单元格的成绩进行判断，然后基于不同的成绩返回不同的结果，给D列的对应单元格赋值。

在Excel中，要正确录入这样的长公式需要一点的技巧：可以在公式中间插入换行符。即编写到适当位置时，只需按快捷组合键“Alt+Enter”，公式即可换行。换行后的公式更加容易对齐和阅读，而且这样编辑出来的公式也能够正常运行。

实用技巧

Excel编辑框的大小（指高低）是可调的：只需用鼠标指针接触编辑框的下沿，等到鼠标指针变为可调整的上下空心箭头后，按住鼠标进行拖拉即可。调高以后的编辑框，可以在其中方便地录入可插入换行符的长公式。

- IF( )函数“多段判断—返回赋值”的模式被广泛用于佣金控制、折扣比例控制等实际应用之中。实际上，这些应用需求也可用VLOOKUP( )函数的近似匹配来实现。
- IF( )函数与其他函数联合使用的情况，大都被融合进了其他函数的“*IF”或“*IFS”形式之中，例如SUMIF( )函数和SUMIFS( )函数等。
- Excel 2019及Microsoft 365引入了IFS( )函数。一方面，是为了简化IF( )函数的多层嵌套；另一方面，也可以获得多条件的应用。如果运用IFS( )函数，上文的公式则变为：

```
=IFS(C3<60,"不及格",C3<80,"中等",C3<90,"良好",C3>=90,"优秀")
```

3. IFERROR( )、IFNA( )函数

用途：用于截获并处理函数（公式）错误。

IFERROR( )函数截获并处理各种错误，IFNA( )函数只截获处理“#N/A”错误。IFNA( )函数为Office 2016以后的版本引入的函数。

用法：IFERROR(value, value_if_error); IFNA(value, value_if_na)

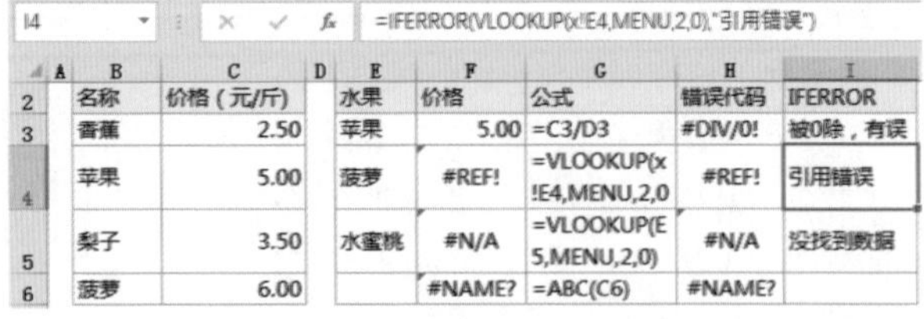

图15-45 IFERROR( )函数示例

说明：

- 在Excel公式中，主要的错误类型包括：“#N/A”“#VALUE!”“#REF!”“#DIV/0!”“#NUM!”“#NAME?”以及“#NULL!”，分别代表的错误为：未找到数据、数据类型错误、引用错误、被零除错误、公式或函数中包含无效数值、函数名称错误（无此函数）以及单元格区域不正确。

- Excel的这种“预先”式的错误捕捉方法实属无奈，因为Excel本身是操作型的办公软件。公式在计算后即使有错，Excel也只是会给出错误提示并与操作者进行交互。例如，在发生引用错误时，Excel会及时提示操作者。这种错误处理方式导致操作者不可能在通过获得错误代码后主动处理错误，更何况在工作中更不可能给所有的函数都加一个IFERROR的“外衣”。所以，Excel的错误截获函数并不像编程系统中的错误截获机制与处理那么重要。Excel在给出错误提示时就已经进行了错误处理，例如，即使遇到了被零除的情况，Excel在给出报告后仍然正常运行。因此，在计算中如果出现系统报错，我们只要循着错误代码去做适当调整即可。
- IFNA( )函数与IFERROR( )函数的功能类似，因此不再赘述。

15.3.6 时间类函数的使用

Excel提供了多种类型的时间类函数，可以完成不同时间类型的数据的计算。

- 注意：Excel的默认日期格式与“Excel选项-语言”的默认值有关，如果默认语言为“中文（中国）”，则默认的日期格式为“yyyy/mm/dd”；如果默认语言为“英语（美国）”，则默认日期格式为“mm/dd/yyyy”。

1. NOW( )、TODAY( )函数

用途：基于机器的时间和日期，获取现在/今天的时间/日期。返回的时间/日期格式受缺省设置或单元格格式影响。

用法：NOW( ); TODAY( )

说明：

C3 =TODAY()

	A	B	C
2		TIME	TODAY
3		2020/8/14 14:52	2020/8/14

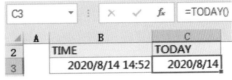

图15-46 TODAY( )函数示例

- 这两个函数均为易变型函数（Volatile Functions）。当工作表发生任何改变，或者在其他任何工作表中因再次应用相同函数而触发获取时间/日期的功能时，原来获取的时间/日期会发生改变。
- 如果要获得确定的日期或时间，可以使用快捷键直接获取：Windows用户可以使用快捷组合键“Ctrl+；”（Ctrl键加分号键），Mac用户可以使用“^+；”（“^”键加分号键）获得日期；Windows用户可以使用快捷组合键“Ctrl+Shift+；”（Ctrl键加Shift键加分号键），Mac用户可以使用“^+⇧+；”（“^”键加“⇧”键加分号键）获得时间。

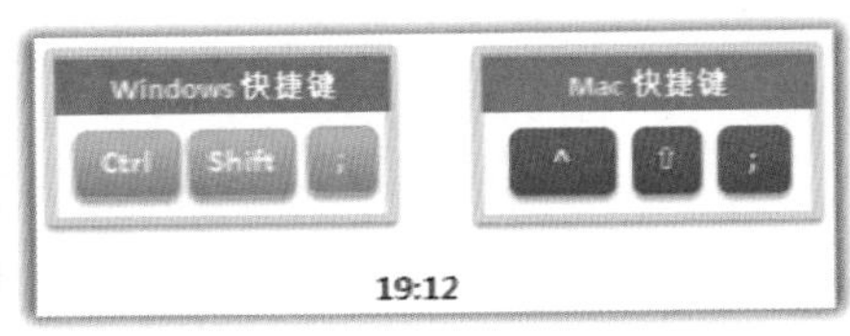

图15-47 Windows快捷键与Mac快捷键

2. DAY( )、MONTH( )、YEAR( )和DATE( )函数

用途：用DAY( )、MONTH( )、YEAR( )函数从日期型数据中获取其“日”“月”“年”数据，并分别返回在1～31、1～12和1900～9999之间的整数。相反，用DATE函数可以将年、月、日数据“拼装”成日期型数据。

H3 =DATE(D3,E3,F3)

	A	B	C	D	E	F	G	H
2		日期		年	月	日		日期
3		2019/10/16		2019	10	16		2019/10/16
4		1997/7/1		1997	7	1		1997/7/1
5		1949/10/1		1949	10	1		1949/10/1

图15-48 DAY( )、MONTH( )、YEAR( )和DATE( )函数示例

用法：YEAR(serial_number); MONTH(serial_number); DAY(serial_number); DATE(year, month, day)

说明：

- Excel的日期开始于“1900/01/01”，因此，日期时间需大于此日期。
- Excel对日期格式的“自适应性”非常好。例如，“=DAY("2020/1/21")”的结果为21，输入“=DAY("21-JAN-2020")”的结果同样为21。
- DATE( )函数的参数year、month和day均为整数，当输入“不适当”的整数时，Excel会自动按照日期进位的方式算出相应的日期。例如，输入“=DATE(2020, 13, 3)”的返回值为“2021/1/3”，而输入“=DATE(2021, 8, -10)”的返回值为“2021/7/21”，但是输入“=DATE(1900, 1, -1)”则返回错误提示“#NUM!”。
- 截取身份证编号的日期段数据可以利用函数公式“=MID(J6, 7, 4)&"年"&MID(J6, 11, 2)&"月"&MID(J6, 13, 2)&"日"”。其中，单元格J6中存放了某个文本（或者“常规”）格式的身份证号码，而返回的单元格的格式默认为“常规”，也可以改换为任何日期型格式。

3. HOUR( )、MINUTE( )、SECOND( )和TIME( )函数

用途：HOUR( )、MINUTE( )和SECOND( )函数分别用于从时间数据中提取小时、分钟和秒的数据。相反地，TIME( )函数可以使用小时、分钟和秒的数据“组装”出完整的时间数据。

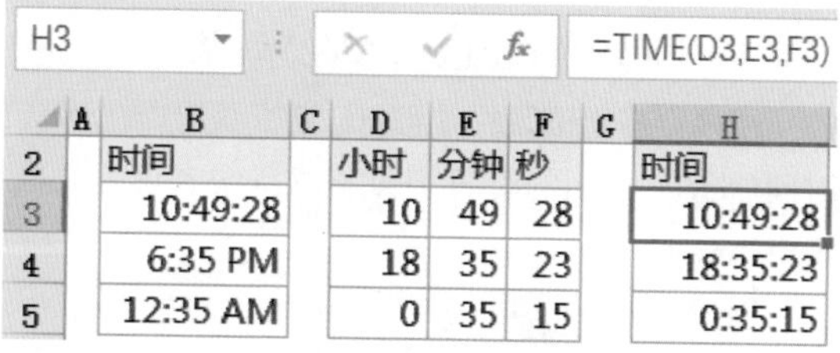

用法：HOUR(serial_number); MINUTE(serial_number); SECOND(serial_number); TIME(hour, minute, second)

H3 =TIME(D3,E3,F3)

	A	B	C	D	E	F	G	H
2		时间		小时	分钟	秒		时间
3		10:49:28		10	49	28		10:49:28
4		6:35 PM		18	35	23		18:35:23
5		12:35 AM		0	35	15		0:35:15

图15-49 HOUR( )、MINUTE( )、SECOND( )和TIME( )函数示例

说明：

- 与DATE( )函数类似，TIME( )函数的参数hour、minute和second同样支持任意整数，如果数值大于时间的“合适”范围，则Excel将自动按照时间进位规则进行计算。例如，输入“=TIME(8, -6, 20)”，返回的时间为“7:54:20”；而输入“=TIME(72, 3, -35)”，返回的时间为“0:02:25”。

4. DATEDIF( )、YEARFRAC( )、DAYS( )和DAYS360( )函数

用途：DATEDIF( )函数用于获得日期之间的年、月、日差值，可以获得整年、整月或整日数；也可以获得两个日期之间的年、月、日数值差距，如“16年7个月零15天”。YEARFRAC( )函数用于获得小数型、按年计算的日期差值。

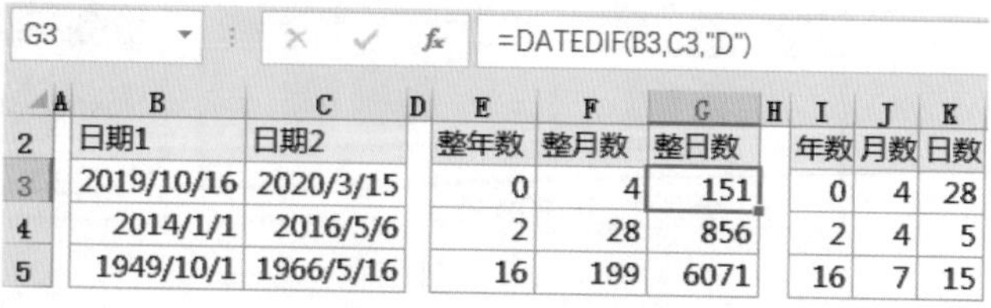

G3 =DATEDIF(B3,C3,"D")

	A	B	C	D	E	F	G	H	I	J	K
2		日期1	日期2		整年数	整月数	整日数		年数	月数	日数
3		2019/10/16	2020/3/15		0	4	151		0	4	28
4		2014/1/1	2016/5/6		2	28	856		2	4	5
5		1949/10/1	1966/5/16		16	199	6071		16	7	15

图15-50 DATEDIF( )函数示例

用法：DATEDIF(start_date, end_date, unit); YEARFRAC(start_date, end_date[basis]); DAYS(end_date, start_date); DAYS360(start_date, end_date)

说明：

- DATEDIF( )函数的参数“unit”的单位“Y”“M”和“D”，分别返回整年、整月和整日数。“MD”考虑日期中的月、日数据并计算天数差，“YM”考虑日期中的年、月数据并计算月数差。

- DAYS( )函数的计算结果等于当DATEDIF( )函数的第三个参数“unit”为“D”时的结果。
- DAYS360( )函数与DAYS( )函数类似，该函数将一年按12个月、每月按30天计算。因此，若用DAYS360( )函数计算两个日期之间的天数，在折算为年时应该除以360。

E4 =YEARFRAC(B4,C4)

	A	B	C	D	E
2		日期1	日期2		年数(小数形式)
3		2019/10/16	2020/3/15		0.41
4		2014/1/1	2016/5/6		2.35
5		1949/10/1	1966/5/16		16.63

图15-51　利用YEARFRAC( )函数计算日期差值

- 这些函数在计算工龄之类的实际应用场景中被广泛使用。

5. EDATE( )、EOMONTH( )函数

用途：从一个给定的日期，前移或者后移若干个月，EDATE( )函数可以用于获得移动后的日期，EOMONTH( )函数可以用于获得移动后月份的最后一天。

用法：EDATE(start_date, months); EOMONTH(start_date, months)

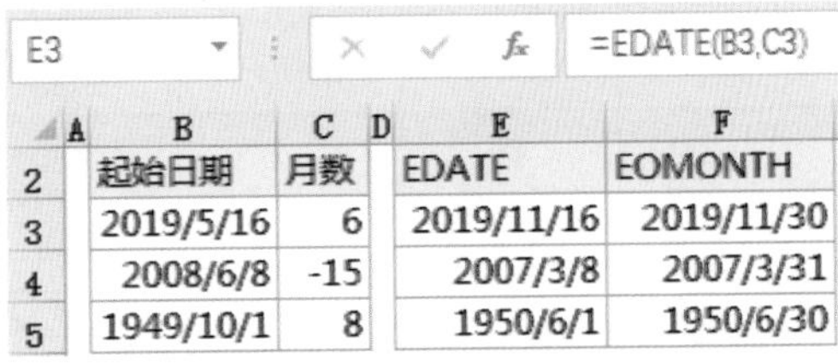

E3 =EDATE(B3,C3)

	A	B	C	D	E	F
2		起始日期	月数		EDATE	EOMONTH
3		2019/5/16	6		2019/11/16	2019/11/30
4		2008/6/8	-15		2007/3/8	2007/3/31
5		1949/10/1	8		1950/6/1	1950/6/30

图15-52　EDATE( )、EOMONTH( )函数操作示例

说明：

- EOMONTH( )函数的名称实际上是“End of Month”的简写形式，往往用于计算正好在特定月份的最后一天到期的到期日。

6. WORKDAY( )、NETWORKDAYS( )函数

用途：WORKDAY( )函数用于获得在某日期（起始日期）之前或之后，与该日期相隔指定工作日的某一日期的日期值。工作日不包括周末和专门指定的假日。在计算发票到期日、预期交货时间或工作天数时，也可以使用WORKDAY( )函数来扣除周末或假日。NETWORKDAYS( )函数则用于计算两个日期之间的净工作日，包含头尾。

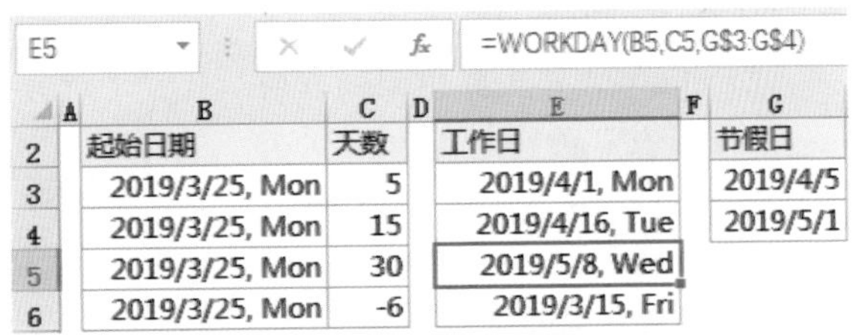

E5 =WORKDAY(B5,C5,G$3:G$4)

	A	B	C	D	E	F	G
2		起始日期	天数		工作日		节假日
3		2019/3/25, Mon	5		2019/4/1, Mon		2019/4/5
4		2019/3/25, Mon	15		2019/4/16, Tue		2019/5/1
5		2019/3/25, Mon	30		2019/5/8, Wed		
6		2019/3/25, Mon	-6		2019/3/15, Fri		

图15-53　WORKDAY( )函数示例

用法：WORKDAY(start_date, days, [holidays]); NETWORKDAYS(start_date, end_date, [holidays])

E5 =NETWORKDAYS(B5,C5,G$3:G$4)

	A	B	C	D	E	F	G
2		起始日期	终止日期		净工作日		节假日
3		2019/3/25, Mon	2019/4/1, Mon		6		2019/4/5
4		2019/3/25, Mon	2019/4/16, Tue		16		2019/5/1
5		2019/3/25, Mon	2019/5/8, Wed		31		
6		2019/3/25, Mon	2019/3/15, Fri		-7		

图15-54　NETWORKDAYS( )函数示例

说明：

- 计算净工作日时，起始日期和终止日期位于闭区间。也就是说，起始日期和终止日期是被包含在“工作日”内的。这是职场以及旅行社的一贯算法。
- 在这里，周六、周日均默认为休息日。如果遇到了其他自己设定的工作制（或者是轮休工作制）的情况，则需要使用WORKDAY.INTL( )函数和NETWORKDAYS.INTL( )函数。

7. WORKDAY.INTL( )、NETWORKDAYS.INTL( )函数

用途：基于专门设定的周末和节假日，WORKDAY.INTL( )函数用于计算在某起始日期之前或之后的

与该日期相隔指定工作日的某一日期的日期值。而基于专门设定的周末和节假日，NETWORKDAYS.INTL( )函数用于计算两个日期之间的净工作日。

用法：WORKDAY.INTL(start_date, days, [weekend], [holidays]); NETWORKDAYS.INTL(start_date, end_date, [weekend], [holidays])

说明：

- 参数“[weekend]”的设置如表15-8所示：

表15-8 参数“[weekend]”的设置

周末数字	1或省略	2	3	4	5	6	7
周末日子	星期六、星期日	星期日、星期一	星期一、星期二	星期二、星期三	星期三、星期四	星期四、星期五	星期五、星期六
周末数字	11	12	13	14	15	16	17
周末日子	仅星期日	仅星期一	仅星期二	仅星期三	仅星期四	仅星期五	仅星期六

- 一个实用的设置是由0或1组成的七位数的字符串代码，每一位代表从周一到周日的每一天，0为工作日，1为周末，如“0000001”代表只有周日为休息日。且作为参数的代码要用半角双引号引起来。

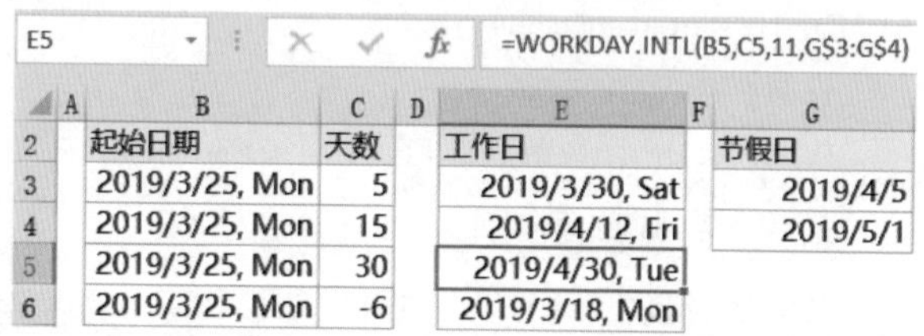

E5 =WORKDAY.INTL(B5,C5,11,G$3:G$4)

	A	B	C	D	E	F	G
2		起始日期	天数		工作日		节假日
3		2019/3/25, Mon	5		2019/3/30, Sat		2019/4/5
4		2019/3/25, Mon	15		2019/4/12, Fri		2019/5/1
5		2019/3/25, Mon	30		2019/4/30, Tue		
6		2019/3/25, Mon	-6		2019/3/18, Mon		

图15-55 WORKDAY.INTL( )函数示例

- 这两个函数均包括缩写“INTL”，让人联想到微软的“好战友”英特尔（Intel）公司，英特尔在纳斯达克的代码就是“INTL”。这似乎是Excel开发人员给英特尔公司开的一个小玩笑。实际上，“INTL”也可以是International（国际的）的缩写，从含义上来说，后者更为准确。

E5 =NETWORKDAYS.INTL(B5,C5,11,G$3:G$4)

	A	B	C	D	E	F	G
2		起始日期	终止日期		净工作日		节假日
3		2019/3/25, Mon	2019/4/1, Mon		7		2019/4/5
4		2019/3/25, Mon	2019/4/16, Tue		19		2019/5/1
5		2019/3/25, Mon	2019/5/8, Wed		37		
6		2019/3/25, Mon	2019/3/15, Fri		-9		

图15-56 NETWORKDAYS.INTL( )函数示例

8. WEEKDAY( )、WEEKNUM( )函数

用途：WEEKDAY( )函数可用于查找某一个日期所对应的星期。当参数“return_type”为1或者缺省时，WEEKDAY( )函数将返回数值1～7，分别对应星期日至星期六；当参数“return_type”为2时，返回的1～7分别对应星期一至星期日。

而WEEKNUM( )函数可用于查找某个日期在全年中对应的周数。当参数“return_type”为1或者缺省时，包含1月1日的周为该年的第1周；当参数“return_type”为21时，包含第一个周四的周为该年的第1周。

D4 =WEEKDAY(B4)

	A	B	C	D	E
2		起始日期		星期	周数
3		2019/1/1, Tue		3	1
4		2019/5/1, Wed		4	18
5		2019/10/1, Tue		3	40
6		2019/11/11, Mon		2	46

图15-57 WEEKDAY( )、WEEKNUM( )函数示例

用法：WEEKDAY(serial_number, [return_type]); WEEKNUM(serial_number, [return_type])

15.3.7 字符串类函数的使用

字符串操作是指对文本类单元格数据的运算，主要包括提取（或截取）、计算长度、合并、转换、替换、检索等几个方面。

1. LEFT( )、LEFTB( )函数，RIGHT( )、RIGHTB( )函数，MID( )、MIDB( )函数

用途：LEFT( )、RIGHT( )和MID( )函数用于从文本（字符串）的左侧、右侧或中间位置提取若干字符。支持双字节字符，即每个双字节字符按1个字符宽度计算。而LEFTB( )、RIGHTB( )和MIDB( )函数按字节计算字符宽度。

用法：LEFT(text, [num_chars])，LEFTB(text, [num_bytes])；RIGHT(text, [num_chars])，RIGHTB(text, [num_bytes])；MID(text, start_num, num_chars)，MIDB(text, start_num, num_bytes)

说明：

- 所有的文本位置、长度计算都从1开始计数，因此“=MID(B3, 5, 3)”即从B3单元格的字符串的第5个字符开始提取3个字符长度。

E3 =MID(B3, 5, 3)

	A	B	C	D	E	F
2		文本		LEFT	MID	RIGHT
3		ABC-123-DEF		ABC	123	DEF
4		葡萄美酒夜光杯		葡萄	美酒	夜光杯
5		明月出天山		明月	出天山	出天山

图15-58　LEFT( )、RIGHT( )和MID( )函数示例

- 从身份证号码中提取出生日期数据的常用函数算法为“=MID(A2, 7, 8)”（假设身份证号码存放在A2单元格）。输入“=MID(A2, 7, 4)&"年"&MID(A2, 11, 2)&"月"&MID(A2, 13, 2)&"日"”后，Excel将对A2单元格的身份证号码从第7位开始截取4位数字以获得出生日期中的“年”，依此类推，再截取数字获得“月”和“日”，最后拼接出一个格式为“yyyy年mm月dd日”的字串。拼接出来的结果被存放到某单元格后，一般默认其数据格式为“常规”，可以按照日期型数据方法进行计算。

```
=LEFT("葡萄美酒夜光杯",2) // 返回 "葡萄"
=MID("葡萄美酒夜光杯",3,2) // 返回 "美酒"
```

2. LEN( )、LENB( )函数

用途：用于计算一个文本（字符串）的长度。LEN( )函数返回文本（字符串）中的字符个数。LENB( )函数返回文本（字符串）中用于代表字符的字节数。

用法：LEN(text); LENB(text)

说明：

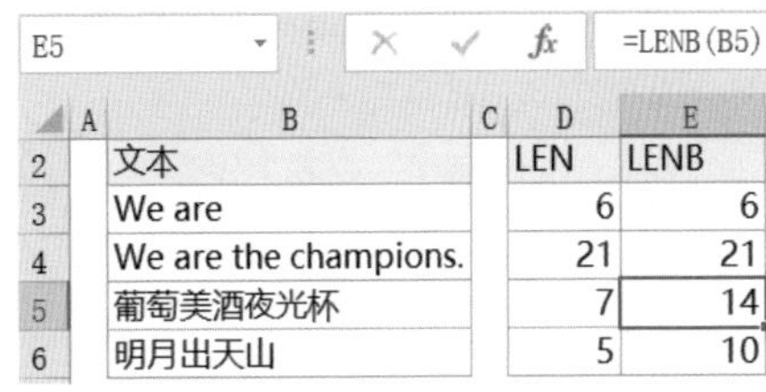

E5 =LENB(B5)

	A	B	C	D	E
2		文本		LEN	LENB
3		We are		6	6
4		We are the champions.		21	21
5		葡萄美酒夜光杯		7	14
6		明月出天山		5	10

图15-59　LEN( )、LENB( )函数示例

- 这两个函数通常用于计算字符串长度。如果在中英文结合的字符串中提取中文或英文字串，代码如下：

```
=LEN("北京Beijing") // 返回 9
=LENB("北京Beijing") // 返回 11
=LEFT("北京Beijing", LENB("北京Beijing")–LEN("北京Beijing")) // 返回 "北京"
```

3. FIND( )、FINDB( )函数，SEARCH( )、SEARCHB( )函数

用途：用于在一个单元格中查找特定的字符串，并返回位置。FIND( )与SEARCH( )函数支持双字

节。FINDB( )函数与SEARCHB( )函数返回按字节数计算的位置。SEARCH( )函数支持通配符且对大小写不敏感；相反地，FIND( )函数不支持通配符且对大小写敏感。当没有找到字符串时，函数通常会报错。因此，为了避免报错可以用ISNUMBER( )函数返回“TRUE”或者“FALSE”进行区分。

G6 =SEARCHB(C6, B6)

	B	C	E	F	G	H
2	文本	查找	SEARCH	FIND	SEARCHB	FINDB
3	A Midsummer	summer	6	6	6	6
4	秦时明月汉时关	明月	3	3	5	5
5	Romeo and Juliet	JULIET	11	#VALUE!	11	#VALUE!
6	明月出天山	天*	4	#VALUE!	7	#VALUE!

图15-60 FIND( )、FINDB( )函数，SEARCH( )、SEARCHB( )函数示例

用法：FIND(find_text, within_text, [start_num])，FINDB(find_text, within_text, [start_num])；SEARCH(find_text, within_text, [start_num])，SEARCHB(find_text, within_text, [start_num])

4. REPLACE( )、REPLACEB( )和SUBSTITUTE( )函数

用途：用于替换适当位置的文本。基于位置替换文本，使用REPLACE( )函数；基于匹配替换文本，使用SUBSTITUTE( )函数。

用法：REPLACE(old_text, start_num, num_chars, new_text); REPLACEB(old_text, start_num, num_bytes, new_text); SUBSTITUTE(text, old_text, new_text, [instance_num])

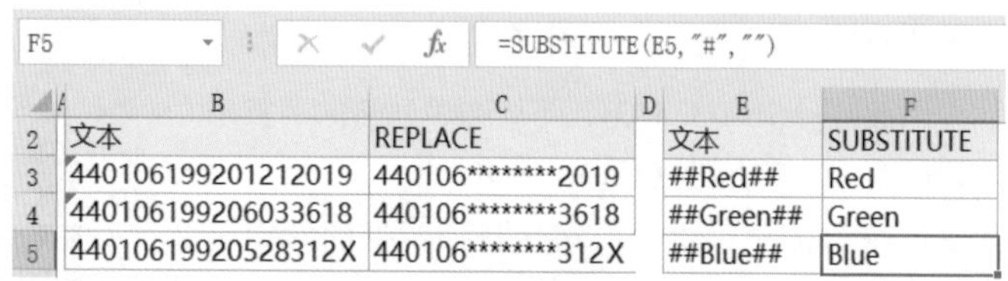

F5 =SUBSTITUTE(E5,"#","")

	B	C	E	F
2	文本	REPLACE	文本	SUBSTITUTE
3	440106199201212019	440106********2019	##Red##	Red
4	440106199206033618	440106********3618	##Green##	Green
5	44010619920528312X	440106********312X	##Blue##	Blue

图15-61 REPLACE( )、SUBSTITUTE( )函数示例

```
=REPLACE("020-87113934",9,4,"****") // 返回 "020-8711****"
=SUBSTITUTE("##Red##","#","") // 返回 "Red"
```

5. CODE( )、CHAR( )函数

用途：CODE( )函数用于获得字符的ASCII码或10进制内码值。而CHAR( )函数用于利用字符的ASCII码或10进制内码值查询字符本身。

用法：CODE(text); CHAR(number)

说明：

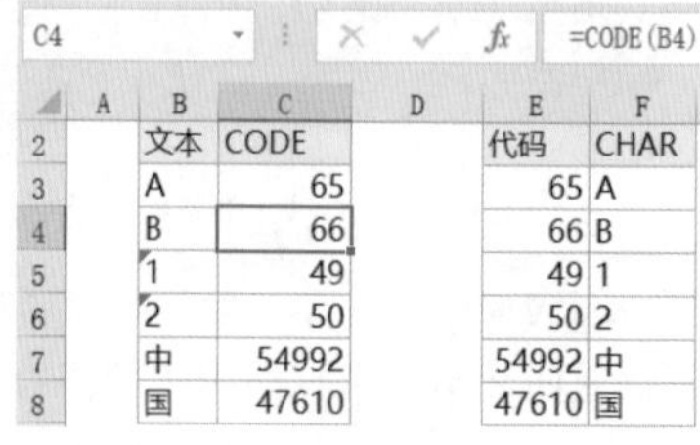

C4 =CODE(B4)

	B	C	E	F
2	文本	CODE	代码	CHAR
3	A	65	65	A
4	B	66	66	B
5	1	49	49	1
6	2	50	50	2
7	中	54992	54992	中
8	国	47610	47610	国

图15-62 CODE( )、CHAR( )函数示例

- 如果参数“text”为多个字符，则“CODE(text)”返回第一个字符的ASCII码或10进制内码值。
- 显然，获得的汉字内码是十进制的GBK编码。而汉字内码一般用十六进制数表示，例如，“中”字的十进制内码为“54992”，转换为十六进制编码即为“D6D0”。

6. TRIM( )、CLEAN( )函数

用途：TRIM()函数用于清除文本中多余的空格，但单词之间的单个空格除外。CLEAN( )函数用于清除文本中的回车换行符或其他非打印字符。

用法：TRIM(text); CLEAN(text)

D4 =TRIM(B4)

	B	D	E
2	文本	TRIM	CLEAN
3	床前　　明月光	床前 明月光	床前　　明月光
4	疑是 地上霜	疑是 地上霜	疑是　　地上霜

图15-63 TRIM( )、CLEAN( )函数示例

7. CONCAT( )、TEXTJOIN( )和CONCATENATE( )函数

用途：CONCAT( )函数用于将多个范围或字符串中的文本组合起来；CONCATENATE( )函数（其中一个文本函数）用于将两个或多个文本字符串连接为一个字符串（注意：在Excel 2016、Excel Mobile和Excel网页版中，此函数已被替换为CONCAT( )函数）；TEXTJOIN( )函数用于将多个区域或字符串中的文本组合起来，并包括在要被组合的各文本值之间指定分隔符。

用法：CONCAT(text1, [text2], ...); TEXTJOIN(分隔符, ignore_empty, text1, [text2], ...); CONCATENATE(text1, [text2], ...)

实用技巧

一般而言，拼接字符串，直接使用运算符“&”最为简洁。

15.3.8 转换类函数的使用

转换类函数的转换类型包括数据类型之间的转换、单位之间的转换以及数据进制之间的转换等。

1. CONVERT( )函数

用途：用于不同单位制之间的数据转换。

用法：CONVERT(number, from_unit, to_unit)

说明：

- 这是一个常用的工程函数。由于日常生活和工程所涉及的单位种类繁多，主要分为质量与体积、距离、时间、压强、力、温度、能量、功率等。在实际运用中经常需要进行单位之间的换算，利用此函数可以方便地实现换算。
- CONVERT( )函数是对大小写敏感的函数。例如，不可以把英里写为“Mi”。

G3 =CONVERT(B3,C3,D3)

	B	C	D	E	F	G
2	输入	由	到	注释		输出
3	10	km	mi	公里到英里		6.21
4	10	mi	km	英里到公里		16.09
5	10	kg	lbm	公斤到磅		22.05
6	1	m	in	米到英寸		39.37
7	1	l	gal	升到加仑		0.26
8	1	gal	l	加仑到升		3.79
9	30	C	F	摄氏度到华氏度		86.00
10	1000	Pa	mmHg	帕到毫米汞柱		7.50
11	3000	mn	hr	分钟到小时		50.00
12	3000	mn	day	分钟到日		2.08
13	200	HP	W	马力到瓦特		149139.97
14	1000	ft2	m2	平方英尺到平方米		92.90
15	32	bit	byte	比特到字节		4.00

图15-64 CONVERT( )函数示例

2. TEXT( )函数

用途：将输入的数值转换为特定格式的字符串（文本）。

用法：TEXT(value, format_text)

说明：

- 参数“format_text”的形式与13.8章节介绍的格式规则相同。
- TEXT( )函数可以方便地解决字符串与日期型数据的拼接输出。具体实例如图15-66所示。

D6 =TEXT(B6,"mmm dd, yyyy")

	B	C	D
2	Value	函数	输出
3	2021/2/3	=TEXT(B3,"mm/dd/yyyy")	02/03/2021
4	43692	=TEXT(B4,"mm/dd/yyyy")	08/15/2019
5	43692	=TEXT(B5,"yyyy-mm-dd")	2019-08-15
6	43692	=TEXT(B6,"mmm dd, yyyy")	Aug 15, 2019
7	15:36	=TEXT(B7,"hh:mm")	15:36
8	0.65	=TEXT(B8,"hh:mm")	15:36
9	35.353535	=TEXT(B9,"0.00")	35.35
10	0.6666	=TEXT(B10,"0.0%")	66.7%
11	1235.8	=TEXT(B11,"￥#,##0.00")	￥1,235.80
12	-6.53	=TEXT(B12,"+￥0.00;-￥0.00")	-￥6.53
13	8.53	=TEXT(B13,"+￥0.00;-￥0.00")	+￥8.53
14	0	=TEXT(B14,"+￥0.00;-￥0.00")	+￥0.00

图15-65 TEXT( )函数实例

	B	C	D	E
2	姓名	出生日期	公式	姓名，出生日期
3	张小明	1998/3/28	=B3&"，"&C3	张小明，35882
4			=B3&"，"&TEXT(C3,"yyyy年mm月dd日")	张小明，1998年03月28日

图15-66 利用TEXT( )函数拼接不同类型的数据

3. VALUE( )函数

用途：将文本型的字符串转换为数值。

用法：VALUE(text)

说明：

- 显然，VALUE( )函数为TEXT( )函数的反向运算函数。
- 参数中的“text”可以是字符形式的数值、日期或者时间。

C3 =VALUE(B3)

	A	B	C
2		TEXT	输出
3		2019-08-15	43692
4		Aug 15, 2019	43692
5		58.23	58.23
6		1.2E-06	0.0000012
7		20%	0.2
8		15:36	0.65
9		ABC	#VALUE!

图15-67 VALUE( )函数实例

4. 数值进制转换函数

用途：在计算机领域，二进制和十六进制数被广泛地使用，例如内存地址、IO口地址或字符码表等。数值进制之间的换算颇为费神。Excel提供了数值主要进制之间的转换函数，进行十进制（Decimal，简写为DEC）、二进制（Binary，简写为BIN）、十六进制（Hexadecimal，简写为HEX）和八进制（Octal，简写为OCT）数之间的转换。

转换函数的构成是在上述简写中间加一个数字“2”（其英文读音与单词“to”相同）。这里举出几个常用函数的例子。

C6 =DEC2BIN(B6,8)

	A	B	C	D	E	F	G
2		DEC	DEC2BIN	DEC2HEX	DEC2OCT	BIN2DEC	BIN2HEX
3		2	10	2	2	2	2
4		8	1000	8	10	8	8
5		12	1100	C	14	12	C
6		12	00001100	000000000C	14	12	C
7		-12	1111110100	FFFFFFFFF4	7777777764	-12	FFFFFFFFF4
8		129	10000001	81	201	129	81

图15-68 数值进制转换函数

用法：DEC2BIN(number, [places]); DEC2HEX(number, [places]); BIN2DEC(Number); DEC2OCT(number, [places]); BIN2HEX(number, [places])

说明：

- 其中可选参数“places”表示转换位数，如果小于需要的位数，Excel会自动扩展到需要位数。

15.4 数组公式（以快捷统计为例）

数组公式是Excel设计的以数组形式将多重计算应用于一列或者多列的值，返回一个或者多个值的公式。

数组公式的录入与正常公式相同，但一般用快捷组合键“Ctrl+Shift+Enter”来确认，即公式录入后不是直接按回车键，而是按快捷组合键。录入后，数组公式会被一个大括号“{ }”括起来，返回的值即为括号中的数组公式返回值（注意：大括号不是手工录入的，手工录入大括号不起作用）。

C11 {=SUM((C2:C8)*(D2:D8))}

	A	B	C	D	E
1	编号	品名	单价（元/斤）	数量	金额
2	0101	白菜	3.50	15	52.50
3	0102	萝卜	1.80	20	36.00
4	0103	西红柿	4.23	10	42.30
5	0104	青辣椒	5.30	6	31.80
6	0105	红辣椒	5.80	8	46.40
7	0106	油麦菜	3.80	16	60.80
8	0107	生菜	3.90	20	78.00
9					347.80
10		字符数	18		
11		总金额	347.80		

图15-69 数组公式实例

如图15-69所示的实例中，下方的“字符数”和“总金额”统计均为数组公式。其中，字符数的公式为“{=SUM(LEN(B2:B8))}”，录入方式为：先录入公式“=SUM(LEN(B2:B8))”；然后，按快捷组合键“Ctrl+Shift+Enter”，即会给公式添加大括

号，然后返回计算值。

可见，数组公式一般是某几步运算的复合结果。也就是说，数组公式可以得到的结果，一般可以通过辅助列来实现，只是使用数组公式更为简洁。

温馨提示

在Microsoft 365中，数组公式是原生的，即录入公式后按回车键即可，无须按快捷组合键“Ctrl+Shift+Enter”。

15.5 高效的Excel公式与函数应用建议

- Excel的公式和函数功能已经十分强大，可以轻松完成普通的统计和计算工作。
- 用好Excel的公式和函数，首先要用好各种运算符。
- Excel公式是一个“代数游戏”。公式的返回值，就是当前单元格的值。
- 公式和函数的录入，可以在单元格中进行，也可以在编辑栏中进行。
- 公式的填充，是Excel“代数游戏”中最令人开心的功能。
- 正确运用绝对地址与相对地址，才能准确控制公式和函数计算。
- 公式和函数地址的引用，可以跨工作表甚至跨工作簿。
- 在各类统计或运算中，辅助列或者辅助工作表可以解决某些繁难问题。

第 16 章 Excel图表与数据可视化高级应用

图表（Chart）：指用图形化的方法展示数据，从而使数据的特征（例如对比特征、趋势特征等）变得更为明显的工具。图表是数据可视化的重要工具。小到一个工作小组的工作数据或者某一产品的技术经济数据，大到一个集团公司、一个国家或者全球的某些技术经济数据都可以用Excel图表来进行展示。

Excel是全球范围内被使用得最为广泛的图表工具软件。图表不仅可以展示单个数据系列（往往是一列或者一行中的多个单元格）的特征，还可以同时展示多个数据系列的特征与关系。从数据来源看，图表不仅能够使用当前工作表中的数据，还可使用其他工作表或其他工作簿中的数据，甚至可以将不同类型的数据都放到一个图表中，用主坐标轴和次坐标轴来显示多个数据系列的趋势和关系。

图表本身所含的基本元素多、选项多，因此其设置相对较为复杂。要制作出一份漂亮的、具有专业水准的、能突出反映相关信息的图表，本身就是一项需要具有一定美学基础的设计工作。所以，做好图表绝非易事，需要在技术和美学观念上兼具良好素养。

本章将透彻地介绍制作Excel图表的技术要领。由于在Word文档和PowerPoint演示文稿中建立图表的方法与Excel中的完全相同。

数据可视化工具除了图表外，还有条件格式、迷你图和三维地图，本章将一并进行介绍。

16.1 新建图表与图表类型

在Excel中生成图表的基本操作非常简捷：只需选中数据（甚至只需选中数据系列中的任意单元格），然后单击“插入”选项卡的“图表”组中的某个图表类型按钮，Excel即会根据数据表中的信息，例如列标题等，自动建立相应的图表。

所以，要获得一个满意的图表有三大步骤：（1）确定数据需要并适合使用图表进行展现，然后选中数据；（2）选择合适的图表类型，然后将图表插入到工作表中；（3）对图表进行配置、优化。

16.1.1 新建与移动图表

这里以多组数据的趋势与对比为例，介绍关于新建图表的操作方法。如图16-1所示。

操作步骤

【Step 1】 选择需要添加到图表中的数据系列，或者仅需选中数据区域中的任意单元格。

【Step 2】 单击“插入”选项卡—“图表”组中的某种图表类型的下拉按钮，即在下拉列表中显示这种图表的各种形式。

【Step 3】 当鼠标指针停留在某种图表形式的选项上时，Excel将在图表框中同步显示出相关数据以这种形式画出的图表样式。在下拉的图表选项框中选择一种合适的图表形式，则将在当前工作表中生成一个新图表。

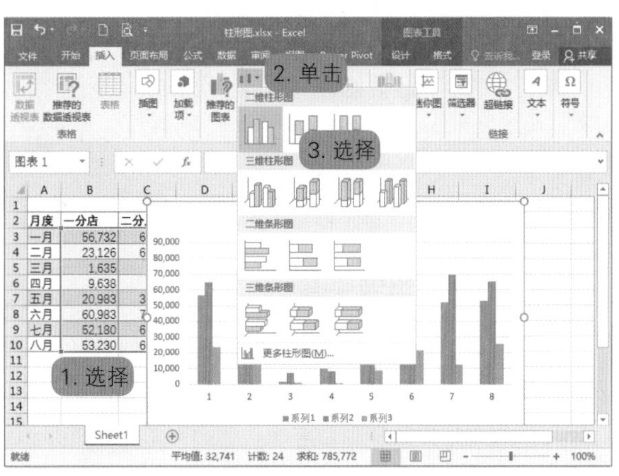

图16-1 生成图表

- 在建立图表之前，选择数据时可以同时选中“分类列”，例如图16-1中的“月度”列。如果选中此列，将会直接按数据中的“类别”安排为合适的坐标系或者图例。如果最初选择数据时没有选中“分类列”，则会将坐标系或图例自动列为排序为“1、2、3……”的类别或系列，操作者再通过单击“图表工具—设计”选项卡—“数据”组—“选择数据”按钮进行更改即可。

- 在【Step 2】中也可直接单击“插入”选项卡—“图表”组中的“推荐的图表”按钮，Excel会基于数据格式推荐某些图表。或者单击“图表”组的对话框启动器，弹出“插入图表”对话框，可在对话框中切换到“所有图表”标签页，选择合适的图表，如图16-2所示。

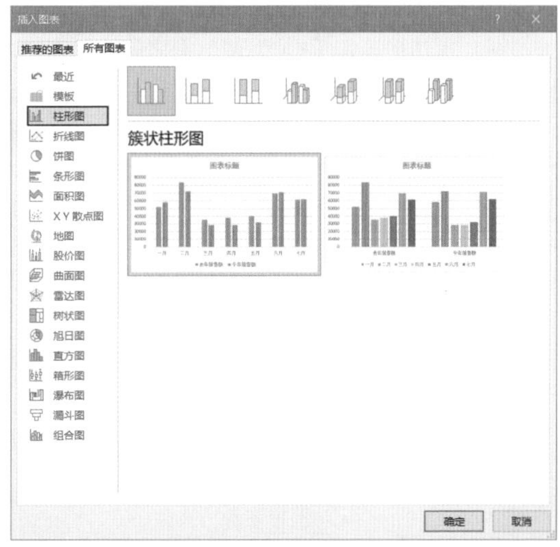
图16-2 “插入图表”对话框—“所有图表”标签页

- 可以看到，任何一类图表都有多种不同形式，选择哪种形式需要根据数据表现的要求，同时也需要借助操作者的个人经验。

- 新建的图表被放置在当前工作表的适当位置上，可以通过鼠标按住图表将其拖拉至合适的位置。如果要移动到其他工作表，有以下途径：（1）通过单击“图表工具—设计”选项卡—“位置”组—“移动图表”按钮，在弹出的对话框中选择所需的工作表即可。（2）通过鼠标右键菜单中的“剪切”（或者“复制”）功能，然后在切换到其他工作表后使用鼠标右键菜单中的“粘贴”功能，也可实现将图表移动到其他工作表、数据关联到原数据的目的。

- 图表建立后，选中图表，则功能区会出现“图表工具”的两个子选项卡：“设计”和“格式”选项卡，利用这两个子选项卡可以对图表进行格式设置。但是，图表本身具有多种元素，每一个元素的选项也大不相同。例如，仅仅是柱形图的“垂直（值）轴”与“水平（类别）轴”的特点就有很大的不同。因此，图表格式设置的确需要下一番功夫方可熟练掌握。

温馨提示

如果在“移动图表”对话框中选择“新工作表：Chart n”（n为某个序号），则图表会被移动到一个新建的图表工作表“Chart n”中，这类工作表没有单元格，图表大小也不能调整。

16.1.2 图表类型

想要新建一个图表首先面临的问题是如何选择图表类型：Excel提供了大量图表，应该使用何种图表呢？解决此问题的基本原则是明确目标。即明确创建图表的目标是什么；明确需要表现数据的何种特征，是动态趋势还是静态对比；明确需要展示的是值的累积特征还是值的聚集趋势；明确是进行单层次的分布还是多层次的分布。明确这些目标需要我们熟悉不同的图表类型。

目前Excel提供的主要图表类型有16种，外加由多个图表形成的“组合”类型。这些图表大致可以分为三类：（1）强调趋势（走势）的图表，例如柱形图、折线图等；（2）强调大小对比的图表，例如饼图、雷达图等；（3）强调数据之间的关系与联系的图表，例如XY散点图、曲面图、瀑布图等。Excel图表类型的主要用途和特点如表16-1所示。

表16-1 Excel图表类型的主要用途和特点

图表类型	主要用途	特点
柱形图	用于显示一段时间内的数据更改，或用于显示各项之间的比较情况	数据以列或行的形式排列，通常沿水平轴显示类别，和垂直轴上的值一起被组织成图表整体
折线图	按时间或类别显示数据趋势	时间或类别数据沿水平轴均匀分布，所有数值数据沿垂直轴均匀分布
饼图	显示一个数据系列中各项的大小与各项占总和的比例	只有一个数据系列，饼图中的数据点显示为整个饼图的百分比
圆环图	显示多个数据系列中各项的大小与各项占总和的比例	像饼图一样，圆环图也显示了部分与整体的关系，但圆环图可以包含多个数据系列
条形图	在工作表中以列或行的形式排列的数据可以绘制为条形图，显示各个项目的比较情况	通常沿垂直坐标轴组织类别，沿水平坐标轴组织值
面积图	以列或行的形式排列的数据可以绘制为面积图，表现随时间发生的变化量，用于引起人们对总值趋势的关注	通过显示所绘制的值的总和，面积图还可以显示部分与整体的关系。当有多个系列时，建议使用折线图，因为面积图某个系列的数据可能会被其他系列遮住
XY散点图	以列或行的形式排列的数据可以绘制为散点图，通常用于显示和比较数值，判断两变量之间是否存在某种关联或总结坐标点的分布模式	散点图将X值和Y值合并到单一数据点并按不均匀的间隔或簇来显示，尤其是在数据量大时，可以显示出某种趋势的聚集性
股价图	股价图可以显示股价的波动。不过这种图表也可以显示其他数据（如日降雨量和每年温度）的波动	必须按正确的顺序组织数据才能创建股价图，即至少要按盘高、盘低和收盘次序输入的列标题来排列数据。如果需要，还可以列出开盘、成交量等信息

（续上表）

图表类型	主要用途	特点
曲面图	以列或行的形式排列的数据可以绘制为曲面图，当类别和数据系列都是数值时，可以使用曲面图	如果希望得到两组数据间的最佳组合，曲面图将很有用。曲面图通常用于显示大量数据之间的关系，其他方式可能很难显示这种关系
雷达图	以列或行的形式排列的数据可以绘制为雷达图。雷达图可以比较若干数据系列的聚合值	用从同一点开始的轴上表示三个或更多定量变量的二维图表形式显示多变量数据，可以对比多变量的强弱并作出评价
树状图	树状图提供数据的分层视图，可以比较分类的不同级别	树状图按颜色和接近度显示类别，并可以轻松显示大量数据。当层次结构内存在空（空白）单元格时可以绘制树状图，树状图非常适合用于比较层次结构内的比例
旭日图	旭日图非常适合用于显示分层数据，并且可以在层次结构中存在空（空白）单元格时进行绘制。层次结构中的每个级别均通过一个环或圆形表示，最内层的圆表示层次结构的顶级	不含任何分层数据（类别的一个级别）的旭日图与圆环图类似。但具有多个类别级别的旭日图可以显示外环与内环的关系。旭日图在显示一个环如何被划分为作用片段时最有效
直方图	直方图中绘制的数据可以显示分布的频率	图表中的每一列称为箱，可以被更改以便进一步分析数据
箱形图	显示数据到四分位点的分布，突出显示平均值和离群值	箱形可能具有可垂直延长的名为“须线”的线条。这些线条指示超出四分位点上限和下限的变化程度，处于这些线条或须线之外的任何点都被视为离群值。当有多个数据集以某种方式彼此相关时，请使用这种图表类型
瀑布图	显示加上或减去某些值时的财务数据累计汇总。在理解一系列正值和负值对初始值的影响时，这种图表非常有用	图中的列采用彩色编码，可以快速地将正数与负数区分开来
地图图表	可使用地图图表比较某些值并跨地理区域显示类别。当数据中含有地理区域（如国家/地区、省/自治区/直辖市、县或邮政编码）时使用地图图表	地图图表可以同时显示值和类别，每个图表都具有不同的颜色显示方式。值用具有两到三种轻微变化的不同颜色表示。类别用完全不同的颜色表示

16.2 数据源与数据系列

16.2.1 数据源、数据系列的选择、调整（以分店销售额为例）

图表的建立基于一定的数据系列。在建立时如果选中一个系列的数据，图表则将显示这个系列的状况，数据系列中的每个单元格一般形成图表上的一个点（往往是“顶点”）；如果选中多个数据系列，则会显示多个系列的状况。如图16-3所示。

- 图表中最终显示多少个系列的数据，跟建立图表时选中的数据系列数量有关。例如，图16–3中显示的是包含三个分店营业情况的柱形图，一方面反映了每个月各分店的情况对比；另一方面，又明显地展示了一月至八月的营业波动情况。

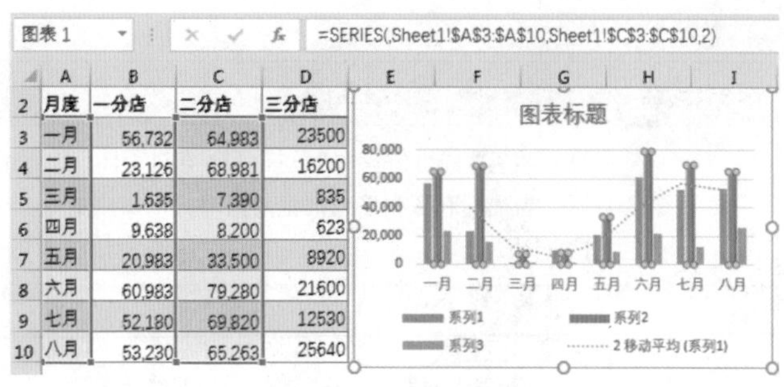

	A	B	C	D
2	月度	一分店	二分店	三分店
3	一月	56,732	64,983	23500
4	二月	23,126	68,981	16200
5	三月	1,635	7,390	835
6	四月	9,638	8,200	623
7	五月	20,983	33,500	8920
8	六月	60,983	79,280	21600
9	七月	52,180	69,820	12530
10	八月	53,230	65,263	25640

图16–3　图表数据系列与相关数据

- 如果最初没有选择数据系列，只是选中了数据系列中某一个系列的某个单元格，则Excel会将相邻的数据系列都纳入进来。例如，图16–3中三分店右侧如果还有一个“合计”列，也会被纳入进来。
- 在图表中，如果选中某个数据系列，则数据表中相应的数据系列会自动被一个较宽的、有颜色的边框框起来突出显示，边框右下角有一个类似填充柄的“扩展柄”。
- 单击图表边框，选中整个图表（图表区），则整个图表对应的所有数据系列都会被框起来，在数据表中拉动扩展柄，扩大或者减小数据范围，则周边单元格的数据会相应地被自动纳入图表或者从图表中被减除。
- 另一个在已经建立的图表中增减或调整数据的方法是：选中图表，单击“图表工具—设计”选项卡—“数据”组—“选择数据”按钮，弹出“选择数据源”对话框，如图16–4左图所示。在其中，可以完成对数据源区域的调整、数据系列的增减、系列名称的重命名、水平（分类）轴标签的调整等工作。
- 如果在建立图表时没有选中数据区的标题行，则将默认数据系列名称为“‘系列1’‘系列2’……”若要改变数据系列名称，则选中系列，例如“系列1”。然后，单击“图表工具—设计”选项卡—“数据”组—“选择数据”按钮，再单击“选择数据源”对话框的“图例项（系列）”框中的“编辑”按钮，弹出如图16–4右图所示的“编辑数据系列”对话框，鼠标指针停留在“系列名称”录入框中时，只需到数据表中单击系列名称所在的单元格，例如“一分店”所在的单元格B2，即会填入其绝对地址。单击“确定”按钮后，“系列1”的名称即被改为“一分店”。

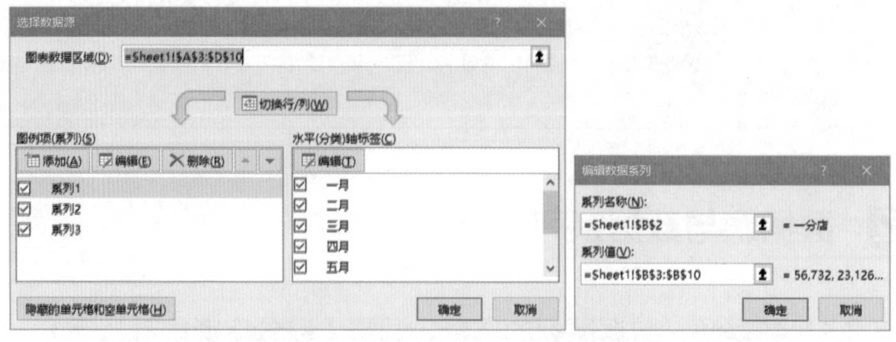

图16–4　“选择数据源”对话框以及“编辑数据系列”对话框

- “选择数据源”对话框中间的“切换行/列”按钮的功能，实质上是对数据源区域进行“转置”处理，即将原来的“分类”转换为“系列”，而将“系列”转换为“分类”，获得了不同的对比效果。

温馨提示

图表是动态的，即图表始终链接着数据表的数据系列。当数据系列中的数据发生改变时，图表将自动变化，反映出数据最新的状况。当数据系列添加了数据后，需在图表中先选中该数据系列，然后用鼠标按住数据表单元格被框起来的相关数据系列右下角的方块进行拖拉，才能使新添加的数据被显示到图表中。

16.2.2 缺失与隐藏数据的处理

在某些应用中，难免会丢失一些数据，或者出现单元格被隐藏的情况，这会导致直接制作出的图表受到很大影响。对此，Excel给出了较好的解决方案：通过选项直接连接缺失的数据，并显示隐藏的数据。

图16-5是对一天的气温进行的数据记录，其中缺失了3:00AM、4:00AM、11:00AM和7:00PM等数据，而且，2:00PM所在行被隐藏。图16-5中最上方的图是直接生成的图表，下方的两个图则是处理后的图表。

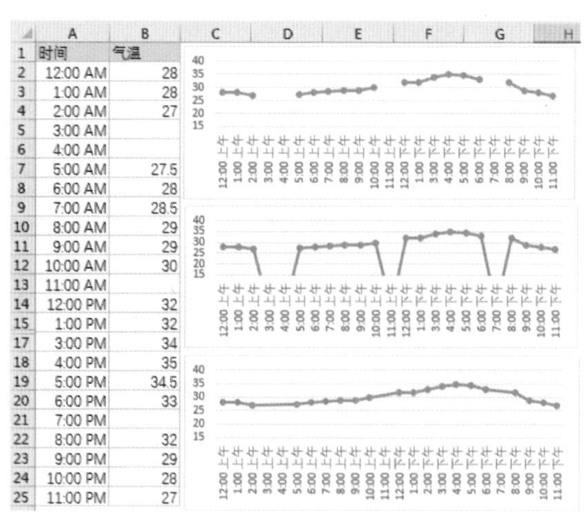

	A	B
1	时间	气温
2	12:00 AM	28
3	1:00 AM	28
4	2:00 AM	27
5	3:00 AM	
6	4:00 AM	
7	5:00 AM	27.5
8	6:00 AM	28
9	7:00 AM	28.5
10	8:00 AM	29
11	9:00 AM	29
12	10:00 AM	30
13	11:00 AM	
14	12:00 PM	32
15	1:00 PM	32
17	3:00 PM	34
18	4:00 PM	35
19	5:00 PM	34.5
20	6:00 PM	33
21	7:00 PM	
22	8:00 PM	32
23	9:00 PM	29
24	10:00 PM	28
25	11:00 PM	27

图16-5　对缺失与隐藏数据的处理

图16-5处理的方法非常简捷，在生成图表后，选中图表，然后单击“图表工具—设计”选项卡—“数据”组—“选择数据”按钮，系统弹出“选择数据源”对话框，如图16-4左图所示。单击对话框左下角的“隐藏的单元格和空单元格”按钮，在弹出的“隐藏和空单元格设置”对话框中，将缺省的“空单元格显示为：空距”，改为“空单元格显示为：零值”，然后就会出现图16-5中间部分所示的图表；如果将缺省的“空单元格显示为：空距”，改为“空单元格显示为：用直线连接数据点”，并勾选“显示隐藏行列中的数据”，就会出现图16-5下方部分所示的图表。（注意：在图16-5所示的图表中，上方两个图表中的2:00PM时间点的数据是缺失的，而在最下方的图表中则正确显示了。）

16.3 图表元素及其对应的格式设置

图表元素即组成图表的基本对象。选中图表元素并设置其属性选项，即可获得各种各样的图表。

图表元素大致可以分为五类：（1）图表区、绘图区、网格线。这是图表的基础空间及辅助元素。（2）数据系列。这是直接展示数据大小、特征的绘图元素，也是图表的主体。（3）坐标轴。这是图表的标准与尺度。（4）标签、图例、标题等。这是图表的标注性文本框（或文本框组）。（5）趋势线、误差、连接线等附加元素。

Excel中的图表元素本质上并不是某种新的Office对象，而是与一定数据存在关联并被组合起来的Office形状。例如，各类图表中的数据系列本身就是一组大小被数据源设定后的形状，如柱形图的形状为矩形、饼图的形状为饼形、折线图的形状为直线等等。而各类标题、标签就是文本框。因此，这些图表元素的属性都可以被分为两类：一类是与图表关联的图表选项；另一类就是其本身固有的图形属性选项，例如填充与边框选项等。

有了对图表元素的整体认识，就可以清晰地把握应该如何设置图表元素的属性选项。

这里我们着重讨论图表的关键元素：数据系列与坐标轴。其他图表元素将在后面结合图表的具体配置进行介绍。

16.3.1 数据系列——图表的主体

数据系列，一般位于图表中心，是展示数据大小、特征的绘图元素，也是图表的主体。

不同图表一般具有不同的数据系列。例如，柱形图的数据系列为矩形，饼图的数据系列为饼形，散点图和气泡图的数据系列则为圆形。

（1）一张图表中可能会有多个数据系列，因为一张图表可能显示多列（或者多行）数据，每个系列一般会被标识为“‘系列1’‘系列2’……”，也可能被标识为“系列××”，“××”为系列名称，往往为列标题（或行标题）。

（2）单击某个数据系列在图表上的任意一个形状，则选中了整个数据系列。此时，工作表中的相关数据也被框线框了出来。图16-6是一个包含三个数据系列的柱形图，其中，数据系列“计划销售额”被选中，数据表中的相关数据被框起并标识出了数据源。

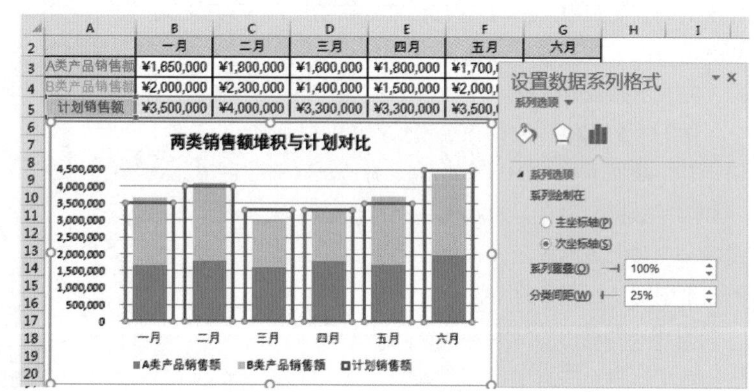

图16-6　数据系列及其格式选项

（3）数据系列在图表中的任一形状对应着数据表中的某一单元格，因此其被称为“数据点”。单击图表中的任一形状，则这个“数据点”被选中。数据点的大小不能在图表中通过拖拉单独改变其大小，但是，其填充、边框等外观属性可以被调整。

（4）可以看到，数据系列本身的功能选项并不是很多。例如，柱形图的数据系列格式仅需要确认系列需要被绘制在主坐标轴还是次坐标轴上，以及设置“系列重叠”和“分类间距”的参数来标识柱形的宽度和柱形之间的距离。而柱形图的高度是由坐标轴决定的。

16.3.2 坐标轴——图表的标尺

除了饼图、旭日图和树状图以外，其他图表都展开在一组坐标轴上。坐标轴的数据，如最小值、最大值、单位等，决定了图表中数据系列的整体位置、高矮等关键形式。因此，坐标轴可以说是图表的标尺。

数学中所说的坐标轴原则上是轴线，例如X轴、Y轴分别指横向的或者纵向的轴线，但Excel中，坐标轴的轴线往往与底线或者左、右框线重合，无法区分。如果要选中坐标轴只需单击纵向或者横向的数值即可。

如图16-7所示，图表坐标轴的选项较多，其中会对图表整体框架产生影响的有最小值、最大值和单位。前二者决定了图表的边界，“单位”则决定了图表网格线的跨度。

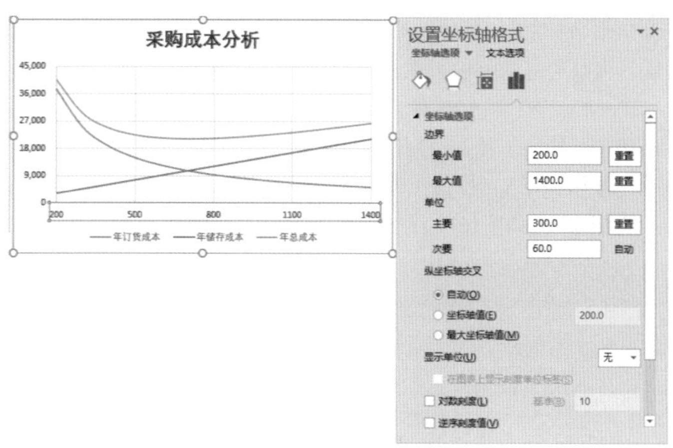

图16-7　散点图及其坐标轴选项

16.3.3　图表元素的选中与格式设置

图表生成后，即可通过点击图表上的图形要素来选中特定的元素，例如标题、数据系列等，从而给这些元素设置相应的格式。图16–8左图所示即“系列1”被选中的情况。

除了在图表上直接点选以外，另一种精准选中图表元素的方式是单击“图表工具—格式”选项卡最左侧的“当前所选内容”组—“图表元素”下拉按钮，出现如图16–8右图所示的图表元素下拉列表，在其中选择合适的图表元素选项即可。

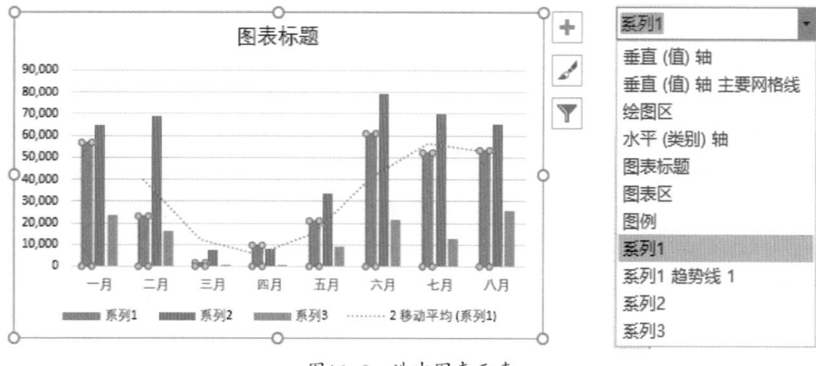

图16–8　选中图表元素

必须注意：在“当前所选内容”组—“图表元素”下拉按钮的下拉列表中被列出的只是图表中已经有的元素。实际上，还有很多元素没有被列出，例如系列标签、轴标题等。添加这些元素可以通过单击“图表工具—设计”选项卡—“图表布局”组—“添加图表元素”按钮，然后在下拉的两级列表中进行选择添加。

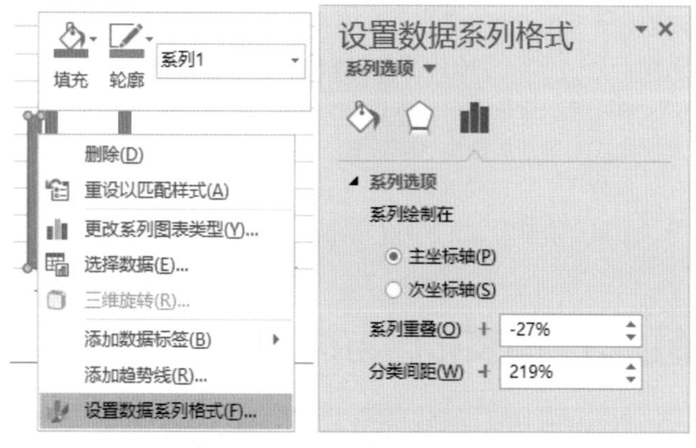

图16–9　图表元素对象的右键菜单以及“设置××格式”浮动窗格

在图表上直接点选虽然直观，但由于在图表中有些元素有一定的重叠，点选时不容易选中所需的对象。所以，有时通过选项卡进行选择也不失为一种更加准确的方法。

选中图表元素后，可以通过两种途径来设置图表元素的格式：（1）使用右键菜单。在选中的元素对象上单击鼠标右键，然后选择右键菜单中的最后一项“设置××格式”（这里的“××”即图表元素名称）。如图16-9左图所示。（2）使用浮动窗格。单击“图表工具—格式”选项卡—“当前所选内容”组—“设置所选内容格式”按钮（即“图表元素”输入选择框下侧的按钮），弹出我们熟知的“设置××格式”浮动窗格。如图16-9右图所示。

实用技巧

在图表上双击某一图表元素，即会打开“设置××格式”浮动窗格。这是打开这一窗格的最快捷方式。

需要特别指出的是，在设置图表元素的格式时，“设置××格式”浮动窗格的基本格局没有变化，只是比文本框、图形等对象的浮动窗格多出一页用图标“▮▮”标识的图表元素选项页。并且，根据所选择的不同的图表元素，这一页的名称和选项是不同的。例如，当选中数据系列时，这一页就显示如图16-9右图所示的“系列选项”页；当选中坐标轴时，这一页就显示如图16-10所示的“坐标轴选项”页。

图16-10　设置坐标轴格式的浮动窗格

可以看到，柱形图的“系列选项”包括主次坐标轴的系列绘制选择、系列重叠度以及分类间距。而柱形图的“坐标轴选项”（纵坐标）包括边界（最大、最小值）、单位、横坐标轴交叉、显示单位、刻度线、标签、数字等。这些图表元素选项都是用于描述图表元素本身特有特征的参数，而这些元素除了这些特有特征之外，还具有一些通用特征，例如，一般都有填充、边框等特征。如果是文字类型的元素（例如坐标轴、标签、标题等），还具有文本框的所有特征选项，例如所有文本特效的选项。

由此可见，图表一般都具有十多种图表元素，而每种元素也具有许多特征选项。因此，配置一个图表，实际上可能总共有数十个乃至上百个特征选项可以进行设置。

对此，我们至少需要考虑三个问题：（1）如何快速设置图表的格式，同时获得比较令人满意的效果呢？（2）如何配置好图表各种元素的各种选项，从而获得能很好地表现数据特点的效果呢？（3）如何才能获得有个性的图表，使其既能表现出数据的特点，又能令人感到耳目一新呢？

对于第一个问题，Excel已经给出了答案：可以通过“图表布局”“图表样式”“形状样式”“艺术字样式”等功能组的选项设置，迅速美化图表及其元素。

而第二、三个问题可以说无解，只能通过多看、多读、多分析，提高对图表的认识水平和操作能力。如果说有某种真正的捷径的话，那就是仔细阅读学习有关教程，然后积极开展操作实践。

16.4 图表布局与样式

利用图表布局、样式和颜色配置，可以快速改变图表元素的分布以及图表元素的外观，从而改变图表的整体面貌。

16.4.1 图表布局

图表布局含有两个主要内容：添加图表元素和快速布局。添加图表元素功能可以给图表添加某些在默认生成后不具有的元素，例如数据标签，也可以隐藏当前图表中的某些元素。添加图表元素主要有两种方法：

（1）方法一。

【Step 1】 单击“图表工具—设计”选项卡—“图表布局”组—“添加图表元素”按钮。

【Step 2】 在下拉的二级列表中选择合适的元素。例如，如果想要给一个柱形图添加数据标签，即可在下拉列表的二级列表中选择合适的数据标签，例如“数据标签外”选项，表示标于外部的数据标签。如图16-11所示。

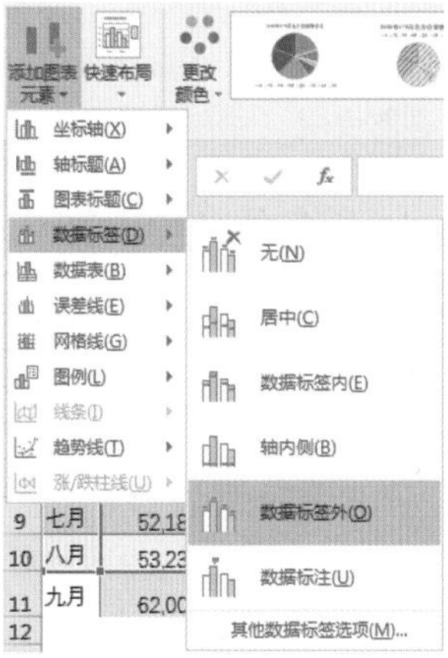

图16-11 添加图表元素—数据标签

（2）方法二。

如图16-12所示，在选中图表后，图表右侧会出现三个快捷按钮，位于最上方的快捷按钮即“图表元素”快捷按钮，单击该按钮，则弹出“图表元素”列表，在其中可以通过勾选、单击合适的选项来添加图表元素。

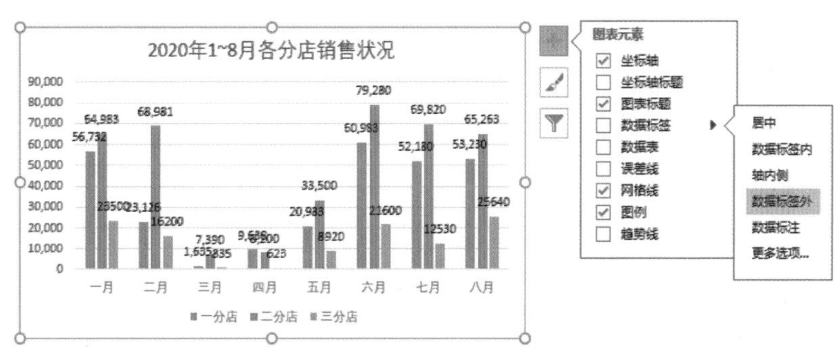

图16-12 通过“图表元素”快捷按钮添加图表元素

上述的两种方法除了可以选择将被添加的图表元素，还可以选择去除已有的图表元素，但二者在操作上略有不同。方法一：在二级列表中选择“无”选项，而对于坐标轴的去除设置，则需再次点选二级列表中已被选择的元素选项，取消其选中状态。方法二：只需在“图表元素”列表中点选多选框，取消其选中状态即可。

可以看到，“添加图表元素”功能按钮除了可以设置图表元素是否被添加到图表之中以外，还有其他多种布局选项，例如图例位置、是否在图表中显示数据表等。如果要快速改变这些布局选项，获得其他布局效果，可以通过移动位置、改变图表元素配置选项来实现。但是，最快捷的方法是直接使用Excel提供的“快速布局”功能按钮。

如图16-13所示，单击“图表工具—设计”选项卡—“图表布局”组—“快速布局”按钮，出现快速布局列表，即可在其中选择一种。

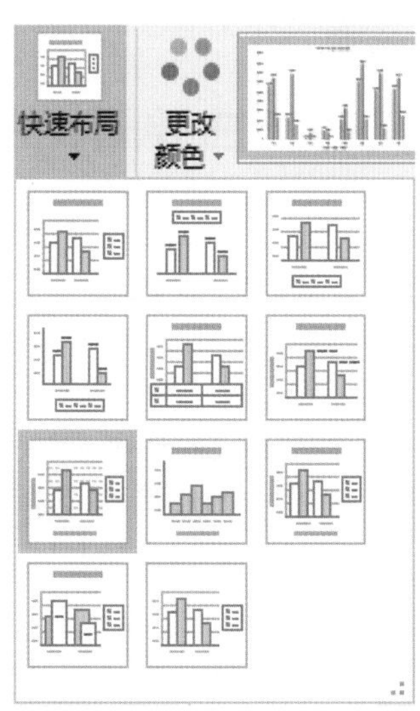

图16-13 快速布局选项列表

Excel会根据不同的图表提供不同的快速布局选项。Excel提供的快速布局选项为我们提供了进一步美化图表的思路和方案。例如，柱形图的“布局7”选项，隐藏了图表标题，图例位置也被调整到了右侧，并且显示出了更为精细的水平次要网格线。也就是说，可以通过先选用某种快速布局，然后以此为基础或基于这些思路来进行图表元素的配置，从而获得更好的效果。

Excel还给图表配置了快速的样式组合，可以快捷地改变图表每个系列的颜色，操作方便，在此不再截图说明。

16.4.2 图表样式

除了图表布局，Excel还为图表元素的其他选项的综合搭配提供了快捷方式——图表样式。

选用图表样式的方法非常简捷：如图16-14所示，在选中图表后，将功能区转到“图表工具—设计”选项卡，然后在“图表样式”组中的快速样式列表框中移动鼠标指针，图表就会即时显示预览效果。如果看到合适的样式，单击选用即可。

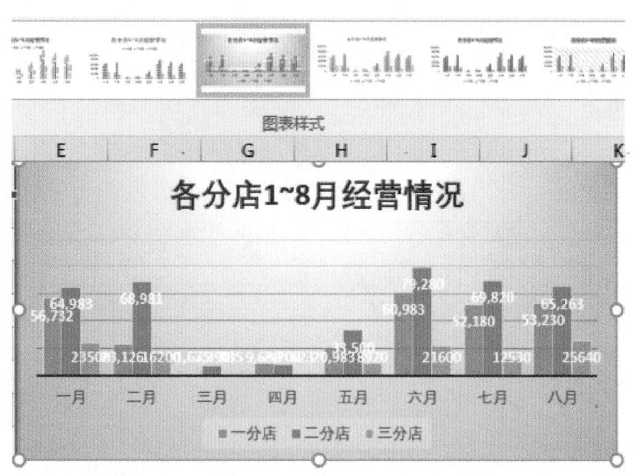

图16-14 图表样式的采用

如果需要查看更多的图表样式，单击列表框右侧的“其他”按钮，就会弹出图表样式选项列表框以供选择。可以看到，Excel并没有开放图表样式的用户自定义功能。

> **温馨提示**
>
> 图表中的每个/组元素，本质上就是一个/组Office对象。例如，柱形图的数据系列所形成的一组“柱形”，实际上就是一组矩形。而标题、标签等就是一个/组文本框，可以单独为其配置效果选项。设置方法多样，可以在选中相应对象后，将功能区转到“图表工具—格式”选项卡进行设置；或者在图表元素对象上单击鼠标右键，在右键菜单中选择“设置××格式”选项，打开格式设置浮动窗进行设置。

16.5 主要图表的选项——基本格式与常用技巧

现在的Excel已经足够智能化，因此自动生成的图表基本上都对图表各元素进行了合适的参数配置，一般能够获得令使用者基本满意的图表效果。

但是，自动配置的参数有时难以反映图表数据的某些突出特征，因此需要使用者另行配置，以获得满意效果。例如，在制作计算机主要部件、手机或其某些部件的性能、容量对比图的过程中，如果需要突出新部件所增加的性能或容量信息，则需要专门配置图表数量坐标轴的最小值、最大值和单位，甚至要考虑是否需要选择对数坐标等参数。

在这里，我们将选择一些主要的图表讨论其某些基本格式，并展示一些常用技巧。

16.5.1 柱形、折线、条形图（以著名就业报告为例）

柱形图、折线图和条形图都是既可以展示数据随类别（时间）等变动的趋势，又可以展示不同系

列之间大小对比情况的图表类型。它们简洁、直观，是最常用的图表类型。

这些图表在自动生成时，值坐标轴（在柱形图和折线图中为垂直轴，在条形图中为水平轴）的最小值、最大值和单位为Excel基于数据大小自动选定的，Excel对最小值、最大值往往留有裕度，而单位为最大值的某种等分。这样生成出来的图表在总体上已经达到了不错的视觉水平，但经过专门的配置以后会获得更为出色的效果。

这里以著名的《2019年中国大学生就业报告》为例，其数据和图表在各大新闻网站上可以被查到，原报告中的图表由于被转载导致图片质量变差。因此，我们基于公开数据进行了重新绘制。其中，2014届至2018届毕业的大学生就业率数据如图16-15所示。在数据表中可以看出某些微小的差异和趋势，这种趋势只有在图表中才能更好地被展现。由于不同系列的数据差异很小，因此利用折线图来反映数据系列间的差异是恰当的选择。

	A	B	C	D	E
1		毕业年份	全国总体	本科	高职高专
2		2014届	92.1	92.6	91.5
3		2015届	91.7	92.2	91.2
4		2016届	91.6	91.8	91.3
5		2017届	91.9	91.6	92.1
6		2018届	91.5	91.0	92.0

图16-15　2014届至2018届大学毕业生就业率

选中数据表区域B1:E6，然后单击“插入”选项卡—“图表”组—“插入折线图或面积图”按钮，在下拉组合列表中选择“带数据标记的折线图”。

Excel自动生成的缺省折线图如图16-16左图所示。

Excel绘制此图时显然已经考虑了最小值不能从零开始，否则，表中数据的差异和趋势将完全被掩盖。因此，垂直（值）轴从最小值90开始，且以0.5为单位突出值之间的差异。同时，按照常规设置给出了相应的图表元素，例如图表标题、图例、网格线等。

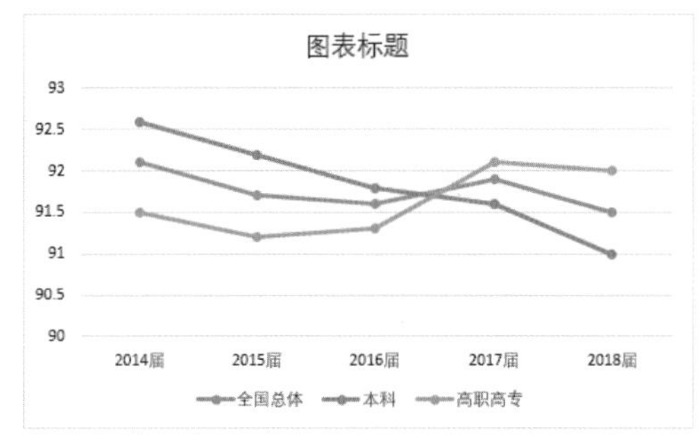

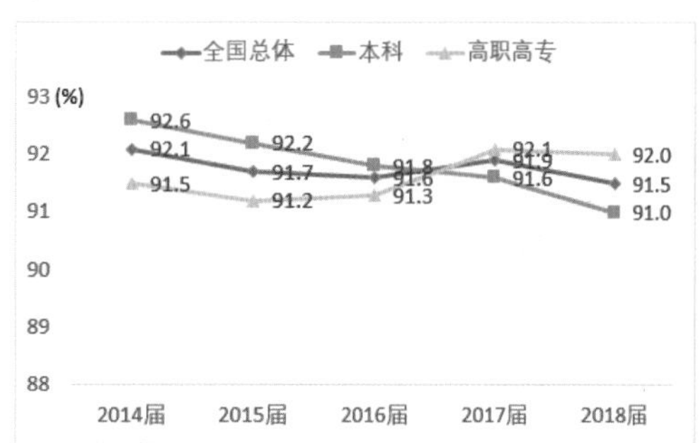

图16-16　自动生成的折线图与调整之后的折线图

我们参照报告中的图表对Excel生成的图表进行了调整，获得如图16-16右图所示的图表。调整方法及分析介绍如下：

【Step 1】　选中整个图表，单击“图表工具—设计”选项卡—“图表布局”组—“添加图表元素”按钮，在其中选择“数据标签—右侧”选项。这样，图表中的数据系列均具有了数据标签。

【Step 2】　单击“图表工具—设计”选项卡—“图表布局”组—“添加图表元素”按钮，在其中选择“图表标题—无”选项，去除图表标题。

【Step 3】　单击“图表工具—设计”选项卡—“图表布局”组—“添加图表元素”按钮，在其中选择“网格线—主轴主要水平网格线”选项，去除网格线。

【Step 4】　单击“图表工具—设计”选项卡—“图表布局”组—“添加图表元素”按钮，在其中选择“图例—顶部”选项，将图例调至图表顶部。

【Step 5】　在选中整个图表的状态下，单击“开始”选项卡—“字体”组—“字号”下拉按钮，在其中选择12，即可将所有文本的字号调整到12。

【Step 6】 选中垂直（值）轴（单击图表左侧那一列的值即可），单击“图表工具—格式”选项卡—“当前所选内容”组—“设置所选内容格式”按钮，弹出如图16-17左图所示的“设置坐标轴格式”窗格，在窗格中将最小值改为88，单位自动由0.5改为1。

这是整个图表配置中最有意思的改动。减小最小值，使得整个就业率折线被抬高，在观感上效果更好。一般对垂直（值）轴的调整，往往是去除Excel留下的裕度，而这里反其道而行之，实属巧思。

【Step 7】 不必关闭上一步打开的浮动窗格，直接在图表上单击标识“本科”就业率的橙色折线，此时浮动窗格标题切换为“设置数据系列格式”，在其中单击左侧的“填充与线条”图标，打开折线的设置界面。在“线条”选项页将“线条—颜色”改选为“蓝色，个性色1”，然后切换到“标记”选项页，在其中将标记的填充与边框颜色都改为“蓝色，个性色1”，再将“数据标记选项—内置—类型”改选为正方形，将大小改为7。如图16-17右图所示。

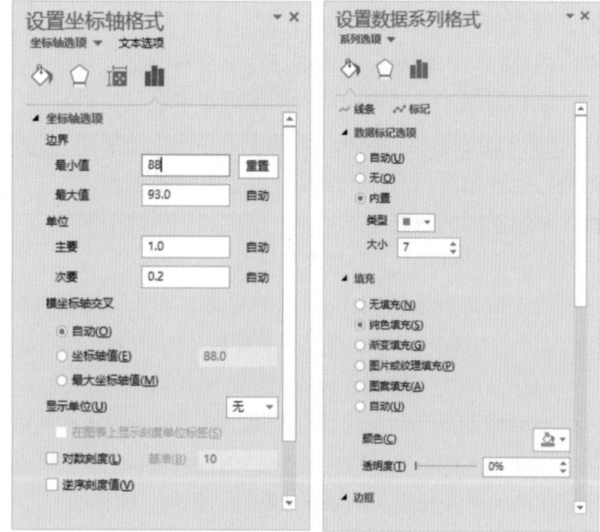

图16-17 “设置坐标轴格式”与“设置数据系列格式”浮动窗格

【Step 8】 参照上一步，将标识“全国总体”就业率的线条颜色改为“标准色—蓝色”，将标记的填充与边框颜色都改为“标准色—蓝色”，然后将“数据标记选项—内置—类型”改选为菱形，大小改为7。

【Step 9】 同样地，将标识“高职高专”就业率的线条颜色改为“蓝色，个性色5，淡色60%”，将标记的填充与边框颜色都改为“蓝色，个性色5，淡色60%”，然后将“数据标记选项—内置—类型”改选为三角形，大小改为7。

三个系列的色彩调整也是这一图表的特色，既用不同颜色和标记形状展现各个系列之间的不同，又用相近颜色体现了本质上的相似。

【Step 10】 在图表中插入文本框，输入括号与百分号（%）并置于数字93右侧。

在有些应用中，需要展示多组数据随时间变化的情况并进行大小对比。有些对比不是数据系列简单的并列，而是可以累积的。

图16-18所示的数据和图表，是某公司1～6月两类产品销售额与计划销售额之间的趋势对比图，其采用的图表类型为堆积柱形图，展示了对图表参数进行针对性配置的效果。

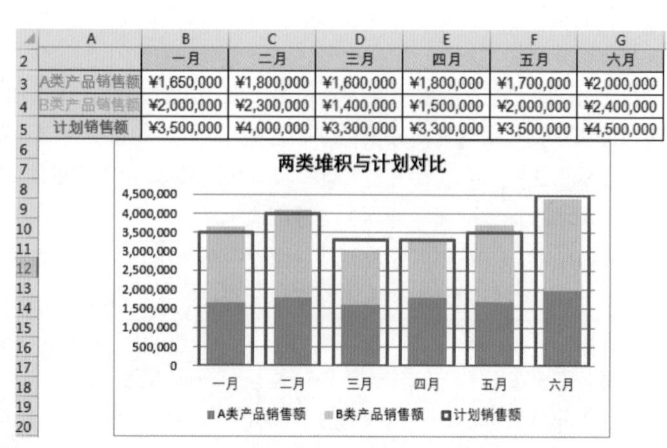

	一月	二月	三月	四月	五月	六月
A类产品销售额	¥1,650,000	¥1,800,000	¥1,600,000	¥1,800,000	¥1,700,000	¥2,000,000
B类产品销售额	¥2,000,000	¥2,300,000	¥1,400,000	¥1,500,000	¥2,000,000	¥2,400,000
计划销售额	¥3,500,000	¥4,000,000	¥3,300,000	¥3,300,000	¥3,500,000	¥4,500,000

图16-18 随时间变化的量的累积与对比

16.5.2 面积图（以产品销售趋势对比为例）

面积图与折线图相近，可以用于展示数据随时间变化的趋势。由于面积图在折线与时间坐标轴（X轴）之间填充了颜色或者纹理，形成表示数据的区域面积。因此，相比于折线图，被填充的区域可以更好地引起人们对总值趋势的关注，所以面积图主要用于展示趋势的大小，而不是确切的单个数据值。

当面积图有多个系列时，要尽量确保数据不重叠。如果无法避免重叠，可以将颜色和透明度设置为适当的值，使重叠的图表可见，如图16–19所示。

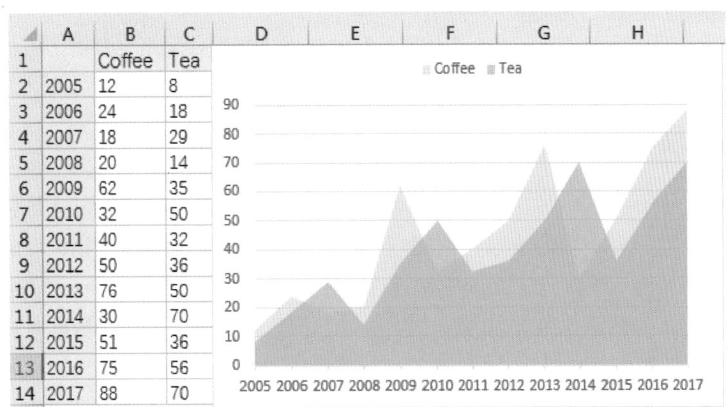

	A	B	C
1		Coffee	Tea
2	2005	12	8
3	2006	24	18
4	2007	18	29
5	2008	20	14
6	2009	62	35
7	2010	32	50
8	2011	40	32
9	2012	50	36
10	2013	76	50
11	2014	30	70
12	2015	51	36
13	2016	75	56
14	2017	88	70

图16–19 两个数据系列的面积图

当然，如果多个系列的数据是同质的，那么数据叠加本身具有一定意义，则可以通过堆积的方式显示数据的变化趋势，同时展示各个系列之间数量变化的对比。

如图16–20所示，多个系列数据的堆积面积图，在互不遮挡的情况下，既展示了各个系列数据的变化趋势，又显示了总体波动情况。

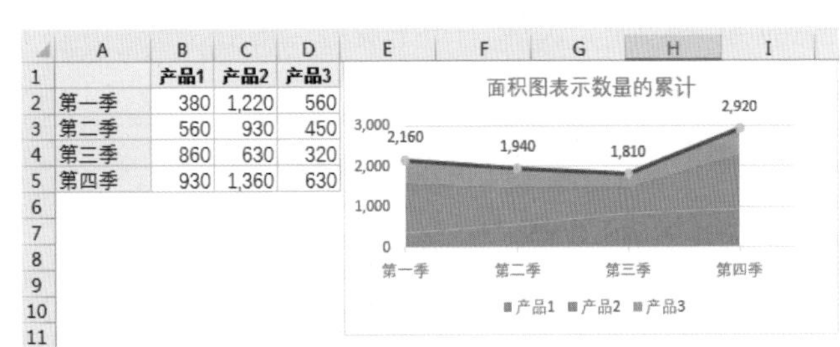

	A	B	C	D
1		产品1	产品2	产品3
2	第一季	380	1,220	560
3	第二季	560	930	450
4	第三季	860	630	320
5	第四季	930	1,360	630

图16–20 堆积面积图可以展示多个系列的变化

16.5.3 饼图（以著名护肤品行业报告为例）

如上文所述，饼图适合用于展现单一维度的数据占比，要求其数值中没有零或负值，并确保各分块占比总和为100%。

一般而言，由于难以比较一个分块过多的饼图的数据情况，因此建议尽量将饼图的分块数量控制在五个以内。当数据类别较多时，可以把较小或不重要的数据合并成第五个模块，并命名为“其他”。

生成及配置单一维度的饼图的步骤非常简单，无须多言。在实际运用中，往往存在在某一占比下还具有“某一大类细分”的情况。这的确增加了数据分析的深度，但也给饼图的生成与配置带来了一定难度。

我们以一份著名的护肤品行业报告中对“护肤品行业产品构成”的分析为例进行说明。同样，由于原图在被转载后不够清晰，我们以其数据为基础重新生成饼图并进行了配置。原图及相关数据可以在各大新闻网站中被找到。重新绘制

	A	B	C	D	E	F
1		分类	占比		面部护肤品	占比
2		面部护肤品	85.90%		面部保湿及抗老	57.4%
3		护肤套餐	8.30%		面膜	11.6%
4		手部护肤品	2.50%		洁面乳	8.40%
5		身体护肤品	1.80%		爽肤水	7.40%
6		其他	1.50%		其他	1.10%

图16–21 护肤品行业产品构成

后，其数据如图16-21所示。可以看到，整个护肤品行业产品首先按使用部位进行划分，其中，占比最大的是面部护肤品，占总数的85.9%。而面部护肤品85.9%的占比又按功能划分为几个子类别产品的占比。其中，排列前四的是："面部保湿及抗老"，占比57.4%；"面膜"，占比11.6%；"洁面乳"，占比8.4%；"爽肤水"，占比7.4%。除此之外的"其他"仅占1.1%。可以看到，面部护肤品的几个子类别产品的占比相加后正好等于85.9%。

这样具有"某一大类细分"特征的数据正好适合采用复合饼图进行展示。

生成复合饼图的方法稍有技巧，操作步骤如下：

操作步骤

【Step 1】 先进行数据准备，将"面部护肤品"的几个细分类别的数据单元格区域E2:F6复制到"分类—占比"数据表之后。即形成了一张大表的形式，单元格区域B7:C11数据等于E2:F6。

【Step 2】 选中区域B3:C11，然后单击"插入"选项卡—"图表"组—"插入饼图或圆环图"按钮，并在下拉组合列表中选择"复合饼图"，Excel按原始数据生成了一个占比完全不正确的复合饼图。

注意：上面生成图表的数据区域不是B2:C11，之所以将最大占比的"面部护肤品"排除在外，是因为后面的B7:C11之和实质上就是"面部护肤品"大类别的数据。即Excel在生成复合饼图时，第一绘图区（即"大饼"）中包含第二绘图区（即"小饼"）的数据。这部分数据是由"小饼"各组成部分的数据合计而来，无须人为指定。

【Step 3】 在任意一个饼图上单击鼠标右键，在右键菜单中选择最后一项"设置数据系列格式"，打开如图16-22左图所示的浮动窗格，将其中的"系列选项—系列分割依据—第二绘图区中的值"由3调整到5，即"小饼"在数据中占后五项。此时，可以看到，Excel按照后五项对第二绘图区进行了合理划分。同时，在对第二绘图区的分组数据进行合计后，自动在"大饼"中画出了适当的占比分区。

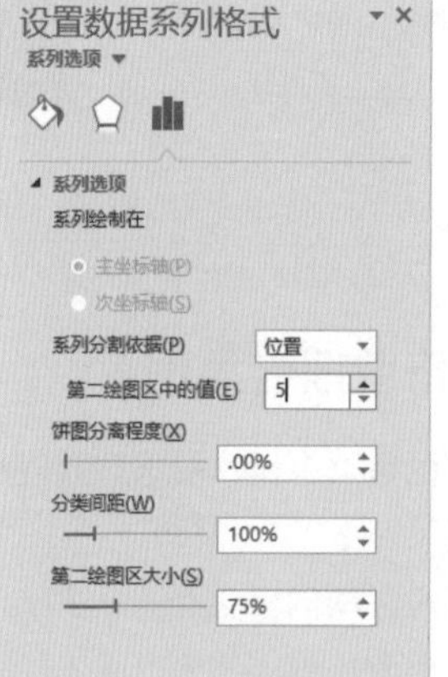

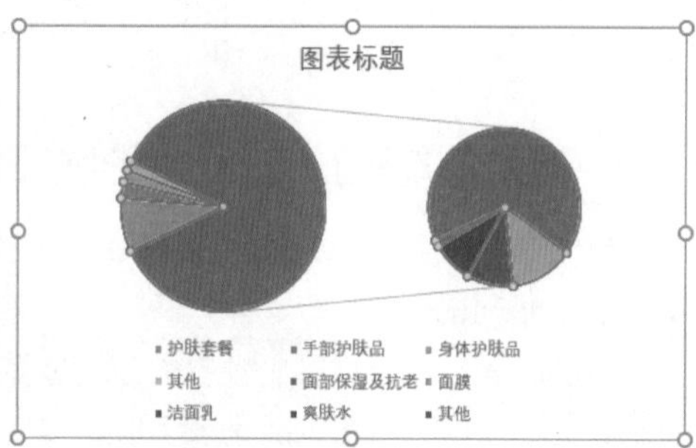

图16-22 设置复合饼图的数据系列及效果

【Step 4】 对复合饼图的选项参数进行如下调整：

（1）在"设置数据系列格式"浮动窗格中切换到"填充与线条"页，将"边框"设置为"无线条"，消除各部分图形的边框，特别是图形内部各分组之间的分隔线。

（2）单击"图表工具—设计"选项卡—"图表布局"组—"添加图表元素"按钮—"图例—无"选项，消去图例。

（3）单击"图表工具—设计"选项卡—"图表布局"组—"添加图表元素"按钮—"数据标签—其他数据标签选项"选项，即为图表添加了数据标签，同时切换至"设置数据标签格式"浮动窗格，在其中的"标签选项"页中的"标签包括"多选项中勾选"类别名称"并取消勾选"显示引导线”选项。在“标签选项”页的“数字”选项中将“类别”选为“百分比”，并将“小数位数”改为1。

（4）拖拉图表四角上的大小调整钮以适当扩大图表，使多数标签被置于图形之内。如果要单独增大第二绘图区，可以调整“设置数据系列格式”浮动窗格中的“系列选项—第二绘图区大小”，例如调整为80%。

（5）单击任意一个数据标签，则所有数据标签都处于被选中状态，单击“开始”选项卡，在其中将字体选为“宋体”，并设置加粗。

（6）将第一绘图区最大组成部分的数据标签中的类别名称“其他”改为“面部护肤品”，并对其他数据标签的位置、大小做适当调整，将位于饼图内部的数据标签的字体颜色改为白色。

（7）分别选中两个绘图区中饼图的各个组成部分，通过“图表工具—格式”选项卡—“形状样式”组—“形状填充”按钮，选择合适的颜色（建议以暖色调为主）。

（8）单击连接“大饼”和“小饼”的“系列线”，在“设置系列线格式”浮动窗格中将其宽度改为1.25磅。

（9）在图表中插入两个文本框，分别置于两个绘图区下，在文本框中分别输入文本“（按使用部位划分）”和“（按产品功能划分）”，然后调整文本框字体、字号并设置加粗。最终获得了如图16–23所示的效果。

需要说明的是，饼图中还有一类“复合条饼图”，只是将第二绘图区改为了一个堆积条形图，其生成和设置方式与本例讨论的复合饼图基本相同，在此不再赘述。

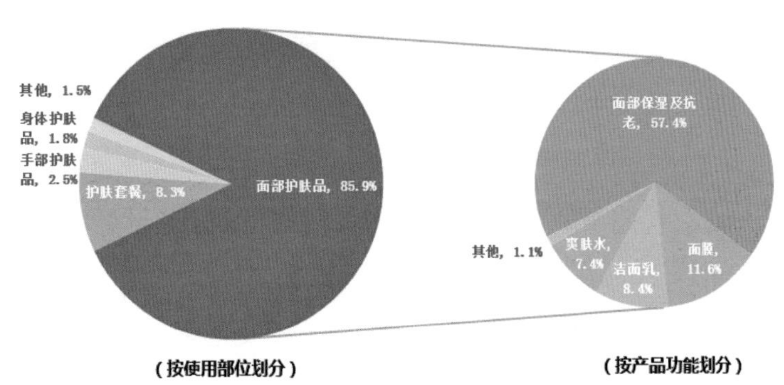

图16–23　重新设置后的复合饼图

16.5.4　散点图（以电话销售分析为例）

散点图是在直角坐标系中显示数据的两个变量（X和Y）之间的关系的图表类型。散点图中的数据被显示为点的集合，其目的是通过大量数据点的分布，来标识两个变量之间的相关性或观察它们之间的关系，从而发现某种趋势，也可利用数据点的某种聚集性来发现异常。例如，我们可以用横坐标表示身高、纵坐标表示体重，画出表现某一班级学生“身高—体重”情况的XY散点图，由此获得班级学生身高和体重的详细分布状况。

散点图需要大量的原始数据作为支撑，考虑到篇幅的关系，在这里不举过于复杂的例子，仅以简单的“电话次数—销量关系”为例进行说明。如图16–24所示。数据表中给出了某公司2018年和2019年有关销售电话次数与销量的数据。生成散点图时只需选中数据区域为C2:D25的部分数据表，然后单击“插入”选项卡—“图表”组—“插入散点图（X、Y）或气泡图”下拉按钮。在下拉列表中选择合适的散点图选项，即会根据选中的数据生成一个XY坐标图：将第一列“电话次数”作为自变量X，数据范围自动取为760 ~ 940；同时，将第二列“销量”在0 ~ 120的范围内生成对应的Y轴坐标值，并将每一个点，例如2018年1月（X：893，Y：91），安排到坐标系中。当然，自动生成的散点图（XY图表）还需要进一步的优化：

- 将纵坐标的最小值改至70，最大值将自动被设置为100。
- 增加线性趋势线。
- 将数据系列的“标记”宽度改为2.25磅，并添加“偏移：右下”的阴影效果。
- 为横坐标和纵坐标添加轴标题，然后将图表标题改为适当的文字。

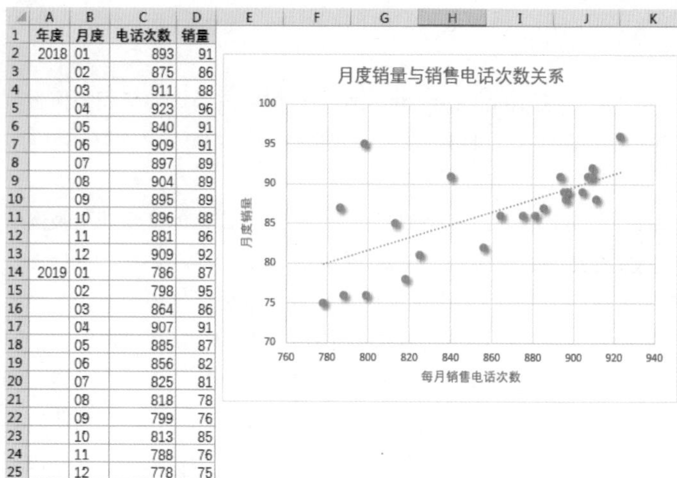

	A	B	C	D
1	年度	月度	电话次数	销量
2	2018	01	893	91
3		02	875	86
4		03	911	88
5		04	923	96
6		05	840	91
7		06	909	91
8		07	897	89
9		08	904	89
10		09	895	89
11		10	896	88
12		11	881	86
13		12	909	92
14	2019	01	786	87
15		02	798	95
16		03	864	86
17		04	907	91
18		05	885	87
19		06	856	82
20		07	825	81
21		08	818	78
22		09	799	76
23		10	813	85
24		11	788	76
25		12	778	75

图16-24　“电话次数—销量关系”散点图

利用散点图可以标识出不同类型的数据的相关性，即变量之间的增减联动关系。这种关系一般有正相关、负相关、不相关三种相关性类型。

- 正相关：如果趋势线的斜率大于0，即横坐标变量X增大时，纵坐标变量Y一般随之增大。
- 负相关：如果趋势线的斜率小于0，即横坐标变量X增大时，纵坐标变量Y一般随之减小。
- 不相关：趋势线斜率为零（水平），表明当X变化时，变量Y不会随之变化，只会随机取值。
- 另外，对于趋势线，可以自动求出其趋势线公式和R^2值。其中，R^2值是趋势线拟合程度的指标，是取值范围在0~1之间的数值，其越接近1时，数据离散度越小，拟合度越高，反之则相反。

16.5.5　气泡图（以人均寿命、GDP、人口图为例）

如果说散点图是一种二维分布图。那么，分布图还有另一维可以利用：每个点的半径（大小）。即可以用点的大小表示点的某种属性。由此，就将散点图的X、Y二维分布变成了三维分布。这是数据可视化的一个重要思路：充分利用图表的各种属性要素来标识事物的属性。

例如，图16-25左图列出了一些国家的人口、平均寿命和人均GDP数据，除了国家名称之外，需要表达的关键数据正好为三项。一个比较合适的设置为：以平均寿命为纵坐标Y，以人均GDP为横坐标X，以人口数据为气泡的面积数据。这样，在表现基础的生活水平与经济状况的坐标系之中，将国家的人口参数也标识了出来。

生成与配置该图表的主要步骤如下：

操作步骤

【Step 1】　选中数据区域B2:E20，单击“插入”选项卡—“图表”组—“插入散点图（X、Y）或气泡图”下拉按钮，在下拉列表中选择合适的气泡图选项，即生成一个初始的气泡图。

- 需要特别说明的是，由于数据较多，自动生成的气泡图往往在X、Y坐标以及气泡大小的数据安排上不够理想，即无论如何调整各列数据的次序，自动生成的气泡图都不一定会符合要求。因此，【Step 3】中的“编辑数据系列”相关操作是获得理想气泡图的关键。

【Step 2】　单击“图表工具—设计”选项卡—“数据”组—“选择数据”按钮，弹出“选择数据源”对话框，在对话框中单击“图例项（系列）”框中的“编辑”按钮，弹出如图16-25右图所示的“编辑数据系列”对话框。

	A	B	C	D	E
1	年度	国家	人口	平均寿命	人均GDP
2	2015	Australia	23,968,973	81.8	44,056
3	2015	Canada	35,939,927	81.7	43,294
4	2015	China	1,376,048,943	76.9	13,334
5	2015	Cuba	11,389,562	78.5	21,291
6	2015	Finland	5,503,457	80.8	38,923
7	2015	France	64,395,345	81.9	37,599
8	2015	Germany	80,688,545	81.1	44,053
9	2015	Iceland	329,425	82.8	42,182
10	2015	India	1,311,050,527	66.8	5,903
11	2015	Japan	126,573,481	83.5	36,162
12	2015	North Korea	25,155,317	71.4	1,390
13	2015	South Korea	50,293,439	80.7	34,644
14	2015	New Zealand	4,528,526	80.6	34,186
15	2015	Norway	5,210,967	81.6	64,304
16	2015	Poland	38,611,794	77.3	24,787
17	2015	Russia	143,456,918	73.13	23,038
18	2015	Turkey	78,665,830	76.5	19,360
19	2015	United Kingdom	64,715,810	81.4	38,225
20	2015	United States	321,773,631	79.1	53,354

图16-25　一些国家的相关数据；“编辑数据系列”对话框

【Step 3】　在“编辑数据系列”对话框中分别选定“系列名称”“X轴系列值”“Y轴系列值”和“系列气泡大小”的数据范围。例如，在本例中分别为“$B$1:$E$1”（列标题）、“$E$2:$E$20”（人均GDP）、“D$2:$D$20”（平均寿命）和“C$2:$C$20”（人口）。最后，单击两个对话框中的“确定”按钮，即按照要求画出了合适的气泡图。

【Step 4】　双击图表Y轴（平均寿命），打开“设置坐标轴格式”浮动窗格，将“坐标轴选项”页中的“最小值”与“最大值”分别调整为63与88。

【Step 5】　单击“图表工具—设计”选项卡—“图表布局”组—“添加图表元素”按钮，在其中选择“数据标签—右侧”选项，则将平均寿命值作为标签添加到了各个“气泡”的右侧。

【Step 6】　双击任意一个数据标签，在打开的“设置数据标签格式”浮动窗格中的“标签选项”页中选中多选项“标签包括—单元格中的值”，然后在弹出的“数据标签区域”对话框中输入“B2:B20”，再对标签位置进行适当的安排。

【Step 7】　双击图表中的任意一个“气泡”，在打开的“设置数据系列格式”浮动窗格的“填充与线条”页的“填充”多选项中勾选“依数据点着色”，即可获得满意的气泡图。如图16-26所示。

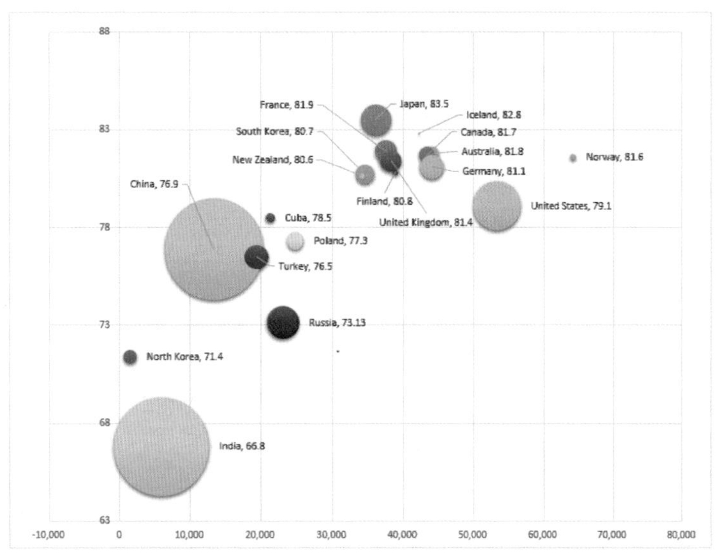

图16-26　反映一些国家人口、平均寿命和人均GDP情况的气泡图

16.5.6 雷达图（以城市降雨量分析为例）

玩游戏的读者应该对雷达图不会感到陌生，在游戏中往往会用雷达图表示一个角色几个方面的“战斗力”。雷达图是一种专门的图表，每个类别都有一个单独的轴，轴从图表的中心向外延伸，延伸的线条就是雷达（值）轴。每个数据点的值被绘制在相应的轴上。

图16-27列出了广州市和昆明市1～12月平均降雨量的值，通过雷达图可以看出两个城市降雨量的特点和量值的对比。

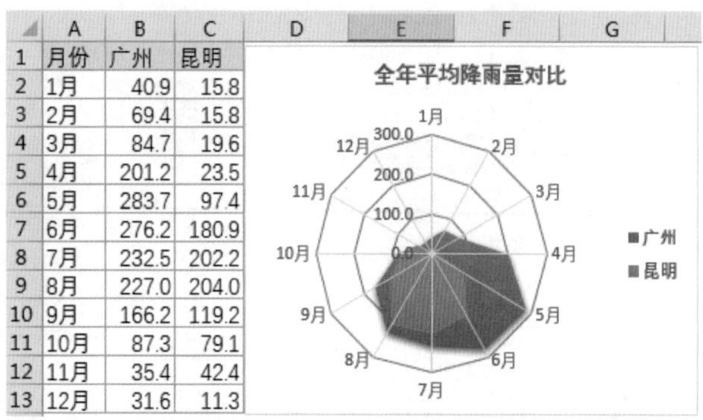

月份	广州	昆明
1月	40.9	15.8
2月	69.4	15.8
3月	84.7	19.6
4月	201.2	23.5
5月	283.7	97.4
6月	276.2	180.9
7月	232.5	202.2
8月	227.0	204.0
9月	166.2	119.2
10月	87.3	79.1
11月	35.4	42.4
12月	31.6	11.3

图16-27　雷达图的降雨量对比

- 雷达图不能表示负值。
- 雷达图不宜制作为具有太多雷达轴的多边形，否则会造成雷达图轮廓或填充区域的值不够清晰，导致阅读数据较为困难。

温馨提示

Office 2016取消了雷达图的雷达（值）轴的线条，也就是说，直接生成的雷达图将不会出现辐射状的值轴。要获得具有辐射状值轴的雷达图，只有先利用折线图画出具有坐标轴线条的图表，然后将其转换为雷达图。

16.5.7 图表组合（以著名的房地产数据为例）

有些关联数据需要被放在同一张图表上进行展示，才可以看出其中的某些规律与关联，因此需要使用图表组合。最典型的例子：很多交易数据既包含价格数据又包含成交量数据，为了分析方便，往往可以将其纳入同一张图表之中。

组合图表是指使用不同图表类型的系列组成一个图表，即组合图表至少需要两个数据系列。因此，这种图表往往会包含第二个值轴（纵坐标）。例如，柱形图和折线图经常会被组合在一起，组合后整个图表将具有两个值轴：柱形的值轴在左边，折线的值轴在右边，或者相反。

这里以2019年12月中国社会科学院财经战略研究院发布的《中国房地产大数据报告（2019）》中的几组数据为例。如图16-28所示，由于报告中的价格数据都以2018年1月作为分析起点。因此，对于成交量我们也从2018年1月开始计算。而成交量数据是以十大样本城市（北京、上海、成都、大连、武汉、苏

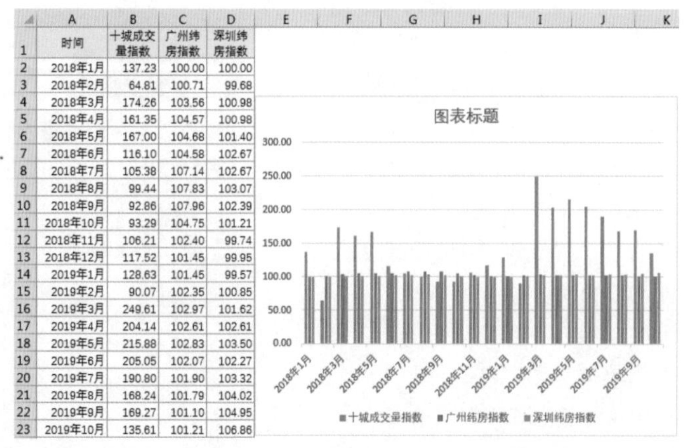

时间	十城成交量指数	广州纬房指数	深圳纬房指数
2018年1月	137.23	100.00	100.00
2018年2月	64.81	100.71	99.68
2018年3月	174.26	103.56	100.98
2018年4月	161.35	104.57	100.98
2018年5月	167.00	104.68	101.40
2018年6月	116.10	104.58	102.67
2018年7月	105.38	107.14	102.67
2018年8月	99.44	107.83	103.07
2018年9月	92.86	107.96	102.39
2018年10月	93.29	104.75	101.21
2018年11月	106.21	102.40	99.74
2018年12月	117.52	101.45	99.95
2019年1月	128.63	101.45	99.57
2019年2月	90.07	102.35	100.85
2019年3月	249.61	102.97	101.62
2019年4月	204.14	102.61	102.61
2019年5月	215.88	102.83	103.50
2019年6月	205.05	102.07	102.27
2019年7月	190.80	101.90	103.32
2019年8月	168.24	101.79	104.02
2019年9月	169.27	101.10	104.95
2019年10月	135.61	101.21	106.86

图16-28　十城房产成交量与广州、深圳纬房指数

州、深圳、南京、杭州、重庆）的二手住房在2017年1月的成交量（假设为100）作为基准形成的指数，其价格则是基于各城市在起点时间的均价（假设为100）所形成的指数。

生成该图表的步骤如下：

操作步骤

【Step 1】 选中数据区域A1:D23，单击“插入”选项卡—“图表”组—“插入柱形图或条形图”按钮，在下拉列表中选择“二维柱形图—簇状柱形图”，将会根据数据绘制出图16-28图表右侧所示的柱形图。

【Step 2】 选中图表，单击“插入”选项卡—“图表”组—“推荐的图表”按钮，弹出“更改图表类型”对话框。

【Step 3】 在“更改图表类型”对话框中切换到“所有图表”标签页，选择下端的“组合图”选项，即列出三个数据系列的名称、图表类型和次坐标轴选项。在其中将“广州纬房指数”和“深圳纬房指数”的图表类型改为“带数据标记的折线图”并勾选“次坐标轴”多选项。如图16-29所示。从预览的图表中可以看到，价格指数已经被分离出来并且在图表右侧显示了次坐标轴，单击“确定”按钮后返回工作表。

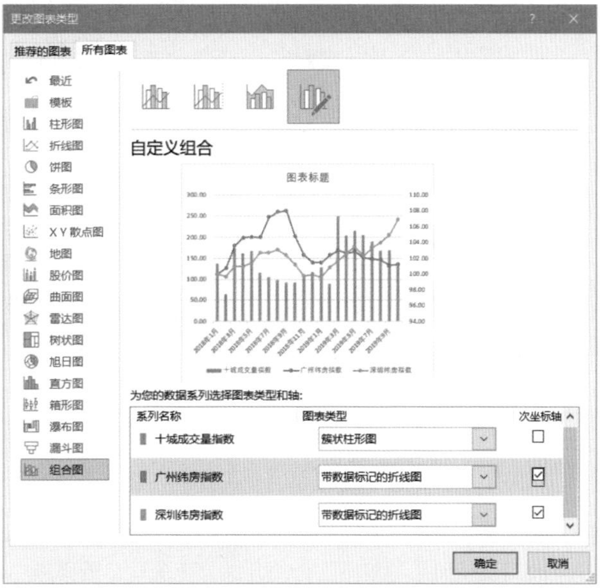

图16-29 “更改图表类型”对话框

【Step 4】 选中图表中的各个元素进行一定的设置，就能获得如图16-30所示的图表。

需要说明的是，Excel的图表组合功能已经非常方便和强大。但是，由于受到图表类型的某些限制，例如，气泡图不能与其他图表进行组合。因此，有些任务完成起来也需要使用更多的技巧。随着实际应用需求的不断改变，Excel本身也在不断地发展，下一节我们将要讨论的新图表就是Excel进一步增强自身功能的体现。

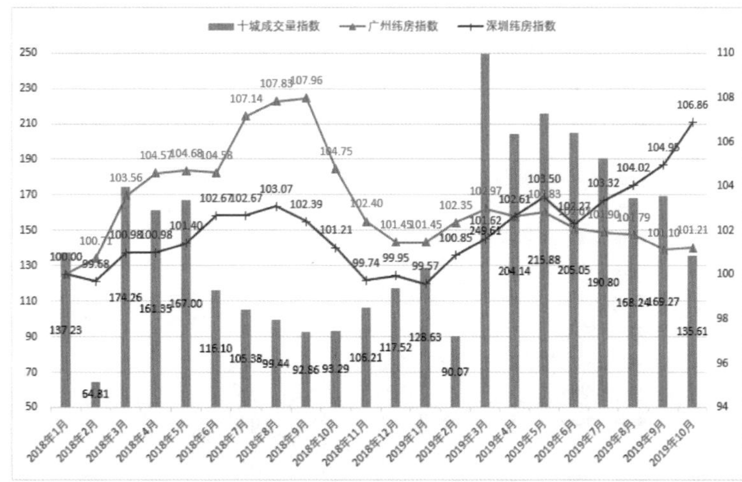

图16-30 调整后的组合图表

16.6 Excel 2016新图表简介

Office 2016提供了六种新的图表类型，这里对这些图表类型和相关数据进行简要的介绍。需要注意的是，这些图表类型在较低版本的Excel中是不能被显示的。

16.6.1 直方图

直方图（Histogram）是对数量分布的计数统计。例如，对一群人的身高分布情况进行人数统计：统计身高小于1.5米、在1.5～1.6米之间、在1.6～1.7米之间、在1.8～1.9米之间、在1.9米以上的分布情况。或者对一组学生的成绩分布情况进行统计。

图16-31左图给出了对73位学生成绩进行分段统计的直方图。

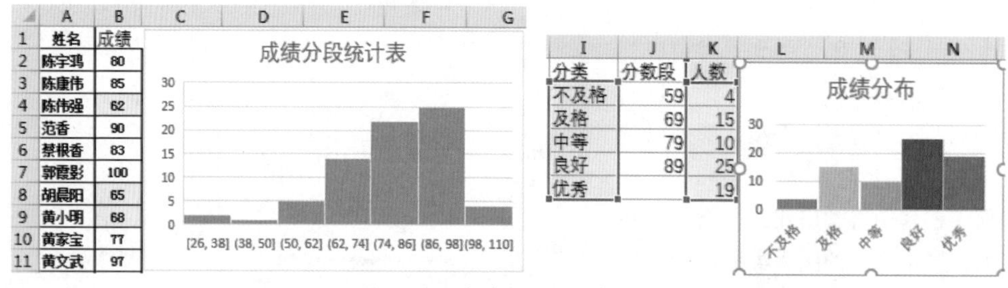

姓名	成绩
陈宇鸿	80
陈康伟	85
陈伟强	62
范香	90
蔡根香	83
郭霞影	100
胡晨阳	65
黄小明	68
黄家宝	77
黄文武	97

分类	分数段	人数
不及格	59	4
及格	69	15
中等	79	10
良好	89	25
优秀		19

图16-31 成绩分段统计直方图

Excel直方图的统计分级是自动进行的，分级可以通过调整“箱”数或者“箱宽度”进行。分段点是自动计算得出的。

要实现按照某种规则进行的分级分布统计，需要进一步的数据处理，然后直接利用柱形图进行绘制即可。如图16-31右图所示，即给出了利用FREQUENCY数组函数，计算出按分数段规则进行人数统计的结果，然后利用柱形图绘制出分布统计结果的具体情况。

16.6.2 排列图

排列图，更有名的说法是帕累托图，是用于分析事物影响因素的图表，特别适用于分析质量、缺陷等问题因素。帕累托法则又被称为“二八定律”。帕累托图与帕累托法则一脉相承，体现了少量关键因素可以决定整体效果。

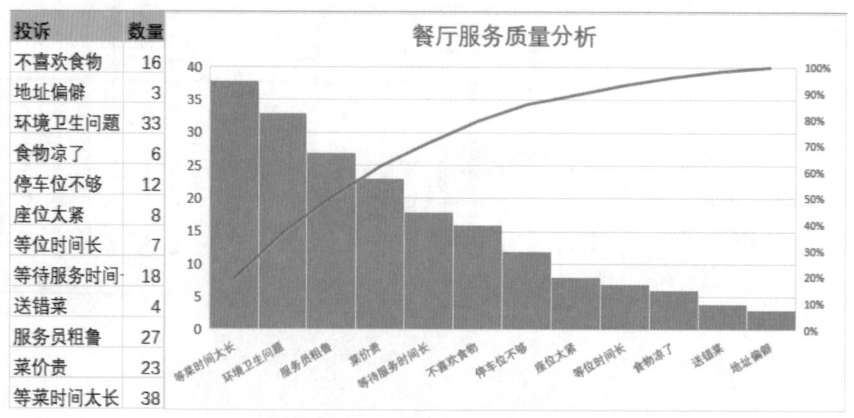

投诉	数量
不喜欢食物	16
地址偏僻	3
环境卫生问题	33
食物凉了	6
停车位不够	12
座位太紧	8
等位时间长	7
等待服务时间	18
送错菜	4
服务员粗鲁	27
菜价贵	23
等菜时间太长	38

图16-32 排列图分析餐厅投诉

从解决问题的角度看，排列图突出了需要人们关注的最重要的影响因素。图16-32是一个分析餐厅投诉情况的排列图。Excel会自动按照从大到小的次序排列各个数据分类，垂直的次坐标代表数量累积趋势。如果累积曲线前半段越陡，说明问题越集中。

16.6.3 瀑布图

瀑布图（Waterfall Plot）因形似瀑布而得名，展现了一种自上而下的图表效果。又因为形似阶梯而被称为阶梯图（Cascade Chart）或桥图（Bridge Chart），常用于企业经营分析、财务分析，用以展示企业成本变动、构成等情况。

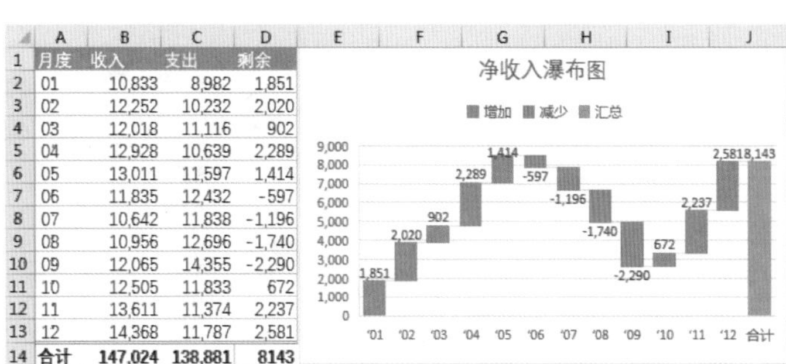

月度	收入	支出	剩余
01	10,833	8,982	1,851
02	12,252	10,232	2,020
03	12,018	11,116	902
04	12,928	10,639	2,289
05	13,011	11,597	1,414
06	11,835	12,432	-597
07	10,642	11,838	-1,196
08	10,956	12,696	-1,740
09	12,065	14,355	-2,290
10	12,505	11,833	672
11	13,611	11,374	2,237
12	14,368	11,787	2,581
合计	147,024	138,881	8143

图16-33　净收入瀑布图

图16-33展现了一个内容为年度“收入—支出—净收入”数据的瀑布图。其中，剩余=收入—支出。配置瀑布图时，需要注意数据系列的“合计”项选中的“设置为总计”选项。否则，合计中的数据仍然按阶梯往上画出。

16.6.4 箱形图

箱形图（Box-plot）也称箱须图（Box-whisker Plot）或盒须图、四分位数图，是利用数据中的五个统计量（最小值、第一四分位数、中位数、第三四分位数与最大值）来描述数据的统计性质的图表类型。

图16-34反映了一组茶叶基于品种的价格分布状况，可以看出，箱形图简洁地将价格分布状态展现了出来。

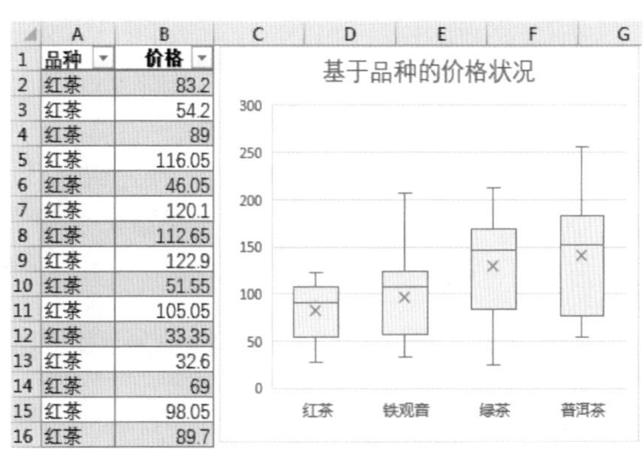

品种	价格
红茶	83.2
红茶	54.2
红茶	89
红茶	116.05
红茶	46.05
红茶	120.1
红茶	112.65
红茶	122.9
红茶	51.55
红茶	105.05
红茶	33.35
红茶	32.6
红茶	69
红茶	98.05
红茶	89.7

图16-34　基于品种的价格状况

如果要在低版本的Excel中画出箱形图，则需要进行相当多的辅助统计和设置工作。但在Excel 2016中，可以直接进行设置。

16.6.5 旭日图

旭日图（Sunburst Chart）源于饼图，是一种比饼图更加随意、更加张扬的图表类型。旭日图不仅可以展示数据的占比情况，还能凸显多级数据之间的关系。

从图16-35所示的数据和图表可以看到，旭日图具有以下特点：

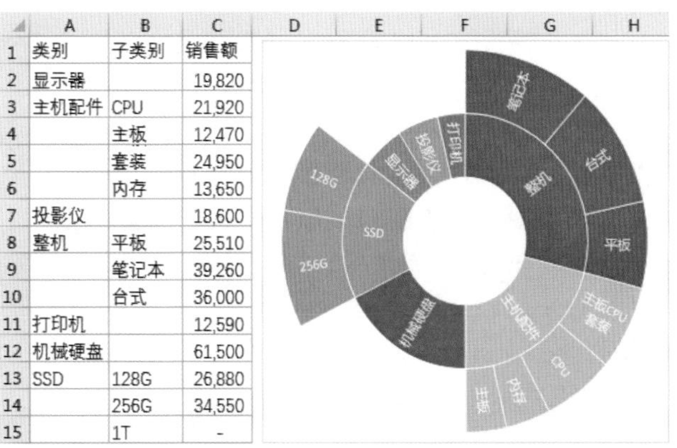

类别	子类别	销售额
显示器		19,820
主机配件	CPU	21,920
	主板	12,470
	套装	24,950
	内存	13,650
投影仪		18,600
整机	平板	25,510
	笔记本	39,260
	台式	36,000
打印机		12,590
机械硬盘		61,500
SSD	128G	26,880
	256G	34,550
	1T	-

图16-35　两级分类旭日图

- Excel会自动从0点（12点）位置开始，按顺时针方向由大到小安排各层数据。
- 旭日图由里到外安排类别层次。一级类别位于最里层圆环，外层扇形由各大类的子类别展开形成，层次不限。如果分类有更多层次，旭日图的扇形会自然向外伸展出更多层次。

16.6.6 树状图

与旭日图类似，树状图（Treemap Chart）也是一类可以表示层次关系和占比情况的图表。树状图用方块及其面积表示子类别，用颜色区分大类（一级类别），从面积的大小直观地显示了数据的多寡。如图16–36所示。

显然，与旭日图可以向外自然展开更多层次不同，树状图很难表示三种及以上的层次关系。

	A	B	C
1	类别	子类别	销售额
2	显示器		19,820
3	主机配件	CPU	21,920
4		主板	12,470
5		主板CPU套装	24,950
6		内存	13,650
7	投影仪		18,600
8	整机	平板	25,510
9		笔记本	39,260
10		台式	36,000
11	打印机		12,590
12	机械硬盘		61,500
13	SSD	128G	26,880
14		256G	34,550
15		1T	-

图16–36　用树状图表示两级分类数量关系

16.7 几种引人注目的特殊图表配置方法

在上面的讨论中我们可以知道，图表中的大部分元素除了具有其作为图表的特殊选项之外，都有作为一个图形或者文本框这种基础对象的基础属性选项。也就是说，图表中无论是数据系列、坐标轴、标签等元素都是某种特定的图形或文本框，其基础属性中都包括“填充与线条”以及“效果”（包括“阴影”“发光”“柔化边缘”“三维格式”等）选项，利用这些选项即可配置出精彩的图表。

当然，需要说明的是，这些个性化的图表一般适用于某些研究报告、推广文档或者科普性质的文章。而严谨的学术性报告中的图表，还是以朴实、清晰的图表效果为主。

16.7.1 图片填充—个性化图表（以世界著名调研报告为例）

实现图表中的个性化填充或边框设置并不难，例如，Excel对图表提供的图表样式中就不乏对图表的“图表区”进行填充的样式。但是，有时可以更为大胆地对数据系列进行填充，以获得一种有趣的图表样式。

图16–37所示是2018年世界经济论坛（World Economic Forum）的一篇深入报道（Insight Report）《未来消费的运营模式》（*Operating Models for the Future of Consumption*）中的一张图表。实质上，这张图表是说明在一项研究中“数字原生营销人员（Digital–Native Marketers）”的数字技能远高于“企业营销人员（Corporate Marketers）”和“非营销人员（Non–Marketers）”。也就是说，该图原本是朴实的反映三个数字技能得分率的图表。

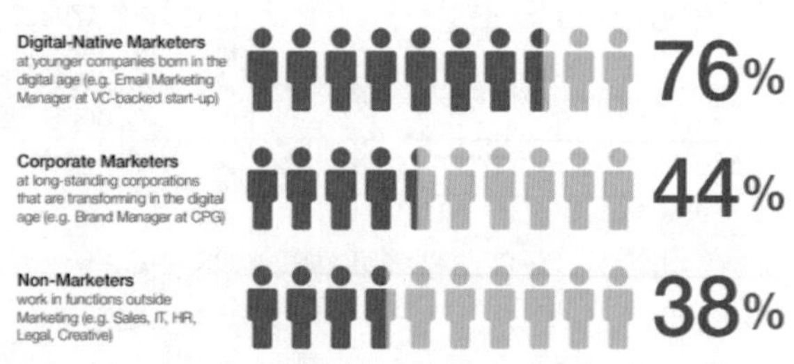

图16–37　个性化二维条形图

用Excel直接生成的条形图如图16-38所示。如果仅仅是对条形图的图表区域、坐标轴或其他元素进行配置，整个图表都显得平淡无奇。但当制作者对数据系列进行图片填充后，再加以适当的配置，整个图表就变得生动了。

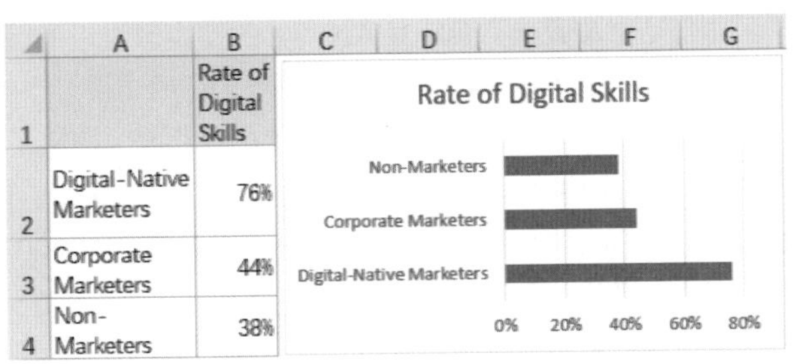

	A	B
1		Rate of Digital Skills
2	Digital-Native Marketers	76%
3	Corporate Marketers	44%
4	Non-Marketers	38%

图16-38　Excel直接生成的二维条形图

获得这个图表的关键步骤是：（1）将选中的素材小人图片复制到剪贴板中。（2）选中图表的数据系列（在图表上单击条形图中的任何一个长条即可），然后双击该数据系列，弹出“设置数据系列格式”浮动窗格。（3）在窗格中切换到“填充与线条”页—“填充”多选项组，缺省填充选项为“自动”。此时，单击“图片或纹理填充”选项，Excel会用缺省的纹理填充数据系列（条形）。（4）单击“填充”多选项组下方的“剪贴板”按钮，Excel即会将剪贴板中的小人图片填充到数据系列当中，如图16-39所示。（5）单击选中“填充”多选项组下方的“层叠”选项，将缺省填充方式由“伸展”改为“层叠”。（6）再单击图表上的横坐标（百分比坐标），在“设置坐标轴格式”浮动窗格的“坐标轴选项”页中对坐标轴的“最大值”“单位”等选项进行调整，以获得满意的效果。

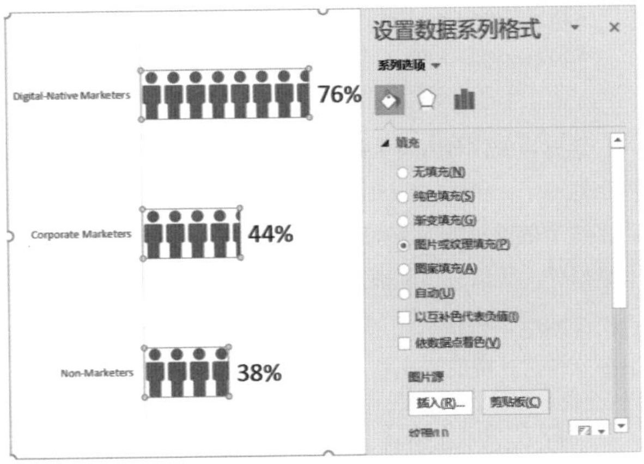

图16-39　对数据系列使用剪贴板中的图片进行填充

类似的图表还可以有很多变化。例如，对服务评价数据的表示，可以用“星星”进行填充；对男女数据的对比情况可以对不同的性别用不同的人形进行填充等。

16.7.2　饼图、圆环图美化（以世界著名公司报告为例）

饼图、圆环图能够很好地表示数量的占比状态。有时，这些占比放在同一个图表中的确很紧凑，但是，如果需要对比不同事物之间的情况，例如不同产品线的表现等，独立显示也会是一个很好的选择。

如图16-40左图所示的圆环图，就是微软公司在2019年的产品安全性报告中用于展示主要类别产品安全性状况的图形。这个图表将四个百分比数据通过圆环图生动地表现出来。

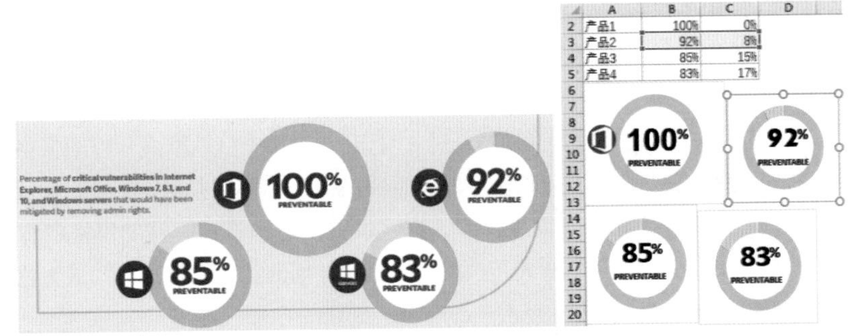

	A	B	C
2	产品1	100%	0%
3	产品2	92%	8%
4	产品3	85%	15%
5	产品4	83%	17%

图16-40　多个环形图表示不同类别的具体情况

制作这个图表并不需要太多技巧，关键步骤为：（1）需要对产品的每一个类别补充一列数据，这列数据的值就等于用100%减去产品数据后的结果，如C2=100%−B2。（2）选中B2:C2，单击“插入”选项卡—“图表”组—“插入饼图或圆环图”按钮，在其中选择“圆环图”。（3）双击圆环图上的圆环，在弹出的“设置数据系列格式”浮动窗格中，切换到“填充与线条”页，对生成的圆环图进行颜色填充，并设置边框为“无线条”。然后，对B3:C3、B4:C4和B5:C5重复步骤（2）～（3），画出四个圆环图；最后，分别用文本框将百分比数据放置到圆环之中即可。

类似的应用还有生成如图16−41所示的半圆形的“油表图”完成率饼图。其关键是做出辅助数据：

A28 = MIN(B25, 100%)/2

A29 = 50% − A28

A30 = 50%

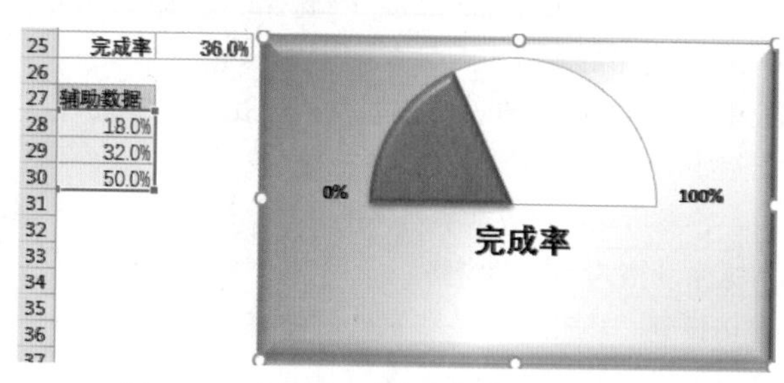

图16−41　由饼图配置出的半圆形完成率图表

这里，使用MIN( )函数来显示两个值中较小的一个：单元格B25中的值或100%，然后将这个值除以2。因为只需要显示饼图的上半部分，所以必须除以2。使用最小值函数是为了防止图表的显示超过100%。

生成后，再将饼图的下半部分（即代表A30的50%部分）设置为“无填充”“无线条”，再对上半部分设置一定的填充和三维效果即可。

16.7.3　巧用“填充—甘特图”（以工程进度展示为例）

甘特图是一种水平条形图，经常用于显示项目进度，是项目管理的重要工具。

虽然Excel本身不支持甘特图，但是Excel可以对项目分项及其时间序列进行细致的管理。因此，可以用Excel来创建一个简单的甘特图，其中的关键在于正确地设置数据。

某个土建工程的分项和各个分项的进度如图16−42所示。利用这个数据即可生成项目进度的甘特图。步骤如下：

	A	B	C
1		起始日期	周期
2	进场交底	2019/5/3	1
3	清理现场及地下工程	2019/5/4	11
4	基础工程	2019/5/18	9
5	模板及混凝土工程	2019/5/21	25
6	内部装修工程	2019/5/30	28
7	下水工程	2019/6/8	4
8	外部装修工程	2019/6/14	18
9	配电工程	2019/6/28	2
10	水暖工程	2019/6/29	5
11	周边工程	2019/7/5	8
12	现场清理	2019/7/12	8
13	验收	2019/7/20	1

图16−42　某个土建工程项目的分项和进度数据

操作步骤

【Step 1】　选中数据区域A2:C13。（注意：要保持A1单元格为空单元格）

【Step 2】　单击“插入”选项卡—“图表”组—“插入柱形图或条形图”按钮，在下拉列表中选择“二维条形图—堆积条形图”，产生一个分项从下到上排列的条形图，即“验收”分项在最上方，而“进场交底”分项在最下方（提示：如果未能显示上述图形效果，可以尝试使用“图表工具—设计”选项卡中的“切换行/列”功能按钮）。

【Step 3】　双击纵坐标（分项工程列表项目），打开“设置坐标轴格式”浮动窗格，在“坐标轴选项”页中勾选“逆序类别”选项，分项次序即按照最初的分项次序进行排列。

【Step 4】　单击横坐标（起始日期坐标），在“设置坐标轴格式”浮动窗格中将“坐标轴选项—数字—格式代码”调整为“m−d”格式。然后，将起始日期的“最小值”和“最大值”调整至合适的数值，并将“单位”设为7。

注意：Excel的日期是从1900年1月1日开始计算的，所以，到现在已经有4万多天了。要看具体日期的数值，只需在工作表中选中日期单元格（例如B2），然后，在“开始”选项卡的“数字”组中的“数字格式”输入框下拉按钮的下拉列表中观察其在“数字”选项中显示的数值（例如2019/5/3的数字为43588，而2019/7/20的数字为43666）。如图16-43所示。

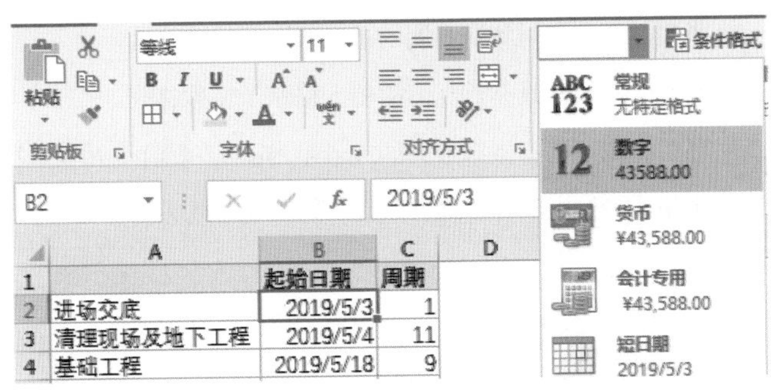

图 16-43　查看特定日期的数值

【Step 5】　单击条形图中任意数据系列上的“堆积数据”（即蓝色矩形），即选中所有靠近纵坐标的堆积数据。同时，浮动窗格切换到“设置数据系列格式”。

【Step 6】　在“设置数据系列格式”浮动窗格中的“填充与线条”页将填充和边框分别设为“无填充”“无线条”。

【Step 7】　最后对图表适当进行其他的设置，即可得到如图16-44所示的甘特图。

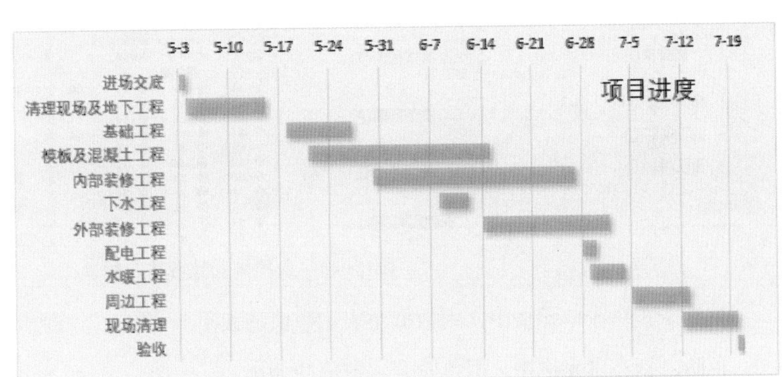

图16-44　由项目分项时间及周期数据获得的甘特图

16.8 利用条件格式使数据可视化

数据可视化就是利用图表、颜色甚至是字体设置等技术手段，使数据变得更加清晰易读。其中，最方便的途径是设置条件格式。

条件格式就是当数据满足一定条件时，即以特定的格式显示。最为传统的条件格式就是手工誊写学生的考试成绩表时，对不及格的学生成绩用红笔填写。在Excel中，通过计算机技术的帮助，条件格式就变得多样而且容易实现。

图16-45左图给出了在“开始”选项卡—“样式”组—“条件格式”按钮的下拉组合列表中展示的各种设置条件格式的功能选项，右图则给出了主要的条件格式样板。

条件格式总体上可分为五大类。但是，由于设置条件格式的规则中可以带入公式，因此条件格式可以有很多的变化。主要的条件格式类型有：

- 大于、小于、介于或等于：指当设置单元格的值大于、小于、介于或等于某种值时，单元格显示出特殊格式。这些规则可以应用于与数字值相关的区域。被比较的值可以是某种计算值，例如均值或标准偏差。
- 文本包含：指单元格中的文本包含某个字符或某个词。

- 发生日期：指对特定日期的单元格赋予特殊格式。
- 重复值：指对具有重复值的单元格赋予特殊格式。
- 项目选取规则：指对最大的或最小的n个，或前x%/后x%个，或者大于（小于）均值的数据赋予特殊格式。这里的n或x是可以调整的正整数或零。

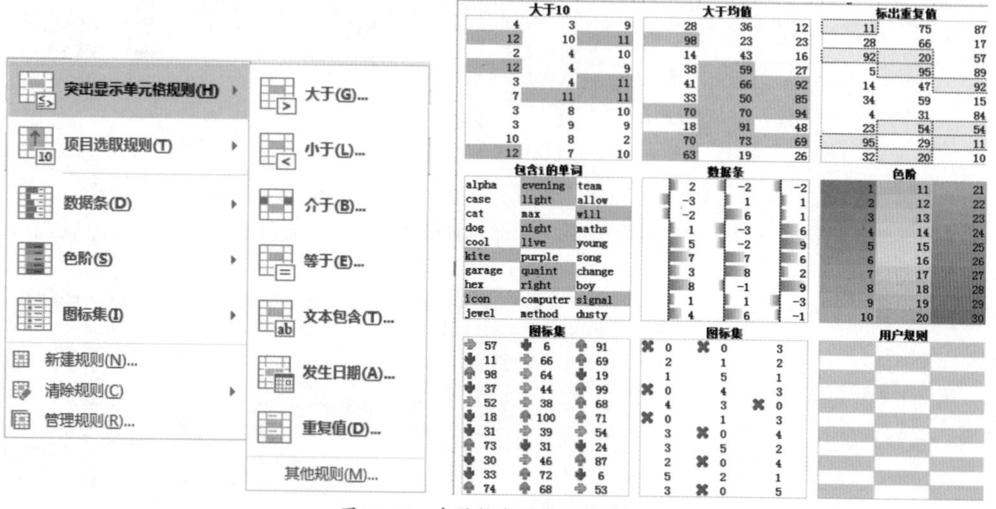

图16-45　条件格式种类及其样板

- 数据条：指在单元格中，用数据条表示数值的大小。
- 色阶：指在单元格中，用色阶表示数值的大小。
- 图标集：指在单元格中，用图标表示数值的大小规则。
- 用户自定义规则：指对用户定义的某种单元格规则赋予特殊的格式。

16.8.1　添加条件格式规则

对于“突出显示单元格规则”和“项目选取规则”选项来说，都是对满足一定条件的单元格赋予特殊的格式。前者的条件是大于、包含、重复等，而后者的条件是前n个、后n个等。

当需要对包含特殊数据的单元格设置特殊的格式时，就需要给这些单元格添加条件格式规则。添加规则的操作方法如下：

操作步骤

【Step 1】　选中需要纳入规则的单元格区域。

【Step 2】　单击“开始”选项卡—“样式”组—“条件格式”按钮，在下拉组合列表中选择某种规则，例如“突出显示单元格规则—小于”，弹出规则编辑对话框，如图16-46所示。

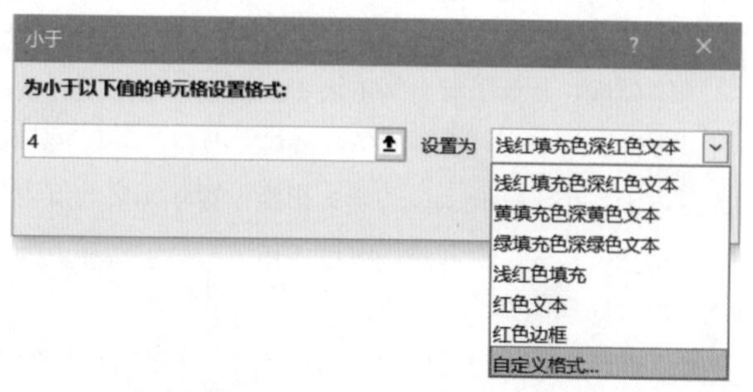

图16-46　“小于”规则编辑对话框

【Step 3】　在规则编辑对话框中输入规则，并确定突出显示单元格的格式，如果推荐的格式都不能满足要求，可以在“设置为”选择框的下拉列表中选择“自定义格式”，即弹出“设置单元格格式”对话框。可以在此对话框中设置某种格式，例如字体格式、边框形式、填充颜色等，然后单击各个对话框中的“确定”按钮，相关规则就被赋予到了在【Step 1】中被选中的单元格。

规则可以重叠，即对同一个区域，可以制定多个规则。满足某一规则，格式则呈现此规则的格式；如果满足另一个规则，则显示另一个规则的格式；如果同时满足两个规则，则显示后制定的规则。

突出显示的单元格格式一般表现为特殊的字体颜色或特别的单元格填充。因此，这些是常用的突出显示格式。

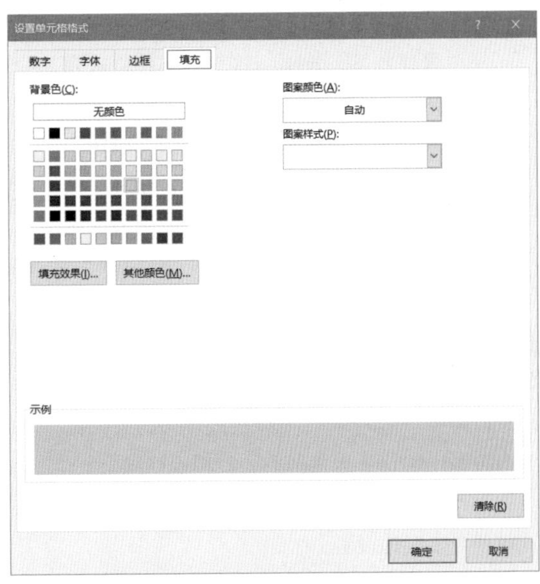

图16-47 “设置单元格格式”对话框

16.8.2 数据条的使用（以世界顶级企业报告为例）

数据条（Data Bars）是在单元格中通过条形来展示单元格值的大小。即条形的长度由单元格的值决定，Excel会根据单元格宽度以及单元格区域中的最大值来规范条形的长度。

数据条类似图表中的条形图，只是条形被画在了单元格之中。因此，数据条比条形图更为紧凑。图16-48左图是一家世界顶级化学企业在2018年年报中对世界各个大区的产品增长的描述，在这份290页的报告中，为了节省篇幅，利用了大量数据条进行局部数据展示。

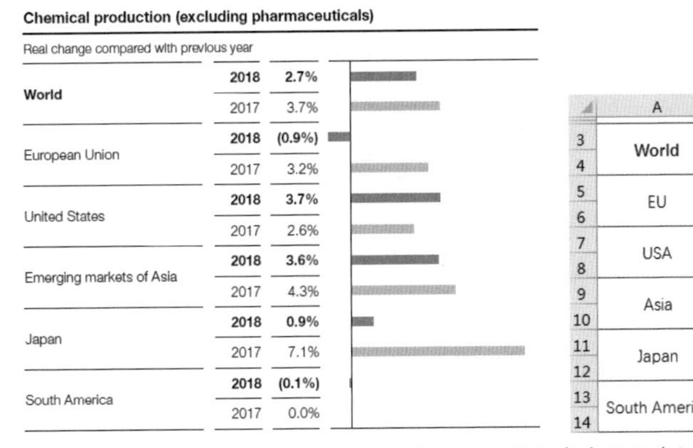

	A	B	C	D	E	F
3	World		2018		2.7%	
4			2017		3.7%	
5	EU		2018		(0.9%)	
6			2017		3.2%	
7	USA		2018		3.7%	
8			2017		2.6%	
9	Asia		2018		3.6%	
10			2017		4.3%	
11	Japan		2018		0.9%	
12			2017		7.1%	
13	South America		2018		(0.1%)	
14			2017		0.0%	

图16-48 数据条实例及其仿制图

图16-48右图则是根据其数据制成的仿制图，生成数据条只需将E列的数据复制到F列，然后选中数据区域F3:F14，单击“开始”选项卡—“样式”组—“条件格式”按钮，在下拉组合列表中选择“数据条—实心填充—蓝色数据条”即可。

需要说明的是，条件格式的数据条是画在单元格内的。因此，在单元格F3:F14中实际上是有数据的，数据等于E列对应单元格的数值，只是在生成数据条后，在相关规则选项中选择了“仅显示数据条”，即数据被隐藏了。

数据条的颜色、坐标轴的位置可以通过如下方法进行修改：单击“开始”选项卡—“样式”组—

“条件格式”按钮，在下拉组合列表中选择“管理规则”选项，打开“条件格式规则管理器”对话框，在其中选择“数据条”规则，然后单击“编辑规则”按钮，打开“编辑格式规则”对话框，在其中进行调整即可。至于规则管理器的用法，参见16.8.5小节。

	A	B	C
1	广东美食	美味指数	舔唇指数😜
2	脆皮烧鹅	10	😜😜😜😜😜😜😜😜😜😜
3	老火靓汤	10	😜😜😜😜😜😜😜😜😜😜
4	白切鸡	10	😜😜😜😜😜😜😜😜😜😜
5	清蒸河鲜	10	😜😜😜😜😜😜😜😜😜😜
6	肠粉	8	😜😜😜😜😜😜😜😜
7	叉烧	8	😜😜😜😜😜😜😜😜
8	艇仔粥	7	😜😜😜😜😜😜😜
9	云吞面	7	😜😜😜😜😜😜😜
10	干炒牛河	7	😜😜😜😜😜😜😜
11	姜撞奶	9	😜😜😜😜😜😜😜😜😜

图16-49　用REPT( )函数绘制符号以构成数据条

类似数据条的可视化工具还有REPT( )函数，可以在单元格里重复画出某种符号。例如，图16-49中的“舔唇指数”就是用REPT( )函数以符号“😜”和“美味指数”列的数据作为参数画出的符号类数据条。C2单元格的公式为“=Rept("😜", B2)”，然后向下填充到C11。

显然，这种方法一般只能用于粗略的数据估计，如遇到带有小数点的数据时，最后一个符号的填充就需要专门的设置。

16.8.3 色阶的应用（以多区域数据对比应用为例）

色阶（Color Scales）是通过对比单元格的值相对于选定范围内的其他单元格的值来改变单元格的背景颜色的条件格式。

设置色阶条件格式的操作步骤为：

操作步骤

【Step 1】　选中需要设置条件格式的单元格区域。

【Step 2】　单击“开始”选项卡—“样式”组—“条件格式”按钮，在其下拉组合列表中的“色阶”选项的二级列表中选择合适的色阶配置选项即可。

【Step 3】　如果需要个性化（或者更为深入）的条件格式配置，可在二级列表中选择“其他规则”，打开如图16-50所示的“新建格式规则”对话框。这是一个通用的条件格式规则配置对话框，在其中选择合适的格式样式（如色阶包括双色刻度和三色刻度），然后配置其他相关参数（如最小值、最大值及其对应颜色等），最后单击“确定”按钮即可。

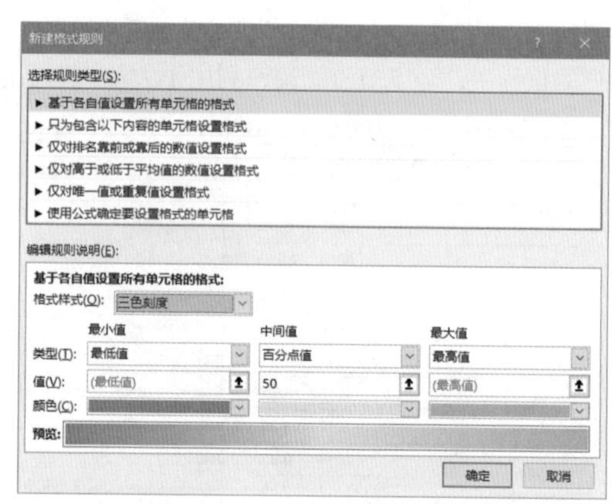

图16-50　色阶条件格式的设置

图16-51显示了相同色阶条件格式配置于不同数据区域的效果。左边的示例描述了三个地区的数据，对区域B4:D15应用了条件格式。条件格式使用了“三色刻度”格式样式，“最低值”为红色，“中

	A	B	C	D	E	F	G	H	I
1	单条件格式规则					一个区域具有各自的条件格式规则			
3	月度	西部	中部	东部		月度	西部	中部	东部
4	一月	214, 030	103, 832	225, 732		一月	214, 030	103, 832	225, 732
5	二月	216, 315	99, 549	215, 725		二月	216, 315	99, 549	215, 725
6	三月	225, 167	96, 374	217, 440		三月	225, 167	96, 374	217, 440
7	四月	219, 614	90, 884	202, 500		四月	219, 614	90, 884	202, 500
8	五月	213, 061	91, 677	217, 107		五月	213, 061	91, 677	217, 107
9	六月	212, 785	91, 107	203, 579		六月	212, 785	91, 107	203, 579
10	七月	218, 076	87, 518	189, 899		七月	218, 076	87, 518	189, 899
11	八月	218, 833	92, 422	199, 873		八月	218, 833	92, 422	199, 873
12	九月	222, 813	94, 438	193, 527		九月	222, 813	94, 438	193, 527
13	十月	227, 516	92, 212	188, 598		十月	227, 516	92, 212	188, 598
14	十一月	227, 928	86, 803	177, 249		十一月	227, 928	86, 803	177, 249
15	十二月	224, 709	90, 139	172, 579		十二月	224, 709	90, 139	172, 579

图16-51　相同色阶配置于不同区域的不同效果

间值”为黄色，“最高值”为绿色，位于最高值与最低值中间的数据使用了渐变颜色以显示。图中显示，中部地区的数据一直较低，但条件格式并不能帮助识别特定地区的月度差异。

右边的示例显示了与左边示例相同的数据，但其条件格式分别应用于每个地区各自对应的数据区域。即完全相同的色阶条件格式，分别应用于G4:G15、H4:H15、I4:I15。这种方法便于在一个地区内进行比较，可以确定各个区域各月度数据的高低。

上述两种方法难以断言哪种更为优越，因为设置条件格式的方式选择完全取决于数据可视化的目标。

16.8.4 图标集的应用

图标集（Icon Sets）的用法与色阶类似，只是将颜色换成了图标，即对满足特定规则的数据标以特定的图标。它们的不同之处在于色阶的颜色有过渡色，可以由Excel根据数值的大小自动安排过渡色，而图标集只能预先给予安排。

制定图标集的条件规则与色阶类似，Excel提供了一系列的图标，分为“方向”“形状”“标记”“等级”四个子类别。如图16-52所示，即为利用图标集标识项目状态的例子。

项目状态报告

项目	完成状态	另一种	再来一种
项目 01	100%	100%	100%
项目 02	95%	95%	95%
项目 03	60%	60%	60%
项目 04	0%	0%	0%
项目 05	30%	30%	30%
项目 06	90%	90%	90%
项目 07	0%	0%	0%
项目 08	100%	100%	100%
项目 09	60%	60%	60%
项目 10	0%	0%	0%

图16-52 运用图标集标识项目进度

- 对值域的分级缺省是按百分比。例如，“完成状态”列的图标，如果按缺省标记，则大于66.7%的单元格都会被标以完成图标“✔”；小于33.3%的都会被标以未开工图标“✖”。图中的显示状态已经被调整为100%（即为1）时显示前者，而为0时显示后者。
- 注意观察，中间的“另一种”列单元格的图标集“信号强弱”是4级图标，即按照每25%进行分级。因此，30%与60%显示了不同状态。
- 显示图标的列可以设为“仅显示图标”，从而隐藏了单元格中的数据。如图16-53所示。

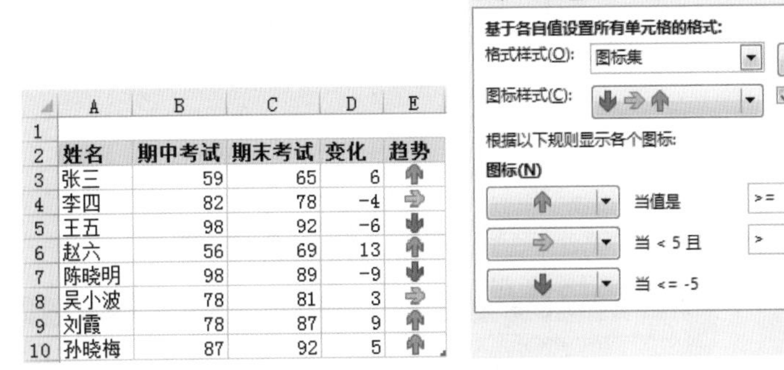

姓名	期中考试	期末考试	变化	趋势
张三	59	65	6	↑
李四	82	78	-4	→
王五	98	92	-6	↓
赵六	56	69	13	↑
陈晓明	98	89	-9	↓
吴小波	78	81	3	→
刘霞	78	87	9	↑
孙晓梅	87	92	5	↑

图16-53 仅显示图标的效果；设置图标集的条件格式

16.8.5 新建、管理和清除规则

从上面的讨论中我们可以看到，设置条件格式的关键是建立一定的规则，即利用规则将单元格的值与特定的格式联系起来。因此，条件格式的操作可以直接通过新建规则来实现。无论是哪种条件格式，都可以在规则管理器中进行统一管理。这不仅提供了集中管理条件格式的途径，也提供了更为多

样的条件格式设置途径。

1. 新建条件格式规则

新建条件格式规则的操作方法为：（1）选中需要设置条件格式的单元格区域；（2）单击“开始”选项卡—“样式”组—“条件格式”按钮，在下拉组合列表中选择“新建规则”选项，弹出“新建格式规则”对话框，如图16–54所示。

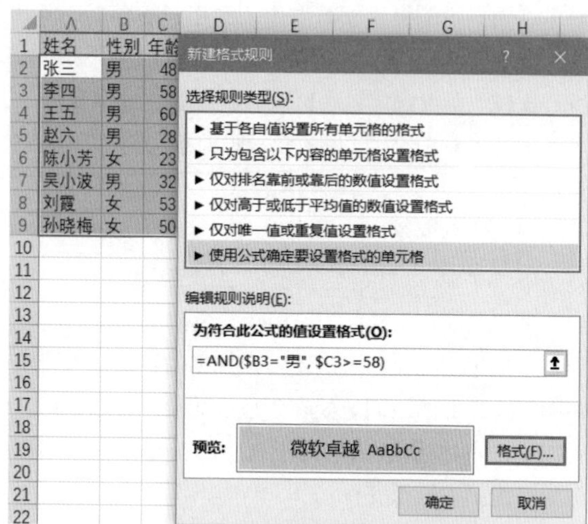

图16–54 “新建格式规则”对话框

Excel将规则类型分为六类：

（1）基于各自值设置所有单元格的格式：格式样式可以为色阶、数据条和图标集。

（2）只为包含以下内容的单元格设置格式：具体设置包括“单元格值”“特定文本”“发生日期”等选项，逻辑关系涉及大于、小于、介于等，格式可以任意设定。

（3）仅对排名靠前或靠后的数值设置格式：指满足最大或最小的n个（或x%）值的单元格设置特定格式。

（4）仅对高于或低于平均值的数值设置格式：要注意不仅可以设置高于或低于平均值，也可设置标准偏差高于/低于1、2或3的单元格的格式。

（5）仅对唯一值或重复值设置格式：此项最简单，找到唯一值或重复值，设置特定格式。

（6）使用公式确定要设置格式的单元格：此项应用最多。但是，对公式的编写有特定要求：

- 公式需以半角的等号“=”开头，等号后的公式计算结果为真（TRUE）时，即满足条件。
- 公式中的地址一般要用混合引用。如果向下判断，则用“列绝对、行相对”引用；如果向右判断，则用“列相对、行绝对”引用。例如，图16–54所示的例子中，需要向下判断满足“男性，年龄大于等于58”的记录，其公式为：“=AND($B3="男", $C3>=58)”。
- 多条件可以同时叠加于同一个区域之中，当分别满足条件时，按各自的条件格式进行显示；当同时满足条件时，显示后一个条件。

2. 管理和清除规则

管理规则即查看、新建、修改或删除条件格式规则，操作方法为：（1）选中需要设置条件格式的单元格区域，或选中区域中的任意单元格；（2）单击“开始”选项卡—“样式”组—“条件格式”按钮，在下拉组合列表中选择“管理规则”选项，弹出“条件格式规则管理器”对话框，如图16–55所示。

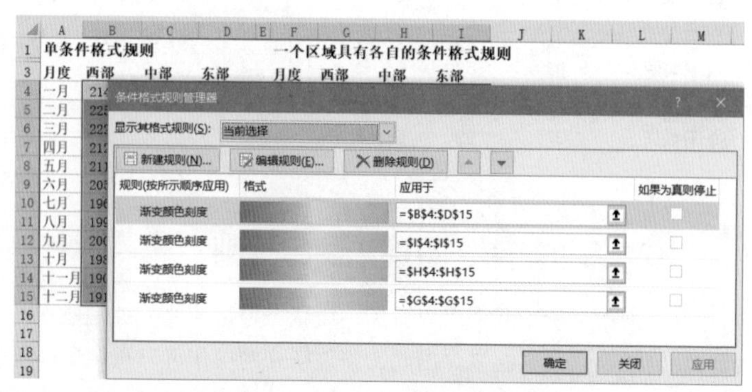

图16–55 “条件格式规则管理器”对话框

说明：

- 在“条件格式规则管理器”对话框中，可以选择是设置当前选择的区域的规则还是某个工作表的规则。
- 如果单击“新建规则”按钮，则打开“新建格式规则”对话框，提供有关新建规则的各项操作。
- 如果单击“编辑规则”按钮，则可以对在“选择规则类型”列表框中被选中的规则进行编辑。
- 可以在“条件格式规则管理器”对话框的“应用于”输入框中通过输入或者选择确定与修改公式应用的区域。
- 清除条件格式规则即将添加于某个区域或者某个工作表上的条件格式进行清除，操作简捷，不再赘述。

16.9 三维地图

近年来，地理数据的可视化的发展和应用已经充分成熟，而与Excel结合的地理数据可视化组件也越来越多。所以，三维地图图表绝对是Excel 2016送给用户的一个“大礼包”：与必应（Bing）地图相结合的地理数据可视化成为了Excel的标配，其使用非常方便简捷。

操作步骤

【Step 1】 在工作表中放入基于地理信息的数据，例如2019年全国各省的GDP和人口数据。

【Step 2】 选中数据，单击“插入”选项卡—“演示”组—“三维地图”按钮—“打开三维地图”选项，即会在一个新窗口中打开必应的三维地图，并将选中的数据纳入三维地图中。

【Step 3】 在三维地图中选择一个图层，然后选择位置，例如“省/市/自治区”。这时Excel即会基于位置数据在地图上标出相应的标识点，例如在广州即标识出广东省。

【Step 4】 选择合适的数据表现形式，例如“柱形图”“气泡图”或“热力图”。然后，选择大小对应的字段，例如选择“2019年GDP”，即会在地图的标识点上画出相应的图表。

【Step 5】 适当调整图层选项以获得较好的视觉效果。

还可为图表添加多个图层，并在每个图层中设置显示不同字段的数据。如图16-56所示的图示，即具有两个字段，分别代表人口数据（紫色）和GDP数据（金色）。如果需要，还可以建立具有“推入”“旋转地球”等特效的演示视频，可供PPT演示使用。

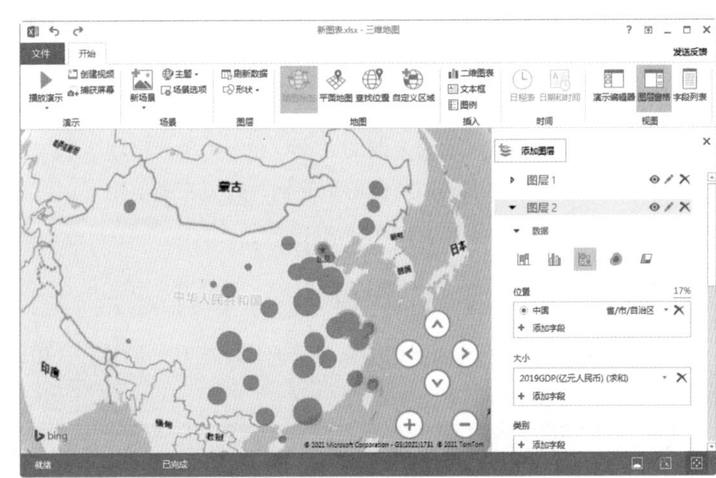

图16-56 基于三维地图的数据可视化

16.10 迷你图的应用

迷你图（Sparklines）是建立在一个单元格内的反映数据变动趋势的微型图表。由于一个单元格内的空间有限，难以添加坐标系、标签等重要的图表元素。所以，迷你图往往针对一组数据，展示数据的起伏状况。

在一个有限的空间内只能描述单组数据的起伏波动，而且这种描述是粗略的，对单组数据实际意义并不大。因此，迷你图往往成组出现，每行设置一个迷你图，可以方便用户对比每一行数据的变动趋势。

16.10.1 迷你图的类型

迷你图只有三个类型：折线迷你图、柱形迷你图和盈亏迷你图。如图16-57所示，三种迷你图各自显示了一项重要股指的趋势。

- 折线图：用折线描述趋势，并配置标记以显示数据点。
- 柱形图：用柱形显示趋势。
- 盈亏图：用正负二值的方式显示盈亏，凡正者为盈，负者为亏。

	A	B	C	D	E	F	G	H	I	J
1	某些重要股指月度收盘价迷你图									
3	指数	2019-11	2019-12	2020-1	2020-2	2020-3	2020-4	2020-5	2020-6	折线图
4	上证指数	2871.98	3050.12	2976.53	2880.3	2750.3	2860.08	2852.35	2984.67	
5	深圳成指	9582.16	10430.77	10681.9	10980.78	9962.31	10721.78	10746.08	11992.35	
6	恒生指数	26346.49	28189.75	26312.63	26129.93	23603.48	24643.59	22961.47	24427.19	
7	标普500	3153.75	3231	3224	2951	2569.75	2902.5	3025.5	3090.25	
8	纳指	8454.75	8752.25	8997.75	8454	7786.25	8988.5	9506.25	10147.2	
9										
10	指数	2019-11	2019-12	2020-1	2020-2	2020-3	2020-4	2020-5	2020-6	柱形图
11	上证指数	2871.98	3050.12	2976.53	2880.3	2750.3	2860.08	2852.35	2984.67	
12	深圳成指	9582.16	10430.77	10681.9	10980.78	9962.31	10721.78	10746.08	11992.35	
13	恒生指数	26346.49	28189.75	26312.63	26129.93	23603.48	24643.59	22961.47	24427.19	
14	标普500	3153.75	3231	3224	2951	2569.75	2902.5	3025.5	3090.25	
15	纳指	8454.75	8752.25	8997.75	8454	7786.25	8988.5	9506.25	10147.2	
16	升跌									
18	指数	2019-11	2019-12	2020-1	2020-2	2020-3	2020-4	2020-5	2020-6	盈亏
19	上证指数	#N/A	178.14	-73.59	-96.23	-130	109.78	-7.73	132.32	
20	深圳成指	#N/A	848.61	251.13	298.88	-1018.47	759.47	24.3	1246.27	
21	恒生指数	#N/A	1843.26	-1877.12	-182.7	-2526.45	1040.11	-1682.12	1465.72	
22	标普500	#N/A	77.25	-7	-273	-381.25	332.75	123	64.75	
23	纳指	#N/A	297.5	245.5	-543.75	-667.75	1202.25	517.75	640.95	

图16-57 利用迷你图展现一些重要股指的趋势

16.10.2 迷你图的建立

创建迷你图的步骤非常简单，只需选中数据区域，然后在“插入”选项卡—“迷你图”组中选择一种合适的迷你图，即弹出“创建迷你图”对话框。在对话框中通过录入或者使用鼠标框选确定数据范围和迷你图放置的位置，然后单击“确定”按钮即可。如图16-58所示。

此外，迷你图还支持填充复制的方式：在一个单元格创建了迷你图后，拉动单元格右下角的填充柄，即可在其他单元格创建出类型相同的迷你图。

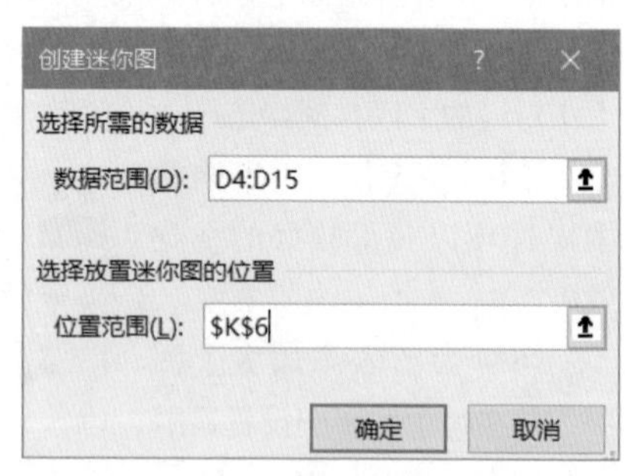

图16-58 “创建迷你图”对话框

16.10.3 迷你图的设置

选中迷你图，Excel功能区即会出现“迷你图工具—设计”选项卡。图16-59所示的是“折线”型的迷你图的“设计”选项卡。

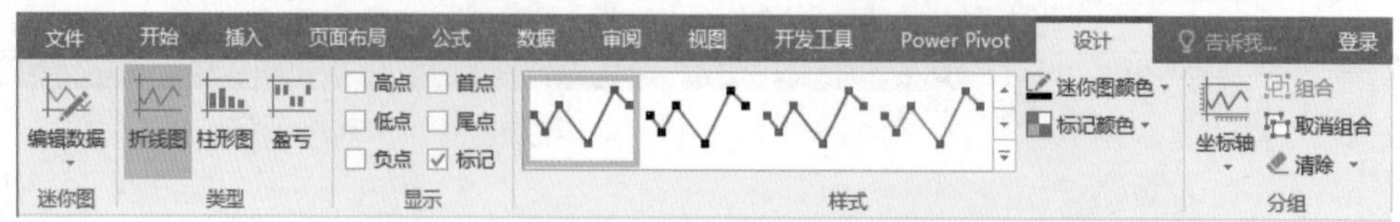

图16-59 折线型迷你图的“迷你图工具—设计”选项卡

- 利用“迷你图工具—设计”选项卡中的命令，即可完成迷你图的设置。其中，“坐标轴”选项除了划分正负以外，实际效果不明显。
- 在“显示”组中可以选择各种标记，标记颜色可以另行定义。
- 通过填充方式生成的迷你图被自动组合，方便设置相同的选项以获得相同的效果。
- 迷你图所在单元格仍然可以进行颜色填充，从而获得更多效果。
- 迷你图在控制好行高的情况下，效果可以更为明显。
- 迷你图只能生成到一个单元格中，但是，可以通过合并单元格使迷你图占用多个单元格。如图16-60所示。

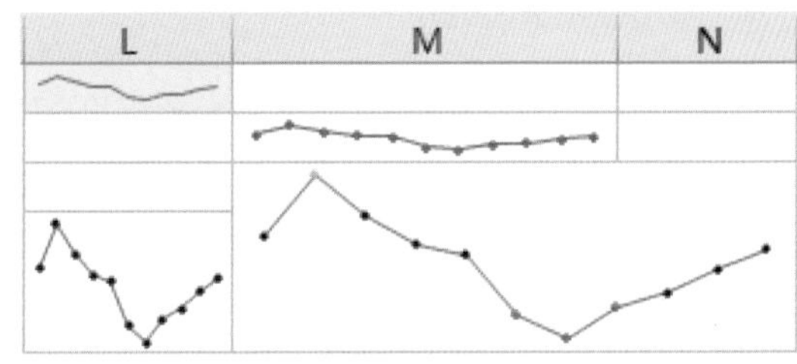

图16-60　迷你图的几种效果

- 迷你图无法用键盘的Delete键删除，而要用“迷你图工具—设计”选项卡中的“清除”功能按钮删除。
- 另外两类迷你图的“迷你图工具—设计”选项卡与图16-59相似，因此不再另行讨论。

16.11 高效、美观的图表应用建议

- 各种图表都可以表现数据的主要特征，如趋势特征、对比特征等。不同的图表以及同一种图表的不同系列选择所强调的特征不同，需要针对具体需要进行选择。
- 在生成图表之前，选中的数据对生成的图表有较大影响。但图表生成之后，仍然可以再次改变图表中的数据系列、数据范围，并修改图表系列等。
- 数据表的数据增加后，可以通过拖拉扩展柄将新数据纳入图表中。
- 图表元素可以增减。在不同的环境下通过增减图表元素的方式，可以更好地表达数据的趋势或关联，或者突出其他内容。
- 自动生成的缺省图表仅仅是一个基础框架，需要根据绘制图表的目标来设置图表中各种元素的功能选项。
- 快速布局、快速样式对于快速设置图表非常有用。但是，具有个性的图表还需要自己动手进行配置。
- 图表组合可以表达更多的信息。
- 条件格式充分利用了页面空间，是增强数据特征的有力手段。
- 迷你图短小精悍，当需要在有限的空间内对比一组数据的动态时可以尝试。
- 利用Excel实现的数据可视化主要是针对比较单纯的、静态的数据，一般用于在办公应用中表现某种统计汇总数据的结果。如果需要更加综合的、动态的数据可视化应用，则需要基于一定的分析和设计，选用某种商业智能（Business Intelligence，BI）工具。

第 17 章 Excel数据分析高级应用

Excel是一个非常出色的数据分析应用程序。首先，它提供了丰富的数据接口、数据处理工具和数据校验工具；其次，它通过数据透视表提供了易用、灵活的统计分析工具。最重要的是，Excel还提供了方便、科学的数据模拟分析功能。

17.1 获取外部数据

我们身处大数据时代，数据无处不在。例如，现在的手机，无论是通话还是上网或者是使用特定的App，严格来说都是在操作一串数据流。而这些数据，有的可能是点对点的数据流，有的则可能是存放在服务器上的文件或数据库中的数据。

这些数据大多数来源于某些传感器。例如，我们用手机拍照或者拍录视频，就是利用手机内置的数码相机进行图像或视频的采集，录音即是利用麦克风进行音频信号的采集。而很多社会经济数据信息是在管理和交易过程中产生的。

仅仅利用手工录入数据既不可靠，效率又低。这样，利用数据接口获取外部数据就成了很多应用必须面对的问题。Excel由于其规范、灵活的数据表格以及开放的数据格式，不仅使自身的数据分析、数据处理与图表等应用可以获得良好的效果，更让其成为了数据接口的一个重要工具。Excel获取外部数据主要有四种方式：由文件导入、从Web导入、从数据库导入，以及最直接的“复制—粘贴”方式。

由于从大型数据库导入需要配置数据接口，其技术性要求超出了普通办公应用范围，因此略去此部分内容。在这里主要介绍由文件导入、从Web导入和从Access数据库导入三种方式。

17.1.1 由文件导入数据

首先，Excel可以打开一系列相关文档，包括最常用的Excel全系列的文档，例如“.xlsx”“.xlsm”“.xls”“.xlm”等，还可以打开OpenDocument产生的电子表格文档“.ODS”。当然，这些文档往往都是其他应用导出的数据文档。

其次，Excel可以打开或导入文本文件，主要包括常用的“.csv”和“.txt”文档，以及不常用的“.prn”“.dif”和“.sylk”文档。其中：

- CSV（Comma-Separated Values）文档：列与列之间用逗号分隔，行末有回车换行符，这是格式规范的文本文档。
- TXT文档：列间通常用制表符分隔，行末有回车换行符，这是最常用的文本文档。但是，文本文件的格式多变，这是导入过程中和导入前后需要注意处理的问题。

即便采用“打开”文档的方式（在“打开”对话框中，文档类型选择“*.prn”“*.txt”“*.csv”，然后找到相应的文件进行双击）打开文本文件，Excel也会执行数据导入过程。

例如，从一个股票软件中导出的沪深300指数文本文件，用记事本打开会看到如图17-1左上图所示的模样。可见，此文档在文本编辑器中不易编辑、整理，更无法进一步分析。

将文本文件导入Excel的操作步骤如下：

操作步骤

【Step 1】 单击“数据”选项卡—“获取外部数据”组—“自文本”按钮，即打开“导入文本文件”对话框，由于此对话框就是我们熟悉的“打开”对话框的另一种形式，因此不再图示说明。通过对话框中找到需要导入数据的文本文件，然后双击，即启动了“文本导入向导”对话框。如图17-1右上图所示。

【Step 2】 在“文本导入向导-第1步，共3步”对话框中，根据文本文件可能采用的编码格式，确认或另选“文件原始格式”，再勾选“数据包含标题”选项，最后单击“下一步”按钮。

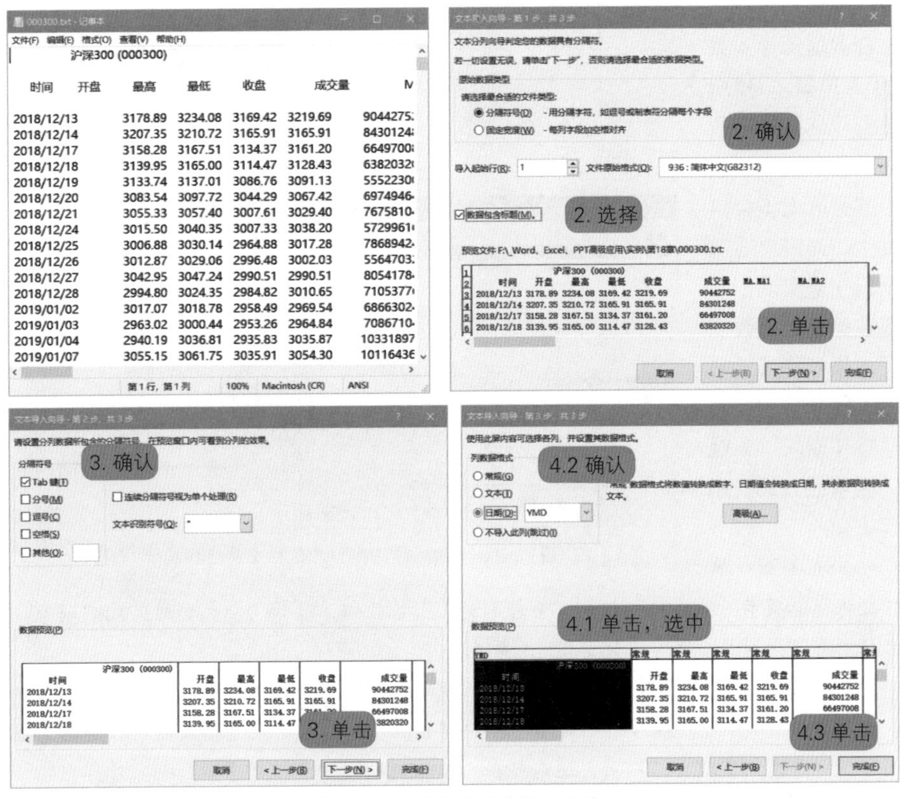

图17-1 文本文件及其导入向导

【Step 3】 在“文本导入向导-第2步，共3步”对话框中，根据下面“数据预览”框中的预览效果，确认分隔符。Excel一般会自动识别出数据间的分隔符，以获得正常的数据列。如图17-1左下图所示。但在某些特殊情况下，有的原始数据可能会出现两列被合并在一起的情况，那就需要在数据导入工作表后再进行分栏处理。

【Step 4】 在“文本导入向导-第3步，共3步”对话框中，首先在“数据预览”框中单击某个数据列，然后到“列数据格式”选项组中单击相关格式或者选择“不导入此列（跳过）”，依此步骤对每列设置相关数据格式以及确定是否需要导入。实际上，数据格式一般采用“常规”即可，设置后

Excel会自动将数值转换成数字，将日期值转换成日期，将其余数据转换成文本。设置完成后即可单击“完成”按钮，如图17-1右下图所示。

最后将弹出“导入数据”对话框。由于文本文件是单个表格，不存在数据模型的问题，因此只需确认数据存放位置，然后单击“导入数据”对话框中的“确定”按钮，即会将文本文件中的数据导入到工作表中。

说明：

- 有些数据可能包含身份证号码，而身份证号码是较长的数值型数据，Excel会自动将其转换为科学记数法的数字。因此，凡是身份证号码数据，都需要在【Step 4】中专门确认为“文本”格式，才能在转换后获得原效果。
- 导入数据后，外部文本文件作为外部数据源被工作簿记录，要查看外部数据源的连接可以单击“数据”选项卡—“连接”组—“连接”按钮，弹出如图17-2左图所示的“工作簿连接”对话框，在其中可以添加其他新的连接、删除连接，也可以修改连接属性。
- 数据一般是动态的，从外部数据源导入数据的工作簿，其中的数据应该随外部数据的改变而改变。但是，这种改变不会自动发生，而需要通过“刷新”来实现。即外部数据源数据改变后，如果要将其反映到Excel工作簿中，必须通过“刷新”来触发。刷新的方式及相关事项有：

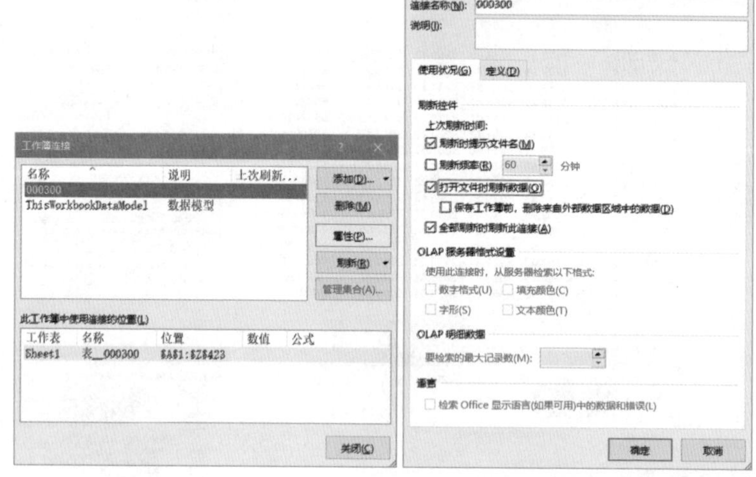

图17-2 “工作簿连接”对话框及“连接属性”对话框

● 手动刷新：单击“数据”选项卡—“连接”组—“全部刷新”下拉按钮，选择“全部刷新”或“刷新”选项，前者指所有连接到本工作簿的数据均进行刷新。

● 自动刷新：可以在连接属性中设置刷新频率。连接属性可在“导入数据”对话框中进行设置，也可单击“数据”选项卡—“连接”组—“属性”按钮启动“连接属性”对话框，如图17-2右图所示。要真正实现自动刷新，还需要在“Excel选项”—“信任中心”—“外部内容”中，将“数据连接的安全设置”改选为“启用所有数据连接（不建议使用）”。可见，由于自动刷新会带来安全问题，所以非必要时不建议使用。

● 打开文件时刷新数据：指在重新打开工作簿时刷新所连接的数据。这里涉及三个方面的设置：

必须将相关连接属性设置为“打开文件时刷新数据”，如图17-2右图所示。

如果需要在启动时自动刷新数据，则与设置自动刷新的步骤相同，即需在“Excel选项”—“信任中心”—“外部内容”中，将“数据连接的安全设置”改选为“启用所有数据连接（不建议使用）”。

缺省为打开工作簿时，如果存在外部连接，则会给出“安全警告 已禁用外部数据连接”的提示，此时必须点击“启用内容”按钮才能刷新，否则既不能自动刷新，还会在进行手动刷新时出现警告提示。而去除这一警告提示需要在“信任中心”对话框的“消息栏”页中选择“从不显示有关被阻止内容的信息”选项。

● 如果不需要工作簿与数据源保持连接，可以在如图17-2左图所示的“工作簿连接”对话框中单击“删除”按钮，解除工作簿与数据源的连接。删除后，工作簿的数据将独立出来，不再与数据源通过“刷新”保持同步。

直接用Excel打开文本文件，也需要如图17-1所示的数据导入向导过程，并需要对文档代码进行识别，以便更好地安排文档内容到Excel工作表中。文件打开后，编辑窗口的标题为“××.txt - Excel”，其中“××”为文本文件名。可见，这里打开的就是文本文件本身。修改后进行存盘，会出现提示，但一般会正常地保存修改，不会对文本文件造成不良影响。这样打开的文本文件，经过了Excel数据导入向导的处理，变得可以支持所有的图表、表格转换，以及运算和分析工作。如图17-3所示，即为将文本文件的数据转换成Excel表格，并生成图表的效果。

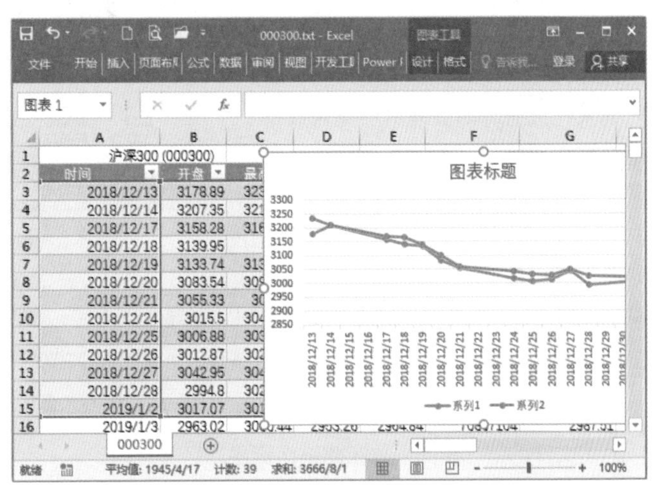

图17-3 在Excel中使用文本文件数据生成图表

17.1.2 由Web导入数据

当今世界，互联网成为了人们沟通交流的最重要平台，也是我们日常工作重要的信息与数据来源地。因此，导入Web中的数据也是数据导入的一个重要方式。

从Web导入的过程的操作步骤为：

操作步骤

【Step 1】 当我们在浏览器中发现某个网站的数据可以使用时，即可首先在浏览器的地址栏复制网址。

【Step 2】 回到Excel的某个工作表中，单击选中导入数据的初始单元格。然后，单击“数据”选项卡—“获取外部数据”组—“自网站”按钮，弹出“新建Web查询”窗口，如图17-4所示。

【Step 3】 在“新建Web查询”窗口中将在浏览器中复制的网址粘贴到地址栏，然后单击“转到”按钮或者直接按回车键，

图17-4 通过“新建Web查询”窗口导入数据

即会在“新建Web查询”窗口打开网站。在这个过程中，可能会提示“脚本错误”，并询问是否继续，单击“是”按钮即可。

【Step 4】 在打开的网站窗口中可能会包含多块数据区域，Excel会识别并用黄底带框的“➡”标记出这些区域。阅读数据后，单击数据区域前面的“➡”标记，标记将转换为蓝底带框的勾选符号。此时，单击窗口右下角的“导入”按钮，即会弹出“导入数据”对话框。此时，可以改变数据放置的位置，也可单击“属性”按钮，打开如图17-2右图所示的“连接属性”对话框并进行设置。然后，单击“导入数据”对话框中的“确定”按钮，即会将Web上的数据导入工作表。如图17-5所示。

	A	B	C	D	E	F
1	首页 房价 GDP 人口					
2	发布					
3	登录 注册					
4	2020年上半年度全国31个省市GDP完整榜单					
5	数据人阿多 发布于 社区					
6	5845 0					
7	福建能赶超台湾吗？两者先进行一下对比					
8	数据客发布于 福建					
9	5426 0					
10	上海去年职工的平均工资终于出炉了，月薪9580元					
11	youxun发布于 上海					
12	5107 0					
13	中国GDP历年数据如下：					
14	时间(年)	GDP(亿元)	人均(元/人)	第一产业(亿元)	第二产业(亿元)	第三产业(亿元)
15		国家统计局	国家统计局	国家统计局	国家统计局	国家统计局
16	2019	990865.1	70892	70466.7	386165.3	534233.1
17	2018	900309	64644	64734	366001	469575
18	2017	827122	59660	65468	334623	427032
19	2016	744127	53980	63671	296236	384221
20	2015	676708	49351	60863	274278	341567
21	2014	636463	46652.25	58332	271392	306739
22	2013	588019	41907.59	55322	256810	275887
23	2012	519322	38420.38	52377	235319	231626

图17-5 从Web导入的数据

- 显然，直接导入的数据还需要进行整理，如删去不需要的数据，保留需要的数据。
- 从网站导入数据后，网站就成为了工作簿的一个“连接”，其属性与数据刷新与上文所介绍的文本文件的情况相同，故在此不再赘述。
- 现在的互联网技术发展得非常快，因此有些网站的数据不能直接被导入。此外，Web的结构可能也比较复杂。这时，采用直接的“复制—粘贴”方式实现数据的提取可能会更好。但是有些数据在复制后如果直接进行粘贴，可能还不能形成单元格数据，则需要在Word中转换成表格后，才能通过“复制—粘贴”方式导入Excel。
- 有些网站为了其数据的版权或者出于其他考虑，已经将数据表转换成了图片，如果要使用这种“数据”，那就只好重新录入了。

17.1.3 由Access数据库中导入数据

Access即本地数据库，因此导入Access中的数据是一件非常自然的工作。操作步骤如下：

操作步骤

【Step 1】 在需要导入Access数据库数据的工作簿中，单击“数据”选项卡—“获取外部数据”组—“自Access”按钮，弹出“选取数据源”对话框。这是通用的打开文件的窗口，只是默认的文件类型为“Access数据库（*.mdb；*.mde；*.accdb；

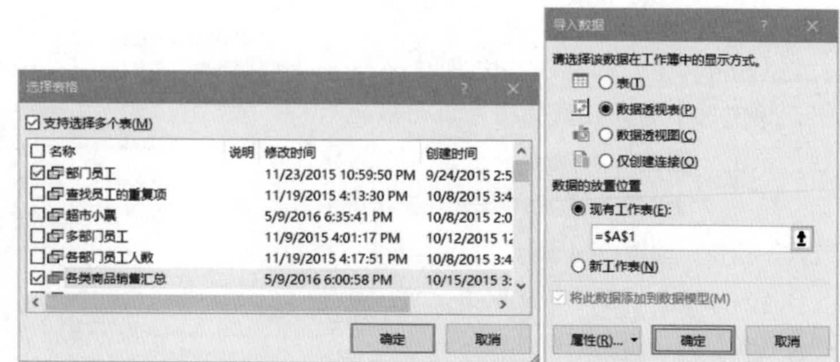

图17-6 从Access数据库中导入数据

*.accde）”。在窗口中找到需要的数据源，双击打开，弹出如图17–6左图所示的“选择表格”对话框。可以看到，此时的Excel已经打开了Access数据库，并将数据库中的表格按次序在对话框中以列表的形式进行显示。

如果需要导入多个表格，则如图17–6左图所示，在“选择表格”对话框中勾选“支持选择多个表”多选项，然后在列表中勾选需要导入的表格，最后单击“确定”按钮。如果只需要导入一张表格中的数据，那么直接在列表中双击这个表格即可，将弹出如图17–6右图所示的“导入数据”对话框。

【Step 3】 在“导入数据”对话框中选择数据在工作簿中的显示方式，或者单击“属性”按钮，设置如图17–2右图所示的连接刷新方式。然后，单击“导入数据”对话框中的“确定”按钮，即会将被选中的Access表格中的数据导入到合适的工作表中。图17–7所示即从一个销售系统的数据库中导入的多张表格。

	A	B	C	D	E	F	G
1	商品编号	名称	商品单价	商品数量	类型	销售金额	品质
2	EH0101	奇奇洗衣粉	17	500	百货	8500	精品
3	EH0104	活力衬衣	47	600	纺织品	28200	精品
4	DQ0101	液晶数码电视机	4000	60	电器	240000	精品
5	DQ0102	车载数码电视机	3700	67	电器	247900	精品
6	DQ0104	彩虹数码照相机	3670	60	电器	220200	精品
7	DQ0203	小小数码照相机	500	79	电器	39500	中
8	DQ0305	MP3播放器	500	75	电器	37500	低
9	FZ0101	高贵西装	300	599	纺织品	179700	精品
10	FZ0102	奇胜衬衣	470	530	纺织品	249100	中
11	EH0103	多多洗发露	44	600	百货	26400	精品
12	EH0102	多多透明皂	15	500	百货	7500	精品
13	FZ0203	奇胜衬衣	300	655	纺织品	196500	高
14	HZ0101	阳光香水	76	1000	化妆	76000	精品
15	HZ0102	绿色植物沐浴露	156	64	化妆	9984	中
16	HZ0203	月亮洗面奶	73	43	化妆	3139	低
17	HZ0305	雀巢咖啡	43	63	食品	2709	精品
18	SP0101	周日食品	11	54	食品	594	低
19	SP0102	泡泡面包	16	570	食品	9120	中
20	SP0203	奇奇香皂	9	900	百货	8100	精品

Sheet1 | Sheet2 | Sheet3 | Sheet4 | Sheet5

图17–7　从一个销售系统的Access数据库中导入的多个表格

- 与导入文本文件类似，导入Access数据库后，工作簿就与数据源形成了连接关系，可以利用“数据”选项卡—“连接”组中的“全部刷新”“连接”“属性”等命令维护连接，甚至断开连接。
- 导入多个表格后，我们甚至可以利用Power Pivot维护表之间的关系，如图17–8所示。

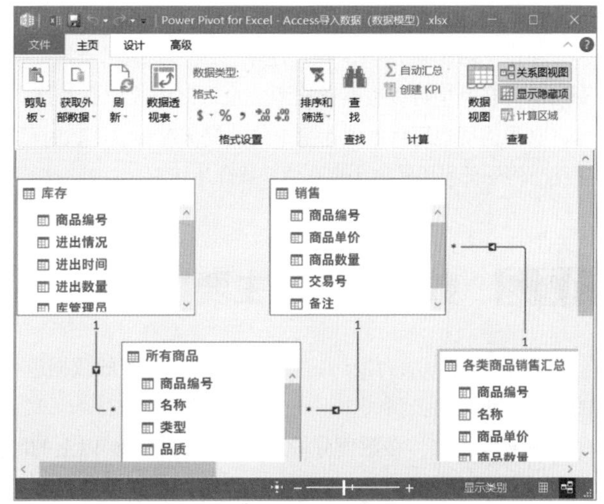

图17–8　利用Power Pivot维护被导入的多个表之间的关系

17.1.4　数据连接与数据链接

由外部文件或数据库导入数据后，工作簿会与原数据保持“连接”。如上文所述，通过单击“数据”选项卡—“连接”组—“连接”按钮，即可打开“工作簿连接”对话框，可在其中查看、维护这些数据连接。如图17–9左图所示。

工作簿与外部数据的“连接”可以保证工作簿与外部数据的同步，即通过刷新，可以将外部数据源的变化导入工作簿。通过“属性”来

图17–9　“工作簿连接”对话框与“编辑链接”对话框

维护连接，可以修改刷新方式，也可以通过“删除”操作来切断工作簿与数据源之间的连接，从而获得数据的独立。

安全警告 已禁用外部数据连接 启用内容 ×

图17-10 安全警告

打开具有外部“连接”的工作簿时，为了保证数据安全性，Excel会给出如图17-10所示的安全警告。

单击“启用内容”按钮，则启用了数据连接。如果只是直接关闭警告，则外部连接未被启用，则在“刷新”时，Excel就会给出一个“安全声明”。如果我们确认原数据是安全的，则单击“确定”按钮后重新确认原数据，即可恢复数据连接并进行正常刷新。

有时，从其他工作簿中“复制—粘贴”数据到当前工作簿，由于原数据中有计算单元格，这些计算依赖原工作簿中的未被复制的区域或工作表，Excel会检查粘贴后的数据来源，凡具有这种外部引用数据的工作簿，都会保留其数据链接。这样，才能保证粘贴后的数据完整性。如图17-9右图所示，单元格D2的“区域”数据是利用VLOOKUP( )函数从工作簿“销售数据高级筛选.xlsx”中的“门店—区域”工作表中查找所得的。

即数据“链接”实质上是一种数据的外部引用，当外部引用发生变化时，变化会同步同时直接反映到粘贴后的数据中。

单击“数据”选项卡—“连接”组—“编辑链接”按钮，弹出“编辑链接”对话框，如图17-9右图所示。在其中可以查看链接源，也可以更改源或者打开源文件。

如果需要也可将本工作簿中的数据保存独立，这时可以单击“断开链接”按钮，会弹出提示：断开连接会将外部引用转换为现有值，操作不可撤销。此时继续单击“断开链接”按钮后即断开了外部引用。

17.2 数据清洗的主要技术

数据清洗（Data Cleanup）实质上是对导入的数据进行整理的过程。这是为了让数据达到数据分析的要求所必经的步骤。

有研究指出，在数据分析过程中，往往70%以上的时间被用于数据准备，而正式的数据分析所用的时间不到总耗时的30%。在实际应用中根据原始数据的不同，数据清洗具有很多方法，采用的技术也可能大不相同。在这里，我们介绍一些在实际运用中经常遇到的问题及其解决方法。

17.2.1 分列（以销售统计表整理为例）

某些应用中生成的Excel数据常常由于原系统编码或其他原因，导致数据项目文本之间有“粘连”，即相关文本被放入一列。遇到这种情况，就需要进行分列处理。

如图17-11是从一家著名的商超上市公司的供应链系统中导出的数据。很显然，这是系统在进行了一定的汇总以后生成的数据。但是，在汇总时，系统将门店的编号和名称合并到了一起，同时也将商品的

	A	B	C	D	E	F	G
1	RN	业态	门店	商品	销售数量	销售金额	销售成本
2	1	超市	解放路店(120001)	本色银耳(800043485)	8.6560	692.65	468.11
3	2	超市	解放路店(120001)	精品黄花菜(800043585)	4.0540	270.11	178.21
4	3	超市	解放路店(120001)	益康龙牙百合干300g(109056702)	3	177	110.76
5	4	超市	解放路店(120001)	益康龙牙百合芯100g(109056711)	8	159.20	0.08
6	5	超市	岳塘店(120002)	本色银耳(800043485)	4.5980	366.81	248.85
7	6	超市	岳塘店(120002)	精品黄花菜(800043585)	0.50	29.90	22.11
8	7	超市	岳塘店(120002)	银耳羹530G组合装(109246944)	2	3.98	60
9	8	超市	田心店(120004)	本色银耳(800043485)	8.8520	734.16	476.63
10	9	超市	田心店(120004)	精品黄花菜(800043585)	9.6980	676.93	426.29
11	10	超市	田心店(120004)	虫草花(106743734)	0.0960	13.40	6.86
12	11	超市	田心店(120004)	益康龙牙百合干300g(109056702)	9	531	332.31
13	12	超市	田心店(120004)	银耳羹530G组合装(109246944)	1	39.90	30
14	13	超市	板塘店(120008)	本色银耳(800043485)	6.0040	486.22	323.88
15	14	超市	板塘店(120008)	散装金钱小香菇(800043512)	2.44	281	227.90
16	15	超市	板塘店(120008)	精品黄花菜(800043585)	2.5820	184.19	113.52
17	16	超市	板塘店(120008)	益康龙牙百合干300g(109056702)	1	59	36.92
18	17	超市	板塘店(120008)	银耳羹530G组合装(109246944)	3	5.97	90
19	18	超市	江南店(120010)	本色银耳(800043485)	16.80	1443.43	927.89

图17-11 从一家上市公司的供应链系统中所导出的局部数据

名称与编号合并到了一起。这种合并也许是为了某些沟通的方便，但对于进一步的分析、统计是不利的。因此，数据清洗的第一步就是将门店编号与名称分列出来。

操作步骤

【Step 1】 在需要分列的数据列右侧插入一个新列；然后，选定需要分列的单元格区域，单击“数据”选项卡—“数据工具”组—“分列”按钮，弹出“文本分列向导”对话框。如图17-12左图所示。

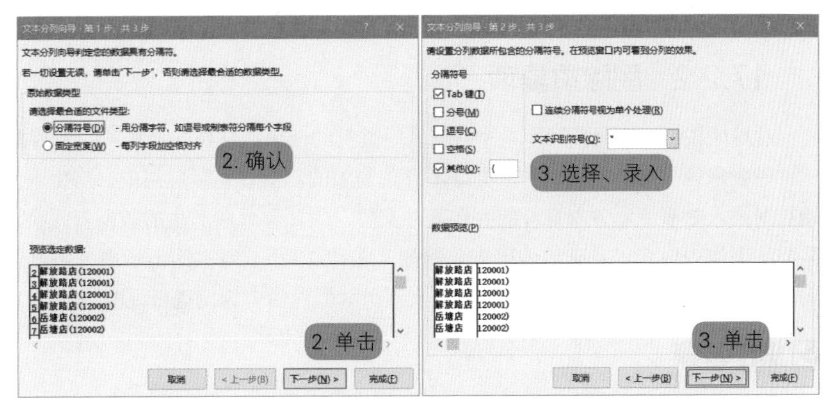

图17-12 “文本分列向导”对话框

【Step 2】 文本分列的第1步是确认分列的依据，选择是基于“分隔符号”还是按照“固定宽度”进行切分：如果单元格中需要分开的文本之间有某种分隔符，那应按照前者进行分割；如果文本有固定宽度，则按照后者进行分割。选择后，单击“下一步”按钮，进入文本分列的第2步。

【Step 3】 当基于分隔符进行分列时，可以同时选择各种分隔符号，即允许同时具有多种分隔符。如果是特殊符号，例如左括号“(”，则选择“其他”选项并在录入框中录入符号（录入时注意观察原数据的符号是半角符号还是全角符号，不可弄错）。如果按照固定宽度进行分列，在第2步中即会在预览区上方出现分割标尺，此时只需在标尺上单击分列位置。确定好分隔符或分隔位置后，单击“下一步”按钮即可。如图17-12右图所示。

【Step 4】 在“文本分列向导”对话框的第3步中可以确认分列数据的类型和目标区域，一般保持缺省的“常规”或选择“文本”选项即可。当然，特殊情况可能需要分列出日期或者数值型数据，此时还可以设置格式。最后单击“完成”按钮，即将“粘连”在一起的整列文本分割开来，并将后一部分放入在【Step 1】中插入的新列之中。如图17-13所示。

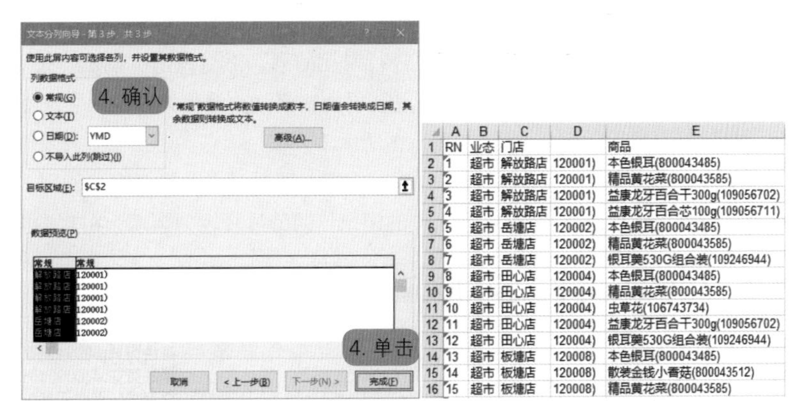

图17-13 “文本分列向导”对话框的第3步及分列效果

- 在分列后的新列中，单元格文本中的右括号“)”可以用替换（可使用快捷组合键“Ctrl+H”）的方法一次性去除。
- 凡是全角字符（如汉字等）与半角字符“粘连”在一起的情况，均可利用LEN( )和LENB( )函数之间的差异来进行分列处理。例如，在上述例子中，只需在新插入的“D列”（即原E列）的单元格中录入公式“=LEFT(C2, LENB(C2)-LEN(C2))”后按下回车键，然后进行向下填充，即可分列出“门店名称”列。在另一个新插入的“E列”（即原F列）中录入公式“=MID(C2, LENB(C2)-LEN(C2)+2, 6)”后按下回车键，然后进行向下填充，即可分列出“门店编号”列。当然，这里利用了门店编号均为6位字符的特征。

17.2.2 删除重复项

这里所说的“重复项”即一个数据表中重复的记录。这样的重复项即为数据冗余，需要去除。

一般来说，规范的系统和数据是不含重复项的。但在实际应用中，产生重复项的原因多半是在原始数据录入之前，业务本身可能存在某种交叠，因此导致所产生的数据有冗余。另一种常见的情况是需要从工作表中获得基础的编码表。例如，在17.2.1小节所举的例子中，需要从销售统计表中获得门店表，即可采用“删除重复项”的方法实现。我们以后者为例进行说明。

操作步骤

【Step 1】 在工作簿中新建一个工作表，并将工作表命名为“门店编码表”。然后，将在17.2.1小节所举的例子中分列出来的“门店名称”列和“门店编号”列的数据通过“复制—粘贴”方式转移到新工作表中（注意：如果是利用公式获得的分列，在粘贴时需要利用粘贴选项中的“值”选项），获得如图17-14左图所示（局部）的包含门店名称与门店编号的表格。显然，由于数据来源于原始统计表，所以包含诸多重复项。

【Step 2】 选定包含数据的单元格区域，如本例中的“门店名称”列与“门店编号”列；单击“数据”选项卡—“数据工具”组—“删除重复项”按钮，弹出“删除重复项”对话框，在其中设定需要进行对比的列，然后单击“确定”按钮，如图17-14中图所示。此时，弹出提示框“提示：有多少条重复项会被删除，将保留多少项”；然后，单击“确定”按钮即可。删除重复项后的效果如图17-14右图所示。

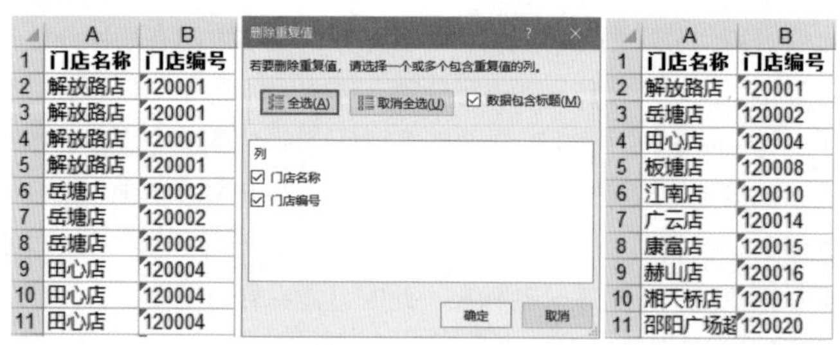

图17-14 删除重复项

删除重复项的工作也可以利用公式来实现，即通过合并需要对比的列。然后，再通过COUNTIF( )函数进行统计，删除条件计数值大于1的记录。因其过程较为烦琐，在此不再赘述。

17.2.3 文本转换为数值

有的应用软件在导出数据时，为了更好地控制格式，会将数值型数据转换为文本，再导出到Excel表格中。这样，用户就获得了一张由多个文本型数字组成的数据表，这些文本型数字所在的单元格将在左上角带有绿色三角的标识。

图17-15是从一个著名商超企业供应链系统中导出的数据表格的局部，其中“销售数量”列和“销售金

F	G	H
商品	销售数量	销售金额
本色银耳(800043485)	8.6560	692.65
精品黄花菜(800043585)	4.0540	270.11
益康龙牙百合干300g(109056702)	3	177
益康龙牙百合芯100g(109056711)	8	159.20
本色银耳(800043485)	4.5980	366.81
精品黄花菜(800043585)	0.50	29.90
银耳羹530G组合装(109246944)	2	3.98
本色银耳(800043485)	8.8520	734.16
精品黄花菜(800043585)	9.6980	676.93
虫草花(106743734)	0.0960	13.40
益康龙牙百合干300g(109056702)	9	531

图17-15 文本型数字表格局部

额”列中的数据都属于文本型数据。在Excel中，虽然这两列数据的数据类型都为“常规”，但它们不能参与计算，即无论是自动求和或者是生成数据透视表，它们都只能进行“计数”而不能进行基本的求和运算，也不能在图表中得到正常的展现。因此，这样的数据需要进行转换。

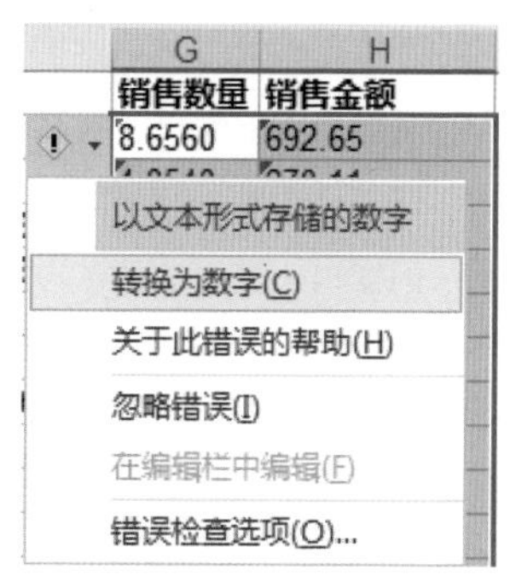

图17-16 “以文本形式存储的数字”菜单

转换的方法主要有两种：

（1）直接转换。选定需要转换的单元格区域，例如上例中的G2:H158。然后，将页面的上下滚动条拉到最上方，可以看到区域最上端单元格的位置。在选定区域的左上角，有一个用菱形框着叹号标识的浮动下拉按钮，单击该按钮，下拉“以文本形式存储的数字”菜单，如图17-16所示。在菜单中选择“转换为数字”选项，Excel即会将文本转为数字。

（2）在需要进行转换的列的右侧插入一个新列，然后，在新列的第一个单元格中录入公式“= – – G2”（等号后为两个减号，负负得正），即在对G2单元格进行两次基本运算后，其格式将转换为数字型；再双击填充柄，将公式向下填充到表末，则完成了转换。

17.3 数据验证

数据验证（Data Validation）即对录入数据的有效性进行校验。数据验证不同于数据清洗，其作用是在工作表中录入数据时保证数据的有效性。

数据验证的机制并不复杂，即对需要录入数据的单元格设定验证条件，当录入数据不满足条件时Excel将给出报错警告，并且提供不同的选项以处理输入值。

数据验证复杂之处：有多种类型的数据需要控制，但其控制方法各不相同。

17.3.1 数据验证设置

数据验证的设置步骤非常简捷，只需选中单元格（或区域）后，单击“数据”选项卡—“数据工具”组—“数据验证”按钮，在下拉列表中选择“数据验证”功能，弹出如图17-17左图所示的“数据验证”对话框。然后，在对话框中设置验证条件、输入信息、出错警告等选项，再单击“确定”按钮。设置完成后，设定的验证条件就对所选单元格区域起到了录入校验控制的作用。当我们再在相关单元格中录入数据时，如果不满足条件，Excel就会给予相应的提示，并返回单元格，等待再次录入满足条件的数据。

例如，在某单元格设置了只可录入文本的控制条件，则在录入数字时，Excel会给出设定的提示，并要求“重试”或者“取消”。如图17-17右图所示。

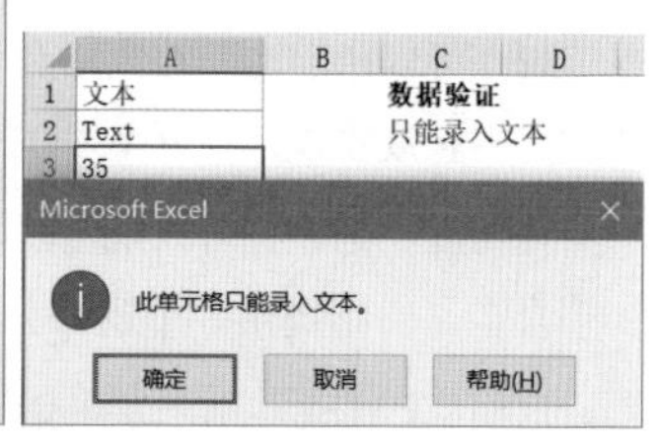

图17-17 “数据验证”对话框及验证出错报警

- “数据验证”对话框的“输入信息”标签页是对选定单元格时在单元格侧面显示的输入提示信息进行设置的窗口，在其中可以录入对验证条件的说明。如图17-18左图所示。
- “数据验证”对话框的“出错警告”标签页是对在输入信息不合验证条件时的警告提示进行设置的窗口，其可选的“样式”有三种：
  - “停止”样式，提示框将提供“重试”与“停止”选项。选择“重试”选项，则清除原输入，回到单元格；选择“停止”选项，则清除原输入，离开单元格。如图17-18右图所示。
  - “警告”样式，提示框将提供“是否继续？”的操作选项。其中，选择“是”选项，则忽视验证条件；选择“否”选项，则返回重新录入；选择“取消”选项，则回滚到录入前的信息。

图17-18　数据验证——输入信息与出错报警

  - “信息”样式，即出错警告仅进行提示。选择“确定”选项，则忽视验证条件；选择“取消”选项，则回滚到录入前的信息。

上述设置可参见本书提供实例，设置的动态效果可参见本书提供的视频演示。

17.3.2　验证条件类型

在“数据验证”对话框的“设置”标签页中的“验证条件”选择框中，可以选择如下条件类型：

- 任何值：为缺省设置，且选择此选项将删除所有现有的数据验证。但是，如果在“数据验证”对话框的“输入信息”标签页中设置提示信息，则选中单元格后此提示仍然会被显示。
- 整数：必须输入一个整数。可以使用“数据”选择框的下拉列表指定一个有效的整数范围。例如，可以指定条目必须是小于或等于100的整数。
- 小数：必须输入一个数字。同样可以使用“数据”选择框下拉列表中的选项来重新定义条件，从而指定一个有效的数字范围。例如，可以指定条目必须大于或等于0并且小于或等于1。
- 序列：用户必须从提供的下拉列表中进行选择。这个选项非常有用，我们将在下一小节专门讨论。
- 日期：必须输入日期。可以在“数据”选择框下拉列表中的选项中指定有效的日期范围。例如，可以指定输入的数据必须大于或等于2000年1月1日，并且小于或等于2020年12月31日。
- 时间：用户必须输入时间。可以在“数据”选择框下拉列表中的选项中指定有效的时间范围。例如，可以指定输入的数据必须晚于中午12点。
- 文本长度：规定录入文本的长度，即控制字符数。同样可以使用“数据”选择框下拉列表指定有效长度。例如，可以指定输入数据的长度为1（即单个字母数字字符）。
- 自定义：指提供一个逻辑公式以确定用户输入的有效性。逻辑公式返回“TRUE”则符合条件，返回“FALSE”则触发出错警告。

17.3.3　序列数据验证及创建下拉列表

序列数据验证就是在录入数据时必须从预定的序列中选择一项。因此，利用序列数据验证，可以为一个单元格的数据录入创建下拉式的选择列表。这是常用的保证数据规范性的数据录入方法。

操作步骤

【Step 1】　准备基础数据，在工作表的某个区域录入将被纳入下拉列表的数据项。例如，一个企业的部门列表，如图17-19表格部分所示。

【Step 2】　选中需要创建下拉列表的单元格。然后，单击“数据”选项卡—“数据工具”组—“数据验证”按钮，在下拉列表中选择“数据验证”选项，弹出如图17-19所示的“数据验证”对话框。

【Step 3】　在“数据验证”对话框中将“验证条件—允许”选择框设置为“序列”选项。然后，在“来源”输入框中输入或框选在【Step 1】中准备的基础数据区域，例如$A$20:$A$26。最后，单击“确定”按钮，即在录入数据的单元格中创建了下拉列表。在正常工作时，当选中已经创建下拉列表的单元格时，单元格右侧即会出现下拉按钮。单击下拉按钮，即可在设定的数据序列中选择数据。

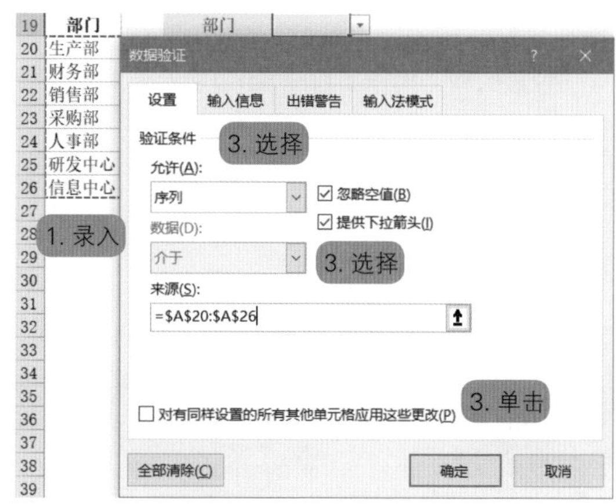

图17-19　利用“序列”数据验证创建下拉列表

基础数据列表（即“数据验证”对话框中的“来源”）可以直接是一串由字符串组成的序列，例如“生产部,财务部,销售部”。数据项可以直接用半角逗号隔开。

基础数据列表还可以是某个名称定义的列表。由此，可以设计出多层连接形式的下拉列表。如图17-20左图所示。

- 首先，通过“公式”选项卡—“定义的名称”按钮定义类别名称，如“蔬菜”“水果”和“肉食”。引用位置分别为这三个类别对应的单元格区域，例如$A$2:$A$15。

图17-20　多层连接形式的数据选择下拉列表

- 对于需要录入类别的单元格，例如E2或者E5单元格，设定的列表数据来源为“蔬菜”“水果”“肉食”类别名称单元格区域，即$A$1:$C$1。这样，在录入E2或者E5单元格时，即可从类别“蔬菜，水果，肉食”中进行选择。
- 对于需要在各类别名称后录入具体品种的单元格，例如F2。可以通过“数据”选项卡的“数据工具”组的“数据验证”按钮下拉列表，打开“数据验证”对话框，在“设置”标签页中设置“验证条件”—“允许”选择框为“序列”选项，在“来源”输入框中输入公式

“=INDIRECT（$E$2）”，即用INDIRECT( )函数指定到单元格E2的引用。此时，已经在工作簿中定义的三个类别名称“蔬菜”“水果”和“肉食”即发挥了作用，可以在录入时被指定到相应的单元格区域所对应的列表中。设置完成以后，在录入F2单元格数据时，就可以从三个类别名称之一所对应的某个区域中选择数据，如图17-20右图所示。

17.3.4 利用公式控制有效性

通过公式验证来控制数据有效性是一种较为灵活的设置，只要我们理解了所用的技巧，就可以获得各式各样的数据有效性控制方法。

设置的相关操作如17.3.1小节所示，对选定的单元格区域，启动如图17-17左图所示的“数据验证”对话框，在“数据验证”对话框的“设置”标签页中“验证条件—允许”选择框中选择“自定义”选项，然后在“公式”输入框中录入公式，最后单击“确定”按钮即可。

在17.3.1小节中已经显示了只允许单元格录入文本的公式为“=ISTEXT(E2)”，这里假设E2即需要设置有效性的单元格。

1. 避免录入重复记录

避免重复记录本来就是保证数据有效性的基础要求，这对于维护某些基础数据是非常必要的。如果利用Excel作为数据采集与录入的平台，即可进行相应设置，以提高数据的唯一性保证。

避免录入重复记录的有效性控制公式为“=COUNTIF($A$2:$A$100, A1)=1”，它可以对整个选定的区域，都实现数据唯一性的校验。其效果如图17-21所示。

注意：虽然公式中第二个参数填写的是A1单元格，但随着录入数据时单元格的移动，校验单元格会实现动态的自动移动。

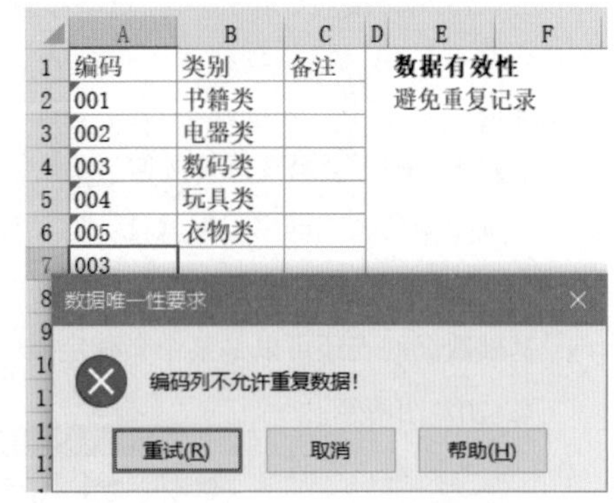

图17-21 避免重复记录数据的校验效果

2. 只允许录入特殊的星期数

可以通过在数据有效性校验中加入日期函数中的星期函数，来控制单元格只能录入特定星期的日期。这对于制作某些报销单或者其他与星期有关的单据很有实际意义。

单元格特定星期的限制公式为“=OR(WEEKDAY(A1)=1, WEEKDAY(A1)=7)”。同样，虽然公式中输入的为A1，但如果设置时选中的为区域A1:A10，则整个区域都会受到校验。如图17-22所示。

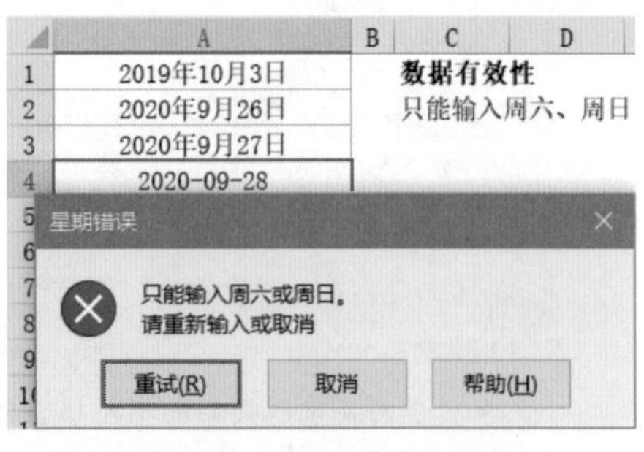

图17-22 控制星期数据校验

3. 不允许超过设定的总数

若我们不希望某些单元格的数据之和超过某一个设定的总数，这时可以对其进行控制。

典型应用即预算控制。例如，按照“总额控制，分项可变”的方法进行过节费的控制。假设将预算额存放在单元格E5中，而各分项费用分别放在B1:B6单元格区域中，则只需对分项单元格施加下列公式的有效性限制：“=SUM($B$1:$B$6)<=$E$5”。其效果如图17-23所示。

最后，需要说明的是，信息系统的数据校验是把双刃剑。设置好了，可以有效保证数据的有效性；设置不好，则系统可能会变得非常不人性化、非常难用。

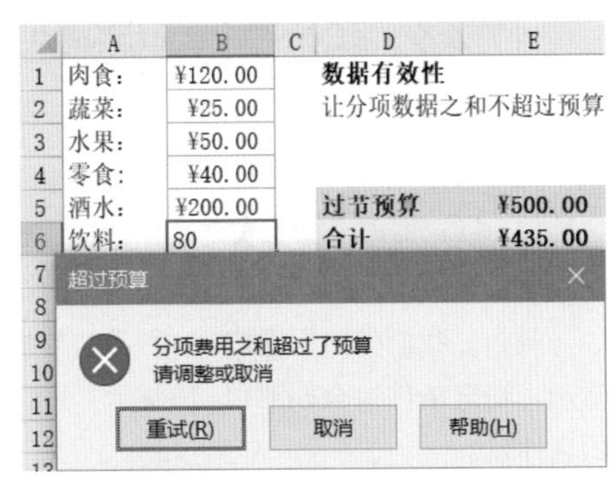

图17-23 预算控制数据校验

17.4 高级筛选

数据筛选即从一个大的数据集中查找出符合条件的数据。Excel能够方便地按照一列或者多列对表格中的数据进行筛选。由于排序与筛选为数据表常用的功能操作。所以，在“开始”选项卡和“数据”选项卡都放置了相应功能按钮。操作方法参见13.6.5小节。

高级筛选功能可以更灵活、方便地组合筛选条件，并可以由筛选数据直接生成结果数据表。因此，给用户提供了更多的数据查询、数据清理的方法和手段。

17.4.1 从数据表中提取分类信息

有时，从一些企业管理信息系统中导出的原始数据表可能有非常多的记录，并且含有多列分组的分类信息，而在获得原始数据时并没有同时获得这些基础分类表。此时，如要获得基础分类信息，就可以利用Excel的高级筛选功能实现。

如图17-24所示的数据为某公司的销售汇总数据表的一部分。可以看到，数据表中“业态”包含“网店”“实体店”，“区域”又分为“华东区域”“华南区域”等，而不同的“门店”分属于不同的业态和区域。而在获取数据时，并没有获得门店与业态、区域的对应关系。这样，就需要采用高级筛选功能从汇总表格中提取出分类信息。

提取方法的关键在于理解高级筛选功能的“选择不重复的记录”选项，即可方便地实现相关功能。

	RN	业态	门店	区域	商品	销售数量	销售金额
407	406	网店	风味精品	华东区域	本色银耳(800043485)	3.144	294.6
408	407	网店	风味精品	华东区域	散装金钱小香菇(800043512)	2.106	306.59
409	408	网店	风味精品	华东区域	精品黄花菜(800043585)	5.814	419.43
410	409	网店	风味精品	华东区域	虫草花(106743734)	4.068	406.5
411	410	实体店	天华南路店	华南区域	龙牙百合(107898105)	0.462	54.72
412	411	实体店	天华南路店	华南区域	益康龙牙百合干300g(109056702)	4	205.71
413	412	实体店	天华南路店	华南区域	本色银耳(800043485)	2.356	224.1
414	413	实体店	天华南路店	华南区域	散装金钱小香菇(800043512)	0.692	96.5

图17-24 含有多层分类信息的原始数据表

操作方法：选中数据表中的任意单元格，单击“数据”选项卡—“排序和筛选”组—“高级”按钮，弹出“高级筛选”对话框；在对话框中选定数据的“列表区域”（如果数据区域已经转换为了Excel表，则会自动圈定数据区域）；单击“将筛选结果复制到其他位置”选项，然后单击“复制到”输入选择框后面的区域选择按钮，选择位于数据放置区域的首位置单元格；单击勾选“选择不重复的记录”选项，然后单击“确定”按钮。如图17-25所示，Excel即将原始数据中的多层次的分类数据提取到了指定的位置。

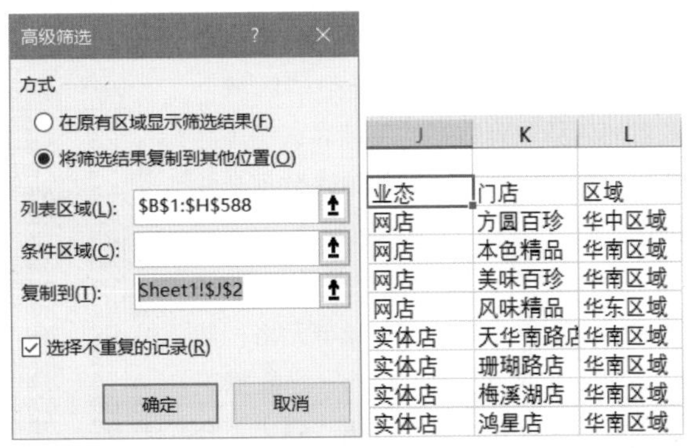

图17-25 利用高级筛选功能抽取多层次的分类数据

17.4.2 组合条件数据筛选

由于“高级筛选”对话框提供了“条件区域”设置选项，即操作者将条件放入某个单元格区域后，筛选器即会据此实现数据筛选。这样可以实现某些需要进行多次筛选才能获得的结果。

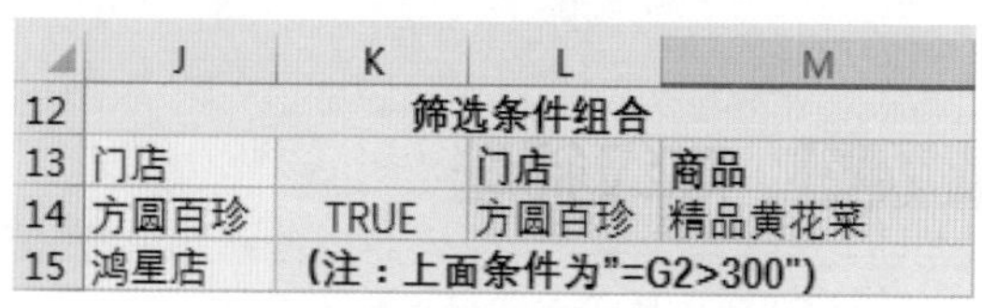

	J	K	L	M
12	筛选条件组合			
13	门店		门店	商品
14	方圆百珍	TRUE	方圆百珍	精品黄花菜
15	鸿星店	(注：上面条件为"=G2>300")		

图17-26 高级筛选条件组合

例如，我们仍然用图17-24所示的数据进行筛选。筛选条件组合如图17-26所示，可以形成的条件如下：

（1）条件区域：J13:J15，筛选“门店”为“方圆百珍”和“鸿星店”的记录。

（2）条件区域：K13:K14，筛选“销售金额”大于300的记录。

（3）条件区域：L13:M14，筛选“门店”为“方圆百珍”，且“商品”名称中包含“精品黄花菜”的记录。

（4）条件区域：K13:M14，筛选“门店”为“方圆百珍”，“商品”名称中包含“精品黄花菜”，且“销售金额”大于300的记录。按照此条件进行数据筛选的条件设置和筛选结果如图17-27所示。

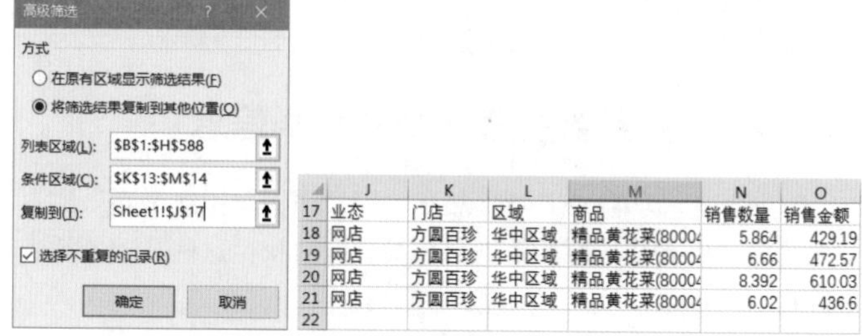

	J	K	L	M	N	O
17	业态	门店	区域	商品	销售数量	销售金额
18	网店	方圆百珍	华中区域	精品黄花菜(8000	5.864	429.19
19	网店	方圆百珍	华中区域	精品黄花菜(8000	6.66	472.57
20	网店	方圆百珍	华中区域	精品黄花菜(8000	8.392	610.03
21	网店	方圆百珍	华中区域	精品黄花菜(8000	6.02	436.6
22						

图17-27 组合条件筛选及其结果

上例中的数据表及条件参见第17章实例文档“销售数据—高级筛选.xlsx”。

17.5 合并计算

合并计算是Excel根据数据内部规律进行的数据合并计算。可以从一张表中提取数据、进行分类合并，也可以从多张表中进行分类合并。

17.5.1 单表合并计算

在实际工作中，很多账册的原始记录是按照发生次数进行记载的，即每发生一笔交易，则形成一条记录，如图17-28所示的销售数据记录表就是这样的原始数据。可以看到，基于这样的原始记录，可以形成多种统计表，例如基于“门店”列数据的统计表，基于“区域”或者“商品”列数据的统计表，等等。合并计算即可进行这样的单表数据合并操作。

	A	B	C	D	E	F	G
1	业态	门店	区域	商品	销售数	销售金额	销售单价
2	网店	方圆百珍	华中区域	本色银耳(800043485)	10	538.46	53.85
3	网店	方圆百珍	华中区域	本色银耳(800043485)	3.584	352.21	98.27
4	网店	方圆百珍	华中区域	精品黄花菜(800043585)	1.044	75.9	72.70
5	网店	方圆百珍	华中区域	益康龙牙百合干300g(109	1	49.9	49.90
6	网店	方圆百珍	华中区域	银耳羹530G组合装(10924	5	9.95	1.99
7	网店	方圆百珍	华中区域	本色银耳(800043485)	1.932	176.4	91.30
8	网店	方圆百珍	华中区域	精品黄花菜(800043585)	0.208	14.91	71.68
9	网店	方圆百珍	华中区域	本色银耳(800043485)	3.086	291.21	94.36
10	网店	方圆百珍	华中区域	精品黄花菜(800043585)	3.258	235.99	72.43
11	网店	方圆百珍	华中区域	虫草花(106743734)	1.77	204.5	115.54
12	网店	方圆百珍	华中区域	本色银耳(800043485)	2.428	201.42	82.96
13	网店	方圆百珍	华中区域	散装金钱小香菇(80004351	0.99	135.9	137.27
14	网店	方圆百珍	华中区域	精品黄花菜(800043585)	1.41	106.49	75.52
15	网店	方圆百珍	华中区域	虫草花(106743734)	1.912	191.1	99.95

图17-28 销售数据记录表

操作方法：选中提供输出数据区域的第一个单元格，例如I2单元格；然后，单击“数据”选项卡—“数据工具”组—“合并计算”按钮，弹出“合并计算”对话框，如图17-29左图所示。单击对话框中“引用位置”输入选择框右侧的区域选择按钮，确认在数据表中选择引用的区域，例如，可以选择$A$1:$F$306区域，然后单击“添加”按钮，将引用位置添加到“所有引用位置”列表框中；需要的话，可以选择多个区域，例如再添加$D$1:$F$306区域，在完成选择后，“标签位置”选项组的“首行”和“最左列”选项会默认被选中。最后单击“确定”按钮，即会以“首行”标记统计列，以“最左列”中的数据为合并项进行合并运算。结果如图17-29右图所示（注：结果表中删除了中间空白的“门店”“区域”列）。

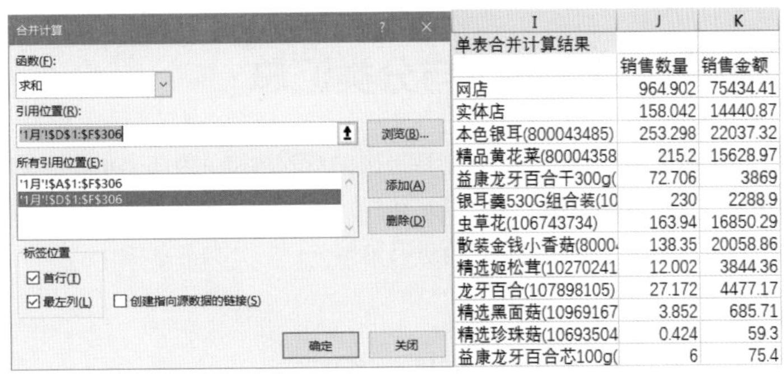

图17-29　“合并计算”对话框与单表合并计算结果

- 改变“最左列”的位置，可以获得不同的统计分类方式。
- 显然，合并计算既可进行求和计算，也可进行计数和求平均值、最大值、最小值、乘积等计算。
- 单表的合并计算本质上就是分类计算，在获得了类别数据后，可以用SUMIF( )函数实现。

17.5.2　多表合并计算

多表合并计算与单表合并计算非常相似，从上一小节的计算实例中可以看到：合并计算的“引用位置”即计算数据来源，而Excel设计的“引用位置”是可以不断被添加的。那么，完全可以将多张数据表中的数据作为“引用位置”添加进来，Excel则会根据添加的引用位置的“最左列”进行分类合并，将多张数据表中的数据合并计算到一张表中。图17-30左图给出了多表合并计算数据源的实例，从1月、2月和3月的销售明细表格，通过合并计算获得季度销售统计。图17-30右图给出了算法流程图。

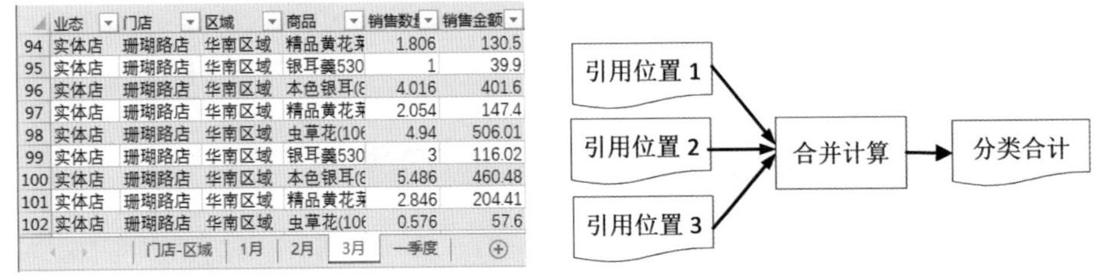

图17-30　多表合并计算数据源与合并计算算法流程图

多表合并计算的操作方法与上一小节的单表合并计算类似，只需在选择“引用位置”时分别从各个分表的相同区域中选中数据添加至“所有引用位置”操作框即可，其他操作不再详述。“合并计算”对话框和最后的设置结果如图17-31所示（注：结果汇总表中隐藏了没有数据的B、C两列）。

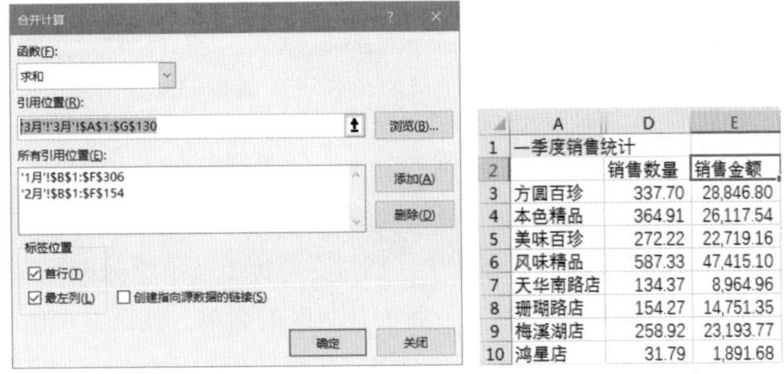

图17-31　多表合并计算的引用位置设置和计算结果

17.6 分级显示与分类汇总

一般来说，数据都具有某种层次关系。例如，借助GDP数据可以站在国家的层面上看各个省、直辖市和自治区的GDP，也可以站在省、直辖市和自治区的角度看其下属各市或区县的GDP。这些数据当然应该是先有明细数据，再进行数据分层的分类汇总统计。因此，分级显示和分类汇总是数据统计的一项基本工作。

17.6.1 创建组与取消组合

一些数据是需要分级分组的。例如，广东省下属各市、各市下属各区，其数据关系可以用一个树形结构来表示，或者使用一个分级的列表来显示。如图17-32所示。

这类数据在具有树形结构控件的系统中可以用树形结构的“展开”与“折叠”功能来方便地显示各层数据之间的关系。但是，当数据被放到Excel数据表中时，如果需要实现“展开”“折叠”功能，就需要进行“创建组”的操作了。

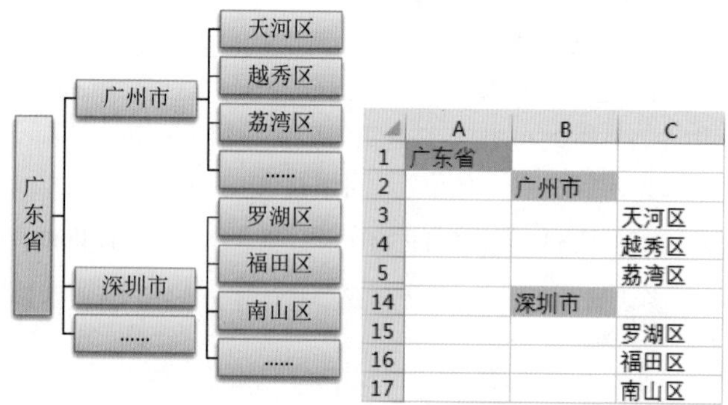

图17-32 分组分级的数据结构

创建组即对Excel表格中的数据通过创建多层次的分组，从而实现数据行的“展开”与“折叠”。

操作步骤

【Step 1】 在录入所有层次的数据后，首先设置层级关系，即确定高一级的数据处于什么方向。单击“数据”选项卡—“分级显示”组的对话框启动器，弹出“设置”对话框，如图17-33左图所示。其中的“方向”是指高一级数据的放置位置，缺省为“明细数据的下方”“明细数据的右侧”。“明细数据的下方”选项符合向下汇总统计的方向，但不符合上下级结构的方向。所以，取消勾选这一选项，然后单击“确定”按钮。

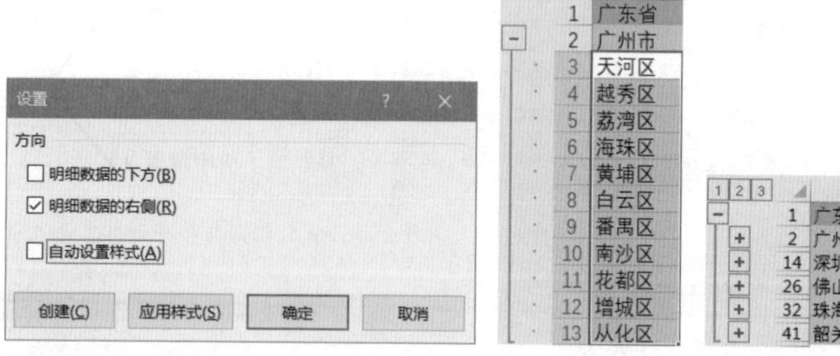

图17-33 分级显示的“设置”对话框和最低数据分组

【Step 2】 在数据表中，通过在行标上按下鼠标进行拖拉的方法，选中某个最低一级的数据组中的所有数据，例如广州市下属的各个区的名单。然后，单击“数据”选项卡—“分级显示”组—“创建组”按钮，在设置之后，可以看到Excel工作表的左侧显示出了分组（折叠）标记“－”，起始行为“广州市”所在行，终止行为分组的最后一行“从化区”，如图17-33中图所示。单击“－”

（折叠）按钮，则被分组的数据行被折叠起来，折叠标记变为“ + ”（展开）标记。

【Step 3】 对数据表中其他最低一级的数据都按照【Step 2】的步骤进行分组。

【Step 4】 将所有最低一级的数据都进行折叠后，选中高一级的数据组中的所有数据，例如广东省下属的各市名单。然后，单击“数据”选项卡—“分级显示”组—“创建组”按钮。可以看到，在Excel工作表的左侧，原来的分组标记变为了2级分组，1级分组为新创建的由各个二级市所组成的组，显示出1级分组“ — ”（折叠）标记，单击此标记，各市将被折叠。

- “创建组”功能按钮是用手工的方法明确数据组及其上一级的关系，Excel不会自动建立数据关系。
- Excel既可以按行建立分组，也可以按列建立分组（例如将各个月度分组后合计为季度）。
- 分组后的合计Excel不会自动计算，需要操作者另行插入空行，然后利用SUM( )函数或者合计功能（向下的情况）自行添加合计计算。
- 一个工作表中只能有一个分级分组，在已经建立的分级分组数据之外再进行分组会造成分组关系的混乱。
- 选中被分组的任意记录，单击“数据”选项卡—“分级显示”组—“显示明细数据”按钮，会展开所有数据，单击“隐藏明细记录”按钮则隐藏所有数据。
- 选中被分组的数据后，单击“数据”选项卡—“分级显示”组—“取消组合”按钮，即可取消已经建立的分组。

17.6.2 分类汇总

分类汇总是Excel对已经排序的数据表进行分类汇总计算。与手动操作的分组不同，分类汇总是Excel根据操作者选择的分类字段自动进行的分类运算，并且可以实现自动分组。

进行分类汇总的操作方法为：首先对数据表需要进行分类汇总的分类字段（列）进行排序。例如，按照“市”列排序，如图17-34左图所示。然后，选中数据表中的任意单元格，单击“数据”选项卡—“分级显示”组—“分类汇总”按钮，弹出“分类汇总”对话框。

	A	B	C
1	市	区县	GDP
2	广州市	天河区	5,047.39
3	广州市	越秀区	3,135.47
4	广州市	荔湾区	1,104.49
5	广州市	海珠区	1,935.12
6	广州市	黄埔区	3,502.47
7	广州市	白云区	2,211.82
8	广州市	番禺区	2,079.50
9	广州市	南沙区	1,683.23
10	广州市	花都区	1,562.76
11	广州市	增城区	1,010.49
12	广州市	从化区	355.86
13	深圳市	罗湖区	2,390.26
14	深圳市	福田区	4,546.50
15	深圳市	南山区	6,103.69

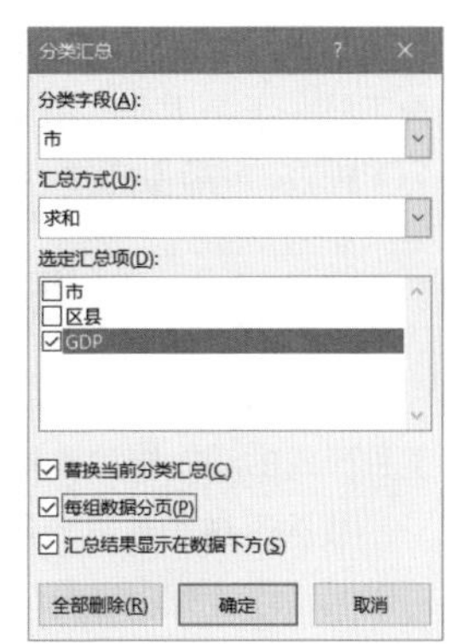

图17-34　分类汇总数据表（部分）和“分类汇总”对话框

- 在“分类汇总”对话框中选择分类字段，即分类的列。
- 汇总方式默认为“求和”，可以改为“计数”“平均值”“最大值”等。
- 通过单击勾选“选定汇总项”选项组的多选项。
- 默认勾选“替换当前分类汇总”多选项。实际上，如果当前没有分类汇总，会自动在每一组分类的下方（或者上方）插入一行。
- 默认不勾选“每组数据分页”多选项。勾选后，会对数据进行自动分组。
- 默认勾选“汇总结果显示在数据下方”多选项，如果取消勾选这一选项，汇总结果将会显示在数据上方。

依照上述步骤进行设置后，单击“分类汇总”对话框的“确定”按钮，则将在每一个类别的下方（或者上方）插入“××汇总”（“××”为一个类别）行，并将自动算出的汇总数据填入，同时在最下方（或最上方）插入“总计”行，如图17-35右图所示。单击左侧的“折叠”标记，即可折叠被分组的数据。

	A	B	C
1	市	区县	GDP
2	广州市	天河区	5,047.39
3	广州市	越秀区	3,135.47
4	广州市	荔湾区	1,104.49
5	广州市	海珠区	1,935.12
6	广州市	黄埔区	3,502.47
7	广州市	白云区	2,211.82
8	广州市	番禺区	2,079.50
9	广州市	南沙区	1,683.23
10	广州市	花都区	1,562.76
11	广州市	增城区	1,010.49
12	广州市	从化区	355.86
13	**广州市 汇总**		23,628.60
14	深圳市	罗湖区	2,390.26
15	深圳市	福田区	4,546.50
16	深圳市	南山区	6,103.69

	A	B	C
1	市	区县	GDP
13	**广州市 汇总**		23,628.60
25	**深圳市 汇总**		26,929.09
26	佛山市	禅城区	1,920.46
27	佛山市	南海区	3,176.62
28	佛山市	顺德区	3,523.18
29	佛山市	高明区	871.58
30	佛山市	三水区	1,258.76
31	**佛山市 汇总**		10750.6
32	**总计**		61308.29

图17-35　分类汇总的结果

从实例中可以看到，手工分组时不需要另外建立分类列。而在分类计算时，必须要有分类列。分类计算可以自动生成分组信息。

分类汇总的计算方法、数据展示模式以及明细数据展开与隐藏的操作方法将在数据透视表中得到更好的展现与应用。

本节所示的分析表参见本书提供的样例文档“销售数据—合并计算.xlsx”。

17.7 数据透视表

数据透视表（Pivot table）是体现Excel数据统计分析功能的最为综合、最为灵活，也最为方便的一种工具。正是因此，微软公司才把数据透视表延伸到了其商业智能（BI）工具Power Pivot之中，并成为了Power Pivot中的核心分析方法。

17.7.1 数据透视表（以连锁销售企业分析为例）

数据透视表是Excel根据原始数据表进行分类统计计算的工具。统计数据可以按照用户的安排形成某种形式的动态统计表格，实现对各种分类统计结果进行交互式分组合计和展现。

数据透视表最适合用于处理具有多种分类形式的统计，尤其是对含有时间数据的统计，可以自动对时间字段（列）进行分组，并形成月、季等组合，还可以按用户要求按每几天的形式形成分组。

这里以一个连锁销售企业的销售分析为例。原数据的一部分如图17-36所示，可以看到，对数据的分析统计可以从日期、业态、门店、区域和商品等多种维度进行。

有效的统计分析基础是原数据的规范性。实质上，这一数据已经经过了数据清洗的处理。例如，在销售系统中导出的原始数据中，“门店”“区域”等都以数据代码（Id）的

	A	B	C	D	E	F	G
1	日期	业态	门店	区域	商品	销售数量	销售金额
2	2019/10/1	网店	方圆百珍	华中区域	本色银耳	10.000	538.46
3	2019/10/1	网店	方圆百珍	华中区域	本色银耳	3.584	352.21
4	2019/10/1	网店	方圆百珍	华中区域	精品黄花菜	1.044	75.90
5	2019/10/1	网店	方圆百珍	华中区域	益康龙牙百合干	1.000	49.90
6	2019/10/2	网店	方圆百珍	华中区域	银耳羹530	5.000	9.95
7	2019/10/2	网店	方圆百珍	华中区域	本色银耳	1.932	176.40
8	2019/10/2	网店	方圆百珍	华中区域	精品黄花菜	0.208	14.91
9	2019/10/3	网店	方圆百珍	华中区域	本色银耳	3.086	291.21
10	2019/10/4	网店	方圆百珍	华中区域	精品黄花菜	3.258	235.99
11	2019/10/5	网店	方圆百珍	华中区域	虫草花	1.770	204.50
12	2019/10/6	网店	方圆百珍	华中区域	本色银耳	2.428	201.42

图17-36　数据透视表原数据

形式保持其唯一性。因此，在清洗的过程中采用了VLOOKUP( )函数进行置换，且数据列应用了适当的标题，并将数据表转换成了Excel表（可以不转换）。

创建数据透视表的操作方法：选中数据区域中的任一单元格，单击“插入”选项卡—“表格”组—“数据透视表”按钮，弹出“创建数据透视表”对话框，如图17-37左图所示；在对话框中进行适当的设置，单击“确定”按钮，即会在选中的位置生成空白的数据透视表。如图17-37右图所示。

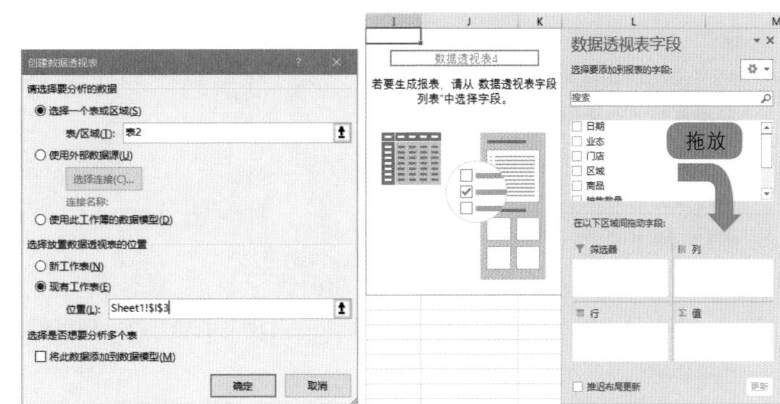

图17-37　“创建数据透视表”对话框与空白的数据透视表

- 如果前期已将数据区域转换成了Excel表，则在“创建数据透视表”对话框中，“请选择要分析的数据—选择一个表或区域”选项会直接选定被选中单元格所在的表格。如果没有转换为Excel表，也会自动找出数据区域。在实际应用中，一般较少分析外部数据，如果需要，可以选择“使用外部数据源”选项，然后选择数据连接即可。
- 对于放置数据透视表的位置，主要视原数据工作表的情况而定。如果原数据列数较多，占据了较宽的位置，则可在“选择放置数据透视表的位置”选项组中选择“新工作表”选项，将创建的数据透视表放入自动生成的新工作表中。否则，可以选择现有工作表中的某个单元格作为数据透视表的起始位置。
- 如果需要分析多个表，可以选择“将此数据添加到数据模型”选项，即会将数据表添加到数据模型中，以便采用Power Pivot进行分析。在通常的应用中，特别是进行了数据整理后的数据表，一般无须再用Power Pivot进行分析。
- 对数据透视表的操作是一个令人惊奇而又惊喜的过程，操作的主要方法是在“数据透视表字段”浮动窗格中，将字段列表框中的字段，通过拖放的方式添加到“筛选器”“列”“行”“值”列表框中。拖放操作即选中一个字段用鼠标按住，等拖动到目标位置后再放开鼠标。通过适当的拖放，即可得到众多不同的分组统计列表。

  ● 例如，对实例中的销售数据分析时，可以将“业态”拖放到“筛选器”列表框中，

I	J	K
业态	(全部)	
行标签	求和项:销售数量	求和项:销售金额
⊟华东区域	587.326	47415.1
⊞11月	192.448	14961.02
⊞12月	394.878	32454.08
⊟华南区域	1216.489	97638.46
⊞10月	340.616	26586.26
⊞11月	558.321	47749.01
⊞12月	317.552	23303.19
⊟华中区域	337.698	28846.8
⊞10月	170.236	14904.42
⊞11月	131.82	10247
⊞12月	35.642	3695.38
总计	2141.513	173900.36

图17-38　数据透视表的生成

将“区域”“日期”分别拖放到“行”列表框中，将“销售数量”“销售金额”拖放到“值”列表框中，即会在数据透视表的相应位置生成如图17-38所示的数据透视表。

行标签	求和项:销售数量	求和项:销售金额
⊟华东区域	587.326	47415.1
⊞11月	192.448	14961.02
⊟12月		
12月1日	64.58	5621.06
12月2日	189.89	17765.82
12月3日	108.002	6298.51
12月4日	6.286	426.08
12月5日	5.86	668.19
12月6日	10.792	721.03
12月7日	5.57	515.7
12月8日	0.738	73.8
12月9日	1	39.9
12月10日	2.16	323.99

业态	实体店	
行标签	求和项:销售数量	求和项:销售金额
⊟华南区域	579.359	48801.76
⊞10月	87.56	6877.27
⊞11月	424.523	35808.19
⊟12月		
12月1日	10.862	1628
12月2日	12.944	900.23
12月3日	9.598	527.2
12月4日	3.722	362.83
12月5日	4.482	396.49
12月6日	7.262	666.2
12月7日	6.056	403.61
12月8日	12.35	1231.74
总计	579.359	48801.76

图17-39　不同形式的数据透视表

- 图17-38中的“行”列表框中的“月”以及数据透视表中的“10月”“11月”等各个月度由Excel根据统计数据自动生成。单击数据透视表中“10月”“11月”等月度前的展开符，即可得到如图17-39左图所示的数据透视表。
- 单击数据透视表左上角的筛选字段“业态”的右侧单元格的下拉按钮，在下拉窗格的树形结构中选择某种类别，例如“业态”中的“实体店”，则Excel将对数据透视表中的数据进行筛选后得到如图17-39右图所示的数据透视表。

17.7.2 数据透视表深度使用

仅仅按上一小节对数据透视表进行的简单设置所获得的分析统计表，就已经可以充分展现出数据透视表的强大与灵活性了。而我们在这里，将继续介绍有关数据透视表深度使用的相关内容。

1. 多层次的分组

- 将各个分组字段拖入“数据透视表字段”浮动窗格中的“行”或者“列”列表框中，可以获得各种不同维度的动态统计表，展示业务的开展情况。
- 数据透视表中的“行标签”“列标签”标题可以提供对行或者列的筛选功能。
- 字段在“行”列表框或者“列”列表框中的次序决定了分组的先后，处于高一级的字段为高一级的分组，处于低一级的字段自动为低一级的分组。例如，我们先将“门店”拖放到“行”列表框中，再将“商品”拖放进去，即可获得以“门店”分组的商品销售统计表格，这一统计包含了两个层次。数据透视表字段设置如图17-40左图所示，而统计结果如图17-40右图所示。

	A	B	C	D	E
1	区域	华南区域			
2					
3	求和项:销售金额	列标签			
4		⊞10月	⊞11月	⊞12月	总计
5	行标签				
6	⊟本色精品	9,035.37		17,082.17	26,117.54
7	本色银耳			5,562.01	5,562.01
8	虫草花	2,004.90		2,552.42	4,557.32
9	精品黄花菜	2,823.33		3,083.55	5,906.88
10	精选黑面菇			139.50	139.50
11	精选姬松茸	458.13		65.19	523.32
12	龙牙百合	1,343.97		1,419.28	2,763.25
13	散装金钱小香菇	1,989.40		3,147.75	5,137.15
14	益康龙牙百合干	99.80		664.30	764.10
15	益康龙牙百合芯			31.50	31.50
16	银耳羹530	315.84		416.67	732.51
17	⊞鸿星店		1,891.68		1,891.68
18	⊞梅溪湖店	2,394.32	16,354.86	4,444.59	23,193.77
19	⊞美味百珍	10,673.62	11,940.82	104.72	22,719.16
20	⊞珊瑚路店		13,079.64	1,671.71	14,751.35
21	⊞天华南路店	4,482.95	4,482.01		8,964.96
22	总计	26,586.26	47,749.01	23,303.19	97,638.46

图17-40　多层次分类显示的数据透视表

2. 数据透视表的“分析”和“设计”子选项卡

数据透视表是如此强大，以至于Excel专门为其提供了“分析”和“设计”子选项卡。如图17-41所示。

图17-41　数据透视表的“分析”和“设计”选项卡

- 在“数据透视表工具—分析”选项卡中的“数据透视表”组中可以修改数据透视表的名称、选项，但一般不必修改。
- “数据透视表工具—分析”选项卡的“活动字段”组中的“活动字段”输入框指示当前选中单元格所属的字段。单击下方的“字段设置”按钮，弹出“字段设置”对话框，如果选中的是值字段，则会弹出“值字段设置”对话框，如图17-42所示，在其中可以对字段自定义名称，也可以修改计算类型。

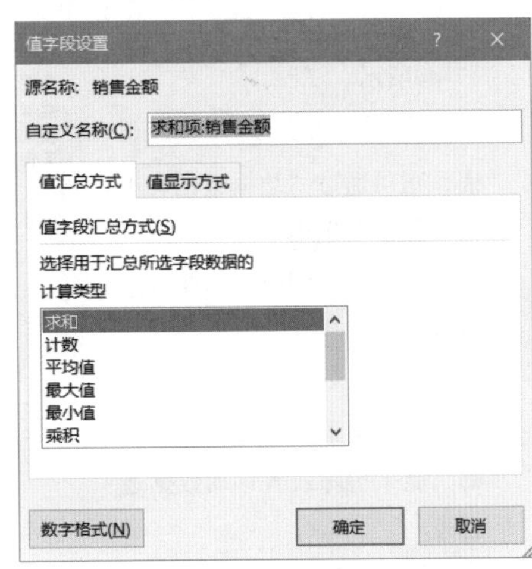

图17-42　“值字段设置”对话框

- “活动字段”组中“向下钻取”和“向上钻取”按钮是在建立了数据模型的情况下分析不同级别数据的详细信息的命令。所以，在通常的数据透视表中不能使用。
- 当在数据透视表中选中已经被分组的“行”字段或者“列”字段时，可以通过单击“活动字段”组中的“展开字段”或“折叠字段”按钮来进行展开或者折叠，这是展开或者折叠所有选中层次的命令。单击分类数据（例如各个门店或各个月度）前的展开按钮“+”或折叠按钮“—”，则会展开或折叠分组。
- 使用“数据透视表工具—分析”选项卡的“分组”组中的“分组选择”功能，可以对数据透视表中被选中的数据或被选中的列进行进一步的分组。例如，对图17-40右图所示的数据透视表，选中前三个门店的所在行。单击“分组选择”按钮，则对其再次进行了组合。如果按列选中三个月度（包括其下属的数据），单击“分组选择”按钮，弹出如图17-43左图所示的“组合”对话框，这是一个设置专门对时间自动进行组合的功能参数的对话框，默认选中了“日”“月”选项，再单击“季度”选项。然后，单击“确定”按钮，

图17-43　数据透视表的再次组合

则对时间再次进行组合，生成按季度组合的新分组，结果如图17–43右图所示。

● Excel对时间字段提供的优化组合方式是按任意设定的天数进行组合，如果选中日期字段，即可单击“组字段”按钮，打开类似图17–43左图所示的“组合”对话框。然后，在只选择“天”选项时，设定天数，例如7天。单击“确定”按钮后，即对日期按设定天数进行组合统计。鉴于篇幅关系，在此不再图示说明。

- 还可以点击“数据透视表工具—分析”选项卡的“筛选”组的“插入切片器”“插入日程表”等按钮，获得对数据透视表更多的筛选效果。如图17–44所示。
- 如果利用外部数据生成透视表，则可通过“数据透视表工具—分析”选项卡的“数据”组中的功能来刷新数据或者更改数据源。
- 可以通过“数据透视表工具—分析”选项卡的“操作”组中的功能来清除或者移动数据透视表。

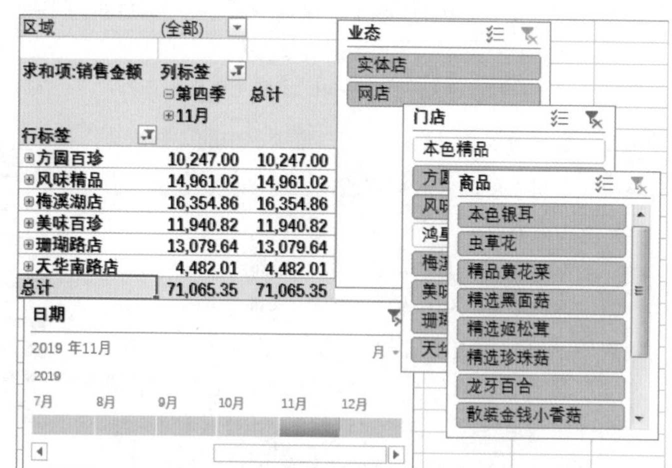

区域	(全部)	
求和项:销售金额	列标签	
	⊟第四季	总计
	⊞11月	
行标签		
⊞方圆百珍	10,247.00	10,247.00
⊞风味精品	14,961.02	14,961.02
⊞梅溪湖店	16,354.86	16,354.86
⊞美味百珍	11,940.82	11,940.82
⊞珊瑚路店	13,079.64	13,079.64
⊞天华南路店	4,482.01	4,482.01
总计	71,065.35	71,065.35

图17–44　利用切片器和日程表对数据透视表的筛选

- 数据透视表一个重要的功能即增加字段。单击“数据透视表工具—分析”选项卡—“计算”组—“字段、项目和集”下拉按钮，在下拉列表中选择“计算字段”选项，弹出“插入计算字段”对话框，在其中输入新的字段名称、公式即可。在其中输入公式时，公式中的变量可以通过双击“字段”列表中的某个字段获得。这样，即建立了二次计算某个新字段的设置。例如，创建“销售成本”字段，公式为“=销售金额*0.005”，如图17–45左图所示。单击“确定”按钮后，“数据透视表字段”浮动窗格的字段列表中即添加了新创建的字段，将此字段拖放到数据透视表的“值”字段列表中，数据透视表中即添加了新创建的字段，并按照数据透视表的分组进行计算，分类合计出了相关数据。如图17–45右图所示。
- 其他OLAP工具需要创建联机数据源，鉴于篇幅关系，在此不作介绍。

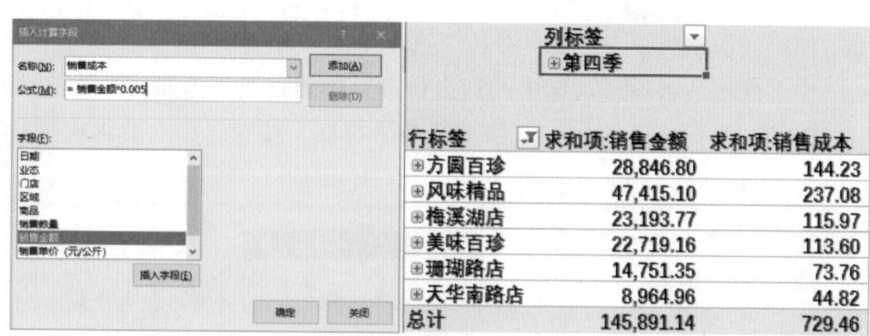

列标签		
	⊞第四季	
行标签	求和项:销售金额	求和项:销售成本
⊞方圆百珍	28,846.80	144.23
⊞风味精品	47,415.10	237.08
⊞梅溪湖店	23,193.77	115.97
⊞美味百珍	22,719.16	113.60
⊞珊瑚路店	14,751.35	73.76
⊞天华南路店	8,964.96	44.82
总计	145,891.14	729.46

图17–45　创建新的计算字段和数据透视表效果

- 在“数据透视表工具—分析”选项卡的“显示”组中，“字段列表”按钮控制了“数据透视表字段”浮动窗格的显示与隐藏，“+/– 按钮”控制了数据透视表中是否显示“展开”与“折叠”按钮，而“字段标题”按钮控制了是否显示可以提供行/列筛选的“行标签”或“列标签”。

3. 数据透视表的设计

在数据透视表的“数据透视表工具—设计”选项卡中，可以通过“布局”组中的各种设置改变数据透视表的显示方式。图17-46左图所示的数据透视表即在“布局”组的“分类汇总”按钮下拉列表中选择“在组的底部显示所有分类汇总”，并在“布局”组的“空行”按钮下拉列表中选择“在每个项目后插入空行”的效果。另外，可以为数据透视表选择某种表格样式，以获得不同的显示效果。

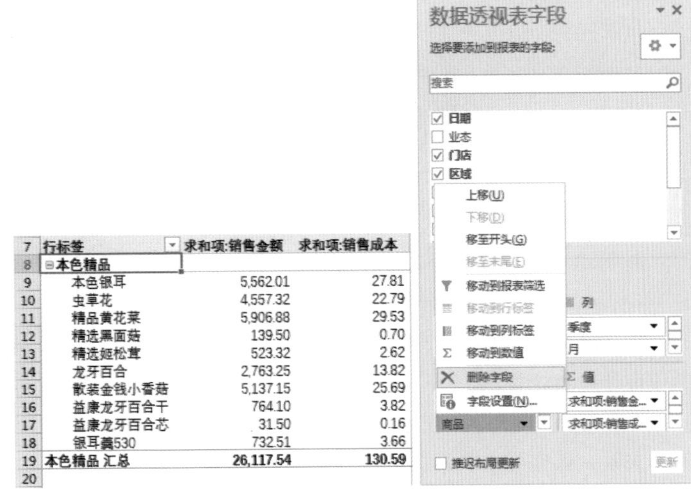

图17-46 改变布局模式后的数据透视表

最后，如果需要删除或者移动数据透视表中的字段，可以单击“数据透视表字段”浮动窗格中各子列表中的字段右侧的下拉按钮进行设置，也可直接在字段上单击鼠标右键，在下拉菜单中进行选择，如图17-46右图所示。

本节所示的分析表参见本书提供的样例文档“连锁销售—数据透视表.xlsx”。

17.8 数据模拟分析

Excel最吸引人的一个特点就是具有建立动态模型的功能。动态模型一般包括某些保存在单元格中的初始条件，以及由这些初始条件获得的某些可以推导出结论的数据。这些数据关系往往引起我们的疑问：如果某些初始条件发生了改变，那么将会得到怎样的结果？这就是典型的假设分析（What-if）问题。

例如，在购房贷款的决策中，在已知总房价的情况下，购房者往往会提出“如果缩短贷款年限会怎样”或者“如果贷款利率再降0.5%会怎样”这样的问题；另一方面，反过来考虑的问题也十分常见：如果我能支持的月供为5000元，我能购买总价多少的房子？

Excel的数据分析不仅为解决正向的假设分析问题提供了效能卓越的数据工具，并且还提供了反推上述问题的解决方法的途径。

17.8.1 单变量模拟运算表（以房贷月供分析表应用为例）

1. 问题的提出

模拟运算表（Data Tables）：指用于观察和分析在某个（或者某两个）初始变量发生变化时，多个导出值随之变化的具体情况的工具。追踪单个初始变量发生变化后所带来的新影响的运算表，称为单变量模拟运算表；追踪两个变量发生变化后所带来的新影响的运算表，称为双变量模拟运算表。模拟运算表可以在一张表中对比不同的初始数据所带来的不同结果数据的差异，为决策提供更好的依据。

购买房产时，一般的初始条件有“总房价”“首付比例”“贷款期限”“贷款利率”；关键的导出数据包括“首付额”“贷款额”“月供额度”“总还款额”“利息总额”。这些数据都是购房者在决策过程中需要考虑的重要因素。这里，导出数据与初始条件之间的关系为：

- 首付额=总房价×首付比例
- 贷款额=总房价—首付额
- 月供额度=PMT（月贷款利率,贷款月数,贷款额）。PMT( )函数是Excel提供的根据固定利率和固定贷款额计算还款额的函数，参数中“贷款额”应以负值代入。
- 总还款额=月供额度×贷款月数
- 利息总额=总还款额—贷款额

基于这些初始条件和数据关系，可以得到如图17-47所示的“房屋贷款分析表”（注意：这里的分析只对贷款过程进行了计算，没有包含购房过程中所产生的税费等其他费用）。

根据上述数据关系建立了结果数据和输入数据之间的关系，通常可以利用图17-47所示的分析表，通过改变输入数据来获得不同的结果。但是，我们很快就发现，这个分析表虽然能够动态获得结果数据，却不能反映在某个输入数据不同时，各个结果数据间的对比情况。Excel用于数据分析的模拟运算表正是解决这一问题的实用工具。

	A	B	C
1		房屋贷款分析表	
2			
3		输入数据	
4		购买价格	¥1,280,000
5		首期比例	20%
6		贷款期数（月）	240
7		贷款利率	4.20%
8			
9		结果数据	
10		首付额	¥256,000
11		贷款额	¥1,024,000
12		月供	¥6,314
13		总还贷额	¥1,515,284
14		利息总额	¥491,284

图17-47 房屋贷款分析表

2. 模拟运算表的建立

模拟数据表分为两个部分：数据模型表和模拟运算表。其中，数据模型表反映了输入数据与结果数据之间的关系，而模拟运算表得出了当某一输入数据（放在可变单元格中的自变量）连续变化时，各输出数据的情况。模拟运算表的布局如图17-48所示。操作步骤为：

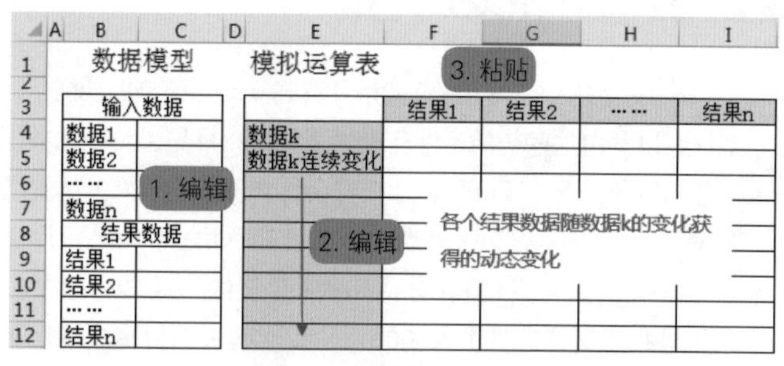

图17-48 模拟运算表布局

操作步骤

【Step 1】 建立数据模型。在某一Excel工作表中的适当区域中列出问题涉及的输入数据，并在适当区域（例如下方）列出问题涉及的结果数据，然后用适当的运算公式和函数关系将输入数据和结果数据关联起来。显然，这一步骤就是通过一套数据来建立问题的模型。这里的模型一般就是如何由输入数据获得结果数据。

实用技巧

建立数据模型时，结果数据的各单元格对输入数据的引用最好采用绝对引用。这样，在建立模拟运算表时，即可以自由地将结果数据的单元格复制到对应的单元格中，而不会导致由于位置的变化而造成引用位置的改变。

【Step 2】　设置可变单元格（自变量）。在数据模型区域附近，例如其左侧某列（图中为E列）或者某行，列出某一可以变化的数据，如“数据k”（自变量）；列出（或算出）可变单元格（自变量）按某种规律形成的一系列变化值的序列。

注意：可变单元格（自变量）的变化值序列可以用公式生成，即在下一个单元格输入上一单元格的值再加上一个变动量，然后拖动填充柄填充到各单元格中。例如，在图17-48中的E5单元格中输入“=E4+变化量”，然后向下填充，最终获得所需变化范围的序列。

【Step 3】　安排模拟运算表。将数据模型中的“结果k”“结果k+1”……的计算结果单元格（例如图17-48中的C9、C10等单元格）复制并粘贴到模拟运算表可变单元格旁边的单元格中，例如图17-48中的F3、G3等单元格。这一操作就是构造数据模型中各个结果随“数据k”变化的二维表。

【Step 4】　生成模拟运算表。选中在【Step 3】中构造出来的整个模拟表框架，例如选中图17-48中的E3:I12区域，单击“数据”选项卡—“预测”组—“模拟分析”按钮下的“模拟运算表”选项，弹出如图17-49所示的“模拟运算表”对话框。如果在【Step 2】中将可变单元格设置在了某一列中，则在“输入引用列的单元格”输入框中选择或输入数据模型中的可变单元格（自变量）。例如，如果需要观察“数据2”的变化所带来的影响，则如图17-49所示，选择（或输入）“$C$5”；类似地，如果在【Step 2】中将可变单元格设置在某一行中，则在“输入引用行的单元格”中选择或输入数据模型中的可变单元格（自变量）。最后，单击“确定”按钮，即会基于可变单元格的变化，生成各个结果数据的变化情况。

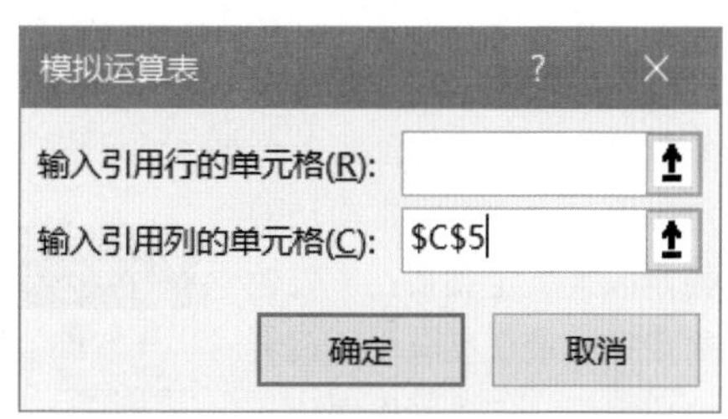

图17-49　确定模拟运算表的引用列

图17-50是按照上述步骤生成的房贷分析模拟运算表。可以看到，这是基于“贷款利率”变动所得到的分析表，其中的“贷款额”与“贷款利率”无关，所以不会发生变化，而“月还贷额”“总还贷额”和“利息总额”都随“贷款利率”的不同而发生变化。

	A	B	C	D	E	F	G	H	I
1		房屋贷款分析表							
2						贷款额	月还贷额	总还贷额	利息总额
3		输入数据				¥1,024,000	¥6,341	¥1,521,831	¥497,831
4		购买价格	¥1,280,000		4.25%	¥1,024,000	¥6,341	¥1,521,831	¥497,831
5		首期比例	20%		4.50%	¥1,024,000	¥6,478	¥1,554,799	¥530,799
6		贷款期数（月）	240		4.75%	¥1,024,000	¥6,617	¥1,588,159	¥564,159
7		贷款利率	4.25%	贷款利率	5.00%	¥1,024,000	¥6,758	¥1,621,907	¥597,907
8					5.25%	¥1,024,000	¥6,900	¥1,656,039	¥632,039
9		结果数据			5.50%	¥1,024,000	¥7,044	¥1,690,552	¥666,552
10		首付额	¥256,000		5.75%	¥1,024,000	¥7,189	¥1,725,440	¥701,440
11		贷款额	¥1,024,000		6.00%	¥1,024,000	¥7,336	¥1,760,701	¥736,701
12		月供	¥6,341		6.25%	¥1,024,000	¥7,485	¥1,796,329	¥772,329
13		总还贷额	¥1,521,830.63						
14		利息总额	¥497,831						

图17-50　房贷模拟运算表

在实际应用中，有时还可能需要考虑由“首期比例”“贷款期数（月）”的不同所带来的影响。

图17-50所示的分析表以及“首期比例”或“贷款期数（月）”生成的分析表参见本书提供的样例文档“房贷数据表—单变量模拟运算表.xlsx”。

温馨提示

使用模拟运算表分析问题时，首先需要准确地建模，即明确结果数据与输入数据之间的关系。其次，要建立好模拟运算表的结构。最后，需要清楚“可变单元格”是对应到“引用行”还是“引用列”。

用鼠标点击模拟运算表生成数据后的单元格，我们会在编辑框中发现模拟运算表生成数据的单元格实际上就是我们在前面介绍过的“多单元格数组公式”，其公式为“{=TABLE(, C7)}”。

可以看到，模拟分析表是动态的，在改变模型中的任何一个输入量后，模拟运算表的所有单元格都会同步发生变化，从而能更好地支持用户的商业决策。

17.8.2 双变量模拟运算表（以直接广告投放收益预测为例）

在有的实际应用中，我们可能需要知道当两个可变量发生变化时，其他相关数据会发生怎样的变动。例如，在考虑房贷问题时，我们可能会问：当“首付比例”和“贷款利率”都发生变化时，“月供”会有什么变化？

这就是典型的双变量模拟运算表需要解决的问题。

双变量模拟运算表的设置与生成，与单变量模拟运算表相似。在此，我们以一个“直接广告投放”的收益预测模型为例给出具体的说明。

直接反应广告（Direct-response Advertising）是指任何意在触发直接反应的付费广告。直接反应广告投放收益预测是企业在商业运行过程中一种常用的对广告投放效果进行预测评估的模型。这个模型可以简化为一种非常简洁的控制因素决定关系：广告效果由投放量、反应率（或者响应率）、广告制作费用、广告派发费用和每个反应收益决定。我们可以评估当任意两个基本的输入数据发生变化时，广告收益会发生怎样的变化。其商业模型及模拟运算表如图17-51所示。

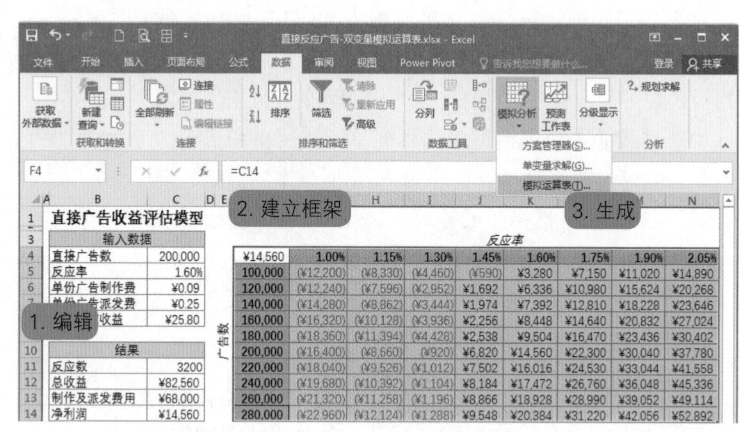

直接广告收益评估模型

输入数据	
直接广告数	200,000
反应率	1.60%
单份广告制作费	¥0.09
单份广告派发费	¥0.25
每个反应收益	¥25.80

结果	
反应数	3200
总收益	¥82,560
制作及派发费用	¥68,000
净利润	¥14,560

反应率（列）/ 广告数（行）

¥14,560	1.00%	1.15%	1.30%	1.45%	1.60%	1.75%	1.90%	2.05%
100,000	(¥12,200)	(¥8,330)	(¥4,460)	(¥590)	¥3,280	¥7,150	¥11,020	¥14,890
120,000	(¥12,240)	(¥7,596)	(¥2,952)	¥1,692	¥6,336	¥10,980	¥15,624	¥20,268
140,000	(¥14,280)	(¥8,862)	(¥3,444)	¥1,974	¥7,392	¥12,810	¥18,228	¥23,646
160,000	(¥16,320)	(¥10,128)	(¥3,936)	¥2,256	¥8,448	¥14,640	¥20,832	¥27,024
180,000	(¥18,360)	(¥11,394)	(¥4,428)	¥2,538	¥9,504	¥16,470	¥23,436	¥30,402
200,000	(¥16,400)	(¥8,660)	(¥920)	¥6,820	¥14,560	¥22,300	¥30,040	¥37,780
220,000	(¥18,040)	(¥9,526)	(¥1,012)	¥7,502	¥16,016	¥24,530	¥33,044	¥41,558
240,000	(¥19,680)	(¥10,392)	(¥1,104)	¥8,184	¥17,472	¥26,760	¥36,048	¥45,336
260,000	(¥21,320)	(¥11,258)	(¥1,196)	¥8,866	¥18,928	¥28,990	¥39,052	¥49,114
280,000	(¥22,960)	(¥12,124)	(¥1,288)	¥9,548	¥20,384	¥31,220	¥42,056	¥52,892

图17-51　直接反应广告收益的预测评估模型及模拟运算表

与单变量模拟运算表类似，生成这一模拟运算表的操作方法可以简化为三大步骤：

操作步骤

【Step 1】　编辑，建立模型。在工作表中按照“输入数据”和“结果数据”的对应思路建立问题的商业模型。

在直接反应广告的相关问题中，其数据关系一般为：

- 直接广告数：指投放量，往往可以量化为份数（或者件数）。例如发出的宣传单、信件、邮件或者试用品数量等。
- 反应率：一般用每一百份有多少反应来表示，例如，本例假设其为1.6%，即每100份投放会获得1.6个用户。
- 单份广告制作费：一般按分段进行计算。例如，数量不大于10万件时为0.13元/件，数量为10万至20万件时为0.11元/件，数量不小于20万件时为0.09元/件。因此，C6单元格实际输入的是一条公式“= IF(C4<=100000, 0.13, IF(C4<200000, 0.11, 0.09))”。
- 单份广告派发费：实际上是指广告的某些固定费用。
- 每个反应收益：由商业模式决定，可以直接输入，这里假设为“¥25.8”。

- 反应数：指直接广告数乘以反应率，即在C11单元格输入“= C4*C5”。
- 总收益：指制作派发广告所获得的收益，为反应数乘以每个反应收益，即C12单元格为“= C11*C8”。
- 制作及派发费用：指直接广告数乘以单份制作费与派发费之和，此例中C13单元格为“= C4*(C6+C7)”。
- 净利润：用总收益减去制作及派发费用。在此例中，C14单元格为“= C12–C13”。

【Step 2】 建立框架。可分为三个子步骤：（1）在模型数据附近，将第一个可变单元格（自变量）按列生成变化序列。如在本例中，在F5:F14列输入了直接广告数的变动序列。输入时，在F5单元格输入“100000”，在F6单元格输入“=F5+20000”，然后拉动F6单元格的填充柄，向下填充到F14单元格即可。（2）在与第一个可变单元格构成二维表的行中，按行录入第二个可变单元格（自变量）的变化序列。在本例中，在G4:N4单元格中生成了反应率的变动序列。（3）这是关键的一步，在上面两个可变单元格变动序列形成的二维表的交叉位置，填入需要计算的结果的单元格引用。在本例中，在F4单元格中填入公式“= C14”即可。

【Step 3】 生成模拟运算表。选中【Step 2】中建立的模拟运算表框架范围，如在本例中选中F4:N14区域，单击“数据”选项卡—“预测”组—“模拟分析”模块下的“模拟运算表”选项，弹出如图17–52所示的“模拟运算表”对话框，在“输入引用行的单元格”的输入选择框中输入（或选择）按行排列的可变单元格序列所对应的单元格引用，在本例中为“反应率”的值，即$C$5；在“输入引用列的单元格”的输入选择框中输入（或选择）按列排列的可变单元格序列所对应的单元格引用，在本例中为“直接广告数”的值，即$C$4，具体设置如图17–52所示，然后单击“确定”按钮或直接按回车键，即会建立可以反映因两个输入数据变动而导致某个我们关注的结果发生变动的情况的模拟运算表。

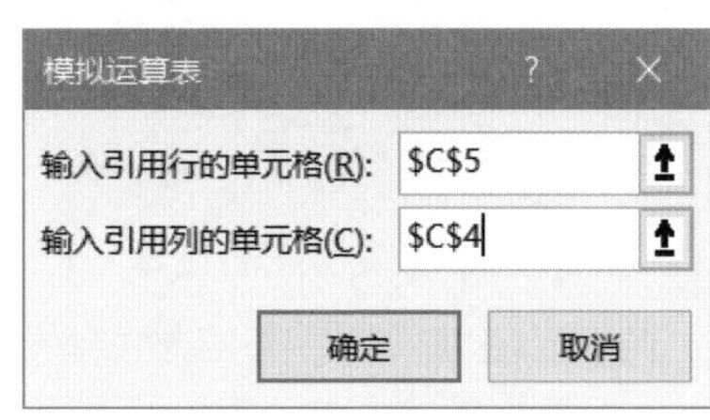

图17–52 双变量确认

在本例中我们还能建立由其他输入数据发生的变动，例如“直接广告数”和“每个反应收益”变动，所导致的结果变动情况所构成的模拟运算表。

与单变量模拟运算表类似，当我们将选中模拟运算表中的任何一个单元格时，可以在录入框中看到代码“{=TABLE(C5, C4)}”，即双变量模拟运算同样是多单元格数组公式。双变量模拟分析表同样是动态的，你可以改变模型中的任何一个输入量，模拟运算表的所有单元格都会同步发生变化，从而能更好地支持用户的商业决策。

此外，需要说明的是，上面生成的模拟运算表中的红色字体表示的是负值。

上例给出的模拟运算表参见本书提供的样例文档“直接反应广告—双变量模拟运算表.xlsx”。

17.8.3 方案管理器的使用（以产品生产方案评估为例）

利用上述数据表格来分析条件变动所带来的结果变化非常有用，但是仍然存在一些局限性：

- 仅可构造一个或两个变动单元格的情况。
- 数据表的设定不够直观、快捷。
- 一个双变量模拟运算表只能显示一个公式单元格的结果，要查看其他结果值的变化就需要建立多个模拟运算表。
- 在许多应用中，我们可能对一些精选组合更感兴趣，而不是随着两个变动单元格的变化所形成的、所有的、整个的变动表。

方案管理器正是可以解决这些问题的有力工具。

方案管理器（Scenario Manager）：是一种能反映用户设定的多个可变单元格的变动组合情况，同时获得其他结果数据随之发生的动态变化，并生成摘要报告，显示各种值组合对任意数量的结果单元格的影响的数据工具。其中，这些摘要报告可以是以大纲或数据透视表形式展现的。

我们以一个简化的产品生产方案评估为例来介绍方案管理器的使用。

	A	B	C	D	E
1		资源成本变量			
2		小时人工成本	¥30.00		
3		单位物料成本	¥62.00		
4		电费	¥0.58		
5					
6			产品A	产品B	产品C
7		单件总工时	60	70	120
8		单件物料数量	30	45	70
9		单件用电量	200	300	400
10		产品成本	¥3,776	¥5,064	¥8,172
11		销售价格	¥4,100	¥6,500	¥11,000
12		单位利润	¥324	¥1,436	¥2,828
13		生产数量	40	30	20
14		利润	¥12,960	¥43,080	¥56,560
15					
16		总利润	¥112,600		

图17-53　产品生产方案

图17-53所示的工作表中包含了三个输入单元格，即资源成本变量的小时人工成本（C2）、单位物料成本（C3）和电费（C4）。在实际应用中，为了使用的方便性，可以利用名称管理器将这三个成本变量单元格分别定义为变量“小时人工成本”“单位物料成本”和“电费”。

- 该公司生产三种产品，每一种产品各自需要不同的工时、不同数量的物料和电量来生产。
- 由此，即可获得产品成本（C10:E10），其中产品A的成本（C10）公式为“= C2*C7 + C3*C8+C4*C9”。使用名称管理器定义了成本变量之后，在编制产品A的成本公式时，Excel即会自动改写为“=（小时人工成本*C7）+（单位物料成本*C8）+（电费*C9）”。
- 在C10建立了产品A的成本公式并由Excel算出其结果后，拉动C10单元格的填充柄向右填充到E10单元格，则算出了另两个产品的成本。
- 各产品的销售价格是企业根据市场和产品情况制定的，可以直接输入。
- 单位利润即每单位产品的销售价格减去产品成本的差，例如C12单元格的公式为“=C11-C10”，由Excel算出其结果后，向右填充到E12。
- 生产数量为单位时间内某个订单的产品生产数量，可以直接输入。
- 利润则为单位利润乘以生产数量所得的积。例如，C14单元格的公式为“=C12*C13”，由Excel算出其结果后，向右填充到E14。总利润则为三个产品的利润之和，即“C15=SUM(C14:E14)”。

决策者在经营中所要考虑的因素当然有很多，但如果只考虑资源成本的变动，以及总利润的结果情况如何，就需要评估在各种成本要素发生变化时的总利润变动情况。当然可以利用前面介绍的模拟运算表，通过分析两两组合资源成本的变动情况而形成多张表的方式来进行评估。但是，这种方式显然既不直观，操作步骤也过于累赘。实际上，这种情况往往只需考虑几种资源成本的组合方案即可。例如，经营决策者通常将资源成本的组合方案分为三类，如表17-1所示：

表17-1　资源成本的三类方案

方案 / 成本项目	最佳方案	最差方案	最可能方案
人工成本	28	38	30
物料成本	56	70	62
电　费	0.52	0.62	0.58

在分析的过程中当然可以将三类方案的成本代入上述模型中，从而获得不同的评估表。但如果需要进行动态管理并自动生成摘要报告或者数据透视表，方案管理器即是一个很好的选择。利用方案管理器的操作方法如下：

操作步骤

【Step 1】 建模。如图17-53所示，建立问题模型。其中，关键任务是区分出可变单元格和结果数据。可变单元格的选择是建模过程的核心步骤。因此，对于实际分析需求的准确把握非常重要。例如，在上述例子中就是要把握资源成本对利润的影响情况。因此，应将资源成本作为可变单元格。Excel的方案管理器允许用户建立多达32个可变单元格的分析方案，在实际工作中可以对各种可变因素进行复杂的组合。

【Step 2】 建立方案。单击“数据”选项卡—“预测”组—“模拟分析”模块下的“方案管理器”选项，弹出如图17-54左图所示的“方案管理器”对话框。

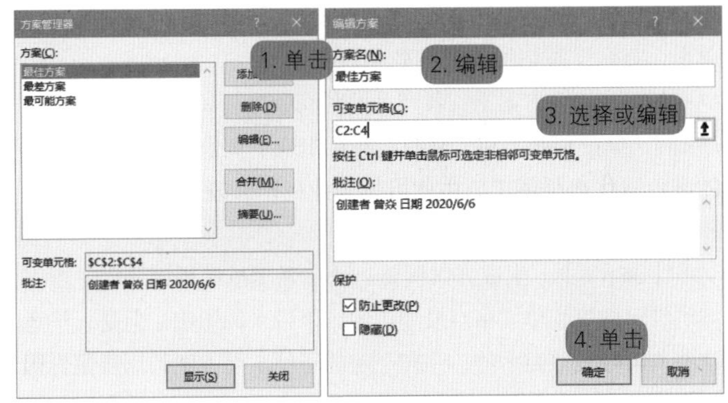

图17-54 方案管理器

第一次打开方案管理器时，方案列表中为空。可以通过以下子步骤建立一个方案：（1）单击“添加”按钮，弹出“编辑方案”窗口；（2）在“编辑方案”窗口中首先编辑“方案名”；（3）然后，选择或编辑“可变单元格”，如图17-54右图所示；（4）最后，单击“确定”按钮，弹出“方案变量值”录入对话窗口，如图17-55所示；（5）这时，可以看到“方案变量值”录入对话窗口中已经根据可变单元格的设置生成了对应的录入框，在录入框中录入这一方案的变量值；（6）单击“确定”按钮，返回到“方案管理器”对话框。

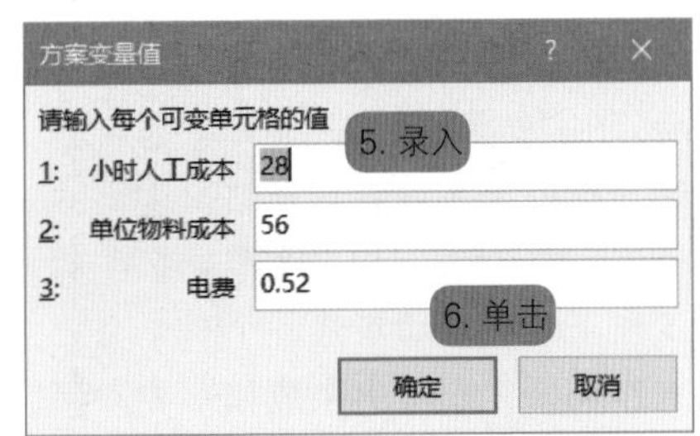

图17-55 “方案变量值”录入对话窗口

【Step 3】 添加方案。根据方案的数量，重复【Step 2】中设置方案的6个子步骤，直至将各个方案全部建立完成。例如，在产品生产方案评估中，即根据前面分析建立了“最佳方案”“最差方案”和“最可能方案”。

在实际工作中，对同一个问题，不同的管理人员可能会有不同的解决方案。因此，决策者可以让管理人员分别做出自己的方案，然后，通过合并的方式，将不同的方案合并到一个工作表中。Excel还提供了将多个工作表中的方案合并到当前工作簿的当前工作表中的途径，即如果当前工作簿的其他工作表或者在打开的其他工作簿中已存在有一定的方案，我们则可以通过单击“方案管理器”对话框中的“合并”按钮，将这些方案合并到当前工作表中。如图17-56所示。

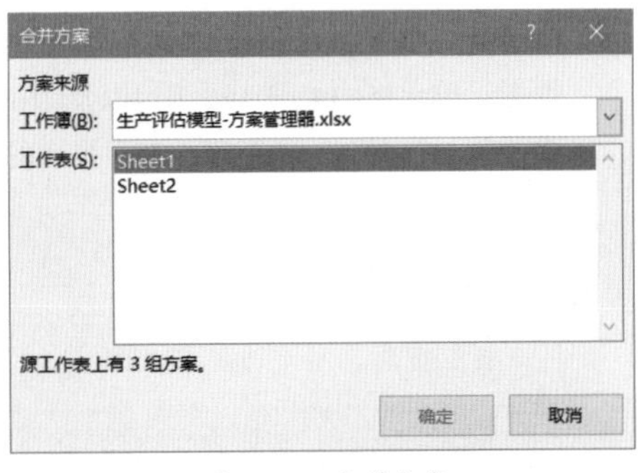

图17-56 合并方案

【Step 4】 修改方案。在“方案管理器”对话框中选中“方案”列表框中的一个方案，单击的“编辑”按钮，Excel即会打开“编辑方案”对话框，即可按照【Step 2】中的子步骤进行方案编辑。

【Step 5】 显示方案。方案制定好后，可以在方案管理器中，双击各个方案，或者在选中方案之后单击“显示”按钮，将本方案所确定的可变单元格的值代入模型之中，从而获得最终的结果。如图17-57所示，就是在选择“最差方案”后单击“显示”按钮所得到的效果。我们可以看到，在这一方案下，各产品的利润和总利润都明显减少，产品A的“单位利润”和“利润”甚至出现了负值（使用红色的字体颜色即代表负值），由此可见企业生产管理中成本控制的重要性。

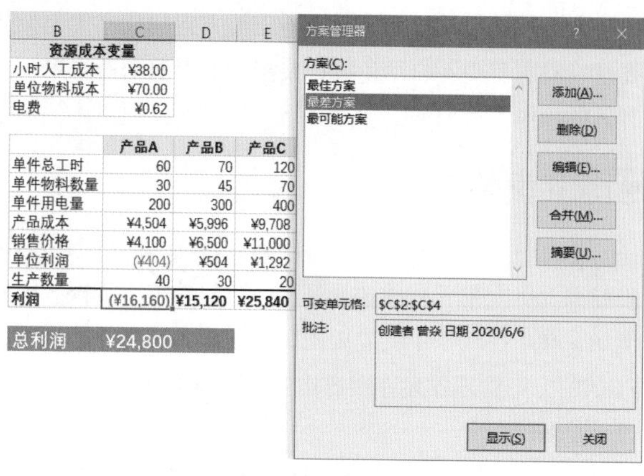

图17-57 显示方案

【Step 6】 生成方案摘要。动态显示虽然可以获得各个方案所设定的可变单元格对模型中的结果带来的影响。但是，毕竟这些方案是单独显示的，存在一定的不便。而方案的摘要报告则可提供各个方案汇总在一起的完整对比情况。

图17-58 方案摘要生成配置

单击“方案管理器”对话框中的“摘要”按钮，弹出如图17-58所示的“方案摘要”对话窗，在“报表类型”选项组中选择“方案摘要”选项。然后，在“结果单元格”录入选择框中录入或者选择结果单元格，Excel即会在本工作表之前自动新建一个工作表，并在其中生成如图17-59所示的方案摘要报表。在选择结果单元格时可以用半角逗号隔开不同单元格或区域。

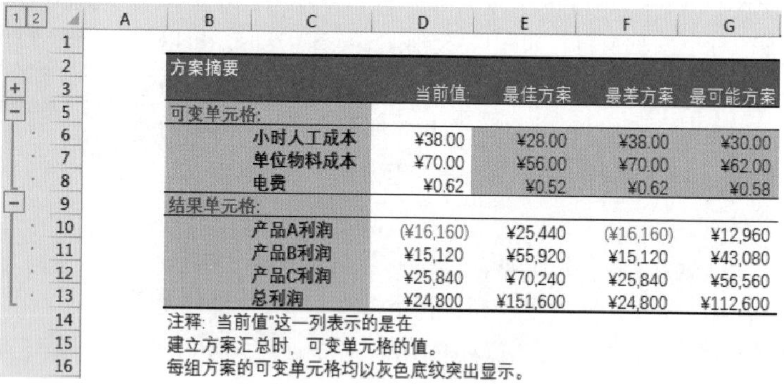

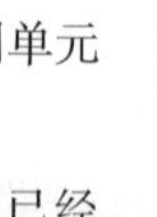

方案摘要	当前值:	最佳方案	最差方案	最可能方案
可变单元格:				
小时人工成本	¥38.00	¥28.00	¥38.00	¥30.00
单位物料成本	¥70.00	¥56.00	¥70.00	¥62.00
电费	¥0.62	¥0.52	¥0.62	¥0.58
结果单元格:				
产品A利润	(¥16,160)	¥25,440	(¥16,160)	¥12,960
产品B利润	¥15,120	¥55,920	¥15,120	¥43,080
产品C利润	¥25,840	¥70,240	¥25,840	¥56,560
总利润	¥24,800	¥151,600	¥24,800	¥112,600

注释：当前值"这一列表示的是在
建立方案汇总时，可变单元格的值。
每组方案的可变单元格均以灰色底纹突出显示。

图17-59 方案摘要报表

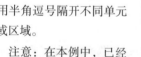

注意：在本例中，已经预先对单元格C14、D14、E14以及C16分别定义名称为“产品A利润”“产品B利润”“产品C利润”和“总利润”。否则，上面报表的结果单元格下显示的即为“$C$14”“$D$14”“$E$14”和“$C$16”。

温馨提示

强烈推荐在生成方案摘要之前，先对结果单元格进行命名，即只有通过“公式”选项卡—“定义的名称”组，对模型中的结果单元格进行命名，这样在方案摘要报表中才能获得有意义的结果说明。

在“方案摘要”对话框中，如果在“报表类型”选项组中选择“方案数据透视表”选项，在选择同样的结果单元格后，也会自动新建一个工作表，并生成如图17-60所示的数据透视表。

	A	B	C	D	E
1	$C$2:$C$4 由	(全部)			
2					
3	行标签	产品A利润	产品B利润	产品C利润	总利润
4	最差方案	-16160	15120	25840	24800
5	最佳方案	25440	55920	70240	151600
6	最可能方案	12960	43080	56560	112600

图17-60　方案数据透视表报告

17.8.4　单变量求解（以产品销售利润评估为例）

在实际工作中，我们经常会遇到很多类似这样的问题：要实现3万元的利润，需要达到多少销售额？

如何分析这类问题呢？一般而言，如果我们在一个工作表中建立了销售额与利润之间的某种模型，则可以通过改变销售额等变量，来查看利润是多少。然而，上面的问题恰恰是反过来的，即如果希望获得某种结果，需要怎样的条件呢？

这样的问题还有很多，例如：能支付的月供为5300元，能购买多少房价的房子呢？即一般是在知道房价的情况下，通过改变首付和贷款期限，来查看月供多少。而现在我们需要直接按一定的首付和贷款期限，从能够承担的月供，来思考能购买的房价为多少。

这些问题与上文讨论的由因到果的模型恰好相反，这里是一种“需要某种结果，可变因素应该是怎样的”思路。当然，我们可以通过模拟运算表或者方案管理器尝试各种各样的可变因素，找到符合某一结果数据要求的接近的可变因素的值。但是，能否直接由从结果反推出可变因素的值呢？单变量求解正是为解决这样的问题设计的。

单变量求解（Goal Seek）：指在确定了单元格之间的关系后，如果想获得某一个结果数据，则需要确定在另一个被直接或间接引用的可变单元格（引用单元格）中输入的值。这里，我们以产品销售的利润评估问题为例，讲解单变量求解是如何工作的。

	B	C
1	销售成本费用分析	
3	输入数据	
4	产品平均进货价（元/套）	¥600
5	产品平均售价（元/套）	¥1,200
6	固定成本（元）	¥30,000
7	产品销售费用率	28%
8	产品销量（套）	200
9		
10	结果数据	
11	销售额（元）	¥240,000
12	进货成本（元）	¥120,000
13	销售费用（元）	¥67,200
14	销售成本（元）	¥97,200
15	利润（元）	¥22,800

图17-61　单变量求解模型

一个简化的产品销售成本、利润分析数据关系表格如图17-61所示，其中：

- 产品平均进货价（元/套）：需要手工录入。
- 产品平均售价（元/套）：需要手工录入。
- 固定成本（元）：需要手工录入。
- 产品销售费用率：一般是指产品销售过程产生的费用与销售额之比。通常，随着销量的增加，费用率会降低。因此，C7单元格是一个公式“=IF(C8<=20, 35%, IF(C8<=100, 32%, IF(C8<=200, 28%, 25%)))”，表示产品销量与费用率之间的关系，如表17-2所示。

表17-2　产品销量与费用率

产品销量	小于等于20	大于20小于等于100	大于100小于等于200	大于200
费用率	35%	32%	28%	25%

- 产品销量（套）：需要手工录入。
- 销售额（元）= 平均售价 × 销量，因此C11单元格为公式“=C5*C8”。
- 进货成本（元）= 进货价 × 销量，因此C12单元格为公式“=C4*C8”。
- 销售费用（元）= 销售额 × 销售费率，因此C13单元格为公式“=C11*C7”。
- 销售成本（元）= 进货成本＋固定成本＋销售费用，因此C14单元格为公式“=C12+C6+C13”。
- 利润（元）= 销售额－销售成本，因此C15单元格为公式“= C11－C14”。

现在的问题是：如需达到保本，如利润为100元，需要实现多少销量?

操作步骤

【Step 1】 建立模型。在工作表的适当位置建立输入数据与结果数据之间的关系。按照图17-61以及上述说明录入数据。在建模过程中，关键的“产品销量”数据可以录入一个理想值，如200或者100。

【Step 2】 单变量求解。单击“数据”选项卡—“预测”组—“模拟分析”模块—“单变量求解”选项，弹出如图17-62左图所示的“单变量求解”对话窗。

按上述问题的描述，“目标单元格”输入选择框可以通过单击问题模型工作表中的“利润”$C$15单元格录入（或输入目标单元格引用）；“目标值”输入选择框直接输入100；“可变单元格”输入选择框也可以通过单击问题模型工作表中的“产品销量”$C$8单元格录入。然后，单击“确定”按钮，弹出“单变量求解状态”窗口，同时开始进行迭代递归求解，生成了如图17-62右图所示的反向推导出来的结果。

图17-62 单变量求解过程与结果

最后，单击“单变量求解状态”窗口中的“确定”按钮，模型数据即变为按照新的“结果要求”（即利润为“¥100”）所产生的全套数据。

注意：

- 单变量求解表面上是一个由可变单元格（自变量）和结果数据（因变量）相互转换关系的过程，但实际上这是Excel通过迭代递归过程完成的求解。因为并不是任何数据关系都可以反向求出解析解。例如本例中，就几乎不可能用解析式来找到“利润”对应“销售额”的公式，而“利润”与“销量”之间的关系，看似直接，实则间接，因为“销售成本”也是“利润”的决定因素，而“销售成本”与“销量”也密切关联。Excel的有趣之处在于，单元格之间的数据关系可以是直接的，也可以是间接的。可见，单变量求解的过程必须超越简单的基于函数关系求逆向解的方法，而通过迭代的方法获得逆向解。
- 利用单变量求解解决逆向问题的时候，Excel并不总能找到一个值来产生你想要的结果，因为有时根本不存在解决方案。例如，模型是“目标单元格为可变单元格的平方”，却需要对“-100”进行单变量求解，这一问题就超出了迭代求解的能力。在这种情况下，“单变量求解状态”窗口可能会给出一个错误值，或者直接报错。
- 如果利用单变量求解不能获得正确解，可以通过下面三个方法解决：

●调整Excel选项的“最多迭代次数”和“最大误差”参数设置。操作方法：单击“文件”选项卡—“选项”—“公式”，可在其中增加迭代次数或增大最大误差。如图17-63所示。

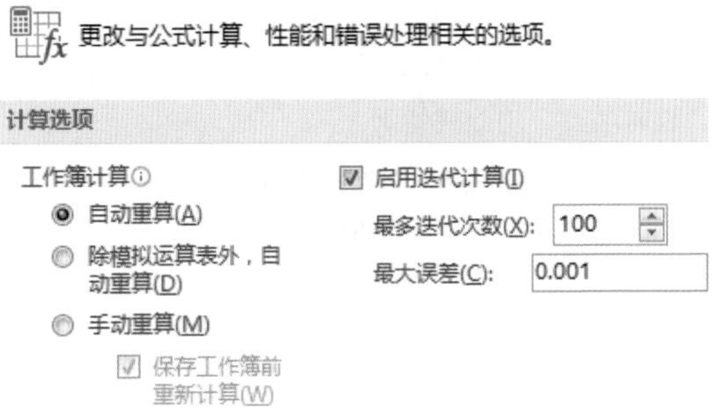

更改与公式计算、性能和错误处理相关的选项。
计算选项
工作簿计算
自动重算(A)
除模拟运算表外，自动重算(D)
手动重算(M)
保存工作簿前重新计算(W)
启用迭代计算(I)
最多迭代次数(X): 100
最大误差(C): 0.001

图17-63　Excel选项—迭代计算选项

●检查变量之间的逻辑关系。例如，在本例中我们在输入数据时增加了一个“销售人员数”的变量，却没有为这个变量与“利润”建立任何关系。因此，当我们仍然以“利润”为模板单元格，又以“销售人员数”作为可变单元格来求解时，Excel会反复进行迭代求解，最后会报告“对单元格C15进行单变量求解仍不能获得满足条件的解”。只有当我们将“销售人员数”和“销售费用”关联起来后，Excel才能获得正确解。

●检查问题本身。例如，不可能用迭代方法找到对“-100开平方”的结果。

17.9 规划求解（以产品利润分析与物流优化为例）

在实际工作中，我们不仅会遇到基于直接或间接的数据关系，利用正向或者反向的方法，从单个或多个变量的变化中获得其他变量的解的问题。而且，我们还有可能会遇到对数据本身有诸多限制、约束的问题。例如，上文所举的购房贷款、产品生产或者产品销售的例子，在现实工作中，都有可能遇到一些特殊的约束，并且我们要在满足这些约束条件的情况下获得某种最佳结果。这样，我们就需要利用更为复杂的解决工具——规划求解。

17.9.1 规划求解及其模块加载

规划求解（Solver）：指在某些特殊的约束条件下，为了获得某种结果，而确定将在多个输入单元格中输入的值。这里需要获得的结果往往是一种最优解，例如利润最大、时间最少等。这往往也是生产、销售、运输物流等经济领域中管理决策的重要依据。

Excel的规划求解模块并不是Excel的内部缺省功能，而是Frontline Systems公司针对Excel开发的插件，其名称为Analytic Solver，即“分析型求解器”。Excel缺省安装的是其免费基础版，这一版本在使用中有如下限制：（1）最多有200个决策变量；（2）最多有100个约束条件（包括变量上、下界约束在内）；（3）求解时间不超过30秒。

但是，这一基础版本对我们的日常应用已经绰绰有余。

在安装Excel时，也随之安装了规划求解器。但是，其作为一个可用的加载宏插件在缺省状态下并没有被加载。因此，在需要使用时，用户必须手动加载。加载方法如下：

操作步骤

【Step 1】　打开加载项设置页面。单击“文件”选项卡—“选项”—“加载项”，打开Excel选项的加载项设置页面，如图17-64所示。

【Step 2】　加载规划求解相关设置。（1）在Excel选项的加载项设置页面的左下角选择框中选择“Excel加载项”；（2）单击“转到”按钮，打开“加载项”对话框；（3）在“可用加载宏”列表框中勾选“规划求解加载项”选项；（4）单击“确定”按钮。

加载之后，在Excel的工作表操作功能区的“数据”选项卡中即会增加“分析”组，里面包含了“规划求解”功能按钮。

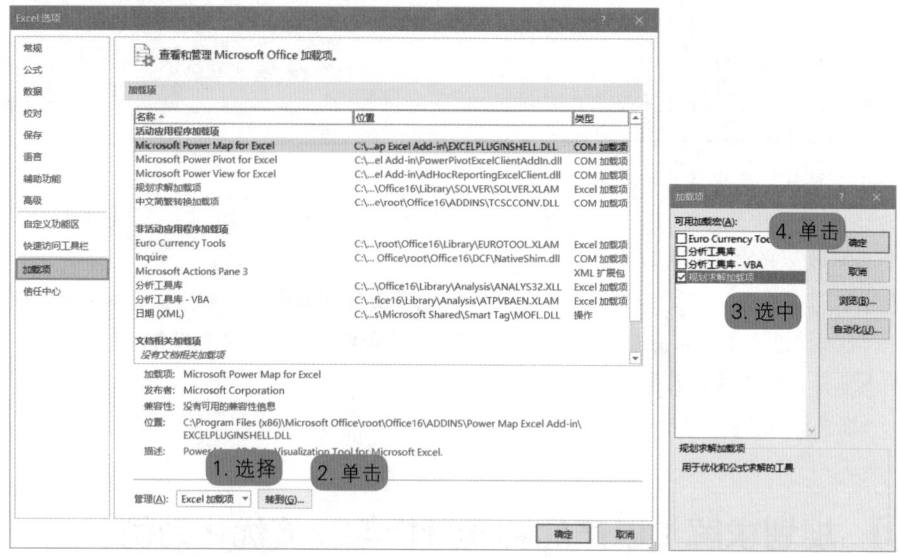

图17-64　Excel选项—启动规划求解加载项

17.9.2　规划求解——约束条件下的产品利润分析

我们先用一个简单的例子来展示规划求解的具体步骤。

如图17-65所示，假设一个企业在某段时间内生产三种产品。其中，产品数量的数值为初始值，即企业可以控制的“可变单元格”。而利润＝数量×单位利润。因此，E3单元格为公式“=C3*D3”，算出结果后，向下填充到E5。

	A	B	C	D	E
1		产品利润规划分析			
2		产品	数量	单位利润	利润
3		产品A	1000	¥22.30	¥22,300.00
4		产品B	1000	¥35.60	¥35,600.00
5		产品C	1000	¥39.83	¥39,830.00
6		合计	3000		¥97,730.00

图17-65　产品利润表

“合计”行的C6单元格为公式“=SUM(C3:C5)”，E6单元格为公式“=SUM(E3:E5)”。

企业都以利润最大化为目标。显然，企业只需将全部资源投入到“产品C”的生产中即可达到目标。

但是，如果还有下列约束，如何才能获得利润最大化呢？

（1）总产能为5000件。

（2）为了完成已签合同的条款，产品A和产品B还需分别生产800件和1200件。

（3）由于市场的原因，产品C数量不能大于300件。

这种需要在一定约束条件下求得最佳解的问题，正好就是规划求解功能的应用对象。

操作步骤

【Step 1】　问题建模。如图17-65所示，在某一工作表中确定问题中的可变单元格和结果单元格之间的关系。其中，可变单元格中的初始值可以是虚拟的。

【Step 2】　列出约束条件（注意：约束条件往往是针对一定的单元格的，这些单元格既可以是可变单元格也可以是中间结果单元格）。例如，图17-65中的三个约束条件就可用公式表示为：

表17-3　约束条件与公式

约束条件	公式
总产能为5000件	C6<=5000
产品A还需生产800件	C3>=800
产品B还需生产1200件	C4>=1200
产品C数量不能大于300件	C5<=300

【Step 3】　实施规划求解。在规划求解功能已经被加载的情况下，单击“数据”选项卡—“分析”组—“规划求解”按钮，启动如图17-66所示“规划求解参数”对话框。

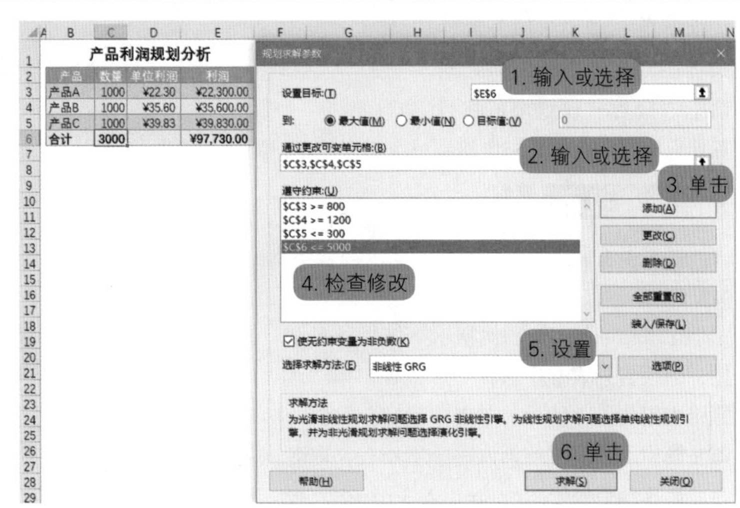

图17-66　“规划求解参数”对话框

然后，进行以下的操作：

（1）在“设置目标”录入框中输入或选择目标单元格，在本例中为利润合计单元格$E$6。然后，选择对目标的控制方式，可以选择“最大值”“最小值”或者“目标值”选项。如果选择“目标值”选项，需要在输入框中输入相关信息。

（2）输入或者选择可变单元格。

注意：这里最好通过单击单元格进行单独选择，在各个可变单元格地址之间用半角逗号“,”分隔。单独选择是为了保证在后面的“运算结果报告”中各个可变单元格会被单独列出。

（3）单击“添加”按钮，弹出如图17-67所示的“添加约束”对话框，在此对话框中输入各个约束条件。每输入一个条件，则单击一次“添加”按钮，最终各个约束条件即被列入“遵守约束”组的列表框当中。例如，本例中对产品C的约束是小于等于300，则在“添加约束”对话框的“单元格引用”输入框中输入或选择$C$5，条件符号选择默认的“<=”，在“约束”输入框中输入300，然后单击“添加”按钮。在录入了各个约束条件后，单击“确定”按钮，返回到“规划求解参数”对话框。

图17-67　对规划求解添加约束

（4）检查“遵守约束”组的列表框中的各个约束与要求是否相符。如果不符，可以通过单击“规划求解参数”对话框中的“更改”按钮，进入“改变约束”对话框中进行修改，或者单击“规划求解参数”对话框中的“删除”按钮，通过重新单击“添加”按钮来编辑约束。

（5）设置求解方法，一般保持缺省即可。在求不出解时，可以参考下一小节的说明进行设置。

（6）单击“求解”按钮，Excel则根据约束条件求解符合目标的可变单元格的值。然后，弹出如图17-68所示的“规划求解结果”对话框。如果求解成功，则会在对话框中报告“规划求解找到一解，可满足所有的约束及最优状况”，并列出三个报告。同时，工作表中的可变单元格和目标单元格的值也被填入了求解值。如果求解失败，则会在“规划求解结果”对话框中报告“规划求解在目标单元格或约束单元格中遇到一个错误值”，同时“报告”列表框为空。

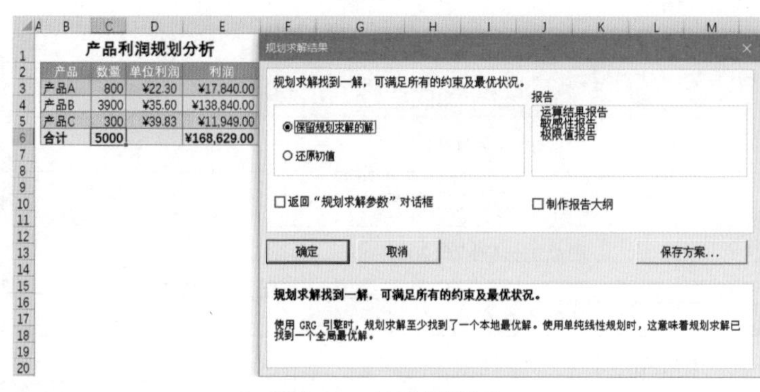

图17-68　规划求解结果

温馨提示

在上述操作中，选择单元格的最简捷方式是在工作表中单击相应单元格。

【Step 4】　在“规划求解结果”对话框中的报告列表框中选择一个报告，如“运算结果报告”。然后，单击“确定”按钮，即在模型工作表之前插入一个工作表，取名为“运算结果报告n”（n=1, 2, 3……）。报告格式如图17-69所示。

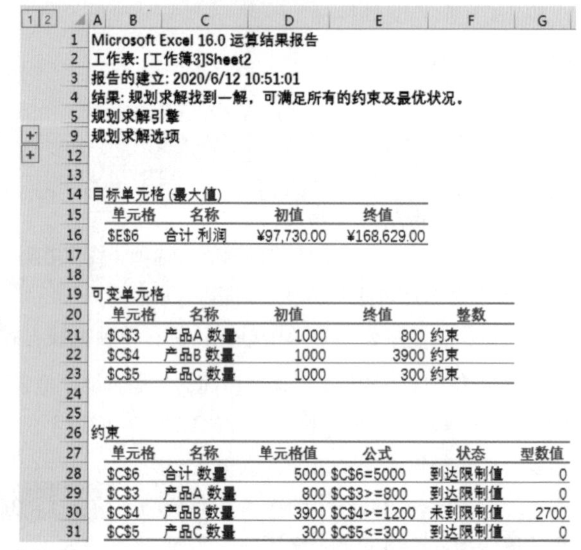

Microsoft Excel 16.0 运算结果报告
工作表: [工作簿3]Sheet2
报告的建立: 2020/6/12 10:51:01
结果: 规划求解找到一解，可满足所有的约束及最优状况。
规划求解引擎
规划求解选项

目标单元格 (最大值)

单元格	名称	初值	终值
$E$6	合计 利润	¥97,730.00	¥168,629.00

可变单元格

单元格	名称	初值	终值	整数
$C$3	产品A 数量	1000	800	约束
$C$4	产品B 数量	1000	3900	约束
$C$5	产品C 数量	1000	300	约束

约束

单元格	名称	单元格值	公式	状态	型数值
$C$6	合计 数量	5000	$C$6=5000	到达限制值	0
$C$3	产品A 数量	800	$C$3>=800	到达限制值	0
$C$4	产品B 数量	3900	$C$4>=1200	未到限制值	2700
$C$5	产品C 数量	300	$C$5<=300	到达限制值	0

图17-69　规划求解的运算结果报告

如果同时选中了“敏感性报告”和“极限值报告”，Excel还会给这两个报告分别增加一个工作表，并在其中生成相关报告。为节省篇幅，这里不再展示这两个报告。

对于结果和方案，有下列处理方式：

- 对于求解结果，Excel可以实现“保留规划求解的解”，也可“还原初值”。
- 对于求解方案，单击“保存方案”按钮，Excel将提示需要为方案命名。在命名并保存这一求解方案后，将来在“数据”选项卡的“模拟分析—方案管理器”选项中此方案可以被继续应用。“方案管理器”的使用参见17.8.3小节。

上例给出的模拟分析表参见本书提供的样例文档“产品利润分析—规划求解.xlsx”。

需要说明的是，上述例子只是一个简化的求解问题。实质上，按照如下推理，我们不难得出与Excel推导结果相同的优化解：

（1）产品C的单位利润最高，若需总利润最大化，产品C必须取最大值，满足约束的数量即为300。

（2）产品B的单位利润次于产品C，则应在考虑产品A、B的约束时也应保证产品B的利润最大化。所以，产品A的数量需要最小化，即产品A的数量为800。另外考虑到总产能为5000，则产品B的数量为：5000－300－800＝3900。

这个例子虽然简单，但它充分说明了规划求解的操作步骤。我们在后面还会给出其他有趣的例子。

17.9.3 规划求解的说明

1. 保存与装入

实际工作中，我们希望可以将规划求解的参数作为一个模型保存下来。例如，假设上述例子中的生产优化参数为六月的数据，那么七月、八月的参数可能不太一样。如果将参数模型保存到当前工作表中，既可以保存当前方案的参数，又对以后的工作具有借鉴作用。更何况，有一些求解有较多的步骤，保存在当前工作表中最为稳妥。

保存与装入规划求解方案的操作方法为：在如图17–66所示“规划求解参数”对话框中，单击“装入/保存”按钮，弹出如图17–70所示的“装入/保存模型”对话框。根据提示，操作方法为：

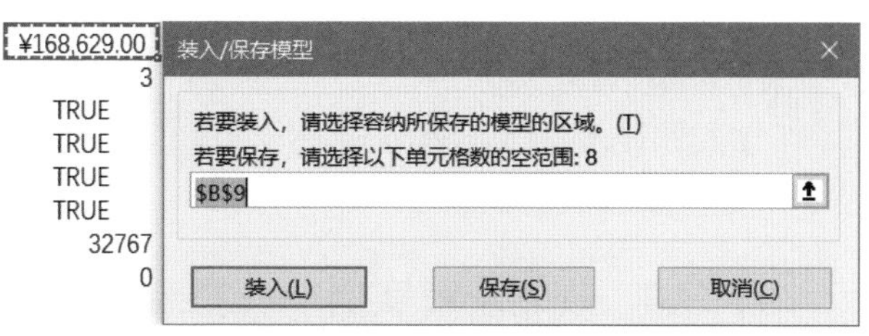

图17–70 “装入/保存”模型对话框

- “若要装入，请选择容纳所保存的模型的区域。”例如，选中图17–70中的单元格区域$B$9:$B$16，只需在工作表中按下鼠标左键拖拉框选出相应区域即可。然后，单击“装入”按钮。
- “若要保存，请选择以下单元格数的空范围：n”。这里，“n”为保存模型所需要的空单元格数。例如，在图17–70的示例中“n=8”，当我们单击$B$9，则方案被保存在了$B$9:$B$16的区域中。最后单击“保存”按钮即可。

2. 规划求解选项

在17.9.2小节的【Step 3】的第5子步骤中，单击“规划求解参数”对话框中的“选项”按钮，可以设置规划求解的相关选项。这些选项可以使我们更好地运用规划求解功能。如图17–71所示。

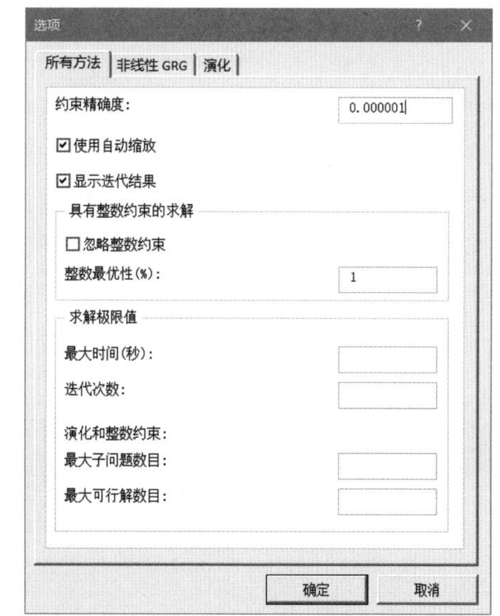

图17–71 规划求解的“选项”对话框

- 约束精确度：指定单元格的值和约束公式必须有多接近才能满足约束。精度值越大，则能越快获得求解；精度值越小，需要的迭代次数越多，则越慢获得求解。
- 使用自动缩放：指定规划求解应该在内部将变量、约束和目标的值重新调整到类似的大小，以减少极大值或极小值对求解过程的精度的影响。默认情况下会勾选此框。
- 显示迭代结果：选中这个复选框后，在迭代求解时可以查看每个试验解决方案的值，即用步进的方法观察求解。当然，如果迭代次数较多，可以手动进行中断。
- 具有整数约束的求解：选中“忽略整数约束”复选

框后，在下一次求解将忽略所有整数、二进制和所有不同的约束。这就是求解整数规划问题的松弛。使用此选项可以让规划求解找到其他方法无法找到的解决方案。

● 在“整数最优性（%）”输入框中，输入规划求解在停止前应接受的最佳整数解的目标值与真实最优目标值之间的最大百分比差值。

● “整数最优性（%）”有时被称为“相对MIP差”。默认值为1%。如果将此值设置为0%，则需要找到已证明的最优解决方案。

- 最大时间（秒）：指定允许约束求解运行的最大时间值。时间到，即使找不到最优解也需退出。
- 迭代次数：指定允许的最大迭代次数。
- 最大子问题数目：指定允许的子问题的最大数量。
- 最大可行解数目：键入操作者允许的最大可行解决方案数目。对于具有整数约束的问题，这是整数可行解的最大个数。

“选项”对话框中的其他两个标签页中包含了非线性GRG和演化算法使用的其他选项，专业性太强，一般使用缺省设置即可。

17.9.4 规划求解实例——复杂的仓储物流优化问题

通过上述的讨论和例子，我们看到了规划求解的设计目标：基于一定的数据关系，在诸多约束条件下，实现某一控制目标，并查找出某些基础的管理控制数据。

我们也了解了规划求解的基本方法为：问题建模—量化约束与目标—求解。

现实工作中的数据关系可能更为复杂，约束条件也更多，如何利用规划求解获得最佳答案呢？这里以一个较为复杂的仓储物流优化问题来体会规划求解所具有的魅力。

	A	B	C	D	E	F	G
1			物料运输费用表				
2		单位：元/吨					
3			北京仓	上海仓	广州仓		
4		华北	¥320	¥460	¥530		
5		华东	¥470	¥310	¥430		
6		中南	¥480	¥350	¥310		
7		华南	¥520	¥430	¥300		
8		东北	¥460	¥550	¥630		
9		西北	¥630	¥750	¥820		
10		西南	¥780	¥650	¥460		
11		新疆	¥780	¥850	¥980		
12		西藏	¥1,530	¥1,680	¥1,380		
13							
14					运输量		
15		到货地	需求运输量	各仓库发货量			总发货量
16				北京仓	上海仓	广州仓	
17		华北	320	120	100	100	320
18		华东	280	30	200	40	270
19		中南	230	50	60	150	260
20		华南	260	30	20	200	250
21		东北	150	100	50	0	150
22		西北	160	60	60	50	170
23		西南	180	0	60	120	180
24		新疆	60	60	20	0	80
25		西藏	50	5	5	5	15
26		合计	1690	455	575	665	1695
27							
28					仓库库存及运费		
29		仓库		北京	上海	广州	合计
30		期初存货		580	660	680	1920
31		存货		125	85	15	225
32		运费		¥230,350	¥274,500	¥279,800	¥784,650

图17-72 规划求解—复杂问题模型

随着经济的不断发展，特别是网络经济的兴起，仓储物流成为了企业乃至整个社会经济运行的一个重要支撑。如图17-72所示，假设一家公司在北京、上海、广州都有仓库，并且，从这些仓库到全国各地的运费各不相同。例如，北京仓到华北的运费单价为320元，而上海仓和广州仓到华北的运费单价分别为460元和530元，等等。现在，公司某个时段的运输量在第二张表格中被列出。其中：

- 需求运输量：C17:C25为各个到货地所需要的货物运输量，即运算需求。
- 各仓库发货量：D17:F25为各个仓库往全国各地的发货量，这是调度需要参考的数据，也是规划求解可以优化的数据。图17-72表中的数据是人工调度根据直觉作出的安排。可以看到，手工作出的调度安排不仅数量存在一定的错误，而且运费合计多半不是最优的！
- 总发货量：为各个仓库向到货地发货的数量之和。因此，单元格G17的值为“=SUM(D17:F17)”，向下填充到G25。

- 最后一行“合计”为各项运输量之和、各项发货量之和，即单元格C26为“=SUM(C17:C25)”。计算出结果后，向右填充到G26。

第三张表为仓库库存及运费，其中：

- 期初存货：为各个仓库的存货量，需要手工输入。
- 存货：为运输任务结束后仓库的存货，在数值关系上，为期初库存数据减去运输量合计数据，即D31单元格为“=D30-D26”，计算出结果后，向右填充到F31。因此，必须保证这些值不小于零。否则，这个运输安排中的某个仓库就会面临无货可发的窘境。
- 运费：为运输量与单价的乘积。这里由于各个仓库到各地的运费单价各不相同，因此，这个运费是用每个仓库发往各地的运输量乘以对应的运费，再求和算出来的。其算法在Excel中即为两个区域（矩阵）的相乘求和函数SUMPRODUCT( )，则D32单元格为“=SUMPRODUCT(C4:C12, D17:D25)”。计算出结果后，向右填充到F32。
- 最后一列“合计”即期初库存、存货和运费的合计，G30单元格为“=SUM(D30:F30)”。计算出结果后，向下填充到G32。
- 这里的G32单元格就是本次运输任务的最终运输费用合计，也是我们所要控制的目标。即通过合理规划，保证运费合计最低。

至此，我们可以将整个问题表述为：在保证各个仓库有货可运的前提下，如何规划各个仓库到各地的发货量，使最终的运费合计最低？

操作步骤

【Step 1】 问题建模。按照问题的需求建立图17-72中的三张数据关系表格。

【Step 2】 列出约束条件。根据上述说明，目标及所有约束为：

- 目标：G32最小。
- 约束：

D31:F31区域中的各单元格值不小于零。

G17:G25区域各单元格对应等于C17:C25区域的各单元格。

【Step 3】 实施规划求解。在规划求解功能已经被加载的情况下，单击“数据”选项卡—“分析”组—“规划求解”按钮，启动如图17-73所示“规划求解参数”对话框。

对设置目标（$G$32，最小值）、可变单元格（这里直接选择$D$17:$F$25区域）以及约束条件进行设置。然后，单击“求解”按钮，即可获得规划求解得出的最佳解，如图17-74所示。可以看到，Excel不仅对“各仓库发货量”的数据进行了优化，而且总发货量的错漏也被更正了。最关键的是，总运费明显降低了！

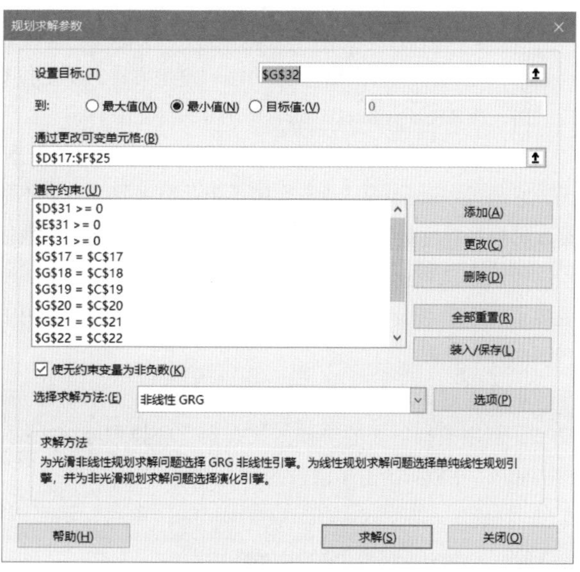

图17-73 规划求解参数配置

说明：

- 从运费最小化的目标看，规划求解得出的结果更符合逻辑。例如，华北地区全部由“北京仓”供货。
- 这一例子实际上还可进一步实用化，例如，加入在途运输量的参数、对仓库库存动态的考虑量等。
- 图17-74中显示的结果为运用“单纯线性规划”求解方法所求得的结果。如果采用“非线性GRG”求解方法，得出的各项结果基本相同，只是广州仓的存货变为了“-2.65E-07”，即一个趋于零的很小的数。

【Step 4】 如果需要，还可以形成运算结果报告。

从这个例子中可以看出，规划求解的确是在一些复杂约束下求出问题最佳解的利器。我们还可以用它解决工作中的各种复杂问题，例如投资组合分析、生产配料优化、资源分配等，甚至可以用于求解多元方程组。

物料运输费用表

单位：元/吨

	北京仓	上海仓	广州仓
华北	¥320	¥460	¥530
华东	¥470	¥310	¥430
中南	¥480	¥350	¥310
华南	¥520	¥430	¥300
东北	¥460	¥550	¥630
西北	¥630	¥750	¥820
西南	¥780	¥650	¥460
新疆	¥780	¥850	¥980
西藏	¥1,530	¥1,680	¥1,380

运输量

到货地	需求运输量	各仓库发货量			总发货量
		北京仓	上海仓	广州仓	
华北	320	320	0	0	320
华东	280	0	280	0	280
中南	230	0	40	190	230
华南	260	0	0	260	260
东北	150	100	50	0	150
西北	160	160	0	0	160
西南	180	0	0	180	180
新疆	60	0	60	0	60
西藏	50	0	0	50	50
合计	1690	580	430	680	1690

仓库库存及运费

仓库	北京	上海	广州	合计
期初存货	580	660	680	1920
存货	0	230	0	230
运费	¥249,200	¥179,300	¥288,700	¥717,200

图17-74 规划求解的最佳解

上例给出的规划求解参见本书提供的样例文档“仓储物流优化问题—规划求解.xlsx”。

17.10 利用Power Pivot生成多表透视表

Power Pivot、Power View和Power Query是以“加载项”形式提供的对Excel的扩展。微软将这三个加载项描述为“三大数据分析工具”，并集成到了定位更高、更全面的企业级“商业智能”Power BI（“BI”指Business Intelligence）应用平台之中。

Power Pivot（超级透视表）提供了超越Excel的数据引擎，可以快速处理较多的数据。更重要的是，它通过Power Query动态连接了企业数据库，中间不需要进行数据清洗或转换，即可按照关系型数据库的模型建立数据关系，然后生成在Excel中显示的数据透视表、数据透视图或其他图表。

所以，从企业资源管理系统（MRP/ERP）或者供应链管理系统（SCM）的角度来看，Power Pivot提供了一个超级分析前台，它将深埋于企业运营管理中的数据挖掘出来，并通过Excel数据透视表/透视图的方式使其得以展现。

而从企业管理与运营的角度看，准确地、实时地、多维度地把握企业运行中的各种技术经济信息动态，利用柔性可变的统计方式观察这些技术经济数据，对于企业的管理和控制至关重要，而Power Pivot和Power View给出了清晰的解决方案。

17.10.1 Power Pivot的加载

Power Pivot并不是Excel的缺省加载项，如果要使用Power Pivot，则需要单独对其进行加载。方法为：在编辑状态下，单击“文件”选项卡—文件操作页面的“选项”，打开“Excel选项”对话框；在“Excel选项”对话框左侧的选项列表中单击“加载项”选项。然后，在右侧设置界面的“管理”选择框中选择“COM加载项”，再单击“转到”按钮，打开“COM加载项”对话框，如图17-75所示；在“COM加载项”对话框中勾选Power Pivot和Power View两项，然后单击对话框中的“确定”按钮，返回到Excel。此时，可以看到，在Excel的功能区即出现了Power Pivot选项卡。

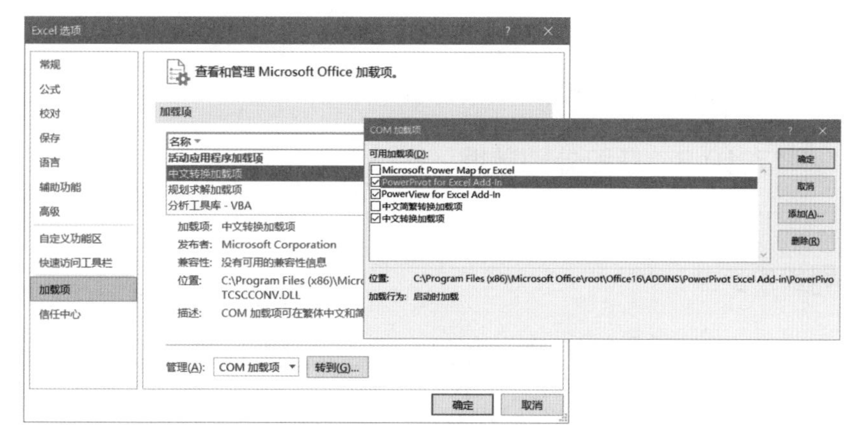

图17-75　加载Power Pivot和Power View加载项

17.10.2 Power Pivot的特点

Excel工作表在理论上可以处理1048576行数据，但实际上，当工作表数据达到数万条甚至更多的时候，操作起来就会明显变慢，有时甚至会提示“内存不够”。这是因为Excel必须兼顾表格格式等办公处理的需要，其数据引擎本身并不够强大。

更重要的是，企业或其他社会机构的运行数据一般是在考虑数据的一致性和冗余度的前提下，按照三级范式的要求所建立的关系型数据库。这些数据库中的数据表本身是具有一定的数据模型的。

这些业务运营系统的建设费用巨大，而且，多年积累的运行数据更是成为了企业或社会机构运行的信息基础。另一方面，企业的运作却需要更加多样的分析统计，因此对新的统计分析、图表的要求可能会层出不穷。而对业务运营系统进行进一步的升级改造工程的花费却是十分巨大的。

我们当然可以从业务系统中导出数据，再来对相关数据进行清洗。例如，用类似于VLOOKUP( )函数这样的数据查找工具将各种数据关系重新组合并合成到一张表中，再利用这张表来进行数据分析统计、图表绘制。这种操作既失去了实时性又导致了大量额外的数据处理工作。

Power Pivot正是为解决这些问题设计的实用工具①。

Power Pivot最重要的特点是：

- 动态连接企业数据库、公共数据、电子表格等数据。
- 建立数据关系，把来源不同的数据源方便地集成到一起。
- 利用数据关系自动地以多表格的方式形成超级透视表，进一步可以提供更加全面的、多样的图表。

① https://support.microsoft.com/zh-cn/office/power-pivot-excel-中功能强大的数据分析和数据建模-a9c2c6e2-cc49-4976-a7d7-40896795d045。

- 具有更好的数据引擎，可以更快地处理大量数据。
- 可以用更加简洁而强大的DAX语言进行数据处理。
- 可以按照设定的KPI（关键绩效指标）对数据进行预警处理。

这里，我们以两个虚拟的银行流水账目为例，展示Power Pivot的使用方法。

17.10.3 获取外部数据

运用Power Pivot的第一步是获取外部数据。

操作步骤

【Step 1】 在某一新建工作簿或者需要进行数据分析的工作簿中，单击“Power Pivot”选项卡—“数据模型”组—“管理”按钮，打开“Power Pivot for Excel”窗口。

【Step 2】 单击“Power Pivot for Excel”窗口—“主页”选项卡—“获取外部数据”组—“从其他源”按钮，弹出“表导入向导”对话框。

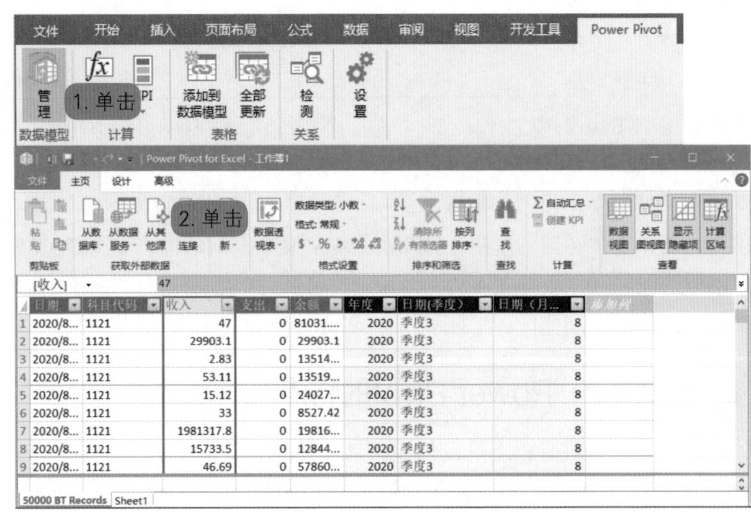

图17-76 Power Pivot选项卡与Power Pivot for Excel窗口

【Step 3】 在“表导入向导”对话框中的“关系数据库”列表框中选择数据源。如果选择企业的某一个SQL Server数据库，则需要数据库管理员的协助。这里，作为本地仿真数据，我们选择列表中最后的“文本文件—Excel文件”选项。然后，单击“下一步”按钮。如图17-77左图所示。

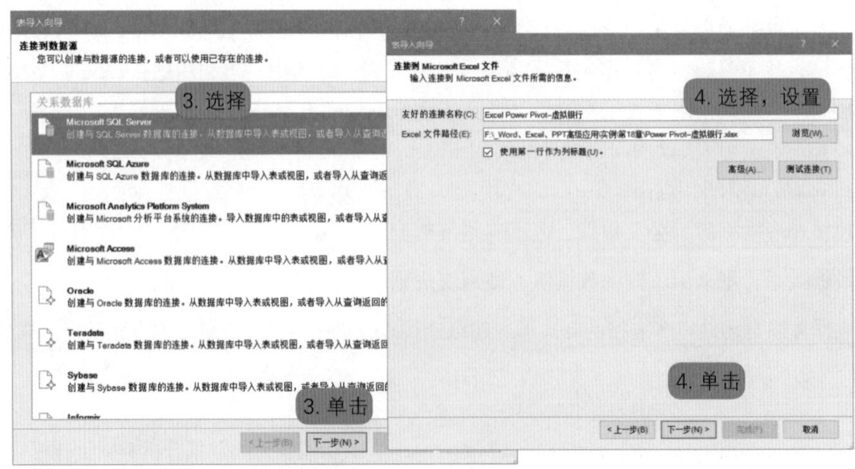

图17-77 Power Pivot的“表导入向导”对话框

【Step 4】 在"表导入向导"对话框中进行数据库或者文件的选择。如果是数据库，则需进行登录用户名和密码的设置。单击"高级"按钮，即可以进行数据接口驱动器的配置。单击"测试连接"按钮，即可以测试连接是否成功。然后，单击"下一步"按钮，即打开数据库，列出数据库中的表和视图。

【Step 5】 继续在"表导入向导"对话框的"表和视图"列表框中进行选择，勾选所需要的表。

- 当表比较多时，在选中一张业务表后，可以单击"选择相关表"按钮，即会打开相关表以供选择。

图17-78 选择表和视图

- 实际操作中，往往不需要导入所有业务数据。此时，在列表框中选中业务表，单击"预览并筛选"按钮，设置筛选条件后导入所需要的数据。
- 选择完成后单击"完成"按钮，即将选中的表导入到Power Pivot之中。

【Step 6】 重复上面的5个步骤，导入其他数据库中的相关业务表。

17.10.4 重建数据关系

数据导入后，Power Pivot处于数据视图下。可以看到，各种被导入的数据表按照类似于Excel工作表的方式被排列在工作区域中。如图17-79所示。

- Power Pivot中的数据表是以连接的方式保存的。实际上，这只是数据源的一个镜像。数据表的属性可以在"Power Pivot for Excel"窗口的"设计"选项卡的"表属性"功能中查看。

图17-79 Power Pivot数据视图下的数据表

- 如果需要，可以在数据表标签上单击鼠标右键，对数据表重命名。
- 可以在数据表中单击"添加列"标题，然后添加某些计算列。例如，基于"日期"列生成"年度""季度""月度"列等。
- 可以单击"Power Pivot for Excel"窗口的"设计"选项卡，基于某个数据表生成日期表。

如果，导入的数据表一般满足第三范式的要求，即可以通过主键与基础表形成关联。那么，各

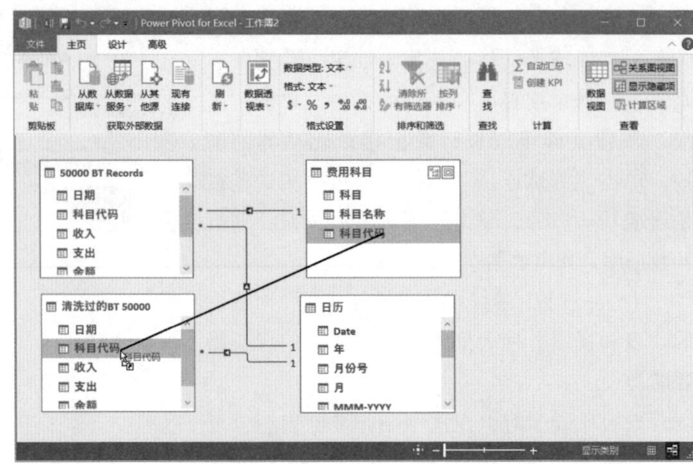

图17-80　在关系图视图下建立表关联

数据表之间具有一定的数据关系，但这种关系并不能从数据库中直接复制过来，必须要在Power Pivot中重新建立。建立的方法有两种：

（1）可视化的方法。单击Power Pivot的“主页”选项卡—“查看”组—“关系图视图”按钮，界面切换为关系图视图。这时，只需在基础表中单击主键，例如“科目代码”，然后用鼠标按住主键拖拉至业务数据表，例如“清洗过的BT 50000”。当相关主键关联后松开鼠标，即可在两个表之间建立基于主键（如“科目代码”）关联的数据关系。如图17-80所示。

（2）在Power Pivot的“设计”选项卡中，使用“关系”组中的“创建关系”或者“管理关系”命令，均可建立数据表之间的关系。鉴于篇幅关系，在此不再图示说明。

建立数据关系的优势在于无须进行数据清洗，即可利用多个数据表生成数据透视表。

17.10.5　建立多表数据透视表

Power Pivot的最终目的是要获得对数据的多维度的动态分析。纵观各种业务数据分析的方法与手段，无论是从维度的可变性、灵活性还是操作的方便性来看，Excel数据透视表功能之卓越和强大都堪称独领风骚。

在Power Pivot中，由于数据表之间已通过主键进行了关联，因此，利用Power Pivot生成的数据透视表可以从多个表格中进行字段选择。

操作方法：单击Power Pivot的“主页”选项卡—“数据透视表”按钮，会询问将在Excel工作簿的哪个工作表中建立数据透视表；在选择了合适的工作表和合适的单元格位置后，单击“确定”按钮，即会在Excel工作表的适当的位置上，建立数据透视表/数据透视图。

打开“数据透视表字段”浮动窗格，可以看到，不同于在Excel工作表区域中建立的数据透视表，用Power Pivot建立的数据透视表，字段可以从多个业务表格中进行选择。如图17-81所示。

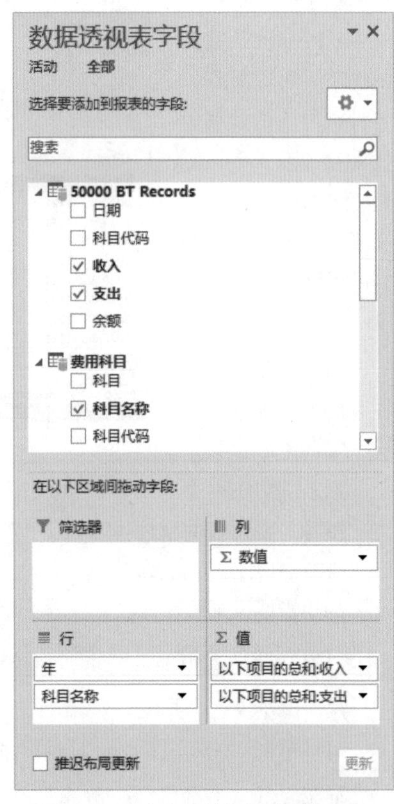

图17-81　多表格的数据透视表字段

例如，可以从“日历”表中，将字段“年”拖放到“行”列表框中，再将“费用科目”表中的“科目名称”拖放到“行”列表框的“年”之下。这样形成的数据透视表为按年度、按科目统计的数据透视表。然后，将业务表“50000

BT Records”（注意：这个表并未进行数据清洗，为原始数据表）中的“收入”和“支出”两个字段拖入到“值”列表框中，即形成相应的数据透视表和数据透视图。如图17-82所示。

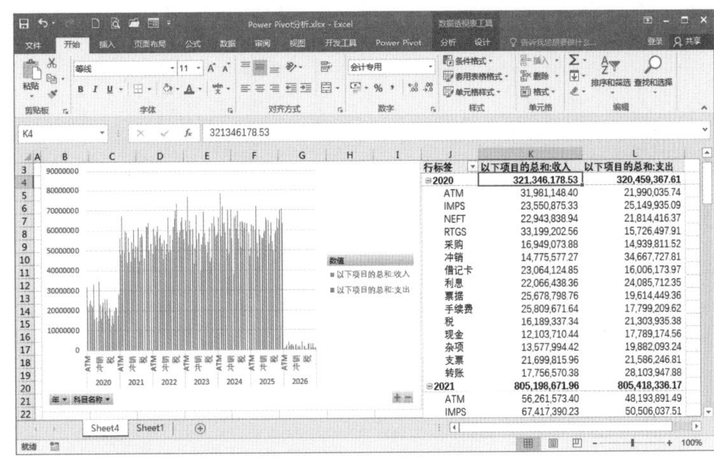

图17-82　由多个表格形成的数据透视表和数据透视图

- 在构造数据透视表和数据透视图时，字段的选择是分开进行的。即在有图有表的情况下，需要进行两次字段选择。
- 数据透视表中的数值格式（例如保留两位小数并添加千分位分隔）需要在透视表生成后进行设置。

17.11 高效的数据分析应用建议

- 想要进行数据分析，首先需要对问题具有深刻的理解。只有在深入理解事物自身的规律后，才能选择合适的分析工具进行分析。
- 数据验证不仅仅是一种后期验证数据有效性的工具，更重要的是，数据验证可以获得最简洁的数据录入规范。
- 建议建模时的各步操作可以更为细致，因为只有建立了正确的数据关系，才能获得正确的解。
- 选择合适的工具。不同的数据分析工具各有其针对性，某个问题使用某种分析方法后，可能会衍生出很多数据，令人迷惑；而改用另一种方法却可能得到立竿见影的效果。
- 数据模型分析和规划求解可以解决很多关于数据趋势的疑惑。
- 数据透视表从分析维度的灵活性、分析视角的可调整性等方面来看，都是数据分析领域的杰作。
- Power Pivot将数据透视表拓展到了由多关系表生成的数据透视表。

第四部分

PowerPoint高级应用

导读

不久以前，在一个著名公司的某款旗舰产品发布会后，我对发布主讲人说：“×总，发布会的每一页PPT应该都值三个亿以上啊！”主讲人微笑着感慨道：“你算出来了！没有那几百天日日夜夜的思考，没有那几千人上上下下的努力，哪来的这一百多页的PPT啊！光这个PPT就写了大半年！”

是的，一个好的演示文稿能够展示经过深思熟虑之后所得到的珍贵经验和丰硕成果，以及优秀、美好、光明和成熟的特质。但是，其背后需要付出的辛勤与汗水可是成千倍、成万倍的。

那么，怎样才算是好的演示文稿？究竟如何才能制作出美观的演示文稿？

在思考这些问题时，我想起一个学生曾和我说：“看了好多PPT模板，好看的很多，但是一个都不合意。”

是的，这正体现了撰写演示文稿的难点和痛点：我的内容，放不进那些“漂亮的模板”中。实际上，关键问题在于：好的演示文稿，不仅要“好看”，而且（1）必须言之有物，有较丰富的内容输出；（2）必须表达到位，实现有效输出；（3）幻灯片的整体色彩、版式、文字、图形、图表等必须搭配得当，能以突出的效果使人印象深刻。

解决第一、第二个难点的能力来源于制作演示文稿之外的每日每夜的持续积累和学习，这需要我们拥有扎实丰厚的业务知识、工作经验和实践技巧。而要解决第三个难点，则需要我们对演示文稿的布局与设计拥有良好的审美情趣和敏锐的艺术感知能力，在持续的练习中提高对各种表现手段的配置能力。在本部分，就是要提供解决第三个难点的完备方法和实用技巧。

演示效果好的演示文稿不一定需要惊艳的动画，但是必须具有适宜、美观的整体效果。

而演示文稿如果要具有良好的整体效果，首先需要对演示文稿进行精心的整体设计，反复考虑背景、色调、版式与构图等重要因素的设置与搭配效果。PowerPoint演示文稿采用Office一脉相承的主题、主题颜色与效果，为确保演示文稿整体效果的一致性提供了技术基础。而幻灯片母版又为统一的构图与格调提供了多样而便利的操作方法。

在此基础上，从专业设计的角度看，每一页幻灯片的编辑、调整工作，以及对幻灯片中的各种对象的配置效果，各种内容的组织，都应该符合使整体效果既美观大方，又精准到位的设计要求。切换效果、动画配置、音视频材料的插入辅助都应该是适当的。而且，还可以利用各种视图对演示文稿的整体效果和每一页幻灯片进行宏观和微观层面上的深入把握。

第 18 章

演示文稿规划、设计高级应用

PowerPoint（缩写PPT）所创建与管理的演示文稿是用于进行一对多的讲课、报告、演讲或者宣讲等演示场景而使用的文稿，一般需要通过投影仪或者其他播放设施来播映。

演示文稿最重要的组成部分是幻灯片，一份演示文稿往往包含多张幻灯片。幻灯片又由文本框、图片、表格、图形、音频、视频等“内容要素”以及切换、动画等“控制要素”组成。演示者不仅可以通过内容要素来组织、表达演讲的内容，还可以通过控制要素所提供的多种手段来增强内容表达的效果。

正是因为演示文稿所具有的演示属性，做好演示文稿不仅需要较好的内容组织，还需要较好的审美、设计观点与技巧。最后，还需要对演示切换、动画进行控制。因此，PowerPoint演示文稿的编辑制作是一项非常考验综合素养的工作。

18.1 创建与管理演示文稿

演示文稿即PowerPoint文件，通常指扩展名为“.pptx”的文件。这类文件由多张幻灯片组成，并使用PowerPoint来进行创建、编辑、保存操作及其他管理。

演示文稿作为Office的文档类型之一，其新建、打开、存盘等管理操作方式与其他Office文档类型相似。这里对于相同内容不再重复讲解，仅讨论一些演示文稿创建与管理的独有特点。

18.1.1 演示文稿的创建及演示文稿模板

演示文稿的创建可以直接从新建一个扩展名为“.pptx”的文件开始。

直接新建的演示文稿会被命名为“演示文稿n”，其中“n”为与新建文档次数所对应的序号。完全关闭PowerPoint后，如果再次新建演示文稿，“n”将再次从1开始编号。

在直接新建的演示文稿中，第一张空白幻灯片的版式为“标题幻灯片”，标题幻灯片包含标题和副标题占位符，单击占位符即可添加演示文稿的标题与副标题。

还可以利用模板文档“*.potx”“*.potm”来创建演示文稿，前者为通用模板，而后者为启用宏的模板。在Windows的资源管理器中双击模板文档时，系统即以此模板的内容和格式为基础新建一

图18-1　在“文件”选项卡中利用模板新建演示文稿

个演示文稿。

而在“文件”选项卡（文件操作页）的“新建”功能选项中，选择某一模板新建演示文稿时，会弹出一个小窗口呈现缩小的幻灯片图像，以便操作者预先观察拟选择的模板内容和格式。如图18-1所示。如果确属需要的模板，单击“创建”按钮，即会利用模板创建一份新的演示文稿。

我们可以将编辑好的具有典型格式风格和内容的演示文稿通过“另存为”功能保存为模板，从而为以后能在这些格式风格与内容的基础上新建演示文稿提供可用的模板。

18.1.2 PPT工作界面与分节管理

PowerPoint的工作界面与Word非常相似，只是左侧的“导航”窗格被改为了幻灯片缩略图或大纲窗格，如图18-2左图所示。在“普通”视图下，窗格中显示缩略的幻灯片；在“大纲”视图下，以幻灯片为单位显示由标题及文本组成的大纲。

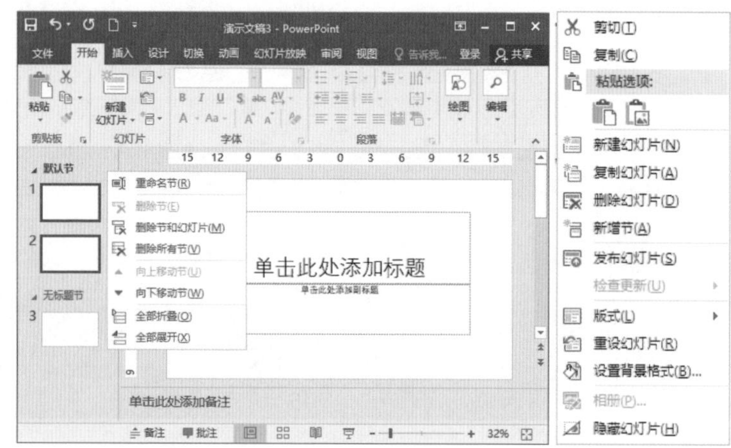

图18-2 PowerPoint操作界面与幻灯片右键菜单

无论是在普通视图还是在大纲视图下，幻灯片缩略图或大纲窗格有以下功能：

（1）快速浏览幻灯片：在幻灯片缩略图或大纲窗格中，可以同时浏览多页幻灯片（或大纲形式的幻灯片标题），可以快速定位至所需要的幻灯片中。

实用技巧

用鼠标指针接触编辑区域与幻灯片缩略图或大纲窗格的分隔边界时，鼠标指针变成双向箭头，按住鼠标左键进行左右拖拉，即可调整窗格的宽度。

（2）快速切换幻灯片：在幻灯片缩略图或大纲窗格中，单击幻灯片即选中该幻灯片，右侧的编辑区域则呈现选中的幻灯片。

（3）改变幻灯片位置：在幻灯片缩略图或大纲窗格中，选中一张或多张幻灯片，即可通过拖放的方式改变幻灯片在演示文稿中的位置。

（4）快速新建幻灯片：在幻灯片缩略图或大纲窗格中选中任意幻灯片，或者单击两张幻灯片之间的位置，将鼠标指针停留在幻灯片之间（若在大纲视图则应停留在标题之后），然后在键盘上按回车键，则将新建一张幻灯片。

（5）快速删除幻灯片：在幻灯片缩略图或大纲窗格中选中一张或多张幻灯片，在键盘上按删除（Delete）键，则删除所选中的幻灯片。

（6）在幻灯片缩略图或大纲窗格中的幻灯片上单击鼠标右键，弹出幻灯片右键菜单，如图18-2右图所示。在此右键菜单中，可以对幻灯片进行各种操作，例如新增、复制、删除等。

（7）对演示文稿进行分节管理：与Word文档类似，演示文稿也可以进行分节管理，同一节的所有幻灯片可以通过单击节标题被同时选中，并设置相同的背景颜色、切换等属性，有利于管理幻灯片数量较多的演示文稿。分节管理有如下特有的操作：

- 利用幻灯片右键菜单或者在两张幻灯片之间单击鼠标右键，可以进行“新增节”的操作，新增的节都会被命名为“无标题节”。
- 在节标题上单击鼠标右键，弹出“节操作”右键菜单，如图18-2左图所示。利用这个菜单可以进行节的基本操作，例如重命名节、删除节和幻灯片等。

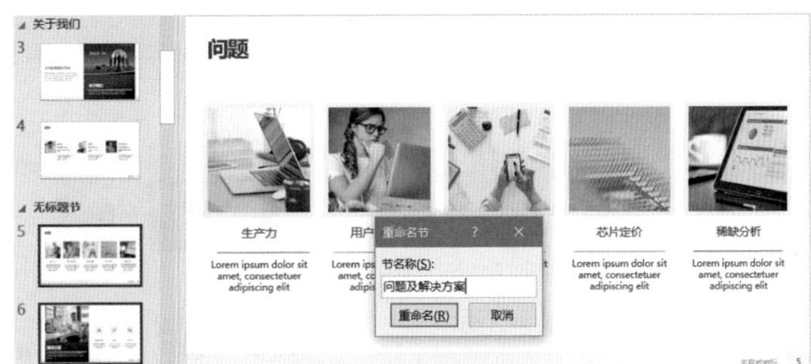

图18-3 “重命名节”对话框

如图18-3所示，在节操作右键菜单中选择“重命名节”选项，弹出“重命名节”对话框，在其中即可修改节的名称。

温馨提示

幻灯片缩略图或大纲窗格的右键点击位置很关键：在幻灯片上单击右键，弹出幻灯片右键菜单；在幻灯片之间单击右键，则弹出一个非常简洁的右键菜单；而在节标题上单击鼠标右键，则弹出节操作右键菜单。三个右键菜单的繁简不同，各自起到的作用也不同。

18.1.3 演示文稿视图

要灵活自如地观察、控制演示文稿的总体状态，离不开在屏幕上所获得的组成演示文稿的幻灯片的各种视图（View）。

单击功能区的“视图”选项卡标签，功能区将切换到“视图”选项卡，如图18-4所示。

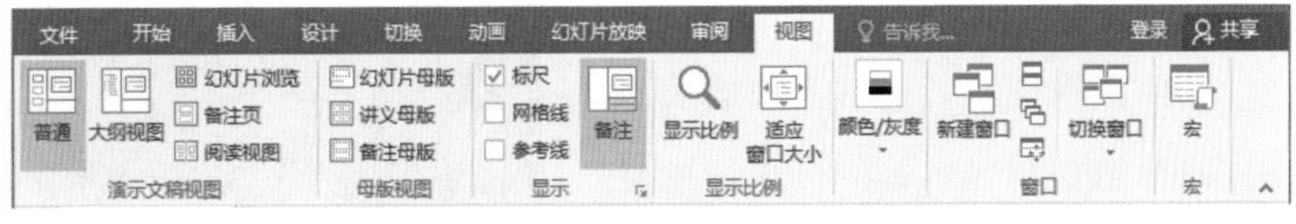

图18-4 PowerPoint的“视图”选项卡

“视图”选项卡中最左侧的“演示文稿视图”组提供了在不同视图之间切换的功能按钮。

- “普通”视图：为缺省的视图，是日常设计、编辑工作的主要视图。在编辑界面左侧缩略图窗格中的是幻灯片缩略图，右侧为幻灯片编辑区域。左侧窗格的功能操作以幻灯片操作和节操作为主。
- “大纲视图”：与“普通”视图类似，只是左侧窗格以幻灯片为单位并按大纲形式给出内容层次，右侧大片的面积仍为幻灯片编辑区域。左侧窗格不能进行节操作，大纲的鼠标右键菜单也不同于幻灯片缩略图的右键菜单，而在其中提供了各种方便进行文

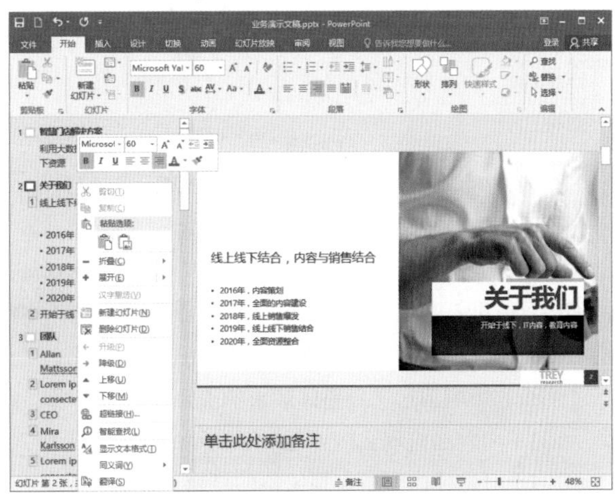

图18-5 大纲视图及大纲右键菜单

字大纲层次管理的功能选项。如图18-5所示。

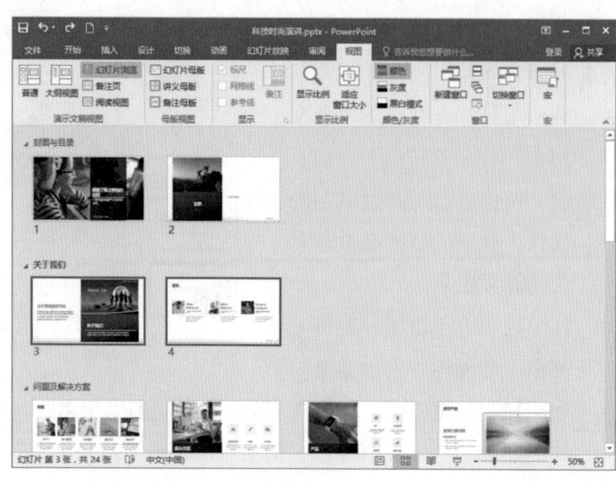

图18-6 演示文稿的“幻灯片浏览”视图效果

- “幻灯片浏览”视图：以节为单位排列幻灯片，呈现演示文稿的全部幻灯片，让操作者能够从整体上判断演示文稿中的幻灯片及其内容的相关状况。如图18-6所示。

  在操作方面：

  - 可以通过拖放的方式调整幻灯片位置。
  - 可以单击节标题以选定某个节中的所有幻灯片。
  - 可以利用右键菜单进行幻灯片操作或者节操作。

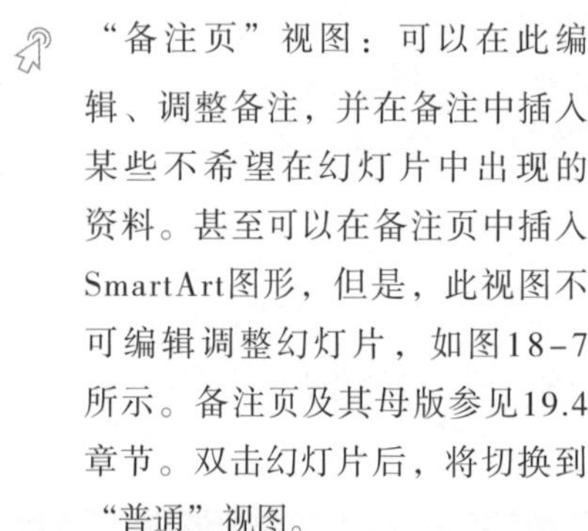

- “备注页”视图：可以在此编辑、调整备注，并在备注中插入某些不希望在幻灯片中出现的资料。甚至可以在备注页中插入SmartArt图形，但是，此视图不可编辑调整幻灯片，如图18-7所示。备注页及其母版参见19.4章节。双击幻灯片后，将切换到“普通”视图。

图18-7 添加了SmartArt图形的备注页

- “阅读视图”：能够模拟放映，进行全窗口显示，幻灯片切换与其中的动画都会如实展示。按ESC键将切换回“普通”视图。

“母版视图”作为幻灯片、版式以及讲义、备注设置的重要基础，我们将其放在下一章进行专门讨论。而“视图”选项卡其他组的功能，有的会在后面继续讨论，有的因为其功能一目了然，不再赘述。

18.2 决定演示文稿整体效果的因素

一般而言，演示文稿的编制过程是一个从整体到局部的内容梳理与表达设计的过程。如果没有整体的内容梳理，再好的设计、再惊艳的细节都会流于空泛；而如果没有好的设计，那么内容的表达将会显得突兀、凌乱、平淡，甚至无法突出重点。

那么，影响演示文稿整体效果的决定性因素有哪些呢？

（1）内容的梳理。内容是演示文稿的灵魂与骨架，尤为需要精心的梳理与设计。

（2）对整体内容所呈现风格的规划。包括色系选择、图文资料规划、放映规划等。

（3）细节设计。对每一张幻灯片的色调、布局、字体、字号，各种对象的功能选项参数，幻灯片的切换，动画效果等进行调整，以保证整个演示文稿的风格统一、重点突出，并具有鲜明的特点。

除了内容的梳理、编制取决于制作者。实际上，PowerPoint为演示文稿的所有静态与动态的设计与技术问题都制定了便利实用的解决方案，并且在操作上也十分简单。

- 利用主题及相关的颜色、字体、效果等功能选项来保证演示文稿在色调、字体、效果上的协调统一，并方便操作者进行调整。
- 利用幻灯片的各种版式，规范了幻灯片中各种关键元素的布局，而且提供了可以自定义的各种布局模板。
- 提供了各种幻灯片动画、切换和放映选项，可以让用户设定多种动画、切换和放映方案，在放映的动态效果方面提供了简洁而多变的配置方案。

18.2.1　演示文稿的两种类型（以顶尖IT企业产品介绍为例）

总体而言，演示文稿可以分为两大类：

（1）以提纲形式展示内容的演示文稿。这类演示文稿多以提纲推动演讲，内容只着重展示要点，不过多展示内容细节，而将内容细节转由演讲者进行口述。这种特点在TED网站的概念推广视频或者某些大公司的产品发布演讲中十分突出。

（2）以内容为主的演示文稿。这类演示文稿不仅有完整的提纲，还提供相对完整的内容，例如各类教学演示文稿。

在现实中，将二者较好地结合起来的实际应用是一些公司的产品介绍。如图18-8所示即某公司的产品介绍。

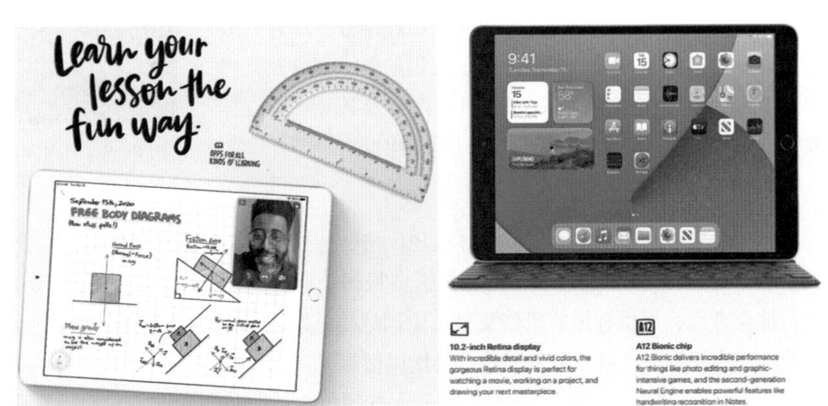

图18-8　一家著名IT公司的产品介绍

因此，在起草一份演示文稿之前，需要谨慎斟酌应该选用哪种类型的演示文稿。

以提纲形式展示内容的演示文稿的特点是重点突出、不耽于细节，但对演示文稿的整体搭配要求以及对演讲者的内容控制要求也更高；以内容为主的演示文稿的特点是内容完备，不容易跑题，更易于控制，但对于在使用中如何突出重点的要求更高。

18.2.2　做好演示文稿的第一步——两个规划

基于上述认识，做好演示文稿的第一步是做好两个规划：内容规划和整体风格规划。

1. 内容规划

在内容梳理方面，可以按照“5W”，即What、Why、How、When和Where的模式来进行。但是，这只是将问题表述清楚的基本方法，而要达到更好的、更高层次的表达效果，则需要多看、多写、多磨炼。

德国营销家、演说家、作家多米尼克·穆特勒的一本书《清晰表达的艺术：打造高效的职场沟通》，给出了清晰表达的五项原则：

（1）明确：明确的表达来自深思熟虑的观点，只有经过事先思考的人才能做到有话直说。

（2）诚实：没有诚实的品质就没有清晰的表达，因为诚实是所有人际关系的基础。

（3）勇气：只有克服了内心恐惧和不确定性的人，才能更好地应对生活中的难题。

（4）责任：清晰的表达以责任感为前提，如果一个人对一件事持无所谓的态度，他就做不到有话直说。

（5）同理心：表达清晰明确的核心本质是具有同理心，这需要对每个人所面对的心理极限都有足够的了解。

上述五项原则同时也能归纳为演示文稿内容规划的最重要的原则。在此基础上，可以提取出整个演示文稿的内容线索：时间、空间、某种动态的发展或者某种业务的组成及相关业务等。

而内容规划的成果是形成一定的文字大纲。文字大纲是既包含内容线索，又可以区分内容层次的文案。大纲的整理可以使用Word文档完成，在新建了一份演示文稿后，可以通过“开始”选项卡的“幻灯片”组中的“幻灯片（从大纲）”选项将大纲导入PowerPoint。图18-9为一份“商业融资活动计划书”大纲中的一部分（注意：此图分三部分，上图为演示文稿的总目录，中图为演示文稿的第一部分及其内容，下图为演示文稿第一部分的第1项内容及其分项，这样就形成了可以放入一个思维导图的树形结构提纲）。

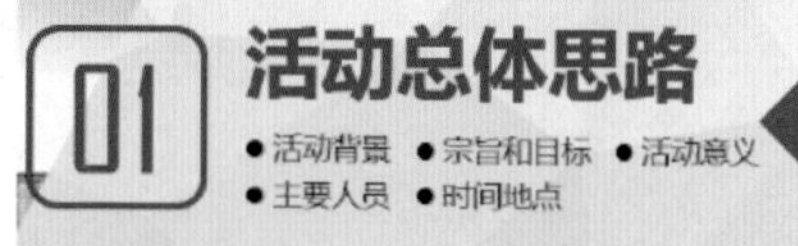

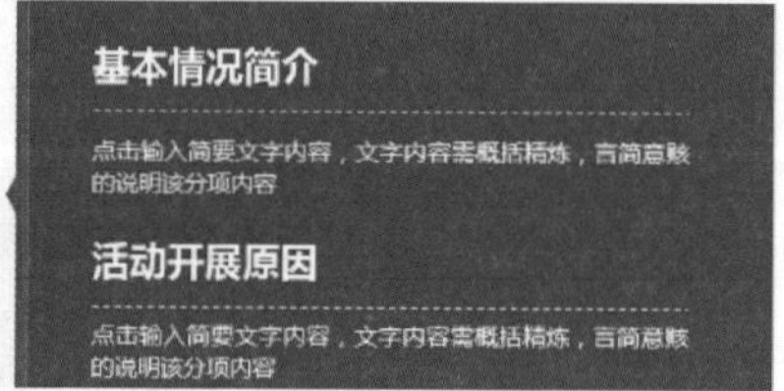

图18-9 “商业融资活动计划书”大纲

2. 整体风格规划

整体风格规划包括演示文稿总体表现风格的选择、色系的选择以及对幻灯片布局的规划等。

（1）整体风格：整体风格的选择需要根据企业（或机构）文化、演示场景、受众及目标等因素进行综合考虑，可供选择的风格类型有中国风格、欧洲风格、北美风格、自然风格、极简风格等，或者政府（大机构）风格、文艺风格、轻松风格等。

（2）颜色体系：根据已有幻灯片元素的颜色，按照色彩和谐与对比的原则，选择合适的主题颜色或者定义合适的颜色体系，以保证演示文稿整体以及各幻灯片颜色的协调性。这里所说的“已有幻灯片元素”往往可能是机构配色体系。例如，需要纳入演示文稿的logo或者介绍部分的页面，也可能是所介绍的产品的颜色。

（3）幻灯片布局规划：演示文稿的幻灯片大致可以分为四类：首页、章节标题页、内容页和归纳页。一般章节标题页、归纳页在内容上起到承上启下的作用，在格式上应该保持一致的布局形式，以保证演示文稿脉络清晰、结构稳固。而内容页可以有多种布局模式，并具有一定的灵活性，但要保持布局比例与结构的和谐，不可有结构件“喧宾夺主”。

（4）幻灯片元素规划：幻灯片元素包括字体、图片素材、线条元素等。各幻灯片元素一方面要保持颜色的整体和谐性，又要保持其布局、大小比例的和谐性。

当然，设计规划阶段只需对主要的幻灯片元素配置进行规划即可，这些元素的应用可以在幻灯片编制的过程中再进行细致的调整。

18.3 幻灯片大小、背景与主题

关于Office的主题，我们在讨论Word文档整体布局的4.3节和4.4节已经有过讨论。PowerPoint的主题设置与Office一脉相承。

18.3.1 幻灯片大小与背景

1. 幻灯片大小

编制演示文稿要做的第一件事情是确认演示环境。对于依靠PowerPoint进行演示、演讲的环境，一个基础的关键影响因素就是投影仪或者其他放映设备的长宽比和播放特征，例如分辨率等。在确定了演示环境之后，即可以根据投影设备的具体情况设置幻灯片的大小。演示环境有时甚至还会影响整个演示文稿色彩的选择。

如果幻灯片的长宽比不能与演示环境的放映设备相匹配，将会导致演示文稿整体的设计无法很好地进行展示，这对演讲来说将会是“灾难性”的问题。所以，最稳妥的方法是实地考察并确定演示环境。

直接新建的演示文稿，幻灯片大小默认为“宽屏”，即16：9的规格。设置幻灯片大小的方法为：单击功能区“设计”选项卡—“自定义”组—“幻灯片大小”按钮。在多数情况下，在下拉列表中选择“标准（4：3）”或者“宽屏（16：9）”即可。

如果需要进行某些特殊设置，选择下拉列表中的“自定义幻灯片大小”选项，弹出如图18-10所示的“幻灯片大小”对话框，在其中进行选择设置，然后单击“确定”按钮即可。

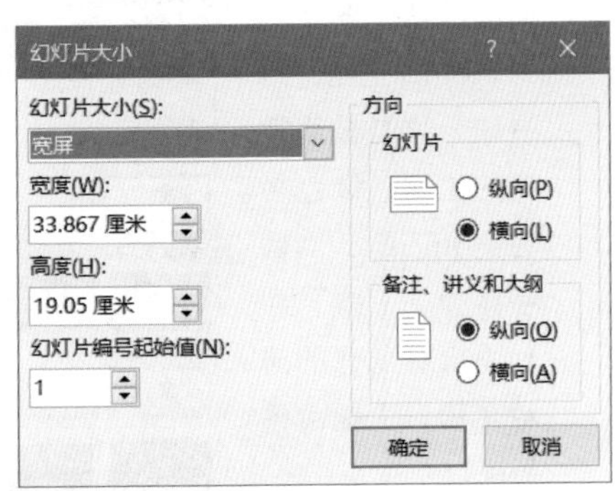

图18-10　自定义幻灯片大小

2. 幻灯片背景

当需要对幻灯片背景进行设置时，单击功能区“设计”选项卡—“自定义”组—“设置背景格式”按钮，弹出我们熟悉的设置对象格式的“设置背景格式”浮动窗格，如图18-11所示（注意：图中的左侧是幻灯片窗格中的幻灯片缩略图）。图18-11展示了典型的Office“填充”选项设置窗格页。在“填充”窗格中，可以设置“纯色填充”“渐变填充”“图片或纹理填充”或者“图案填充”等效果。其中，“图片或纹理填充”所用的图片或纹理可以来源于文件、剪贴板或者联机查找。

需要特别强调的是，背景对演示文稿的整体效果有重大影响，不要随便进行设置。

在“幻灯片母版”中也可以设置幻灯片母版的背景格式。设置完成后，新增的幻灯片都会具有母版的背景格式。而在“设计”选项卡中设置背景，将会遮盖母版的背景。

图18-11　“设置背景格式”浮动窗格

- 单击“设置背景格式”浮动窗格底部的“应用到全部”按钮，则会将当前幻灯片的背景（实质上即修改后的幻灯片母版背景）应用到所有幻灯片中。而单击“重置背景”按钮则将去除所有幻灯片背景，重新变为白色背景。

18.3.2 演示文稿主题

主题（Theme）是一组预定义的颜色、字体和视觉效果，可应用于演示文稿，使其中的幻灯片实现统一、专业、和谐的外观设置效果。

主题正是我们实现演示文稿整体风格和谐统一的利器。掌握了使用主题的技巧，操作者便可以轻松赋予演示文稿和谐的外观。将图形（表格、形状等）添加到幻灯片中时，PowerPoint将应用与其他幻灯片元素兼容的主题颜色、字体和效果。

设置演示文稿的主题的步骤非常简单：单击功能区的“设计”选项卡标签，打开设计选项卡，在“主题”组的主题样式框中选择一种主题即可。如图18-12所示（注意：该图由三部分组成）。

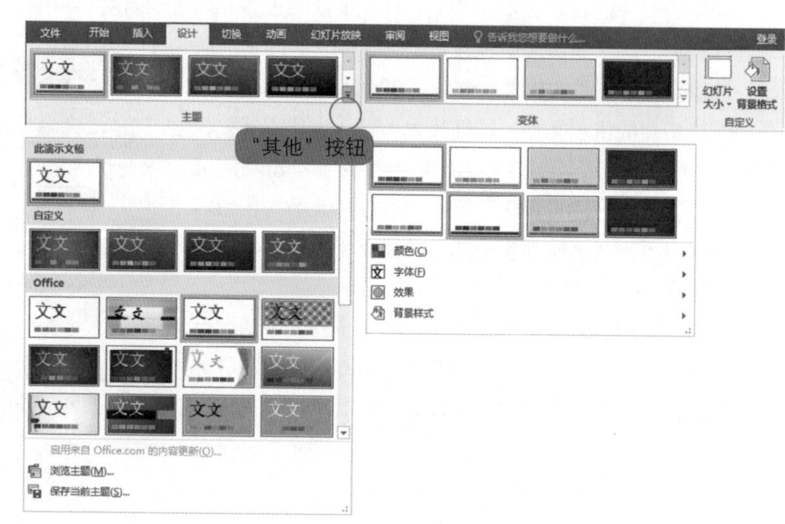

图18-12 演示文稿主题的设置

- 直接新建的演示文稿的默认主题是名为“Office主题”的主题，这是极简类型的主题，调色板为“Office”，默认字体为“等线”。利用模板创建的演示文稿，主题由模板决定。
- 整个Office的主题是一致的，即在Word中定义的主题，在Excel和PowerPoint中同样也可以使用。Office提供的默认主题有Office、环保、回顾等，也可以自定义。
- 调整主题时，主题样式框中的每一种主题均以幻灯片缩略图的形式呈现了主题颜色、字体。当鼠标指针停留在某种主题选项上时，演示文稿的主题颜色和主题字体也将会随之改变。单击某个主题选项后，演示文稿则选用了这种主题。
- 因为主题样式框的大小有限，如果需要选择更多的主题，可以单击样式框右侧的“其他”按钮，弹出主题下拉组合列表框，如图18-12的左下图所示。在主题下拉组合列表框中即可查看并选择其他主题。
- 每一种主题都可以再定义其“变体”，即选定某种主题后，其自身还可以进一步设置其调色板或者字体、效果搭配。操作者也可以在选中某种主题后，再调整主题的调色板或者字体、效果，获得新的“变体”。
- Office的对象（如文本、表格、图形等）的字体、颜色搭配、效果的最终效果，遵循以下两个原则：
  - 在共性的基础上尊重个性。即选择了某种主题后，就具有了该主题的共性配置。但是，如果某个对象另外进行了个性化设置，则将显示专门的个性化效果。

- 调色板颜色的选择是“认准位置”而不是“认准颜色”。即为某种对象选择了某种颜色，如果后期改变了文档的主题，则各种对象的颜色在调色板上的位置不会发生改变，而颜色却会随主题颜色的不同而不同。由此，即可在更改颜色搭配时，同步完成对文档颜色风格的整体性改变。

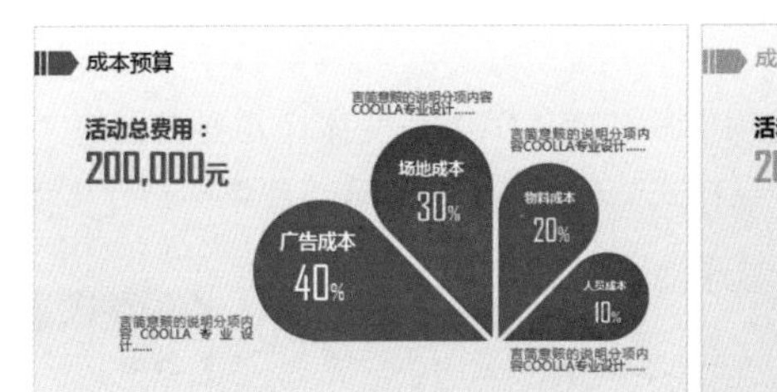

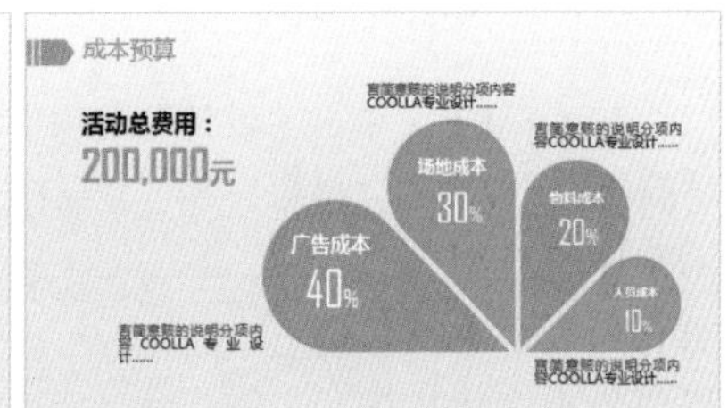

图18-13　同一幻灯片在不同主题下的效果

某一演示文稿中的调色板，标题、文本的字体以及图形的效果等风格设置，还与幻灯片母版中的设置有关。这就是为什么有时普通视图中的Office主题幻灯片，其内容元素被选中粘贴到其他演示文稿中后，元素的颜色、字体和效果可能会彻底发生改变。图18-13是对同一张幻灯片应用不同主题后的效果，可以看到，颜色搭配发生了根本性的改变。但是，由于字体在幻灯片母版中已进行了专门的设置，因此在选用不同主题时，字体并没有发生改变。

18.3.3　超越内置主题—自定义主题（以世界顶级咨询机构文稿为例）

由图18-12可以看到，Office提供了丰富的主题及其变体。利用这些主题或变体，可以极大地丰富演示文稿的配色、字体和效果等基本元素的搭配，也为Office文档的美化与设计提供了极大的便利。但是，Office内置主题的配色、字体和效果毕竟是通用的主题元素搭配，直接套用有时候未免显得平淡。

各类机构都会为其品牌、文档等与视觉相关的内容制定品牌颜色、品牌字体等相关规范。品牌颜色是机构经过多年的运营、设计、修改后沉淀下来的规则共识，体现了机构的理念、价值观、审美与文化。应用主题颜色和字体，是机构标识度、稳定性的直接反映。

例如在我国，最直观的“品牌颜色”即中华人民共和国国旗的“主题色”——红色与黄色。前者被誉为“中国红”。

图18-14是一份由一家世界顶级咨询机构在2019年发布的关于“网络弹性”的报告。这份报告让熟悉这家机构的人几乎一看便知其出处，因为其主题颜色为醒目的亮紫色。这充分展现了该机构作为世界著名企业，对自身企业品牌的重视、维护以及其对品牌塑造方法的娴熟应用。

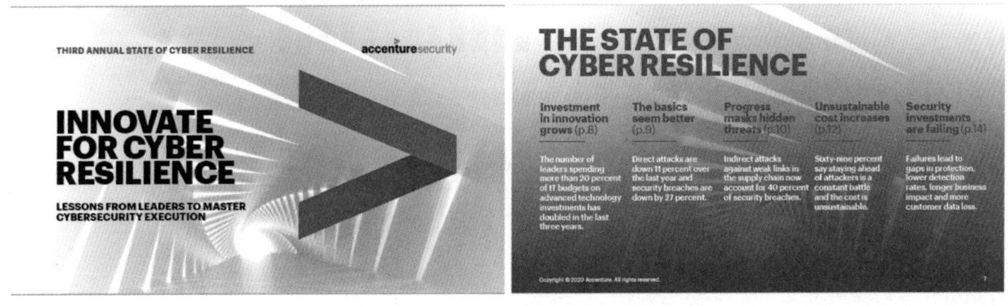

图18-14　世界顶级咨询机构的演示文稿实例

那么，如何配置可以在机构内部广泛应用的文档和演示文稿呢？答案就是使用合适的自定义主题。如上文所述，字体、颜色和效果是主题的三大基本要素。实际上，一般认为字体和颜色是机构视觉标识的两大基本要素。

机构可以首先确定自己的标识字体，例如，可以确定中文标题字体为“黑体”，正文字体为“宋体”；西文标题字体为“Arial Unicode MS”，正文字体为“Arial”[①]。然后，确定其主标识颜色为“亮紫色”，其HEX色值为“#A100FF”，RGB值为（161,0,255）。

这样，就给出了制定个性化演示文稿或Office文档主题的规则。设置方法如下：

操作步骤

【Step 1】 单击“设计”选项卡—“变体”组—变体样式列表框的“其他”按钮，弹出包含“颜色”“字体”“效果”和“背景样式”选项的下拉列表，将鼠标指针移动到“字体”选项，会显示字体组合列表，在组合列表中排列了内置的各种字体搭配。如果需要自定义字体搭配，则选择字体组合列表底端的“自定义字体”选项，弹出如图18-15左图所示的“新建主题字体”对话框，在其中选择设置西文标题、正文字体以及中文标题、正文字体，然后给新建的字体组合命名，最后单击“保存”按钮。

图18-15 “新建主题字体”和“新建主题颜色”对话框

【Step 2】 同样单击“设计”选项卡—“变体”组—变体样式列表框的“其他”按钮，然后在“颜色”选项的二级下拉列表中选择底端的“自定义颜色”选项，弹出如图18-15右图所示的“新建主题颜色”对话框。在对话框中，进行如下设置：

（1）将“着色1(1)”设置为主题颜色：单击“着色1(1)”后面的颜色选择按钮，在下拉颜色选择调色板中选择底部的“其他颜色”选项，弹出“颜色”对话框。

（2）在“颜色”对话框中单击“自定义”标签页，然后在颜色的“红色”“绿色”和“蓝色”微调输入框中输入主标识色的色值，最后单击“确定”按钮。这时，主题颜色的“着色1(1)”就被设置为了机构的标识颜色。

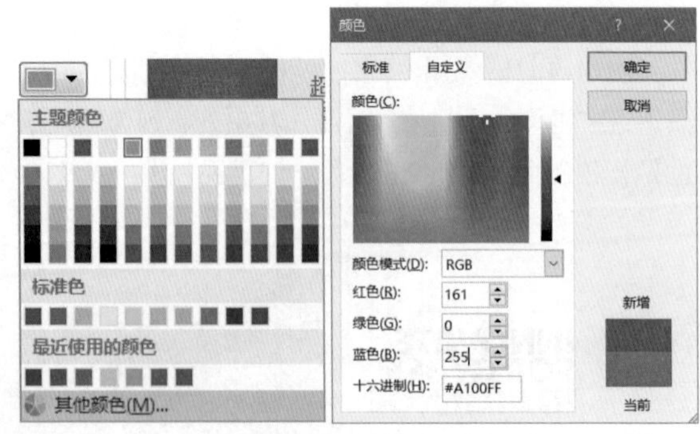

图18-16 颜色设置

（3）按照子步骤（1）（2）中的方法，将“着色2(2)”与“着色3(3)”设置为标识色的对比色；将“着色4(4)”与“着色5(5)”设置为标识色的近似色；最后，将“着色6(6)”设置为标识色的互补色。

（4）按照子步骤（1）（2）中的方法，将“文字/背景-深色2(D)”设置为标识色的单色

① 注意：字体一般都是有版权的，在使用时要注意其版权归属，特别是在用于商业用途的时候。

（Monochromatic Colors）深色调颜色。然后，在“新建主题颜色”对话框中给主题颜色输入一个名称。最后单击“保存”按钮，完成对主题颜色的设置。

【Step 3】 再次单击“设计”选项卡—“变体”组—变体样式列表框的“其他”按钮，在“效果”选项的下拉列表中选择一种效果。

【Step 4】 最后，单击“设计”选项卡—“主题”组—主题样式列表框的“其他”按钮，选择底部的“保存当前主题”选项，弹出“保存当前主题”对话框。在对话框中可以对主题的属性进行设定，然后输入一定的主题名称，最后单击“保存”按钮，如图18-17所示。至此，就获得了一个新的主题。

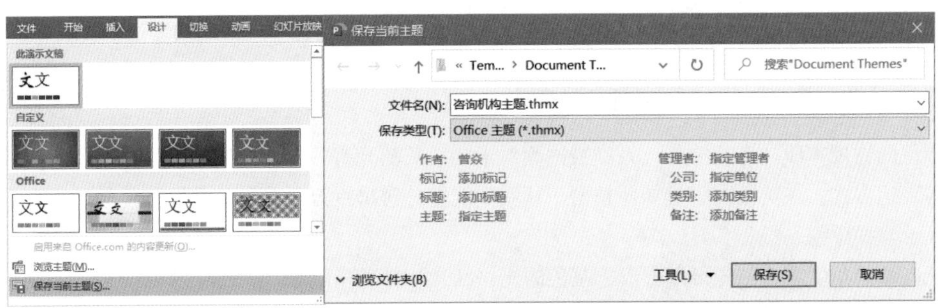

图18-17 保存主题

新建的主题是在整个Office中通用的，即在PowerPoint中建立的主题（字体、配色、效果）在Word和Excel中同样可以被采用。

新建演示文稿通过单击“设计”选项卡—“主题”组—“其他”下拉按钮，即可选中新建的主题。选中后，该文稿的字体选择列表框中即会列出所设定的自定义主题字体，任何颜色设置的调色板中的“主题颜色”也变为了【Step 2】中所设置的颜色搭配。而在文档中插入任何一个图形时，其填充颜色都自动被赋予机构标识色，并会具有【Step 3】设置的效果。

图18-18 具有自定义颜色搭配的调色板和新建幻灯片实例

温馨提示

在Word的“设计”选项卡下，可以将某个自定义的主题“设为默认值”，从而使以后新建的Word文档的默认主题不再是缺省的Office主题。但是，Word中的“设为默认值”不会影响PowerPoint。并且，PowerPoint至今没有“设为默认值”的功能。

现在的问题是：如何基于某一个标识颜色来配置整个调色板？也就是说，颜色搭配的方法和准则是什么？

好在设计领域已经对颜色的协调性进行了深入的研究，并给出了较好的解决方案。

严格来说，PowerPoint演示文稿的编写和设计，不仅仅是考验文字功底的工作，也是一项需要很好的审美观点和构图基本功的设计工作。

18.4 色轮、色彩搭配与颜色使用

有人说第一印象很重要，当涉及品牌时尤其如此。

品牌颜色通常是人们可以直观感受到的第一件事物。颜色会引起人们的情绪和某种感觉，而且还会传递特定的信息，让人们在不知道机构具体背景的情况下也能形成初步的印象。简而言之，品牌颜色在帮助人们决定他们是否想要参与其中时起着强大的作用。

研究表明，高达85%的消费者认为颜色是选择特定产品的最大动因，同时高达92%的消费者认为视觉外观是最具说服力的营销因素。因此，设计领域建立了一整套色彩的搭配的理论和实践体系。

18.4.1 颜色及其主观含义

颜色的物理本质是光的波长，人类视网膜对不同波长的光有不同的感知，由此获得了不同的颜色表现与表达方式。人类视网膜是如此精密，让我们能够分辨出百万种颜色，甚至有说法认为人眼能够分辨上千万种颜色。

从光学的角度看，白光可以分成三基色的光：红光、绿光和蓝光，波长分别为700nm、546.1nm、435.8nm。任何颜色都可以用三基色——红色、绿色和蓝色调配而成。

就现代计算机显示技术以及现代的印刷术而言，可以将三基色的颜色值分别存储到一个字节（8位）的存储器中。那么，一个像素（点）的色彩即可用三个字节（24位）表示，即每个字节具有256个值。因此，一个像素可以具有16777216（256×256×256）种颜色，即1677万多种颜色（所谓的“真彩色”）。当然，这里的真彩色是包含了颜色明暗变化的颜色“集合”。

可见，按24位真彩色的配置，在技术上已经覆盖并超越了人类视网膜的颜色感知能力。

另一方面，人们在长期的涉及视觉心理的艺术、设计等实践工作中发现，颜色与人类对事物的感受是相关的，典型的说法见表18-1。

表18-1 颜色的典型主观含义

颜色名称	颜色	含义
红色		热情、活泼、热闹、温暖、幸福、吉祥
橙色		光明、华丽、兴奋、甜蜜、快乐
黄色		明朗、愉快、高贵、希望
绿色		新鲜、平静、和平、清新、青春
蓝色		深远、永恒、沉静、理智、诚实、寒冷
紫色		优雅、高贵、魅力、自傲
白色		纯洁、纯真、朴素、神圣、明快
灰色		忧郁、消极、谦虚、平凡、沉默、寂寞
黑色		崇高、坚实、严肃、刚健、粗莽

注意：表18-1中的橙色RGB值为（255,165,0），而Office标准色的橙色RGB值为（255,192,0）；表18-1中的绿色RGB值为（0,255,0），而Office标准色的绿色RGB值为（0,176,80）；表18-1中的蓝色RGB值为（0,0,255），而Office标准色的蓝色RGB值为（0,112,192）；表18-1中紫色RGB值为（128,0,128），而Office标准色的紫色RGB值为（112,48,160）；表18-1中的灰色为Office调色板中

的“白色，文字1，深色50%”，RGB取值（128,128,128）。

此外，颜色的含义与民族、文化、历史都有着密切的联系。例如，在很多地方，红色还代表着危险、紧张。除了上述“标准色”之外，还有很多的颜色都被人赋予了不同的含义和情感。

现在的问题是：哪些颜色是协调的？哪些颜色可以进行相互搭配？

艺术与设计领域的研究发现了色轮、三原色、颜色对比、颜色互补等规律，这些规律被归纳为颜色理论（Color Theory）。

18.4.2 色轮与颜色的相关概念

色彩理论是艺术和科学的实际结合，用以决定什么颜色搭配起来更和谐、美观，其主要内容包括色轮、色调和颜色的和谐与对比。

1. 色轮

色轮（Color Wheel）是在1666年由艾萨克·牛顿发明的，他用棱镜获得白光的各种光谱，并把颜色光谱画在了一个圆上，由此构成了色轮。由此开始，艺术家、科学家、设计师和哲学家就一直在研究颜色的调配、搭配及其对视觉效果、身体、心理和哲学理论的影响。

色轮将各种颜色放到一个圆上，从而说明颜色之间关系。这个圆可以是一个完整的圆或者圆环。色轮是色彩理论的基础，因为它用图表的方式表现了颜色之间的联系。

在色轮上可以显示出原色（Primary Colors）、第二次色（Secondary Colors，或称作“间色”）和第三次色（Tertiary Colors，或称作“复色”）之间的关系。

由于发展历史的不同，衍生出了两套色轮体系：

（1）由绘画、印刷术产生的传统色轮（或称为“艺术家色轮”），由12种颜色组成。

传统色轮的三原色为红色、黄色和蓝色，在色轮上呈120°分布。这与古代容易获得这三种颜色的颜料有关。艺术家们发现其他颜色都可以通过混合或组合三原色的颜料来获得。他们有时会为了获得某种“明亮的纯色”而入迷。

第二次色为绿色、橙色和紫色，在色轮上也呈120°分布。而第三次色为红橙色、黄橙色、红紫色、蓝紫色、蓝绿色和黄绿色。其分布关系如图18-19左图所示。

传统色轮的贡献是给出了颜色之间的过渡关系和对照关系。但其最大的问题是不能准确地计量颜色的色值。首先，按照“红黄蓝”三原色120°分布的规则，二次色中的绿色不可能是标准的绿色，即RGB值为（0,255,0）。如果要保证绿色为标准的绿色，则“蓝色”就不可能是标准的蓝色，即RGB值为（0,0,255），而是青色（蓝绿）。其次，在传统色轮中，由于条件的限制，对各种颜色的准确定义常有偏差，例如“蓝色”到底是靛蓝的蓝还是普鲁士蓝的蓝？甚至有人错误地用青色（Cyan）代替蓝色。最后，如果理论仅限于说明12种基本颜色的关系，显然也不够，其他颜色的调配随意性就更大了。

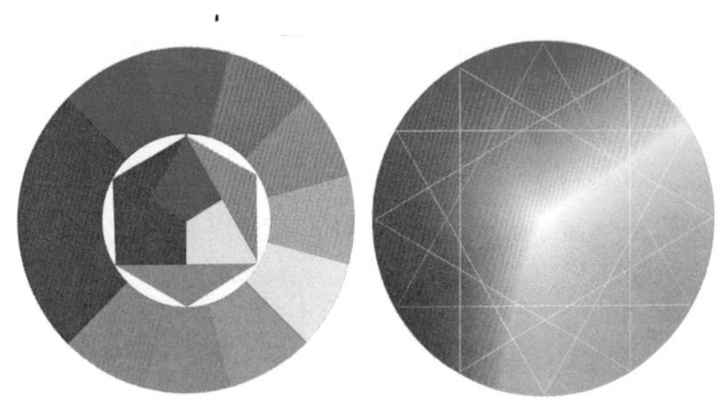

图18-19 传统色轮和HSV色轮

但是，传统色轮由于拥有的长期发展历史，因此影响深远。至今，我们在各类艺术、设计类书籍和文献中还经常看到这种色轮。甚至，蓝色位置为青色的色轮也时有所见。

（2）由光学、电视显示技术直至数字技术产生的色轮。一般称为RGB色轮或HSV色轮。HSV是Hue、Saturation和Value的缩写，指色调、饱和度和明度。

RGB色轮的三基色（或三原色）为红色、绿色和蓝色，仍然呈120° 分布在色轮上，这时可以准确地得到三基色的RGB值分别为（255,0,0）、（0,255,0）和（0,0,255）。

RGB色轮颜色的色值严格并可计量，可以准确而方便地画出12种颜色的分布。并且，由于颜色色值可以被严格地计算，通常RGB色轮用一个整圆表现光谱上连续的颜色分布，从而获得严格意义上的16777216种颜色的“真彩色”。如图18-19右图所示。三基色在图中为正三角顶点所指的颜色。

RGB色轮的第二次色即为黄色（Yellow）（255,255,0）、青色（Cyan）（0,255,255）和品红色（Magenta）（255,0,255），也呈120° 分布，分别距离红、绿、蓝三原色60° 。在图18-19右图中，第二次色在图中为倒三角顶点所指的颜色。

注意：印刷机或打印机的颜料基色为青色、品红色及黄色，正是根据严格量化的RGB色轮的第二次色进行调配所获得的适当的彩色效果。在印刷工业中，由青色、品红色、黄色再加黑色（Black）形成了CMYK体系，这一体系的颜色可以方便地转换为广泛使用的PMS色卡体系。

RGB色轮的第三次色分别为橙色（255,128,0）、翠绿色（Chartreuse Green）（128,255,0）、春绿色（Spring Green）（0,255,128）、天蓝色（Azure）（0,128,255）、紫色（Violet）（128,0,255）、粉红（Rose）（255,0,128），分别为三原色和第二次色中间点所指的颜色。

RGB色轮的圆心颜色为白色（255,255,255）。

可以看到，HSV色轮具有严格量化的色值，并且各种颜色的RGB色值关系是线性的。这为严格匹配各种颜色提供了最佳的量化依据。在互联网上可以看到很多通过量化色轮进行颜色匹配的网站。

（3）有时我们看到将传统色轮进行精细量化的情况，这虽然兼顾了传统颜色体系与精确的色值控制，但是，很难做到颜色的线性准确匹配。

图18-20为Adobe公司提供的色轮[①]。如果将黄色精确定位到黄色（255,255,0），则红色的RGB色值为（255,0,0），蓝色的RGB色值为（5,150,255）。显然，这些色值之间是非线性的对应关系。

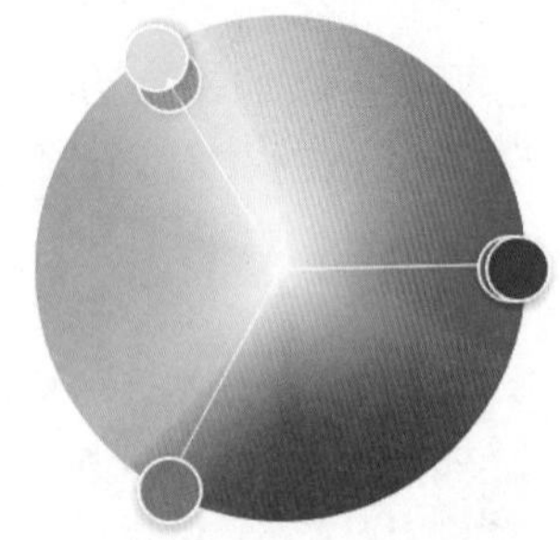

图18-20 传统色轮的精确量化

可见，颜色的关系及其定位方法包含了某些基本规律，可以混合三原色以获得其他的颜色。

此外，对于三原色和其他混合色的定义不是唯一的，也不能说哪一种更好。因为对颜色的认识和看法具有一定的主观性。但是，准确的颜色定位以及清晰的颜色关系，能为实践工作提供巨大的帮助，并且准确定位的线性关系消除了歧义，能为更为广阔的应用提供依据。

最重要的是，色轮不仅仅可以使用户了解颜色之间的关系，而且可以准确地获得有关颜色间的和谐度和对比性的情况。

2. 暖色系和冷色系

在色轮上还可以将颜色划分为暖色和冷色两大类。颜色的冷暖也称为色温。如图18-21所示，左侧的颜色构成了冷色系，而右侧的颜色构成了暖色系。

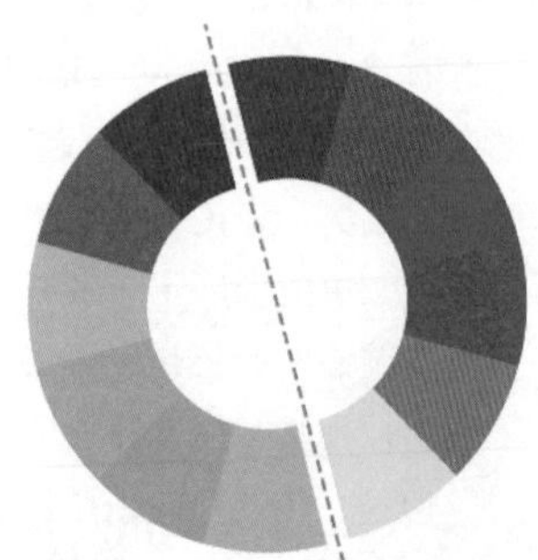

图18-21 暖色和冷色的划分

在色轮上找到的颜色组合通常具有暖色和冷色的平衡。根据色彩心理学，不同的色温会引起不同的感觉。例如，据说暖色会给人带来舒适和活力，而冷色则让人联想到宁静和孤独。这样，在进行颜色搭配时，可以根据表达对象谨慎地选择色系，这样可以进一步增强设计的色彩感染力。

① 可参见网址：https://color.adobe.com/zh/create/color-wheel。

3. 色调、色饱和度和亮度

色轮展示了不同颜色之间的关系，但是，同一种颜色本身还会有所变化，而这种变化是在一个基本色调（例如红色）的基础上所进行的变化。色调（Hue）决定了颜色的种类，即色轮上的某种颜色。

使用色轮或颜色选择器选定颜色（色调）后，还可以调整色调的饱和度和亮度。

饱和度（Saturation）是指颜色的强度或纯度，颜色饱和度越大，则色彩越鲜艳。例如，图18-21所示的色轮，各种颜色的饱和度都为最大值255。亮度（Luminance）是指颜色的明暗程度或其反射光的数量。

颜色的深浅变化可以通过以下方式进行调整：（1）通过添加黑色来使颜色变暗（Shade），从而获得更深、更厚重的色彩；（2）通过添加白色来创建颜色浅淡（Tint）的变化，从而获得更缓和、更明快、更生动的颜色组合；（3）通过添加灰色来获得对颜色调性（Tones）的调整，这是对纯色更微妙的调整。如图18-22所示。

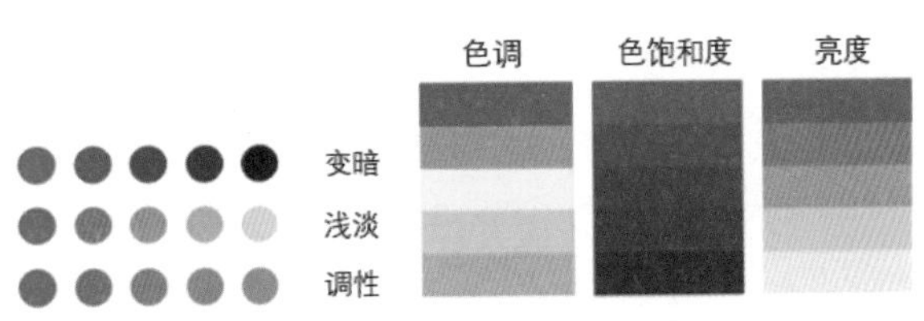

图18-22　色调、色饱和度和亮度

通过饱和度和亮度的变化，我们可获得同一颜色的各种深浅不同的版本。

18.4.3　颜色的和谐性

“和谐”可以定义为各部分令人愉快的排列，是一种达到动态平衡的状态。

在关于颜色的视觉体验中，和谐的颜色搭配得当，能呈现出内在的秩序感和视觉感受的平衡，令人赏心悦目，并吸引观众。当各种事物不和谐时，最终呈现的效果要么是混乱的，要么是平淡的。

如果我们要对一些颜色各异的水果进行排列组织，那么就要讲究其色彩的有序性。如图18-23所示，按照色轮组织的“水果拼盘”就体现了这种和谐性。如果调换次序，则其和谐性将受到破坏。

图18-23　颜色得到和谐组织的实例

人类的视觉感受来源于自然，和谐的自然环境培养了人类在视觉基础上建立起来的美好的心理联系。而和谐的颜色组合有相似色（Analogous Colors）、互补色（Complementary Colors）以及相同颜色的明暗、深浅和色调的变化等。

1. 相似色

相似色指在色轮上紧挨在一起的几种颜色。例如黄色、翠绿色和绿色，一般其中一种占主导地位，如图18-24右图所示。图18-24左图的成功之处包括：土的颜色实际上是深色调的橙色，与黄色和绿色之间是和谐的，而白色的花盆不会破坏和谐性。这里涉及了接下来将讨论的明暗与色调的变化。

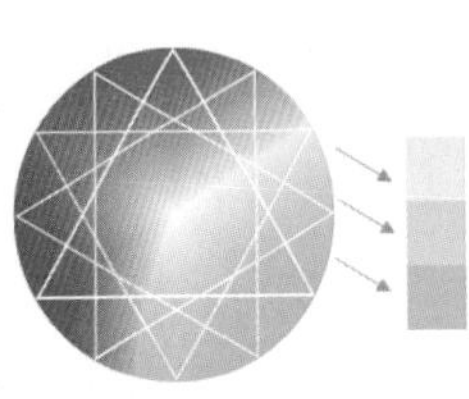
图18-24　相似色搭配的实例

2. 互补色

互补色即在色轮上处于相对位置的两种颜色，如红色和绿色、紫红与天蓝色等。

如图18-25即为互补色的实例。三角梅的花朵为紫色和紫红色，而虚化的背景颜色和花下的叶片颜色为绿色和翠绿的色调变化。这些互补的颜色形成了强烈的对比度和良好的稳定性。

图18-25 互补色实例

另外，互联网上有很多三角梅的照片，可以发现好看的并不多。其中主要问题有色彩杂乱、配比失调等。可见，和谐、优美的色彩搭配源于自然，但需要在构图时进行纯化处理和细心选择。

3. 单色系

单色系指一种基色的三种深浅、明暗的变化，提供了一个微妙和保守的颜色组合，这也是最安全、最简单的配色方法。如图18-26所示。

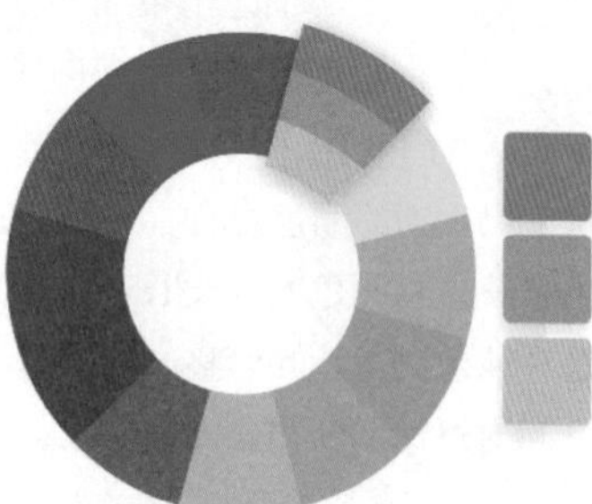

图18-26 单色系配色

这是一种多用途的颜色组合，很容易应用于设计项目，以获得和谐的外观。甚至，有时不限于绝对的单色，而在一种主色调的基础上，搭配合适的相近颜色的变化也是一种好的选择。当然，在应用单色系时，必须注意是否大面积地采用了某种高饱和度的颜色，因为这可能会造成视觉疲劳。

4. 三色系

三色系指在色轮上角度相差120°的三种颜色，包括三原色、混合色等。如图18-27所示。

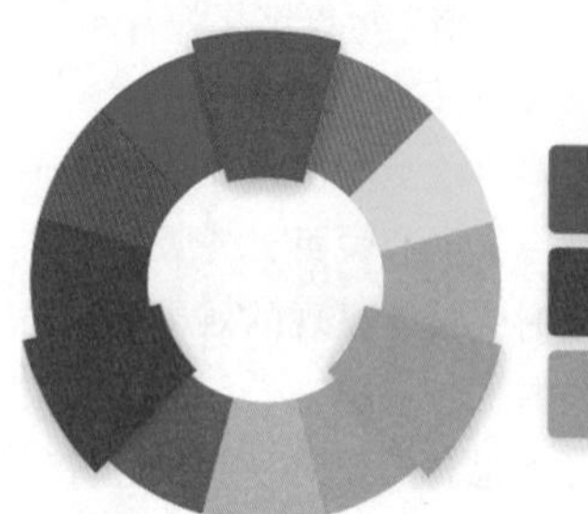

图18-27 三色系配色

三色系配色提供了一个高对比度的配色方案。虽然对比效果不如互补色组合，但是其具有更多变化。这种组合创造了大胆、充满活力的调色板。

当然，在搭配中可以根据环境选择某一主色调，也可以对色饱和度和亮度进行设置，但需要进行细致的调整。同样，主色调如果饱和度高，更需要谨慎搭配。

5. 四色系

四色系指在色轮上均匀间隔的四种颜色。如图18-28所示。四色系的配色方案同样大胆活泼，如果让一种颜色占主导，而用其他颜色作为点缀，效果最好。

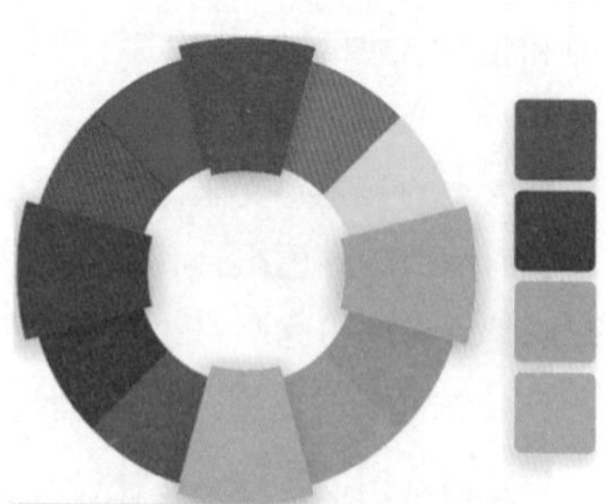

图18-28 四色系配色

颜色搭配的总体规则是：调色板上的颜色越多，就越难以保持平衡。

比较有名的四色系标识是Google公司的蓝、红、黄、绿四色标识，以及微软公司的红、绿、蓝、黄标识。

18.4.4 颜色的使用（以世界名校品牌指导方针为例）

在设计演示文稿时，其颜色的使用与其他设计领域对颜色的使用是一脉相承的。归纳起来，PowerPoint演示文稿中颜色的使用有以下几个要点：

- 明确使用颜色的目的。通常，应用一种或多种颜色无外乎有这样几种目的：
  - 形成标识，赋予对象以个性。
  - 吸引注意力。
  - 烘托氛围，突出主体。
  - 点缀，缓和画面。
  - 过渡，视觉引导。
  - 补白。

其中，为实现前两种目的而进行颜色使用较难控制，稍有偏差，就会陷入“画虎不成反类犬”的尴尬境地；为实现后四种目的而进行颜色使用也需要谨慎，不可喧宾夺主，分散观众的注意力。

- 不依赖于颜色来传达重要信息。毕竟，有些人是色盲，而有些人对颜色也并不敏感。
- 选定主色调。演示文稿整体或者表现某一主题的某一节应该选定一个主色调，并在主色调的基础上找到辅助色，然后，利用上文所讨论的“相似色”“互补色”或者“单色系”“三色系”等配色方案来实现颜色使用的目的。
- 注意不同国家、民族、地区的敏感颜色或代表特定含义的颜色，在使用时回避禁忌。
- 遵循颜色搭配的规律。突兀或者杂乱的颜色搭配只会降低演示的质量。
- 活泼的颜色搭配需要精心设计。

世界上许多大学都设计了自己的品牌颜色，有助于在长期的发展中获得明确、有意义的视觉标识。美国著名的加利福尼亚大学圣塔芭芭拉分校的品牌颜色标识准则十分严谨而鲜明[①]。考虑到篇幅关系，这里不详细介绍其品牌标识的颜色体系，只引述其品牌指导。

加利福尼亚大学圣塔芭芭拉分校的品牌指导为颜色的效果取决于正确、一致的使用。任何对颜色用法的调整都会改变或减少加利福尼亚大学圣塔芭芭拉分校与之相关的重要价值、理念和意义。改变它们，就会微妙地改变大众对其所代表的机构的看法。因此，严格遵守正确的用法和正确的实施方式非常重要。下面是一些错误用法的例子，其效果如图18-29所示。

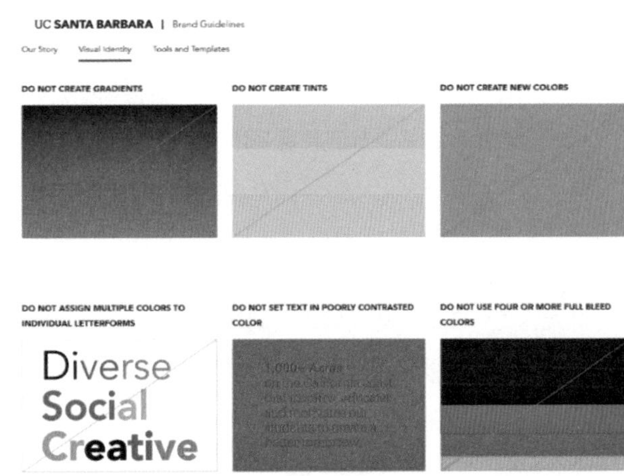

图18-29 加州大学圣塔芭芭拉分校品牌标识颜色的使用禁忌

- 不要对主色调创造渐变色。
- 不要对主色调和辅助色应用明亮变化。
- 不要创建新的颜色。
- 不要将多种颜色分配给每个字母。
- 不要将文本置于低对比度的背景颜色上。
- 不要使用四种或更多的“满出血颜色”（指覆盖整个页面、没有留白的颜色）。

① 可参见网址：https://brand.ucsb.edu/visual-identity/color。

18.5 幻灯片版式与构图

除了颜色以外，幻灯片的构图也是影响整个演示文稿视觉效果的重要方面。严格来讲，构成演示文稿的每一页幻灯片都是一张需要表达一定内容和意义的“视觉广告”，都需要进行一定的构图设计。而幻灯片最基本的构图可以利用幻灯片版式进行。

幻灯片版式即幻灯片中对象的基础布局样式。这里的对象主要可以分为标题和内容。其中，内容又包括了文本、图片、表格、SmartArt图形、图表或者多媒体对象等。

新建幻灯片后，就需要确定幻灯片内容的布局，即版式。选择版式的方法是：单击“开始”选项卡—“幻灯片”组—“版式”按钮，下拉版式列表，如图18-30所示。在下拉版式列表中选择一种，则当前幻灯片就具有了这种版式的基本布局。

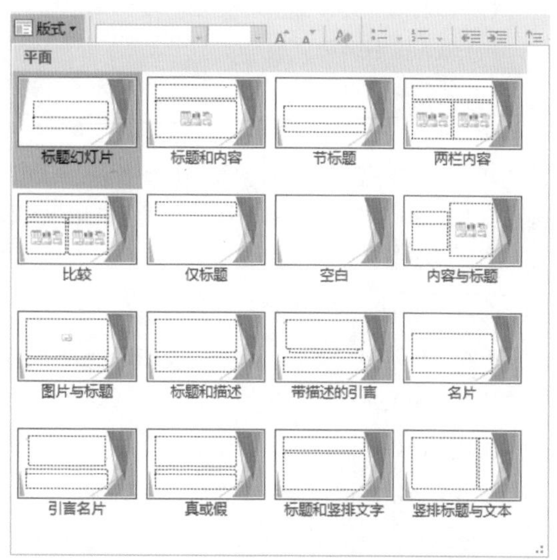

图18-30 幻灯片版式的下拉列表

幻灯片的版式种类与演示文稿选用的主题有关，缺省的Office主题有11种版式，而名为“平面”的主题有16种版式。

版式不仅给出了幻灯片的基本构图，也通过构图对幻灯片进行了分类。典型的分类是首页一般采用“标题幻灯片”，每一节的首页采用“节标题”或者采用“竖排标题与文本”幻灯片。

在编写演示文稿时，一般需要在幻灯片母版视图下对所选主题的版式进行调整，包括添加适当的图形、标识符号（如logo）或文字，调整内容位置并删除不用的版式等。然后，在编写幻灯片时可以直接采用某一版式。

版式为幻灯片的布局提供了基础样式和方法。要获得能更好表达内容的布局，需借用平面设计构图的理念和方法。这里结合设计原理中关于构图的方法，简要讨论幻灯片布局中的要素、视觉规律和原则。

18.5.1 构图的要素和目的

构图是对内容及其他要素的安排方式，是利用平面空间表达思想与主题的艺术手段。

平面设计中构图的要素包括文字、图片、图形（线条、色块、箭头等）、示意图、logo等。设计就是有机地将各种要素进行排列与组合，运用美学的观点加以编排设计，使设计物成为可读性强而新颖的信息体，从而能更好地传达需要表达的内容和意义。

幻灯片构图设计，既是构图元素编排技术的体现，也是具有个人风格和艺术特色的视觉传达方式。其目的是对各类主题内容的版面格式实施艺术化或秩序化的编排和处理，创造出主题明确、视觉冲击力强的作品，以此抓住观众的注意力，加强幻灯片的表达力。

18.5.2 构图的基本原则

构图的目标就是表达。因此，构图的基本原则是围绕更好地表达而制定的。

1. 思想性和简洁、一致性

幻灯片构图要充分体现内容的主题思想，要使得主题鲜明、突出，能够吸引观众的注意力，增强可理解性。

幻灯片的整体版面应该简洁，相同层次的幻灯片应具有相似的构图，整体色调、字体应一致。如图18-31所示的两张演示文稿目录幻灯片，虽然这里暂时不讨论颜色搭配的问题，但幻灯片中多余的、倾斜或怪异的形状、图形不仅没有加强表达，还对整体意义起到了破坏的作用。

图18-31 两张演示文稿目录幻灯片

2. 画面视觉效果和谐，具有艺术性

幻灯片画面内容要素的排列组合应和谐并具有艺术性，可以适当采用夸张、比喻和象征等方法来加强视觉效果，调整好画面上各种内容的比例和关系。

如图18-32所示，幻灯片中采用了具有象征意义的双手图形，一方面提升了画面的视觉效果，另一方面也表达了紧扣主题的“现场掌控”和“五个方面”的含义。

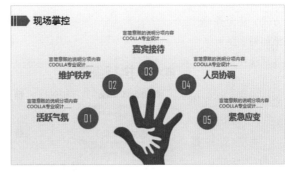

图18-32 有象征意义的图形应用

3. 整体性与条理性

幻灯片布局应与整个演示文稿要表达的信息在逻辑上保持一致。例如，如果演示的目标为先进性、人性化等，则设计布局就要重点突出这些目标。

对于内容对象的选择和编排，要重复考虑内容的主次、轻重关系，并保持视觉效果的条理性。

18.5.3 构图的视觉规律

幻灯片画面的视觉规律与其他艺术作品、宣传品是一致的。概括起来，就是在突出视觉中心的基础上，保证画面具有均匀性、对称性和韵律。

1. 幻灯片主要的布局模式

由幻灯片版式可以看出，幻灯片的主要布局模式分为上下型、左右型、横向主次型、纵向主次型、混合型等。此外，还可拓展演化出中心型和局部环绕型等其他布局模式。

基于人类的阅读习惯，最常用的布局模式是上下型，一般在此基础上进行变化。如图18-33所示的幻灯片就是一张结构合理且布局较为灵动的实例。其中，标题与内容为上下布局，内容主体为左右布局，而内容右侧又为上下布局。

而且，这一页幻灯片的一个特色就是具有明确的视觉中心——左侧的照片、姓名。

图18-33　布局灵活的幻灯片内容

2. 视觉中心

在版面中，由于对象设计所具有的差别，例如大小、疏密程度、边框、图标、颜色等的不同，会造成不同的视域对观众注意力的吸引程度不同。

视觉中心即一页中最引人注目的视域。通常在这里放置最想表达的内容。

一般来说，版面的上部要比下部更引人注目，而左侧一般也比右侧更引人注目。上部给人以轻松、愉快、积极、扬升之感，而下部给人以下坠、沉重、稳定之感；左侧令人感觉舒展、轻便、自由、富有动感，而右侧令人感觉局限、拘谨、紧凑、稳重。

视觉中心是可以利用各种辅助手段来进行设定的。好的设计是从版面中的视觉中心自然地向外扩展。

3. 视觉流程

视觉流程指在版面中通过各种元素的编排、构图方式，甚至是通过添加辅助图形来引导观众视觉移动、多看、少看、停留而形成的视线变动流程。

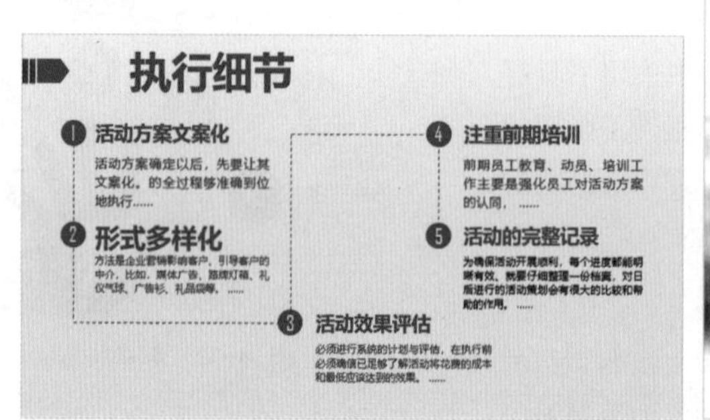

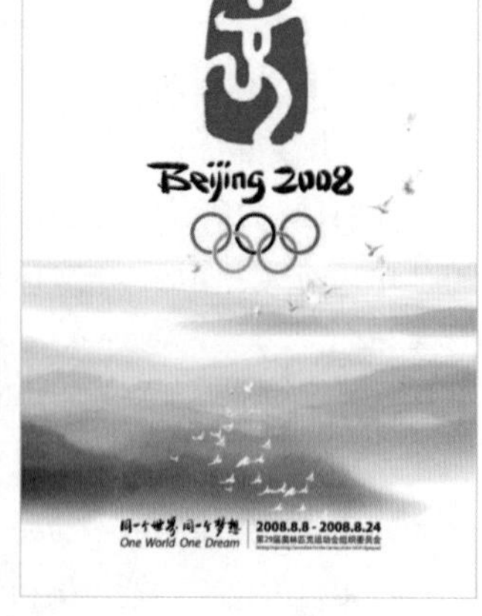

图18-34　灵活的视觉流程设计

视觉流程是一种“空间的运动”，是视线随着各种视觉元素在空间中沿着一定的轨迹运动的过程。利用视觉移动规律和合理的设计安排，引导观众的视线随着各要素有序的组织编排，从主要内容依次向下观看，最终能使观众获得清晰、迅速、流畅的信息接受体验。

图18-34左图就是一个利用辅助线段和编号实现的视觉流程设计。图18-34右图是2008年北京奥运会的海报，展现了从视觉中心到视觉流程安排、组织的绝妙设计，其中隐现的和平鸽不仅表达了奥运会的和平理念，而且完成了从视觉中心引导视觉移向“同一个世界，同一个梦想”的2008年北京奥运会主题语和举办时间的巧妙过程。

根据表达的需要，视觉流程的变化可以非常多样化：可以有最简洁的直式（上下）流程、横式（左右）流程，也可以有斜式（一般从左上到右下）流程，或者曲线流程、S形流程、反复流程、发散式流程等。

实际上，Office提供的SmartArt图形就有专门的“流程”类别，其中的很多图形可以作为视觉流程的编排工具。

4. 对称与均衡

对称与均衡是广泛存在于自然现象中的美学规律。山川、草木、人体、动物的自然形态大都呈现出对称与均衡的天然美感。

对称是基于轴线或者支点在视觉的相对端组织同形、同量内容而形成的一种平衡状态。

对称可以分为轴对称、镜面对称、中心对称、旋转对称等。

对称构图具有整齐、稳定、宁静、严谨的效果。但如果处理不当，会令人感觉呆板。

均衡是非对称的平衡，表现为在一个形式中的两个相对部分虽然不同，但因其质地和量的感觉相似而形成的稳定、平衡的现象。均衡的构图往往不受功能、空间的限制，而在视觉上达到稳定的配置。所以，均衡是超越对称性的稳定与整齐。

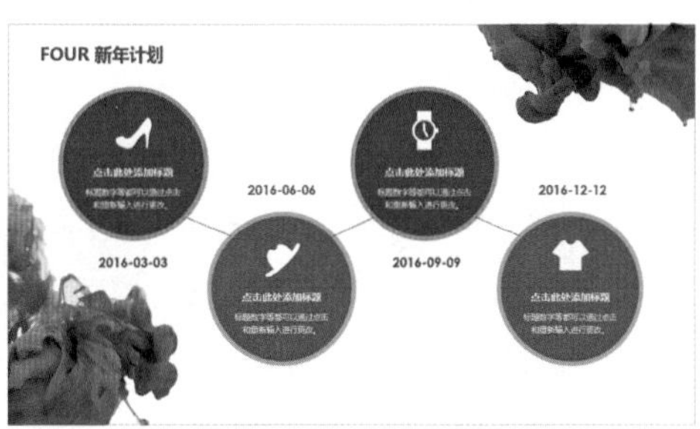

图18−35　对称与均衡：北京奥运会的海报与时尚幻灯片

有时，均衡是构图的必备条件，因为均衡的版面能给人以轻松、活泼、亲切、融洽的感受。

均衡在处理上有较大的灵活性，方式也多种多样。可以从色彩、形态、立面分割、材质、装饰、位置等多方面着手。图18-35左图是2008年北京奥运会的海报之一，而右图为某演示文稿中的一页幻灯片，两个构图都充分体现了对称和均衡之美。

5. 版面分割

利用线条、图片、色块、图形等结构元素，能实现对版面的分割，从而达到对内容的有序组织，并实现视觉中心和视觉流程的表达目的。

分割有时是为了能放置更多的信息，有时是为了突出某些信息，有时则是为了让版面更为灵动。分割时需要注意“黄金分割点”的规律，能使视觉上更加稳定。

6. 版面的节奏和韵律

借用事物的长短、大小、明暗、高低、渐变等起伏的排列方式，可以形成版面元素的动态变化，增强内容的感染力。

在平面设计中，节奏和韵律体系为各种内容的构成形式，其中最为突出的两种构成形式是“渐变构成”和“发射构成”。

渐变体现出渐次的、循序渐进的逐步变化，呈现一种具有阶段性的、调和的秩序。

我们在4.1.2小节中讨论页面布局的原则时提到，著名设计师罗宾·威廉姆斯在《写给大家看的设计书》

图18−36　富于节奏和韵律的幻灯片

中将设计的基本原则归纳为对比、重复、对齐和亲密性四个基本原则。这些原则正是版面设计中节奏和韵律体系的一种体现。如图18-36所示的幻灯片通过图形、图标、小标题和文字，对内容进行了有序的组织，使幻灯片富于节奏和韵律。

18.6 高效制定和统一演示文稿总体风格的建议

- 确定演示环境的播放条件是一切设计的基础工作。
- 选择恰当的主题即可保证风格统一，又可为后续编撰工作省去许多无谓的细节调整。
- 自定义主题是对机构品牌视觉标识最为稳定的应用，可以消除许多不必要的歧义。
- 颜色是演示文稿给人的第一印象，也是突出和展示内容的有力武器。
- 颜色的和谐是有规律的，凌乱的颜色只会带来不佳的展示效果。
- 相似色是最简便、最可靠的颜色搭配。但是，有时适当运用对比色可让人眼前一亮。
- 选择合理的版式有利于内容的展示与演示文稿视觉效果的提升。
- 演示文稿中的幻灯片构图应有规律，应在规律中形成节奏。
- 重要幻灯片的视觉中心要明确，同时内容的视觉流程也应清晰、流畅。

第 19 章 幻灯片设置高级应用

幻灯片是构成演示文稿的基本单元。上一章我们从演示文稿整体效果的角度进行了深入的讨论。本章将具体讨论PowerPoint为建立和设置幻灯片及其相关的讲义、备注所提供的配置架构和操作功能。

19.1 新建幻灯片与幻灯片重用

对于完全新建的演示文稿，通常会自动生成第一张幻灯片。这是一张标题幻灯片，也是整个工作的开始，但下一步的工作却不是建立第二张幻灯片。

在上一章我们已经讨论过，在开始新建其他幻灯片以逐步建立完成整个演示文稿之前，我们需要进行内容规划和风格规划，然后通过“设计”选项卡下的“幻灯片大小”按钮以及主题样式等确定演示文稿的整体效果。最后，我们进入了具体建立每张幻灯片的主体工作步骤。

19.1.1 新建幻灯片

在PowerPoint的“普通”视图下新建幻灯片至少有四种方法：

（1）直接单击“开始”选项卡—“幻灯片”组—“新建幻灯片”按钮，在当前幻灯片后新增一张版式为“标题和内容”的新幻灯片。

（2）单击“开始”选项卡—“幻灯片”组—“新建幻灯片”下拉按钮，弹出包含各种版式缩略图的下拉组合列表，如图19-1左图所示；在其中单击一种版式缩略图，例如名为“比较”的版式，即会在当前幻灯片后新建一张应用这种版式的幻灯片。

图19-1　新建特定版式的幻灯片以及通过幻灯片缩略图右键菜单新建幻灯片

（3）在PowerPoint操作界面左侧显示幻灯片缩略图的幻灯片窗格中单击一张缩略图，即选中了此幻灯片，或者单击两张缩略图之间的空间，在两张缩略图之间会显示一条分隔线；然后在键盘上按回车键，即会在此幻灯片后新建一张新幻灯片。

（4）在幻灯片窗格中的幻灯片缩略图上单击鼠标右键，弹出右键菜单。在右键菜单中选择“新建幻灯片”选项，则会在被单击的幻灯片后新建一张新幻灯片。如图19-1右图所示。

其中，与第（4）种新建幻灯片的方法的设置效果等价的是在幻灯片窗格中的两张幻灯片缩略图之间或者最后一张幻灯片缩略图之下单击鼠标右键。这时，弹出一个只有三行选项（即粘贴、新建幻灯片、新增节）的右键菜单，在右键菜单中选择“新建幻灯片”选项，即会在两张幻灯片缩略图之间或者最后一张幻灯片缩略图之下新建一张幻灯片。

除了按照第（2）种方法，即通过选择特定的版式新建幻灯片之外，使用其他方法新建的幻灯片版式都是“标题与内容”。可以说，这是一种适应面最广的版式。

除了新建幻灯片之外，在实际工作中常常利用复制幻灯片的方法来新建幻灯片，因为复制幻灯片可以将选中的幻灯片中的许多信息同时复制过来，减少了重新录入信息的工作量。例如，复制幻灯片在很多时候可以直接重用标题。复制幻灯片的操作方法有两种：

- 在幻灯片窗格选中一张或多张幻灯片（按住Shift键或者Ctrl键后单击），其后的操作与第（1）种方法相似，只是在下拉组合列表中选择“复制选定幻灯片”选项即可。
- 同样选中一张或多张幻灯片，其后的操作与第（4）种方法相似，只是在右键菜单中不是选择“新建幻灯片”选项而是选择“复制幻灯片”选项。
- 另外，以某种版式建立的幻灯片，还可通过“幻灯片”组的“版式”功能来更改版式。

19.1.2 通过大纲新建幻灯片

建立幻灯片的另一个重要的途径：通过大纲建立。但此时不是新建一张幻灯片，而是新建一组幻灯片，甚至是同时建立整个演示文稿的主要幻灯片。

在编撰演示文稿的前期，我们可以在Word中进行演示文稿内容的整理工作。如果演示文稿本身就来源于某个Word文档，例如某个报告或者讲义。这样，只需将Word文档按照一定的格式整理成大纲形式的文档，即可将其中的内容一键转入演示文稿，并同时建立多张幻灯片。

以Word文档作为大纲新建幻灯片的转换规则如表19-1所示：

表19-1　以Word文档为大纲新建幻灯片的转换规则

Word文档大纲	PowerPoint幻灯片
段落级别：1级	幻灯片标题
段落级别：2级	幻灯片一级文本
段落级别：3级	幻灯片二级文本
……	……
正文	被忽略

根据此规则，Word文档大纲中每一个段落级别为1级的段落，都会触发建立一张新的幻灯片，并将该段落的文字转入新幻灯片的标题之中。大纲中段落级别为2～9级的文本，将生成由大纲新建的幻灯片的文本。而Word文档大纲中的正文文本不会被转入演示文稿。因此，Word文档大纲中有多少个段落级别为1级的段落，就将生成多少张幻灯片。

从Word文档大纲新建幻灯片的操作步骤如下：

操作步骤

【Step 1】 在Word文档中整理演示文稿的大纲（注意：对于需要被转换为幻灯片标题的段落，应在段落设置中将大纲级别设置为“1级”）。一般来说，也可直接选择快速样式中的“标题1”。对于需要纳入幻灯片内容文本的文字，需要将大纲级别设置为“2级”或者更低级别，但是不能保持为“正文文本”级别，因为大纲文档中的“正文文本”级别的文本在转换过程中会被忽略。形成的Word大纲文档的结构在Word的“导航”窗格中如图19-2左图所示。

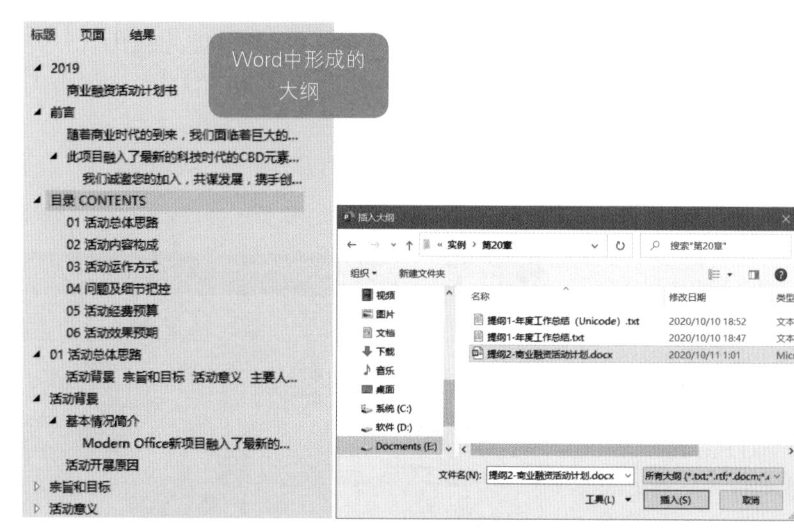

图19-2　Word文档大纲的结构和“插入大纲”对话框

【Step 2】 在PowerPoint中单击“开始”选项卡—“幻灯片”组—“新建幻灯片”下拉按钮，在下拉的组合列表框中选择倒数第二行的“幻灯片（从大纲）”选项，弹出“插入大纲”对话框。在对话框中选择合适的大纲文档，双击选定的文档，或者单击选定后再单击“插入”按钮，如图19-2右图所示。PowerPoint即会按照上述规则建立多张幻灯片，并将大纲中的文字转入各幻灯片之中。

- 如果演示文稿中已经拥有了一些幻灯片，则已有幻灯片不受影响，从大纲中新建的幻灯片会放置于当前幻灯片之后。
- 如果在大纲中设置了文本的字体和字体颜色，在转入幻灯片后会保留这些设置选项。但是，字号会按照演示文稿母版设置的字号进行显示。
- 如果用文本文件作为大纲，则需要将文本文件保存为Unicode格式而不能保存为常用的ANSI格式。由于文本文件无法进行段落级别设置，因此，文本文件中的每一个段落将形成一页幻灯片，而段落文字转为幻灯片标题。

19.1.3　重用幻灯片、重用版式

在计算机中通过“复制—粘贴”方式来复制信息是最常用的方法。但是，由于幻灯片中信息对象众多、格式复杂，而且有些元素可能还是在幻灯片母版中进行配置的，这些元素即使在幻灯片中使用“全选”键（即快捷组合键“Ctrl+A”）也不能被选中。因此，仅仅通过“复制—粘贴”方式来复制幻灯片并不能达到完整复制的目的。此时，可以使用“幻灯片重用”功能。

幻灯片重用是指将一份演示文稿中的幻灯片直接转入另一份演示文稿之中。幻灯片中的所有内容、格式、切换效果和动画，以及在幻灯片母版中新加入的元素，例如logo等，也将会被一并转入。更重要的是，如果源演示文稿拥有新的版式，则会将这些新版式加入到新演示文稿之中。

重用幻灯片的方法如下：

操作步骤

【Step 1】 打开需要重用其他幻灯片文稿的演示文稿（目标文档），找到想要通过重用插入新幻灯片的位置，并在幻灯片窗格中选中位于插入位置之前的一张幻灯片。例如，如果需要在“业务演示文稿.pptx”中，在标题为“关于我们”的幻灯片后重用幻灯片，则单击“关于我们”幻灯片，或者单击这张幻灯片之后的空间。

【Step 2】 单击“开始”选项卡—“幻灯片”组—“新建幻灯片”下拉按钮，弹出包含各种版式缩略图的下拉组合列表。

【Step 3】 在下拉组合列表中单击最后一行“重用幻灯片”选项，弹出右侧的“重用幻灯片”浮动窗格。

【Step 4】 在“重用幻灯片”浮动窗格中浏览并打开可以提供重用幻灯片的演示文稿（源文档）。例如“科技时尚演讲.pptx”。这时，“重用幻灯片”浮动窗格中即显示了源文档中的幻灯片，如图19-3右图所示。

图19-3 重用幻灯片的操作步骤

【Step 5】 在“重用幻灯片”浮动窗格中单击所需要的幻灯片，例如“团队”和“人员配置”两页幻灯片，则被单击的源文档中的幻灯片就会被直接转入目标文档的选定位置上。

- 直接转入的幻灯片，虽然保留了源文档中幻灯片的所有信息，包括版式。但是，颜色、字体和效果等都改为了目标文档的格式，这保证了模板文档风格的一致性。
- 如果需要保持源文档中幻灯片的格式，可以在“重用幻灯片”浮动窗格下方勾选“保留原格式”选项后再单击幻灯片，则转入的幻灯片的格式完全不变。
- 在“重用幻灯片”浮动窗格的幻灯片上单击鼠标右键，弹出右键菜单，如图19-3右图所示。可以看到，利用右键菜单可以转入被单击的幻灯片，也可转入所有幻灯片，甚至可以将源文档中的主题应用于目标文档中的选定幻灯片或所有幻灯片。

实用技巧

最简捷的重用幻灯片是拖放方法：正在编辑的A演示文稿（目标）如果需要使用打开的B演示文稿（源）中的幻灯片，只需在B文稿“幻灯片窗格”中选中这些幻灯片，然后拖放到A文稿“幻灯片窗格”的相应位置即可。只是这种形式的“重用”没有“保留原格式”选项。因此，在幻灯片母版中设置的背景等不能复制。

19.2 幻灯片中的文本字体与段落、形状样式

幻灯片中的文本即位于文本框中的文字。文本框能使任何文本都可以成为一个“独立块”，这是PowerPoint的一个绝妙的设计。幻灯片页面不同于Word文档的页面，信息容量的大小是否合适不是最重要的问题，重要的问题是是否可以按需要方便地、自由地、独立地设置每一处文字的格式，并可以方便地将其放置于任何需要的位置，同时设置其背景填充，甚至设置3D效果。

19.2.1 插入文本

幻灯片利用文本框将文字划分为可以独立设置格式的“文本块”。因此，无论是在新增的幻灯片中还是在已有的幻灯片中添加文本，其方法在本质上就是插入一个文本框。

1. 占位符

占位符即虚拟的操作对象，其中没有实际的对象内容。但是，单击后可以在占位符的所在位置中按相应格式置入相应内容。一般新增的幻灯片中都有某些占位符。

占位符可以分为文本占位符、内容占位符、形状占位符、图表占位符、图片占位符等。

其中，文本占位符又可分为标题占位符和普通文本占位符，在标题占位符中录入的文本将成为该幻灯片的标题，同时在大纲视图中占据标题位置。普通文本占位符则形成该幻灯片中的文本，在大纲视图中可以调整其级别。内容占位符适用面最广，因为内容占位符可以转换为文本、形状、图片、图表、SmartArt图形等各种内容对象。

2. 添加文本

总体上来说，在幻灯片中添加文本有三种基本方法：

（1）单击文本占位符（包括标题占位符）或者内容占位符。

（2）通过插入文本框：单击“插入”选项卡—“文本”组—“文本框”按钮；在下拉的“绘制横排文本框”或“绘制竖排文本框”选项中选择其一；然后，在幻灯片中的合适位置中拖拉出大小合适的文本框，再在文本框中填入相应的文本。如图19-4所示。其中，标题和副标题均由填写占位符生成，而竖排的文本框则是通过插入的方式建立的。

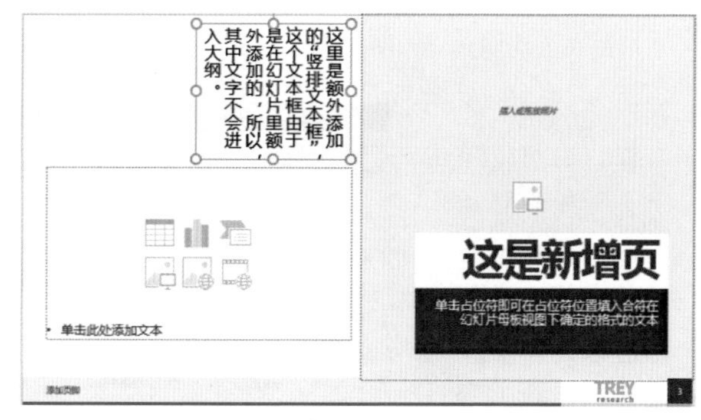

图19-4 在幻灯片中添加文本

（3）复制文本框，然后进行修改。最为快捷的方法即按住Ctrl键，然后选中进行文本框拖拉。新添加进去的文本框中的文字，在“大纲视图”下不会进入大纲窗格中。

温馨提示

额外插入的或者复制出来的文本框中的文字在“大纲视图”下不会进入大纲窗格，但并不影响其在幻灯片中的任何选项设置，也不影响任何放映效果。

（4）对于较为常用的文本框格式，可以在其上单击鼠标右键，然后在右键菜单中选择“设置为

默认文本框”选项，则当以后再次插入文本框时，均会自动插入相同格式的文本框。

19.2.2 文本字体与段落设置

设置幻灯片的文本格式主要有两种方式：

（1）整体设置：单击文本框的边框以选定整个文本框，然后单击“开始”选项卡—“字体”组中的字体、字号、加粗、斜体、文字阴影、字体颜色等按钮或其各自对应的下拉列表等，对各项字体选项进行调整；或者单击“开始”选项卡—“段落”组中的项目符号、项目编号、行距、文字方向、提高（降低）列表级别、对齐文本等按钮或下拉按钮，对文本框中文字的各种段落选项进行设置。这是对整个文本框中所有文字的一致调整。

（2）分段设置：选中文本框中的部分文字或部分段落，然后通过“开始”选项卡中“字体”或“段落”组中的各种按钮或下拉按钮设置字体或段落格式。如图19–5所示。这是对文本框中部分文本格式的设置。

图19–5　对文本框中部分文本格式的设置

- 通过“开始”选项卡可以完成大部分的字体选项设置，当然，单击“字体”组的对话框启动器，启动“字体”对话框，在其中可以对字体相关选项进行深入的设置。例如，可以方便地选择多种下划线线型，还可以设置下划线的颜色。如图19–6左图所示。

- 与设置字体类似，也可以单击“开始”选项卡的“段落”组的对话框启动器，启动“段落”对话框，在其中可以对段落相关选项进行深入的设置。例如，可以设置首行缩进或特定倍数的行距等。如图19–6右图所示。

图19–6　“字体”对话框和“段落”对话框

- 各种选项还可以通过在被选中的文本框或者被选中的文本上单击鼠标右键，然后在右键菜单或者跟随式工具栏中选择合适的命令进行设置。鉴于篇幅关系，在此不再图示讲解。

温馨提示

在PowerPoint的“段落”组中，有一个功能强大的按钮：转换为SmartArt图形。其详细的使用方法被放在专门介绍SmartArt图形的20.3章节之中。

19.2.3 文本框格式与样式

PowerPoint中的文本被放在了文本框中。而且我们知道，文本框在本质上就是无边框的且可以添加文字的矩形形状。此外，Office中所有容器类的形状（圆形、三角形、心形、多边形等）都可以添加文字，变为特殊的“文本框”。

所以，在PowerPoint中只需选中文本框，功能区就会自动出现“绘图工具—格式”选项卡，操作者即可利用此选项卡对文本框的各种格式进行设置。

为了操作的方便，PowerPoint还将“绘图工具—格式”选项卡中的常用命令移到了“开始”选项卡的“绘图”组中。如图19-7所示。这些常用命令包括：

图19-7 “开始”选项卡的“绘图”组中的“快速样式”按钮下拉列表

- 形状：通过下拉列表插入各类形状。其中，下拉列表底部的“动作按钮”为PowerPoint所独有的功能选项，利用这些按钮可以在放映演示时控制幻灯片的跳转，例如控制上一页幻灯片、下一页幻灯片之间的跳转。
- 排列：对与排列对象、组合对象和放置对象等相关的选项进行设置。
- 快速样式：根据主题的设定，按照主题颜色和效果快速改变形状的样式。
- 形状填充：单击“形状填充”下拉按钮后，可以看到属性的主题颜色调色板。操作者既可以选择某种颜色进行填充，也可以设置与图片、渐变或者纹理相关的填充选项。

● 尤其需要说明的是，在Office 2013以后的版本中，PowerPoint均在调色板中提供了“取色器”功能选项。即打开任何一个调色板时，例如进行图形填充操作，在下拉的主题颜色调色板列表中，均可选择以吸管图标标识的“取色器”选项。单击“取色器”选项后，鼠标指针即转化为“一根吸管”，吸管移到了什么位置上，吸管右上角的小

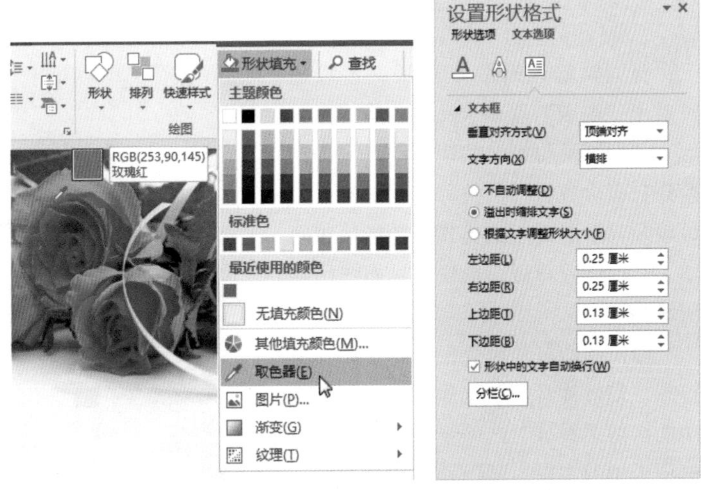

图19-8 形状填充—取色器；“设置形状格式”浮动窗格

窗口中就出现这个位置的颜色并给出颜色的RGB值。单击鼠标，则选定的文本框就被“取色器”所识别摘取的颜色所填充。如图19-8左图所示。

● 注意：图中的调色板及其下拉列表是拼接进去的，因为在启动“取色器”后，调色板及其下拉列表会自动关闭。

设置文本框或形状的格式，最全面的设置界面仍然是“设置形状格式”浮动窗格。而打开“设置形状格式”浮动窗格的具体方法有：

● 单击“开始”选项卡—“绘图”组的对话框启动器。

● 或者，单击“绘图工具—格式”选项卡的“形状样式”组的对话框启动器或者“艺术字样式”组的对话框启动器。

● 还可以在文本框上单击鼠标右键，在右键菜单中选择“设置形状格式”选项，也会弹出“设置形状格式”浮动窗格，在浮动窗格中通过单击标题区的“文本选项”，即可对文本自身的填充与轮廓，文字效果以及文本框对齐、位置、边距等选项进行设置。如图19-8右图所示。

关于字体效果与艺术字的设置步骤参见5.2章节，在此不再赘述。

19.3 幻灯片母版与母版视图

母版，顾名思义，即各种幻灯片套用的“模板”。

一份演示文稿的幻灯片中有着各式各样的信息、各式各样的格式，而有的信息和格式在各个幻灯片中是相同的。例如，机构的logo、特定版式中幻灯片的标题位置、标题文本的字号，或者特定版式中幻灯片某个位置的分隔线等。

从编辑、设置的角度来看，相同的信息和相同格式可以通过幻灯片母版来进行配置。这样一方面可以确保编辑时的统一性和快捷性；另一方面，也可保证在修改时，对于相同的信息或格式，只需改动母版即可实现“一改百改”。因此，母版可以说是最为便捷的批量制定、整体修改幻灯片格式的方法。

而从整体效果上看，幻灯片母版恰好就是“主题”与“版式”的最佳交汇点，即演示文稿的整体风格（颜色、字体、效果）、幻灯片的布局，可以在幻灯片母版的设置中得以落实。

19.3.1 幻灯片母版——幻灯片的模板

要编辑修改幻灯片母版，可以通过单击“视图”选项卡—“母版视图”组—“幻灯片母版”按钮，编辑区即切换到只包含各种占位符和格式的幻灯片母版及其下属的版式模式，功能区也新增了“幻灯片母版”选项卡。如图19-9所示。

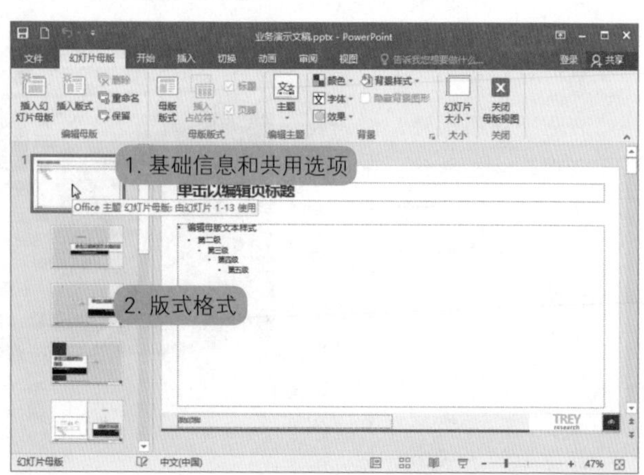

图19-9 幻灯片母版视图

切换到幻灯片母版视图后，功能区打开“幻灯片母版”选项卡，并且隐藏功能区的“设计”选项卡，将“设计”选项卡中的主题、颜色、字体、效果、背景样式等功能选项纳入“幻灯片母版”选项卡之中。这样处理的目的在于：更方便地将演示文稿风格的配色、字体、效果等选项的设置与幻灯片主题版式的设置相结合。

19.3.2 幻灯片母版与版式

幻灯片母版是演示文稿中所有幻灯片格式的设置模板，而版式是在幻灯片母版的共用信息与共同格式的基础上提供各种布局变化的样板。幻灯片母版与版式是一对多的关系，即一个幻灯片母版可以关联多种版式。

1. 幻灯片母版、版式与幻灯片

在幻灯片母版视图中，编辑区左侧的幻灯片窗格以树形结构展示了母版与版式的关系：左上端具有编号的是幻灯片母版，其下是关联的版式，即一个母版包含多个版式。PowerPoint缺省的“Office主题”默认提供11种版式，其他主题的默认版式数量可能会不同。

可以发现，在母版视图下编辑修改的版式，正是我们在普通视图下单击“开始”选项卡的“新建幻灯片”或者“幻灯片版式”下拉按钮时可以选择的版式。

反过来看，在母版视图下还可以方便地掌握母版和版式被用于哪些幻灯片的具体情况：当我们在幻灯片窗格中用鼠标指针接触幻灯片母版或其下属版式时，鼠标指针的跟随提示会告知操作者哪一张或哪几张幻灯片正在使用这一幻灯片母版或版式，如图19–9所示。

2. 一个演示文稿使用多个幻灯片母版

一份演示文稿不会只限于单个幻灯片母版。对于某些大型演讲、演示任务，可能会包含多个相对独立的部分。例如，一份大型技术交流文稿可以分为整体方案、技术体系、实施步骤等部分，某公司的整体总结或工作布置也可以分成几部分进行阐述，等等。这种情况下的演讲或演示任务，演示文稿整体应具有某种统一的风格，同时各个部分又应有不同的特点，因此可以设置多个幻灯片母版。

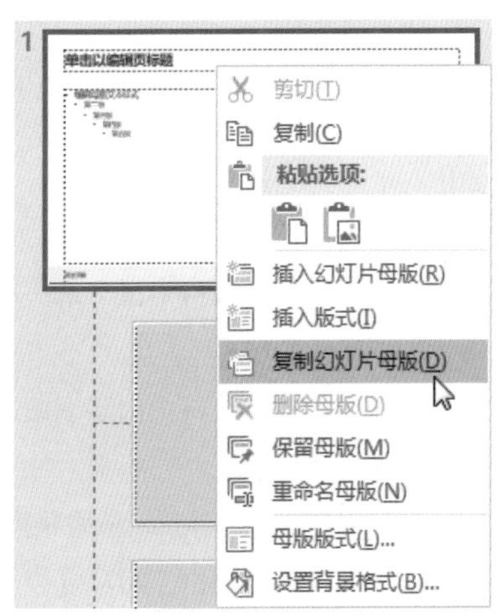

图19–10 通过幻灯片母版的右键菜单复制幻灯片母版

增加幻灯片母版的方式有两种：

（1）单击“幻灯片母版”选项卡—“编辑母版”组—“插入幻灯片母版”按钮，会增加一个按顺序编号的幻灯片母版，同时增加了关联的版式。缺省增加了主题为“Office主题”的幻灯片母版，可以通过单击“幻灯片母版”选项卡—“编辑主题”组—“主题”按钮，在下拉的主题列表中选择一种合适的主题，从而改变新增的幻灯片母版的主题。此步骤操作简单，在此不再图示说明。

（2）复制幻灯片母版。因为毕竟是有关联的母版，它们的某些基础格式相同，可以通过复制后的再调整，最终获得在总体风格相同的基础上又各有特色的幻灯片母版。相关的操作方法也很简捷，如图19–10所示，在幻灯片导航窗格中的幻灯片母版上单击鼠标右键，然后在右键菜单中选择“复制幻灯片母版”选项，即会将已有的幻灯片母版及其关联的版式都复制出来。最后，我们对通过复制所生成的新的幻灯片母版进行一定的编辑调整即可。

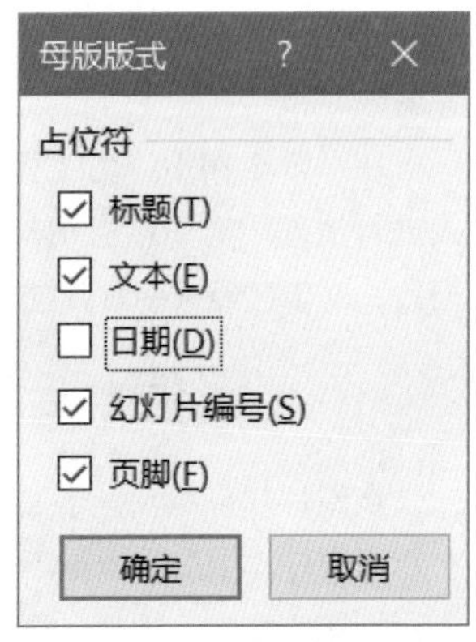

图19–11 “母版版式”对话框

可以看到，幻灯片母版的右键菜单中也包括了“幻灯片母版”选

项卡中的几个重要功能，包括：

- 保留模板：将新建的模板设置为“保留”状态。否则，如果母版没有被使用，最后会被PowerPoint自动删除。
- 重命名母版：为幻灯片母版重新命名，以区别原主题的名称。
- 母版版式：表示幻灯片母版中的各种内容。除了可以从幻灯片母版的右键菜单中进入以外，还可通过单击“幻灯片母版”选项卡—“母版版式”组—“母版版式”按钮，在弹出的“母版版式”对话框中勾选所需的占位符名称即可。如图19-11所示。

温馨提示

只有在“母版版式”对话框中勾选了“日期”“幻灯片编号”和“页脚”选项，下属关联的版式才能勾选“页脚”选项，幻灯片才能插入“日期”和“页码”。

3. 新增和清理版式

在任何幻灯片母版下都可以建立新的版式，以获得新的幻灯片布局模板。

可以看到，PowerPoint所提供的各种缺省版式可以说是中规中矩、缺乏个性。如果要获得新的版式，主要有两种方法：

（1）修改调整缺省版式：在幻灯片窗格中选中某一版式，例如“节标题 版式”，然后在编辑窗口中修改、调整标题和副标题的位置、填充，增加视觉引导，甚至可以增加衬底图片占位符，以便插入个性化图片等。调整后可以单击“幻灯片母版”选项卡—“编辑母版”组—“重命名”按钮，对版式进行重命名。

（2）新增版式：新增一种版式的方法与新建幻灯片类似。

- 可以在幻灯片窗格中选中某一版式，然后通过按回车键、使用鼠标右键菜单等方式插入版式。
- 可以在幻灯片窗格中的某一版式上单击鼠标右键，然后在右键菜单中选择“复制版式”选项，如图19-12所示。对通过复制形成的版式进行再修改、再调整，最终获得新的版式。
- 也可直接通过单击“幻灯片母版”选项卡—“编辑母版”组—“插入版式”按钮新增版式。

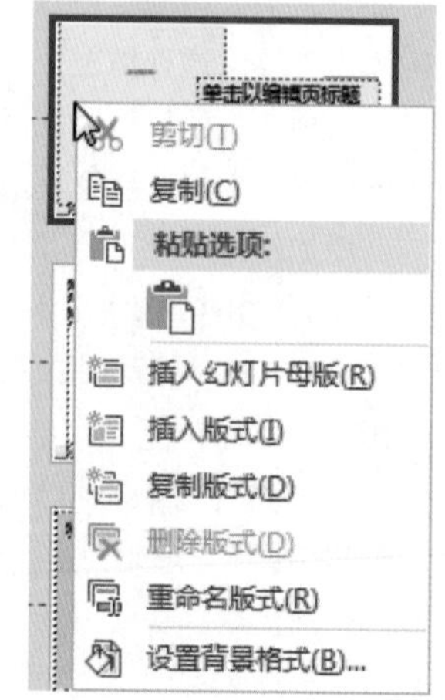

图19-12 版式的右键菜单

直接新增的版式会根据在“母版版式”对话框中确定的占位符，在去除“文本”占位符之后生成缺省的占位符，一般包含“标题”“幻灯片编号”和“页脚”等占位符。

在日常工作中，为了保证工作文件的有效性和存储效率，需要对版式进行清理。对于没有被幻灯片使用的版式，我们可以手动进行删除。当然，对于已经被幻灯片使用的版式，PowerPoint是不会允许其被删除的。

19.3.3 母版与版式中的两种内容形式

在幻灯片母版及其下属的幻灯片版式中主要有两种内容形式：占位符形式和实际对象形式，它们在新建幻灯片中的表现是不同的。

标题、文本、图形、图片等既可以为占位符形式，也可以为实体对象形式。占位符形式为在幻灯片编辑时通过单击占位符填入具体内容；而实际对象形式即将真实的文本、图形、图片等插入母版，然后所有的幻灯片都会自动拥有被插入的对象。

1. 占位符

单击“幻灯片母版”选项卡的“母版版式”组中的“母版版式”按钮，弹出“母版版式”对话框。从“母版版式”对话框中我们可以看到，幻灯片母版中只能插入“标题”“文本”“日期”“幻灯片编号”和“页脚”五种基本的占位符，而不能添加“图片”“形状”“表格”等占位符。但是，在幻灯片母版中可以添加“图片”“形状”等实际对象。

当选中母版下属的版式时，“幻灯片母版”选项卡的“母版版式”组中的“插入占位符”按钮和“标题”“页脚”等选项均为可操作状态，单击“插入占位符”按钮即可通过选择下拉列表中的占位符选项将其添加到选定的版式中。如图19-13所示。

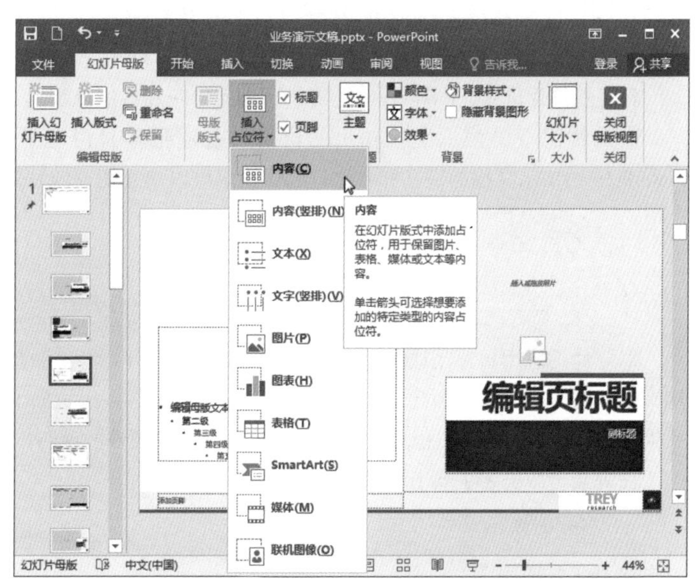

图19-13 在幻灯片母版版式中添加占位符

在下拉列表中选择了所需的占位符后，鼠标指针即变成了一个较大的“十”字形，用“十”字形鼠标指针在版式幻灯片的合适位置上进行拖拉，即在相应的位置生成占位符。

注意：

- 占位符均可设置格式。例如，对典型的文本占位符可以设置其字体、段落、填充、边框等格式，甚至可以设置占位符的动画类型。
- 设置方法与设置幻灯片对象格式的方法相同，只需选中相应的占位符，然后在功能区切换到“开始”“插入”或者“动画”选项卡，点选需要的格式按钮即可。
- 对占位符设置的格式即成为了新增幻灯片中相应对象的默认格式。

2. 添加实际内容

可以在幻灯片母版或者版式中添加实际的文本框或者形状，例如，插入图19-9所示的母版幻灯片中的logo字符“TREY”和幻灯片底部的红色线段，可以通过直接单击“插入”选项卡标签，在选项卡中设置插入文本框、矩形（或直线）等实现，然后再调整格式。

19.3.4 设置幻灯片母版的次序

由于幻灯片母版与版式之间存在一对多的从属关系。因此，在设置幻灯片母版时需要讲究配置的次序：首先设置幻灯片母版，然后调整各种版式。

（1）设置幻灯片母版：在幻灯片母版中设置或修改关键的公共选项。

- 设置主题：包括选择主题、颜色、效果、背景样式等。
- 占位符及其他实际内容设置：主要包括字体、字号、logo、标识或装饰线条、页码位置和格式，下属版式会自动显示幻灯片母版的选项设置效果。

（2）设置版式：按照“节标题—内容”的次序，对各类版式的格式进行设置，包括调整标题、内容的位置，增加所需要的占位符，增加视觉引导图形等。

（3）关闭母版视图：在对幻灯片母版和关联版式设置完毕后，在“幻灯片母版”选项卡中，单击最右侧的“关闭”组的“关闭母版视图”按钮，即可将PowerPoint切换到普通视图。

19.4 讲义与讲义母版，备注与备注母版

除了幻灯片母版，PowerPoint还提供了讲义母版和备注母版。

默认情况下，演示文稿输出的讲义和备注页都是白背景、无文字、无内容的。实际上，PowerPoint给演示文稿的讲义和备注页都提供了可以单独配置的另外的空间。

19.4.1 讲义与讲义母版

1. 关于讲义

幻灯片的应用目标是放映、演示。因此在设计上首要考虑的是放映效果，如果直接打印幻灯片，则纸张的利用率极低。因此，往往将幻灯片输出为可在一个页面上放置多张幻灯片的讲义，然后将讲义输出给听讲者。这样可以节省空间，并且可以添加额外的说明。

而讲义母版决定了输出讲义的格式。

2. 讲义母版

单击“视图”选项卡—“母版视图”组—“讲义母版”按钮，切换为讲义母版视图，然后在功能区中打开“讲义母版”选项卡，并只保留“开始”“插入”“审阅”和“视图”等选项卡。如图19-14左图所示。

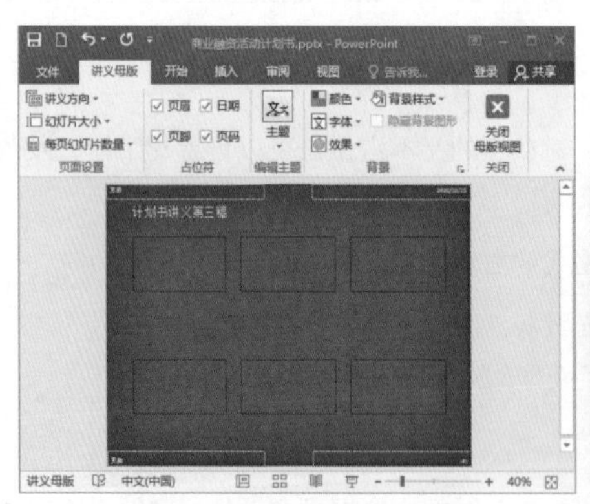

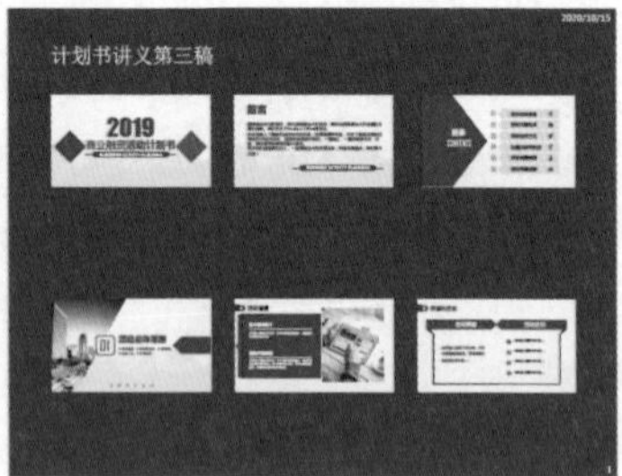

图19-14 讲义母版视图与导出的讲义所形成的PDF文件

- 讲义页空间：在一个页面上放入多个缩小的幻灯片后，页面上还有很多空间，这些空间是独立于幻灯片的。因此，讲义选项的设置，或者插入的对象，只会显示在讲义中，而不会影响幻灯片。例如，我们将讲义方向修改为横向，将背景样式修改为暗色调的“样式8”，然后插入文本框，填写标注“计划书讲义第三稿”。最后，打印或者导出的讲义如图19-14右图所示。

- 插入对象：单击功能区的“插入”选项卡，即可插入包括文本框在内的各种对象。当然，被放入讲义中的幻灯片才是主角。因此，额外添加的文本或者其他对象，只是在输出讲义时的一种辅助提示，不宜再放入logo或者其他多余的标识。

- 页面设置：在“讲义母版—页面设置”组，可以设置“讲义方向”“每页幻灯片数量”等选项，一般不建议修改幻灯片的大小。
- 页眉页脚：在“讲义母版—占位符”组，可以设置讲义中是否需要显示页眉、页脚等。
- 主题：在“讲义母版—编辑主题”组，主题选项均不可选，但可以保存当前主题。实际上，很少有人在此进行主题设置的操作。
- 讲义背景：在“讲义母版—背景”组，可以改变背景颜色、字体、效果和背景样式。
- 可以通过单击“文件”选项卡中的“导出”“打印”或者“另存为”选项来导出讲义，同时获得讲义母版定义的格式。输出、导出PDF格式讲义的方法参见21.4章节。
- 通过单击“讲义母版”选项卡最右侧的“关闭”组的“关闭母版视图”按钮，即可关闭讲义母版。

19.4.2 备注与备注母版

1. 关于备注

某些演示、演讲的内容可能较为复杂，但出于某些考虑，例如幻灯片需要采用简洁风格等情况，不能在幻灯片中放入太多信息。因此，备注就成为了一个重要的工具。

PowerPoint为每一张幻灯片都设计了跟随式的文本型备注，在日常工作最常用的“普通”视图下，只需在“视图”选项卡—“显示”组中单击“备注”按钮，则幻灯片底部即会出现“单击此处添加备注”的备注文本栏，在此可添加备注。“普通”视图下的备注只能显示文本，但备注有时可能需要添加表格、图形、图片等对象。

单击“视图”选项卡—“演示文稿视图”组—“备注页”按钮，切换为备注页视图。可以看到，在备注页视图下，幻灯片被缩小且大部分内容不可编辑。但是，PowerPoint在幻灯片之外，给用户提供了另一个广阔的空间——备注页。操作者可在备注页上对幻灯片补充各种支持性文字或材料。如图19-15左图所示。实际上，基于“所见即所得”的设计原则，打印输出的备注页也具有相同样式。具体方法参见21.4章节。

备注页视图下的页面整体模式，均由“备注母版”决定。

2. 备注母版

单击“视图”选项卡—“母版视图”组—“备注母版”按钮，切换为备注母版视图，然后在功能区中打开“备注母版”选项卡，并只保留“开始”“插入”“审阅”和“视图”等选项卡。如图19-15右图所示。

- 可以看到，备注页中的整个页面布局和样式，都是由备注母版决定的。
- 页面设置：可以设置备注页的方向和幻灯片的大小，但一般不做

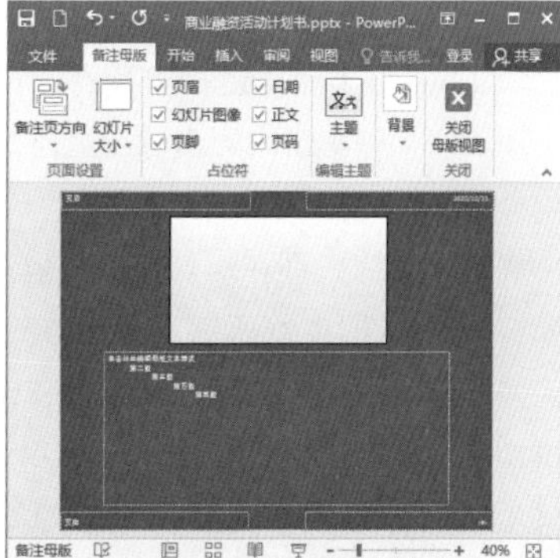

图19-15 备注页视图下添加的图文备注和备注母版

调整。

- 占位符：可以决定是否在备注页中显示页眉、页脚等占位符，甚至可以将备注页中的幻灯片图像删除。
- 编辑主题：此时“编辑主题”组中的主题选项均不可选，但可以保存当前主题。实际上，很少有人在此进行主题设置的操作。
- 背景：可以改变备注页的背景。例如，图19–15所展示的备注页背景就是将背景样式更改为“样式3”深蓝色填充的效果。
- 可以通过单击“文件”选项卡中的“打印”选项来导出或者打印备注页。导出PDF备注页或者打印备注页的方法参见21.4章节。
- 通过单击“备注母版”选项卡最右侧的“关闭母版视图”按钮可以关闭备注母版。

19.5 幻灯片编辑、设置

幻灯片的编辑、设置工作是日常建立演示文稿的过程中需要投入时间、精力最多的环节，其中的基本操作方法和技巧需要熟练掌握。

19.5.1 添加表格、图片等对象

与19.2.1小节所讨论的添加文本的途径相同，在幻灯片中添加各类内容对象的方法主要也有三个途径：（1）通过占位符；（2）通过“插入”选项卡；（3）通过复制已有对象。

这里，以通过占位符在幻灯片中插入表格为例进行说明，操作方法如图19–16所示。

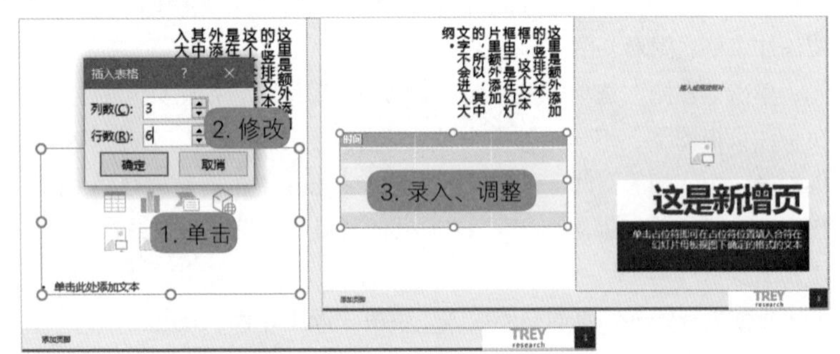

图19–16 在幻灯片中插入表格

操作步骤

【Step 1】 单击在内容占位符中与需要在幻灯片中添加的内容类型相符合的图标。例如，需要添加表格，则单击内容占位符上排最左侧的表格图标，弹出“插入表格”对话框。

【Step 2】 在“插入表格”对话框中，根据需要修改列数和行数的数值，然后按回车键或单击“确定”按钮，即在幻灯片中占位符的位置上插入表格，并将鼠标指针停留在表格的第一行第一列单元格中。如图19–16所示（注意：图片右侧部分由原幻灯片拼接而成）。

【Step 3】 在表格中录入信息，调整表格格式。只要鼠标指针停留在表格内部，功能区即会提供“表格工具—设计”选项卡和“表格工具—布局”选项卡，这两个选项卡的功能选项与Word的“表格工具”选项卡基本相同，其用法参见10.1章节。两者细微的不同在于，PowerPoint中的表格一般不会太大，因此，“表格工具—布局”选项卡没有“数据”组，不处理“排序”“转换为文本”等问题。

19.5.2 对象位置、对齐与标尺、参考线与网格线

在幻灯片中，往往有许多对象，如多个文本框、多张图片、多个形状等。其中，有些对象之间具有一定的关系，有些对象则完全属于另一组内容。这些对象的位置和对齐，一方面可以反映对象之间的关系，另一方面对整张幻灯片的布局效果也有重要的影响。

1. 对象的动态对齐

在添加对象后，可以用鼠标按住对象进行拖动并将对象放到合适位置上。

在拖动某一个对象的过程中，PowerPoint会自动显示“动态参考线”（或称“智能参考线”）以标识对象与周边形状、文本框、图片之间的直接距离与对齐关系，使操作者能够快速地将被拖动对象与周边对象对齐，将其放置到合适的位置上。如图19-17所示。

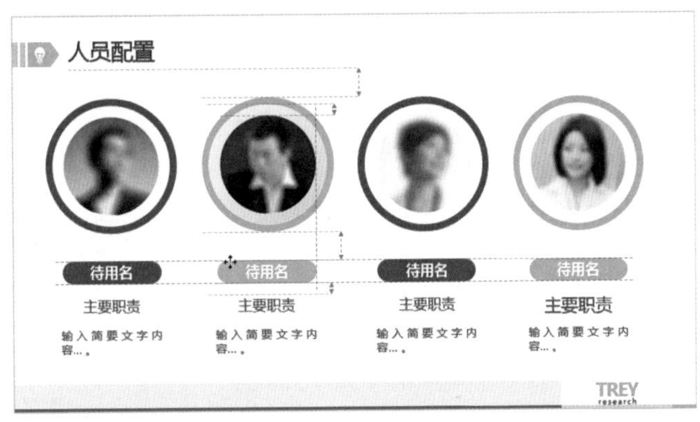

图19-17 动态参考线提供对象的动态对齐

2. 多个对象对齐

与Word、Excel相同，在PowerPoint中如果要设置多个对象对齐，可以通过对齐功能实现，操作方法也非常简捷。

在PowerPoint中，由于幻灯片上一般都具有多个对象，而且经常需要操作多个对象，为了方便，默认将包括对齐功能的许多绘图功能选项放置到“开始”选项卡中。当然，在“图片工具—格式”或者“绘图工具—格式”选项卡—“排列”按钮中，依然具有对齐功能。

操作步骤

【Step 1】 选中多个对象。

【Step 2】 单击“开始”选项卡—“绘图”组—“排列”按钮，弹出包括“排列对象”“组合对象”和“放置对象”三组功能的下拉列表。如图19-18所示。

【Step 3】 在“放置对象—对齐”选项的下拉列表中选择合适的对齐方式。

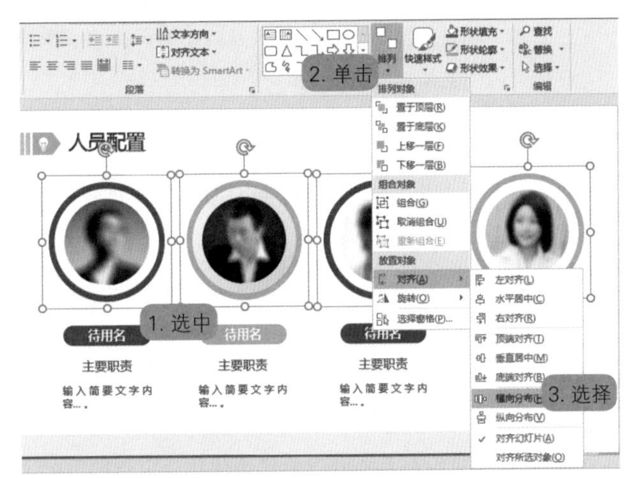

图19-18 多个对象的对齐

- 左、右、顶端、底端对齐：对齐所选对象最左、右、上、下侧的边缘。
- 水平居中：找到各个对象的垂直中线，然后将各个对象移至垂直中线对齐。
- 垂直居中：找到各个对象的水平中线，然后将各对象移至水平中线对齐。
- 横向分布：多个对象在横向上获得等宽间距。

- 纵向分布：多个对象在纵向上获得等宽间距。
- 如果只选择一个对象，则上述除了“横向分布”与“纵向分布”以外的对齐效果均为对象在幻灯片之中的对齐，例如“垂直居中”为对象在幻灯片中的垂直居中。

3. 幻灯片标尺、参考线和网格线

为了更好地确定幻灯片中对象的位置，PowerPoint设计了标尺、参考线和网格线。

显示标尺、参考线和网格线的方法是：将功能区切换到“视图”选项卡，然后勾选“显示”组中的多选项即可。如图19-19所示。

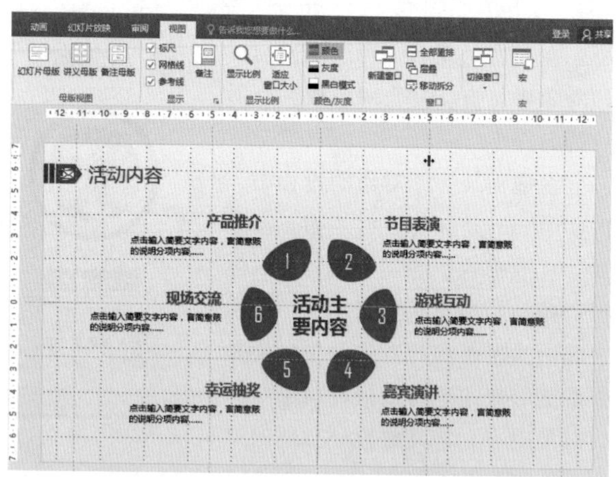

图19-19 幻灯片的标尺、参考线和网格线

标尺是位于幻灯片页面外上侧和左侧的具有刻度的直尺。不同于Word的标尺起点为左上角，PowerPoint的标尺是中心对称的，即其上标尺和左标尺均以幻灯片的中心为起点。标尺的尺度单位以幻灯片大小（厘米数）为基础，而“厘米数”将随幻灯片页面的放大倍数而动态变化。例如，宽屏幻灯片的宽度为33.867厘米，则左侧标尺的“厘米数”为16.933 5。

参考线是跨越幻灯片、几乎延伸至标尺的虚线。缺省的参考线为两条分别从横向、纵向上穿越0点的坐标线，为了更好地确定各种对象的位置，可以通过按住Ctrl键拖拉参考线的方法来增加参考线。在图19-19所示的演示文稿中，即在纵向上增加了两条参考线，在横向上增加了一条参考线。

实用技巧

在调整幻灯片对象的位置与对称关系时，有针对性地添加参考线往往更为醒目，也可以获得更好的效果。

而网格线是幻灯片内部等间距的虚线。

- 标尺、参考线和网格线都是编辑时使用的基准线，在幻灯片放映时均不会显示。
- 网格线设置、参考线设置可以通过单击“视图”选项卡—“显示”组的对话框启动器，打开“网格与参考线”对话框进行设置。如图19-20所示。

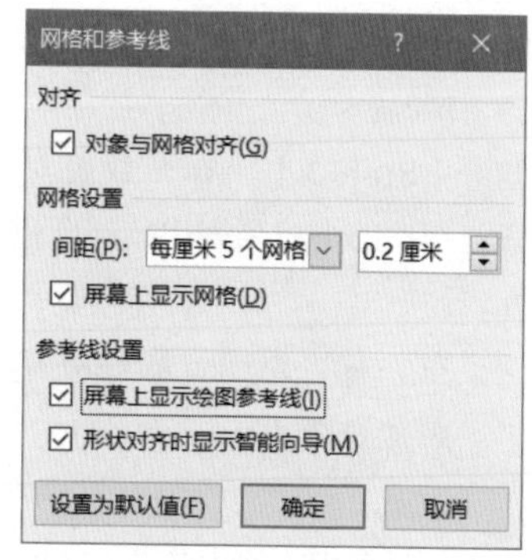

图19-20 “网格和参考线”对话框

- 参考线、网格线是保证对象具有对称性的有力工具。例如，图19-19所示的幻灯片若在没有网格线或参考线的情况下，很难看出上方两行文本“产品推介”和“节目表演”的不对称，且下方两行文本“幸运抽奖”和“嘉宾演讲”也并不对称。
- 在实际应用时，参考线和网格线往往不必同时打开。

19.5.3 幻灯片页脚、日期与页码

幻灯片可以插入页脚、日期和页码，但能否正常插入受到“幻灯片母版—母版版式”组的设置以及幻灯片所使用的“版式”影响。

幻灯片能够插入页脚、日期和页码的先决条件是：在母版版式的设置中勾选了“日期”“页脚”和“幻灯片编号”；并且，幻灯片使用的版式中也勾选了“页脚”选项。具体做法参见19.3.2小节。

新建演示文稿的母版版式以及相关联的各种版式，在缺省情况下都勾选了上述选项。

满足了上述条件后，在幻灯片中加入页脚、日期和页码的操作方法为：（1）单击“插入”选项卡—“文本”组—“页眉和页脚”按钮，弹出“页眉和页脚”对话框；（2）在对话框中勾选“日期和时间”“幻灯片编号”和“页脚”等选项，在页脚录入框中输入页脚文本；（3）单击“应用”按钮则在当前幻灯片中添加了相关信息，如果单击“全部应用”则将相关信息应用到全部幻灯片中。如图19-21所示。

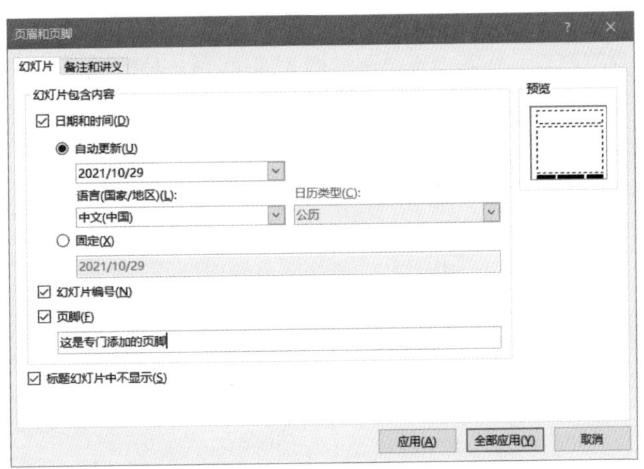

图19-21 幻灯片的“页眉和页脚”对话框

一般来说，标题幻灯片中不显示页脚信息，如需显示，则勾选相应的选项即可。

实用技巧

如果需要使幻灯片的页码从0开始，则单击“设计”选项卡—“自定义”组—“幻灯片大小”下拉按钮—“自定义幻灯片大小”选项，在“幻灯片大小”对话框中进行设置。

19.5.4 字体替换

决定幻灯片文本字体的要素次序为：（1）演示文稿主题，决定了演示文稿中标题及文本字体的基本设置。（2）母版幻灯片或版式，在其中可以修改文本占位符的字体。修改后新建幻灯片的字体将采用母版幻灯片或关联版式的字体。（3）在编辑幻灯片时对文本框的字体进行设置。

也就是说，幻灯片中文本框的字体仍然遵循Office选项设置的“在共性的基础上尊重个性”的规则。有时，可能在演示文稿制作完成之后，由于幻灯片本身在编辑过程中的某些设置导致了一批幻灯片中重点文本的字体需要进行修改，这时可以使用字体替换的功能来完成。

操作方法：单击“开始”选项卡—“编辑”组—“替换”下拉按钮，在下拉列表中选择“替换字体”选项，弹出“替换字体”对话框；在对话框中的“替换”和“替换为”选择框中分别选择所需的字体，然后单击“替换”按钮，则完成了字体替换。如图19-22所示。

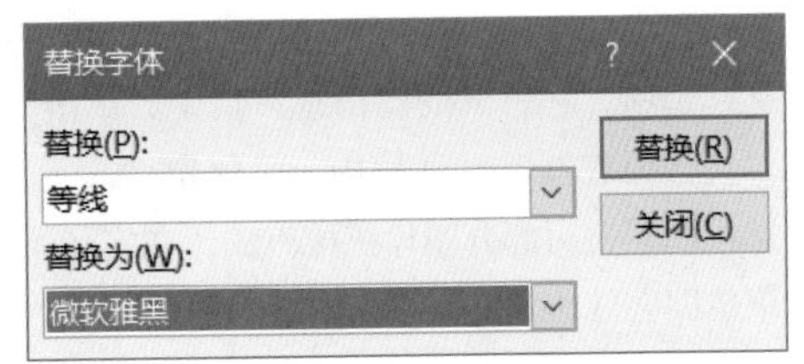

图19-22 “替换字体”对话框

19.5.5 创建相册

相册实际上是一种特殊的演示文稿。相册的每张幻灯片都以罗列图片为主。相册可通过插入图片来创建。

（1）打开任一演示文稿，单击“插入”选项卡—“图像”组—“相册”按钮，弹出“相册”对话框。（2）如图19-23所示，在“相册”对话框中单击“文件/磁盘”按钮，打开“插入新图片”窗口，在其中选择所需图片即可。如果需要选择多张图片，可以按住键盘的Shift键或者Ctrl键进行连续的点选，然后单击“插入”按钮，回到“相册”对话框。（3）此时，对话框中的“相册中的图片”列表框中即出现了被选中的图片文件名。

图19-23　“相册”对话框

说明：

- 单击“相册”对话框中的“新建文本框”按钮，“相册中的图片”列表框中即显示“文本框”（占位符）的字样，表示在相册中插入文本框。
- 在“相册中的图片”列表框中勾选一张或若干张图片，或者勾选新插入的文本框，单击列表框下方的上、下箭头按钮，可以改变图片或文本框在相册中的位置。
- 单击“相册版式—图片版式”下拉按钮，可以对相册中每张幻灯片包含图片的数量、是否带幻灯片标题等选项进行设置。
- 单击“相框形状”下拉按钮，可以选择不同的图片外边缘。“矩形”选项实质上代表了不加任何边缘的相框形状效果。
- 单击“主题”输入框后面的“浏览”按钮，弹出“选择主题”窗口，可以在其中选择特定的主题，并获得所需的背景颜色、字体等。选择完成后，单击“选择”按钮即可。

最后，单击“创建”按钮，即创建了一份新的演示文稿。演示文稿的标题为“相册”，副标题为“由××创建”，“××”为PowerPoint选项中的用户名。

19.5.6 删除幻灯片中的所有备注

演示文稿的制作者通常需要在一些幻灯片中加入备注信息，以供自己在演讲时参考。但是，如果该演示文稿要传递给其他人员，制作者很可能并不希望别人看到备注信息。这时，PowerPoint提供了可以一次性删除所有幻灯片备注的方法。

在PowerPoint程序界面的左上方，单击“文件”选项卡，打开后台视图。然后，单击左侧的“信息”选项，在打开的“信息”页中，单击“检查问题”按钮，并执行“检查文档”命令。最后，在“文档检查器”对话框中，只保留“演示文稿备注”复选框的选中状态即可。如图19-24所示（注意：此图为两部分图片拼接而成，在实际操作中，打开“文档检查器”对话框后，“检查问题”下拉菜单即会自动关闭）。

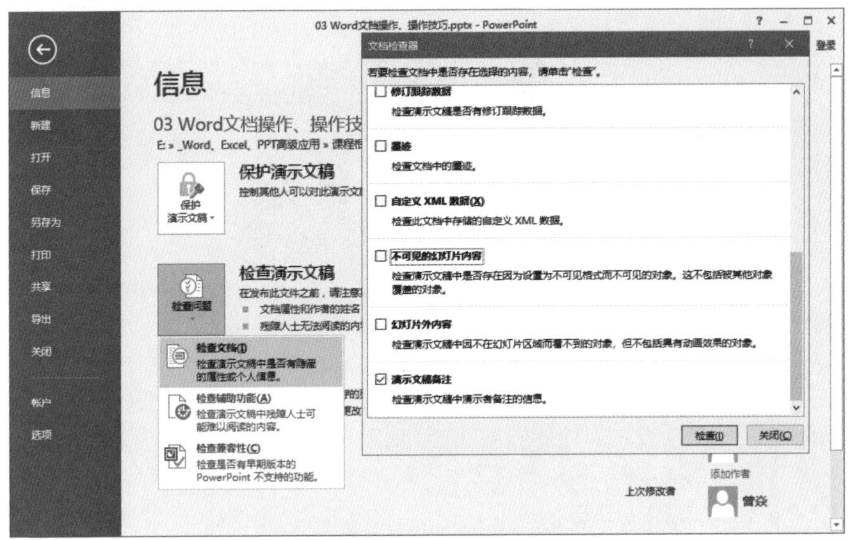

图19-24　删除幻灯片中的备注

19.6 幻灯片设置的要点与建议

- 幻灯片是组成演示文稿的独立单元，但其又是需要展示和表达问题的有机整体中最重要的一部分。就像共同组成了一首乐曲的每一个小节，需要仔细、精心地整理其层次。
- 建立幻灯片前首先需要考虑其版式。因此，在新建幻灯片时就可以从版式中选择合适的幻灯片要素布局。
- 幻灯片母版和版式的制定与设计应该与内容构思同步进行。
- 与其积累一些花哨难用的演示文稿“模板”，不如自己配置好几套实用的演示文稿主题与相应的母版。

第 20 章 幻灯片的对象

幻灯片中的对象主要包括文本框、形状、图片、表格、图表、公式和多媒体等，也可以插入其他嵌入对象。

对于幻灯片中的文本框，我们已经在上一章中进行了详细的讨论。而幻灯片中的形状、表格、图表、公式的设置与使用方法与其在Word文档或Excel工作簿中的使用情况基本相同，故本章对上述对象仅结合幻灯片的使用特点和需要进行简要说明。

在幻灯片中，形状、图片不仅可以是传达意义的工具，还可以将其作为背景、渲染手段甚至补白手段来使用。所以，形状、图片在某些演示文稿中被大量地应用，特别是在某些商业宣传文稿中。

在编制演示文稿时需要注意，适当添加切合内容的图片或者能够辅助布局的形状的确可以增强演示效果，并使演讲更为轻松。但是，过分的渲染在本质上并不会增强文档的内涵。特别需要注意的是，学术型的演示文稿一般不使用渲染手段。

20.1 图片的应用

图片，是表现力最为直观的文档和演示文稿素材。在Word、Excel和PowerPoint中，图片的设置基本相同。Office中所说的“图片”包含了计算机领域所说的图像、EMF矢量图（增强型图元文件）以及ICO图标（Icon）等。我们常用的图片多为数字图像。数字图像即我们通常所说的“数码照片”，可以直接用数码相机、手机进行拍摄，也可以从网络上直接下载。使用数字图像时，尤其要注意图像或图片的版权，特别是在用于商业目的时，最好在落实好相关的版权后再使用。

在计算机上采集、显示、传输、存储的数字图像一般都是数字化的点阵。点阵图像的数据量巨大。所以，一般都需要先通过一定的编码压缩算法进行压缩，再添加某种文件格式说明后，才能被保存为某种格式的文件。

在计算机的应用和发展过程中，产生了大量的图像文件格式，其中应用最为广泛的是“.jpg”文件格式，这种文件格式的优势是其压缩比最为优化。此外，“.png”文件格式也被广泛使用，是可以在保证不损失图像信息的基础上获得优化的图像压缩格式。使用这种文件格式的图像是采用无损压缩算法进行编码压缩的图像。

20.1.1 添加图片与图片大小、裁剪、排列

1. 插入图片

在幻灯片中添加图片一般可以通过两种途径：（1）单击内容占位符中的图片项或者图片占位

符；（2）单击“插入”选项卡—“图像”组—“图片”按钮—“此设备”选项。两种操作均弹出如图20-1所示的“插入图片”对话框。在对话框中选中一张或多张图片，然后单击“插入”按钮，图片即被插入到了幻灯片中。

在日常工作中，也可以将其他软件（如浏览器）中的图片进行复制，然后粘贴到幻灯片中。

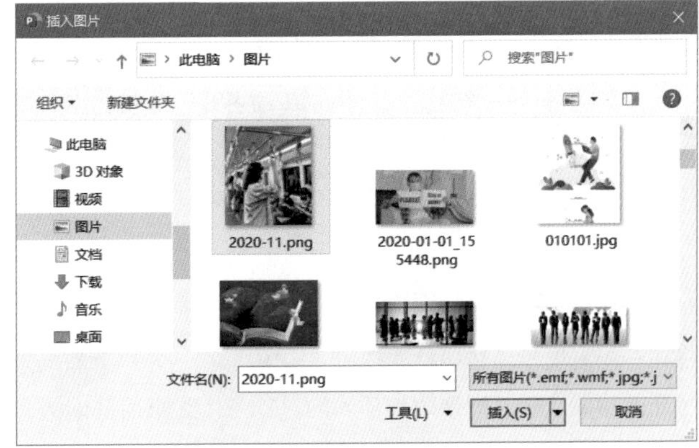

图20-1　“插入图片”对话框

2. 图片大小、裁剪

与Office中调整对象大小方法完全相同，调整幻灯片中的图片大小可以直接通过拖拉选中图片的四个角。如果拖拉四条边，则会在拖拉方向改变图片宽度或者高度，从而改变了图片的纵横比。

如果需要精确调整图片的大小，可以在选中图片后，通过“图片工具—格式”选项卡—“大小”组的“高度”和“宽度”输入框或微调按钮进行调整，如图20-2所示。当然，也可以单击“大小”组的对话框启动器，弹出“设置图片格式”浮动窗格，在其中可以方便地设置图片大小。鉴于篇幅关系，在此不再图示说明。

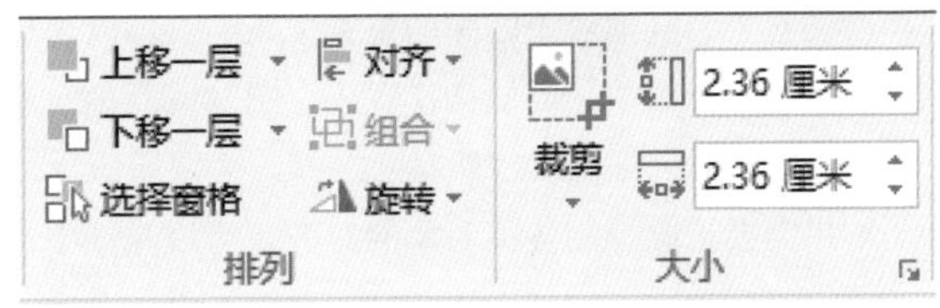

图20-2　“图片工具—格式”选项卡中“排列”和“大小”组

Office自2010版开始，就提供了图片裁剪工具。这不仅给日常工作带来了便利，而且，Office的图片裁剪功能非常有特色：

- 裁剪后，图片的被裁剪部分不会在文件中被删除（除非复制粘贴一次）。
- 可以按任意形状进行裁剪。

裁剪的方法非常简捷：选中图片，单击“图片工具—格式”选项卡—“大小”组—“裁剪”按钮，则在图片的四角以及四条边中部都会出现黑色的“裁剪图柄”，用鼠标按住任意一个裁剪图柄进行拖拉，即可改变裁剪窗的大小。如图20-3左图所示。调整至合适的位置后，单击图片以外的任意位置，即完成裁剪，裁剪窗口以外的图片部分会被消隐。

图20-3　图片裁剪

如果直接在“裁剪”按钮—“裁剪为形状”选项的下拉列表中选择一种形状，则原图片会按照所选择的形状被裁剪。如果先进行自定义裁剪（例如裁剪掉照片中的周边杂乱部分），再选择裁剪为形状，则原图片会在被裁剪后再按照选择的形状切割出来。如图20-3右图所示。

可以向外裁剪，即将图片之外的内容包含到图片被裁剪的部分中，然后添加同一个边框。

图片被裁剪的部分并没有被删除，如果裁出的区域存在敏感信息，应利用“图片工具—格式”选项卡—“调整”组—“压缩图片”选项，在“压缩图片”对话框中勾选“删除图片的裁剪区域”选项进行删除。

裁剪方法还可按照特定的纵横比进行，或者按照“调整”“适合”等选项的设置方式进行。

3. 图片排列

可以看到，幻灯片中的图片、文本框或者形状在被添加或者被选中后，不会像在Word文档中那样将在右侧出现布局选项浮动按钮“ ”。这是因为布局选项在本质上是处理对象与文本的“环绕”特征的功能选项，即处理被插入的对象与作为页面基础的文本之间的关系。而在幻灯片中，所有的对象都是“浮于页面上方”的，就连文字也都是被放在文本框中的一个个“文本块”。所以，对象之间只存在两种关系：（1）平行页面平面的相互排列对齐关系；（2）垂直页面平面的上下（前后）关系。因此这时便不需要布局或环绕选项了。

- 幻灯片中的图片与其他对象之间的排列对齐关系：

  一般在使用鼠标拖放图片或其他对象时，根据被拖动的对象与其他对象之间的位置关系，会即时出现动态的对齐虚线，以便操作者决定图片或其他对象的放置位置。如图20-4所示。

图20-4　动态的图片对齐虚线的使用

- 如果需要精确控制各种对象的对齐，可以先选中这些对象，然后单击“图片工具—格式”选项卡—“排列”组—“对齐”下拉按钮，在下拉列表中选择一种对齐方式即可。
- 如果因为有多张图片或者出现图片与其他对象相互重叠的现象，而需要调整图片或者避免其他对象之间发生遮挡，则先选择需要显示的图片，然后单击“图片工具—格式”选项卡—“排列”组—“上移一层”按钮（或者选中产生遮挡效果的对象，对其进行“下移一层”操作），或者直接选择“置于顶层”选项。
- 图片或其他对象在纵向层次上的移动命令也可在右键菜单中找到。

20.1.2　图片调整

在制作幻灯片时，通过拍摄或其他方式所获得的原始图片可能并不能满足幻灯片整体的使用需求，这时就需要对图片进行调整，即对图形的背景、亮度、对比度、颜色进行调整，也可添加某种艺术效果。

图片或图像的处理、调整是设计领域的一项重要工作，Office提供了在一般情况下对图片进行整体调整的功能选项，这些功能设置应对一般的办公需求已经足够。图片调整功能被放置在“图片工具—格式”选项卡的“调整”组中。如图20-5所示。

图20-5　图片调整工具

1. 删除背景

图片背景一般指图片周围的白色或者某种浅色的部分，背景往往使图片主体不能融入环境或者使其对旁边的对象形成不必要的遮挡。此时，就需要删除图片背景。

删除背景的操作方法：选择图片，单击“图片工具—格式”选项卡—“调整”组—“删除背景”按钮，即会自动识别出图片中的背景部分并用紫红色将其标记出来，如图20–6左图所示。此时，功能区切换到“背景消除”选项卡，如图20–6中图所示。单击此选项卡中的“标记要保留的区域”（或者“标记要删除的区域”）按钮，鼠标指针再进入图片的操作区域中时就会变为一支“笔”，用笔点击需要保留/删除的位置，即可进一步调整修改需要删除或者需要保留的区域。最后，单击“保留更改”按钮，即会删除被标记删除的区域，同时关闭“背景消除”选项卡。删除背景后，图片周边或特定的区域将变为透明效果。如图20–6右图所示。

图20–6　图片删除背景

2. 校正、颜色与艺术效果

如果需要调整图片的对比度、亮度、色调等，可以通过使用“图片工具—格式”选项卡—“调整”组的“校正”（锐化/柔化、亮度/对比度）、“颜色”（颜色饱和度、色调、重新着色）和“艺术效果”功能按钮来实现。这些功能按钮的操作方式类似，故这里仅以颜色的设置为例进行说明。

选中图片，然后单击“图片工具—格式”选项卡—“调整”组—“颜色”按钮，弹出颜色调整的组合列表。在列表中，选中的图片以缩略图的形式按照各种调整效果显示，当鼠标指针移动到某个缩略图中时，所选的图片即会以相应的效果进行显示，方便操作者作出选择。如图20–7左图所示。单击下拉列表中的缩略图，即可将所选图片的颜色属性修改为所选值。

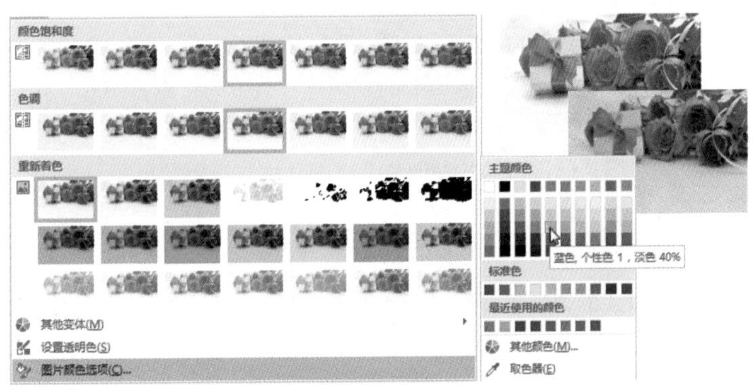

图20–7　图片颜色调整

- 其中，当鼠标指针移动到“其他变体”选项时，会下拉调色板。再将鼠标指针移动到调色板中的某个颜色上时，图片即会以这种颜色为基色再叠加灰度层次重新着色。如图20–7右图所示。
- “设置透明色”选项即将图片中被选中的颜色所在的部位设置为透明（注意：由于人眼对灰度和颜色的分辨能力有限，因此单独的点选对于自然图片的设置是比较困难的）。
- 单击“图片颜色选项”时，会弹出我们熟悉的“设置图片格式”浮动窗格，并定位到“图片颜色”选项的位置上，在其中即可对颜色的各种参数进行连续调整。如图20–8所示。在

图20–8　“设置图片格式”浮动窗格

“校正”和“艺术效果”按钮的下拉组合列表底部，选择“图片校正选项”或者“艺术效果选项”选项，同样可以打开“设置图片格式”浮动窗格，并定位到相应的位置上。

图片的各种调整效果是叠加的。例如，在进行图片对比度的调整后如果再调整颜色，两种效果会同时加载到图片上。

3. 压缩、更改与重置图片

单击“图片工具—格式”选项卡—“调整”组—“压缩图片”按钮，弹出“压缩图片”对话框。这里，一般保留默认的“仅应用于此图片”选项。如果需要删除图片的剪裁区域，则同时勾选第二个选项“删除图片的剪裁区域”。

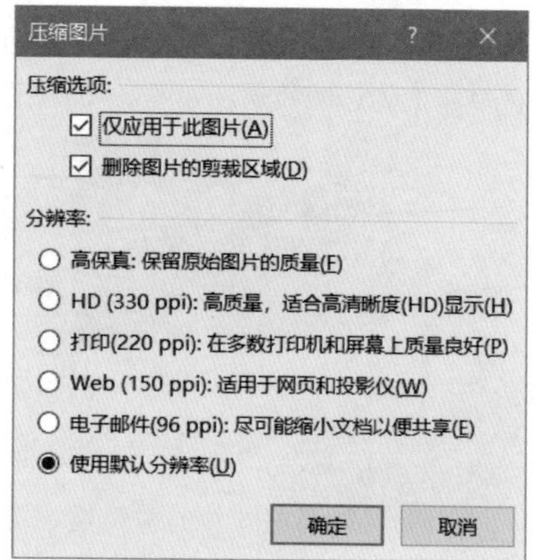

图20-9 “压缩图片”对话框

不同的“目标输出”选项表示不同的保留图片分辨率的类型。分辨率越高，图片质量越好，但是文件也将越大；反之，分辨率越低，图片质量越差，文件也将越小。

一般情况下，保留“目标输出”为“HD”，即330 ppi。如果演示文稿仅用于交换共享，不在意图片质量，则可取消勾选“压缩选项”中的“仅应用于此图片”选项，再选择一种较低的分辨率选项即可，最后单击“确定”按钮，即会对图片进行压缩。如图20-9所示。

单击“图片工具—格式”选项卡的“调整”组中的“更改图片”按钮可以重新选择图片，操作时会打开“插入图片”对话框，在其中选择某张图片后原图即被替换。

“图片工具—格式”选项卡的“调整”组中的“重置图片”按钮包括两个子功能：“重设图片”与“重置图片和大小”。“重设图片”，是指去除对图片已进行的各种调整；“重置图片和大小”，是指去除对图片已进行的各种调整并将图片恢复至原始尺寸。

20.1.3 图片样式与自制样式

图片样式的调整不是指对图片本身的调整，而是指对图片添加边框、阴影、映像、边缘等效果。这样既可以起到装饰作用，又可以使图片在背景中突显，有的还可以使图片融入背景之中。而“图片版式”功能即利用SmartArt图形对图片进行组织。

如图20-10所示，在“图片工具—格式”选项卡—“图片样式”组中，图片样式的设置选项包括快速样式框以及“图片边框”“图片效果”和“图片版式”下拉按钮。其中，快速样式实质上是各种效果的集成包。

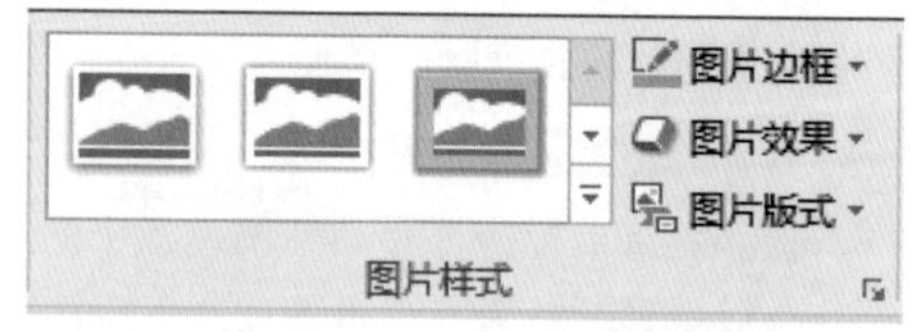

图20-10 “图片样式”组

1. 快速样式

图片快速样式是指集中了PowerPoint已经设置好的各种效果并赋予其特定名称的“效果包”。快速样式给快速设定图片效果提供了“一键完成”的实用工具。

设置图片采用某种样式的方法与在Office其他组件中应用样式的方法相同：选中图片，然后用鼠标指针在“图片工具—格式”选项卡—“图片样式”组的快速样式列表框中接触各种样式，图片就会显示所接触的样式的效果。如果觉得某种效果满意，在点选后图片的外观即被设置成了对应的样式。图20-11所示即是给图片添加了名为“金属框架”的样式。

可以看到，图片的快速样式多半是图片边框、阴影、映像、边缘柔化等效果的合成，某些特殊的快速样式还添加了图片的裁剪效果。因此，只要有需要或有独特创意，完全可以制作自定义的图片样式。由于图片样式的设置方法和相关参数较多，所以Office至今仍没有开放自定义功能。

图20-11　图片应用快速样式的效果

2. 图片效果与自制样式

为图片设置某种效果的方法：在幻灯片中选中图片，然后单击“图片工具—格式”选项卡—“图片样式”组—“图片边框”“图片效果”或者“图片版式”下拉按钮，在下拉组合列表中选择一种效果即可。如图20-12左图所示。

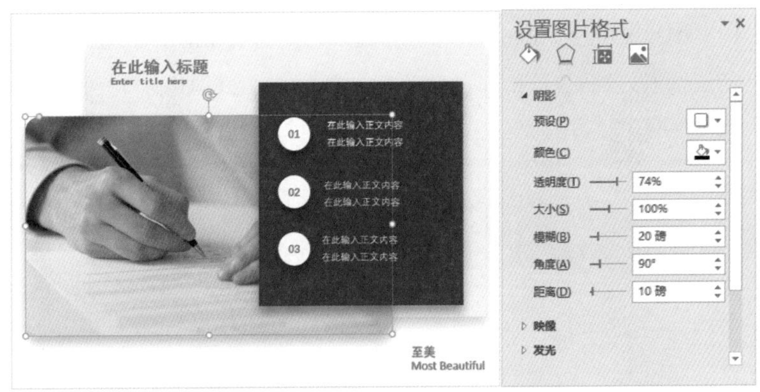

图20-12　图片设置效果和“设置图片格式”浮动窗格的效果选项

- 选择图片效果的模式与选择快速样式的模式相似，即可视化的“所见即所得”模式：当鼠标在下拉列表中的各种预设效果（例如线条颜色、线条宽度、阴影等效果）中移动时，所选图片就会呈现出这种效果。如果满意此效果，单击即可。
- 直接选择的预设效果在某些参数方面未必合适。此时，通过单击“其他线条”或者“阴影选项”等选项，或者单击“图片样式”组的对话框启动器，均会弹出“设置图片格式”浮动窗格，在其中可以更改预设效果，也可以调整各种效果的参数。如图20-12右图所示。
- “图片边框”按钮的下拉组合列表实际上是调色板和线条选项的组合，PowerPoint中的调色板都增加了“取色器”选项。如图20-13左图所示。如果需要其他线条，可在与线条相关的功能选项的二级列表中选择“其他线条”选项，打开“设置图片格式”浮动窗格，并自动定位到“线条”选项上。

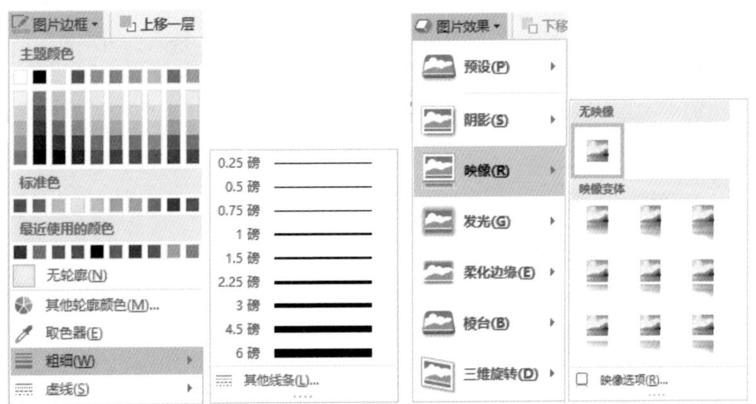

图20-13　图片边框和图片效果下拉组合列表

- “图片效果”包含了一组效果选项，包括“阴影”“映像”等，其中的“预设”选项即PowerPoint预设的几种效果组合。如图20-13右图所示。利用这些效果，可以制作各种图片特效，例如广告牌的透视效果，或者做成类似快速样式的各种合成效果。

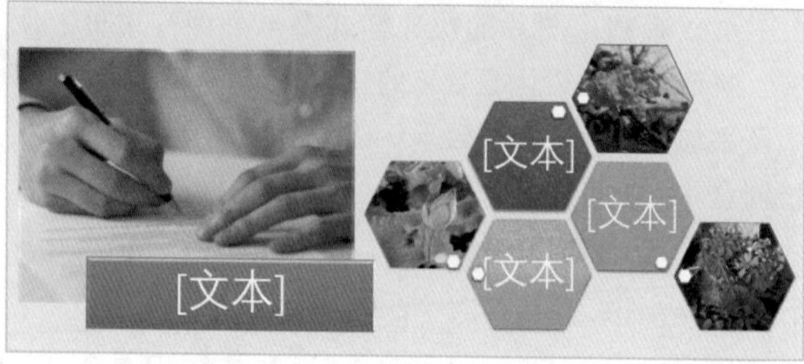

图20-14 “图片版式”功能：由SmartArt整合的图文效果

- 图片效果为叠加应用模式，即图片分别应用多个效果，最后的效果为各种效果的叠加。另外，不要忘记，图片的裁剪是一种很好的效果工具。
- “图片版式”按钮利用SmartArt图形对图片进行布局整合，形成了丰富多样的图片排列模式，并提供了文本占位符和SmartArt颜色、样式的一键式调整窗口。如图20-14所示。

实用技巧

一张幻灯片中如果有多个对象，其效果一般需要统一。例如，图20-12左图所示的幻灯片中，多个对象都使用了阴影效果。因此，阴影的参数应该是相同的，否则，视觉效果会显得冲突而凌乱。

20.2 幻灯片中的形状、表格与图表

幻灯片中的形状、表格和图表的操作与在Word文档中操作几乎完全相同，只是幻灯片的页面大小与Word文档不同，且幻灯片的应用目的是放映。因此，PowerPoint进行了某些适应性的调整。这里仅对不同之处进行有针对性的统一介绍，形状和表格的具体操作方式参见Word文档的相关章节，图表的具体操作参见Excel的相关章节。

20.2.1 插入形状与表格

在幻灯片中插入形状、表格的方法与在Word文档中插入的方法相同，通常采用两种途径：

（1）单击内容占位符或者通过“插入”选项卡的各种插入选项来建立空白形状、表格，然后对其边框、填充、样式、文本等格式进行相关设置。

（2）从其他文档中通过“复制—粘贴”的方式导入。

- 直接插入的表格具有中等色彩的样式。表格、形状和图表均根据演示文稿所选择的主题颜色进行彩色填充和边框设置。
- 通过上述第二种途径被粘贴到幻灯片中的形状、表格或图表，往往有三个细节还需要再次进行调整：

  - 如果源文档的主题颜色和目标文档（当前幻灯片）不同，则各种颜色（例如字体、边框、填充的颜色等）可能会发生变化。因为默认粘贴选项为“使用目标主题”，而Office对颜色的“记忆”设置是记住颜色在调色板中的位置。如果调色板的内容变了，而选择的位置不变，那么颜色就会发生变化。这时，如果需要保留原颜色，只需在“粘贴选项”中选择“保留源格式”选

项即可。如图20-15所示。

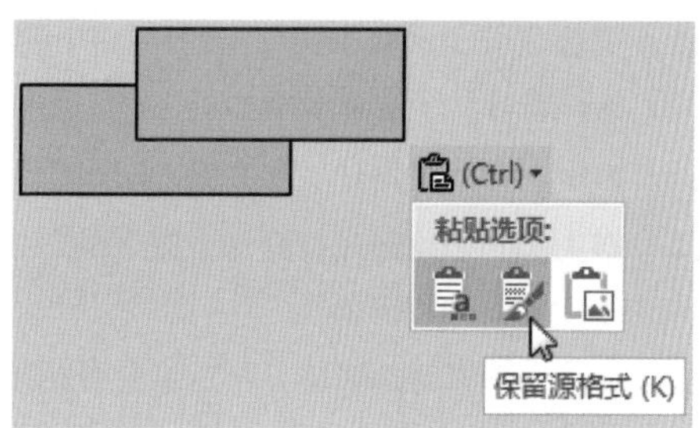

图20-15　形状的粘贴选项

● 字体大小：由于PowerPoint幻灯片与Word文档对幅面大小的设计不同。所以，往往在将Word文档中的形状、表格或图表通过复制粘贴到幻灯片中后，字体会显示得较小。例如，Word文档中的正文文本字号一般为五号，粘贴到幻灯片中后变为10.5磅，显然不能符合幻灯片的放映要求。

● 段落缩进、对齐：在Word文档中，形状（文本框）、表格中的文字如果设置了某种段落缩进或者对齐方式，在被复制到幻灯片中时，可能需要重新调整。

将表格复制到幻灯片中时，即使原表格的样式为"普通表格—网格型"，PowerPoint也会将其转换为某种具有中等颜色样式的表格。如果需要去除PowerPoint添加的填充，只需单击"表格工具—设计"选项卡—"表格样式"组—快速样式的"其他"按钮，然后单击组合列表下端的"清除表格"选项即可。

20.2.2　插入与"复制—粘贴"导入图表

在幻灯片与Word文档中插入图表同样可以通过两种途径：第一，通过"插入"选项卡"图表"按钮；第二，通过"复制—粘贴"的方式导入。

1. 插入图表

在单击"插入"选项卡—"图表"按钮后，弹出"插入图表"对话框窗口，如图20-16左图所示。这个对话框本身就是Excel中插入图表对话框的副本。

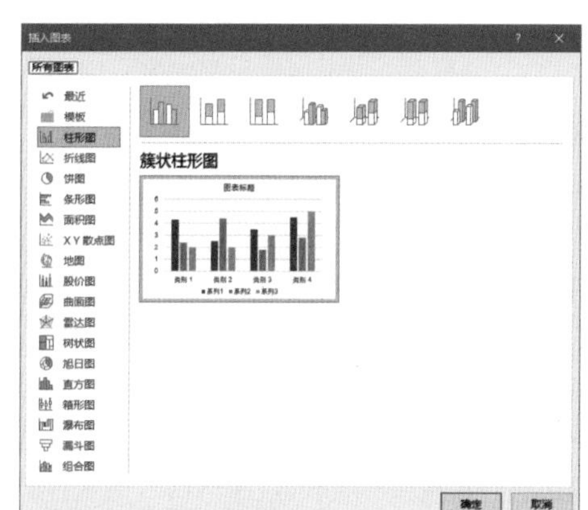

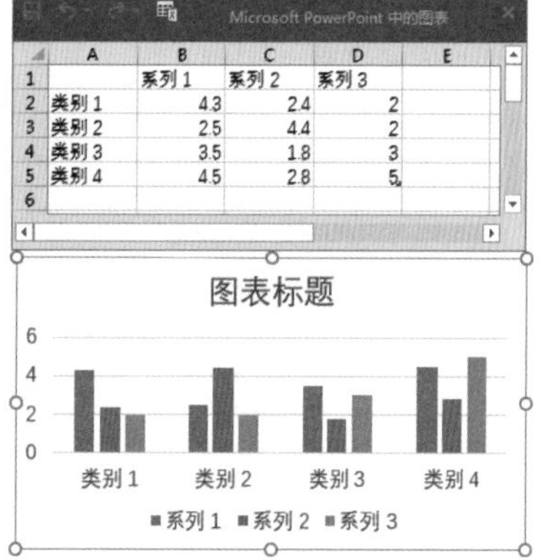

图20-16　"插入图表"对话框与嵌入的Excel工作表

在"插入图表"对话框中选择某种图表后，单击"确定"按钮，即会关闭"插入图表"对话框。同时，打开一个嵌入的Excel工作表窗格，并在其中建立一组虚拟数据。然后，在幻灯片或者Word文档页面上建立相应的图表，如图20-16右图所示。

此时，只需在工作表中录入或者粘贴进相应的数据，图表即会随之改变。单击工作表窗口的关闭按钮即可关闭此窗口。

说明：

在幻灯片或Word文档中插入图表，实际上即在演示文稿或Word文档中嵌入一个Excel工作簿，在其中存放了表示图表数量关系的数据。

选中图表，在PowerPoint或者Word的功能区中即会出现"图表工具-设计"和"图表工具-格式"

子选项卡。这些子选项卡与Excel中的“图表工具”选项卡的唯一差别是，嵌入图表的“图表工具—设计”子选项卡增加了一个“编辑数据”功能。

- 由于图表的数据存放在所嵌入的工作表、工作簿中，对于幻灯片或Word文档中的图表所表示的数据大小，必须通过打开这个嵌入的工作簿来调整。打开的方法为：单击“图表工具—设计”选项卡—“编辑”按钮。
- 在选中图表的任何部分时，也会有相应的右键菜单。这些右键菜单与Excel中的“图表工具”的右键菜单完全相同。
- 利用“图表工具”选项卡和右键菜单，即可按照前面第16章所介绍的方法，对图表进行各种格式选项配置。

2. “复制—粘贴”导入图表

通过“复制—粘贴”导入图表主要有“复制”和“粘贴”两个步骤。

“复制”步骤需要用Excel打开相应的Excel工作簿，单击选中需要复制的图表，然后按快捷组合键“Ctrl+C”或者利用选项卡或右键菜单的“复制”命令即完成复制。

“粘贴”步骤则相对比较复杂，因为涉及以下问题：

（1）采用哪个文档的主题（包括颜色搭配、字体和效果等主题要素）的问题，即采用目标文档（演示文稿或Word文档）还是被复制的Excel工作簿的主题。

（2）图表背后的数据是嵌入还是链接的问题。

上述两个问题交叉即获得四种选项。在幻灯片或者Word文档中单击鼠标右键，我们看到右键菜单的“粘贴选项”有五项功能选择，如图20-17所示，且当鼠标指针接触任何一个选项时，旁边会同步显示出图表。

图20-17 图表的“粘贴选项”

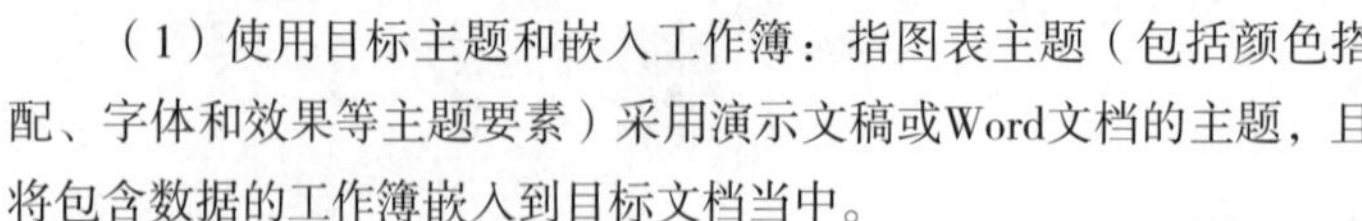

（1）使用目标主题和嵌入工作簿：指图表主题（包括颜色搭配、字体和效果等主题要素）采用演示文稿或Word文档的主题，且将包含数据的工作簿嵌入到目标文档当中。

（2）使用源主题和嵌入工作簿：指图表主题要素采用被复制的Excel工作簿的主题要素。当原工作簿主题与目标文档的主题不同时，图表会更加突出，而包含数据的工作簿也会被嵌入到目标文档中。

（3）使用目标主题和链接工作簿：指图表采用目标文档的主题。但是，包含数据的工作簿是通过链接的方式接入的，“编辑数据”时将打开外部的数据源进行编辑，并在外部数据发生变化后，通过刷新图表即可获得新数据的图表。这也是直接按快捷组合键“Ctrl+V”所获得的结果。

（4）使用源主题和链接工作簿：指图表主题要素采用被复制的Excel工作簿的主题要素，而数据的工作簿是通过链接接入的。

（5）图片：图表以图片的形式被粘贴到目标文档中。

注意：

- 无论是采用哪种选项形式粘贴到幻灯片或者Word文档中的图表，其选项设置与在第16章中介绍的Excel图表选项设置相同。这里不再赘述。
- 以“链接”的方式接入数据的优点是图表数据与源数据保持一致。不足之处是如果源数据文件丢失，则无法进行图表数据维护。
- 嵌入方式接入的数据的优点是数据嵌入到演示文稿或文档，不会丢失。不足之处恰好反过来：图表数据与源数据被分离了，而且可能会不一致。

20.2.3 OLE——对象的链接与嵌入

1. OLE简介

程序之间的数据共享总会给用户带来便利，而最简捷的数据共享方法有：（1）直接在程序A的文件中嵌入程序B的数据；（2）通过一定的接口在程序A中链接程序B中的数据。打开被嵌入的数据，则程序A将直接调用程序B来进行操作，也就是创建了一个“复合文档”，在程序A中调用程序B来处理程序B的数据。当数据是通过接口来链接进来时，就只能在外部通过程序B来处理数据。无论哪种方式，程序B都是数据的“服务器”。这就是微软的OLE（Object Linking and Embedding，对象的链接与嵌入）技术数据共享思想。

OLE技术为Office各个组件之间的数据共享提供了基本模式。将Excel中的图表通过“复制—粘贴”的方式引入在Word文档或者PowerPoint演示文稿中，图表的数据连接就是这一数据共享模式的具体体现。

在演示文稿中嵌入其他文档（例如Word文档等）也是如此。Office各组件之间相互嵌入或者链接文档数据的操作基本相同。

2. 对象的链接与嵌入

在编辑幻灯片时，有时可能需要演示Word文档或者PDF文件中的讲义或者材料，这时可以通过插入对象来实现：（1）单击“插入”选项卡—“文本”组—“对象”按钮，弹出“插入对象”对话框。（2）对话框中缺省选择“新建”选项，即在幻灯片中新建一个文档。因为此处我们需要将已有的文档嵌入幻灯片中，所以选择“由文件创建”选项，然后单击“浏览”按钮。（3）在“浏览”对话框中找到需要嵌入的文件后单击“确定”按钮；这时“插入对象”对话框的“文件”输入框中显示了嵌入文件的路径和文件名。如图20-18左图所示。单击“确定”按钮，则所选文档被嵌入到了幻灯片之中。如图20-18右图所示。

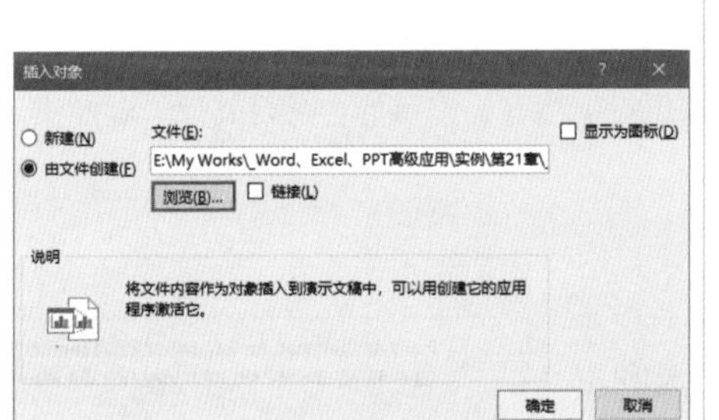

图20-18　将Word文档通过OLE方式嵌入幻灯片

- 双击所嵌入的文档，即会在PowerPoint中打开被嵌入的Word的窗口，可以在其中对此文档进行编辑。编辑后只需单击幻灯片中的其他位置，即会关闭所嵌入的Word窗口。
- 需要注意的是，被嵌入的文档已经嵌入当前演示文稿中，与源文档脱钩，即对源文档的修改不会反映到嵌入文档中。
- 在“插入对象”对话框中选择多选项“显示为图标”，则嵌入的文档仅显示为图标。但是，与嵌入并显示文档的情况相同，双击图标后即可打开相关的应用（如Word）编辑文档。
- 如果在“插入对象”对话框中勾选“链接”选项，插入的对象将按照链接的方式插入到幻灯片中。与嵌入文档不同，链接文档未与源文档脱钩，对源文档的修改会直接反映到链接文档中。且双击链接文档后，将在另外新开的窗口中打开源文档并进行编辑。凡具有外部链接的文档，在重新打开时，Office都会进行安全提示。

- Excel工作簿（工作表）的链接与嵌入与Word文档相同，操作方法也相同。
- 在Excel工作表中复制一个区域，在幻灯片中进行粘贴时，粘贴选项中将出现“嵌入”选项，如图20-19所示。按此选项进行粘贴的表格将保留嵌入对象的形式，双击即会打开嵌入式的Excel编辑窗口。
- 除了Office组件间文档的OLE，还可以在Office文档中嵌入如PDF文档等其他支持OLE的文档类型。

图20-19　幻灯片中粘贴Excel数据区域的“嵌入”选项

温馨提示

对建立了外部链接的文档进行维护或者交换时，必须同步维护或者交换链接文档。否则，Office将无法更新并打开源文档。

20.2.4　幻灯片中形状的作用（以著名企业报告为例）

幻灯片中的形状除了可用以制作流程图、概念图以外，还有广泛的应用场景。总的来说，其作用可以归结为提高表现力、吸引力，增强效果，渲染烘托，分隔划分，突出文字等。在幻灯片中运用好形状，则会起到画龙点睛的作用；如果没能用好，则可能会适得其反、画蛇添足。

1. 表现

形状本身是一种图示化的工具，因此，将形状用于表现特定的内容是一种非常具有智慧的设计手段。这实际上是利用图形来表示某些概念、模型或者观念。

图20-20是由某著名企业制作的报告中的一页，其中的主体内容是为了表现“保证组织健康的四种模型”所设计的图形。可以看到，四个图形均很好地表现了保持机构运行流畅的四种模型（分别为“领导层推动、市场焦点、执行边界、才能/知识核心”），让观看者或阅读者能够形象地认识到四种模型的作用。

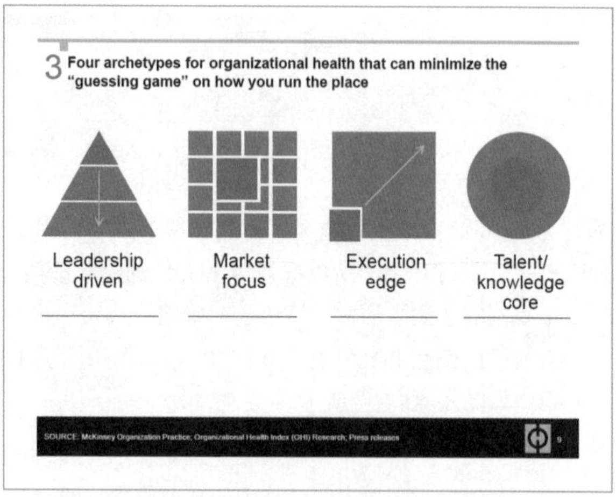

图20-20　表现概念的图形示例

因此，对形状的表现设计需要细致思考，大胆设计。

2. 吸引

图形在幻灯片中常常被用以吸引注意力，或者对视线进行引导。如图20-21左图所示。

用以吸引视线的图形可以是明确的或者较隐蔽的箭头，有时也可以是“靶标”形式的圆环，或者特定的色块。实际上，只要是整张幻灯片中较为突出的形状即可。添加用以吸引注意力的图形时要注意保持其色彩和形状的和谐性，切忌过于突兀。

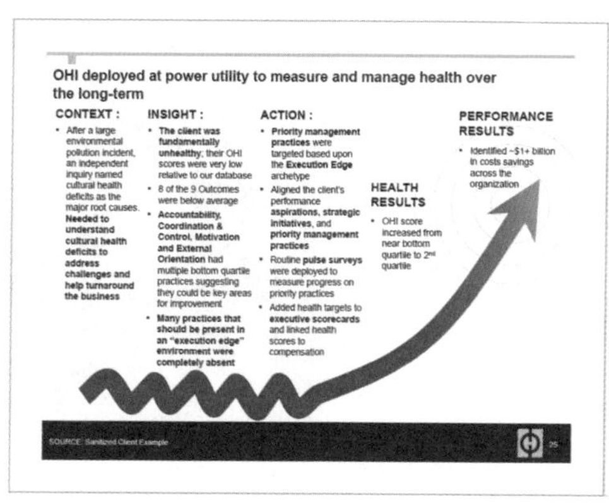

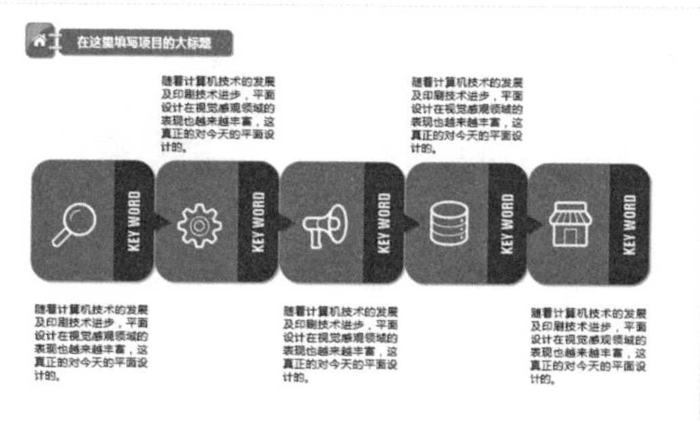

图20-21　图形对视线的引导和对视觉效果的增强

3. 增强

可以用图形增强表达的语气，以强调某些关键字或者关键步骤。实际上，Office的SmartArt图形即为很好的工具。在图形上添加特定的图标也可以使含义得到更好的表现。如图20-21右图所示。

4. 渲染烘托

如图20-22所示，利用图形进行渲染烘托一般可以从内容和形式两方面进行考虑：

（1）对幻灯片内容的渲染与烘托。例如，对文本框设置填充、边框、阴影等，可以使内容本身更加生动。

（2）附加图形。例如，在幻灯片的特定位置上添加简单的线条、背景色块、旗帜、缎带等，起到视觉平衡和补充的作用。

组织架构
单击此处添加副标题或详细文本描述
董事会
总经理
产品总监　行政总监　销售总监
研发部　供应部　生产部　质管部　行政部　财务部　人事部　市场部　营销部　企划部

图20-22　利用图形进行渲染烘托

5. 分隔、划分

在幻灯片中利用图形进行版面分隔、区域划分是一种常用的设计手段。使用简洁的条块可以使内容得到有序的组织。

图20-23是一家世界一流IT企业对其主要业务的梳理文档，该企业将对每一块业务的说明各放在一个独立的填充文本框中，并辅之以适当的图标，简洁地勾勒出了企业业务的重点。纵向渐变的色块既符合企业的标志性颜色，也具有一定的变化。

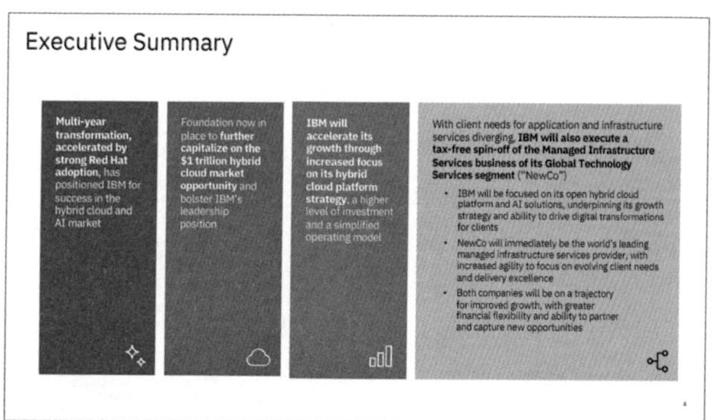

图20-23　利用矩形进行版面分割

6. 突出文本

利用图形突出文本的方法通常为添加边框、填充或者特殊的图形，较为特殊的方法是在一个较为杂乱的图片背景中，通过添加透明的蒙板来突出文本，减少对图片背景的影响。

如图20-24左图所示，利用图形来突出文本还可以标识出文本之间的关联，这也是SmartArt图形的思路之一。

图20-24　利用图形和蒙板来突出文本

而图20-24右图则是运用蒙板的典型实例：在演示文稿中，如果需要在图片中添加文本，则应该给文本框添加一定的填充，并将填充的透明度调整到合适的水平。这样就形成了一个半透明的蒙板，而蒙板上的文本将不会受到背景图片的影响，同时也能得以突出。

最后需要说明的是，图形的使用在幻灯片中千变万化，我们既要善于使用但又不可过度使用。在这里只是讲解了一些主要的方法，如果想要获得良好的设计效果，应该多从意义表达的目的出发，摆脱既有布局的桎梏而有所创新。另一方面，从风格而言，近年来“极简化”的潮流兴起，所以繁杂的设计不一定能达到理想的效果。幻灯片设计需要服从于整个演示文稿的风格。

20.2.5 表格的表现和作用（以著名咨询公司报告为例）

幻灯片的展示空间相对紧凑，因此需要在有限的空间内效果鲜明地呈现内容。而表格在幻灯片中所具有的两种表现特质正好符合这一应用要求：

（1）表格具有简洁性。精简的表格能够清晰地突出重要的数据。

（2）表格具有整洁性。表格格式通常整齐划一，可以放入较多相互对比的信息。

图20-25是某著名咨询公司的一份报告中的两页。这家公司的报告以内容充实闻名于世，这份报告中对于表格的应用更是突出了这一风格。

其中，图20-25上图展示的表格经过了充分的提炼，将对一个大问题的分析解答分成了四列七行的表格数据。其中，第二、三列内容为数据对比，第四列的内容为相关说明。为了保证字体的规范性并没有加大表格中的字体，但是对第三列添加了底纹填充。表格边框也只使用了简洁的下框线。这样简洁的表格形式保证了幻灯片的内容多而不杂。

图20-25下图就是典型的利用表格进行信息整理的例子。表格格式的规范性保证了表格成为各种内容规范成列展示的良好容器。

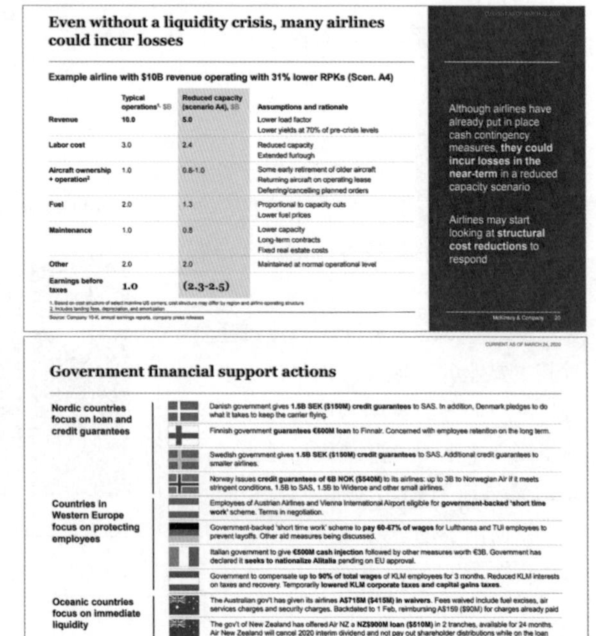

图20-25　幻灯片中的表格

20.2.6 幻灯片中图表的特点（以著名大学、企业的报告为例）

与表格类似，幻灯片中的图表也需要尽量简洁、明了，最好去除所有不必要的坐标轴、网格线或者图例，甚至可以用某些图标来代替图例或坐标轴。在设计方面，可以考虑通过添加手绘图片等手段增强可视化，也可采用使数量概念化的相关设计手段。

1. 图表简洁，图例突出

图20-26是哥伦比亚大学某位著名教授在分析中国和美国经济和金融发展情况时，在一个课件中展示关于几种金融方式在两国居民中的渗透程度时所用的幻灯片。可以看到，其中的图表取消了柱形图的坐标轴、轴标题、网格线等精细元素，并将数值标签放置在了外侧，横坐标轴则用两国的国旗作为代替图例。

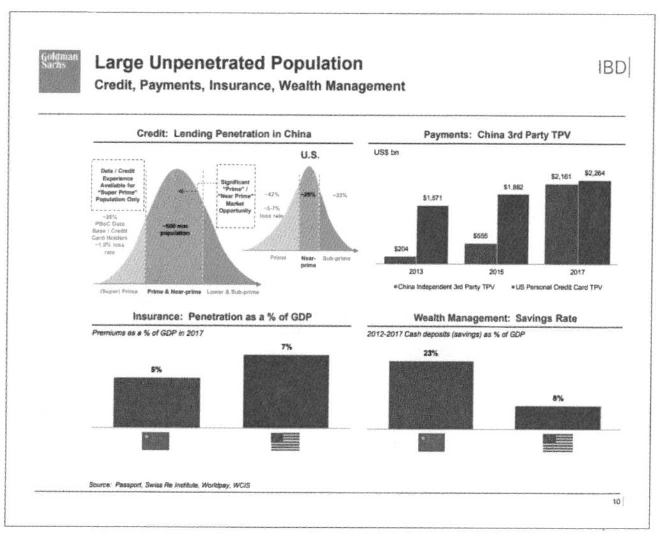

图20-26 幻灯片中简洁的图表

这张幻灯片中放置了四个图表，均展示了两国的对比情况。其中，上排右侧的图表对比了三年的发展趋势，而其对年度的取值也很有讲究，分别为2013、2015、2017年，即跨度为两年。

2. 增强可视化

幻灯片中的图表还可以采取增强可视化的方式来突出显示。图20-27所示是某著名互联网商业巨头对比2018年和2020年相关情况的两页幻灯片，其中展示了进行某些技术经济参数对比时所用的图表。可以看到，图表的可视化程度大为提高，对数据的说明也更加抢眼。

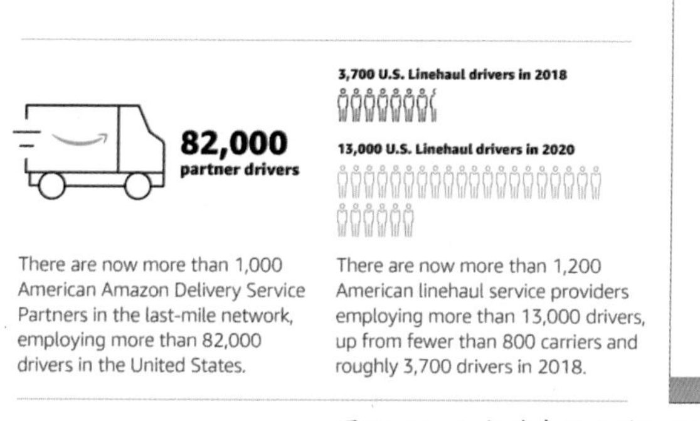

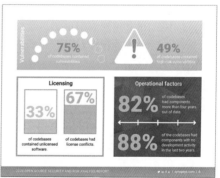

图20-27 幻灯片中用以增强可视化效果的图表

3. 数量的概念化

在有限的空间内，需要表现明确的数量概念，并使其与幻灯片的形状相匹配。

数量概念化原为数学教育中的基本方法，本是指通过对比、图示等手段帮助形成数量大小、多寡的概念。这一过程在幻灯片的图表应用中得以充分的体现。

如图20-28所示，在应用中通过明显的大小对比，可以对数量形成鲜明的总体认识。在处理过程中需要对数据进行简化、归并处理，从中发现趋势性规律，然后选择合适的图表进行展示。

图20-28　利用树状图表示占比

20.2.7　图表转换为EMF矢量图

在图表的应用中有时需要将图表原样导出，以便在其他文档或者其他应用程序中使用。如果以图片形式导出，则会带来有关分辨率的问题，即导出的图片分辨率有限，在某些需要制作超高分辨率的作品时不能满足需求。此时，可以采用将图表转换为EMF矢量图的方法来保证图表的分辨率符合使用要求。

不同于点阵图，矢量图是根据几何特性来绘制的图形。矢量可以是一个点或一条线，因此矢量图的基本单元不是固定的像素点，而是通过标注关键点所形成的关于点、线、面的几何关系，并由此通过系统动态地生成图形。因此，矢量图与分辨率无关，所以在放大后不会失真，仍然具有光滑的边缘。Windows等图形界面操作系统的字库都更趋向于使用矢量字库就是出于这个原因。一些重要的标志性设计也最好能够转换为矢量图，以保持边缘平滑。

矢量图只能靠软件生成，同时文件占用的内在空间较小，因为这种类型的图像文件包含独立的分离图像，可以自由无限制地重新组合。它的特点是在放大后图像不会失真，和分辨率无关，适用于图形设计、文字设计和标志设计、版式设计等领域。

将图表转换为EMF矢量图的方法是利用“选择性粘贴”功能：（1）在Excel中对图表进行调整，在调整合适后选中整个图表，然后按快捷组合键“Ctrl+C”（复制）；（2）切换到任意一个打开的PowerPoint演示文稿（或者Word文档）中，单击“开始”选项卡—“粘贴”下拉按钮，在下拉列表中单击“选择性粘贴”选项，弹出“选择性粘贴”对话框；（3）在对话框中选择“图片（增强型图元文件）”选项，然后单击“确定”按钮。如图20-29上图所示。

这样，在幻灯片（或者Word文档）中就获得了一张EMF矢量图了。可以通过拖拉的方式改变图片的大小，在放大较多时，图片中的各种边缘仍然是平滑的。在图片上单击鼠标右键，在右键菜单中选择“另存为图片”选项，弹出“另存为图片”窗口。PowerPoint会直接识别出图片为EMF元文件，并可以按此格式保存图片。如图20-29下图所示。

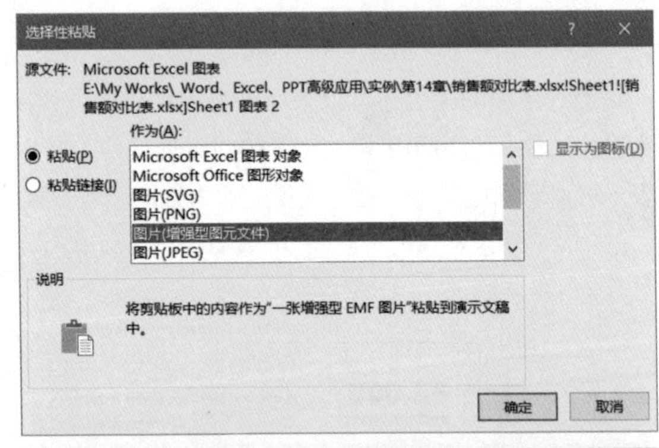

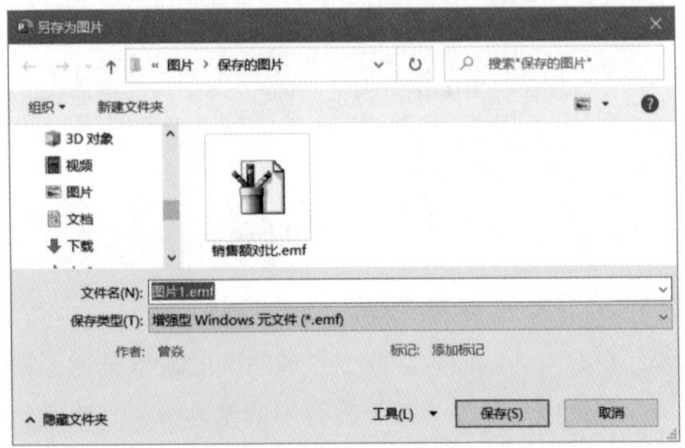

图20-29　通过选择性粘贴获得EMF矢量图

20.3 SmartArt图形高级应用

SmartArt图形是一系列结构化的、已预设效果的图形、图片和文本框组合。Office按照信息的组织形式对SmartArt进行了深入开发，提供了“列表”“流程”“循环”等八大类型SmartArt图形，而且专门为SmartArt图形开发了相应的选项卡。

SmartArt图形一方面提供了美观大方的图形、图片和文本组合的快速样式。另一方面，PowerPoint可以根据文本的级别快速地将文本框中的文本转换为SmartArt图形，从而为幻灯片的内容组织提供了美观而方便的工具。

20.3.1 SmartArt图形应用与类型

1. SmartArt图形的应用

直接应用SmartArt图形仍可以通过在文档中插入对象的方法实现：单击“插入”选项卡—“插图”组—“SmartArt”按钮，弹出“选择SmartArt图形”对话框；在对话框中选择一种合适的图形后，单击“确定”按钮（或者在选中的图形上双击），就会在幻灯片（或文档）中插入该图形。如图20-30所示。

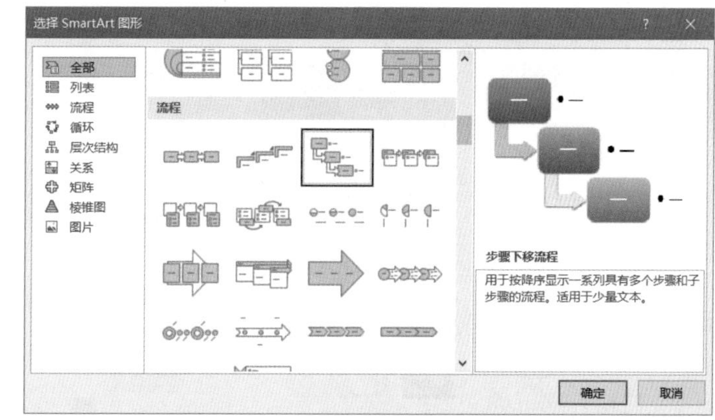

图20-30 “选择SmartArt图形”对话框

- 选择SmartArt图形时可以在“选择SmartArt图形”对话框的“全部”分类下，在中间的图形列表窗口中进行查找，而该窗口内部也设置了相应的分类栏。如果需要进行有针对性的查找，可以先单击类别列表中的类别名称，然后在中间的图形列表窗口中进行查找。
- 可以看到，被插入的SmartArt图形是由一系列图形化的具有结构与效果的文本与图片占位符组成的。
- 插入的SmartArt图形的配色，与演示文稿选定的主题颜色有关，不同主题颜色会给SmartArt图形带来不同的配色方案。
- 最方便的添加SmartArt图形的方法是将文本框中的文字通过直接转换变为SmartArt图形，我们将在下一小节开展专门的介绍。

2. SmartArt图形的类型

在“选择SmartArt图形”对话框中可以看到，SmartArt一共有八种类型，这八种类型是根据文本层次、文本关系来进行分类的。

- “列表”类型：包括各种形状、各种结构的层次文本与图片列表，用于创建无序信息的列表图示。
- “流程”类型：包括各种形状的文本、图形组合，辅之以各类箭头，用于创建流程或者过程的图示。

- “循环”类型：用箭头或者各个图形单元所形成的既没有起点也没有终点的循环关系，表示循环关系的过程。
- “层次结构”类型：利用树形结构或者上下列表，表示上下结构、从属关系。
- “关系”类型：相对比较多样，既可以是相加关系、合并关系、并列关系，也可以是相交关系、相邻关系、分散关系等。
- “矩阵”类型：比较呆板，只有“基本矩阵”“带标题的矩阵”等四种，且不可扩展。
- “棱锥图”类型：分为“基本棱锥图”“倒棱锥图”等四种，用于表达某种数量渐增的趋势或者高低关系。
- “图片”类型：集合了上述各种类型中可以插入图片的SmartArt图形，并具有一定扩展。

20.3.2 转换为SmartArt图形

在直接创建的SmartArt图形中一项一项地输入信息较为麻烦，或者相关文字已经具有文本。因此，最好的方法是将文本事先安排好，然后一次性转换为SmartArt图形。

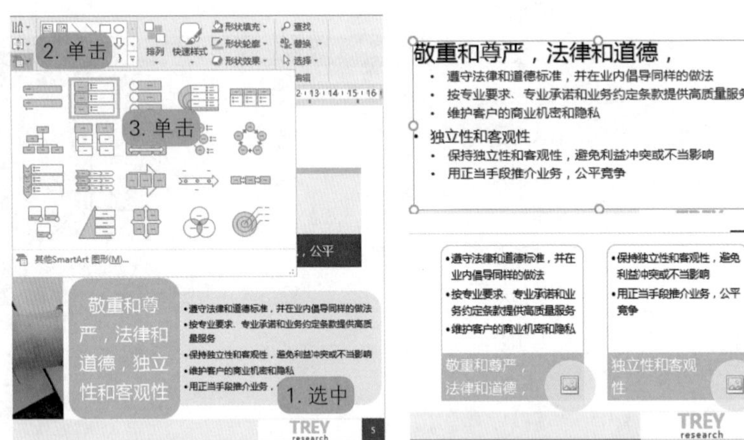

图20-31 将文本框转换为SmartArt图形

PowerPoint专门设计了“转换为SmartArt图形”的功能，此功能并不复杂，还特别方便。它可以将文本框中的文本直接转换为SmartArt图形。具体的操作方法如下：

操作步骤

【Step 1】 在文本框中对文本段落进行段落级别设置，然后选中文本框，或者将鼠标指针停留在文本框中需要被转换的文字中间。

【Step 2】 单击“开始”选项卡—“段落”组—“转换为SmartArt图形”按钮，弹出包含20种SmartArt图形的组合列表框。

【Step 3】 用鼠标指针接触组合列表框中的各种SmartArt图形的缩略图，选定的文本框就会动态展示出按照这种缩略图显示的样式。观察这些转换后的效果，不满意时继续移动鼠标指针直至选到满意的图形，然后在满意的SmartArt图形上单击鼠标，则选定的文本框就转换成了所选的SmartArt图形。如图20–31左图所示。

- 在【Step 3】中，如果对列表中的20种SmartArt图形都不满意，可以单击组合列表框底部的“其他SmartArt图形”选项，会弹出“选择SmartArt图形”对话框，在其中可以按照分类选择合适的SmartArt图形。
- 很多SmartArt图形用层次性分组的方式展示信息。因此，在转换之前，可以利用PowerPoint段落设置的“提高列表级别”或者“降低列表级别”功能，使文本框中的文本段落分出不同的级别，然后转换为SmartArt图形，即可生成分组形式的图形。如图20-31右图所示，右上图为转换前对文本框中的文字进行级别调整后的情况，右下图为转换后的SmartArt图形。

- SmartArt图形中的文本，可以通过“SmartArt工具—设计”选项卡—“重置”组—“转换”下拉按钮—“转换为文本”功能转换到没有任何格式的文本框中。

实用技巧

在Word中编辑的某些文本如果需要利用SmartArt图形进行突出表现，可以将其复制到PowerPoint内的某个文本框中转换为SmartArt图形后再复制回Word，这是一条省时省力的捷径。

20.3.3 SmartArt图形设置

由于SmartArt图形的复杂性，Office专门为之开发了“SmartArt工具—设计”与“SmartArt工具—格式”选项卡。如图20-32所示。

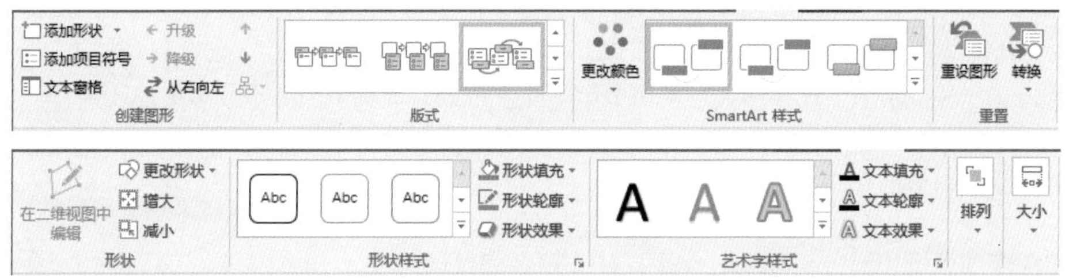

图20-32 SmartArt图形的“设计”和“格式”子选项卡

（1）“SmartArt工具—设计”选项卡的“创建图形”组中包含“添加形状”“添加项目符号”等功能按钮，其中：

- “添加形状”按钮可以在选中的图形单元之前或者之后添加新的单元。
- “添加项目符号”按钮实际上是为选中的单元添加下一级文本。
- “文本窗格”按钮可以打开录入文本的窗格，该窗格提供了一个集中的窗口以录入在SmartArt图形中被分散在各个单元中的文本，配合选项卡中的“升级”“降级”“上移”“下移”按钮可以改变文本的级别和位置。如图20-33所示。

图20-33 SmartArt文本窗格

- 一般具有方向性的SmartArt图形的默认方向（包括箭头方向）为从左向右。单击“从右向左”按钮后即改变了图形方向，再次单击，则方向被改回原方向。

（2）在“版式”组中通过列表框展示了相同类型的SmartArt图形，单击列表框右侧的“其他”下拉按钮，可以打开一个大的下拉列表框，当鼠标指针接触到某个版式时，幻灯片中的SmartArt图形就会变为这种版式的形式，方便操作者选择合适的图形。

（3）在“SmartArt样式”组中可以进行更改颜色和选择图形样式的操作，其中的“主题颜色”

由演示文稿所选择的主题或其变体决定。而图形的样式是一组预定义的边框、填充效果和三维效果的组合。

设置好整个SmartArt的颜色搭配或样式后，还可以单独改变某个形状的颜色或者样式效果。只需在整个组合的SmartArt图形中再选中某个图形，然后切换到“SmartArt工具—格式”选项卡，单击“形状样式”组—“形状填充”下拉按钮，即可在调色板中另选一种颜色。而单击“形状效果”下拉按钮可以更改形状效果。如图20-34所示即单独修改了图形中的双向箭头的颜色。

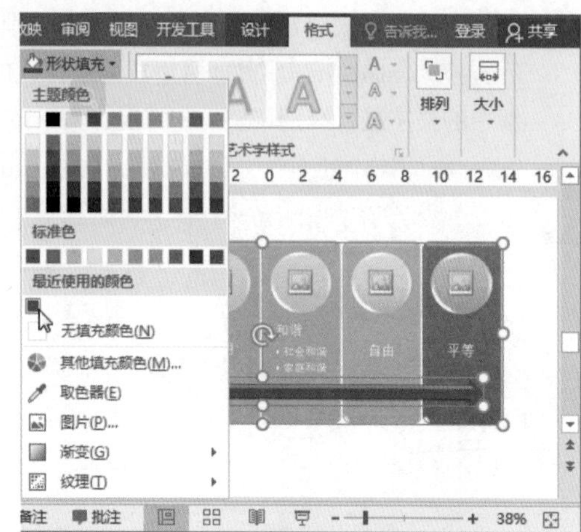

图20-34 单独更改某个形状的颜色

（4）在“SmartArt工具—设计”选项卡的“重置”组中，单击“重置图形”按钮则去除SmartArt图形上的所有填充、颜色等效果，从而恢复原始效果。单击“转换”按钮，在下拉列表中选择“转换为文本”选项，则SmartArt图形将转换为一个文本框，其中的文本仍然遵守段落级别。如果选择“转换为形状”选项，则SmartArt图形将转换为一个由多个图形组合起来的图形，同时这些图形将不再是SmartArt图形，其功能区也将切换为“绘图工具—格式”选项卡。

（5）在“SmartArt工具—格式”选项卡中，除了可以对被选中的一个或多个形状进行“更改形状”“增大”或者“减小”等操作以外，对其他形状样式、艺术字样式、排列和大小等选项的调整与对形状的格式选项调整完全相同，因此不再赘述。

20.3.4 利用SmartArt图形进行信息组织

信息组织是一个大课题。这里所讨论的只是其中关于信息的表现和描述方式的内容。

Office提供的SmartArt图形如果仅仅被用作一种排版工具或者是一种美化文本框的工具，那就实在是大材小用了。SmartArt图形最大的用处在于其是一种辅助信息表现和描述的实用工具，它利用模块化、层次化、流程化的图形将信息之间的关系清晰地表达出来。

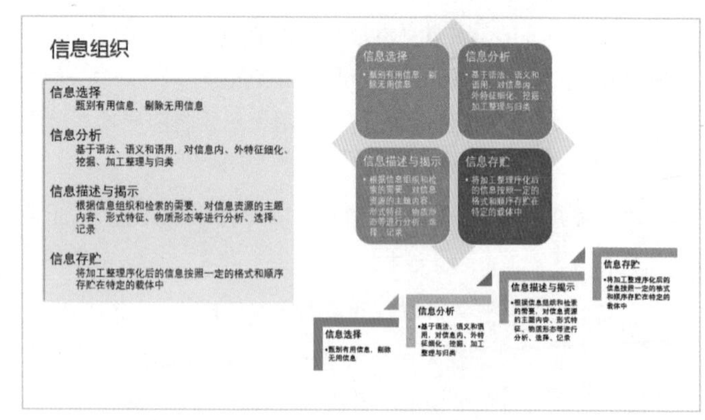

图20-35 利用SmartArt图形进行信息组织

如图20-35所示，同样是展示关于信息组织四个方面的文本内容，相比于左侧的文本框展示方式，右侧使用的SmartArt图形展示方式不仅视觉效果更佳，而且在梳理内容的条理、突出信息之间的关系等方面的作用也更加鲜明。

20.3.5 利用SmartArt图形快速绘制思维导图

思维导图（The Mind Map），又被称为心智导图、树枝图等，是对研究或表达对象进行层次分解后，利用层次关系画出的树状结点连接图。在思维导图中，各级主题被置于树状结构的结点中，主题的隶属关系被清晰地按树状层级图进行组织和表现，而相关主题结点可以具有特定的颜色、图标等标识，以方便阅读和记忆。

思维导图既是分析事物层级关系的有力工具，又是一种简洁、实用的思维与记忆工具。

思维导图作为信息组织和表达的一个具体实例，以其简洁的层次关系表达被广泛应用于各领域的学习和工作中，有些公司还专门开发了绘制思维导图的工具软件。

实际上，思维导图的组成即层次关系的方框图。绘制思维导图首先是能够方便地画出各个层次的结点，并按上下级关系将这些结点连接起来。因此，利用SmartArt图形中层次关系中的“水平层次结构”，即可方便地绘制出思维导图。操作步骤如图20-36所示。

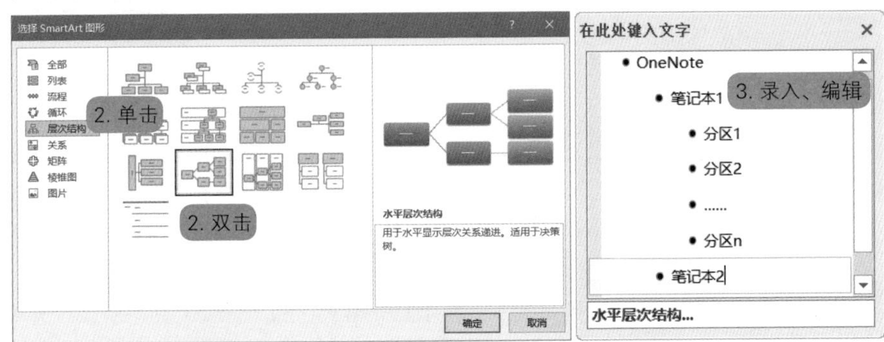

图20-36　利用水平层次结构SmartArt图形绘制思维导图

操作步骤

【Step 1】　单击“插入”选项卡—“插图”组—“SmartArt”按钮，系统弹出“选择SmartArt图形”对话框。

【Step 2】　在“选择SmartArt图形”对话框中左侧的图形类别中单击“层次结构”，然后在右侧列出的各种层次结构图形中双击“水平层次结构”，如图20-36左图所示。系统即在文档中插入了一个基本的水平层次结构SmartArt图形，并在其左侧打开如图20-36右图所示的编辑窗格。

【Step 3】　在SmartArt图形的文本窗格中按思维导图分解的层级关系，录入各个结点的信息，然后，利用SmartArt图形的“设计”和“格式”选项卡中的“更改颜色”等功能，编辑设置思维导图的填充颜色、字体等选项。

可见，利用SmartArt图形即可绘制出思维导图。而且，用SmartArt图形绘制的思维导图有一个巨大的优势：能在整个Office系统中方便地引用和修改。

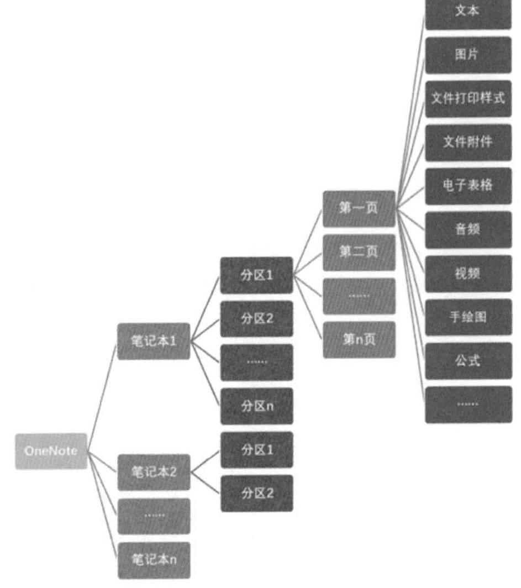

图20-37　SmartArt图形绘制的OneNote笔记结构思维导图

20.4 音频和视频的应用

将音频、视频内容插入幻灯片的操作并不复杂，只需单击“插入”选项卡—“媒体”组中的“音频”或“视频”下拉按钮，在其中选择“PC上的音频”“PC上的视频”或者“录制音频”“联机视频”选项即可。此外，“媒体”组还提供了“屏幕录制”功能。

其中，PC上的音视频即保存在本地硬盘上的音频或视频内容。插入后，音视频文件便嵌入到演示文稿之中；而录制的音频内容（或屏幕录制的内容）也将作为完整的媒体文件被插入到演示文稿中。

只有Microsoft 365和Office 2019版本才支持联机视频通过一个URL网址播放视频，同时本地必须装有IE 11，即对视频的连接和解码工作由IE 11完成。较低版本的Office支持YouTube视频。由于联机视频可能受到幻灯片播放时网络状况的影响，因此使用时要谨慎。

本地音频格式支持微软的WAV、WMA以及MP3、M4A、AAC等格式，而视频文件支持AVI、WMV和MP4等格式。

20.4.1 音频播放配置

插入音频文件后，幻灯片上即出现表示音频媒体的喇叭图标。如果在放映演示文稿时需要进行音频的播放操作，则将喇叭图标拖至合适的位置即可。如果在放映时不需要操作，即音频应自动播放或以其他方式被播放，则可将喇叭图标放置到幻灯片之外，从而保证图标在演示过程中不会影响视觉效果。

选中被插入的音频文件，功能区则出现“音频工具—格式”和“音频工具—播放”选项卡。其中，“音频工具—格式”选项卡用于设置音频标识图标，如果需要对图标进行设置，可按照图片格式的设置方式进行配置。

利用“音频工具—播放”选项卡可完成对音频播放的有关配置。如图20-38所示。

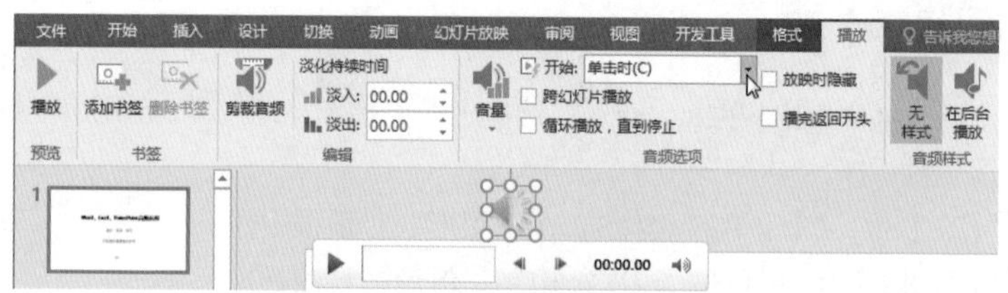

图20-38 音频“播放”选项卡

- 利用音频浮动工具条或者选项卡的“预览”组中的“播放”按钮，可以在编辑状态中播放音频。
- 如果音频较长，而演讲时只需要播放特定的片段，则可通过给音频添加书签的方式解决问题。在编辑状态下播放音频，当音频播放到适当位置时，单击“播放”选项卡的“书签”组的“添加书签”按钮，即可在此位置添加一个用圆点表示的书签标记。此后，在播放或者编辑时，只需单击书签，音频就会自动跳至书签所在的位置开始播放。此外，书签还可以用于触发动画。需要删除书签时，只需单击选中书签圆点，等到圆点变为黄色后，单击“书签”组的“删除书签”按钮即可。
- 单击“编辑”组“剪裁音频”按钮，将弹出如图20-39所示的“剪裁音频”对话框，在其中可以通过拉动起止标尺或单击步进/步退按钮，按0.1秒的步长调整起止标尺。在确定好起止位置后，单击“确定”按钮即可完成对音频文件的剪裁。

图20-39 “剪裁音频”对话框

- 通过设定淡入/淡出时间，即可保证音频在播放时的音量按淡入/淡出的方式自动进行调整。

- 在“音频选项”组中，单击“音量”按钮可以设置播放的音量。单击“开始”选择框可以设置触发播放的方式：如果选择“单击时”选项，则需在放映过程中单击喇叭图标触发播放；如果选择“自动”选项，则当演示文稿切换到包含音频的幻灯片时，音频将自动播放。
- 如果需要，可以勾选“跨幻灯片播放”或者“循环播放，直到停止”选项。
- 若要在后台跨所有幻灯片继续播放，例如，将其设为背景音频，可单击“在后台播放”按钮。选择“在后台播放”实际上就是同时选中了“跨幻灯片播放”“循环播放，直到停止”和“放映时隐藏”功能选项。
- 如要删除音频，则单击音频图标，然后在键盘上按删除（Delete）键即可。

20.4.2 视频播放配置

选中被插入幻灯片中的视频后，功能区同样出现视频格式与播放选项卡。如图20-40所示。

- 视频格式选项卡与图片格式选项卡相似，可以在其中改变视频的亮度、色调。使用“海报框架”按钮可以为视频添加封面，并给视频添加一定的样式，甚至可以采用某种特殊形状的窗口进行播放并调整视频大小等。其设置与图片类似，在此不再赘述。
- 而视频播放的选项设置与音频类似，这里也不再赘述。

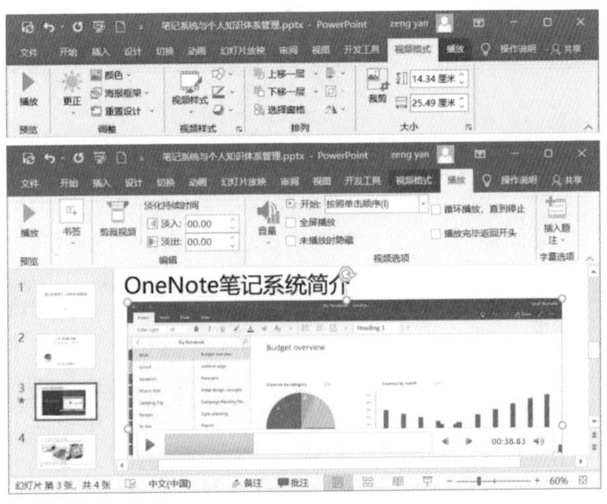

图20-40 视频格式与播放选项卡

20.5 高效应用演示文稿对象的建议

- 由于观众在观看时与屏幕有一定的距离，因此，用于演讲放映的演示文稿，其中的形状、表格、图表等对象宜采用醒目的格式。
- 如果图表、图片中有某种需要被关注的细节，可以进行额外的标注或圈注。
- 在PowerPoint中可以将文本框中的文字直接转换到SmartArt图形中。
- SmartArt图形可以实现信息表现方式的再组织，并获得良好的效果。
- 有时，可以利用演示文稿简洁的界面和页面中形状的自动对齐等功能，将幻灯片作为“作图”的工具，通过幻灯片先将画好的形状组合好，然后将其复制到Word文档中进行使用。
- 同样，可以将幻灯片作为一个简洁的图片剪裁和处理场所。

第21章

动画、幻灯片切换与放映、发布

幻灯片中的各种对象可以添加某种形式的动画，演示文稿中的幻灯片也可以采用一定的切换模式，这些动画和切换看上去与视频效果相似，有时也可以做得十分惊艳夺目。但更重要的是，我们要认识到这些效果的设置并不仅仅是为了美观，而是为了将内容表达得更好。

21.1 动画添加与设置

动画是指幻灯片中的对象在幻灯片放映时的动作。在幻灯片的内容编辑过程中，如果需要让某些内容依次出现，或者在讲解过程中强调某些对象、让某些对象退出，甚至加入新的对象，都可以使用动画来实现。

21.1.1 添加动画、动画分类与效果选项

给对象添加动画的步骤：（1）选中幻灯片中的对象，例如某个文本框或者某组形状；（2）单击“动画”选项卡—“动画”组—动画列表框中的某一动画选项。如果需要在更多的动画效果中进行选择，可以单击上下滚动按钮换页，也可单击列表框右侧的“其他”下拉按钮，在下拉组合列表框中选择一种动画。如图21-1所示。

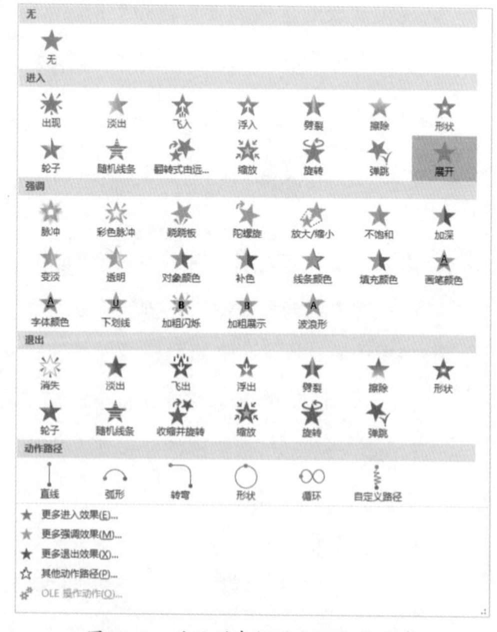

图21-1　动画列表框的下拉组合列表

可以看到，PowerPoint将对象的动画归纳为四种类型：（1）进入。指对象进入幻灯片的动画。（2）强调。指进入后在演示过程中的动画。（3）退出。指对象退出幻灯片的动画。（4）动作路径。指对象按照一定的动作路径演绎的动画。

动画类型不会决定动画发生的时间，某个对象的动画完全有可能在切换到幻灯片时即存在，随后便立即退出。即动画发生的时间由动画的次序所决定。

动画类型决定了对象在幻灯片放映时的具体位置。“进入”动画为对象通过某种方式出现在设定的位置上；“强调”动画保持对象位置不变；“退出”动画使对象从设计位置上离开幻灯片；而具有“动作路径”动画效果的对象在开始时位于动作路

径的起点，在最后时将位于动作路径的终点。

添加动画后一般需要立即设置动画的效果选项。动画的效果选项会随动画的不同而各有差异，但总体上可以归纳为两个方面：（1）动作的方向、方式。（2）多个对象出现的序列。如图21-2所示。进行效果选项的选择操作只需在添加动画后，立即单击“动画”选项卡—“动画”组—“效果选项”按钮，然后在下拉列表中选择某个效果即可。也可在幻灯片设计完成后再从整体上调整动画，这时可单击“动画”选项卡—“高级动画”组—“动画窗格”按钮，在“动画窗格”浮动窗格中选中动画后再修改相应的效果选项。

图21-2　动画的效果选项

21.1.2　高级动画的设置选项

1. 添加动画

幻灯片中的一个对象可以具有多个动画。例如，一张幻灯片可以以某种方式进入，在一段演示之后又以某种方式退出。

给对象添加多个动画只需选中对象后单击“动画”选项卡—“高级动画”组—“添加动画”按钮，再在如图21-1所示的下拉列表中选择一个动画即可。

2. 动画窗格

只要将功能区切换到“动画”选项卡，幻灯片中所有动画的次序便会显示在对象的左上侧。单击动画的次序标记，动画列表框中便会同步切换到这一标记所对应的动画上。

幻灯片中如果有多个动画，并且需要在设置时调整动画的次序、观察动画之间的连接，可以通过单击“动画”选项卡—“高级动画”组—“动画窗格”按钮，在打开的如图21-3所示的“动画窗格”浮动窗格中进行。

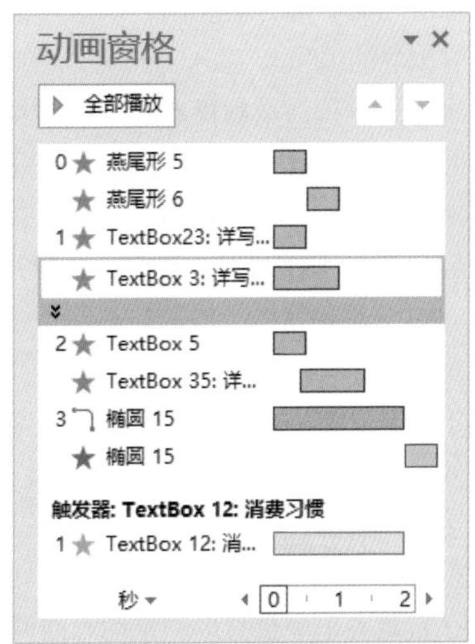

图21-3　动画窗格

- 在动画窗格中，幻灯片中的动画按照时间顺序以对象名称进行排列。对象名称后面的进度条标识了动画发生的次序和时长。
- 进度条的颜色标识了动画类型：绿色的为“进入”动画，黄色的为“强调”动画，蓝色的为“动作路径”动画，而红色的为“退出”动画。
- 位于上方的动画次序为先发生，位于下方的动画次序为后发生。
- 标记有“触发器：”的字样即代表需要通过单击某个对象来触发动画的发生，如果没有触发，则动画不会发生。如果已进入对象所在的页面但仍没有被触发，则对该对象所设置的动画也不会被演示。
- 可以选中一个或多个动画，通过拖放或者单击向上/向下箭头按钮，调整次序。

- 在动画窗格中选中某一动画，单击窗格中的“播放自”按钮，则幻灯片从选中的动画开始播放。这样，操作者不必从头开始预览动画效果，可以局部观察动画效果。
- 在动画窗格或幻灯片中选中一个或多个动画（同样是按住Shift键或Ctrl键点击多选）后，在键盘上按Delete键即可删除动画。

3. 触发与动画刷

“触发”即给动画加上一个触发器，只有单击设定的触发器，动画才会开始演示。

设置触发的方法：选中一个动画，单击“动画”选项卡—“高级动画”组—“触发”按钮，可在下拉列表中设置触发方式，如通过单击某个对象或设置书签来触发动画。书签即在20.4章节介绍的在音频或视频中添加的书签。也就是说，在本页幻灯片中播放音频或视频至某个书签所标记的位置时，即可触发某个动画效果。

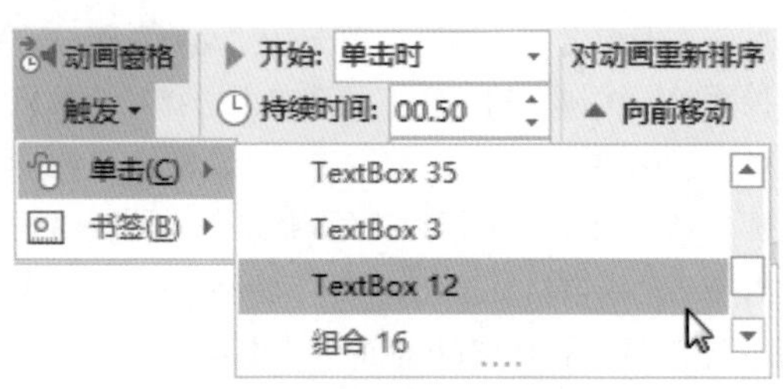

图21-4　给动画添加触发器

选中一个具有某些动画效果的对象，然后单击“高级动画”组中的“动画刷”按钮。此时的鼠标指针将变为一个箭头附上一把刷子的图标样式。此时，用“刷子”单击某个对象，则会将上一个对象的动画效果复制到后一个对象上。

4. 动画计时

动画开始执行的方式有四种：（1）“单击时”，表示在幻灯片的任何位置上单击鼠标（或向下滚动鼠标滚轮时）即开始动画，以这种方式开始执行的动画有独立的编号。（2）“与上一动画同时”，以这种方式开始执行的动画没有独立的编号，与上一动画使用同一编号。（3）“上一动画之后”，这种动画也无独立编号，但其演示的时间顺序被调整至上一动画之后。（4）触发器触发的动画，以这种方式开始执行的动画必须通过单击特定的对象才会被触发。前三种动画开始执行的方式可通过“动画”选项卡—“计时”组—“开始”选择框的下拉按钮来进行切换调整。另外，在动画计时方面，还可以调整“持续时间”和“延迟”时间。

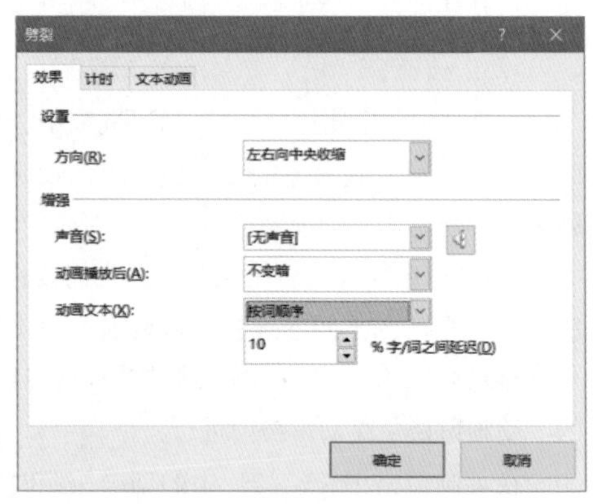

图21-5　动画的效果选项对话框

“动画窗格”浮动窗格下方的“秒”标尺，可以放大或缩小进度条时间的显示效果，例如按0.1秒、0.5秒或1秒的尺度进行显示。此外，在“动画窗格”浮动窗格中，在某个动画上单击鼠标右键，在右键菜单中也可以调整动画的开始执行等选项。选择右键菜单中的“效果选项”，或者单击“动画”选项卡—“动画”组的对话框启动器，弹出如图21-5所示的动画选项对话框，在其中可以对动画的各种选项进行设置。

21.2 分节切换配置

“切换”即幻灯片换片的动作。切换效果除了能增强演示文稿放映的视觉感受以外，还可以用于表示演示的分节。即PowerPoint提供按分节设置切换效果的配置方式，因此，可以在不同节之间选用不同的切换效果。当观众看到切换效果发生了变化，可以在一定程度上感知到内容也在进行切换。

给幻灯片或者“节”应用切换方式的操作如图21-6所示。

操作步骤

【Step 1】 在左侧的幻灯片缩略图窗格中选中幻灯片或单击节标题以选中“节”。

【Step 2】 单击“切换”选项卡，在“切换到此幻灯片”组的切换方式列表框中选择一种。

【Step 3】 对选中的切换方式进行适当的配置。

- 与Office其他所有样式的选择方式相同，选择切换方式时可以通过单击“其他”按钮，在下拉列表中选择其中一种切换方式。
- 一个切换方式往往会具有多种不同的切换效果，例如，“覆盖”切换方式的效果就有“自右侧”“自顶部”“自左侧”等选项，可以通过单击“效果选项”按钮在下拉列表中进行选择。
- “全部应用”按钮将把所选择的切换方式应用到所有幻灯片中。

图21-6　切换选项卡

- 可以给切换添加一定的音效，或者改变切换用时。用时少，则速度快。
- 添加切换方式后，在幻灯片缩略图窗格中的对应缩略图的左侧会出现一个小五角星图形，单击小五角星图形可以查看单张幻灯片的切换效果。
- 关于“换片方式”按钮：

  ● 缺省勾选“单击鼠标时”选项。单击鼠标（或按键盘任意键、使鼠标滚轮向下滚）时即进行切换，如果将此多选项去除，则只能通过按键盘任意键、使用鼠标滚轮向下滚动进行切换。

  ● 如果需要自动切换，则勾选“设置自动换片时间”多选项，然后设置一个延迟时间即可。自动换片一般应用于站台的自动播放等应用场景。

温馨提示

如果在幻灯片放映过程中进行了录制幻灯片演示的操作，PowerPoint会根据录制的情况自动修改自动换片时间，放映时即会按照录制情况自动换片。

21.3 幻灯片放映

大部分演示文稿编撰的目的就是为了放映，而且大部分演示文稿在编撰时一般只考虑“从头到尾”的放映演示方案。但是，对于某些特殊的演示要求，PowerPoint允许根据要求设计放映方案，然后按设计方案进行放映。

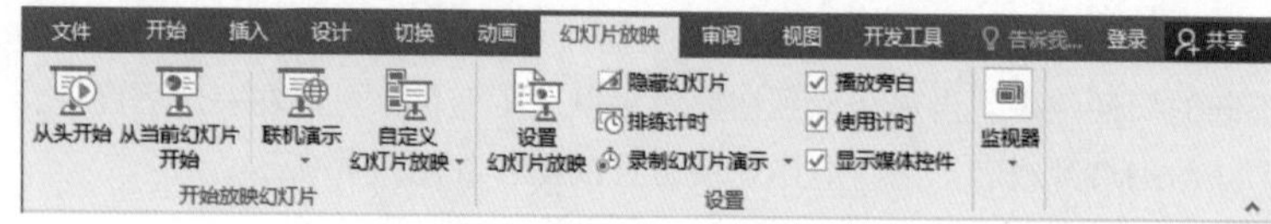

图21-7 “幻灯片放映”选项卡

启动幻灯片放映可以利用PowerPoint窗口底部状态栏上的放映按钮，这个按钮启动的放映是“从当前幻灯片开始”的放映模式。切换到“幻灯片放映”选项卡后，即可以进行放映控制。如图21-7所示。

- 在“开始放映幻灯片”组中，最常用的功能按钮为“从头开始”和“从当前幻灯片开始”按钮。
- 对于“联机演示”功能，由于Office并没有提供好的网络组群管理，所以即使在2020年因疫情导致的大规模网络授课期间，也几乎没有见到直接利用“联机演示”的实际案例。
- 对于“自定义幻灯片放映”功能，即可以利用现有的演示文稿，制定在不同场景下的不同幻灯片方案。其操作方法为：

●单击“自定义幻灯片放映”按钮—“自定义放映”选项，弹出“自定义放映”对话框。

●在对话框中可以选择已经自定义的放映方案，单击“编辑”按钮，在弹出的“定义自定义放映”对话框中可以查看方案或进行相关编辑。

●如果没有放映方案，则单击“新建”按钮，同样打开“定义自定义放映”对话框。

●在对话框左侧的列表中列出了演示文稿中的所有幻灯片，勾选列表中需要选择的幻灯片后单击中间的“添加”按钮，将左侧选中的幻灯片添加到右侧列表中。此时，右侧列表中幻灯片则为本方案播放的幻灯片。

●可以通过选中右侧列表中的某张幻灯片，单击“向上”或“向下”按钮移动播放次序。或者，单击“删除”按钮，将幻灯片从右侧列表中删除。

●然后，单击“确定”按钮回到“自定义放映”对话框。

●在“自定义放映”对话框中选择一个自定义放映方案，单击“放映”按钮，则会按照自定义方案中的幻灯片数量和次序进行放映。如图21-8所示。

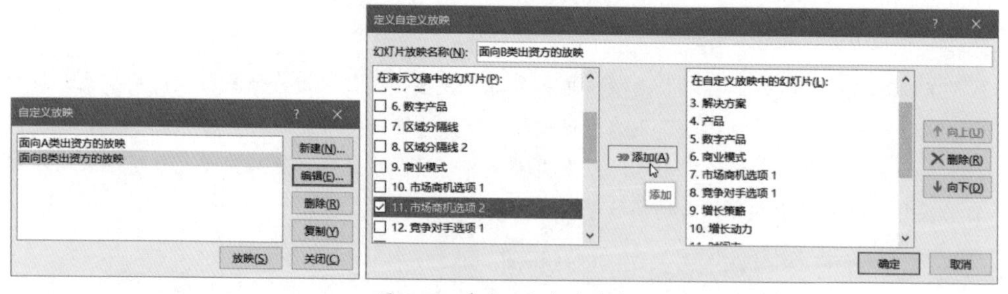

图21-8 自定义幻灯片放映

- 单击“设置”组中的“设置幻灯片放映”按钮，弹出相应的对话框，如图21-9所示。在这个对话框中，可以设置“放映类型”“放映选项”“放映幻灯片”以及“换片方式”等选项。

●“演讲者放映”类型是最常用的讲课的放映类型。

●“观众自行浏览”类型即视图中的“阅读”视图，可在适当大小的窗口中由观众自行操作浏览。

●当选择“在展台浏览”放映类型时，由于这是一种无须操作、自动放映的模式，PowerPoint将自动选中放映选项中的“循环放映，按ESC键终止”选项，且换片方式均采用自动换片，单击鼠标或滚动鼠标滚轮均无效。实际上，在使用这种放映方式进行放映时，如果拔出键盘，放映也不会被终止。

● 关于放映时的旁白，即在“录制幻灯片演示”中录制的嵌入幻灯片中的介绍型音频，如果在“设置放映方式”对话框中不勾选“放映时不加旁白”选项，而且已录制过幻灯片演示，则旁边嵌入的旁白音频会自动播放。

● 还可以通过勾选“放映时不加动画”选项取消所有动画效果。

● “绘图笔”为放映时可以在幻灯片上进行绘画或书写并留下“墨迹”的笔，而“激光笔”为演示时由鼠标指针转化所得的、用以指示内容的鼠标指针。如需打开绘图笔或者激光笔，需在放映时在幻灯片上单击鼠标右键，然后在右键菜单上选择切换。如图21-10所示。

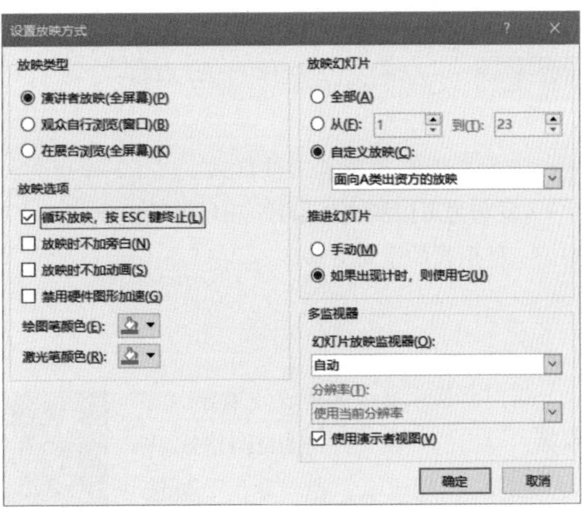

图21-9 “设置放映方式”对话框

在幻灯片缩略图窗格中选中一张或多张幻灯片，单击“幻灯片放映”选项卡—“设置”组—“隐藏幻灯片”按钮，则幻灯片将不会被放映，但仍可编辑。

“排练计时”即通过排练，对自动放映时每张幻灯片的放映时间进行赋值。

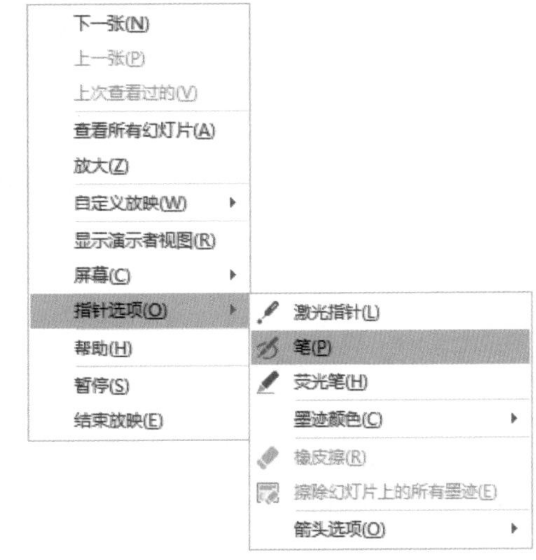

图21-10 放映幻灯片时的右键菜单

“录制幻灯片演示”按钮可以选择“从头开始录制”或者“从当前幻灯片开始录制”，选择后弹出“录制幻灯片演示”对话框，可在对话框中选择需要录制的内容，如图 21-11所示。单击“开始录制”按钮后，进入幻灯片放映模式，同时左上角会显示一个计时器，在录制过程中可以单击计时器的暂停按钮暂停录制。录制后，旁白音频会自动插入到幻灯片中，其属性为“自动播放”，图标将显示在幻灯片的右下角。

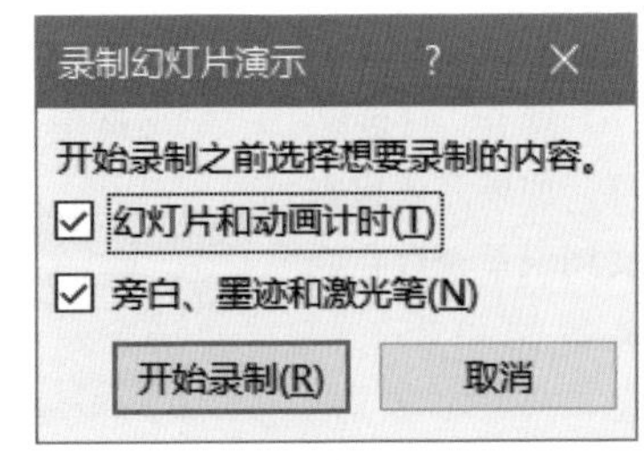

图21-11 “录制幻灯片演示”对话框

其他播放选项的功能一目了然，在此不再赘述。

需要注意的是，放映一个演示文稿需要事先确认放映环境。除了教室、会议室等专门用于幻灯片演示的环境会事先配置好放映的硬件以外，在临时的会议、演示环境中，往往要先将用于播放的计算机与投影仪相连接，然后在键盘上按切换键（一般为快捷组合键“Fn+F3”或者F8），将显示设备切换为在计算机屏幕和投影仪同时显示。如果投影仪的分辨率不够高，可能还需要调整Windows的显示分辨率。

21.4 演示文稿的发布

演示文稿的发布有三种形式：（1）导出为一个电子文档以供阅读；（2）打印成纸质文档；（3）发布为可以脱离PowerPoint环境的演示文件。有关的导出与打印设置可参见1.6章节，本节主要介绍第三种形式的发布方法。

21.4.1 创建视频

可以将演示文稿的播放效果导出为视频，导出的视频文件将为MP4格式。

如图21-12所示，在“导出”页选择“创建视频”选项，可通过右侧的各项功能按钮设置视频分辨率和是否使用录制的计时和旁白，并确定每张幻灯片放映的秒数（默认为5秒）。然后，单击“创建视频”按钮，会提示视频文件保存的文件名和位置，单击“保存”按钮后即会生成视频。制作出的视频会以在上述步骤中确定的放映秒数为准自动放映。

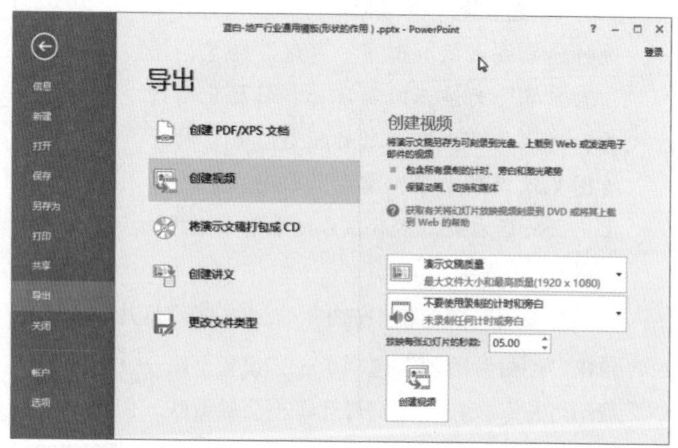

图21-12 将演示文稿导出为视频

21.4.2 将演示文稿打包成CD

一份演示文稿不仅包含了每一页幻灯片自身的内容，还包含了其所支持的字体、外接的数据等。如果需要在不同的环境里获得完全相同的效果，可以将其打包成CD，即可将其所附带的支持字体、链接等以网页的形式创建为程序包，然后将所创建的整个目录刻录成CD或保存在USB移动存储器中。这样，就可以在其他环境中获得完全相同的效果。

在“导出”页中选择“将演示文稿打包成CD”选项，再单击右侧的“打包成CD”按钮，即弹出如图21-13所示的对话框，在对话框中单击“复制到文件夹”按钮，即会将演示文稿及其相关的辅助文件（如TrueType 字体或链接的文件）复制到指定文件夹中。

单击“打包成CD”对话框中的“选项”按钮，可以对打包文件进行设置，一般保持缺省设置即可。如果需要检查文档中是否存在隐藏数据和个人信息，只需勾选“检查演示文稿中是否有不适宜信息或个人信息”复选框，PowerPoint在复制文档前即会进行文档检查。

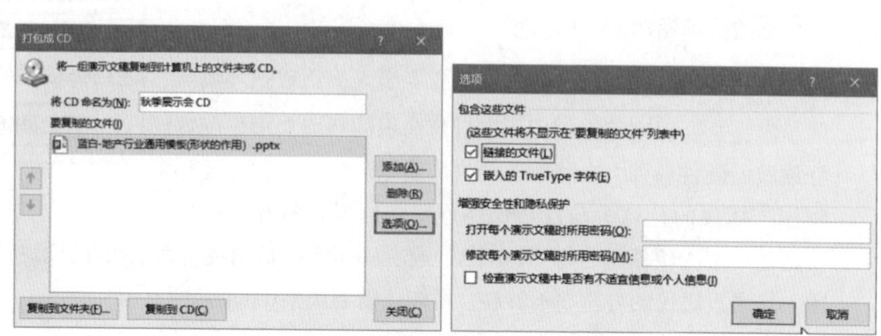

图21-13 “打包成CD”对话框及“选项”对话框

21.4.3 创建讲义

这里的“讲义”是Word形式的幻灯片与备注的合成效果。在“导出”页中选择“创建PDF/XPS文档”选项，再单击右侧的“创建PDF/XPS”按钮，即弹出“发布为PDF或XPS”对话框。单击对话框中的“选项”按钮，弹出“选项”对话框，在对话框中的“发布选项—发布内容”选择框中选择“讲义”选项，可以将演示文稿设置为能将多张幻灯片放入一页的发布模式。

在“导出”页中选择“创建讲义”选项，在单击右侧的“创建讲义”按钮，即弹出“发送到Microsoft Word”对话框，在对话框中选择一种讲义版式，然后单击“确定”按钮即可。如图21-14所示。PowerPoint即会自动打开Word并建立一个新文档，然后按照所设定的格式画出表格，将幻灯片嵌入到新文档之中，并将备注或空行放置于适当位置，形成一个合成的效果。

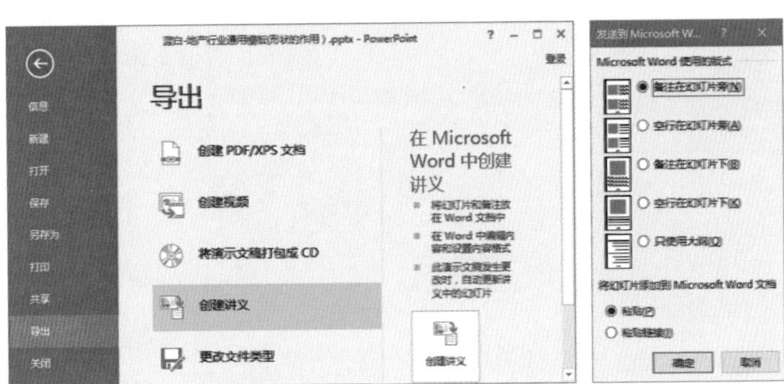

图21-14　演示文稿—创建讲义

合成的讲义可以打印或保存为电子文档，这样在编撰过程中可以十分便利地对演示文稿进行修改，也可以在完成编写后成为演讲的准备资料。

21.5 配置幻灯片切换、动画效果和发布的建议

- 动画也是一种内容，非必要时切勿随意添加动画。
- 设置对象在适当的时候进入幻灯片，然后在适当的时候退出幻灯片，会增强整个演示的表现效果。
- 设置分节管理的切换方式时，要注意不要使用过于突兀的切换效果。
- 动画与切换应进行恰当的配合。
- 可以为演示文稿制定多种放映方案。
- 如果要离开编制环境进行演示，利用“打包成CD”的功能进行最终的发布将会是更为稳妥的方式。

第五部分

Office扩展——VBA概述

导读

Office成功的背后有很多原因，其中一个重要原因是其开放性和可扩展性。

Office的扩展性体现在前端操作的扩展和后端数据处理的扩展。总体来说，Office的扩展可以分为三种类型：（1）VBA。利用VBA（Visual Basic for Applications）使数据处理与文档编撰自动化，这是最重要、最有生命力的扩展模式。（2）加载项。一个或者一组程序遵循严格的接口规范，可以给Word、Excel和PowerPoint等Office应用程序提供功能扩展。（3）Office插件。一般是Office应用程序功能的某种集成形式的集合。

VBA是Office扩展的原生平台，是为了扩展Office而内置于Office中的编程语言。

虽然VBA的语言基础是BASIC语言，但实际上，Visual Basic（VB）就已经彻底超越了BASIC，因为VB是一种面向对象的编程语言。而VBA更是围绕Word、Excel、PowerPoint以及Access等各种对象构建起来的编程语言。

VBA是一种脚本语言（Script），Office的各个组件都包含了VBA解释器，VBA编写的代码无须编译成二进制的可执行文件（.exe）即可在Office中运行。因此，Office被称为VBA的“宿主”。由于与Office的深度整合，VBA的运行效率非常高。并且，由于VBA以处理Office对象为目标，这不仅给Office注入了强大的活力，也使VB焕发了生机。

Office不仅将Office文档及其各种组件对象化，而且提供了“录制宏”这样的代码生成工具，这使得VBA编程也更有针对性，也更加简洁便利。

本部分将介绍VBA的概念、语言基础、对象模型及实用编程。

VBA是一个庞大的编程平台，虽然这个平台的处理对象为Office文档。但是，仅仅是Word、Excel和PowerPoint中的对象已经异常多样化，而在Office的发展过程中又沉淀下一系列可用的扩展模式。因此，仅仅是对VBA编程的讲解，就可以超过本书的篇幅。基于此，我们只能在有限的篇幅里，介绍VBA编程的核心内容和方法。但是，在内容深度方面，我们希望本书可以超越“引言”或者“简介”形式的入门介绍，能让读者在阅读本部分后不仅可以独立进行VBA编程，而且能为今后在工作中不断加深对VBA的理解和学习VBA打下坚实的基础。

至于Office的其他扩展，例如加载项，我们在Office选项中已经介绍了相关的启动和停用方法。而在Office 2016和2019版中最重要的加载项当属“规划求解”加载项、Power Pivot、Power View和Power Query，其内容已经在17.9、17.10章节中进行了介绍。因此，不再对其他加载项展开讨论，而是利用有限的篇幅讨论Office最重要的扩展——VBA。

第 22 章 VBA应用基础

计算机是自动化的工具，计算机从诞生的第一天起就是为提升效率。虽然Office软件已经足够方便，但是仍然有很多重复性的工作可以用机器来自动完成。

在Office文档的编制过程中，有许多需要提高效率的工作步骤。例如，如果每月要编制一份报告，对于利用单位的管理信息系统（MIS）、资源管理系统（ERP）或供应链系统（SCM）中所获得的数据，应首先将这些数据进行清洗、统一；然后，利用Excel数据透视表生成统计表格甚至某些图表，并对统计表或图表设置一定的格式；最后，纳入一个格式化的Word文档之中。

这项工作如果仅通过人工完成，即使工作人员对数据和文档都非常熟悉，可能也要花费半天的时间来完成。但是，如果使用VBA来完成，可能只需半分钟！

在日常工作中，也许我们遇到的困难不像上述例子那么突出。但是，也会经常遇到一些重复性的工作。例如，学校老师对班级、年级成绩的统计、分析，会计出纳对单位资金流的记录核算，人力资源管理者对员工出勤、加班时间的统计等，都是数据来源恒定、统计分析模式恒定的工作项目。这些工作项目都可以通过自动化手段辅助完成。这些相对稳定的工作，通过录制宏或者用VBA编程来处理，将会大幅提高工作效率。所以，从总体来讲，VBA编程就是Office的自动化方式。我们可以利用VBA程序对Office文档和Excel数据进行控制和计算，使那些具有重复性的手工操作在极短的时间内完成。这里强调“重复性工作的自动化”是因为编程本身需要代价，而程序最大的价值是重复使用，用以处理性质相同的不同数据。

22.1 VBA基础

22.1.1 基础概念与术语

快速掌握VBA的方法之一是熟悉与VBA编程相关的一些术语。

（1）代码：指VBA语句，是指Office内置的VBA解释器能够执行的指令。与其他高级语言一样，VBA语句由简单的英语“助记符”组成。通过执行VBA代码，可以完成这些指令所定义的动作，从而实现对Office文档的修改和设置。一般而言，VBA的代码可以用任何的文本编辑器来编辑，但是，只有用VB编辑器（Visual Basic Editor，VBE）才能对VBA代码及其组成的模块进行良好的组织。

（2）书写规范：

- VBA的代码是大小写无关的，但为了阅读方便，对关键首字母进行大写。
- 相同的代码群有相同的缩进。

一行即一条语句，行尾无符号。如果要在一行写多条语句，语句间用冒号“:”隔开；如果一条语句要分为两行，则第一行行尾加上续行符“ _”（半角空格和下划线）。

（3）注释：指代码中不会被执行的一段或者一行代码。注释往往用于说明对应代码的用途或含义。添加注释是良好的编程习惯之一。VBA中的注释以英文单引号“'”开头，其后的内容为注释，可以出现在一行中的任意位置上。

（4）变量：是存储数据的一种表达方式。在程序开始，可以声明一个变量，并指定变量的类型（数字、文本、逻辑值等）。这样在程序其他地方，就可以给变量赋值，并使用该变量，使其存储的值参与运算。

```
Dim aString as String  ' 声明一个文本类型的变量
aString = "编号"    ' 给变量aString赋值
Range("A1").Value = aString  '将变量的值赋予A1单元格
```

（5）模块：指完成一定功能的若干组VBA代码。VBA模块存储在Office文档中，但利用VBE进行组织和维护。VBA模块主要由一些过程组成。

（6）过程：指完成某些任务的代码单元。VBA有两种过程：Sub过程和Function过程。

（7）Sub过程：Sub过程由一系列代码组成，可通过多种方法来执行过程。例如，下面的Sub过程即完成了将当前Word文档页面纸张方向设置为横向的任务：

```
Sub Page_Orent_landscape()
    Selection.PageSetup.Orientation = wdOrientLandscape
End Sub
```

其中，“Sub”为过程标识，“Page_Orent_landscape( )”为编程者制订的过程名，中间为过程代码，“End Sub”为过程结尾标识。本过程的过程代码就是一条“赋值语句”，即将当前文档的页面设置的方向属性设置为“wdOrientLandscape”值，该值是VBA内置的常量，实际上就等于1。

（8）Function过程：为函数过程，可以输入参数，并且返回一个值（也可返回一个数组）。可以从另一个VBA 过程中调用Function过程，也可以在工作表公式中使用Function过程。例如，以下为将两个数相加的函数。

```
Function AddTwo(arg1, arg2)
  AddTwo = arg1 + arg2
End Function
```

其中，“Function”和“End Function”为函数的开头和结尾，“arg1”和“arg2”为参数，“AddTwo”为函数名，返回值即为函数名，可通过赋值语句获得返回值。

（9）对象：指一个事物，其中集成了描述对象性质的“属性”和操作对象的“方法”。一台计算机即一个对象，一台显示器也是一个对象，甚至一碟菜也是一个对象。

实际上，整个Office已经被完整地对象化：一个Word文档就是一个对象，任何一个段落、字符、图表、图表标题、图例等都分别是一个对象；同样，在Excel中，一个工作簿、工作表、单元格也都分别是一个对象。VBA可以处理Office中的各种对象。

（10）集合：类似的对象所形成集合。例如，Worksheets集合由特定工作簿中的所有工作表组成。集合本身也是对象。

（11）对象的层次性：对象类具有层次结构。对象中可以包含其他对象。例如，Excel的顶级对象是称为Application的对象，它又包含了工作簿集合Workbooks，集合中的每一个工作簿可以包含其他对象，如Worksheets集合。然后，Worksheet包含了Range集合或Chart对象等。对象排列模式即对象模型。

引用对象时，在容器和成员之间使用句点“.”作为分隔符，而集合中的对象则用括号加引号引用。例如，对于文件名为Book1.xlsx的工作簿，有下列语句：

```
Application.Workbooks("Book1.xlsx")
Application.Workbooks("Book1.xlsx").Worksheets("Sheet1")
Application.Workbooks("Book1.xlsx").Worksheets("Sheet1").Range("A1")
```

第一条引用位于Application对象中包含的Workbooks集合中的Book1.xlsx工作簿。

第二条引用Book1.xlsx工作簿工作表集合中的Sheet1工作表。

第三条引用工作表集合中Sheet1工作表的A1单元格。

（12）活动对象：指正在被操作的对象。由此可以省略高一级的对象引用，减少对象引用层次。例如，如果Book1.xlsx是活动工作簿且Sheet1为活动工作表，则对单元格的引用可以简化为“Range("A1")”。

（13）对象属性：说明对象性质的值。对于Office对象，即指众多的选项值。例如，Range对象的RowHeight属性即为行高。利用VBA对这些属性赋值，就是设置特定的选项。例如，“Range("A1:B1").RowHeight = 24”即将第1行的行高改为了24。

（14）对象方法：指对象可以执行的操作。例如，Range对象的方法之一为ClearContents，即清除单元格区域的内容。对象方法的使用仍然是句点“.”作为分隔符。

（15）事件：有的对象可以辨别出具体的事件。Excel中有两类事件：工作簿事件和工作表事件。例如，“Private Sub Workbook_Open( )”为打开工作簿时触发的事件，而“Private Sub Worksheet_Activate( )”为切换到工作表时触发的事件，Private将这一事件限制在了被操作的工作簿/工作表内。

22.1.2 Office开发工具

“开发工具”是一个包含了VBA入口等若干Office扩展所需工具的选项卡。缺省情况下，功能区中的“开发工具”选项卡是不显示的。Word、Excel或PowerPoint可以通过对应用程序“选项”的设置，即可显示“开发工具”选项卡，具体方法参见第1章的介绍。

如图22-1所示，从不同的“开发工具”选项卡中可以看出，Word、Excel和PowerPoint三个组件的扩展方向各不相同。我们将在后面结合各自的内容或实例加以说明。

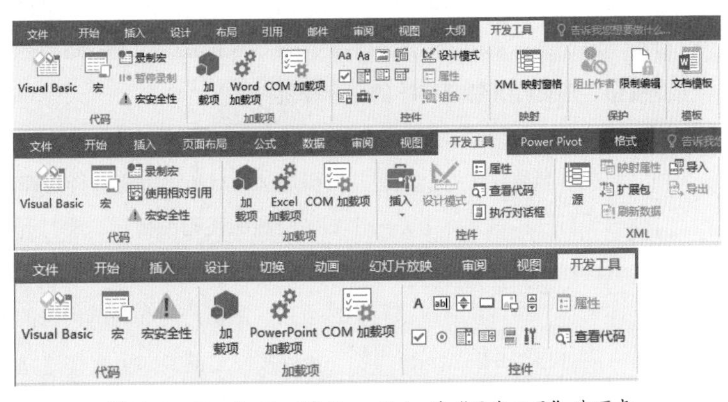

图22-1　Word、Excel和PowerPoint的“开发工具”选项卡

22.1.3 VBE——VB编辑器

VB编辑器（Visual Basic Editor，VBE）就是VBA的集成开发环境（IDE）。

由于VBA本身的定位为辅助Office文档处理及实现Office自动化，因此开发对象和开发过程相对可控，并且也为了保证Office本身不必因为进一步的扩展而过于庞大。因此，VBE相对比较简约。而这个简约的IDE集成了VBA开发的各种资源、编辑器、调试工具等。因此，原本对于其所设定的定位和目标是完全够用。

1. VBE概况

在Office各个组件中启动VBE的方法相同：单击“开发工具”选项卡—“代码”组—“Visual Basic”按钮，或者直接在键盘上按快捷组合键“Alt+F11”，即打开如图22-2所示的VBE窗口。

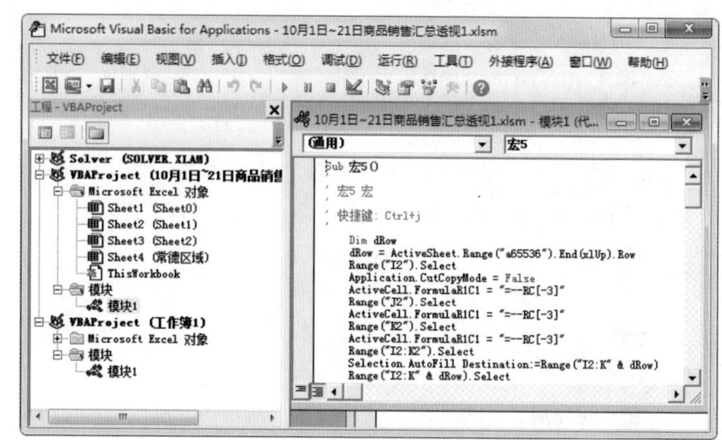

图22-2 VB编辑器

- VBE是一个与Word、Excel或者PowerPoint无缝结合的应用程序，它以Office文档为处理对象，可以运行VBA脚本。
- 每次打开VBE看到的内容会不相同，因为在Word、Excel或者PowerPoint中打开VBE时，在应用软件中与VBA同时打开的每一个文档会被当作VBE的一个“工程（Project）”，并用树形结构展开在左侧的VBAProject窗格中。
- 虽然Office已经使用了以“功能区—选项卡”为驱动的Modern UI，但是，VBE仍然是传统的“菜单—工具栏”工作模式。
- VBE菜单中包含了VBE各种组件的命令，且很多常用命令也被包含在了工具栏中或者各自有其相应的快捷键。例如“运行”窗体或模块的快捷键为F5。
- VBE默认只显示“标准工具栏”，这是VBE的六个工具栏之一。其他工具栏（例如编辑代码常用的“编辑工具栏”）可以通过菜单“视图”—“工具栏”打开。
- 标准工具栏上有常用的“视图”“存盘”等按钮，也有“运行”“中断”等用于运行与调试的命令按钮，还有打开特定窗体的命令按钮。
- VBE 的“工程资源管理器”窗口：在左侧的VBE“工程资源管理器”窗口中，每一个Office文档、加载项都被视作一个工程并按树形结构对相关资源进行管理。
- “代码窗口”：这实际上是一个VBA资源的代码编辑器，要打开某一对象的代码，只需在“工程资源管理器”窗口中双击该对象，即会弹出该对象的代码窗口。
- “立即窗口”：可以直接执行VBA语句、测试语句和调试代码的窗口。例如，在“立即窗口”中输入“msgbox("Hello World!")”，然后按回车键，即可获得“立即”效果。“立即窗口”缺省不可见，可以通过菜单“视图”—“立即窗口”打开，也可按快捷组合键“Ctrl+G”打开。

2. 工程资源管理器

VBE的“工程资源管理器”窗口以树形结构列出了当前打开的Office文档和加载项，因此，不能在工程管理器中关闭一个工程（指Word、Excel或PowerPoint文档），如果需要关闭某个工程，只需关闭相应的文档（工作簿或演示文稿）即可。

如图22-3所示，如果将每个工程（Office文档）、加载项作为树形结构的一级节点，例如"工作簿1""工作簿2"或者"文档1""文档2"等，则二级节点被组织为"Microsoft Word对象"（或者"Microsoft Excel对象"），与"窗体""模块"集合位于同一层次。

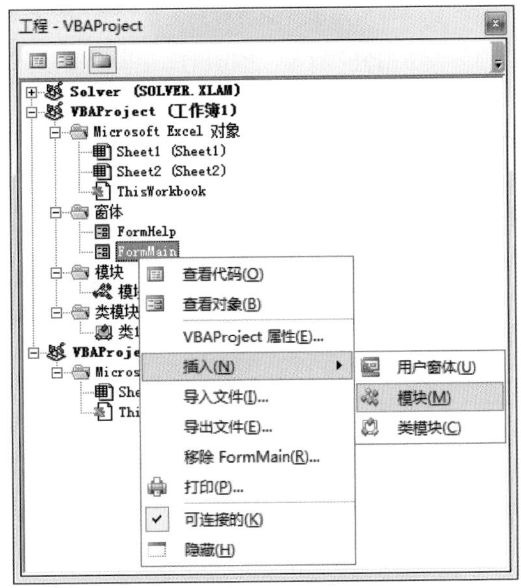

图22-3　VBE的"工程资源管理器"窗口

在工程及下属节点上单击鼠标右键，在右键菜单中，可以查看代码（即打开关联代码的代码窗口）、查看对象（即切换到具体的Office对象，例如工作表）、查看工程属性（甚至可以键入密码锁定工程，除非有特殊情况，一般不建议这样做）。尤其重要的是，可以插入用户窗体、插入模块，这是VBA编程的重要入口。

录制宏时将自动新增一个VBA模块。

此外，可以移除模块，移除之前会提示是否导出模块，如果进行了代码编写工作，建议导出后再移除，以便保留工作代码的备份。

实用技巧

要把一个工程中的窗体、模块等对象复制到另一个工程，无须进行导出、导入操作，只需打开两个相应的Office文档，然后在工程资源管理器中，通过拖放的方式，将对象从一个工程拖放到另一个工程中，即可完成完整的复制。

3. 代码窗口

完成VBA编程的过程，主要是在代码窗口中进行的代码编写（编码）过程。

工程中的每一个对象都有一个关联代码的代码窗口。

VBA代码有三个来源：

- 录制宏。这一来源所产生的代码不是最优化的代码，但却给编码指定了方向。
- 复制过去工作中的模块。借鉴前人的代码，特别是在初学或者涉猎新领域时，找到成熟的、可借鉴的"例程"是快速进步的重要途径。
- 直接编制。

VBE的代码窗口实际上是一个VBA的智能编辑器，具有"自动语法检测""自动列出成员""自动显示快速信息"等智能化功能。

编辑器的"代码设置""编辑器格式"等可以通过"工具"—"选项"打开VBE的"选项"对话框进行调整设置。

22.2 OOP与Office对象模型

VBA的编程与运行是围绕着Office对象进行的。而Office已经是一个非常复杂的系统，每一个组件都有一些特殊的对象，而有些对象又被各个组件所共享，且对象之间又有各种相互关系。例如，图表本身为一个复杂的对象，它的属性又可以决定其下属其他对象的模式，图表标题（Chart Title）既是图表的一个属性，而其本身又是一个对象。

Office对象模型就是Office中各种对象、属性、方法和事件的总和。所以，Office对象模型是一个庞大的体系。在应用中不可能也没有必要全部记住，掌握其工作模式和编程设置方式，然后通过实践工作熟悉与自己工作相关的常用对象及其方法即可。

在某些深入的工作中要用到其他对象时，可以查询微软的技术文档；Office VBA可参考网址是：https://docs.microsoft.com/zh-cn/office/vba/api/overview/。

22.2.1 面向对象的编程

面向对象的编程（Object-Oriented Programming，OOP）是计算机编程思想的一个重要发展。它突破了计算机编程中以过程为核心的结构体系，将计算机程序处理问题的方法变得更加接近现实世界的模式。

对象：指面向对象的编程将计算机程序处理的描述事物的数据和描述事物的行为结合起来所形成的“对象（Object）”概念，并且将对象进行封装，以保证其基本行为的一致性。

抽象的对象即为类（Class），具体的对象就是实例（Instance）。例如，可以将所有的文本框抽象为一个textbox类，这个类可以放置于各种窗体之上，有一定的大小、位置等基本属性。我们在某个界面上放置一个文本框，就是从textbox类创建了一个具体的实例，这个具体的文本框拥有textbox的属性和方法，并且这些属性的具体值在这个实例建立的时候已被赋予。计算机操作中的其他控件，例如按钮、下拉列表等，也都是从某种“类”中创建出来的一个实例。由此，保证了整个软件系统的稳定性和代码的重用性。

对象通过接口与其他程序进行联系，且对象具有多态性、继承性等特征。这样，一方面保证了封装在对象内部的描述对象基础特征的程序可以完全被稳定地重复使用；另一方面，开发者可以从基础类当中根据需要创建更多的子类或者实例。

属性与方法：对象的属性即描述对象的特征，在计算机中为描述特征的变量；而方法就是在对象上执行的某种操作，并且，方法往往就是改变或者调整属性的子程序。

现在我们所用到的大部分计算机、平板电脑和智能手机等终端上的系统，都是在OOP体系下建立的。可以说，没有OOP体系，就没有今天的被广泛使用的信息系统。

22.2.2 Office对象模型与对象的引用

在Office中，每一个可以被处理的内容都是对象。例如，Word中的文档（Document）、段落（Paragraph）、字符（Character）等，Excel中的工作簿（Workbook）、工作表（Worksheet）、区域（Range）等都是对象。

Office对象模型包含了Office下属的每一个应用程序的所有对象，给出了各个程序各种对象之间的关系。这些应用程序不仅包括本书所讨论的Word、Excel和PowerPoint，还包括Access、Outlook、Project、Publisher和Visio等，甚至还包括了Office for Mac。

（1）对象的层次结构：在VBA中，应用程序的对象具有一定的层次结构。一般来说，顶层对象为Application，即应用程序本身。例如，Excel的顶层对象Application就是Excel本身，而Word的顶层对象Application就是Word本身。

顶层之下的第二层，即VBE工程资源管理器中的1级节点，就是打开的每一个Office文档与加载

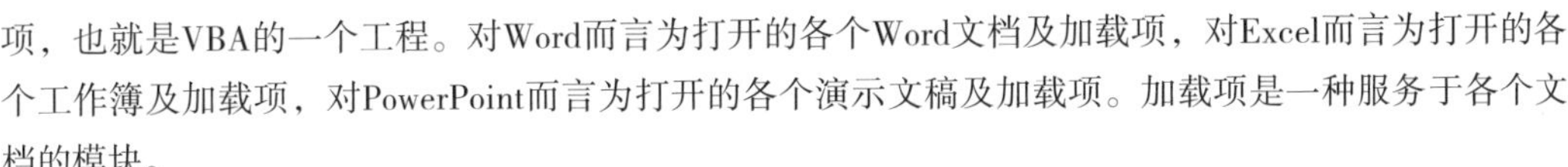

项，也就是VBA的一个工程。对Word而言为打开的各个Word文档及加载项，对Excel而言为打开的各个工作簿及加载项，对PowerPoint而言为打开的各个演示文稿及加载项。加载项是一种服务于各个文档的模块。

- 一个低一层的对象可能是上层对象的属性。例如，Word中的“页面设置（PageSetup）”对象就是“文档（Document）”的属性；Excel中“区域（Range）”对象就是“工作表（Worksheet）”的属性。
- 上一层对象对下一层对象的引用以及对象与属性之间的引用都用半角句号“.”作为分隔符。
- 可以通过赋值来改变对象最终的属性。
- 每一个对象都有一组方法来处理其下属对象或属性。

例如，Word文档的Activate方法将焦点转向某个文档，文档的“页面设置（PageSetup）”为一个对象，而上、下、左、右页边距中的每一个均为PageSetup对象的一个属性。因此，将焦点转向“文档1”，并将其上、下、左、右页边距均设为1.8厘米的代码为：

```
Documents("文档1").Activate
With ActiveDocument.PageSetup
    .TopMargin = CentimetersToPoints(1.8)
    .BottomMargin = CentimetersToPoints(1.8)
    .LeftMargin = CentimetersToPoints(1.8)
    .RightMargin = CentimetersToPoints(1.8)
End With
```

- 代码中的第一行激活“文档1”。此时，Application的属性（子对象）“ActiveDocument”即为“文档1”。
- 代码中的“With [Object] … End With”结构是VBA常用的对某一对象设置多个属性的语句结构。如果没有这个结构，四行属性赋值语句都将以“ActiveDocument.PageSetup”开头。

（2）用集合（Collection）来“打包”一组对象：集合是包含多个相同对象的对象。例如，在Word中，Documents是一个集合对象，表示打开的所有文档；Characters也是一个集合对象，表示所选内容、范围或文档中的字符集合，单个字符就是字符集合Characters中的一个元素。当前在窗口中被选中的内容也是一个集合对象，即Selection。这里使用代码，给选定内容中的第一个字符设置字体参数为加粗、大小18。

```
With Selection.Characters(1)
    .Bold = True
    .Font.Size = 18
End With
```

又例如，在Excel中，Sheets为一个集合对象，表示指定的或者活动的工作簿中的工作表集合，而Range（区域）则是区域对象，而Selection也是当前被选中的对象。因此，以下的代码即切换到工作表“Sheet1”，然后选中区域“B2:B6”，最后再将这五个单元格复制到剪贴板。

```
Sheets("Sheet1").Select
Range("B2:B6").Select
Selection.Copy
```

- “Select”为对象Sheets的方法，表示选定集合中的某个具体对象。

用直接指定名称的方法引用集合中的对象。

从上例中可以看到，如果打开多个工作簿，则每个工作簿中都可能含有一个Sheet1工作表，引用特定的工作表时只需在前面加上其容器。例如“Workbooks("工作簿1").Sheets("Sheet1")”。如果没有工作簿限定，则引用活动工作簿中的Sheet1工作表。

清楚当前对象时，对下级对象的操作可以采用简化引用的方式。例如，Sheet1为当前工作表（Worksheet）的对象时，则Sheet1下的其他对象都可直接使用。又例如，Columns(1)或Columns("A")，Rows(1)或Rows.Item(1)，Range("A1:C10")等，都是当前工作表下的对象。

温馨提示

在Excel的对象模型中，没有单个单元格（Cell）这一对象，因为单个单元格，完全可以用Range("")（在引号中放入单元格地址）来表示。但是，在Word的对象模型中，表格（Table）下却有单元格（Cell）对象，而且Word对象模型中的Range对象是指一个文本范围。

22.2.3 对象的属性和方法的使用

1. 属性与方法的录入与信息提示

对象的属性、方法众多，要准确记住这些属性、方法往往有一定的困难。好在，VBE具有智能化的“自动列出成员”“自动显示快速信息”等功能，在输入时只需输入属性或方法的首字母，窗口即会自动列出相关成员。如图22-4所示。

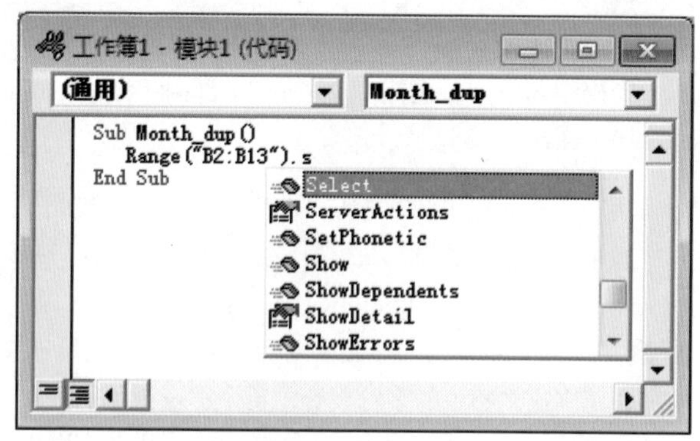

图22-4 在VBE代码窗口中录入属性、方法

- 输入前几个字母后可以按快捷组合键“Shift+Space”，编辑器即会自动填入剩下的字母完成输入（注意：此快捷组合键原来设计为“Ctrl+Space”，但中文版Windows的“Ctrl+Space”被操作系统用作了输入法切换的快捷组合键，因此转为了“Shift+Space”）；也可单击“编辑”菜单—“自动完成关键字”命令。但是，编写代码时一般以最后双手不离键盘的操作方式最快。
- 在录入的过程中如果由于其他操作导致自动的成员列出消失不见，可以通过按快捷组合键“Ctrl+J”再次调出列表。
- 在录入代码时，当录入到关键参数等位置时，编辑器会用黄色的提示条（Tip）来显示参数格式。在阅读或者录入代码时，如果需要显示对象的信息或者参数信息，还可以按快捷组合键“Ctrl+I”，系统就会显示相应的提示信息。如图22-5所示。

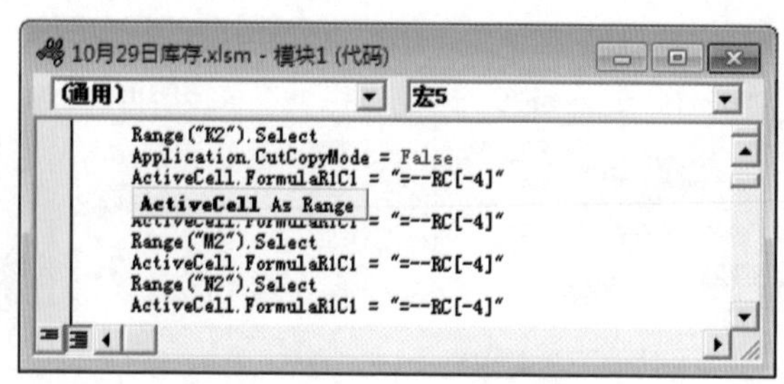

图22-5 代码窗口中的提示信息

- 如果需要浏览对象及其属性和方法，可以按快捷键F2或者单击标准工具栏上的

“对象浏览”按钮，即会打开如图22-6所示的“对象浏览器”窗口。在窗口中可以按工程或者库筛选对象，也可以查看各种对象及其属性和方法，甚至可以查看各种预设常量（Constants）的值，例如VBA库中的ColorConstants的各种预定义颜色值。

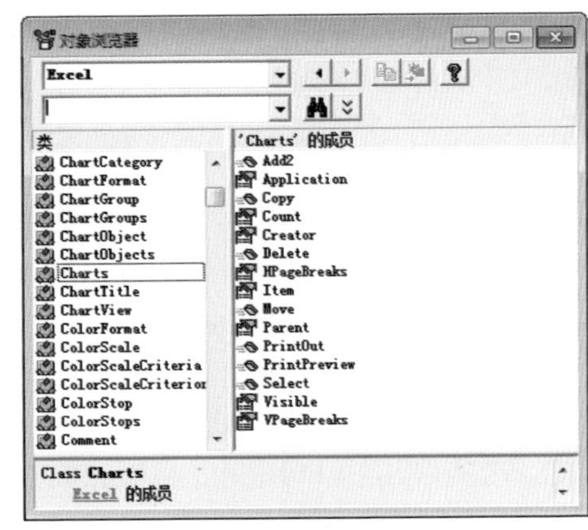

图22-6 “对象浏览器”窗口

2. 属性与方法的参数

作为一种宏语言形式的脚本语言，如果有需要，VBA的属性和方法都可以添加参数。

上文的例程显示了为属性赋值、利用方法执行某种命令的过程。但是，有时候某些属性和方法可以通过添加不同的参数给对象传递不同的信息，以获得不同的结果。

- 一般来说，大多数方法都有参数，可以进一步确定方法的行为方式。
- 许多参数又是可选的，即在录入提示中被方括号括起来的那些参数。
- 添加的参数有两种格式：直接接在属性或方法后面，这样属于无须返回值的情况；如果需要属性和方法返回值，则必须像函数调用那样，在圆括号内进行参数传递。

例如，在Excel中，Range的Address属性可以添加五个参数，可用以说明返回参数的格式（绝对地址、相对地址等），并且所有参数都是可选的。缺省情况下，Address返回区域的绝对地址，因此，下列代码将返回区域的列绝对、行相对地址（$B1:$G28）：

```
Range("B1:G28").Address(rowAbsolute:=False)
```

- 上述代码的运行结果可以用Msgbox命令显示，也可直接在“立即窗口”中通过在代码前加问号“？”进行显示。
- 上面参数可以直接使用语句“Address(False)”，但使用命名参数能使程序更加易读。

在工作簿中添加工作表的常用工作表方法为Add，缺省为在当前工作表之前添加。完整语法为：Add(Before、After、Count、Type)。因此，下列第一、二行代码，分别在当前工作簿的当前工作表之前、之后添加一个工作表；而第三行，则在当前工作表之前添加一张工作表，同时将这张工作表对象赋值给一个NewSheet的对象变量。

```
Sheets.Add
Sheets.Add Before:= Worksheets(Worksheets.Count)
set NewSheet = Sheets.Add(After:= Worksheets(Worksheets.Count))
```

22.2.4 活动的对象

Windows是一个多任务的系统，在使用Office时，我们可以同时打开多个Office文档，例如同时打开多个Word文档、多个Excel工作簿或者多个PowerPoint演示文稿。但是，只有其中的一个文档、工作簿或演示文稿以及其中的具体的窗口、对象是活动的。

在确定活动对象的时候，Active前缀和Selection对象（选中的对象）起到重要作用。

对于Word，一次只有一个文档是活动的，其中也只有一个窗口是活动的。在VBA中分别被定为对象"ActiveDocument""ActiveWindow"，而当前位置则被定为对象"ActiveWindow. Selection"。例如，下列代码返回Word文档选中文字的第一个字符（或者当前位置之后的第一个字符）。

```
ActiveWindow.Selection.Characters(1)
```

对于Excel，同样一次只有一个工作簿是活动的，其中也只有一个工作表是活动的。而活动的工作表中只有一个单元格是活动的，分别被定为对象"ActiveWorkbook""ActiveSheet"和"ActiveCell"。被选中的单元格区域为"ActiveWindow.RangeSelection"对象。

可见，上一小节添加工作表的操作，在每一个工作表对象之前，实际上是省略了ActiveWorkbook对象引用的。省略后，当然就是操作当前工作簿。再例如，下列代码第一行返回当前工作表的名称，第二行则返回当前窗口中选中区域单元格的个数。

```
ActiveSheet.Name
ActiveWindow.RangeSelection.Count
```

假设当前打开的是名为"9月销售情况"的工作簿，其中只有一个名为"销售"的工作表，下列任意一行代码都引用这个工作表：

```
ActiveSheet
ActiveWorkbook.ActiveSheet
Workbooks(1).Sheets(1)
Workbooks(1).Worksheets(1)
Workbooks("9月销售情况.xlsx").Worksheets("销售")
```

当然，我们还可以在上述代码前加上应用限定词"Application."。

对于PowerPoint，与Word类似，一次只有一个演示文稿是活动的，其中也只有一个窗口是活动的，分别被定为对象"ActivePresentation""ActiveWindow"。而当前幻灯片不是ActiveSlide，而是"ActiveWindow.Selection.SlideRange(1)"对象，即选中的一组幻灯片对象中的第一张。

22.3 宏的录制与运行

录制宏就是将一系列Office操作用VBA语句记录、保存下来，从而通过运行宏来重复记录、保存下来的那些操作。所以，录制宏可以说是Office自动化最简单的方法。

录制宏可以将Office的操作转化为VBA代码，因此录制宏也是我们学习和掌握VBA的重要导师。我们可以通过查看、修改录制的宏的代码来获得VBA编程的启发。

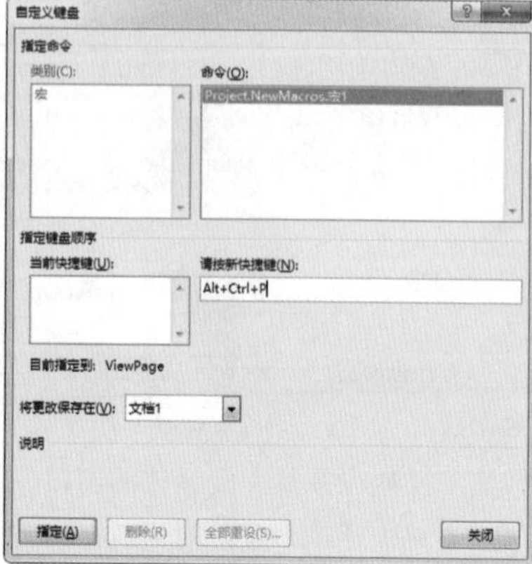

图22-7 "录制宏"对话框和"自定义键盘"对话框

需要说明的是，自Office 2010之后，

PowerPoint已经不再支持录制宏，但是仍然可以运行VBA模块或者以往录制的宏。这也许是微软认为演示文稿的编制属于具有创造性的工作，不需要重复性的操作。但是，至少我们可以通过阅读其技术支持API来获得一些解决重复性工作的办法，有关的网址为：https://docs.microsoft.com/zh-cn/office/vba/api/overview/powerpoint。

在Word和Excel中录入宏的方法：单击“开发工具”选项卡—“代码”组—“录制宏”按钮，弹出“录制宏”对话框。如图22-7左图所示，在其中自动生成了“宏名”，并且允许操作者将宏指定到某个按钮或者键盘上的某个快捷键。如果需要指定到快捷键，则单击“键盘”按钮，在弹出的“自定义键盘”对话框中，将鼠标指针停留到“请按新快捷键”录入框中，然后在键盘上按下想要设置的快捷键。

22.4 VBA入门的关键

- 对象是VBA编程的核心，对象的属性和方法是对象的特征参量和行动方式。
- 这里所讲的是VBA下的Office对象应用方法和语法结构，这只是OOP的一种简洁的应用方式。其中，关键的对象体系已经被微软打包在了Office的对象模型之中。
- 可以看到，VBA for Word、VBA for Excel和VBA for PowerPoint具有相似的对象模型，但又因为处理文档的结构差异导致其具体的对象模型具有不同的特点。
- 集合对象解决了一组对象的问题，对集合对象的引用往往成为了某些数据引用的起点。
- VBA的属性和方法都可能含有参数，参数格式需要进行细致的区分。
- 活动的对象给编程带来了明确的目标并可以使代码简化，前提是需要知道当前的对象是什么。
- VBE提供了VBA编程的集成开发环境（IDE），熟练应用对于掌握其他IDE也会有所帮助。
- 向宏学习：阅读宏代码，对于深入的VBA编程大有好处。

第 23 章 VBA语言基础

VBA是一种完整的面向对象的编程语言，虽然其主要处理的对象是Office各组件中的各种对象，但它仍然具有完善的程序设计语言要素。在本章，我们将以最精简的方式完整地介绍VBA的语言要素，并在必要时给出实际例子。

23.1 书写规范、标识符及其命名

23.1.1 书写规范

（1）VBA不区分标识符字母的大小写，一般语句用小写，变量对象标识用大写字符开头。

（2）一行可以书写多条语句，各语句之间以冒号“:”隔开。

（3）一条语句可以多行书写，以空格加下划线“ _”来标识下行为续行。

（4）标识符最好能简洁明了，不造成歧义。

23.1.2 标识符及其命名

标识符是一种用以标识程序中的变量、常量、过程、函数、对象、类等构成语言的基本单位的符号，利用它可以完成对变量、常量、过程、函数、对象、类等的命名和引用。

标识符的命名规则为：

（1）以字母开头。标识符由字母、数字和下划线组成，一般来说，最好与相应的对象、方法等有一定关联，如rngWords、ChangeFont等。VB是大小写无关的编程语言，因此，标识符的大小写只是为了阅读的方便。

（2）长度小于40。Office 2010以上的中文版可以使用汉字且其长度可达254个字符。

（3）不能使用空格、也不能嵌入声明类型的字符（如“#”“$”“%”或“!”）；而且不能与VB保留字重名，如public、private、dim、goto、next、with、integer、single等。

23.2 运算符

运算符是程序中具有某种运算功能的符号。

（1）赋值运算符：形式为“=”，代表将某种值赋予某个变量或对象属性。例如，pi = 3.1415926或 Form1.caption="我的窗口"（注意：标识字符的双引号为半角引号）。

给对象的赋值采用：set myobject=object 或 myobject:=object。

（2）数学运算符：包括“+”（加）、“-”（减）、“*”（乘）、“/”（除）、Mod（取余）、

"\"（整除）、"&"（连字符）、"+"（字符连接符）、"–"（负号）、"^"（指数）。

（3）逻辑运算符：包括And（逻辑与）、Or（逻辑或）、Not（逻辑非）、Xor（逻辑异或）、Eqv（逻辑相等）、Imp（逻辑隐含）。

（4）关系运算符："="（相同）、"<>"（不等）、">"（大于）、"<"（小于）、">="（不小于）、"<="（不大于）、Like、Is。

（5）位运算符：Not（按位非）、And（按位与）、Or（按位或）、Xor（按位异或）、Eqv（按位相等）、Imp（按位隐含）。

（6）注释语句用来说明程序中某些语句的功能和作用，VBA中有两种方法标识语句为注释语句。

- 使用单引号"'"。可以位于别的语句之尾，也可单独一行。
- 使用Rem语句。只能是Rem开头的单独一行。

运算符的优先级与计算器相同。有疑惑时，可以使用括号以保证运算正确。

温馨提示

使用有意义的词汇进行命名和尽量多使用注释是良好的编程习惯。

23.3 数据类型及自定义数据类型

VBA共有12种基本数据类型，还有变体数据类型（Variant），具体见表23-1。

表23-1 VBA的数据类型

名 称	数据类型	所占内存及数值范围
布尔型	Boolean	2 字节，True 或 False（缺省值为-1和0）
字节型	Byte	1 字节，［0, 255］
整数型	Integer	2 字节，［-32768, 32767］
长整型	Long	4 字节，［-2147483648, 2147483647］
单精度浮点	Single	4 字节，［-3.402823E38,-1.401298E-45］（用于负值），［1.401298E-45, 3.402823E38］（用于正值）
双精度浮点	Double	8 字节，［-1.79769313486231E308, -4.94065645841247E-324］（用于负值），［4.94065645841247E-324, 1.79769313486232E308］（用于正值）
货币型	Currency	8 字节，［-922337203685477.5808, 922337203685477.5807］
日期型	Date	8 字节，［公元100年1月1日, 公元9999年12月31日］
数值型	Decimal	14 字节（足够大）
LongLong整型	LongLong	8 字节（足够大，仅用于64位系统）
对象型	Object	4 字节，任何Object引用
字符串型	String	可变长度：10 字节+字符串长度 定长：字符串长度1 ~ 65400
变体（数字）	Variant	16字节，达到Double范围的任何数值
变体（字符）	Variant	与变长string的范围相同

一般浮点型数据使用Double，整数型使用Long即可。

可用“Type…End Type”语句自定义数据类型。类似其他编程语言中的结构类型，例如：

```
Type CustomerInfo
    Cu_Name As String
    Cu_id As String
    Company As String
    PhoneNo As String
End Type
```

在模块开头定义自定义的数据类型。

23.4 变量、常量与数组

23.4.1 变量与常量

变量即临时存储数据的某一块内存，用户可以声明其数据类型。声明使用语句Dim（Dimension的简写），变量声明语句一般放在模块开头，如“Dim x As long, y As long: Dim StartDate As date, EndDate As date: Dim NewCustomer As CustomerInfo”。

注意：语句“Dim i, j As Integer”虽然不会报错，但只将“j”定义为Integer，“i”仍然为变体型。如果两个变量都要定义为Integer类型，必须使用语句“Dim i As Integral, j As Integer”。

自定义数据类型的引用采用点号“.”即可。例如，NewCustomer.Cu_Name = "张三"。

VBA允许使用未定义的变量，并默认为变体类型。变体类型变量可以随时转换其数据类型，例如，直接赋值aVar=True，则“aVar”为布尔型，然后运行“aVar=aVar*100”，返回-100整型。直接使用变体类型而不进行变量类型声明虽然方便，但是在速度和内存开销上有代价。

变量数据类型和使用的随意性虽然给编码带来了便利，但这不是严谨的编程方法。

如果要强制变量声明可以在模块的第一行使用语句“Option Explicit”。

变量定义语句及变量作用域：一般变量作用域的原则是，哪部分定义就在哪部分起作用，在模块中定义则在该模块起作用。在变量声明语句前加“Public”定义全局变量，可以作用于所有模块。

常量为变量的特例，用“Const”定义，且在定义时赋值，在程序中不能改变值，作用域也如同变量作用域。例如，Const Pi=3.1415926 As Single。

VBA提供了很多预定义常数，这些常数无须声明即可使用。学习和使用时也不需要记住，因为只要对象能够被识别，则与对象相关的常数在编码时VBE会自动给出提示。如图23-1所示。只是，在使用过程中需要慢慢熟悉相关英语单词或缩写的含义。

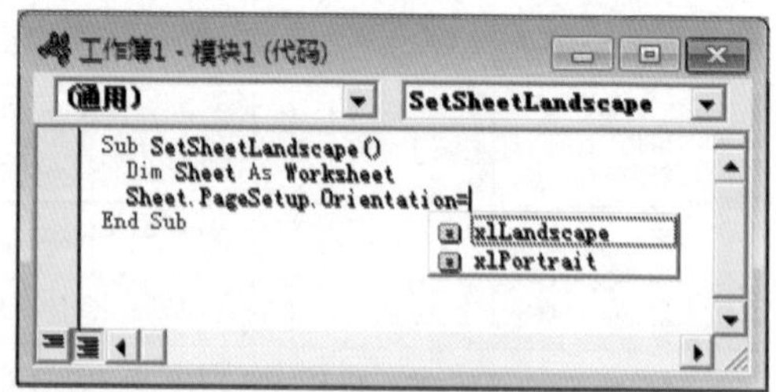

图23-1 VBE自动给出与对象相关的常数提示

23.4.2 数组

数组是一组相同数据类型的数据的集合变量。在内存中为一个连续的内存块。通常使用数组名和索引号引用数组元素。声明数组需确定其包含元素的多少（维度），其定义规则如下：

Dim 数组名 ([lower to] upper [, [lower to] upper, …]) As type，其中，lower的缺省值为0。例如，语句

“Dim MonthDay(1 to 31) As Date”，在引用时，“MonthDay(1)”即这个数组的第一个元素。如果习惯按C语言的索引方式，也可定义为“Dim MonthDay(30) As Date”，则“MonthDay(0)”为数组的第一个元素，即VBA缺省的索引号是从0开始的。

二维数组是按行列排列的，如“Dim X(RowUpper, ColUpper) as Integer”。

除了固定维度的数组外，VBA支持动态数组：定义时无大小维度声明；在程序中使用数组前利用Redim语句来说明数组大小，也可改变数组大小；原来数组内容可以通过加preserve关键字来保留。

例如“Dim array1( ) As Integer : Redim array1(5) : array1(3)=250 : Redim preserve array1(10)”。

23.4.3 对象变量

可以将一个变量声明为对象，则该变量即具有了这一对象的属性和方法。本质上是类的继承，应用中颇有点“加入队伍”的感觉。例如，声明一个名为“Sheet”的Worksheet变量，则Sheet即刻拥有了Worksheet对象的属性和方法，需要按Worksheet对象来进行操作。

对象变量赋值用Set语句。例如，下列Set语句将实际的区域赋值给了MyCells变量。

```
Sub SetRangeValue()
  Dim MyCells As Range
  Set MyCells = Worksheets("Sheet1").Range("A1:B12")
  MyCells(1, 1).Value = "Monday"
  MyCells(1, 1).Font.Bold = True
End Sub
```

给对象变量赋值Nothing即释放对象变量占用的内存空间，即采用语句：

Set MyObject = Nothing

释放了变量对象MyObject的空间，但是MyObject仍然存在，可以再次利用。

23.5 判断语句

程序的三大结构为顺序结构、选择结构和循环结构。其中，选择结构采用判断语句来实现。判断语句通过对条件的判断选择程序执行的分支，实现了程序行为的导向。判断语句主要分为两段分支的if-else结构和多段分支的case结构，而if-else结构通过嵌套、叠加也可实现多段分支判断。

23.5.1 If...Then...Else语句

这是经典的条件语句，可以执行一个或多个条件。语法为：

```
If condition Then
   [statements]
[ElseIf condition-n Then
   [elseifstatements] ...
[Else
   [elsestatements]]
End If
```

例如：

```
If Number < 10 Then
     Discount = 1
ElseIf Number>=10 And Number < 100 Then
```

```
    Digits = 2
Else
    Digits = 3
End If
```

23.5.2 Select Case...Case...End Case语句

这是经典的多条件控制语句。语法为：

```
Select Case TestExpression
  [Case expressionlist-n
      [instructions-n]]
  [Case Else
      [default_instructions]]
End Select
```

例如：

```
Select Case Number
    Case Is<10
        Digits = 1
    Case 10 to 100
        Digits = 2
    Case Else
        Digits = 3
End Select
```

Case语句可以用逗号将多个条件值分开作为表达，例如：

```
Select Case Weekday(Now)
    Case 1, 7
        MsgBox "这是周末"
    Case Else
        MsgBox "这是工作日"
End Select
```

温馨提示

多条件语句，特别是存在嵌套时，适当的缩进是程序可读性的保证。

23.6 循环语句

循环语句往往是对一组数据或对象采用相同操作的结构。一般分为固定起止点的for循环和基于条件的do-while循环。

23.6.1 For...Next循环

按照指定步幅（Step）重复执行一组语句。For语句把循环起止和步幅前置，获得相对确定的对循环体的执行，并在循环体中安排某种条件判断，以便中途跳出循环。语法为：

```
For counter = start To end [Step step]          'Step 缺省值为1
  [statements]
```

```
    [Exit For]
    [statements]
Next [counter]
```

例如：

```
For Words = 10 To 1 Step -1                  '建立 10 次循环
        For Chars = 0 To 9                  '建立 10 次循环
              MyString = MyString & Chars              '将数字添加到字符串中
        Next Chars
        MyString = MyString & " "                 '添加一个空格
Next Words
```

Exit For往往是在循环块中满足某个条件后即退出循环的途径。例如，找到合适的值退出。在下例中，便找到了活动工作表中A列包含最大值的单元格：

```
Sub FindMaxCell()
   Dim MaxVal As Double
   Dim Row As Long
   MaxVal = Application.WorksheetFunction.Max(Range( "A:A" ))
   For Row = 1 To 1048576
      If Cells(Row, 1).Value = MaxVal Then
           Exit For
      End If
   Next Row
   Cells(Row, 1).Activate
End Sub
```

上例中的"WorksheetFunction.Max( )"是调用"工作表函数"，即Excel函数。

23.6.2 Do...While循环，While...Wend循环

在条件为True时，重复执行循环体中的指令。循环无须考虑起止和步幅，只需考虑是否满足条件。条件可以前置也可以后置，它们的语法分别为：

```
Do [While condition]
       [instructions]
       [Exit do]
       [instructions]
Loop
```

或者使用下面语法：

```
Do                    '至少循环一次
       [instructions]
       [Exit do]
       [instructions]
Loop [While condition]
```

下例获得了本月的所有日期，并填入到了当前工作表的当前列中。

```
Sub GotDates()
'获得本月的所有日期
    Dim TheDate As Date
    TheDate = DateSerial(year(Date), Month(Date), 1)
    Do While Month(TheDate) = Month(Date)
```

```
        ActiveCell = TheDate
        TheDate = TheDate + 1
        ActiveCell.Offset(1, 0).Activate
    Loop
End Sub
```

可见，想要不陷入死循环就需要在循环体中改变While条件语句中的参量。因此很容易将上例改为第二种语法模式。

While...Wend语句，是为了保持兼容性从VB旧语法中保留下来的循环控制，即只要条件为True，循环就执行。语法如下，旁边是简单的实例。

```
While condition         'While x<100
  [statements]          'x = x+1
Wend                    'Wend
```

23.6.3 Do...Until循环

Do...Until循环类似于Do...While循环，只是Do...While为满足条件时循环，而Do...Until为满足条件时终止循环。语法相同，只需将While换成Until即可。

下例打开了一个文本文件，将其中的文本按行复制到当前工作表的单元格中，利用EOF( )函数检测文件至结束。

```
Sub CopyTextfile()
    Dim LineNo As Long
    Dim LineofText As String
    Open "c:\data\textfile.txt" For Input As #1
    LineNo = 0
    Do Until EOF(1)
        Line Input #1, LineofText
        Range("B1").Offset(LineNo, 0) = LineofText
        LineNo = LineNo + 1
    Loop
    Close #1
End Sub
```

23.6.4 GoTo语句与异常处理

GoTo语句可以实现程序的直接跳转，初学者会觉得非常方便。但是，GoTo语句不仅会破坏程序的模块化，还可能会导致逻辑混乱，而且程序的可读性和可维护性也大为降低。结构化程序设计反对使用GoTo语句。因此，一般情况下只有在没有其他办法实现跳转时才使用它。

VBA的GoTo语句需要用一个标签来支持。例如，满足某个条件时利用GoTo跳转到标签处，然后从标签处开始按顺序执行。语法为“GoTo Line”。例如：

```
Sub GoTo_Statement( )
    Dim year As Integer
TheStart:
    year = InputBox("请输入年份:")
    If year = 2020 Then
      GoTo Line2020
    Else
```

```
        MsgBox ("It's OK,  Please gono")
        GoTo TheStart
      End If
Line2020:
      MsgBox ("The world is Chaos!")
      'Chaos processing
End Sub
```

上例的逻辑看上去合理，但是如果语句较多，或者再来一个这样的跳转时，代码将会很难维护。而上例只需一个后置条件的Do While循环即可简捷地实现。

正是由于GoTo语句的直接跳转特性，可以结合On Error语句执行用户设计的错误处理程序。如下例所示，程序检测工作表Pivot Table是否存在，若不存在则给出相应提示。

```
Sub IsWorksheetExist()
        Dim wksname As String, msg As String
        On Error GoTo MyErr
        wksname = Worksheets("Pivot Table").Name
        Worksheets("Pivot Table").Activate
MyErr:
    If Err.Number <> 0 Then
        msg = " 错误 " & Err.Number & " :  " & Err.Description _
 & " was generated by " & Err.Source & Chr(13)
        MsgBox msg
      End If
End Sub
```

错误处理语句汇总：

```
On Error Goto Line          '当错误发生时，跳转到Line行去
On Error Resume Next        '当错误发生时，跳转到发生错误的下一行
On Error Goto 0             '当错误发生时，停止过程中任何错误处理过程
```

23.7 对象和集合的处理

VBA以处理Office对象为主要目的。因此，VBA专门设计了处理对象和集合的两个结构，一个处理单个对象，另一个遍历每个对象。结合使用时功能更为强大。

23.7.1 With-End With结构

With-End With结构专为处理单个对象。“With”相当于选中某个对象，然后对其进行设置操作。而设置的多行语句，实际上是被作为单条语句执行的。例如：

```
With Selection.Font
      .Name = “Cambria”
      .Bold = True
      .Italic = True
      .Size = 12
      .Underline = xlUnderlineStyleSingle
      .ThemeColor = xlThemeColorAccent1
End With
```

虽然With结构中的每一条语句都可以用单独语句实现，但是，当其被拆分开后，就被作为多条语句来执行了。所以，无论是代码的紧凑性还是执行效率，With-End With都更为出色。

23.7.2 For Each...Next循环

For Each...Next 循环针对一个数组或集合对象进行循环，让所有元素重复执行一次语句（遍历）。

```
For Each element In group
    Statements
   [Exit for]
    Statements
Next [element]
```

例如：

```
For Each range2 In range1
       With range2.interior
                   .colorindex=6
                   .pattern=xlSolid
       End with
Next
```

23.8 Sub过程和Function过程

过程（Procedure）是一系列位于VBA模块中的语句，用来完成一个相对独立的功能。过程可以使程序更清晰、更具结构性。VBA具有四种过程：Sub过程、Function过程、Property属性过程和Event事件过程。可以通过多种方式来调用或者执行过程。

Property属性过程和Event事件过程是在对象上添加的两个过程，与对象特征密切相关，而这也是VBA比较重要的组成，技术比较复杂。鉴于篇幅关系，这里不作介绍，如需了解，可以参考专门介绍VBA的书籍。

23.8.1 Sub过程

Sub过程为VBA中最常用模块，其作用为：传入一定参数，执行一定的运算。语法为：

```
[Private | Public] [Static] Sub name ([arglist])
      [instructions]
      [Exit Sub]
      [instructions]
End Sub
```

- Private：可选声明，标识私有过程，仅同一模块的过程可以访问。
- Public：可选声明，公共过程，该工作簿（工程）中所有模块均可以访问，可以作为“宏”运行。缺省为公共过程。
- Static：可选，标明过程结束时将保留过程的变量。
- Sub：必需，为过程标识。
- name：必需，为过程名，声明规则与变量相同。
- arglist：可选，为参数表，用一系列变量表示并用逗号分隔，接收参数。

- instructions：可选，为有效的VBA代码。
- Exit Sub：可选，为在正式结束之前强行退出过程的语句。
- End Sub：必需，表示过程结束。

23.8.2 Sub过程的执行

Sub过程的执行有多种方式，其运用环境各不相同。

（1）在VBE中直接使用快捷键F5。或者在标准工具栏中单击“运行子过程/用户窗体”选项，也可以在菜单“运行”下选择“运行子过程/用户窗体”选项。这种方式一般用于调试过程。

（2）通过在Excel、Word或PowerPoint中，单击“开发工具”选项卡—“代码”组—“宏”按钮，弹出“宏”对话框，在其中选择本工程或打开的其他工程中的Sub过程后单击“执行”按钮即可。如图23-2所示。

图23-2 “宏”对话框

作为“宏”运行的过程不含参数。

这种方式一般运用于稳定的针对某类特定文档而编制的VBA过程。运行前需要注意模块中被激活或被选中的对象。

（3）对于已经指定了快捷键的宏，按快捷键即可运行。指定快捷键的方法：在“宏”对话框中单击“选项”按钮，在弹出的“宏选项”对话框中进行指定。

- 注意：指定快捷键时，如果键入小写字母a，则快捷组合键为“Ctrl+a”，如果键入大写字母A，则快捷组合键为“Ctrl+Shift+a”。

温馨提示

尽量不要把自定义的快捷组合键指定为Office已预定义的快捷组合键，如“Ctrl+S”“Ctrl+O”“Ctrl+P”等。

（4）在功能区选项卡中执行。这种方法需要通过自定义功能区，然后对某个添加到选项卡自定义组中的控件指定VBA宏即可。

（5）被另一个过程调用执行。包括在Office文档中的ActiveX控件（包括图形、图片等）或在用户表单上的控件的Click()（单击）过程中执行。

在一个过程中调用另一个Sub过程的语法为下列语句之一：

```
Name [arglist]
Call Name([arglist])
Run "Name", [arglist]
```

其中，“Name”为Sub过程名称，“[arglist]”为参数列表，用逗号分隔。

在调用过程中，VBA首先在当前模块中查找。如果找不到，则在同一工程的其他模块的公共过程中查找。私有（Private）过程只能被同一模块的过程调用。

如果要调用其他文档（工程）中的过程，则需要建立文档之间的引用或者用Run语句显式指定另一个工程及相应模块。

在一个工程中建立对另一个工程的引用可以单击VBE菜单“工具”—“引用”，打开“引用－VBAProject”对话框，在“可使用的引用”列表框中查找名为“VBAProject”的工程。要注意看对话框下方的说明框中的定位，即可找到相应的工程，在勾选后即可调用被加入引用列表的工程中的过程。如图23-3所示。

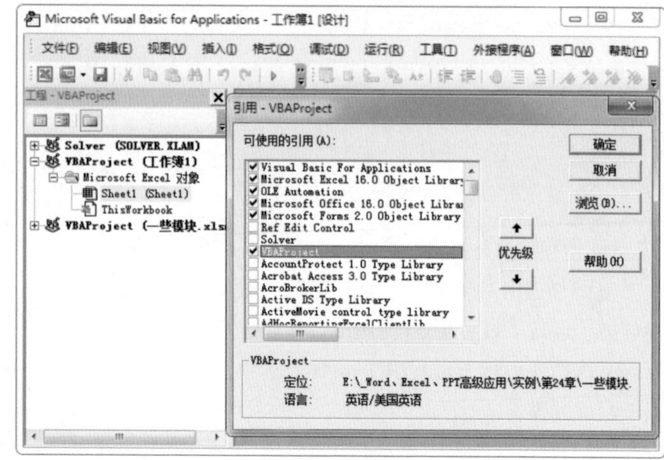

图23-3 “引用-VBAProject”对话框

没有建立引用时，一般使用Application对象的Run方法来调用其他工程中的过程。例如，执行“一些模块.xlsm”工作簿中的模块“CopyTextFile”过程，语法为：

```
Application.Run "'一些模块.xlsm'!CopyTextFile"
```

温馨提示

将常用的模块集中于某个工程中，当其他工程需要用到相关过程时可采用引用调用的方法，这样可以免于在多个工程中维护某过程的多个版本。这是最为优化的工作方式。

（6）在事件发生时执行。这些过程被称为“事件处理程序”过程，一般由特定的对象及时间指定。

（7）在“立即窗口”中执行。类似被另一个过程调用，但往往用于过程调试。

23.8.3 Sub过程的参数

正如变量类型和使用的随意性，在VBA中，过程参数的数据类型的使用也非常随意，即在参数列表中，可以（也是建议）指定数据类型，也可以不指定数据类型。

参数是在过程中使用的数据。通过参数传递的数据可能是：变量、常量、表达式、数组或对象。

当参数为变量时，VBA将采用以下两种方式给过程传递参数：

（1）引用：将变量地址传递给过程。因此，过程中对参数的修改即改变了原变量的值。这也是默认方法。强制采用引用参数时，在参数列表中利用前缀“ByRef”限定变量。

（2）数值：将数值本身传递给过程。因此，过程中即使有同名变量，也只是变量的副本，不会改变原变量的值。强制采用“值”参数时，在参数列表中利用前缀“ByVal”限定变量。

例如，在下面例程中，变量TheValue被传入过程后，其值被改为了180。

```
Sub Main()
    Dim TheValue As Integer
    TheValue = 18
    Call TenTimes(TheValue)
    MsgBox TheValue
End Sub
Sub TenTimes(Val)
    Val = Val*10
End Sub
```

当变量的数据类型为用户自定义类型时，必须以引用方式传递给过程。如果以值的方式传递自定义类型的变量，系统会产生一个错误。

23.8.4 Function过程

Function过程又称为函数过程，可以传入一定的参数，可以完成运算并返回结果。可见，Function过程与Sub过程最大的不同是必须返回值，返回值的方法即在Function过程中给函数名赋值。其语法与Sub过程类似，为：

```
[Private | Public] [Static] function Name ([arglist]) [As type]
    [instructions]
    [Name = Expression]
    [Exit function]
    [instructions]
    [Name = Expression]
End function
```

Function过程的各项含义与Sub过程的各项含义相同，因此不再重复说明。

- 编写自定义函数时，在函数结束前，只是给函数名称赋值一次。
- 由于函数过程具有返回值，所以，其自身也有一定的数据类型，即返回值的类型。
- 函数过程可以被VBA过程所调用，即可以将相对独立的模块用函数过程编写。然后，在其他过程中均可调用。
- 在Excel中可以作为自定义的工作表函数使用，以提高工作效率。

23.8.5 Function过程的执行与参数

相比于Sub过程，Function过程的执行更加简单。

（1）被另一个过程调用。前提是其语法与调用内置函数相同。例如，在某个VBA过程中调用一个自定义的分级函数Rating，可以使用下列语句：

```
TheRating = Rating(ThePoint)
```

即以“ThePoint”为参数，按照分级算法在计算后赋值给TheRating。

（2）在工作表的公式中使用。这种用法与SUM、SUMIF等工作表函数相同，支持填充操作。

（3）在Excel中，可以在条件格式公式中调用Function过程，使用方法与工作表函数相同。

（4）在“立即窗口”中执行。这种方式与在过程中被调用相同，要注意将其赋值给一个变量即可。

- Function过程的执行域与Sub过程相同。即对于Private（私有）过程，只能被本模块调用；而对于Public过程，则可为本工程及其他工程调用。如果函数存放于其他工程中，则采用上文介绍的工程引用即可。
- 可以创建一个包含特定函数的Office加载项，其中的函数即可在启动加载项后被调用。

Function过程的参数传递也有两种：按值传递（ByVal）和按地址传递（ByRef），其用法与效果与Sub过程相同。

23.9 文件操作与处理

文件是存放数据的容器，计算机中的各种文件都有相应的打开和处理程序。文件只有在打开后才能处理。另一方面，每一个文件作为一个整体在操作系统层面又有放置文件夹（目录）、设置属性、复制、删除等操作。所以，任何编程系统，最终都需要能够实现输入输出以及文件操作。Office文档在通过一定语句打开后，在VBE中才有相应的工程，也才能访问其中的对象。由此可见，文件操作与处理也是VBA的重要内容。

23.9.1 目录操作

（1）Curdir函数。

功能：返回当前路径。语法为“Curdir[(drive)]”。其中，“drive”为驱动器字符串。无参数时返回当前目录，一般即Word、Excel或PowerPoint选项中的“默认本地文件位置”。参数为其他驱动器时，则需要看前面是否改变过此驱动器的目录，如没有改变，则为其根目录。例如，Curdir("E:")，一般返回“E:\”。如果前面有语句改变了驱动器E:的当前目录，则为改变的那个目录。

（2）ChDir语句。

功能：改变当前目录，但不能改变当前驱动器。语法为“ChDir path”。其中，“path”为路径字符串。例如，ChDir “C:\TempDoc”，将C:盘的当前目录改为“C:\TempDoc”。

（3）ChDrive语句。

功能：改变当前驱动器。语法为“ChDrive Drive”。其中，“Drive”为驱动器字符串，如“C:”。

（4）MkDir语句。

功能：创建一个新目录。语法为“MkDir path”。其中，“path”可以包含驱动器。否则，则在当前目录下新建一个子目录。

（5）RmDir语句。

功能：删除一个存在的空目录，如果目录不为空，则发生错误。

23.9.2 文件操作

这里指在不打开文件的情况对文件的操作。

（1）Name语句。

功能：重命名一个文件、目录，移动一个文件。

语法：Name oldpathname As newpathname

```
Name "d:\test.xlsx" As "d:\test01.xlsx" '重命名
Name "d:\test.xlsx" As "d:\dll\test.xlsx" '移动文件
Name "d:\test.docx" As "e:\test01.docx" '跨驱动器移动并重命名文件
```

（2）FileCopy语句。

功能：复制一个文件。

语法：FileCopy source, destination

如果复制一个打开的文件，将产生错误。

（3）Kill语句。

功能：删除文件。

语法：Kill pathname。支持多字符和单字符通配符“*”和“?”。

例如，语句“Kill "*.docx"”为删除当前目录中的所有“.docx”文档。

（4）GetAttr函数。

功能：获取一个文件、目录的属性，返回一个Integer值。返回值及其VBA常量、含义如表23-2所示。

表23-2　GetAttr函数的返回值、VBA常量及含义

返回值	常量	含义
0	vbNormal	常规
1	vbReadOnly	只读
2	vbHidden	隐藏
4	vbSystem	系统文件
16	vbDirectory	目录或文件夹
32	vbArchive	存档文件
64	vbAlias	指定的文件名是别名，只在Macintosh中可用

（5）SetAttr语句。

功能：设置文件属性。如果给一个打开的文件设置属性，则会产生错误。

语法：SetAttr pathname, attributes

例如下列代码：

```
SetAttr "F:\test.txt", vbHidden + vbReadOnly     '设置隐藏并只读
```

（6）FileDateTime 函数。

功能：获取一个文件被创建或最后被修改的日期和时间。

语法：FileDateTime(pathname)

23.9.3　Office文档处理

Office文档的操作包括打开、保存和关闭等，一般使用Office对象的方法进行处理最为方便稳妥。

1. 打开Office文档

打开Office文档一般利用Documents、Workbooks或者Presentations的Open方法。打开后，将文档将加入文档集合。

- Application.Documents.Open filename，后面还有一系列参数，参见VBA的API。例如，语句“Documents.Open FileName:="C:\MyFiles\MyDoc.doc", ReadOnly:=True”以只读方式打开了指定目录中的指定文档。
- Application.Workbooks.Open filename，后面还有一系列参数，参见VBA的API。例如，语句“Workbooks.Open "ANALYSIS.XLS"”打开了当前目录中名为“ANALYSIS.XLS”的工作簿。
- Application.Presentations.Open filename，后面还有一系列参数，参见VBA的API。例如，语句“Presentations.Open FileName:="C:\My Documents\pres1.pptx", ReadOnly:=msoTrue”以只读方式打开了特定目录中的特定演示文稿。

2. 保存文档

一般使用Document、Workbook和Presentation的Save或SaveAs方法。

语法为：Expression.Save

"Expression"是某个Document、Workbook或Presentation的对象。例如"ActiveDocument.Save"。下列代码将保存所有打开的工作簿，然后关闭Excel：

```
For Each w In Application.Workbooks
    w.Save
Next w
Application.Quit
```

3. 关闭文档

关闭工作簿可以使用Workbooks集合或Workbook对象的Close方法。前者是关闭所有打开的工作簿，后者是关闭特定的工作簿。Word和PowerPoint类似。

语法为：expression.Close(SaveChanges, Filename, RouteWorkbook)

- "SaveChanges"参数：表示是否保存更改。对许多不需要更改的操作，可设置为"False"，以免弹出保存更改提示的对话框。
- FileName：可选。以此文件名保存所作的更改。
- RouteWorkbook：可选。如果指定工作簿不需要传送给下一个收件人（即没有传送名单或已经传送），则忽略该参数。

语句"Workbooks("book1.xlsx").Close SaveChanges:=False"关闭book1.xlsx，并放弃所有对此工作簿的更改。而语句"Workbooks.Close"关闭所有打开的工作簿，而Excel将对所有更改过的工作簿询问是否需要保存。

23.9.4 文本文件的处理

（1）Open语句。

功能：打开文本文件。

语法：Open pathname For mode [Access access][lock] As [#] filenumber [Len=reclength]

- pathname：必需。为字符串表达式，用以指定文件名，可以包含路径，否则文件须在当前目录。
- Mode：必需。用以指定打开文件方式，共有五种：
  - Append。追加方式，可以添加内容到文件尾。
  - Binary。二进制方式。
  - Input。读取方式。
  - Output。写入方式。
  - Random。随机方式，即未指定方式。
- Access、lock和Len为可选参数。一般不使用。
- filenumber：必需。为一个有效的文件号，范围在1到511之间。使用FreeFile函数可得到下一个可用的文件号。例如：

```
Open "TEST.txt" For Input As #1
```

- 对文件作任何I/O操作之前都必须先打开文件。Open语句分配了一个缓冲区供文件进行I/O操作之用，并决定了缓冲区所使用的访问方式。如果文件已由其他进程打开，而且不允许指定的访问类型，则Open操作失败，而且会有错误发生。

（2）Input函数。

功能：从打开的顺序文件中读取数据并将数据赋值给变量。

语法：Input(number, #filenumber)。其中的两个参数都为必需，第一个参数指定读取大小，第二个参数指定打开文件的文件号。例如：

```
Dim MyChar
Open "TESTFILE" For Input As #1    ' 打开文件
Do While Not EOF(1)   ' 循环直至文件尾
    MyChar = Input(1, #1)   ' 读入一个字符
    Debug.Print MyChar   ' 在立即窗口输出字符
Loop
Close #1   ' 关闭文件
```

（3）Write语句。

功能：将数据写入顺序文件。

语法：Write #filenumber, [outputlist]。第一个参数为打开文件的文件号，第二个参数为写入内容。如果第二个参数为空，则写入空白行。例如：

```
Open "test.txt" For Output As #1      ' 打开文件
Write #1, "Hello World", 1234      ' 写入以逗号隔开的数据
Write #1,       ' 写入空白行
```

（4）Close语句。

功能：关闭Open语句所打开的输入/输出（I/O）文件。

语法：Close [filenumberlist]，参数为一个或多个文件号，如果无参数则关闭所有打开文件。

关闭打开文件是编程的基本素养。另外，还可以用Reset语句关闭所有打开文件。

（5）其他文件函数。

- LOF(Filenumber)：返回一个Long类型数值，表示用Open语句打开的文件的大小，该大小以字节为单位。
- EOF(Filenumber)：返回一个Integer类型数值，包含Boolean值“True”，表明已经到达为Random或顺序Input打开的文件的结尾。
- Loc(Filenumber)：返回一个Long类型数值，在已打开的文件中指定当前读/写位置。
- Seek(Filenumber)：返回一个Long类型数值，在Open语句打开的文件中指定当前的读/写位置。

23.10 内部函数

在VBA程序语言中有许多内置函数，可以直接调用以获得更快更好的代码。内部函数有非常多，我们这里择要介绍。

1. 测试函数

- IsNumeric(x)：是否为数字，返回Boolean结果True或False。
- IsDate(x)：是否是日期，返回Boolean结果True或False。
- IsEmpty(x)：是否为Empty，返回Boolean结果True或False。
- IsArray(x)：判断变量是否为一个数组。

- IsError(expression)：判断表达式是否为一个错误值。
- IsNull(expression)：判断表达式是否不包含任何有效数据（Null）。
- IsObject(identifier)：指出是否为对象变量。

2. 数学函数

- Sin(x)、Cos(x)、Tan(x)、Atn(x)：三角函数，单位为弧度。
- Log(x)：返回x的自然对数（e为底），Exp(x)返回e的x次幂。
- Abs(x)：返回绝对值。
- Int(number)、Fix(number)：都返回参数的整数部分，但对于负数有不同的处理。区别：Int将-8.4转换成-9，而Fix将-8.4转换成-8。
- Sgn(number)：返回一个 Variant(Integer)，指出参数的正负号。
- Sqr(number)：返回一个 Double，指定参数的平方根。
- VarType(varname)：返回一个 Integer，指出变量的子类型。
- Rnd(x)：返回0～1之间的单精度随机数，x为随机种子。

3. 字符串函数

- Trim(string)：去掉string左右两端空白。
- Ltrim(string)：去掉string左端空白。
- Rtrim(string)：去掉string右端空白。
- Len(string)：计算string长度。
- Left(string, x)：取string左端x个字符组成的字符串。
- Right(string, x)：取string右端x个字符组成的字符串。
- Mid(string, start, x)：取string从start位开始的x个字符组成的字符串。
- Ucase(string)：转换为大写。
- Lcase(string)：转换为小写。
- Space(x)：返回x个空白的字符串。
- Asc(string)：返回一个integer，代表字符串中首字母的字符代码。
- Chr(charcode)：返回string，其中包含与指定的字符代码相关的字符。

4. 转换函数

- CBool(expression)：表达式转换为Boolean型。
- CByte(expression)：表达式转换为Byte型。
- CCur(expression)：表达式转换为Currency型。
- CDate(expression)：表达式转换为Date型。
- CDbl(expression)：表达式转换为Double型。
- CDec(expression)：表达式转换为Decimal型。

- CInt(expression)：表达式 转换为Integer型。
- CLng(expression)：表达式转换为Long型。
- CSng(expression)：表达式转换为Single型。
- CStr(expression)：表达式转换为String型。
- CVar(expression)：表达式转换为Variant型。
- Val(string)：字符串转换为数据型。
- Str(number)：数字转换为String。

5. 时间函数

- Now( )：返回一个 Variant(Date)，根据系统日期和时间来指定日期和时间。
- Date( )：返回包含系统日期的Variant(Date)。
- Time( )：返回一个指明当前系统时间的Variant(Date)。
- Timer( )：返回一个Single，代表从午夜开始到现在经过的秒数。
- TimeSerial(hour, minute, second)：返回包含特定的小时、分钟和秒所对应的时间的Variant(Date)。
- DateDiff(interval, date1, date2[, firstdayofweek[, firstweekofyear]])：返回Variant(Long)的值，表示两个指定日期间的时间间隔数目。
- Second(time)：返回一个Variant(Integer)，其值为0到59之间的整数，表示秒数。
- Minute(time)：返回一个Variant(Integer)，其值为0到59之间的整数，表示分钟数。
- Hour(time)：返回一个Variant(Integer)，其值为0到23之间的整数，表示小时数。
- Day(date)：返回一个Variant(Integer)，其值为1到31之间的整数，日期。
- Month(date)：返回一个Variant(Integer)，其值为1到12之间的整数，月度。
- Year(date)：返回Variant(Integer)，包含表示年份的整数。
- Weekday(date, [firstdayofweek])：返回一个Variant(Integer)，包含一个整数，代表星期几。

第 24 章 VBA实用编程

从前面的介绍我们可以知道，在Office“宏”的录制与运行、VBE平台以及丰富、完备的Office对象等的支持下，VBA已经在语言层面上具备了深入开发Office应用的基础。除此之外，Office还在文档层面和窗体层面，为用户提供了各种可以利用的控件，从而使VBA构成了一套完善的开发平台。这套开发平台旨在扩展Office应用，使Office能够完成用户所需的更多、更加自动化的功能。

在本章，我们首先对Word、Excel和PowerPoint中的常用对象进行简介；然后，介绍Office内容控件和ActiveX控件的使用，并扼要介绍用户窗体开发；最后，从实用的角度，结合实例介绍VBA的深度应用。

24.1 Word、Excel和PowerPoint中的常用对象

我们在22.2章节中介绍了Office的对象模型。实际上，Word、Excel和PowerPoint中都有数百个对象，每一个应用的对象都可以用一个巨大的树形结构来表示。但在日常应用中只会使用很少的一部分对象，但是，即使是主要对象的属性、方法和事件，也包含了非常多的内容。

这里主要介绍其中常用的VBA对象，并给出常用对象的重要属性、方法和事件。同时，提供一些典型的对象处理例程或者简单案例。通过阅读这些关键对象的主要的技术说明，一方面可以把握学习要领，另一方面，也可以自己尝试动手开发出适应工作需要的Office扩展应用。

鉴于篇幅，这里不能对VBA对象编程所涉及的语法、参数及用法展开说明。读者如果需要，可以查询微软的API参考文档。

24.1.1 Word中常用的VBA对象

Word中常用的VBA对象包括Application对象、Document对象、Range对象、Selection对象、Paragraph对象等。

1. Application对象

Word的Application对象就是Word应用程序本身，为Word中的顶级对象①。该对象具有丰富的属性和方法，这些属性包括Word本身的外观、路径、用户名等。

（1）Word中Application对象的属性与说明见表24-1：

① 可参见网址：https://docs.microsoft.com/zh-cn/office/vba/api/word.application。

表24-1 Word中Application对象的属性与说明

属性	说明	属性	说明
ActiveDocument	当前文档	ActivePrinter	当前打印机
ActiveDocument.Path	当前文档路径	ActiveWindow	当前窗口
ActiveDocument.Name	当前文档文件名	Application.Path	系统安装路径
Application.UserName	Word用户名	Application.Version	Word版本号

（2）常用的方法有：

- Application.ChangeFileOpenDirectory方法：改变打开文档的文件夹。

下列代码将打开文件的路径从“Options.DefaultFilePath”改到指定文件夹：

```
Application.ChangeFileOpenDirectory "C:\Documents"
```

- Application.PrintOut方法：打印当前文件。

下列代码打印当前文档中的当前页：

```
Application.PrintOut Range:= wdPrintCurrentPage
```

下列代码打印活动窗口中文档的前三页：

```
Application.ActiveWindow.PrintOut Range:= wdPrintFromTo, From:="1", To:="3"
```

2. Documents/Document对象

Documents对象为Word 中在当前打开的所有Document对象（文档对象）的集合。

Document代表一个文档，是Documents集合的一个成员。常常使用对象ActiveDocument。

（1）Documents/Document对象的属性与说明见表24-2：

表24-2 Word中Documents/Document对象的常用属性与说明

常用属性	说明
Documents.Count	打开的文档数
ActiveDocument.FullName	当前文档路径及文件名
ActiveDocument.Paragraphs.Count	当前文档段落数
ActiveDocument.PageSetup	当前文档页面设置
ActiveDocument.Characters.Count	当前文档字符数
ActiveDocument.Tables.Count	当前文档表格数
ActiveDocument.Words.Count	当前文档字数

（2）相关的说明与常用的事件：

- Documents.Activate：激活指定的文档。

下列代码，激活名为“内容控件.docx”的文档：

```
Documents("内容控件.docx").Activate
```

下列代码，激活索引为“1”的文档：

```
Documents.Item(1).Activate
```

- Documents.Open打开指定文档并将其添加到Documents集合中。

下列代码以只读模式打开指定文件夹下的文档"申请表.docx"：

```
Documents.Open FileName:="C:\MyDocs\申请表.docx" , ReadOnly:=True
```

- Document_Close事件：在文档关闭时发生。

下列代码，在文档关闭时，在文件服务器上存储该文档副本：

```
Private Sub Document_Close( )
  ActiveDocument.Save
  ActiveDocument.SaveAs "\\network\backup\" & ThisDocument.Name
End Sub
```

- Document_Open事件：在文档打开时发生。
- Document_New事件：在新建文档时发生。

3. Paragraphs/Paragraph对象

Paragraph对象代表所选的内容（Selection对象）、范围（Range对象）或文档（Document对象）中的一个段落。Paragraphs为所选内容（Selection对象）、范围（Range对象）或文档（Document对象）中的Paragraph对象（段落对象）的集合。

段落对象（Paragraph对象）是段落集合（Paragraphs）的成员。Paragraphs对象含所选内容、范围或文档中的所有段落。用"Paragraphs（index）"来表示某段落对象，"index"为索引号。

使用Paragraphs/Paragraph对象时往往要加前缀"Selection."或者"ActiveDocument."来标识段落集/段落的位置。具体属性应有前缀"Paragraphs(index)"来表示某个段落。

（1）Paragraphs/Paragraph对象的属性与说明见表24-3：

表24-3 Word中Paragraphs/Paragraph对象的常用属性与说明

属性	说明	属性	说明
Alignment	某段落对齐方式	Borders	边框集合对象
Paragraphs.Count	段落数	Paragraphs.First	第一段
LeftIndent	某段落的左缩进	LineSpacing	某段落的行距
OutlineLevel	某段落的大纲级别	RightIndent	某段落的右缩进
SpaceBefore	某段落的段前间距	SpaceAfter	某段落的段后间距
Range.Text	某段落的文本内容	Range.Style	某段落的样式名

例如，下列代码分别返回被选中内容第二段的段落级别和文本内容：

```
Selection.Paragraphs(2).OutlineLevel
Selection.Paragraphs(2).Range.Text
```

例如，下列代码将选中段落设为左对齐、双倍行距：

```
With Selection.Paragraphs
    .Alignment=wdAlignParagraphLeft
    .LineSpacingRule=wdLineSpaceDouble
End With
```

（2）常用的方法有：

- Paragraphs.Add方法：在Paragraphs集后新增一个段落。
- Paragraphs.CloseUp方法：清除指定段落前的段落间距。
- Paragraphs.DecreaseSpacing/IncreaseSpacing方法：以6磅的幅度缩减（增加）段前、段后间距。
- Paragraphs.IndentCharWidth方法：按字符数指定段落缩进。
- Paragraphs.IndentFirstLineCharWidth方法：按字符数指定段落首行缩进。
- Paragraphs.InsertParagraphAfter方法：在所选段落后增加一个段落。
- Paragraphs.InsertParagraphBefore方法：在所选段落前增加一个段落。
- Paragraphs.OpenUp方法：设置段落12磅的段前间距。
- Paragraphs.Outdent方法：删除段落一个级别的缩进。
- Paragraphs.OutLineDemote方法：降低一个段落级别。
- Paragraphs.OutLineDemoteToBody方法：将段落级别降为正文。
- Paragraphs.Reset方法：删除段落由手工添加的格式，恢复到段落所选样式的格式。

4. Range对象

Range对象为文档中的一个连续范围，每一个Range对象由起始（Start）和终止（End）字符位置定义。一般使用Range对象将文档中的一个区域提取出来以作处理。

例如，下列代码将活动文档的前10个字符的字体加粗：

```
Sub SetBoldRange( )
    Dim rngDoc As Range
    Set rngDoc = ActiveDocument.Range(Start:=0, End:=10)
    rngDoc.Bold = True
End Sub
```

5. Sections/Section对象

Section表示选中的内容、范围或文档中的一节。而Sections为Section的集合。

下列代码更改活动文档中第一节的左、右页边距：

```
With ActiveDocument.Sections(1).PageSetup
    .LeftMargin = InchesToPoints(0.5)
    .RightMargin = InchesToPoints(0.5)
End With
```

6. Selection对象

Selection表示文档中被选中（或突出显示）区域，或者代表插入点（如果未选择文档中的任何内容）。每个文档窗格只能有一个Selection对象，并且在整个应用程序中只能有一个活动的Selection对象。

与Range对象不同，Selection对象代表的选定内容既可以是文档中的一个区域，也可以仅仅为一个插入点。表24-4中的属性都应包含前缀“Selection.”，用以表示选中区域。

（1）Selection对象的属性与说明见表24-4：

表24-4 Word中Selection对象的属性与说明

属性	说明	属性	说明
Cells	返回选中区域的表格单元格集合	Characters	选中区域中的字符
End	结束位置	Fields	选中内容中的所有域
PageSetup	选中内容的页面设置	Paragraphs	选中内容中的所有段落
Sections	选中内容中的所有节	Shapes	选中内容中的所有图形
Start	起始位置	Style	选中内容的所有样式

（2）常用的方法有：

- Selection.Copy方法：复制到剪贴板。
- Selection.CopyAsPicture方法：复制为一个图片。
- Selection.CreateTextbox方法：创建一个文本框，将所选内容放入。
- Selection.Cut方法：将选定内容剪切到剪贴板中。
- Selection.Delete方法：删除选定内容。
- Selection.InsertAfter方法：在选定内容后插入指定文字。
- Selection.InsertBefore方法：在选定内容前插入指定文字。

24.1.2 Excel中常用的VBA对象

相对而言，Excel的基础结构为工作表中的单元格区域。因此，Excel的对象层次结构更清晰，其层次结构为：Application对象—Workbook对象—Worksheet对象—Range对象。其中，Workbook对象和Worksheet对象均具有集合对象。

因此，要准确获得第一个工作簿的第一个工作表中的A1单元格的值的代码为：

```
Application.Workbooks(1).Worksheets(1).Range("A1").Value
```

在本节，我们将对Excel对象模型中的常用对象进行说明。

1. Application对象

与Word相同，Excel的Application对象就是Excel应用程序本身，为Excel中的顶级对象[①]。该对象具有丰富的属性和方法，这些属性包括Excel本身的外观、路径、用户名等。更重要的是，如果需要准确引用下属对象，最顶层的引用为Application。

Excel的Application对象的属性与说明见表24-5：

表24-5 Excel中Application对象的属性与说明

属性	说明	属性	说明
ActiveCell	返回一个Range对象；活动窗口的活动单元格	ActiveChart	活动的图表
Cells	活动工作表的所有列	ActiveWindow	当前窗口

① 可参见网址：https://docs.microsoft.com/zh-cn/office/vba/api/excel.application(object)。

（续上表）

属性	说明	属性	说明
Sheets	当前工作簿中的所有工作表	ActiveWorkbook	当前工作簿
Selection	选中对象。如果未选中任何对象，则返回Nothing	ActiveSheet	当前工作表
Workbooks	当前打开的所有工作簿	WorksheetFunction	工作表函数容器

- 对单元格的访问一般不用Cells，而用Range对象。
- Application对象的“WorksheetFunction”属性，提供了调用任何工作表函数的方法。例如，下列代码使用工作表函数Average( )获得单元格B1:B9的均值：

```
Set TheRange = Worksheets("Sheet1").Range("B1:B9")
TheAverage = Application.WorksheetFunction.Average(TheRange)
```

程序中可以省略关键字“WorksheetFunction”，直接用“Application.Average( )”形式。

2. Workbooks/Workbook对象

一个Workbook对象即一个Excel文件，当前打开的工作簿构成了工作簿集合Workbooks。

（1）Workbooks/Workbook对象的属性和说明见表24-6：

表24-6 Excel中Workbooks/Workbook对象的属性与说明

属性	说明	属性	说明
ActiveSheet	当前工作表	Charts	所有图表的集合
FullName	工作簿路径与文件名	Name	文件名
Names	当前工作簿中定义的名称	Path	当前工作簿的路径
ReadOnly	是否以只读打开	Saved	是否已保存
Sheets	当前工作簿中的所有工作表	Worksheets	当前工作簿中的所有工作表

（2）常用的方法有：

- Wookbooks.Add方法：新建一个工作簿，并将其加入工作簿集合。新建工作簿为当前活动工作簿。
- Workbook.Activate方法：激活某个打开的工作簿。

如果打开了若干个工作簿，下列代码激活工作簿“工作簿3.xlsx”中的第一个窗口：

```
Workbooks("工作簿3.xlsx").Activate
```

- Workbook.Close方法：关闭工作簿对象。
- Workbooks.Open方法：打开工作簿并将打开的工作簿纳入集合。

例如，下列代码打开名为“Analysis.xlsx”的工作簿：

```
Workbooks.Open “Analysis.xlsx”
```

- Workbook.Protect方法：保护工作簿使其不被修改。
- Workbook.Save方法：保存工作簿。

- Workbook.SaveAs方法：将工作簿另存为。
- Workbook.CopyAs方法：将工作簿保存为副本文件，但打开的工作簿不受影响。
- Workbook.UnProtect方法：取消被保护的工作簿的保护。

（3）工作簿的常用事件有：

- BeforeClose事件：关闭之前发生的事件。
- BeforePrint事件：打印之前发生的事件。
- NewSheet事件：新增工作表时发生的事件。
- Open事件：打开工作簿时发生的事件。
- SheetActivate事件：激活工作表时发生的事件。

例如，使用下列代码新建一个工作簿并将其另存为以格式“yyyy-mm-dd”年月日开头的“工作簿.xlsx”

```
Private Sub CommandButton1_Click()
    Set NewWorkbook = Workbooks.Add
    str_today = CStr(Format(Now(), "yyyy-mm-dd"))
    NewWorkbook.SaveAs Filename:= Trim(str_today) &"工作簿.xlsx"
End Sub
```

3. Worksheets/Worksheet对象

代表Excel工作表的对象为Worksheet对象，Worksheets对象往往是指某一工作簿中的工作表集合。

温馨提示

Excel还提供了一个Sheets集合对象，该集合中的每个成员都是Worksheet对象或Chart对象，其属性和方法也相同。

（1）Worksheets/Worksheet对象的相关属性与说明见表24-7：

表24-7　Excel中Worksheets/Worksheet对象的属性与说明

属性	说明	属性	说明
Cells	一个Range对象，代表工作表中的所有单元格	Comments	所有注释组成的集合
Name	返回或设置string值的工作表名称	Next	下一个工作表对象
Previous	上一个工作表对象	Range	一个单元格或区域
UsedRange	使用的区域对象	Visible	设置工作表对象是否可见

温馨提示

用代码赋值“SheetObject.Visible = xlSheetVeryHidden”隐藏的工作表，在Excel应用程序中无法取消隐藏，只能用使用代码设置Visible的属性为“True”来取消。

（2）常用的方法有：

- Worksheets.Add方法：新建工作表、图表。新建的工作表成为活动工作表。

- Worksheet.Activate方法：激活一个工作表。
- Worksheet.Copy方法：复制工作表对象到某个位置或到一个新建工作簿内。
- Worksheet.Delete方法：删除工作表对象。删除前激活一个对话框，询问用户是否需要删除。如果单击“取消”则不执行删除，如果单击“删除”则执行删除。
- Worksheet.Move方法：将工作表移动到其他位置。
- Worksheet.Paste方法：将剪贴板中的内容粘贴到工作表。
- Worksheet.Protect方法：保护工作表使其不能被修改。
- Worksheet.Select方法：选中工作表。
- Worksheet.Unprotect方法：取消对工作表的保护。

（3）工作表的常用事件：

- Activate事件：激活工作表、图表或者嵌入式图表时发生的事件。
- BeforeDoubleClick事件：双击工作表前发生的事件。

此外，我们在这里列举三种在现实中常见的实例：

（1）实例1：新增工作表。

利用Worksheets集合对象的Add方法在当前工作簿中增加工作表，语法为：Worksheets.Add(Before, After, Count, Type)

例如，下列代码以本月度为名在当前工作表之前增加一个工作表：

```
Sub AddSheetForMonth()
    Month_str = Trim(CStr(Format(Now(), "yyyy-mm")))
    Worksheets.Add.Name = Month_str
End Sub
```

（2）实例2：删除指定工作表。

使用语句“Worksheets(name).Delete”删除指定的工作表。

```
Sub DelASheet()
    Dim SheetName As String
    On Error GoTo err01
    SheetName = Application.InputBox(Prompt:="请输入要删除的工作表名", _
                Title:="确定工作表名称", Default:="Sheet3", Type:=2)
    If SheetName = "False" Then Exit Sub
    Application.DisplayAlerts = False
    Worksheets(SheetName).Delete
    Application.DisplayAlerts = True
    Exit Sub
err01:
    MsgBox "不能删除工作表" & SheetName
    Application.DisplayAlerts = True
End Sub
```

可以利用完全相似的语句激活、复制、选中特定工作表。

例如，下列语句可以同时选中两个工作表：

```
Worksheets(Array(Worksheets(1).Name, Worksheets(3).Name)).Select
```

又例如，下列语句可将Sheet1复制到当前工作表之前，复制生成的工作表名为Sheet1(2)：

```
Worksheets("Sheet1").Copy Before := Activesheet
```

（3）实例3：判断工作表是否存在。

下拉函数，截获系统错误，可判断指定工作表是否存在。

```
Function wsExits(ByVal SheetName As String) As Boolean
    Dim stname As String
    On Error GoTo err01
    stname = Worksheets(SheetName).Name
    wsExits = True
    Exit Function
err01:
    wsExits = False
End Function
```

4. Range对象

可以说，Range对象是VBA处理Excel应用时最常用的对象。Range对象即单元格集合，既可以是一行、一列、一个或者多个单元格，也可以是多个工作表上的一组单元格。

Range一般用单元格地址字符串指示区域，例如Range("A1")、Range("A1:B6")、Range("A1:A12", "F1:F12", "K1:K12")或者Range("aRange, bRange")（其中的“aRange”和“bRange”为单元格区域名称）。也可以直接用“数字:数字”或“字母:字母”字符串指示整行或整列区域。例如，Range("1:3")表示1至3行，Range("A:C")表示A至C列。

（1）Range对象的属性与说明见表24-8：

表24-8 Excel中Range对象的属性与说明

属性	说明	属性	说明
Address	返回引用地址的string值	Borders	返回Borders集合，代表区域边框
Cells	通过Cells的二维数字参数实现多样的单元格引用	Characters	返回Characters对象，即区域内的字符
EntireRow	区域的整行	EntireColumn	区域的整列
Font	返回一个Font对象，代表指定对象的字体	CurrentRegion	返回当前区域
Formula	返回或设置单元格公式	ColumnWidth	返回或设置指定区域的列宽，单位为字符数
Height	返回或设置以磅为单位的单元格高度	NumberFormat	返回或设置单元格格式代码
Item	基于坐标返回单个单元格	Offset	按偏移量移动后的区域
Text	返回或设置单元格显示的文本	Width	返回按磅值的区域宽度
Value	单元格保存的值	—	—

- Cells的地址为相对于区域左上角起始位置的二维行、列值，即Cells(Row, Column)中的行、列值为相对位置。因此，Cells前面的限定表达式非常重要。例如：

  ● 语句"Worksheets("aNewsheet").Range("A1:F100").Cells(2, 1).value"返回aNewsheet工作表A2单元格的值。

  ● 语句"Worksheets("aNewsheet").Range("B1:F100").Cells(2, 1).value"返回aNewsheet工作表B2单元格的值。

  ● Cells可以用于指示Range范围。例如，下列语句将B2:D6单元格字体设为斜体：

```
With Range("B2:Z100")
  .Range(.Cells(1,1),.Cells(5,3)).Font.Italic=True
End With
```

- Item（RowIndex, ColumnIndex）的使用与Cells基本相同。如果要使用联合区域，请参见API的说明。为了更加简洁，在区域引用时Item关键字可以省去，例如：

```
Range("B3:C20")(1).select           '选中B3单元格
Range("B3:C20")(2).select           '选中C3单元格
Range("B3:C20")(3).select           '选中B4单元格
Range("B3:C20")(5, 3).select        '选中D7单元格
```

由此可以实现对区域的遍历。

- Offset的偏移量同样为行、列值，即Offset (RowOffset, ColumnOffset)，正值为向下（向右）偏移，负值为向上（向左）偏移。因此，下列代码激活特定单元格：

```
Range("A1").Offset(5, 3).Activate          '激活D6单元格
Range("E2").Offset(-1, -1).Activate        '激活D1单元格
Range("E2").Offset(-2, -1).Activate        '报错
Range("B3:C10").Offset(1, 2).Activate      '激活D4:E11区域
```

- "EntireRow"和"EntireColumn"是简洁的指示整行、整列的属性。例如，代码"Range("B3:D6").EntireColumn.Select"为选中B至D列。

（2）Range常用的方法有：

- Activate方法：在激活的工作表内激活区域。
- AddComment方法：添加批注。
- Autofit方法：更改Range对象的列宽或行高以达到最佳匹配，Range对象必须是行或行区域，或者列或列区域。
- Clear方法：清除Range对象中的内容。
- ClearComment方法：清除Range中所有单元格的批注。
- ClearContents方法：清除Range中所有单元格中的公式。
- ClearFormats方法：清除Range中所有单元格中的格式。
- Copy方法：将单元格区域复制到指定区域或者剪贴板中。
- Cut方法：将单元格区域剪切到指定区域或者剪贴板中。
- Delete方法：删除Range对象，用参数"xlshiftToLeft"（左移）或"xlshiftUp"（上移）决定如何调整区域。
- Find方法：在区域中查找特定信息。
- Insert方法：在工作表或宏表中插入一个单元格或区域。

- Merge方法：创建合并单元格。
- Select方法：选中区域对象。
- UnMerge方法：将合并区域分解为独立的单元格。

此外，我们在这里列举两种在现实中常见的实例：

（1）实例1：插入一整行（列）。

Insert方法缺省插入一个单元格，插入一整行可以使用下列任一语句，插入列的操作类似：

```
Range("B3").EntireRow.Insert        '在第三行插入新行
Activesheet.Rows(3).Insert          '在第三行插入新行
```

（2）实例2：给单元格区域赋值。

下列语句都是给活动工作表的A1:B10区域的20个单元格赋值为3：

```
Range("A1:B10").value=3
Range("A1", "B10").value=3
```

24.1.3 PowerPoint中常用的VBA对象

与Word和Excel类似，PowerPoint的对象模型也是以Application为顶级对象的树形结构。主要对象的关系层次为：Application对象—Presentations对象（演示文稿对象集合）—Presentation对象（演示文稿对象）—Slides对象（幻灯片对象集合）—Slide对象（幻灯片对象）、Master对象（母版对象）—Shapes对象（形状对象集合）—Shape对象（形状对象）。

1. Application对象

PowerPoint的Application对象就是PowerPoint应用程序本身，为PowerPoint中的顶级对象，通过Application可以访问应用中的其他所有对象。①

编写要在PowerPoint中运行的代码时，Application对象的下列属性可以在没有对象限定符的情况下使用：ActivePresentation、ActiveWindow、AddIns、Presentations、SlideShowWindows、Windows。

（1）PowerPoint的Application对象的属性与说明见表24-9：

表24-9 PowerPoint中Application对象的属性与说明

属性	说明
Active	返回指定的窗格或窗口是否处于活动状态
ActivePresentation	活动窗口中打开的演示文稿
ActiveWindow	活动文档窗口的DocumentWindow对象
Presentations	代表所有打开演示文稿的Presentations集合
SlideShowWindows	即所有打开的幻灯片放映窗口

另外，SmartArt图形的颜色、布局和快速样式也是Application对象的属性。

（2）常用的方法有：

- Activate方法：激活指定对象。
- Quit方法：退出应用程序。

① 可参见网址：https://docs.microsoft.com/zh-cn/office/vba/api/powerpoint.application。

2. Presentations/Presentation对象

Presentations/Presentation对象代表打开的演示文稿集合和演示文稿对象。

（1）Presentations/Presentation对象的属性与说明见表24-10：

表24-10 PowerPoint中Presentations/Presentation对象的属性与说明

属性	说明
ColorSchemes	返回演示文稿的配色方案
ExtraColors	调色板中最近使用的颜色
FullName	返回包含路径的演示文稿名称
Presentations.count	返回打开的演示文稿数
PageSetup	返回演示文稿的页面设置属性
SlideMaster	返回幻灯片母版对象
SlideShowSettings	返回和指定演示文稿的幻灯片放映设置
SlideShowWindow	返回幻灯片放映窗口对象

（2）常用的方法有：

- Presentations.Add方法：创建一个空演示文稿，并将其加入演示文稿集合。
- ApplyTemplate方法：对演示文稿应用设计模板。
- Save方法：保存演示文稿。
- SaveAs方法：指另存为。

此外，我们在这里列举三种在现实中常见的实例：

（1）实例1：使用下列语句创建一个新演示文稿，并赋值给一个变量NewPres。

```
Dim NewPres As Presentation
Set NewPres As Presentations.Add
```

（2）实例2：判断当前演示文稿是否已保存。否则，保存该文档。

```
With ActivePresentation
  if Not..Saved and .Path<>" " Then .Save
End With
```

（3）实例3：清除演示文稿最近使用的颜色，然后添加指定颜色.

```
Sub AddColorsToExtraColors()
    Dim i As Integer
    With ActivePresentation.ExtraColors
      .Clear
      For i = 1 To 10
          .Add RGB(i * 20, i + 5, i)
      Next
    End With
End Sub
```

3．Slides/Slide对象

Slides/Slide对象分别代表某个演示文稿中的幻灯片集合与一张幻灯片。

（1）Slides/Slide对象的属性与说明见表24-11：

表24-11 PowerPoint中Slides/Slide对象的属性与说明

属性	说明	属性	说明
Slides.Count	返回幻灯片数	Layout	返回或设置幻灯片版式
Name	幻灯片名称，一般为“Slide n”	Shapes	一个演示文稿中所有的形状对象
SlideID	返回幻灯片的唯一标识符	SlideIndex	返回幻灯片的索引号

其中，“Layout”（幻灯片版式）属性为CustomLayout（版式）对象，一般可以从当前演示文稿的某个幻灯片中获得，也可以从“SlideMaster.CustomLayouts(index)”中获得。

（2）常用的方法有：

- Slides.AddSlide(index, pCustomLayout)方法：增加幻灯片，幻灯片索引号和版式两个参数均为必须。其中，“index”为新增幻灯片的位置，“pCustomLayout”为一个CustomLayout对象。
- Copy方法：将幻灯片复制到剪贴板。
- Cut方法：将幻灯片剪切到剪贴板。
- Delete方法：删除幻灯片。
- Slides.Paste方法：将剪贴板上的幻灯片粘贴到幻灯片集合中。
- Duplicate方法：创建幻灯片副本。
- Select方法：选择指定对象。

此外，我们在这里列举三种在现实中常见的实例：

（1）实例1：下列代码代表采用幻灯片母版的第三个版式，并在当前演示文稿中插入第二张幻灯片。

```
Set aLayout = ActivePresentation.SlideMaster.CustomLayouts(3)
Set newSlide = ActivePresentation.Slides.AddSlide(2, aLayout)
```

（2）实例2：删除特定幻灯片，这里的序号“6”就是幻灯片序号。

```
ActivePresentation.Slides(6).Delete
```

（3）实例3：复制当前幻灯片并粘贴到某个位置。

```
ActiveWindow.View.Slide.Copy        '复制当前幻灯片
ActivePresentation.Slides.Paste 5   '粘贴为第五张幻灯片
```

其中，“ActiveWindow.View.Slide”是从Application的属性直接访问当前幻灯片。

4. Shapes/Shape对象

一张幻灯片中的内容由文本框、形状、图片、表格、图表、SmartArt图形、视频、音频等组成，这些内容对象都被归为一种VBA对象——Shape对象。各个Shape对象的集合即为Shapes对象。

（1）Shapes/Shape对象的属性与说明见表24-12：

表24-12 PowerPoint中Shapes/Shape对象的属性与说明

属性	说明	属性	说明
AnimationSettings	动画效果	Fill	图形填充格式
Height	形状高度	Left	形状左侧到幻灯片左边距离的磅值
Name	名称，创建时由系统赋值	Top	形状顶端到幻灯片顶端距离的磅值
Type	返回形状类别	Width	形状宽度

（2）常用的方法有：

- Apply方法：将Pickup复制的格式，应用到指定形状。
- Shapes对象有一系列以“Add”开头的方法。例如AddTitle、AddTextbox、AddPicture、AddShape等等，均向特定的幻灯片中加入各类Shape对象。
- ApplyAnimation方法：应用动画。
- Copy方法：复制形状到剪贴板。
- Cut方法：剪切对象。
- Duplicate方法：复制形状副本。
- Shapes.Paste方法：粘贴剪贴板中的形状对象，并将它加入Shapes集合。
- Pickup方法：复制指定对象的格式。
- Shapes.SelectAll方法：选中全部形状。

此外，我们在这里列举三种在现实中常见的实例：

（1）实例1：下列代码代表将第一个形状的格式复制后，应用到第二个形状上。

```
Set sld = ActivePresentation.Slides(3)
With sld
    .Shapes(1).Pickup
    .Shapes(2).Apply
End With
```

（2）实例2：在特定幻灯片中添加一个文本框。

```
Sub AddTextboxtoSlide3()
    Set mySlide = ActivePresentation.Slides(3)
    mySlide.Shapes.AddTextbox(Orientation:=msoTextOrientationHorizontal, _
        Left:=100, Top:=100, Width:=200, Height:=50).TextFrame _
        .TextRange.Text = "Test Box"
End Sub
```

（3）实例3：在特定幻灯片中添加一个特定形状，并使用主题色进行填充。

```
Sub addAFillShape()
  Dim sld As Slide
  Set sld = ActivePresentation.Slides(3)
  With sld.Shapes.AddShape(msoShape4pointStar, 10, 20, 100, 150).Fill
        .Visible = msoCTrue
        .ForeColor.ObjectThemeColor = msoThemeColorAccent4
  End With
End Sub
```

24.2 Office文档控件及其应用

控件（Controls）即在计算机操作界面中用于展示信息或者进行操控的组件，对控件的操控可以改变数据或某些对象的属性或行为。

在Office应用程序中，功能区选项卡里面的各种按钮、下拉列表、提示标签等都是典型的控件，甚至在操作中弹出的对话框及其中的微调框、文本框等也都是控件。可见，控件是图形用户界面（GUI）中人机交互的工具。

控件本身就是一个对象，具有一定属性、事件和方法。其属性定义了控件的名称、位置、相关说明、字体以及所属类等基本情况。事件规定了控件的响应和运行，方法则是控件的行为模式。

Office允许用户在文档中添加各类控件，也可以在文档之外添加用户窗体，然后在窗体中加入各类控件，这些控件和窗体给扩展Office提供了更大的空间。利用这些控件和VBA编程，操作者甚至可以为自己的工作构建一个向导式的、步进的工作模块，以便操作者完成某些复杂的程序化工作。

24.2.1 Office文档控件及其分类

在Office中，除了其自身提供的各类功能命令的控件以外，还有两类控件可以让用户进行应用开发：Office文档控件；用户窗体控件。两类控件的作用范围如图24-1所示。

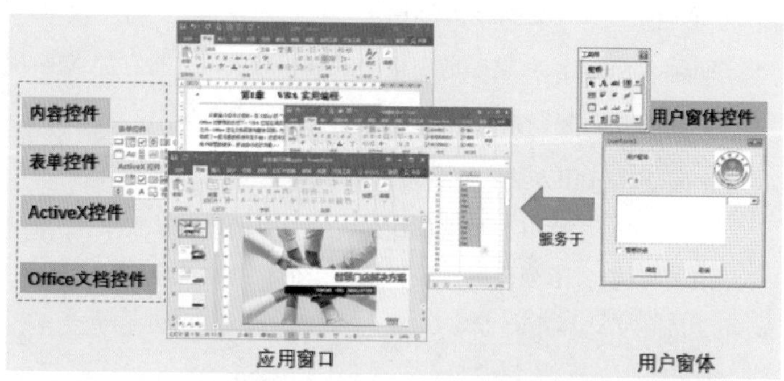

图24-1　Office为用户提供的用于定义开发的控件的应用范围示意图

（1）Office文档控件：即Office文档中的控件。这类控件可以放置到Office文档中，也可以作为某些内容的容器或者作为数据操作的组件使用。

这类控件由于应用要求的原因和历史的原因，有的已经与原生的GUI操作控件大不相同。这一类控件又分为三种：

- 内容控件（Content Controls）：内容控件是Word文档中绑定的、有可能添加标签的区域，它们充当特定类型的内容的容器。单个内容控件可能包含诸如日期、列表或格式化文本段落等内容。这些控件位于Word的“开发工具”选项卡中，如图24-2左图所示。内容控件已经退化为一类充当内容占位符而不需要相应操作的特殊控件。
- 表单控件（Form Controls）：往往放置于Excel工作表的表单中，是用于信息的获取、组织或者编辑的控件。表单就是按照一定格式设计的结构化的文档。表单不再是Excel工作表的表格形式。这样，对单条记录（单行）信息的显示与操作便会更为集中。这些控件位于Excel“开发工具”选项卡中，如图24-2中图所示。表单控件可以运行分配的宏（VBA代码）并响应事件，比如鼠标单击。
- ActiveX控件：ActiveX技术原为微软在互联网应用中所提出的“插件式”的小程序技术。这套技术体系下的控件即ActiveX控件，这些控件既可以成为动态的内容容器又可以提供各种操作的响应。

在Word、Excel和PowerPoint的文档控件中，都提供了ActiveX控件。即使是被添加在Office文档中的ActiveX控件，都具有明确的标识ID，用户可以通过VBE方便地对控件事件编写代码，从而获得需要的效果。

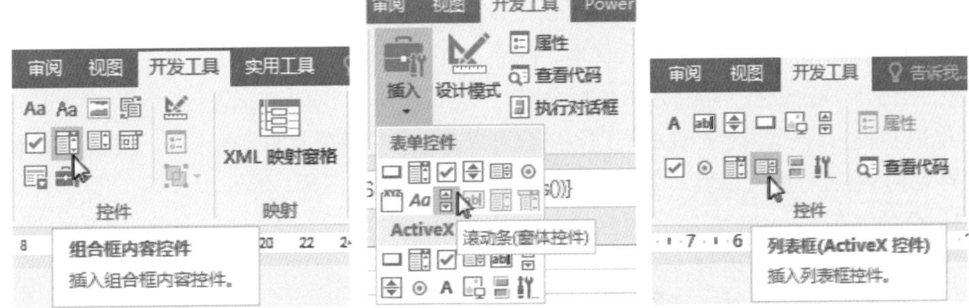

图24-2　Word、Excel和PowerPoint中的内容控件、表单控件和ActiveX控件

（2）用户窗体控件：用户窗体是相对独立于Office文档的窗体，可以看作是自定义的对话框，在窗体中可以通过VBE的工具箱放入各种控件，这些控件就是用户窗体控件。可见，用户窗体控件是典型的原生操作控件。开发者可以根据各种控件的特点在其中编写各类代码，并设置Office文档中对象的选项，甚至控制某些操作步骤，以实现个性化需求。

24.2.2　Word文档内容控件

这是自Office 2007版引入Word的控件，是可以放置某些内容并形成结构性文档的控件。这类控件虽然派生于GUI的操作控件，但是其已经退化为“可定义内容和属性”的内容容器。并且，随着ActiveX控件的加入，内容控件就不再需要向可编程方向发展了，可以固定扮演着具有特殊属性的内容容器的角色。Word文档的内容控件如表24-13所示：

表24-13　Word文档的内容控件

格式文本	文本容器，可以进行字体、段落等格式设置，可以选择应用某种样式，也可以放入表格、图片、图形或者其他内容控件等
纯文本	文本容器，无格式，无硬回车，只有软回车，显示格式取决于首行格式
图片	图片容器，不可插入任何文字或对象
构建基块库	用户能够从文档构建块列表中选择要插入到文档中的内容
复选框	提供“选中/未选中”的二值选择状态的标识
组合框	包含用户可以选择的列表条目的下拉选项和用户可以直接编辑的文本框
下拉列表	显示用户可以选择的列表条目的下拉列表。与组合框不同，下拉列表不允许用户进行自定义输入
日期选取器	包含日历控件，可以规定选择的日期或时间的格式
重复分区	包含文本或其他控件，并允许根据需要插入任意多个节

1. 内容控件的总体功能特点

- 在文档或模板中加入各种内容控件形成的占位符，像表单一样操控文档内容。
- 可以阻止其他用户编辑文档或模板的受保护区域。

2. 操作及属性

在文档中添加内容控件的方法：将光标停留在需要插入控件的位置上，单击“开发工具”选项卡，然后在“控件”组中选择一个选项，单击相应按钮后，将会在文档中光标停留的位置上插入一个内容控件。

可以看到，添加格式文本、非格式文本、图片、组合框列表、日期选择器等内容控件后，在此位置会按控件类别形成占位符，等待用户填写内容。

单击占位符后，根据内容控件的类别，用户可以在占位符中填入相应的内容。例如，在含有文本占位符的文本内容控件中可以填入文本，而在图片占位符中填入图片，等等。

（1）公共属性。

插入或者单击被选中内容控件后，单击“开发工具”选项卡—“控件”组—“属性”按钮，弹出“内容控件属性”对话框，如图24-3左图所示。

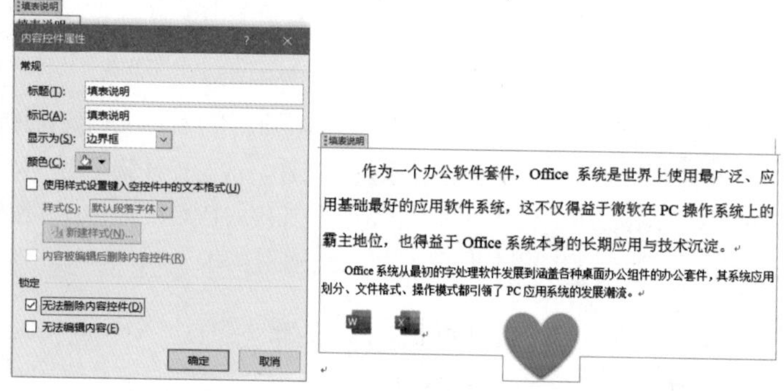

图24-3 内容控件—格式文本及其属性

所有的内容控件都拥有“标题”“标记”“显示为”“颜色”“内容被编辑后删除内容控件”以及“锁定—无法删除内容控件”“锁定—无法编辑内容”等公共属性。其中：

- 标题（Title）：指内容控件标签上的标题。
- 标记（Tag）：为内容控件的标识。在VBA中，ContentControls对象集合为Document对象的属性，对于任意一个ContentControl对象，Tag属性也是对象的标识。
- 显示为：表示内容控件的外观。有三个选项：
  - 边界框：即显示为阴影矩形或带标题的边界框，如图24-3右图所示。
  - 开始/结束标记：即显示为两个标记及其包含的内容，形式为“内容”。
  - 无：即没有边界框或标记，外观与其他内容基本相同。
- 颜色：指选中以后边框和标题显示的背景颜色。
- 内容被编辑后删除内容控件：指控件被删除后，内容仍被保留。
- 锁定—无法删除内容控件：指选中后，内容控件不能被删除，除非取消这一选项的选中状态。
- 锁定—无法编辑内容：指选中后，内容控件将无法编辑，除非取消这一选项的选中状态。

关于两个锁定，只是对控件本身有限程度的保护，如要达到使用密码保护的状态，请参见12.5.2小节中关于文档“限制编辑”的操作方法。

（2）文本内容控件。

- 可以选择其显示模式和标题、边框的显示颜色。
- 可以选择文本的样式。
- 可以对控件进行锁定。
  - 勾选“无法删除内容控件”选项后，在没有取消这个选项时，控件将不能被删除。

- 勾选“无法编辑内容”选项后，控件中的文字将不能再被编辑。

如图24-3右图所示，格式文本（Rich Text）内容控件可以进行字体、段落等格式设置，可以选择应用某种样式，可以放入表格、图片、图形或者其他内容控件等。

纯文本内容控件只能放入文本，文本可以设置字体、字号和字体效果。

（3）关于重复分区内容控件。

重复分区内容控件实质上是一个最简洁的内容复制器，在其中添加了由格式文本、图片、表格等要素组成的基础内容后，单击右下角的加号浮动按钮，控件即会将基础内容复制出来。

（4）构建基块内容控件。

构建基块是文档中常用的、格式固定的图文资料，可以在“插入”选项卡—“文本”组—“文档部件”功能下维护，存储后便于用户直接调用。而“构建基块内容控件”即可关联到构建基块中存放的图文资料的内容控件。

在文档中插入“构建基块库内容控件”后，“文档部件”标签会自动添加，标签侧面显示下拉按钮。单击下拉按钮，下拉列表中会显示已保存的图文资料。如图24-4所示。从中选择相关资料，则被选择的图文资料会被放入内容控件中作为文档的一部分。

图24-4　构建基块库内容控件

（5）组合框与下拉列表内容控件。

在文档中插入“组合框内容控件”或者“下拉列表内容控件”后，将添加一个右侧含有下拉按钮的内容控件，提供从列表数据中选择一项内容的操作。列表数据需要在选中内容控件时单击“开发工具”选项卡—“控件”组—“属性”按钮，在“内容控件属性”对话框下方的“下拉列表属性”框中进行“添加”“修改”等列表维护操作，添加后的列表即可供后期选择使用。如图24-5所示。

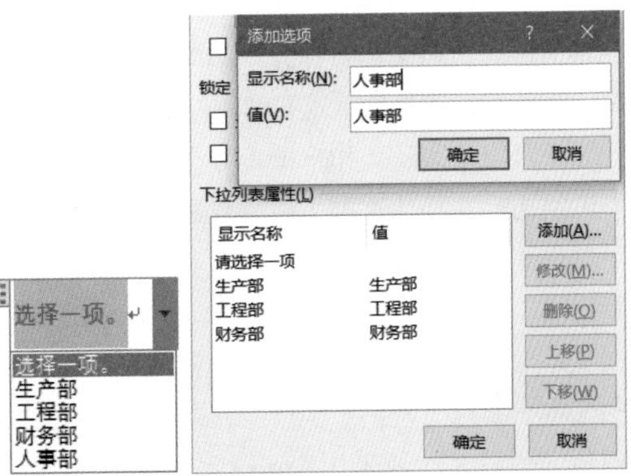

图24-5　组合框内容控件、下拉列表内容控件及其属性的维护

温馨提示

在一个组合框或下拉列表内容控件中录入的列表数据，除了通过对内容控件整体进行复制以外，不能被其他控件所使用。

（6）日期选取器、复选框、图片内容控件。

在文档中插入“日期选取器内容控件”后，除了上文所列举的公共属性之外，还可以通过“内容控件属性”对话框先确定日期格式，然后在控件的日期选取器中选取日期。

对于“复选框内容控件”，可以通过“内容控件属性”对话框选择其标记为“☒”还是“√”。

“图片内容控件”仅仅提供了一个内容占位符，方便操作者插入图片。

3. 关于内容控件的VBA编程

Word的内容控件虽然脱胎于“控件”，但是，微软关闭了这些控件的响应性质的事件，仅在

Document层面给出了ContentControlAfterAdd等相关的事件。如图24-6所示。这些控件不再响应用户的操作。并且，Word作为文档管理应用软件，管理的信息就是页面上的文本以及图片、形状等操作对象，并不需要后台数据。因此，Word甚至不能像Excel那样管理有一定关系的数据，这造成了组合框、下拉列表等“控件”都没有数据源的支持。所以，内容控件仅仅可以作为一些有特色的内容容器来使用了。

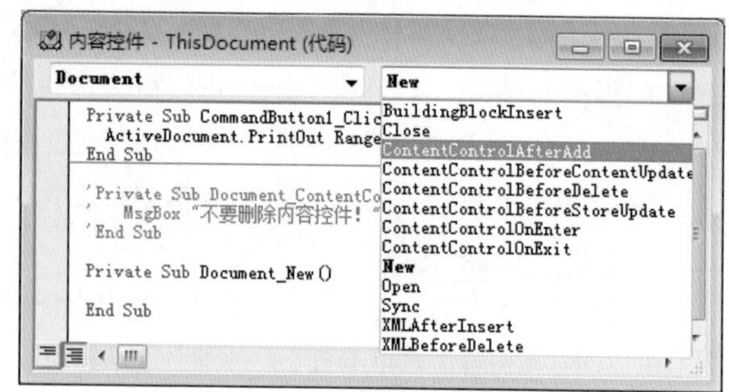

图24-6　Document对象的内容控件事件

在Word的API中，各种内容控件作为一个整体给出了若干属性和方法①，这些属性和方法对应于上文讨论的各种内容控件的类别、外观等属性，以及Copy、Cut等常规方法和三种设置符号、文本的方法，以便在VBA编程时使用。

24.2.3　交互式结构性文档（以工作申请表为例）

Word文档不仅可用于阅读，有时，也可以做成能交互使用的“表单”形式的文档，以便进一步完善信息，这种文档被称为“结构性文档”。这是Word文档内容控件的最重要的用途。

项目申请表、工作申请表等类型的文档就是典型的结构性文档。这类文档一般通过网络下载、电子邮件等方式分发。用户一般用电子表格填写后进行提交。

结构性文档往往版面紧凑，包含需要快速处理的文本、图片、日期、多选项、内容下拉选择框等内容。所以，一般采用Word文档，对于其中的某些内容可以加入能够快速、准确地获取信息的内容控件。

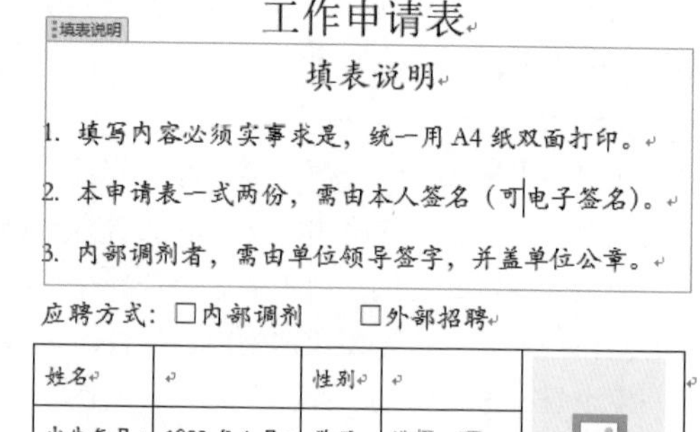

图24-7　结构性文档中内容控件的应用

图24-7所示为一份工作申请表的局部，这是典型的结构性文档，其中的很多内容都使用了内容控件。

例如，“填表说明”中放入了一个格式文本内容控件，而“应聘方式”“婚否”放入了复选框内容控件，“学历”“政治面貌”放入了组合框内容控件，照片位置则放入了一个图片内容控件。这样的设计，一方面可以保证填写信息格式的一致性，另一方面也能让填报者的操作更为方便。

这样的文档多在申报者填写、打印后提交，有时需要同时提交电子文档，以便在评审阶段获得规范一致的文档。

24.2.4　Excel表单控件

表单控件（Form Controls），又称为“窗体控件”，是Excel为了更加方便、直观地操作工作表上

① 可参见网址：https://docs.microsoft.com/zh-cn/office/vba/api/word.contentcontrol。

的数据所提供的一组能够放入Excel工作表、执行一定的VBA模块（宏），并利用代码操作关联数据的控件。

表单控件作为一组简约的数据操作控件，虽然没有开放所有的属性和事件响应。但是，相比于Word中的内容控件，表单控件具有更大的可编程能力。

在工作表中添加表单控件的方法为：单击“开发工具”选项卡—“控件”组—“插入”按钮，在下拉列表的“表单控件”选项组中选择一种控件即可。这时，当鼠标指针移动到工作表中时，就会变成一个“十”字形图标，用“十”字形图标在适当的位置中按下鼠标左键拖拉，即可画出适当大小的控件。画出控件后，可设置控件的说明、属性、代码等。

1. 表单控件的格式

Excel关闭了表单控件作为控件的属性，却设计了相对统一的“控件格式”，并且，针对各类表单控件设计了与控件匹配的格式。

设置表单控件格式的操作为：在插入工作表的表单控件上单击鼠标右键，弹出右键菜单，在右键菜单中选择“设置控件格式”选项，弹出“设置控件格式”对话框。如图24-8所示。

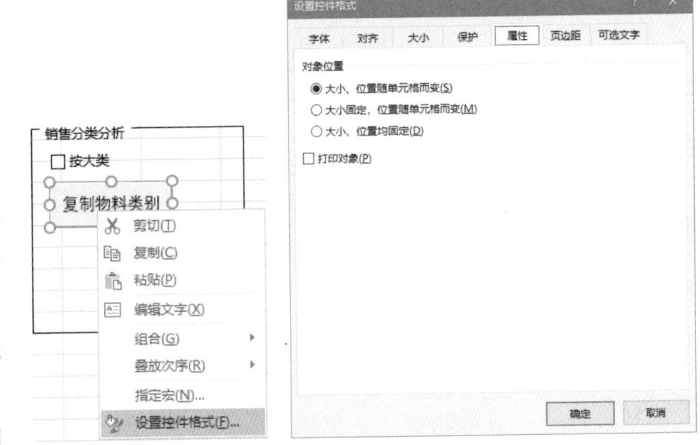

图24-8　设置表单控件格式

- 对涉及数据控制的表单控件，例如组合框、复选框、数值调节钮等，选中控件后单击“开发工具”选项卡—“控件”组—“属性”按钮，会打开“设置控件格式”对话框并打开“控制”页。而对于不直接关联数据的表单控件，例如按钮、分组框等，只会打开Worksheet（工作表）的VBA对象属性。
- 在右键菜单中选择“编辑文字”选项，即可修改控件说明（即控件上的说明文字）。
- 在右键菜单中选择“指定宏”选项，即可给控件指定执行的VBA模块。
- 不同的控件有不同的控件格式，但都拥有“大小”“保护”“属性”“可选文字”“控制”等对话框标签页。在“大小”标签页中可以设定控件的高度、宽度等，但是，作为可视化的设计控件，一般情况下可以直接通过拖拉来决定控件大小。在“保护”标签页中可以锁定控件或锁定文本，但锁定要在工作表受到保护时才会生效。在“属性”标签页中可以设定控件位置，并决定控件是否会被打印，若未勾选“打印对象”选项，打印工作表时即会忽略控件。

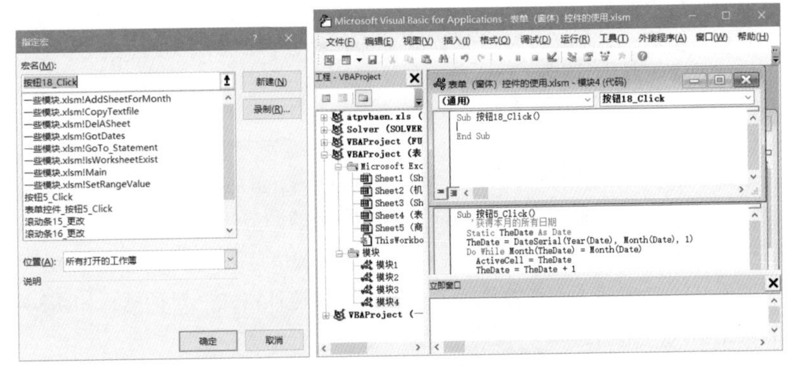

图24-9　按钮控件的“指定宏”对话框与模块编辑

2. 按钮控件

插入按钮控件后，会自动弹出“指定宏”对话框，如图24-9左图所示。在对话框中，可以给按钮指定Click（单击）事件所运行的VBA模块，这一模块可以位于所有打开的VBA工程中，也可以位于当前工作簿或某个指定的工作簿中，还可以立即录制一个宏。

如果不选择一个已有的VBA模块，可以单击“指定宏”对话框中的“新建”按钮，然后直接新建一个模块，来响应按钮的单击事件。

- 对于已经指定了运行模块的控件，如果需要修改模块，可以单击“开发工具”选项卡—“控件”组—“查看代码”按钮，即会打开VBE并打开相应的代码，如图24-9右图所示。也可在控件的右键菜单中选择“指定宏”选项，再在“指定宏”对话框中的“宏名”列表框中选中相应选项后单击“编辑”按钮进行代码修改。
- Excel为“按钮”“复选框”“组合框”“标签”等表单控件开放了Click（单击）事件的响应代码管理，为“组合框”“数值调节钮”等关联数据的控件开放了“更改”事件的响应代码管理。
- Excel中的任意形状均可作为“按钮”控件，只需给添加的形状指定宏即可。

3. 组合框控件

在工作表中插入一个组合框控件后，打开“设置控件格式”对话框，在其“控制”标签页的“数据源区域”“单元格链接”输入框中框选或输入区域数据，并适当调整“下拉显示项数”输入框中的数值。最后，单击“确定”按钮，即会按照设定给出组合框的数据和返回响应。如图24-10左图所示。

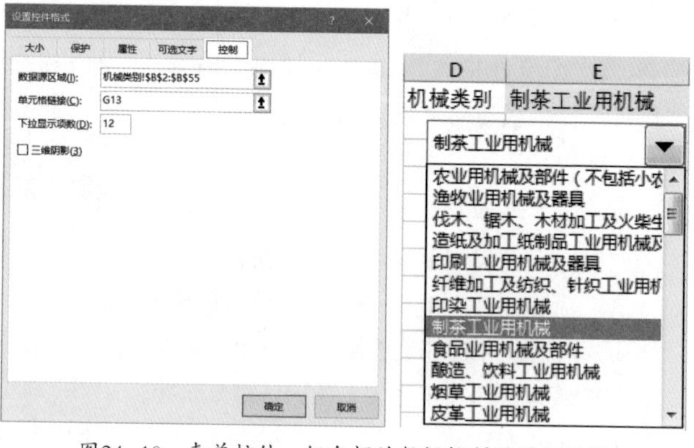

图24-10　表单控件—组合框的数据控制设置与效果

- 组合框返回的是数据区域列表中列表的位置。例如，在图24-10右图所示的实例中，选择“制茶工业用机械”，在G13单元格返回的值为8。此时，只需在E1单元格利用公式“=INDEX（机械类别！B2:B55，G13）”即可获得列表中的名称项。
- 组合框也可直接返回输入的数据。

> **温馨提示**
>
> 在单元格中插入从数据列表中选择的数据，最便捷方法不是利用表单控件或ActiveX控件，而是利用“数据有效性验证—序列”的方式，具体参见本书17.3.3小节。

4. 数值调节钮控件

数值调节钮是通过单击向上/向下两个方向的调节钮来改变某个数值的控件，可以用于以步进的方式调整某个单元格中数值的大小。Excel将可调数值范围限制在0～30000之间。

在工作表中插入一个控件后，打开“设置控件格式”对话框，如图24-11所示。在其“控制”标签页中输入：

（1）当前值：单元格链接所显示的初始值。

（2）最小值/最大值：设定的调节范围。

（3）步长：单击一次所增加/减少的量。

（4）单元格链接：调整数值链接的单元格。

录入数据后单击“确定”按钮，则生成的数值调节钮可以控制链接单元格的值。

同样，如果按照特定的步长在某个范围内调整数值大小，也可以将此数值通过工作表函数INDEX( )关联到某个列表上，将数值的变动转换为对列表值的连续调整选择。

图24-11　数值调节钮控件的设置

5. 滚动条控件

滚动条同样是调整、改变数值的控件，可以通过拉动滚动条滑块或者单击滑块两侧更快地调整数据。因此，滚动条在界面上所占的位置较多，其控制值也比数值调节钮多出一项：页步长，相当于“翻页的步长”，指在滚动条上单击滑块两侧（数值）所变化的值。如图24-12左图所示。

在滚动条上单击鼠标右键，在右键菜单中选择“指定宏”，可以编写滚动条的“更改”事件VBA程序，通过返回的数值获得对其他对象的控制。如图24-12右图所示，即在工作表中添加三个滚动条后，通过简单的VBA程序改变F14～F16单元格的颜色。同时，改变了圆角矩形框的颜色。

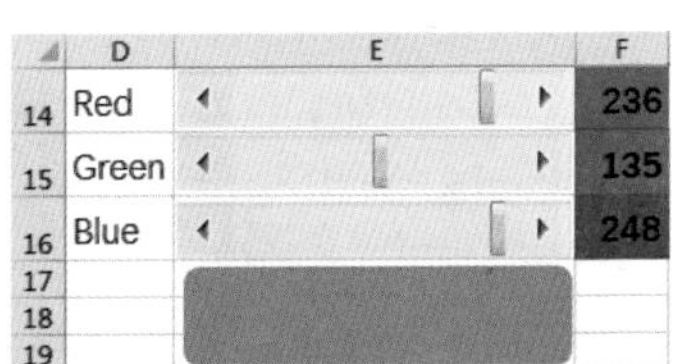

图24-12　滚动条控件格式的设置及控制效果

24.2.5　关于ActiveX控件

Microsoft ActiveX控件是从微软的OLE技术发展而来的，曾被称为OLE控件或OCX控件，是微软COM（Component Object Model，组件对象模型）技术的一部分。ActiveX控件提供可重用的小对象，开发者可以将其插入到其他应用程序之中。

基础的ActiveX控件为Windows的标准控件。除此之外，各厂商（用户）也可使用各种编程语言（例如VC、VB、Java等）开发ActiveX控件，这些控件可以完成特定的功能。其他的设计和开发人员可以把其当作预装配组件，用于开发应用程序。

安装应用程序时，如果应用程序提供ActiveX控件，则扩展名为“.OCX” 的控件文件会被复制到相应的文件夹中。例如，Office中的标准ActiveX控件文件即MSCOMCTL.OCX，在安装Office时被复制到安装文件夹的root目录下相关版本的子目录中。

在Word、Excel和PowerPoint的“开发工具”选项卡—“控件”组中均提供了ActiveX控件。也就是说，在Word文档、Excel工作表和PowerPoint演示文稿中都可以加入ActiveX控件。

如果说Word文档内容控件是被解除了响应事件的内容容器，Excel工作表中的表单控件是被管理起来的、方便使用的控件，那么，ActiveX控件就是一组功能完善的控件。因为ActiveX控件具有完备的属性和事件响应机制。

我们以Excel为例介绍ActiveX控件的使用，其在Word和PowerPoint中的使用方法类似。

1. 表单控件和ActiveX控件对比

总体上表单控件与ActiveX控件是基本相同的。而表单控件是Excel提供的控件快捷应用方式，所以二者还是存在一些不同。

表24-14 表单控件与ActiveX控件

表单控件	ActiveX控件
为Excel内建功能，只能用于工作表	标准Windows控件，用户窗体控件的子集
使用更为简捷，但不能作为对象用于程序	更加灵活，可以作为对象用于程序
属性被Excel进行了限制和管理	标准控件属性
控件数量由系统决定，且功能无法扩展	可以使用更多的控件，且功能可扩展
适用于Windows和Mac	不适用于Mac

2. 插入ActiveX控件及控件属性

在Word文档和Excel工作表中插入ActiveX控件的方法类似，都需要到“开发工具”选项卡—“控件”组—“插入”按钮下拉列表中的“ActiveX控件”选项组中选择一个控件，然后在页面上进行拖拉。在插入ActiveX控件后，“开发工具”选项卡—“控件”组的“设计模式”按钮将显示为被选中的状态，Office自动切换为“设计模式”。

Word文档和Excel工作表中的ActiveX控件需要在“设计模式”下才能被选中，在非“设计模式”下，可以使用这些控件。例如，单击按钮控件即触发了一个Click事件。

而在PowerPoint演示文稿的“开发工具”选项卡—“控件”组中只有ActiveX控件，直接选择相关控件，然后在幻灯片的适当位置上拖拉生成即可。

而幻灯片中的ActiveX控件，在普通视图、大纲视图、幻灯片浏览视图和备注页视图下，都处于“设计模式”，只有在阅读视图和幻灯片放映时，才会响应对这些控件的操作。

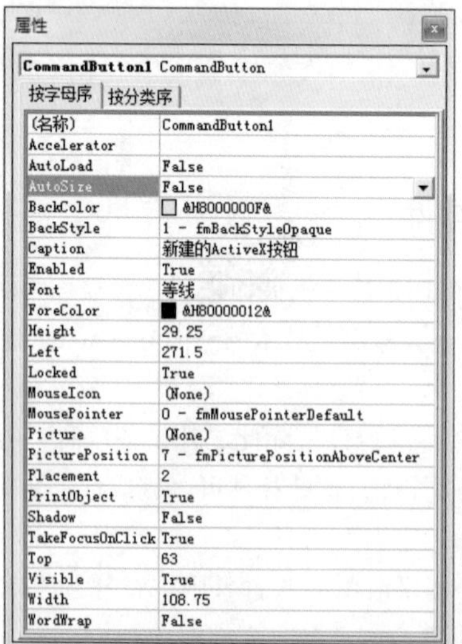

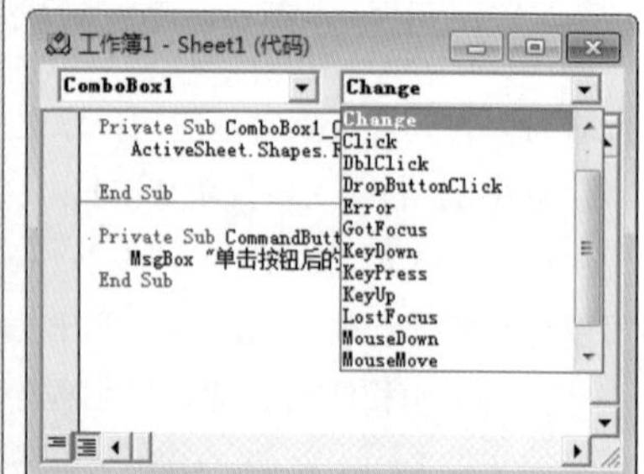

图24-13 ActiveX控件的属性与代码

在“设计模式”下，选中ActiveX控件，单击“开发工具”选项卡—“控件”组—“属性”按钮，弹出“属性”窗格，如图24-13左图所示。

在“设计模式”下，双击ActiveX控件，或者选中控件后单击“开发工具”选项卡—“控件”组—

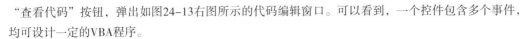

“查看代码”按钮，弹出如图24-13右图所示的代码编辑窗口。可以看到，一个控件包含多个事件，均可设计一定的VBA程序。

说明：

- 为了显示方便，示例图中的代码窗口被缩小了。在实际操作中代码窗口要大得多。
- 属性窗格中的属性选项可以按字母顺序排列，也可按照分类排列。
- 单击控件对象的右键菜单中的“属性”选项和“代码”选项同样可以打开图24-13中的窗口。

3. 通用属性

虽然各种控件各有用途和属性，但有些属性是共同的。表24-15中列出了这些通用属性。

表24-15 通用属性

属性	说明
Name（名称）	控件名称，缺省值为“控件类别n”，可更改，但必须唯一
AutoSize	如为真，控件大小会随控件上的说明文本自动改变
BackColor	控件背景颜色
BackStyle	控件背景样式，透明或不透明
Caption	显示在控件上的说明文本
Height	控件高度
Left / Top	控件位置
LinkedCell	控件当前值（Value）关联的Excel工作表单元格
ListFillRange	包含在列表框或组合框中显示的项的工作表范围
Picture	可以指定某一在控件上显示的图片
Value	控件值，返回值
Visible	是否可见，缺省为True，如改为False，则控件被隐藏
Width	控件的宽度

4. 控件返回值

与Excel表单控件类似，在Excel中，许多控件都具有LinkedCell属性，该属性指定链接到该控件的工作表单元格。因此，在设定控件的LinkedCell属性后，不需要编写代码即可获得控件的返回值。

例如，添加一个“数值调节钮”（微调按钮）控件，并将单元格B1指定为其LinkedCell属性。完成此操作后，单元格B1即包含微调的值，单击按钮即可改变单元格B1的值。

当然，也可以在公式中使用链接单元格中包含的值。

5. 控件事件响应

一般来说，控件都会响应某种事件，例如“按钮”类型的控件响应Click（单击）事件，而与返回值相关的控件响应Change（改变）事件。在响应事件的VBA模块中，就可以实现对文档、工作表或者演示文稿的某些对象的控制。

6. 主要控件说明

（1）命令按钮（CommandButton）：单击时响应Click（单击）事件中的代码，实现对特定对象的操作。

（2）组合框（ComboBox）：与表单控件的组合框类似，在属性中确定相关属性即可正常工作。

如图24-14所示，数据源为H2:H12区域，返回值存放到E2单元格。与列表框不同，组合框中可以直接输入需要的数据。

- ListFillRange：组合框中显示的项的工作表范围，即数据源。在属性中直接输入H2:H12区域地址。
- LinkedCell：控件返回值（Value）关联的单元格，输入E2地址。可见，ActiveX的组合框直接返回了被选中的项。
- 如果不用ListFillRange作为数据源，也可以动态添加ComboBox列表中的每一项。特别是对于没有可关联单元格区域的Word文档或者PowerPoint演示文稿。此时，只有在某个上一级对象激活、打开或者初始化的事件中，才能用ComboBox的AddItem方法来完成数据的加载。例如，对Word文档，可以利用“Document_Open( )”的事件来给其中的ComboBox或ListBox加载数据项，返回值则可以利用Value属性获得。

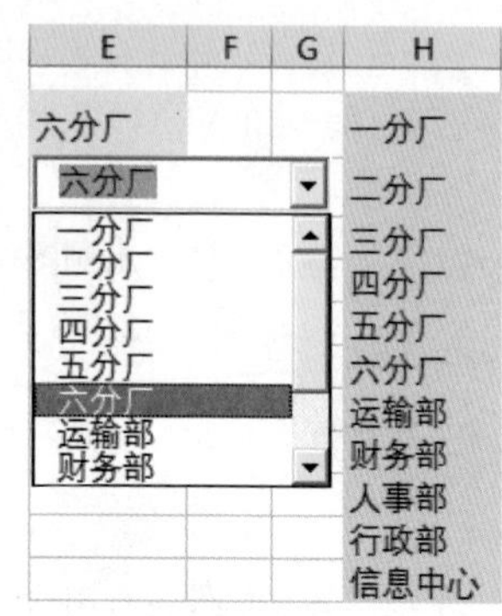

图24-14　组合框实例

（3）列表框（ListBox）：其属性设置、返回方式与组合框完全相同。但是，列表框的返回值只能从列表中选择。

（4）复选框（CheckBox）：用于决定二选一的“是/否”“真/假”等。返回的真假值被放入LinkedCell单元格。

（5）文本框（TextBox）：往往放置一段说明性文字。一般不需要进行操作或返回值。常用属性有：

- AutoSize：基于文本的多少决定是否自动调整文本框的大小。
- IntegralHeight：如为True，则在具有纵向滚动条时，自动调整文本框的高度以显示整行文本。如为False，则即使有纵向滚动条，也不会按整行滚动文本。
- MaxLength：文本框允许输入的最多字符数。如果为0，则无限制。
- MultiLine：如为True，则允许显示多行文本。
- ScrollBars：选择滚动条的形式，如纵向、横向、双向或无。
- TextAlign：文本对齐方式。
- WordWrap：决定是否允许自动换行，缺省为True。

（6）滚动条（ScrollBar）：与表单控件的滚动条的设置类似。

- LinkedCell：与控件返回值（Value）关联的单元格。
- Min：控制的最小值。
- Max：控制的最大值。
- SmallChange：步长。
- LargeChange：页步长。
- Value：当前值，即返回值。

（7）数值调节钮（SpinButton）：数值调节钮与表单控件的数值调节钮相似，其属性与滚动条相似。

（8）标签（Label）：放置简单内容的标签文本。

（9）选项按钮（OptionButton）：往往有多个组合，方便用户在一组选项中进行选择。

- GroupName：确定组合中数个选项按钮的组名称。

- LinkedCell：被选中时，关联单元格为True。否则，为False。
- 组合操作：需同时选中多个选项按钮，然后在按钮上单击鼠标右键，再在右键菜单中选择组合。组合后，多个选项按钮就会自动实现统一互动。如图24-15所示。

	B	C	D
13			交通工具选择
14	FALSE		○ 火车
15			
16	FALSE		○ 飞机
17			
18	TRUE		⊙ 自驾

图24-15　选项按钮实例

（10）图像（Image）：用于呈现一张图片。

- AutoSize：如果为True，则控件根据图片大小自动调整大小。
- Picture：在指定文件夹中选择一张图片或者直接粘贴一张图片。

（11）切换按钮（ToggleButton）：表示某个状态的开/合。按下为合上状态，LinkedCell返回True；松开为断开，LinkedCell返回False。

（12）其他控件：单击后，弹出已安装并注册了的其他ActiveX控件的选择窗口。

24.3 用户窗体开发简介

用户窗体（User Form）是用户利用VBA平台创建的对话框形式的窗体。

在Windows应用中，窗口往往被用于信息采集、命令或选项归集以及显示提示与选择信息等几个方面。

在Office VBA的用户窗体中，用户可以添加各种控件来操作Office文档中的各种数据和对象、批量设置某种格式选项、实现文本自动汇总或统计等。所以，可以说用户窗体是利用对话框对各种宏代码和VBA模块的规律化和程序化统一的应用方式。最典型的应用是：可以针对某一项Office工作开发用户自定义的“向导”窗口，完成一系列的数据和文档处理工作。

当然，我们也可以为Excel的某个工作表建立数据录入表单，在窗体中按单条记录形式录入Excel工作表中的数据。这样，可以在表单中进行数据的有效性校验。但是，由于Excel并不是一个数据库系统，因此，完全没有必要做这样的工作。Excel仅仅是以表格形式来直观地处理数据的应用程序，Excel并不能建立完备的数据关系、数据索引，也没有高效的数据引擎。更没有必要给Word文档或Excel工作簿做一个“登录”界面，因为这样的Word文档或Excel工作簿不会给工作带来任何帮助。

如果工作中经常面临数据录入的任务，而且数据类型多种多样，例如有日期、字符串、数值等信息，同时需要将这些数据保存起来，方便以后进行查询和统计。有时甚至可能有多张表格，而表格之间有一定的关联。那么，这项工作就是一个需要数据库管理系统（DBMS）来处理的工作，至少需要一个像Office Access这样的桌面数据库系统来管理后台数据，并有针对性地开发前台的各种用户窗体来完成各种数据的采集、维护和统计工作。这样的系统才会需要一个“登录”界面。

另一方面，Excel的确提供了非常方便的数据统计工具和丰富的图表生成工具。如果我们的工作需要集成机构各个业务系统中的信息，并做成一个类似管理驾驶舱（Management Cockpit）的数据集成界面，在小规模、相对静态的需求下使用Excel来完成也是不错的选择，例如完成部门月度、季度、年度统计分析或者学校的月考、期中考试、期末考试分析等。但是，如果需要进行企业级的、大规模的，特别是动态的数据分析和图表展示，那就需要利用Excel更深层次的扩展，如Power Query、Power Pivot等应用，甚至直接采用企业商业智能（BI）系统。

因此，无论是VBA应用开发或者是用户窗体的建立，我们始终要记住：在Word、Excel和PowerPoint的应用中，各种设置都是为了更为高效、方便地建立和配置Office文档而服务的。

24.3.1 用户窗体的建立、属性及运行

在文档中建立用户窗体首先需要激活VBE（按快捷组合键“Alt+F11”）。然后，在“工程”窗格

中在需要建立用户窗体的文档（Project）上单击鼠标右键，在弹出的右键菜单中选择“插入”—“用户窗体”选项，如图24-16左图所示。在这个文档（工程）下面会建立一个名为“窗体”的“子项目”或“文件夹”，并在其中建立一个名为“××-UserFormN（UserForm）”（这里的“N”为序号）的窗体，同时打开一个提供窗体设计的“对象窗口”，并在窗口中画出一个空白窗体，如图24-16右图所示（注意：为了节省篇幅，该图中已经包含了作为实例所添加的各类控件）。此外，“工具箱”浮动窗格和“属性”浮动窗格也将打开。

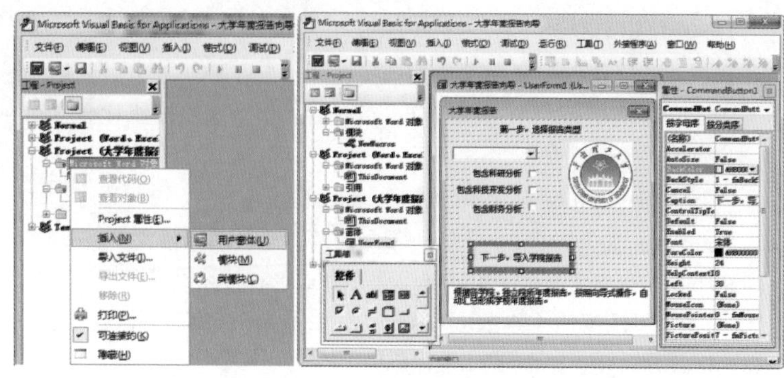
图24-16　用户窗体的建立

- 在日常工作中如果关闭了窗体设计的“对象窗口”，只需在“工程”窗口的树形结构中的“窗体—UserFormN”上双击，即可打开对象窗口。
- 如果关闭了“属性”或者“工具箱”浮动窗格，可以在VBE的“视图”菜单下重新打开。“属性”窗口在VBE中按快捷键F4可重新打开。
- 选中窗体，在“属性”窗格中可以修改窗体本身的属性，主要的属性有：BackColor（背景颜色）、ForeColor（前景颜色）、Caption（标题）、Height（宽度）、Width（高度）、Picture（背景图片）、ScrollBars（滚动条）、ShowModal（模式化显示）和StartupPosition（初始位置）等，可以直接选择或者录入数据。窗体大小一般通过使用鼠标按住窗体边缘进行拖拉即可改变。
- 窗体的属性也可用代码动态赋值改变，格式为：Object.属性=Value。例如，“UserForm2.Caption = Department&"数据导入"”，其中，“Department”为前面代码中获得的某个字符串变量。

24.3.2　关于用户窗体控件

利用工具箱里的控件，即可在窗体上添加各种所需的控件。工具箱中的控件添加方式和属性与24.2.5小节中所讨论的文档中的ActiveX控件大同小异。鉴于篇幅关系，这里就不再逐一介绍了。二者主要的区别如下：

- ActiveX控件可直接添加到Word文档、Excel工作表、PowerPoint幻灯片上，打印时可见；而用户窗体控件在添加到窗体上后，打印不可见。
- ActiveX控件需要应用程序在“设计模式”下才能操作（注意：PowerPoint幻灯片的编制过程就是“设计模式”），退出设计模式（或者演示文稿放映、切换阅读模式）即进入了“运行”状态，此时可以被操作；而用户窗体控件只有在窗体被运行（装载、显示）后才能被操作。
- 操作多个控件时，例如进行对齐、组合等，在选中控件后，ActiveX控件在应用程序（Word、Excel和PowerPoint）的“绘图工具—格式”选项卡—“排列”组中进行；而用户窗体控件的操作可通过VBE的“格式”菜单下的命令完成。
- 文档中的ActiveX控件如果需要某些数据，例如ListBox、ComboBox中的列表项，在Excel中，数据可以通过单元格区域进行添加，也可以通过一段代码加载，而在Word和PowerPoint中，只能通过代码添加；用户窗体控件所需数据项只能通过代码添加。

控件返回数据，除了Excel中的ActiveX控件可以从LinkedCell中获得，其他控件都只能从控件的Value属性获得。

24.3.3 用户窗体的运行与关闭

运行一个用户窗体一般使其在界面中显示出来即可，即使用用户窗体的Show方法，其语法代码为：

```
UserFormN.Show
```

如果需要运行某个用户窗体，只需在某个控件中加入代码即可，例如为添加在文档中的表单控件、ActiveX控件的Click事件或其他事件中加入代码“UserFormN.Show”。这里，“N”为窗体的序号（下同）。

默认情况下，是用模态的方式显示用户窗体的。用户窗体在模态方式下显示后，所有的应用窗体都不能再被操作。如果要以非模态方式显示，只需在语法代码后加上“vbModeless”参数进行限定即可。

实际上，在利用Show方法显示窗体前，应用自动执行了窗体的加载程序并触发了窗体的Initialize事件。在Initialize事件中即可进行窗体中很多控件和相关数据的处理，例如执行ComboBox和ListBox控件的AddItem方法以加载可选数据等。

如果用户窗体只有窗体右上角的“关闭”按钮，则利用此按钮关闭窗体时应用程序会自动卸载（Unload）这个窗体，从而释放出窗体所占用的内存。如果窗体中利用了其他控件切换窗体，这时，在打开新窗体时如果需要主动关闭现在显示的窗体，则使用Unload命令来关闭窗体并释放窗体所占用的内存，其语法为：

```
Unload UserFormN 或者 Unload Me
```

注意在卸载窗体后，其中的控件值将不再能够进行访问。如果用户窗体中有一些用户操作（选择）的控件值或者变量需要继续使用，则在卸载窗体之前就必须利用工作表或者公共（Public）变量将这些值传输出来，以便后续使用。

另一方面，如果建立一个“向导式”的操作，设计中的“下一步”按钮在启动新窗口时并不会卸载上一个窗体，而只是将其隐藏起来，以便可以通过“上一步”回到旧窗体。隐藏而不释放窗体采用窗体本身的Hide方法，其语法为：

```
UserFormN.Hide 或者 Me.Hide
```

当然，最后这些窗体在使用完之后，应该及时卸载以释放内存。例如，在向导窗体中设计的“完成”按钮，需利用Unload语句主动卸载所有加载的窗体。

及时释放占用的内存是培养良好编程习惯的基础。

24.4 应用VBA窗体开发的建议

- VBA是针对Office应用扩展而提供的编程平台，其主要目的是提高Office的工作效率和工作质量。
- VBA是一套面向对象的平台。因此，Office各组件的对象模型是开发的重要依据。
- Word、Excel和PowerPoint的任何文档都不是一个好的“软件前台”，如果需要好的软件前台，可以掌握Visual Studio这类的开发工具。

《后记

两年前，在我写完《Word/Excel/PPT从入门到精通》时，深觉意犹未尽。当时编写的定位为：以扼要简明、难易兼顾的编写方式为广大读者介绍与展示Word、Excel、PPT从入门到进阶水平所需的基础知识与各项实操技能。但是，由于篇幅的限制，造成了书籍在内容方面存在“入门的多而进阶的偏少”的局限。因此，就有了写使人“真正精通”的内容的想法。经过一年多的准备、酝酿，以及几个月来一直埋头做“键盘侠”的辛勤写作，最后便有了现在这本放在您面前的书。由于本书的编写定位为“MS Office的高级应用”，所以书中就精简了一些具体的操作步骤。如果读者对某些关键的操作步骤存有疑问，可以参考本书提供的操作视频。

在这里，首先要感谢广东人民出版社的领导。当我充满疑惑地询问“Office的书籍还有得做吗”的时候，出版社的一位年轻领导点醒了我：越是多人做的东西，越说明人民群众需要，也就越需要精品！并且，出版社不仅在书稿的编撰方面给了我广阔的空间，而且在书籍的制作和推广方面付出了巨大的努力。

其次，要感谢编辑冯光艳。她和她的团队仔细地审阅了书中的每一个句子、每一个词语和每一个标点符号，删去了我因一时兴起而加进去的表情符“（´·ω·`）”，并且几乎复核了我的每一步操作！他们认真、细致、精准的工作精神，既让我感受到了广东人民出版社的优良传统与优秀作风，又让我看到了编辑团队“做到最好”的职业素养。

最后，要感谢我夫人蒋兆菲女士！是她，在我埋头做“键盘侠”时，主动担起了很多家务，以换取“做第一个读者”的荣誉。

需要说明的是，对于格式样例，书中展示了许多来自著名机构、顶尖企业的各类文档，这些文档均为这些机构和企业的公开资料，版权也归属于原机构。在书中展示只是为了学习这些文档的组织方式、版面设计等内容，因此摘取了其中的精彩片段予以展示与讲解。当然，非常感谢这些机构和企业多年的积累以及对优美文本与优秀文稿的追求，给我们提供了许多具有借鉴意义的文档素材。

虽然编著者用功了，编辑们尽力了，但是由于水平有限、时间仓促，书中难免还存在问题和不足，读者们若有发现，万望海涵并告知我们。

谢谢！

曾　焱

2020年10月

广州　五山